设计师职业培训教程

# CAXA 实体设计 2015 机械设计师职业培训教程

张云杰　郝利剑　编著

清华大学出版社
北　京

## 内 容 简 介

CAXA 实体设计 2015 是一款优秀的三维设计软件，本书主要针对目前非常热门的 CAXA 实体设计技术，将机械设计专业知识和 CAXA 实体设计机械专业设计方法相结合，通过分课时的培训方法、详尽的视频教学讲解 CAXA 实体设计 2015 的机械设计方法。全书分为 7 个教学日，共 55 个教学课时，主要包括 CAXA 实体设计入门基础、二维草图、实体特征、特征修改、曲面设计、钣金件设计、标准件、装配设计、工程图设计等内容。另外，本书还配备了交互式多媒体教学光盘，便于读者学习时使用。

本书结构严谨，内容翔实，知识全面，写法创新实用，可读性强，设计实例专业性强，步骤明确，主要供使用 CAXA 实体设计的广大初、中级用户学习参考，也可作为大专院校计算机辅助设计课程的指导教材和公司 CAD 设计培训的内部教材。



**图书在版编目(CIP)数据**

CAXA 实体设计 2015 机械设计师职业培训教程/张云杰，郝利剑编著. --北京：清华大学出版社，2016 (2020.9重印)
(设计师职业培训教程)
ISBN 978-7-302-42419-2

Ⅰ. ①C… Ⅱ. ①张… ②郝… Ⅲ. ①机械设计—软件包—职业培训—教材 Ⅳ. ①TH122

中国版本图书馆 CIP 数据核字(2015)第 306764 号

**责任编辑**：张彦青 陈立静
**装帧设计**：杨玉兰
**责任校对**：吴春华
**责任印制**：杨 艳

**出版发行**：清华大学出版社
网 址：http://www.tup.com.cn, http://www.wqbook.com
地 址：北京清华大学学研大厦 A 座 邮 编：100084
社 总 机：010-62770175 邮 购：010-62786544
投稿与读者服务：010-62776969, c-service@tup.tsinghua.edu.cn
质量反馈：010-62772015, zhiliang@tup.tsinghua.edu.cn
**印 装 者**：北京建宏印刷有限公司
**经 销**：全国新华书店
**开 本**：203mm×260mm 印 张：23 字 数：559 千字
(附 DVD 1 张)
**版 次**：2016 年 1 月第 1 版 印 次：2020 年 9月第 2 次印刷
**定 价**：49.00 元

---

产品编号：065292-01

# 前　言

本书是“设计师职业培训教程”丛书中的一本，这套丛书拥有完善的知识体系和教学套路，按照教学天数和课时进行安排，采用阶梯式学习方法，对设计专业知识、软件的构架、应用方向以及命令操作都进行了详细的讲解，循序渐进地提高读者的应用能力。本丛书本着服务读者的理念，通过大量的内训用经典实用案例对功能模块进行讲解，使读者全面地掌握所学知识，并运用到相应的工作中去。

本书主要介绍的是 CAXA 实体设计，CAXA 3D 实体设计是北京北航海尔软件有限公司开发的一款优秀的三维设计软件，功能强大，是国内普及率较高的三维 CAD 软件之一，与国外一些绘图软件相比，切合我国国情、易学、好用、够用是 CAXA 实体设计的最大优势。目前 CAXA 实体设计的最新版本是 CAXA 3D 实体设计 2015，其各方面的功能得到了进一步提升，更加适合用户绘图使用。为了使读者能更好地学习软件，同时尽快熟悉 CAXA 3D 实体设计 2015 的设计功能，笔者根据多年在该领域的设计经验，精心编写了本书。

笔者的 CAX 设计教研室长期从事 CAXA 3D 实体设计的专业设计和教学，数年来承接了大量的项目，参与 CAXA 3D 实体设计的教学和培训工作，积累了丰富的实践经验。本书就像一位专业设计师，将设计项目时的思路、流程、方法和技巧、操作步骤面对面地与读者交流，是广大读者快速掌握 CAXA 3D 实体设计 2015 的自学实用指导书，也可作为大专院校计算机辅助设计课程的指导教材和公司 CAD 设计培训的内部教材。

本书还配备了交互式多媒体教学演示光盘，将案例制作过程制作成多媒体视频进行讲解，有从教多年的专业讲师全程多媒体语音视频跟踪教学，以面对面的形式讲解，便于读者学习时使用。同时光盘中还提供了所有实例的源文件，以便读者练习时使用。关于多媒体教学光盘的使用方法，读者可以参看光盘根目录下的光盘说明。另外，本书还提供了网络免费技术支持，欢迎大家登录云杰漫步多媒体科技的网上技术论坛进行交流：http://www.yunjiework.com/bbs。该论坛分为多个专业的设计板块，可以为读者提供实时的软件技术支持，解答读者的问题。

本书由张云杰、郝利剑编著，参加编写工作的还有靳翔、尚蕾、张云静、周益斌、董闯、马永健、薛宝华、郭鹰、李一凡、卢社海、王平、宋志刚等。书中的设计范例、多媒体和光盘效果均由北京云杰漫步多媒体科技公司设计制作，同时感谢清华大学出版社的编辑和老师们的大力协助。

由于编写时间有限，书中难免有不足之处，在此，编写人员对广大读者表示歉意，望广大读者不吝赐教，对书中的不足之处给予指正。

编　者

# 目　录


## 第 1 教学日 ........................................1

第 1 课　设计师职业知识——三维实体概述 .......... 2

1.1.1　CAXA 三维实体设计软件概述 ............ 2

1.1.2　CAXA 3D 实体设计 2015 产品介绍 ........................................ 11

第 2 课　CAXA 2015 三维实体界面及操作 ........................................ 14

1.2.1　CAXA 3D 实体设计 2015 设计界面 .. 14

1.2.2　CAXA 三维实体设计 2015 文件管理操作 ........................................ 21

课后练习 ........................................ 22

第 3 课　智能图素和捕捉应用 ........................ 25

1.3.1　智能图素应用基础 ........................ 25

1.3.2　智能捕捉 ........................................ 32

课后练习 ........................................ 34

第 4 课　三维球应用 ........................................ 37

1.4.1　三维球阵列 ........................................ 37

1.4.2　三维球定位及定向 ........................ 39

课后练习 ........................................ 41

阶段进阶练习 ........................................ 45

## 第 2 教学日 ........................................47

第 1 课　设计师职业知识——机械草图基础 ........ 48

2.1.1　基础知识 ........................................ 48

2.1.2　二维草图简介 ........................................ 51

第 2 课　绘制草图 ........................................ 55

2.2.1　线条绘制 ........................................ 55

2.2.2　多边形绘制 ........................................ 56

2.2.3　圆和椭圆绘制 ........................................ 58

2.2.4　曲线绘制 ........................................ 61

课后练习 ........................................ 62

第 3 课　草图约束和编辑 ........................................ 66

2.3.1　草图约束 ........................................66

2.3.2　草图编辑 ........................................70

课后练习 ........................................74

第 4 课　拉伸和旋转特征 ........................................79

2.4.1　拉伸 ........................................79

2.4.2　旋转 ........................................83

课后练习 ........................................86

第 5 课　扫描和放样特征 ........................................91

2.5.1　扫描 ........................................91

2.5.2　放样 ........................................94

课后练习 ........................................98

阶段进阶练习 ........................................104

## 第 3 教学日 ........................................ 105

第 1 课　设计师职业知识——机械设计基础......106

3.1.1　机械、机器、机构及其组成............106

3.1.2　机械零件设计基础知识........................107

3.1.3　机械零件的结构工艺性及标准化......109

第 2 课　特征修改 ........................................110

3.2.1　常用修改命令 ........................................110

3.2.2　特殊修改命令 ........................................116

课后练习 ........................................118

第 3 课　特征编辑 ........................................127

3.3.1　特征修改 ........................................127

3.3.2　特征编辑 ........................................130

课后练习 ........................................132

第 4 课　特征变换 ........................................137

3.4.1　三维球及命令菜单操作........................137

3.4.2　功能面板操作 ........................................139

课后练习 ........................................140

阶段进阶练习 ........................................149

# 目录


第 4 教学日 ........................................151

第 1 课　设计师职业知识——机构的组成和运动 ........ 152
第 2 课　3D 点应用 ........ 155
4.2.1　生成 3D 点 ........ 155
4.2.2　编辑点 ........ 155
课后练习 ........ 157
第 3 课　创建三维曲线 ........ 161
4.3.1　生成 3D 曲线 ........ 163
4.3.2　编辑三维曲线 ........ 167
课后练习 ........ 170
第 4 课　创建三维曲面 ........ 177
4.4.1　生成曲面 ........ 178
4.4.2　编辑曲面 ........ 182
课后练习 ........ 186
阶段进阶练习 ........ 193

第 5 教学日 ........................................195

第 1 课　设计师职业知识——钣金件基础 ........ 196
第 2 课　钣金件基础 ........ 200
课后练习 ........ 203
第 3 课　创建钣金件 ........ 211
5.3.1　添加图素 ........ 211
5.3.2　编辑图素 ........ 213
课后练习 ........ 215
第 4 课　编辑钣金件 ........ 227
5.4.1　钣金件的编辑工具 ........ 227
5.4.2　编辑钣金命令 ........ 230
课后练习 ........ 231
第 5 课　标准件和图库应用 ........ 238
5.5.1　工具标准件库 ........ 238
5.5.2　定制图库 ........ 248
阶段进阶练习 ........ 249

第 6 教学日 ........................................251

第 1 课　设计师职业知识——装配设计基础 ........ 252
6.1.1　装配的基本术语 ........ 252
6.1.2　装配方法简介 ........ 254
6.1.3　装配环境介绍 ........ 254
第 2 课　装配设计基础 ........ 255
6.2.1　生成装配体 ........ 255
6.2.2　输入零部件 ........ 256
课后练习 ........ 257
第 3 课　装配件定位 ........ 270
6.3.1　三维球工具定位 ........ 270
6.3.2　约束工具定位 ........ 272
6.3.3　其他定位方法 ........ 273
课后练习 ........ 274
第 4 课　装配检验 ........ 284
6.4.1　装配检验命令 ........ 284
6.4.2　爆炸视图 ........ 288
课后练习 ........ 288
第 5 课　模型渲染 ........ 290
6.5.1　智能渲染设计元素库 ........ 290
6.5.2　智能渲染属性的应用 ........ 293
6.5.3　光源与光照 ........ 296
课后练习 ........ 305
阶段进阶练习 ........ 309

第 7 教学日 ........................................311

第 1 课　设计师职业知识——工程图基础 ........ 312
7.1.1　工程图基础 ........ 312
7.1.2　CAXA 工程图概述 ........ 314
2 课　创建工程图 ........ 317
7.2.1　标准视图 ........ 317
7.2.2　生成视图 ........ 320
课后练习 ........ 324
第 3 课　编辑工程图 ........ 341
7.3.1　编辑视图 ........ 342
7.3.2　编辑视图属性 ........ 345
课后练习 ........ 347
阶段进阶练习 ........ 362

设计师职业培训教程

# 第1教学日

CAXA 3D 实体设计是唯一集创新设计、工程设计、协同设计于一体的新一代 3D CAD 系统解决方案。易学易用、快速设计和兼容协同是其最大的特点。它包含三维建模、协同工作和分析仿真等各种功能，其易操作性和设计速度帮助工程师将更多的精力用于产品设计本身，而不是软件使用的技巧上。本教学日主要介绍 CAXA 软件的入门知识，包括软件界面、智能图素、捕捉和三维球应用。

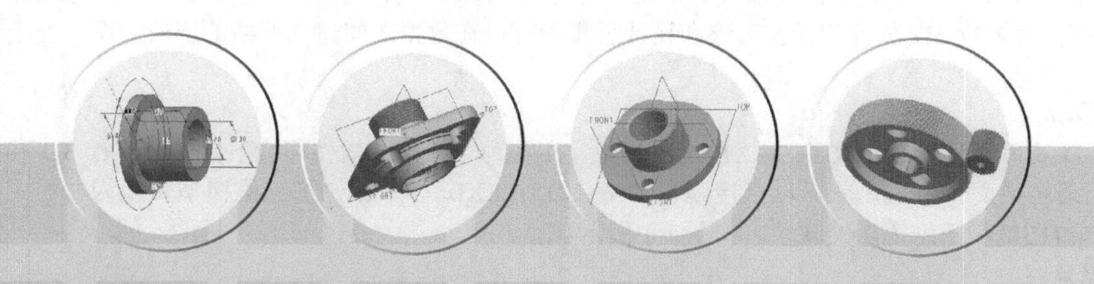

# 第1课 1课时 设计师职业知识——三维实体概述

## 1.1.1 CAXA 三维实体设计软件概述

CAXA 软件是由北京数码大方科技股份有限公司研制和开发的，该公司是中国最大的 CAD 和 PLM 软件供应商，是中国工业云的倡导者和领跑者，主要提供数字化设计(CAD)、数字化制造(MES)、产品全生命周期管理(PLM)和工业云服务，是“中国工业云服务平台”的发起者和主要运营商。

CAXA 3D 实体设计的使用操作非常简单、清晰，使设计像搭积木一样便捷，无缝集成领先的二维 CAD 软件，帮助用户以更快的速度将新产品推向市场，以更低的成本研发出更多的创新产品。

创新模式简单易用，可大幅度提高建模速度，尤其在开发新产品时具有无与伦比的优势；工程模式是和大多数 3D 软件一样采用全参数化设计思想，模型修改更加方便。用户可根据个人习惯或具体的零件/装配设计的需要，单独使用或结合应用两种建模方式，可显著加快设计速度。

在设计工具方面，CAXA 3D 提供了各种实体特征造型工具，以及对局部特征或表面进行“移动”“匹配”“变半径”等操作的表面修改功能。借助独特的三维球、定位锚、约束等工具，可以对智能图素或特征及其基准面进行灵活的事后定向、定位和锁定，以实现搭积木式的快速组合，以及严格精确的详细设计。

### 1. CAXA 三维实体设计软件简介

1) 创新模式

创新模式将可视化的自由设计与精确化设计结合在一起，使产品设计跨越了传统参数化造型 CAD 软件的复杂性限制，不论是经验丰富的专业人员，还是刚进入设计领域的初学者，都能轻松地开展产品创新工作。

2) 工程模式

CAXA 3D 实体设计除了提供创新模式外，还具备传统 3D 软件普遍采用的全参数化设计模式(即工程模式)，符合大多数 3D 软件的操作习惯和设计思想，可以在数据之间建立严格的逻辑关系，便于设计修改。

3) 2D 集成

CAXA 3D 实体设计无缝集成了 CAXA 电子图板，工程师可在同一软件环境下自由地进行 3D 和 2D 设计，无须转换文件格式，就可以直接读写 DWG/DXF/EXB 等数据，把三维模型转换为二维图纸，并实现二维图纸和三维模型的联动，如图 1-1 所示。

4) 数据兼容

CAXA 3D 实体设计的数据交互能力处于业内领先水平，兼容各种主流 3D 文件格式，从而方便了设计人员之间以及与其他公司的交流和协作。

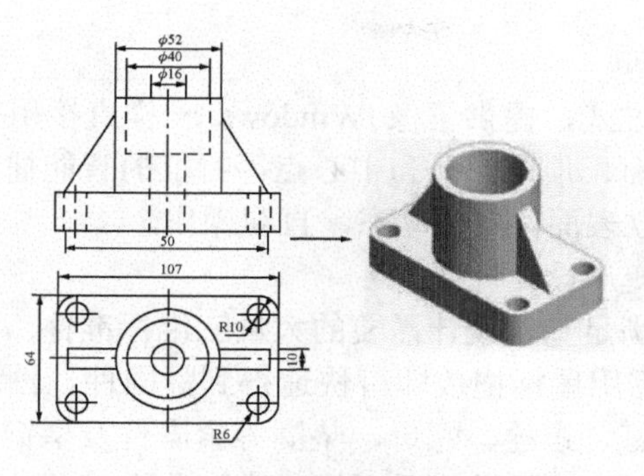


图 1-1　二维图纸与三维模型联动

## 2. CAXA 三维实体设计软件的特点

CAXA 软件具有直观的用户界面，简便的操作方式，可自定义的全套可视功能。这些功能可减少设计环节、操作步骤和对话框数量并减轻视觉干扰，使设计变得犹如搭积木一样简单，只要用户熟悉 Windows 操作系统，就可以进行产品设计。

1)　Fluent/Ribbon 用户界面

基于流行的 Fluent/Ribbon 构架来搭建用户界面，支持用户根据个人习惯或设计需要自主定制或选择最有成效的操作界面，从而使用户更容易查找和使用各种操作命令。新型的屏幕布局及动态的以结果为向导的图表种类使用户操作起来更顺手，如图 1-2 所示。

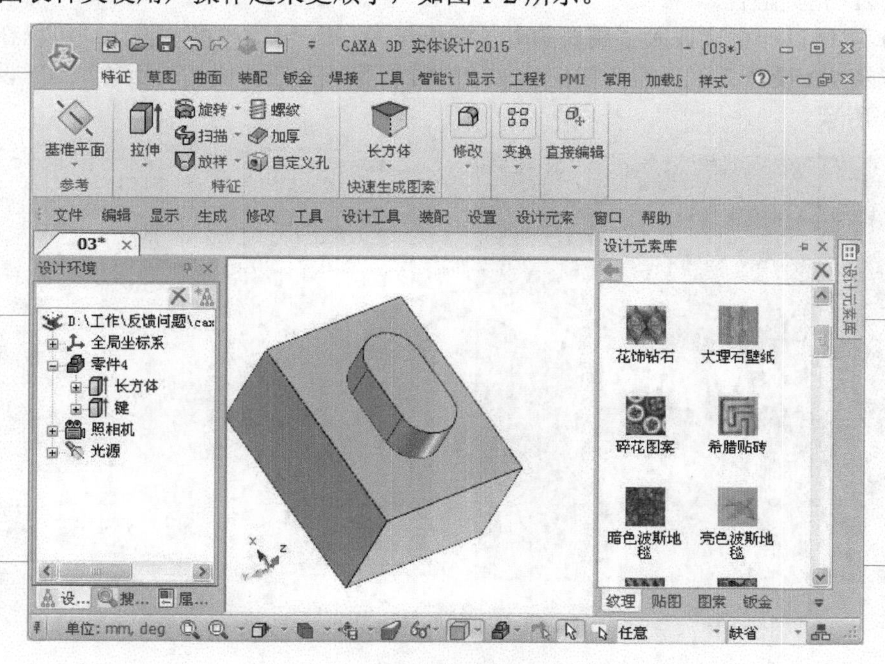


图 1-2　用户界面

(1)　三维球工具。

独特的、“万能”的三维球工具，为各种三维对象的复杂变换提供了灵活、便捷的操作。设计中 70%以上的操作都可以借助三维球工具来实现，三维球工具彻底改变了基于 2D 草图传统的三维设计操作麻烦、修改困难的状况，使设计工作更加轻松高效。

(2) 拖放式操作及智能手柄。

简单、直接、快速的设计方式，提供了像 Windows 一样直接用鼠标拖曳各种设计元素进行设计操作的功能，可实现对棱边、面、顶点、孔和中心点等特征的智能捕捉；屏幕上的可见驱动手柄可实现对特征尺寸、轮廓形状和独立表面位置的动态、直观操作。

(3) 标准件图库及系列件变形设计机制。

实体设计不仅具有完全可满足基本设计需要的大量三维标准件，还包括数以万计的符合新国标的 2D 零件库和构件库，用户只需用鼠标拖放即可快速得到紧固件、轴承、齿轮、弹簧等标准件。通过国标零件库，可方便地使用螺钉、螺栓、螺母、垫圈等紧固件及型钢等。除此之外，用户还可利用参数化与系列件变形设计的机制，轻松地进行系列件参数化设计。

(4) 知识重用库机制。

高效、智能的设计重用方式，利用成功的设计为新设计制订有说服力的参考方案。用户可自定义设计库，管理重复使用的零部件特征，当需要时，可在标准件库或自定义设计库中快速找到已经生成的零部件，然后，只需将这些零部件拖放到新设计中即可。并且，该方式支持在设计完成的零件及装配特征上设定除料特性加入库中，当从库中调用时，这个除料特性将自动应用到零件及装配体上。

2) 集成二维 CAD 软件

无缝集成领先的 2D 软件，帮助用户尽情发挥原有的二维 CAD 设计技能，充分利用 DWG/DXF/EXB 等二维设计数据，体验 3D 与 2D 集成给设计工作带来的种种优势。

(1) 3D 与 2D 完美融合。

CAXA 3D 实体设计直接嵌入了最新的电子图板作为 2D 设计环境，设计师可以在同一软件环境下轻松进行 3D 和 2D 设计，不再需要任何独立的二维软件，彻底解决了采用传统 3D 设计平台面临的挑战，如图 1-3 所示。

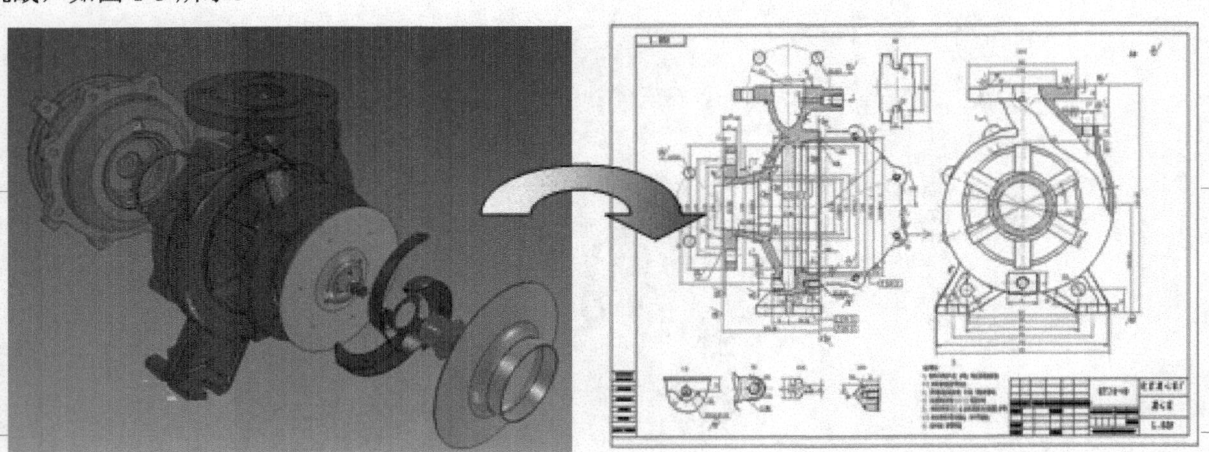

**图 1-3　3D 转换 2D**

(2) 2D 工程图。.

用户在三维设计环境中就可直接读取工程图数据，使用熟悉的 2D 界面强大的功能绘制工程图，并在其中创建、编辑和维护现有的 DWG/DXF/EXB 等数据文件。工程师可自由使用丰富的符合新国标的参数化标准零件库和构件库。CAXA 软件支持多文件 BOM 的导入、合并、更新等操作；支持关联的 3D 和 2D 的同步协作；支持零件序号自动生成、尺寸自动标注和尺寸关联，在 CAXA 3D 实体设计 2015 中支持零件序号的自动排序并可以快速检测失效的尺寸；支持通过视图树对尺寸及部件的显示与隐藏进行控制；支持 3D 和 2D 数据相互直接读取，而不再需要任何中间格式的转换或数据接口；支持数据库文件分类记录常用的技术要求文本项，可以辅助生成技术要求文本插入工程图，也可以对技术要求库的文本进行添加、删除和修改等；提供强大的 2D 工程图投影生成和绘制功能；支持定制符合国标的二维工程图模板、CAXA 电子图板与 AutoCAD 的 2D 工程图工具的接口集成等，如图 1-4 所示。

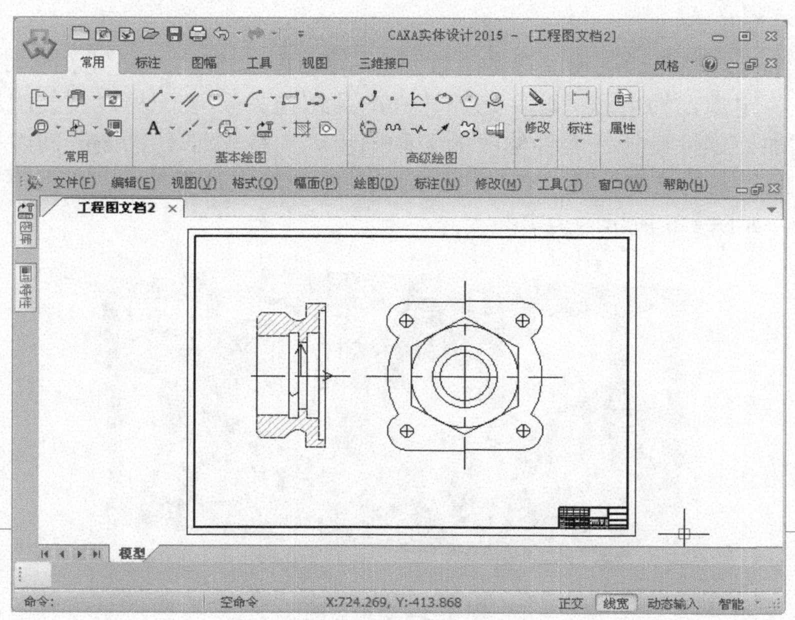


**图 1-4　2D 工程图**

(3)　曲面造型及处理。

多样的曲面造型及处理方式，提供了包括封闭网格面、多导动线放样面、高阶连续补洞面、导动面、直纹面、拉伸面、旋转面、偏移面等强大曲面生成功能，以及曲面延伸、曲面搭接、曲面过渡、曲面裁剪、曲面补洞、还原裁剪面、曲面加厚、曲面缝体、曲面裁体等强大曲面编辑功能，能够实现各种高品质复杂曲面及实体曲面混合造型的设计要求。

(4)　3D 曲线搭建。

独特的 3D 曲线搭建方式及工程数据读入接口，提供了创建 3D 参考点、3D 曲线、2D 曲线类型，生成曲面交线、投影线、包裹线、实体与曲面边线以及 3D 曲线打断、曲线裁剪、曲线组合、曲线拟合、曲线延伸等的编辑和借助三维球的曲线变换、绘制功能，并可利用.txt/.dat 工程数据文件读入并直接生成空间 3D 曲线，为复杂高阶连续曲面的设计提供强大支持。

(5)　草图绘制及 2D 到 3D 的转换接口。

强大的符合工程定义的草图工具，提供了方便各种 2D 曲线、构造线、草图等的选取和绘制功能，丰富的几何约束和状态显示控制功能，并支持直接读入并处理.dwg/.dxf/.exb 文件，完全消除了从 2D 到 3D 的转换困难。同时可以方便、灵活、精确地实现草图基准点、基准轴、基准面的设定及变换，并且支持直接复制二维几何到三维草图中。

3） 配置设计

直观、逼真、智能的装配设计，精确验证干涉情况和各种属性计算，助你快速创建高质量的数字样机。

(1) 智能装配。

快速方便的智能装配功能，通过设置附着点进行智能装配。结合设计元素库和参数化的变形设计功能可以实现参数化的智能装配，并确保每个零件的位置正确，大幅度地提高工作效率。

(2) 产品虚拟装配设计。

采用轻量化技术可以轻松读取和保存多达数万个零件的大装配，并提供了强大的对不同数据格式零件的插入、定位、定向、约束和关联，迅速建立产品结构关系/装配树以及装配属性，实现装配环境下的装配特征添加、零件设计、零件修改的关联同步。支持零/部件的装配间隙检查、干涉检查、物理属性计算，装配工艺的动态仿真检查与机构运动状态的动态仿真检查，产品爆炸图的生成，以及3D BOM的生成等。如图1-5所示为虚拟装配。

图 1-5 虚拟装配

(3) 装配历史顺序。

CAXA 实体设计软件支持对装配顺序的记录，利用装配回滚条可以回滚到装配的任一时刻，并支持回滚后插入编辑装配。利用装配回滚功能可以方便地查看整个装配的历史顺序，如图1-6所示。

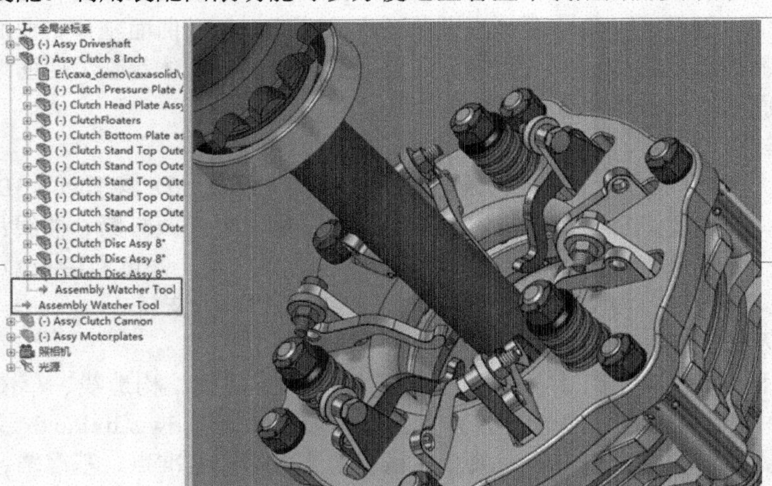


图 1-6 装配顺序

(4) 大装配模式。

CAXA 实体设计软件提供了大型装配体的解决方案，使用大装配模式可以显著提高在进行大型装配体设计时的运行效率和显示速度，如图 1-7 所示。

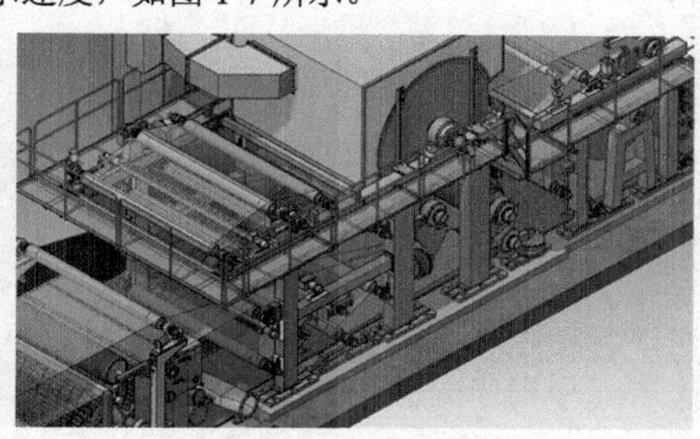

**图 1-7 装配模式**

(5) 钣金零件设计。

钣金零件设计功能提供了强大的直板、弯板、锥板、内折弯、外折弯、带料折弯、不带料折弯、工艺孔/切口、包边、圆角过渡、倒角等钣金图素库，以及丰富的通风孔、导向孔、压槽、凸起等行业标准的参数化压形和冲裁图素库；用户可对弯曲尺寸、角度、位置、半径和工艺切口进行灵活控制。CAXA 实体设计软件提供了强大的草图编辑、钣金裁剪、封闭角处理、用户板材设定和钣金自动展开计算等功能，在 CAXA 3D 实体设计 2015 中增加了放样钣金、冲压钣金工具、实体面转换钣金等功能。

(6) 参数化变形设计。

开放、友好、简单而灵活的参数化与系列化变形设计机制，帮助用户轻松地进行系列件参数化设计，也可以通过配置来控制参数使变形设计更加灵活、实用。

(7) 动画仿真。

专业级的动画仿真功能，可帮助用户轻松制作各种高级的装配/爆炸动画、约束机构仿真动画、自由轨迹动画、光影动画、漫游动画，以及透视、隐藏、遮挡等特效动画等，并可输出专业级的虚拟产品展示的 3D 影片。帮助用户更全面地了解产品在真实环境下如何运转，最大限度地降低对物理样机的依赖，从而节省构建物理样机及样机试验的资金和时间，缩短产品的上市周期。在 CAXA 3D 实体设计 2015 中增加的 3D 背景(Skybox)可以真实地模拟 3D 环境，如图 1-8 所示。

(8) 专业级渲染。

专业级的 3D 渲染功能可以对 3D 模型进行演示、交流及材质研究。结合照片工作室场景可生成逼真的产品仿真效果，并可输出专业级的虚拟产品广告图片或 3D 影片，如图 1-9 所示的是模型的渲染效果。

### 3. 基于网络团队的协同设计及二次开发平台

1) 数据交换

CAXA 3D 实体设计助你彻底消除处理和使用各种 CAD 设计数据相互转换和交流的障碍。

CAXA 实体设计软件支持 ACIS 和 Parasolid 最新版本，支持 IGES、STEP、STL、 3DS、VRML 等多种常用中间格式数据的转换，特别支持 DXF/DWG、Pro/E、CATIA、UG、SolidWorks、Inventor 等数据文件，支持特征识别和直接建模，可以方便地对读入的模型编辑修改。支持输出 3D PDF 技术文档，支持从软件中直接发送邮件发布到网站上，或者把设计零件直接插入报告、电子表格或任何其他支持 OLE2.0 的应用程序，如图 1-10 所示的是邮件发送模型。

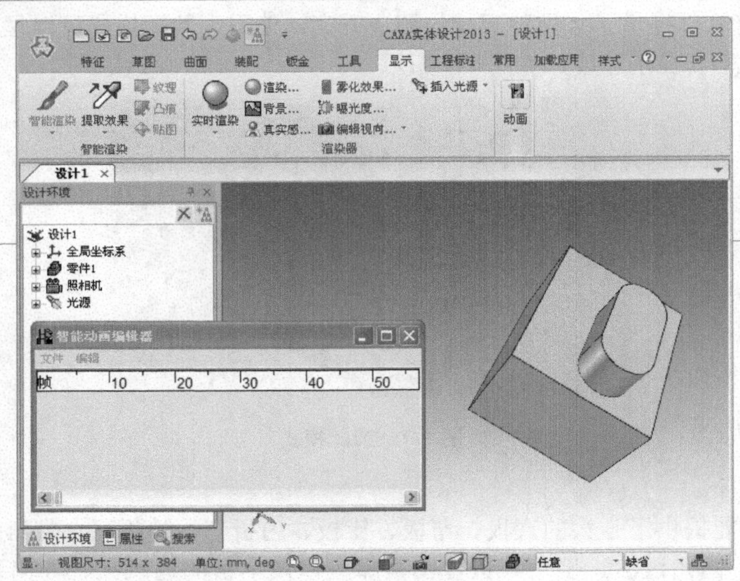


图 1-8　动画仿真

图 1-9　渲染效果

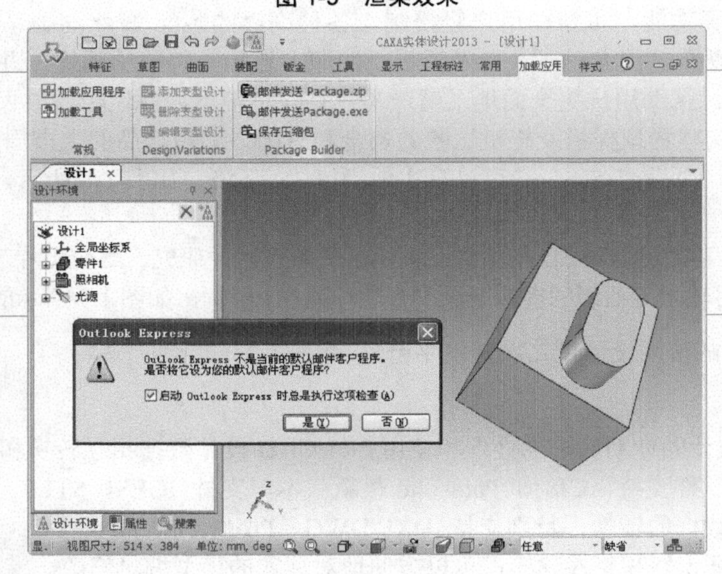


图 1-10　数据交换

2) 集成和协同

基于 Web 的 PLM 协同设计解决方案的重要组件，为基于网络的设计生成、交流共享和访问提供了协同和集成的能力。通过添加外部程序，以及与 CAXA 图文档管理方案、CAXA 工艺解决方案、CAXA 制造解决方案等无缝集成，构建出功能强大的业务协同解决方案。与 CAXA 协同管理平台对接后可以进行设计过程的审签，版本管理、文件浏览、零件分类管理等，如图 1-11 所示。

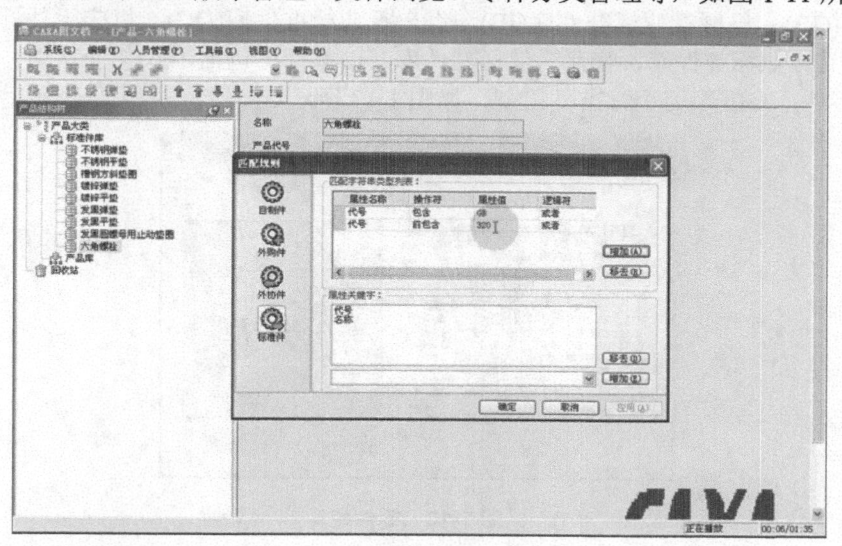

图 1-11 数据集成

3) 协同建模

CAXA 实体设计软件支持协同建模模式，支持读取其他三维软件的模型，然后在实体设计中编辑修改，同时也支持在其他三维软件中修改模型后自动更新实体设计中关联的模型，进而自动更新二维工程图，最大化地发挥企业设计的自由度，如图 1-12 所示。

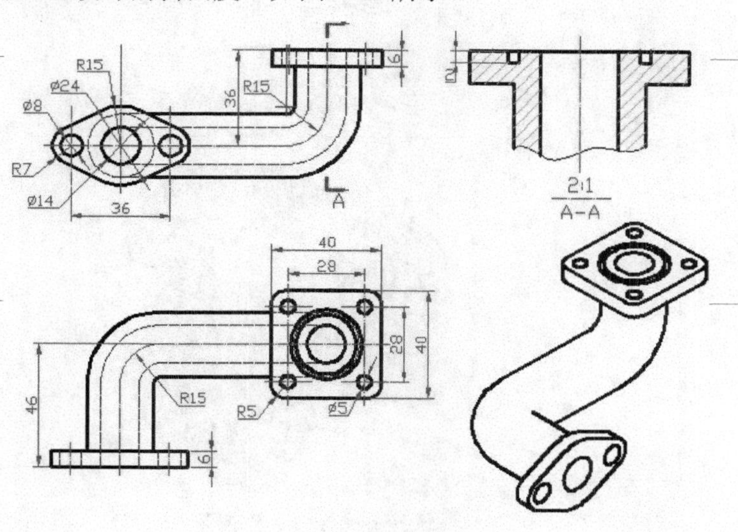


图 1-12 协同建模

4) API 二次开发平台

CAXA 软件满足不同用户和应用开发商在软件平台上进行定制开发和集成开发。

## 4. 新迪 3D 零件库

杭州新迪数字工程系统有限公司开发了基于 CAXA 实体设计平台的 3DSource 零件库，包括：中国国家标准件库(GB)、机械行业标准件库(JB)、汽车行业标准件库(QC)、机床附件标准件库、气动和液压元件库、模具行业标准件库、管路附件标准件库。该零件库包括 100 多个大类，400 多个小类，1800 多个系列零件，130 多万个标准件模型，如图 1-13 所示。

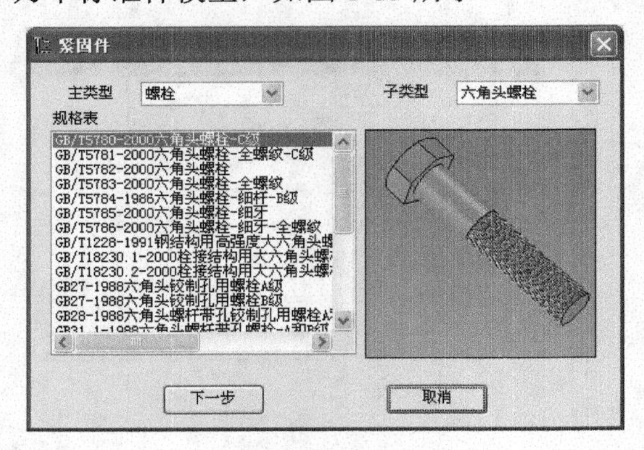


图 1-13　零件库

## 5. NEi Nastran

NEi Nastran 是一款集图形用户界面和模型编辑器于一体的强大的、通用的有限元分析(FEA)工具，可以对结构和机械部件的应力、动力学及热传递等进行线性和非线性分析，如图 1-14 所示。

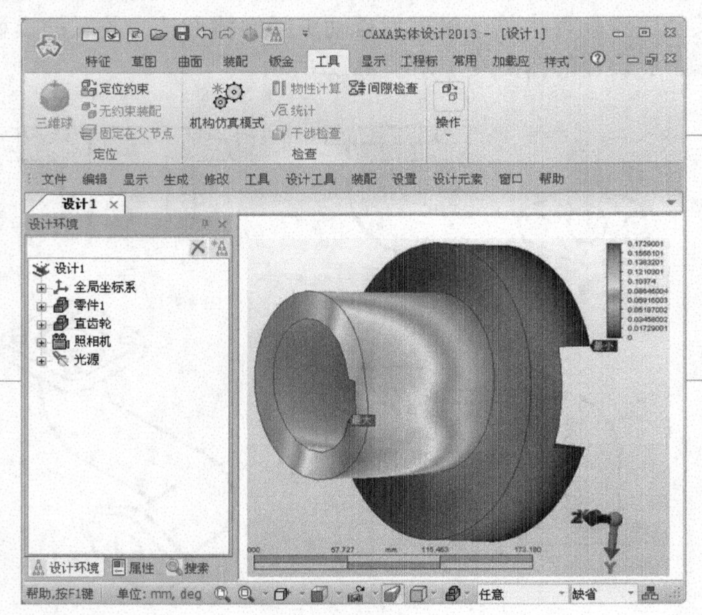


图 1-14　模型分析

## 1.1.2 CAXA 3D 实体设计 2015 产品介绍

CAXA 3D 实体设计中新增的智能设计批注是一组用于对三维模型进行编辑、审阅的工具，利用这个工具，工程师不但可以在模型上添加注释，也可以直接修改模型，还可以分步查看模型的修改过程，使工程师能够方便直观地和客户交流。新增的设计如图 1-15 所示。

CAXA 3D 实体设计独特的、“万能”的三维球，如图 1-16 所示，拖放式操作，智能手柄等设计工具的应用使设计摆脱了尺寸、约束的限制，让设计更加轻松高效。

CAXA 3D 实体设计支持创新模式和工程模式两种设计方式。创新模式将可视化的自由设计与精确化设计结合在一起，使产品设计跨越了传统参数化造型 CAD 软件的复杂性限制，不论是经验丰富的专业人员，还是刚进入设计领域的初学者，都能轻松地开展产品创新工作；全参数化设计模式(即工程模式)，符合大多数 3D 软件的操作习惯和设计思想，可以在数据之间建立严格的逻辑关系，便于设计修改，如图 1-17 所示。

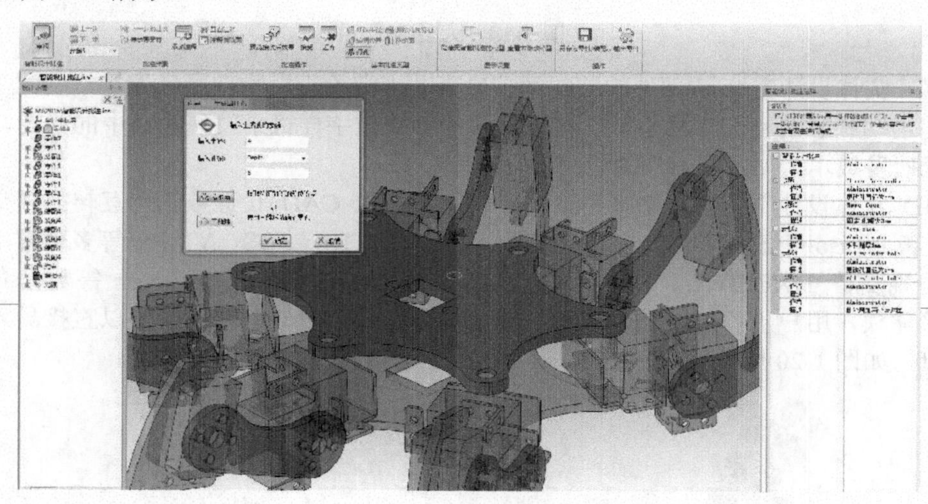

图 1-15　新增设计

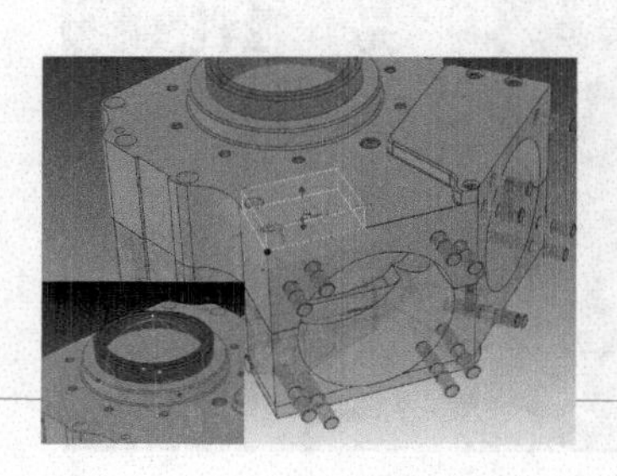

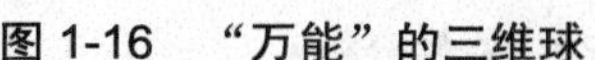

图 1-16　“万能”的三维球

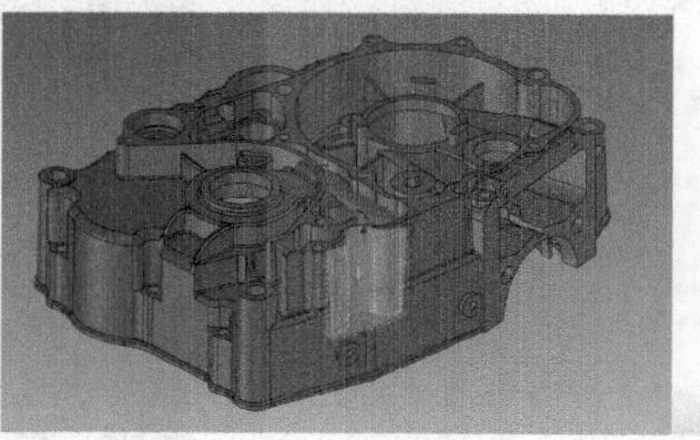

图 1-17　设计模式

CAXA 3D 实体设计为提升大型装配体的运行显示速度提供了大装配模式，使用大装配模式可以显著提高在进行大型装配体设计时的运行效率和显示速度。通过使用轻量化加载技术可以只加载当前设计所需的数据，大幅度减少了模型对内存的占用。大型装配如图 1-18 所示。

图 1-18　大型装配

CAXA 3D 实体设计支持零/部件的装配间隙检查、干涉检查、物理属性计算，装配工艺的动态仿真检查与机构运动状态的动态仿真检查，使设计者能够在数字样机中发现设计中的问题，减少用户多次试样，降低研发成本。如图 1-19 所示为装配检查。

CAXA 3D 实体设计帮助用户彻底消除处理和使用各种 CAD 设计数据相互转换和交流的障碍。它支持 ACIS 和 Parasolid 最新版本，支持 IGES、STEP、STL、 3DS、VRML 等多种常用中间格式数据的转换，特别支持 DXF/DWG、Pro/E、CATIA、UG、SolidWorks、Inventor 等数据文件，支持特征识别和直接建模，用户可以方便地对读入的模型编辑修改，设计的结果也可以直接导入 CAE 软件进行分析计算，如图 1-20 所示。

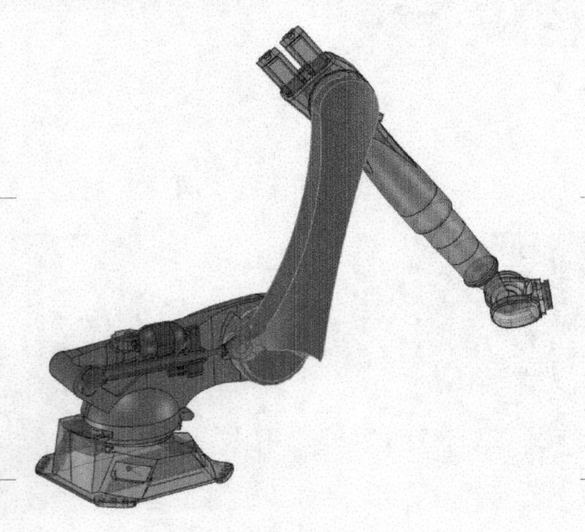

图 1-19　装配检查

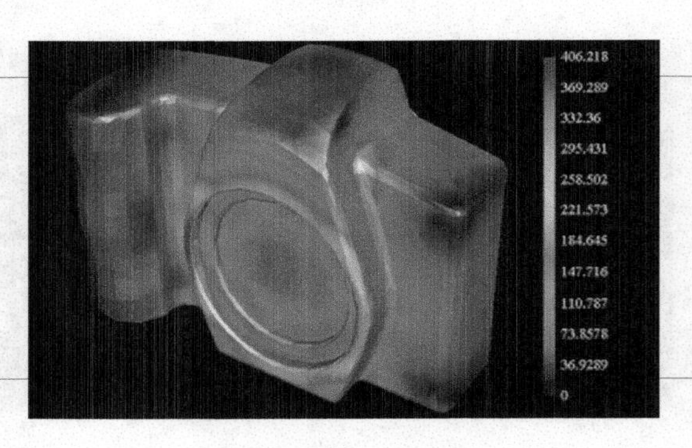


图 1-20　软件分析

标准件图库如图 1-21 所示。

CAXA 3D 实体设计直接嵌入了最新的电子图板作为 2D 设计环境，设计师可以在同一软件环境下轻松地进行 3D 和 2D 设计，不再需要任何独立的二维软件，彻底解决了采用传统 3D 设计平台面临的挑战。用户在三维设计环境中就可直接读取工程图数据，使用熟悉的 2D 界面强大的功能绘制工程图，并在其中创建、编辑和维护现有的 DWG/DXF/EXB 等数据文件。工程师可自由地使用丰富的符合新国标的参数化标准零件库和构件库。CAXA 3D 实体设计支持关联的 3D 和 2D 的同步协作；支持零件序号自动生成、尺寸自动标注和尺寸关联，如图 1-22 所示。

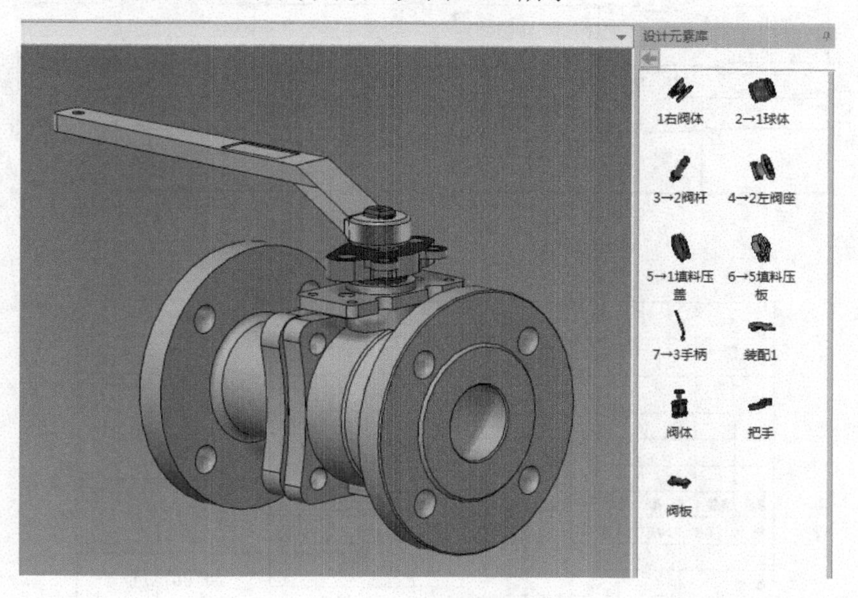


图 1-21　标准件图库

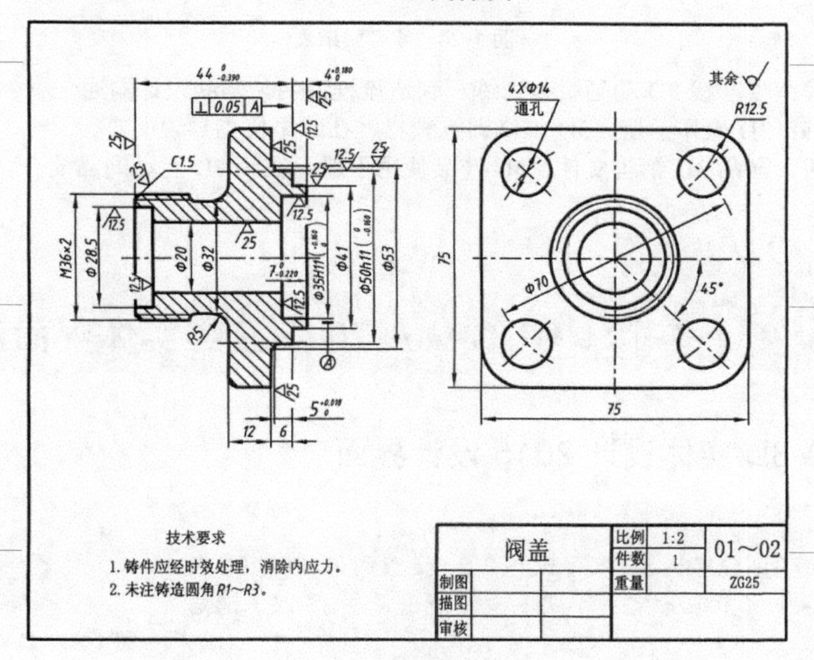


图 1-22　电子图板

使用 CAXA 3D 实体设计内置的专业动画、渲染模块可为销售、营销、客服、培训、技术支持和制造等领域的客户提供所需的资料，具体包括以下几种。

(1) 技术文件：3D 产品分解图、爆炸图、产品零件图、产品说明手册，如图 1-23 所示是零件产品图纸，如图 1-24 所示是零件明细表。

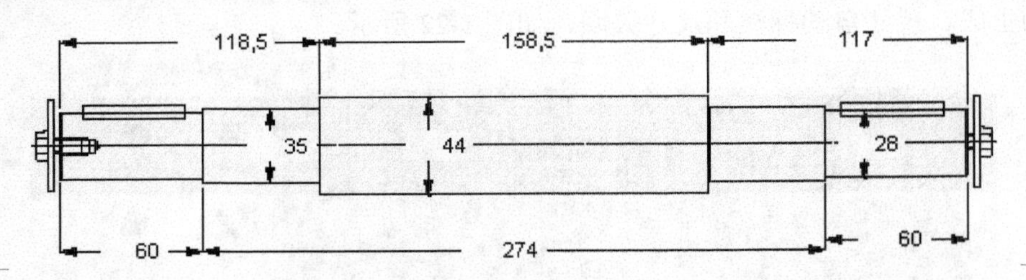


图 1-23　零件图纸

图 1-24　零件明细表

(2) 制造流程：生产线 3D 动画组装训练、制造流程说明、辅助设计沟通。
(3) 维修训练：3D 操作手册、3D 维修训练教材、在线维修指导说明。
(4) 市场销售：产品 3D 销售文件、3D 产品使用手册、在线 3D 互动产品简介。

# 第 2 课　2 课时　CAXA 2015 三维实体界面及操作

## 1.2.1　CAXA 3D 实体设计 2015 设计界面

**行业知识链接：**CAXA 3D 实体设计 2015 是最新的版本，它在原有软件的基础上有了很大改进。如图 1-25 所示是 2015 版本的启动界面。

图 1-25　CAXA 三维实体设计 2015 启动界面

### 1. 启动 CAXA 3D 实体设计 2015

选择【开始】|【所有程序】| CAXA |【CAXA 3D 实体设计 2015】命令，或直接双击桌面上的

【CAXA 3D 实体设计 2015】图标，弹出【欢迎】对话框，如图 1-26 所示。

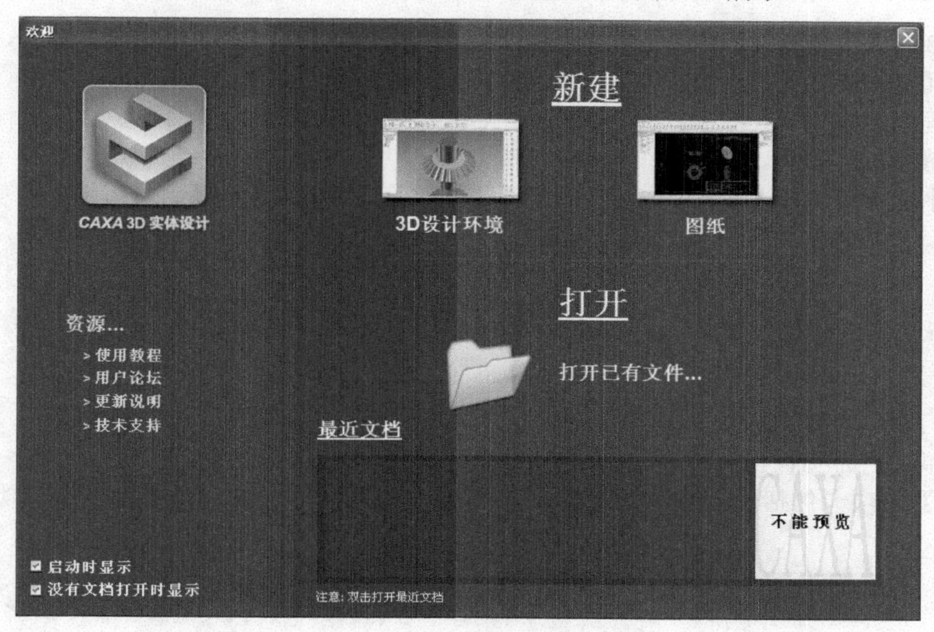


图 1-26 【欢迎】对话框

选择【3D 设计环境】或者【图纸】按钮，即可开始下一个新项目。如果不希望每次启动软件时都弹出【欢迎】对话框，则取消选中【启动时显示】复选框。

单击【确定】按钮，弹出【新的设计环境】对话框，如图 1-27 所示。

在【新的设计环境】对话框中，选择一个设计模板。如果不确定选择哪种设计环境和模板，可单击【确定】按钮，将显示系统默认的空白设计环境。

用户启动 CAXA 3D 实体设计 2015，新建一个文件或者打开一个文件后，将进入软件的基本操作界面，如图 1-28 所示。

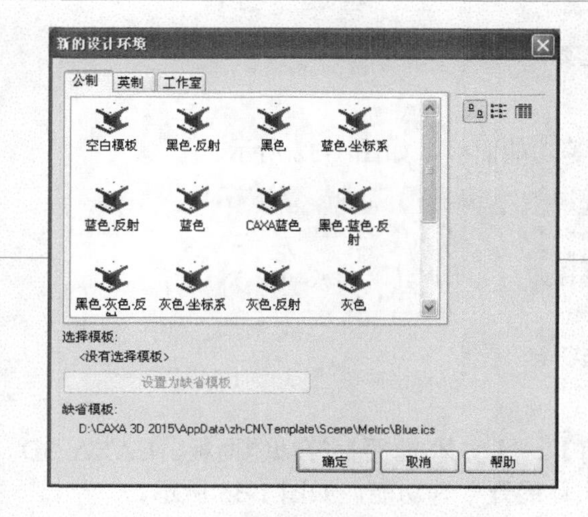


图 1-27 【新的设计环境】对话框

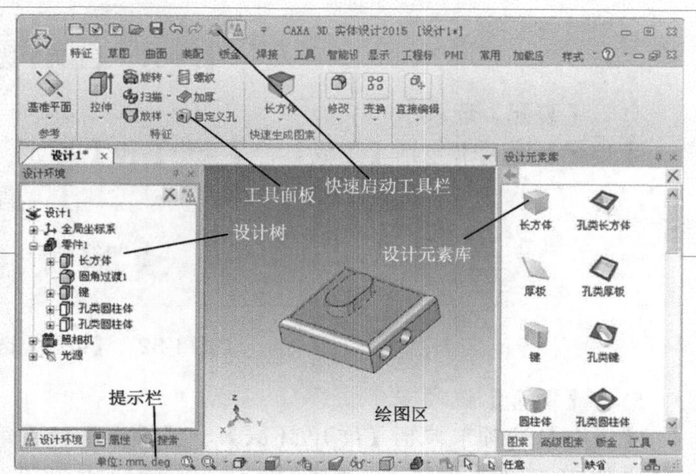


图 1-28 CAXA 3D 实体设计 2015 的基本操作界面

**2. 三维设计环境的交互界面**

CAXA 3D 实体设计 2015 的基本操作界面中包括【特征】、【草图】、【曲面】、【装配】、【钣金】、【焊接】、【工具】、【智能设计批注】、【显示】、【工程标注】、PMI、【常用】和【加载应用程序】等选项卡。

1) 【特征】选项卡

【特征】选项卡包括【参考】、【特征】、【修改】、【变换】和【直接编辑】等功能面板，如图 1-29 所示。

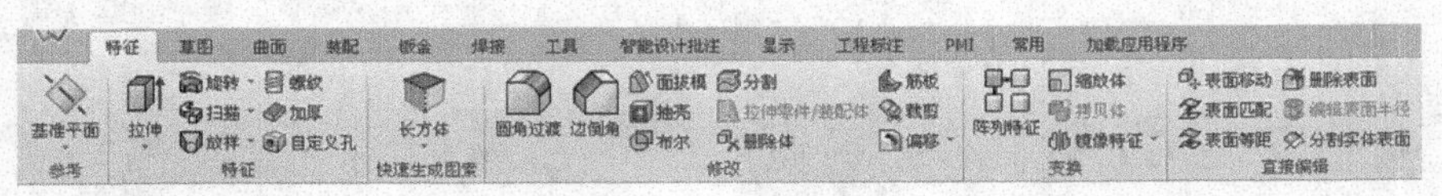


图 1-29 【特征】选项卡

2) 【草图】选项卡

【草图】选项卡包括【草图】、【绘制】、【修改】、【约束】和【显示】等功能面板，如图 1-30 所示。

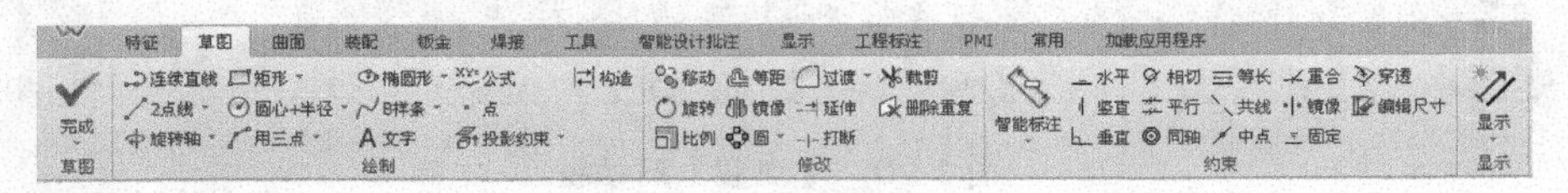


图 1-30 【草图】选项卡

3) 【曲面】选项卡

【曲面】选项卡包括【三维曲线】、【三维曲线编辑】、【曲面】和【曲面编辑】等功能面板，如图 1-31 所示。

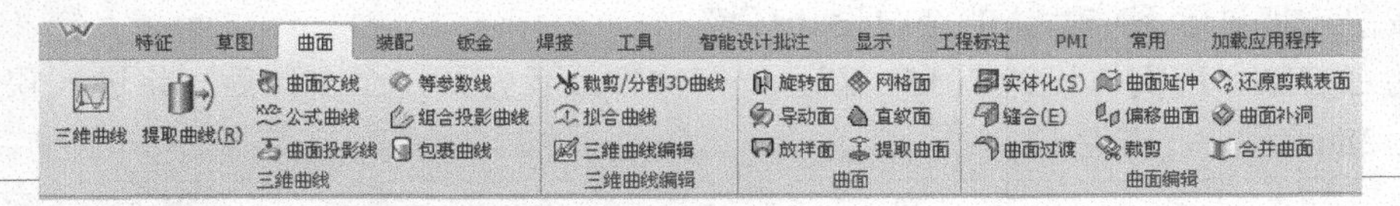


图 1-31 【曲面】选项卡

4) 【装配】选项卡

【装配】选项卡包括【生成】、【操作】和【定位】等功能面板，如图 1-32 所示。

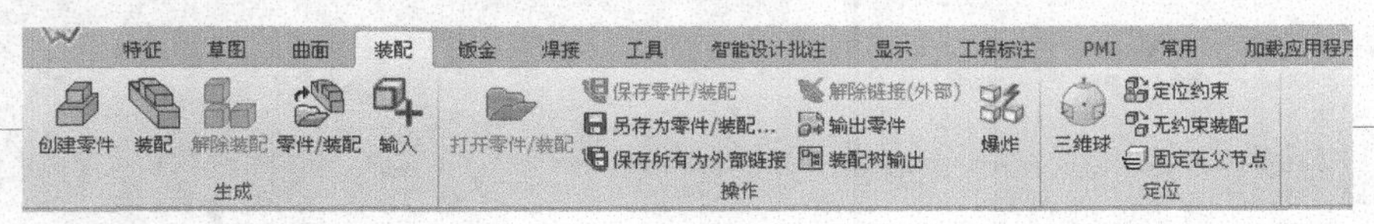


图 1-32 【装配】选项卡

5) 【钣金】选项卡

【钣金】选项卡包括【展开/还原】、【操作】、【角】、【实体/曲面】等功能面板。CAXA 3D 实体设计 2015 版本增加了“放样钣金”“成形工具”“实体展开”等功能，如图 1-33 所示。

6) 【焊接】选项卡

【焊接】选项卡包括【结构件】、【焊接】等功能面板，如图 1-34 所示。

图 1-33 【钣金】选项卡

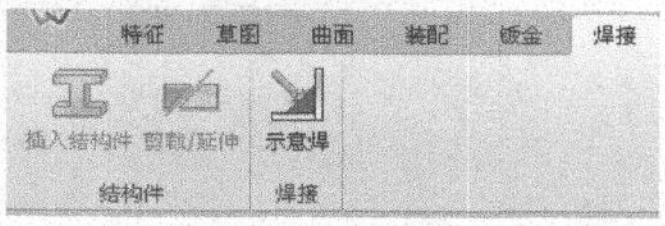

图 1-34 【焊接】选项卡

7) 【工具】选项卡

【工具】选项卡包括【定位】、【检查】和【操作】等功能面板，如图 1-35 所示。

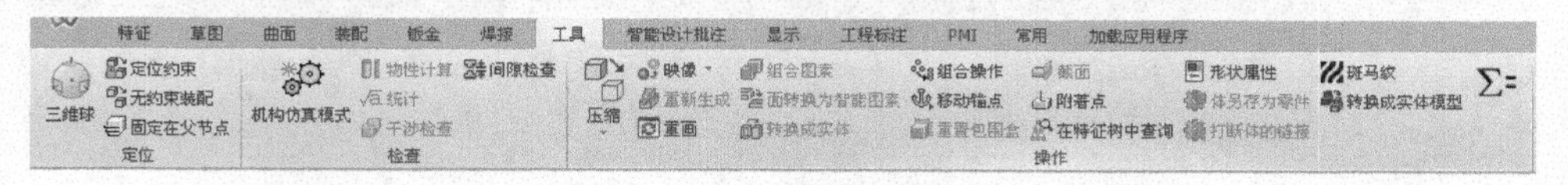


图 1-35 【工具】选项卡

8) 【智能设计批注】选项卡

【智能设计批注】选项卡包括【智能设计批注】、【批注步骤】、【批注操作】、【基本批注类型】、【显示设置】、【操作】等功能面板，如图 1-36 所示。

图 1-36 【智能设计批注】选项卡

9) 【显示】选项卡

【显示】选项卡包括【智能渲染】、【渲染器】和【动画】等功能面板，如图 1-37 所示。

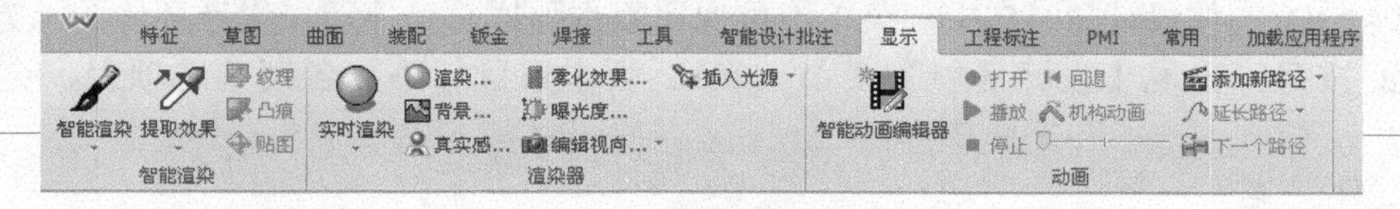


图 1-37 【显示】选项卡

10) 【工程标注】选项卡

【工程标注】选项卡中主要是用于三维标注的功能面板，如图 1-38 所示。

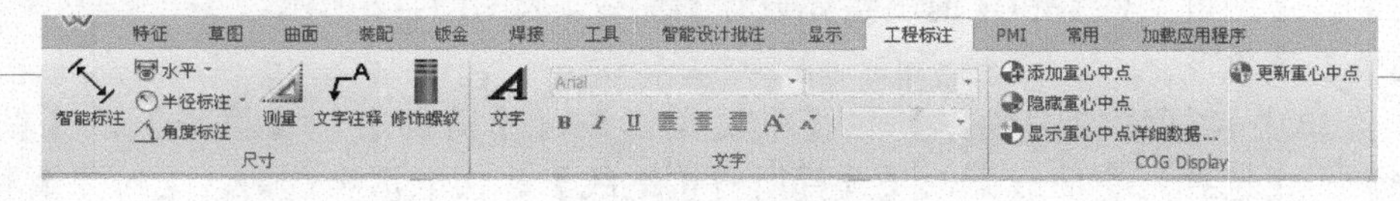


图 1-38 【工程标注】选项卡

11) PMI 选项卡

PMI 选项卡包括【风格】、PMI 等功能面板，如图 1-39 所示。

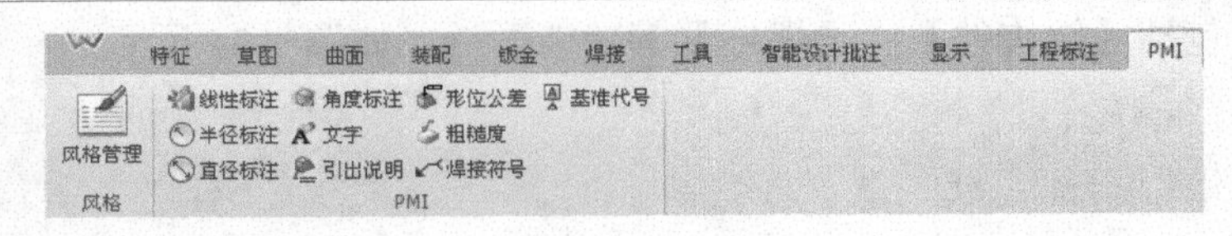

图 1-39　PMI 选项卡

12)　【常用】选项卡

【常用】选项卡中主要是设计环境的一些常用功能面板，如图 1-40 所示。

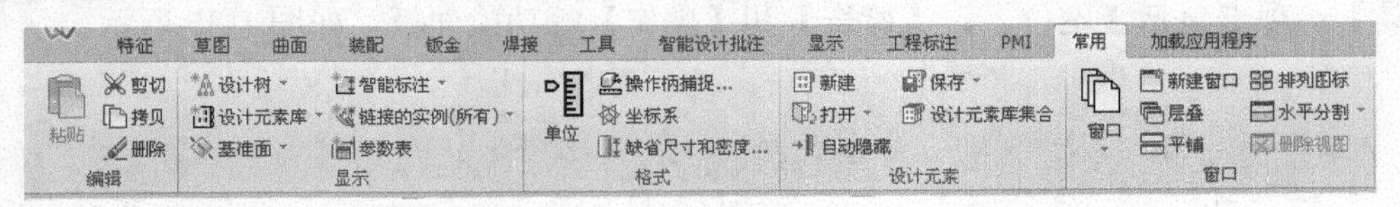

图 1-40　【常用】选项卡

13)　【加载应用程序】选项卡

【加载应用程序】选项卡中有加载应用程序的接口，还有变形设计的内容、保存及发送压缩包的内容，如图 1-41 所示。

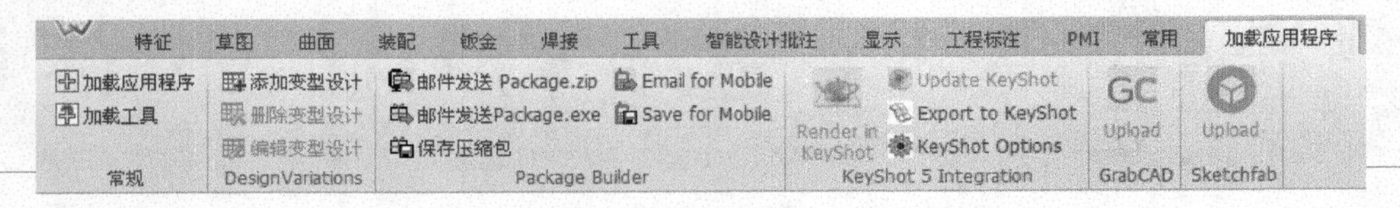

图 1-41　【加载应用程序】选项卡

### 3. 设计环境菜单

在 CAXA 3D 实体设计 2015 中，菜单不再像旧版本那样总是停留在设计环境的上方，单击软件界面左上角的按钮，出现【设计环境】菜单。2015 版本将鼠标移到各菜单选项上，会出现相应的菜单。

1)　【文件】菜单

【文件】菜单中包括【新文件】、【打开文件】、【关闭】、【新的设计环境】、【新的图纸环境】、【保存】、【另存为】、【另存为零件/装配】、【保存所有为外部链接】、【只保存修改的外部链接文件】、【打印设置】、【打印预览】、【打印】、【插入】、【输入】、【输出】、【发送】、【属性】、【最近文件】和【退出实体设计】命令，如图 1-42 所示。

2)　【编辑】菜单

【编辑】菜单中包括【取消操作】、【重复操作】、【剪切】、【拷贝】、【粘贴】、【删除】、【全选】、【选择所有曲线】、【选择所有构造线】、【取消全选】、【对象】和【编辑选中特征】等命令，如图 1-43 所示。

3)　【显示】菜单

【显示】菜单中包括有关设计环境元素查看操作的一些功能选项，如【工具条】、【状态条】和【设计元素库】、【设计树】等。对于设计环境，可以选择显示其光源、视向、附着点和坐标系，同样还可以选择显示智能标注、约束、包围盒尺寸和约束标识等。【显示】菜单如图 1-44 所示。

图 1-42 【文件】菜单　　图 1-43 【编辑】菜单　　图 1-44 【显示】菜单

4) 【生成】菜单

利用【生成】菜单中的命令可以创建特征、二维草图、三维曲线、曲面和文字等，也可以添加新的光源或视向。附加选项还能生成智能渲染、智能动画、智能标注、文字注释和附着点。【生成】菜单如图 1-45 所示。

5) 【修改】菜单

【修改】菜单主要用于对图素或零件模型进行编辑修改，包括圆角过渡、边倒角等操作，还包括对其表面进行的修改操作，此外还可以对图素或零件模型实施布尔、抽壳和分裂操作。【修改】菜单如图 1-46 所示。

6) 【工具】菜单

【工具】菜单可以使用三维球、无约束装配和约束装配工具，还可以分析对象进行物性计算、显示统计信息或干涉检查。对于钣金设计，可以进行钣金展开、展开复原和切割钣金件、创建放样钣金、成形工具、从实体展开等操作；还包括添加新的工具栏和按钮。【工具】菜单如图 1-47 所示。

7) 【设计工具】菜单

【设计工具】菜单用于对选定的图素、零件模型或装配件进行组合操作；重置包围盒、移动锚点，或重新生成、压缩和解压缩对象；也可将图素组合成一个零件模型，并利用选定的面生成新的智能图素，或将对象转换成实体模型；关于体的功能选项包括【体另存为零件】、【打断体的链接】。【设计工具】菜单如图 1-48 所示。

8) 【装配】菜单

【装配】菜单将图素、零件、装配件装配成一个新的装配件或拆开已有的装配件。【装配】菜单如图 1-49 所示。

9) 【设置】菜单

【设置】菜单用于指定单位、局部坐标系参数以及默认尺寸和密度，也可以用来定义渲染、背景、雾化、曝光度和视向的属性。【设置】菜单如图 1-50 所示。

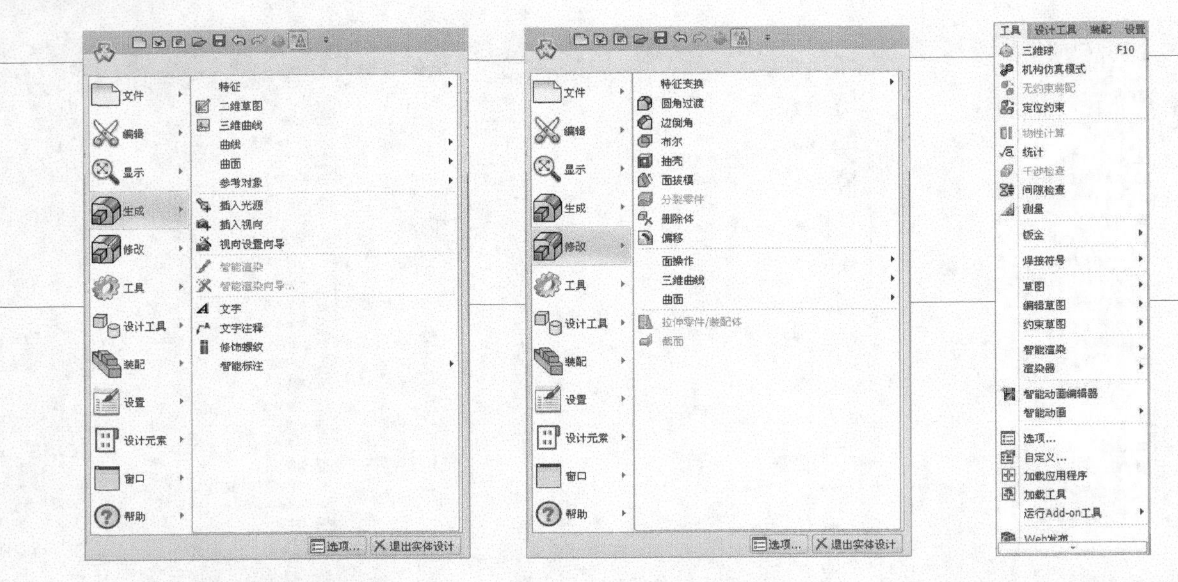


图 1-45 【生成】菜单　　图 1-46 【修改】菜单　　图 1-47 【工具】菜单

图 1-48 【设计工具】菜单　　图 1-49 【装配】菜单　　图 1-50 【设置】菜单

10) 【设计元素】菜单

【设计元素】菜单提供了设计元素的新建、打开和关闭等功能选项，包括激活或禁止设计元素库的“自动隐藏”功能，还包括设计元素保存和重新生成命令。【设计元素】菜单如图 1-51 所示。

11) 【窗口】菜单

【窗口】菜单包括用来生成新窗口、层叠/平铺窗口和排列图标的窗口选项，菜单底部用于显示所有已打开的模型的文件名。【窗口】菜单如图 1-52 所示。

12) 【帮助】菜单

【帮助】菜单中包括【帮助主题】和【更新说明】等命令，选择【关于】命令可以查看产品名称和版本等相关信息。【帮助】菜单如图 1-53 所示。

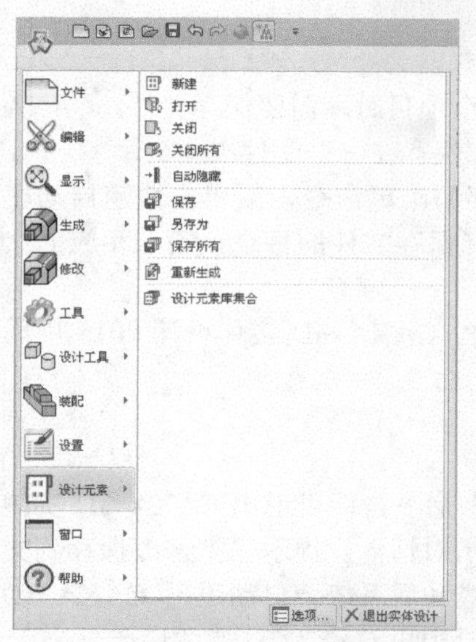


图 1-51 【设计元素】菜单

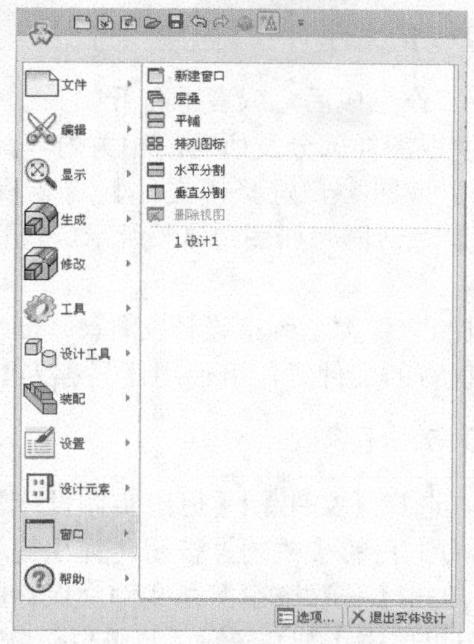


图 1-52 【窗口】菜单

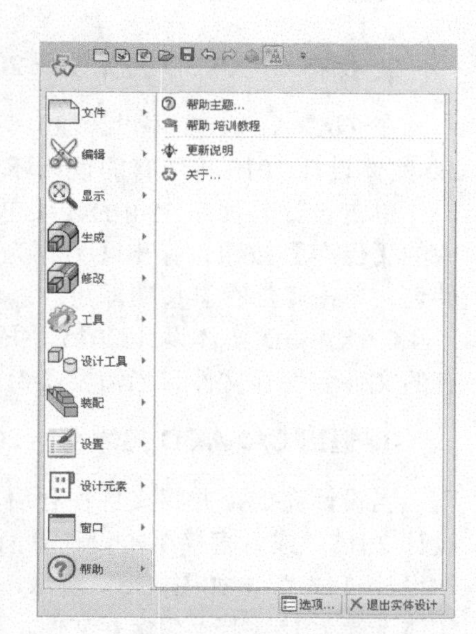


图 1-53 【帮助】菜单

## 1.2.2 CAXA 三维实体设计 2015 文件管理操作

**行业知识链接：**CAXA 的文件管理和 Windows 软件中的文件管理是一样的，除了可以使用菜单命令进行管理外，还可以使用【标准】工具栏中的按钮进行操作。如图 1-54 所示是调出的【标准】工具栏。

图 1-54 【标准】工具栏

### 1. 打开 CAXA 3D 实体设计 2015 的文件

【打开】命令用来打开一个已经创建好的文件。选择【文件】|【打开】菜单命令，可打开【打开】对话框，如图 1-55 所示，它和大多数软件的打开文件对话框相似，这里不再详细介绍了。

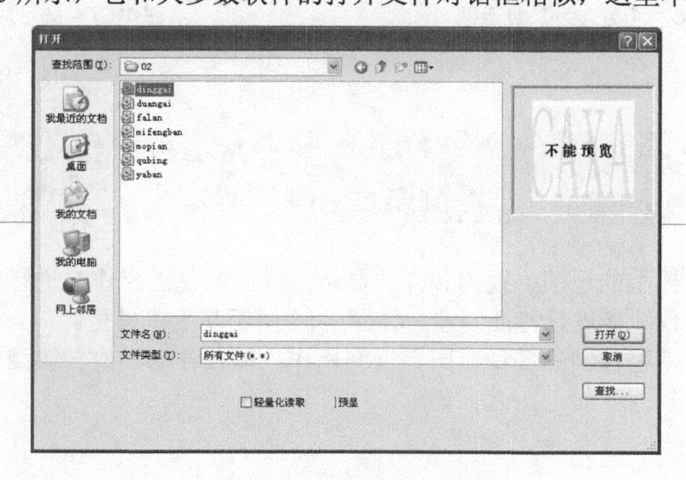


图 1-55 【打开】对话框

### 2. 保存 CAXA 3D 实体设计 2015 的文件

在 CAXA 3D 实体设计 2015 工作完成后，或者准备开始另一个项目时，需要保存文件。CAXA 3D 实体设计 2015 将所有的设计环境或图样部分及所有的相关内容都保存在一个文件夹中。

单击设计界面左上角的【菜单】按钮，选择【文件】|【保存】菜单命令，或单击快速启动栏中的【保存】按钮，弹出【另存为】对话框，如图 1-56 所示。选择保存文件的目录，输入相应的文件名，单击【保存】按钮即可。

CAXA 3D 实体设计 2015 生成的文件类型为：设计文件(*. ics)。CAXA 3D 实体设计 2015 用现有的文件名保存文件。当需要备份现有的文件时，可使用【另存为】命令。

### 3. 退出 CAXA 3D 实体设计 2015

当设计完成，并将文件保存后，选择【文件】|【退出实体设计】命令，即可退出 CAXA 3D 实体设计 2015。或者直接单击设计界面右上角的【关闭】按钮，弹出提示对话框，提示“把修改保存到文件设计 1*？”，如图 1-57 所示，单击【是】按钮保存文件，保存成功后系统会自动退出 CAXA 3D 实体设计 2015。若不想保存文件，可以单击【否】按钮，系统也会自动退出 CAXA 3D 实体设计 2015。

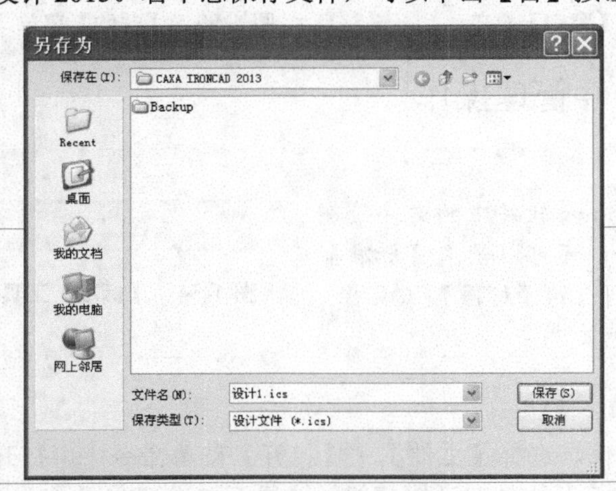


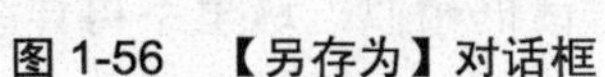
图 1-56 【另存为】对话框

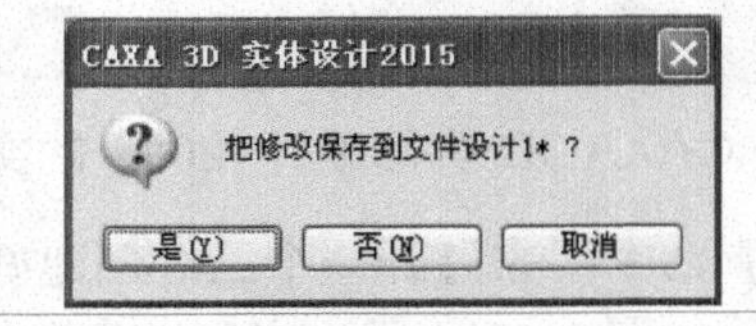


图 1-57 提示对话框

## 课后练习

案例文件：ywj\01\01. ics
视频文件：光盘\视频课堂\第 1 教学日\1.2

本节课后练习手机模型的视图、视向和样式显示，模型的视图操作是进行零件设计的基础，对模型进行合理的移动等操作才能进行特征创建。如图 1-58 所示是手机模型。

本节案例主要练习手机模型的各种视图、视向操作，以及移动和旋转模型。创建手机模型的思路和步骤如图 1-59 所示。

图 1-58　手机模型

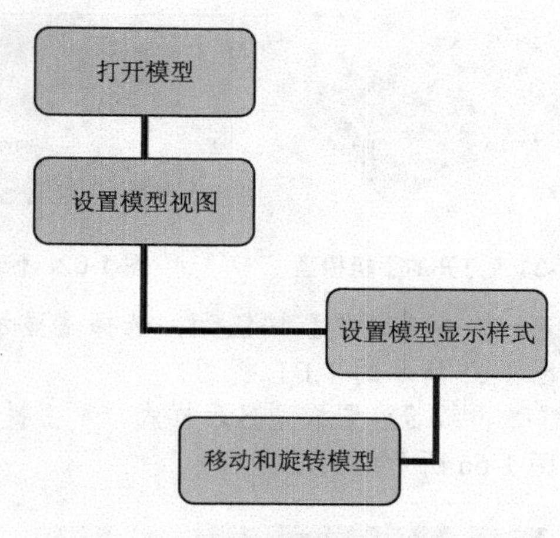


图 1-59　创建手机模型的操作步骤

案例操作步骤如下。

step 01 首先打开模型，选择【文件】|【打开】菜单命令，打开【打开】对话框，选择文件“01”，如图 1-60 所示，单击【打开】按钮。

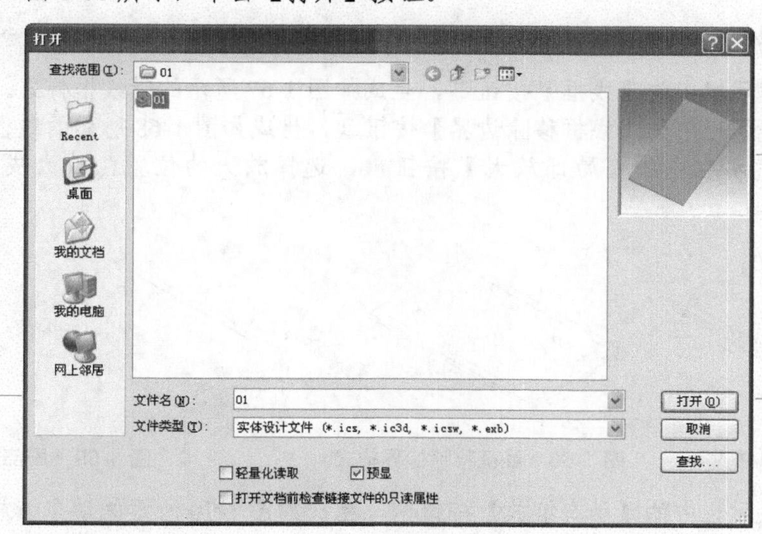


图 1-60　打开文件

step 02 打开的手机模型如图 1-61 所示。

step 03 之后设置模型视图，单击【菜单】按钮，选择【显示】|【视向设置】|【俯视图】菜单命令，生成如图 1-62 所示的俯视图。

step 04 单击【菜单】按钮，选择【显示】|【视向设置】|【后视图】菜单命令，生成如图 1-63 所示的后视图。

step 05 单击【菜单】按钮，选择【显示】|【视向设置】|【仰视图】菜单命令，生成如图 1-64 所示的仰视图。

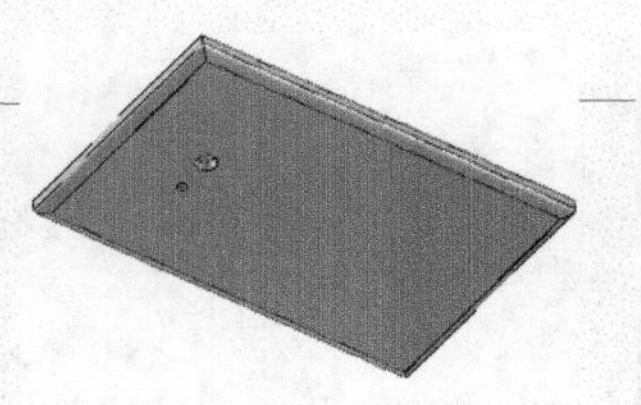

图 1-61　打开的手机模型

图 1-62　俯视图

图 1-63　后视图

step 06 单击【菜单】按钮，选择【显示】|【视向设置】|【T.F.L.视图】菜单命令，生成如图 1-65 所示的 T.F.L.视图。

step 07 再练习设置模型显示样式，单击提示栏中的【带隐藏边界的真实感图】按钮，生成如图 1-66 所示的图形。

图 1-64　仰视图

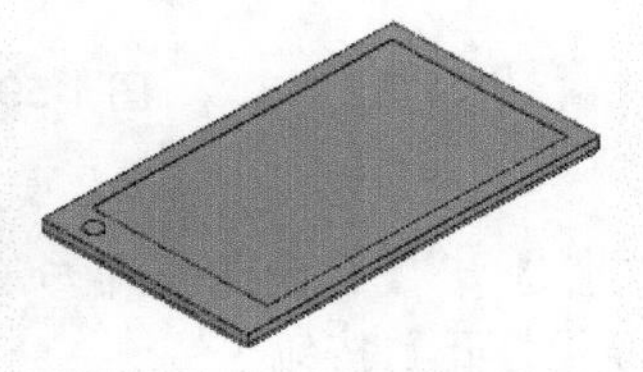

图 1-65　T.F.L.视图

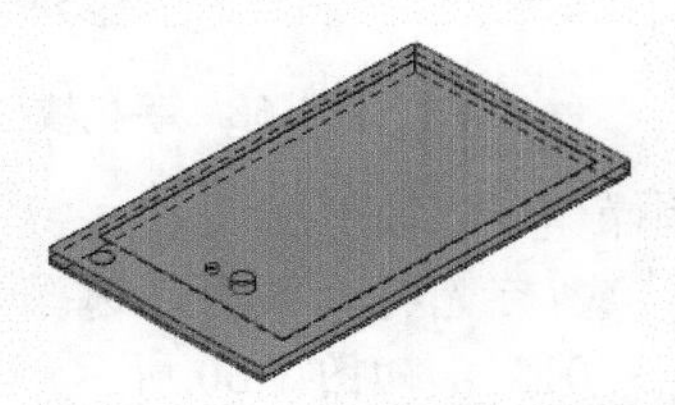

图 1-66　带隐藏边界的真实感图

step 08 单击提示栏中的【线框】按钮，生成如图 1-67 所示的带线框样式。

step 09 单击提示栏中的【线框移除边界】按钮，生成如图 1-68 所示的线框移除边界样式。

step 10 单击提示栏中的【局部放大】按钮，选择放大的位置，放大成如图 1-69 所示的样式。

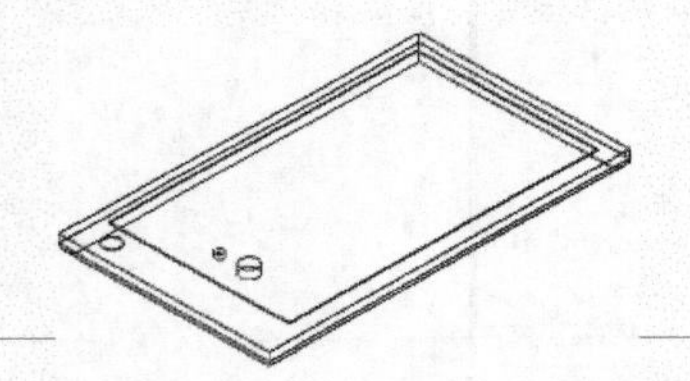

图 1-67　带线框样式

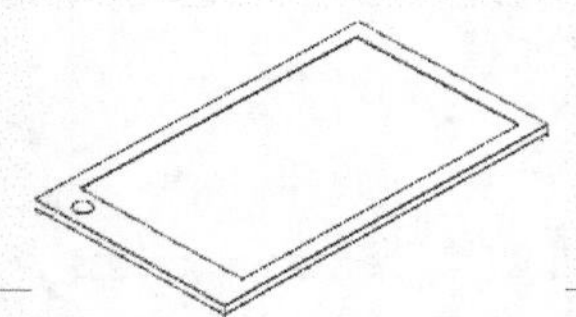

图 1-68　线框移除边界样式

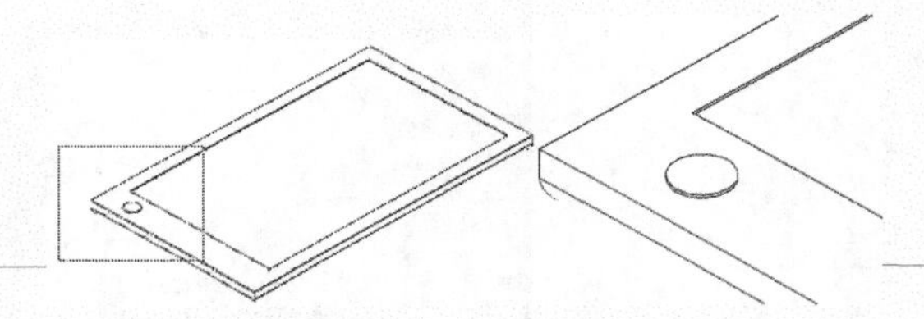

图 1-69　局部放大样式

step 11 单击提示栏中的【动态缩放】按钮，生成如图 1-70 所示的动态缩放样式。

step 12 单击提示栏中的【动态旋转】按钮，生成如图 1-71 所示的动态旋转样式。

step 13 单击提示栏中的【保存视向】按钮，弹出【添加视向】对话框，设置名称，如图 1-72 所示，单击【确定】按钮。

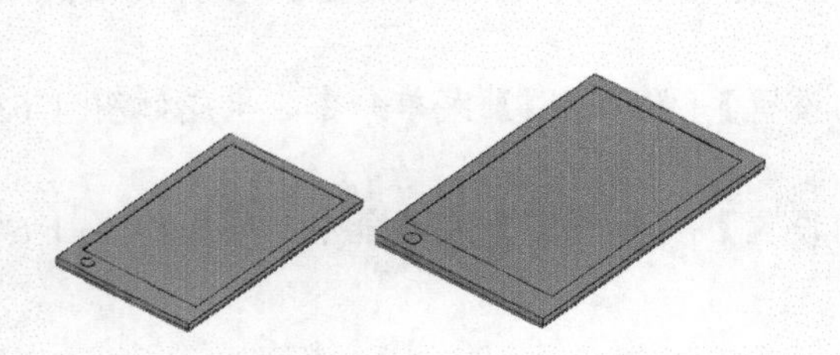

图 1-70　动态缩放样式

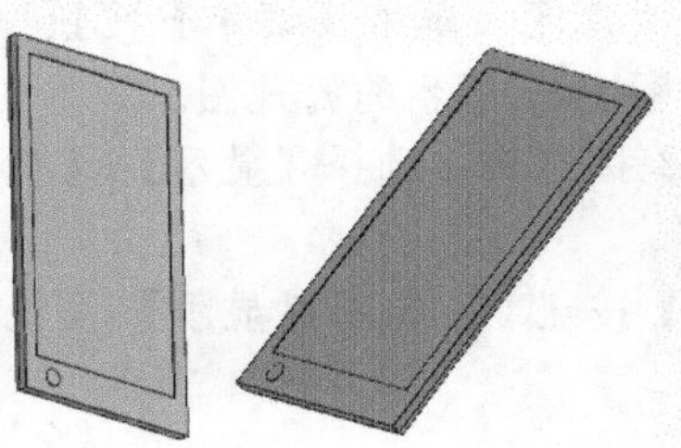

图 1-71　动态旋转样式

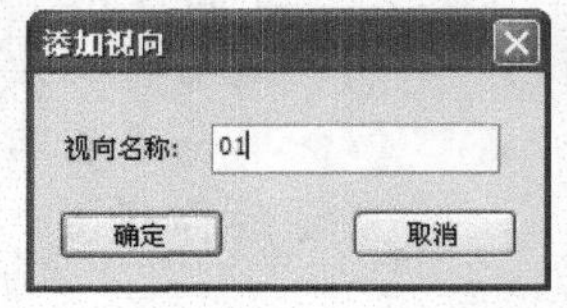


图 1-72　【添加视向】对话框

step 14 单击提示栏中的【自定义视向管理】按钮，弹出【自定义视向管理】对话框，查看视向，如图 1-73 所示，然后单击【确定】按钮。

step 15 最后保存文件，选择【文件】|【另存为】菜单命令，弹出【另存为】对话框，输入文件名，如图 1-74 所示，然后单击【保存】按钮。

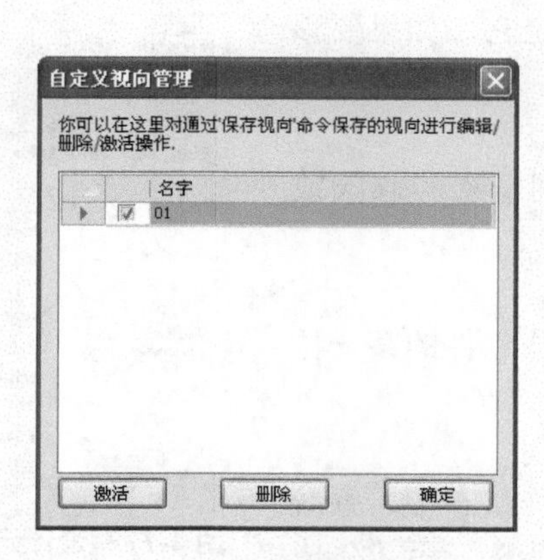


图 1-73 【自定义视向管理】对话框

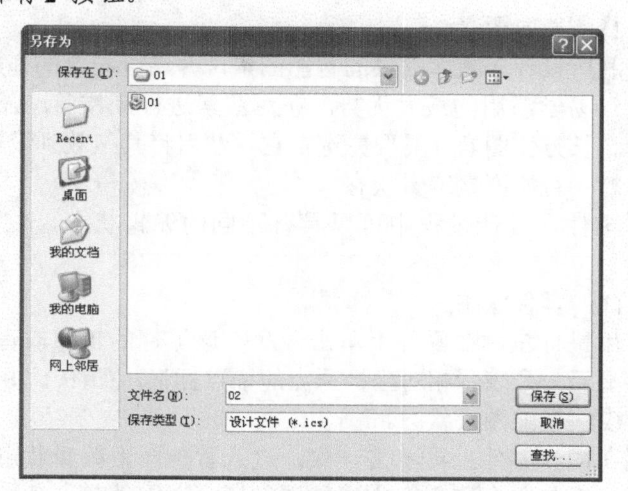


图 1-74 【另存为】对话框

**机械设计实践：**在计划创建三维模型阶段，应对所设计的机器的需求情况做充分的调查研究和分析。通过分析，进一步明确零件所应具有的功能，并为以后的决策提出由环境、经济、加工以及时限等各方面所确定的约束条件。如图 1-75 所示的轴销零件，在进行创建时要重点考虑内径的尺寸及公差。

图 1-75 轴销零件

## 第3课 2课时 智能图素和捕捉应用

**行业知识链接：**智能图素是 CAXA 三维实体设计特有的工具，可以快速地添加需要的各种特征。如图 1-76 所示的孔类零件，在创建时使用智能图素可以快速创建圆柱体、圆柱孔等特征。

图 1-76 孔类零件

### 1.3.1 智能图素应用基础

CAXA 实体可以直接应用智能图素方便快捷地实现设计，通过设计树可以直观地选择设计图素，便捷高效地修改和编辑三维设计，并且可以基于可视化的参数驱动对其进行编辑或修改。

CAXA 3D 实体设计的设计界面中右边的【设计元素库】包括动画、图素、工具、纹理、表面光泽、贴图、钣金、颜色和高级图素等，如图 1-77 所示。

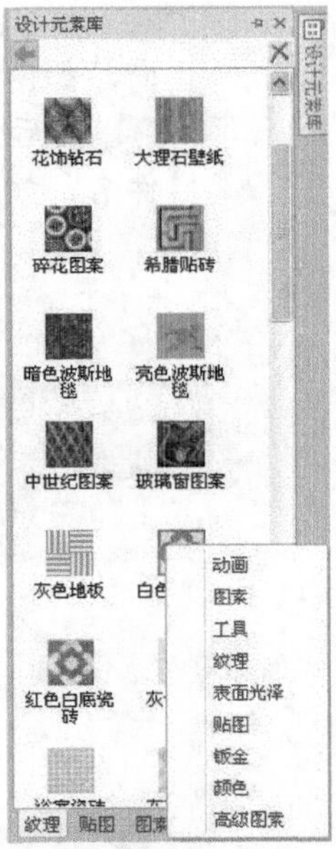

图 1-77 设计元素库

### 1. 选取图素及其编辑状态

1) 选取图素

利用设计元素库提供的智能图素，并结合简单的拖放操作是 CAXA 3D 实体设计易学易用的最大优势。在对图素进行操作前，需要先选定它。如果要移动一个长方体图素，需要先选定它，然后将其拖放到设计界面。

2) 智能图素编辑状态

零件在设计过程中可以具有不同的编辑状态，以提供不同层次的修改或编辑。

(1) 零件状态。

用鼠标左键在零件上单击一次，该零件的轮廓被青色加亮，零件的某一位置会显示一个表示相对坐标原点的锚点标记，如图 1-78 所示。

(2) 智能图素状态。

在同一零件上再单击一次，进入智能图素编辑状态。在这一状态下，系统显示一个包围盒和六个方向的操作柄。在零件某一角点显示的箭头表示了生成图素时的拉伸方向，如图 1-79 所示。

(3) 线/表面状态。

在同一零件的某一表面上再单击一次，这时表面的轮廓被绿色加亮，此时进行任何操作只会影响选中的表面，对于线也有同样的操作效果，如图 1-80 所示。

图 1-78 图素的零件状态

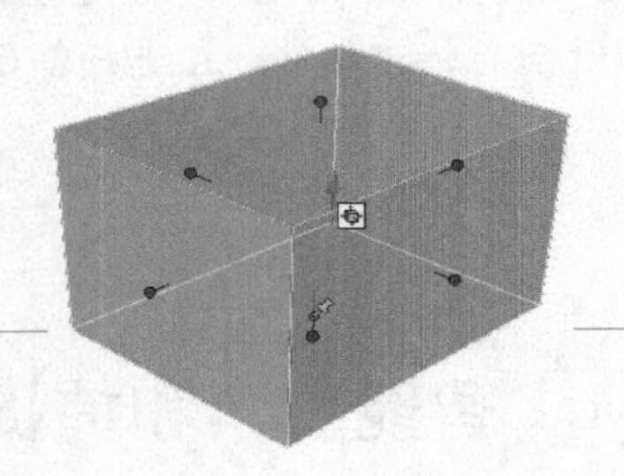

图 1-79 图素的智能图素状态

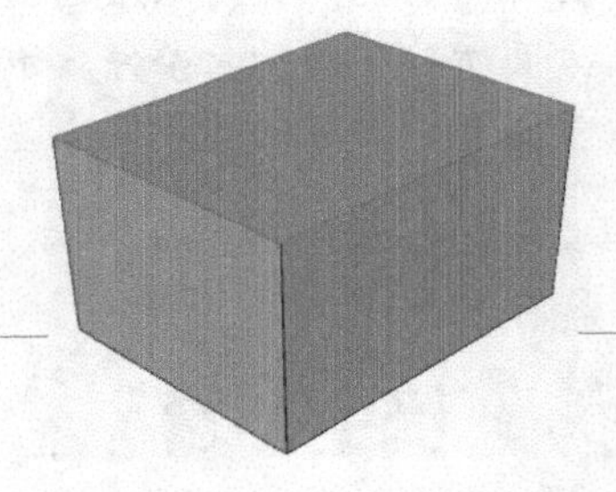

图 1-80 图素的线/表面状态

### 2. 包围盒与操作柄

在默认状态下，对实体单击两次，即可进入智能图素编辑状态。在这一状态下，系统显示一个包围盒和六个方向的操作柄。在实体设计中，可以直接通过拖放的方式编辑零件尺寸，而不必设定尺寸值，如图 1-81 所示。

右击包围盒操作柄，在弹出的快捷菜单中选择【编辑包围盒】命令，弹出【编辑包围盒】对话框。该对话框中显示了当前包围盒的尺寸数值，如图 1-82 所示。

### 3. 定位锚

CAXA 3D 实体设计中的每一个元素都有一个定位锚，它由一个绿点和两条绿色线段组成，类似 L 形标志。当一个图素被放进设计环境中而成为一个独立的零件时，定位锚所在的位置就会显示一个图钉形标志。定位锚的长的方向表示对象的高度轴，短的方向表示对象的长度轴，没有标记的方向表示对象的宽度轴，如图 1-83 所示。

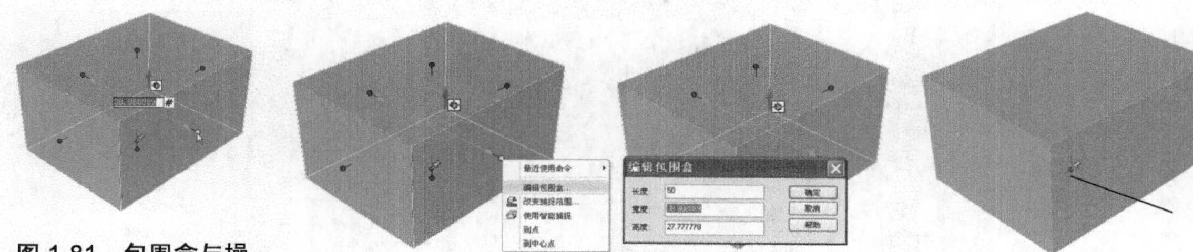


图 1-81　包围盒与操作柄

图 1-82　编辑包围盒操作

图 1-83　定位锚

#### 4. 智能图素方向及属性设置

单击快速启动工具栏中的【显示设计树】按钮，打开【设计环境】中的设计树，单击【属性】选项，打开【属性】命令管理栏，如图 1-84 所示。其中包括【消息】、【动作】、【显示】、【属性】、【智能渲染设置】、【参数和其他属性】等选项。在【动作】选项组中可以选择对智能图素进行的操作，如抽壳和三维球移动复制等；在【属性】选项组可以对智能图素的包围盒、质量和显示等进行设置；【属性】命令管理栏中的属性选项与智能图素属性表中的相应选项含义一致，并且相互联动。

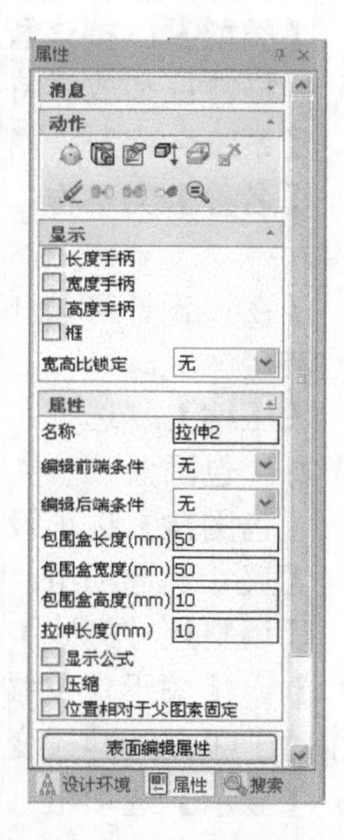


图 1-84　【属性】命令管理栏

当智能图素被拖入设计环境中作为独立图素时，其方向是由它的定位锚决定的。也就是说，定位锚的方向与设计环境坐标系的方向一致，长、宽、高分别与坐标系的 X、Y、Z 轴平行，如图 1-85 所示。

当智能图素被拖到其他的图素上时，智能图素的方向会受到其放置表面的影响，智能图素的高度正方向指离其放置表面，如图 1-86 所示。

在智能图素状态下右击，在弹出的快捷菜单中选择【智能图素属性】命令，如果选择的是一个拉伸生成的智能图素，则弹出【拉伸特征】对话框，如图 1-87 所示。如果选择的是一个旋转生成的智能图素，则会弹出【旋转特征】对话框。

1)　常规

【常规】选项设置界面主要显示智能图素的类型及名称，如图 1-87 所示。

图 1-85　智能图素的方向

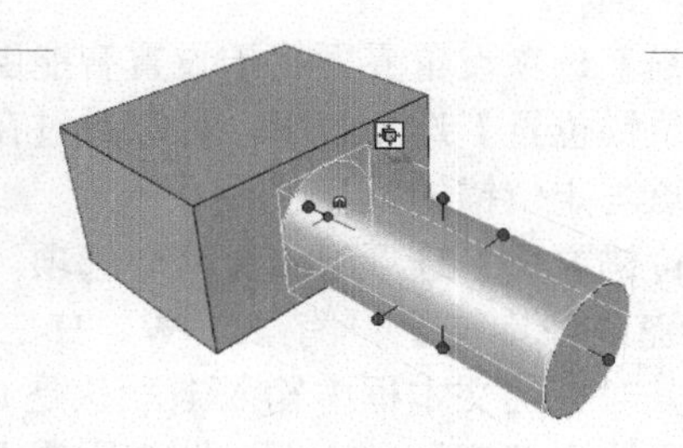

图 1-86　智能图素放置的方向

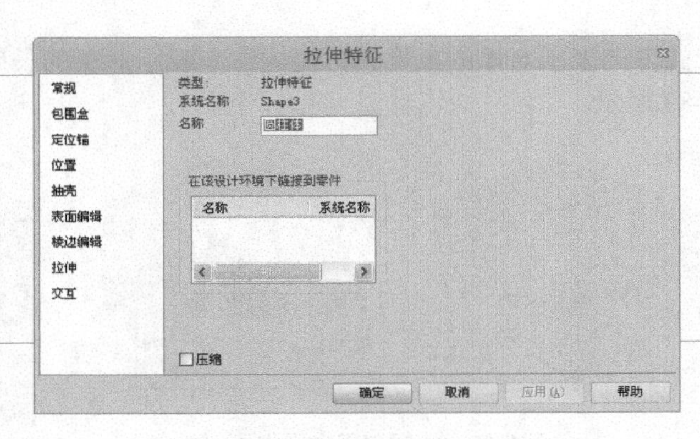


图 1-87 【拉伸特征】对话框

【类型】：指该智能图素的特征生成方法。实体设计中的特征生成方法可分为拉伸特征、旋转特征、扫描特征和放样特征。

【系统名称】：指系统给每个图素的默认名称，不能更改。

【名称】文本框：指该图素在设计环境中的名称。这个名称可以在【名称】文本框中或设计树中编辑。

【在该设计环境下链接到零件】列表框：用于显示被选中的图素和其他设计环境中图素/零件之间的链接情况。

【压缩】复选框：用于设置是否将该智能图素压缩。压缩后图素不可见。

2) 包围盒

【包围盒】选项设置界面用于设置包围盒的值及其他属性，如图 1-88 所示。

【尺寸】选项组：用于调整包围盒的长度、宽度和高度，对应包围盒操作柄上的 L、W 和 H。

【调整尺寸方式】选项组：用于调整包围盒长、宽、高的方式。每栏有三个选项：【关于包围盒中心】、【关于定位锚】和【从相反的操作柄】。这些方式是指拖动包围盒操作柄改变尺寸时，尺寸值相对于哪个基准改变。

【显示】选项组：默认状态下长、宽、高六个操作柄都会显示。

【形状锁定】选项组：锁定两个或多个尺寸的比例关系。

【允许调整包围盒】复选框：选中该复选框，则允许在重置包围盒尺寸时修改其计算公式。要保存公式就要取消对该复选框的选中，否则当在【图素】菜单中选择【重置包围盒】命令时公式就会丢失。

【在调整尺寸时，始终显示箭头】复选框：调整尺寸大小的同时，绘图区显示模型拉伸箭头。

【显示公式】复选框：选中该复选框，可在包围盒上显示公式，从而对零件进行参数化。

3) 定位锚

【定位锚】选项设置界面用于设置智能图素的定位锚的位置、方向等，如图 1-89 所示。

在【定位锚位置】选项组中，可以通过在 L、W、H 后面的文本框中输入具体的数值来精确地确定包围盒角点与定位锚的距离。

在【定位锚方向】选项组中有两个选项。

- 【绕该轴旋转】：有 L、W、H 三个选项，用户希望图素围绕定位锚的哪个轴旋转，就在其对应的文本框中输入 1(默认是 0)。
- 【用这个角度】文本框：图素围绕定位锚某个轴旋转的角度。

设置这两个选项后，定位锚与父零件的相对位置不变，仅图素的位置和方向发生改变。

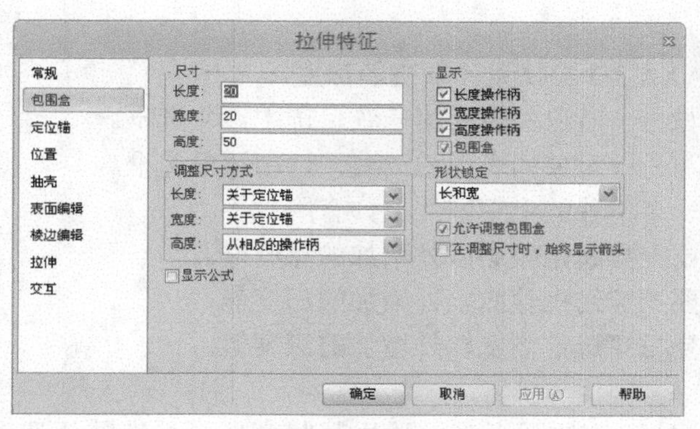


图 1-88 【包围盒】选项设置界面

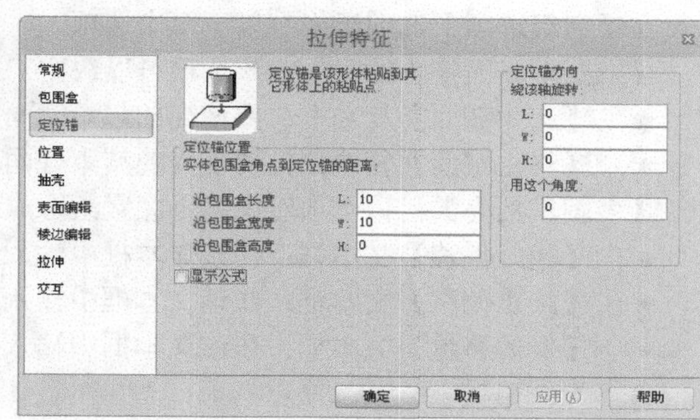


图 1-89 【定位锚】选项设置界面

4) 位置

【位置】选项设置界面用于设定零件中该图素的位置和方向，如图 1-90 所示。

在【位置】选项组中，通过在长、宽、高文本框中输入数值，可以调整图素定位锚点与父零件锚点的相对位置。

在【方向】选项组中有两个选项。

- 【绕该轴旋转】：有 L、W、H 3 个选项，用户希望图素围绕定位锚的哪个轴旋转，就在其对应的文本框中输入 1。
- 【用这个角度】文本框：图素围绕定位锚某个轴旋转的角度。

如果选中【固定在父节点中】复选框，那么图素和整体零件的相对位置就确定下来了，对话框中图素的位置和方向等值将无法再输入或更改。

5) 抽壳

在默认状态下，拖曳的图素是一个实心图素，【抽壳】选项设置界面可对图素进行抽壳操作。

若取消选中【对该图素进行抽壳】复选框，则其他选项都呈灰色显示，如图 1-91 所示。

如果选中【对该图素进行抽壳】复选框，则可对以下选项进行设置。

【打开终止截面】复选框：选中该复选框后，拉伸图素的终止截面会打通。

【打开起始截面】复选框：选中该复选框后，拉伸图素的起始截面会打通。

对图素进行过抽壳后，如果是有侧面的图素，如长方体、棱柱等，再次进入【抽壳】选项设置界面时，【通过侧面抽壳】下拉列表框中的内容为可选状态。此时还是只能选择一个侧面。

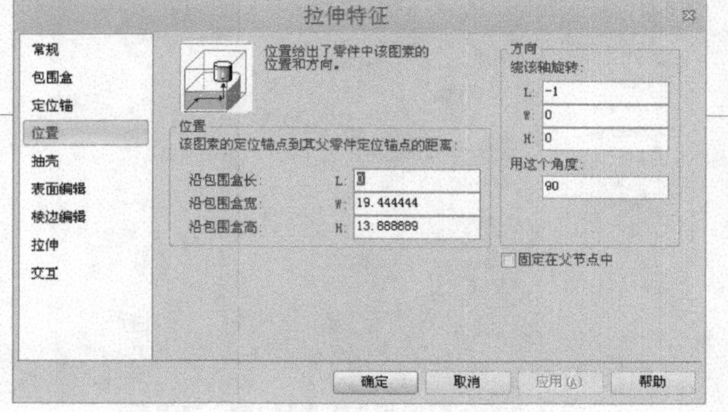


图 1-90 【位置】选项设置界面

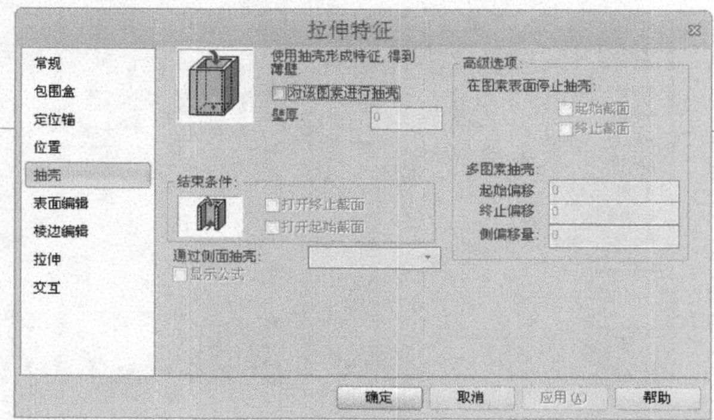


图 1-91 【抽壳】选项设置界面

在【高级选项】选项组中有以下两个选项。

【在图素表面停止抽壳】：该选项可以决定 CAXA 3D 实体设计抽壳的深度。

- 【起始截面】复选框：要使壳的起始截面与另一对象的表面相一致，选中该复选框。
- 【终止截面】复选框：要使壳的结束截面与另一对象的表面相一致，选中该复选框。

【多图素抽壳】：该选项对由两个图素组合成一个单独的中空零件十分有用。

- 【起始偏移】文本框：在该文本框中输入要挖穿起始截面以外增加的深度值。
- 【终止偏移】文本框：在该文本框中输入要挖穿结束截面以外增加的深度值。
- 【侧偏移量】文本框：在该文本框中输入要挖穿选定侧壁以外增加的深度值。

6) 表面编辑

在【表面编辑】选项设置界面选中不同的单选按钮可使图素表面发生某些变形。系统默认选中【不进行表面编辑】单选按钮，如图 1-92 所示。

【哪个面？】选项组：选择后被编辑的面在上面的图中显示为红色，右面的几个小图也随之改变，可显示编辑后的结果。

【重新生成选择的表面】选项组：该选项组中有以下单选按钮。

- 【不进行表面编辑】单选按钮：即表面保持特征生成时的原状。
- 【变形】单选按钮：所选表面发生变形。变形效果为表面中央向上凸起。
- 【拔模】单选按钮：定义图素的某个表面的拔模角度等，其中包括两个选项。【定位角度】文本框：定位拔模的方向。角度是指从起始拔模的方向旋转的角度。【倾斜角】文本框：定义拔模的角度。
- 【贴合】单选按钮：与相邻表面贴合到一起，被编辑表面根据相邻表面的形状进行相应的改变。

7) 棱边编辑

【棱边编辑】选项设置界面用于设置图素各边的倒角或圆角过渡，如图 1-93 所示。

在【哪个边?】选项组中可以选择对哪个边进行编辑。选择后被编辑的边在上面的图中显示为红色。当零件为抽壳零件时，还可以选择对抽壳边进行编辑。

在【选择棱边的过渡方式】选项组中有三个单选按钮。

- 【不过渡】单选按钮：可以选择对某个边不进行倒角或圆角过渡。
- 【圆角过渡】单选按钮：对选择边进行圆角过渡，在【半径】文本框中输入半径值。
- 【倒角】单选按钮：对选择的某个边进行倒角。在【在右边插入】文本框和【在左边插入】文本框中分别输入倒角值，数值可以相同，也可以不同。

图 1-92 【表面编辑】选项设置界面

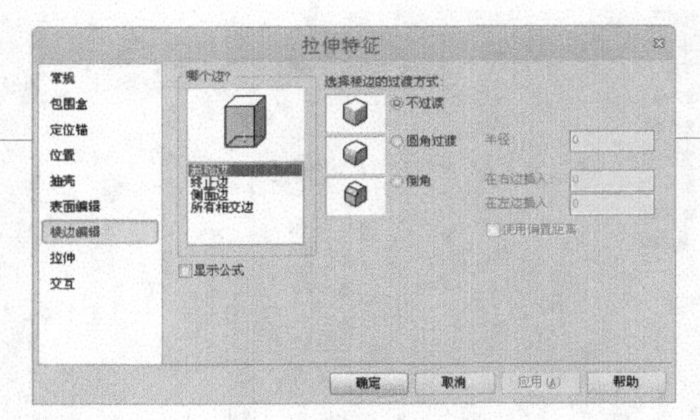


图 1-93 【棱边编辑】选项设置界面

8) 拉伸

【拉伸】选项设置界面用于编辑拉伸图素的截面和拉伸深度，如图 1-94 所示。

在【截面】选项组中可以编辑图素的截面，单击【属性】按钮，弹出【截面智能图素】对话框，如图 1-95 所示。

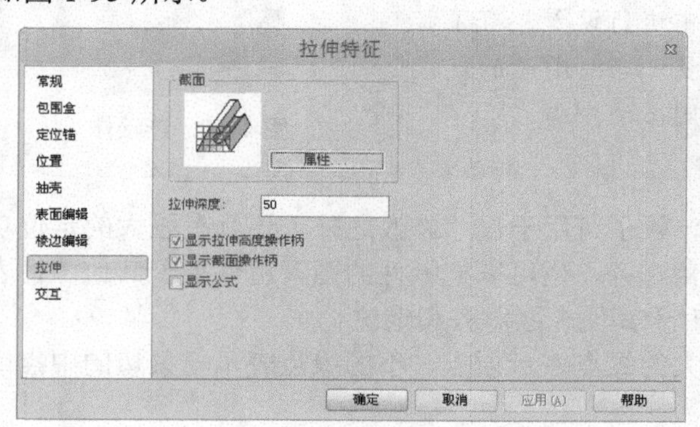


图 1-94 【拉伸】选项设置界面

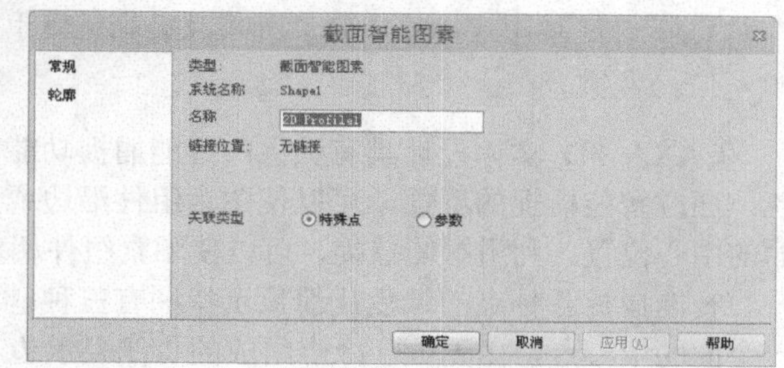


图 1-95 【截面智能图素】对话框

切换到【轮廓】选项设置界面，则出现类似于电子数据表的【轮廓】属性表，以数字形式表示截面，如图 1-96 所示。

9) 交互

【交互】选项设置界面如图 1-97 所示。

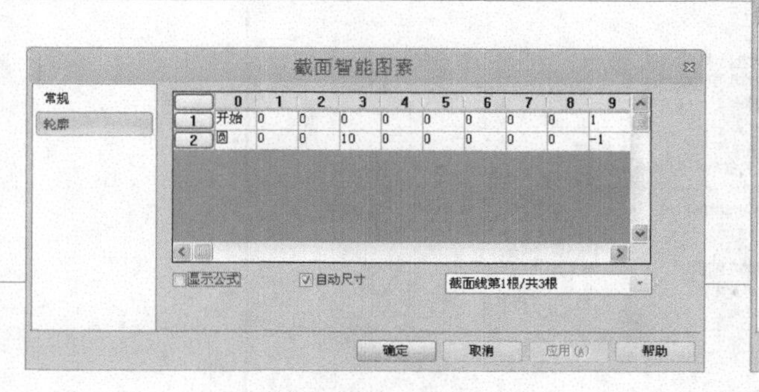


图 1-96 【轮廓】属性表

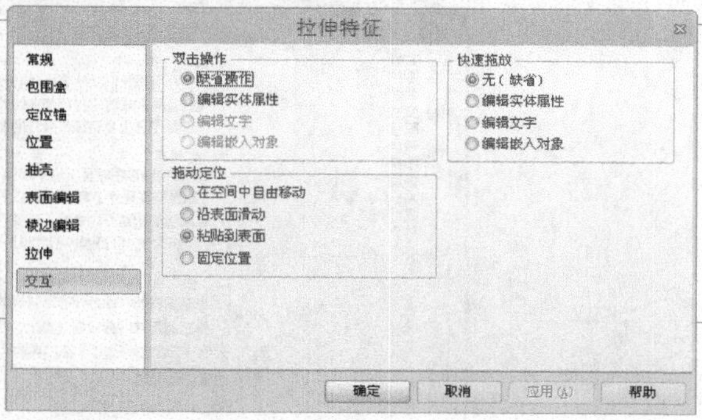

图 1-97 【交互】选项设置界面

在【交互】选项设置界面中，可以设置各种鼠标操作对智能图素的影响。

在该选项设置界面中，各选项组的含义如下。

【双击操作】选项组：系统默认选中【缺省操作】单选按钮。此时在图素上双击则会选中智能图素，并进入图素编辑状态。

【拖动定位】选项组：用于设置用鼠标拖动智能图素定位锚时对图素的影响，系统默认选中【固定位置】单选按钮，此时无法拖动。用户可根据需要更改为其他单选按钮，也可以通过定位锚的快捷菜单设置该选项组。

【快速拖放】选项组：用于设置鼠标快速拖放方式对智能图素的影响，系统默认选中【无(缺省)】单选按钮。

## 1.3.2 智能捕捉

**行业知识链接**：智能捕捉主要在选项对话框中进行设置，有了智能捕捉工具可以快速地在特定位置创建特征。如图 1-98 所示的连接件，在创建圆孔特征时，要使用捕捉功能定位于圆弧的中心。

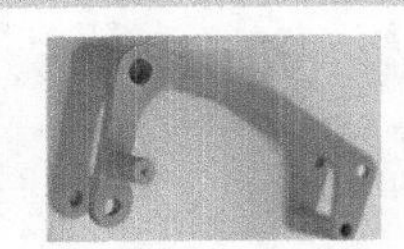

图 1-98 连接件

CAXA 3D 实体设计具有强大的智能捕捉功能，除了可用于尺寸修改之外，还具有强大的定位功能。通过智能捕捉的反馈，可以使图素组件沿边或角对齐，也可以把零件的图素组件置于其他零件表面的中心位置。利用智能捕捉，可以使图素组件相对于其他表面对齐和定位。

智能捕捉各种点的绿色反馈显示特征有三种：大的绿点表示顶点，小的绿点表示一条边的中点或一个面的中心点，由无数个绿点组成的点线表示边。

若想将智能捕捉指定为操作柄的默认操作，可选择【工具】|【选项】菜单命令，然后在弹出的【选项-交互】对话框中选择【交互】选项卡，并选中【捕捉作为操作柄的缺省操作(无 Shift 键)】复选框，然后单击【确定】按钮，如图 1-99 所示。当该选项被设定为默认选项时，就不必为了激活“智能捕捉”而按住 Shift 键，因为此时智能捕捉在所有操作柄上都处于激活状态。当捕捉被设置为操作柄的默认操作时，按住 Shift 键可禁止智能捕捉操作柄操作。

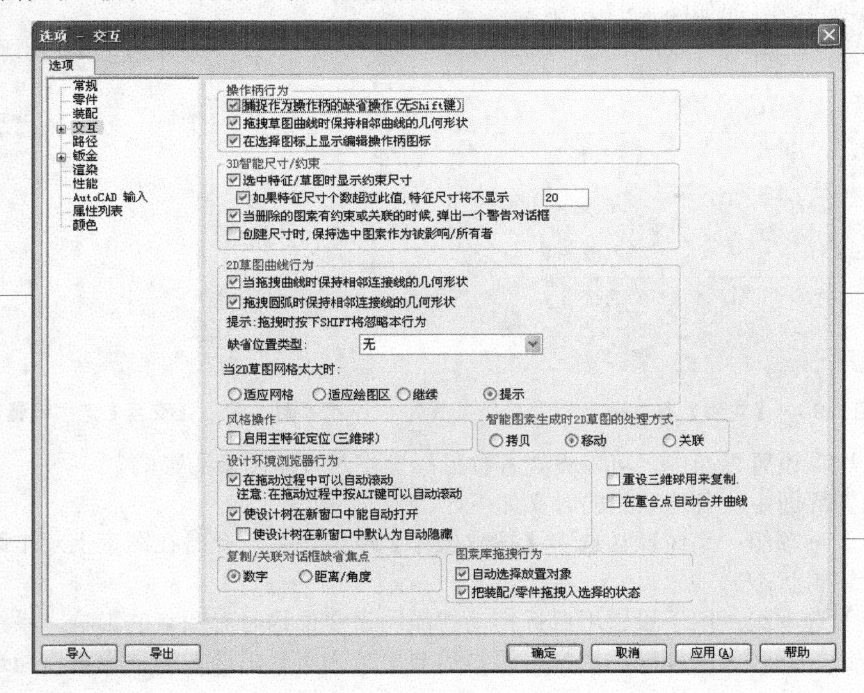


图 1-99 【选项-交互】对话框

### 1. 智能捕捉设置

右击相应的操作柄，从弹出的快捷菜单中选择【改变捕捉范围】命令，弹出【操作柄捕捉设置】

对话框，如图 1-100 所示。

【线性捕捉增量】文本框用于设定拖动操作柄时每次的增减量。

右击相应的操作柄并从弹出的快捷菜单中选择【使用智能捕捉】命令，即可选定智能捕捉操作柄操作。该选项图标呈黄色加亮状态，表明智能捕捉操作柄操作已经在该操作柄上被激活。

### 2. 智能捕捉反馈定位

智能捕捉具有强大的定位功能和尺寸修改功能。智能捕捉反馈使零件的图素组件沿边或角对齐，也使零件的图素组件置于其他零件表面的中心位置。

若从元素库中拖曳一个新的图素至目标曲面上，则应在拖动新图素时观察目标曲面棱边上的绿色显示区，如图 1-101 所示。

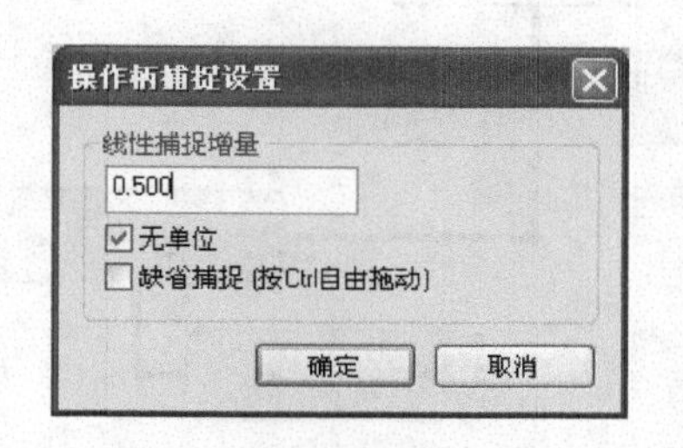


图 1-100 【操作柄捕捉设置】对话框

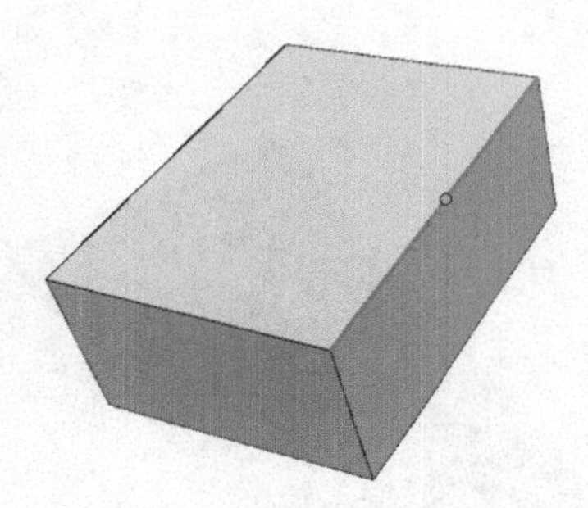

图 1-101 拖曳新图素至目标曲面棱边

若从元素库中拖曳一个新的图素至目标曲面中心，则拖动新图素至目标曲面时，目标曲面显示绿色，并且在曲面中心出现一个深绿色的圆心点。拖动新图素至该圆心点，当该点变为一个更大、更亮的绿点时，方可把新图素释放到目标图素上，如图 1-102 所示。

如果要使同一零件的两个图素组件的侧面对齐，则应把其中一个图素的侧面(在智能图素编辑状态选择)拖向第二个图素的侧面，直至出现与两侧面相邻边平行的绿色虚线，如图 1-103 所示。

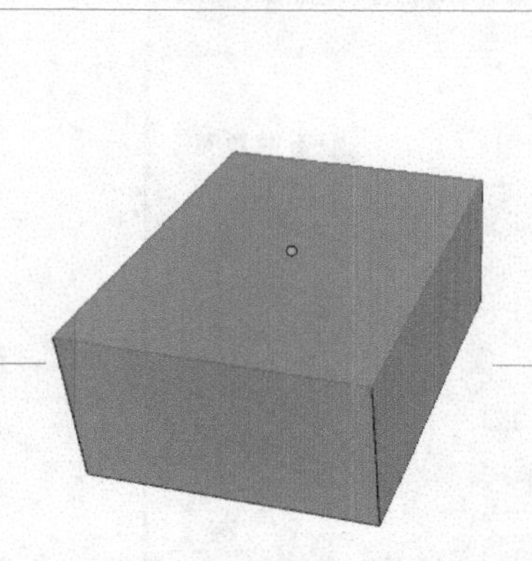

图 1-102 拖曳新图素至目标曲面中心

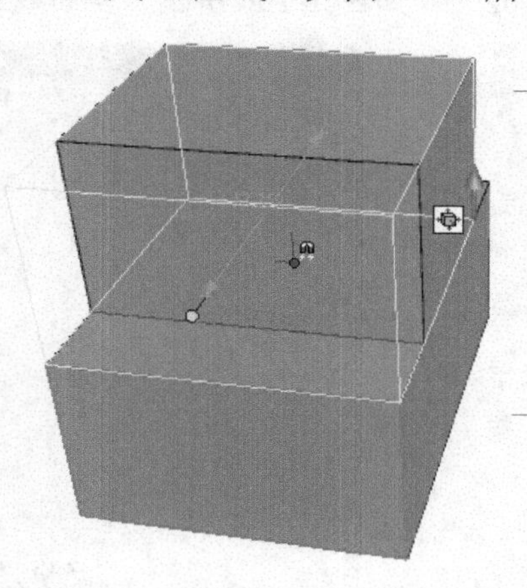

图 1-103 同一零件的两个图素组件的侧面对齐

## 课后练习

案例文件： ywj\01\02. ics

视频文件： 光盘\视频课堂\第 1 教学日\1.3

本节课后练习创建手机模型的细节特征，学习使用图素创建和捕捉等应用。如图 1-104 所示是完成的手机模型。

本节案例主要练习手机模型的细节操作，在打开模型后，添加长方体、圆球、圆环等图素，形成模型细节。绘制手机模型的思路和步骤如图 1-105 所示。

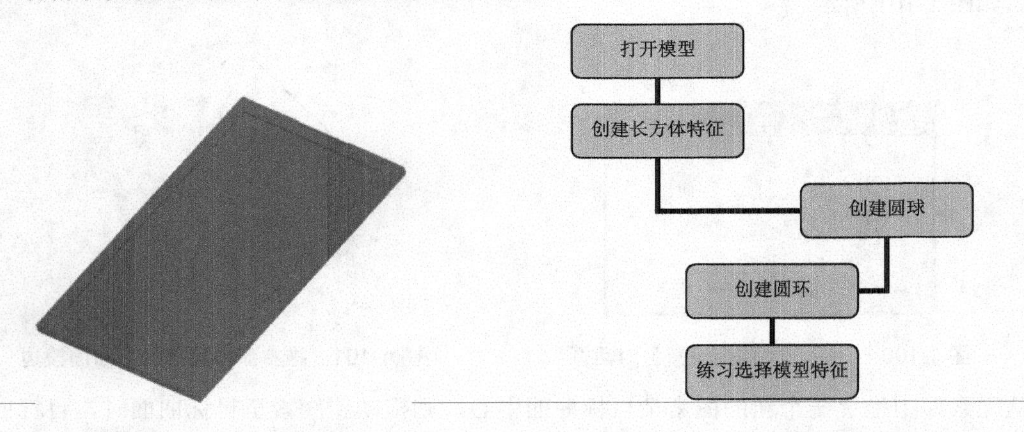


图 1-104　完成的手机模型　　　图 1-105　绘制手机模型的步骤

案例操作步骤如下。

step 01 首先打开模型，选择【文件】|【打开】菜单命令，打开【打开】对话框，选择文件“02”，如图 1-106 所示，单击【打开】按钮。

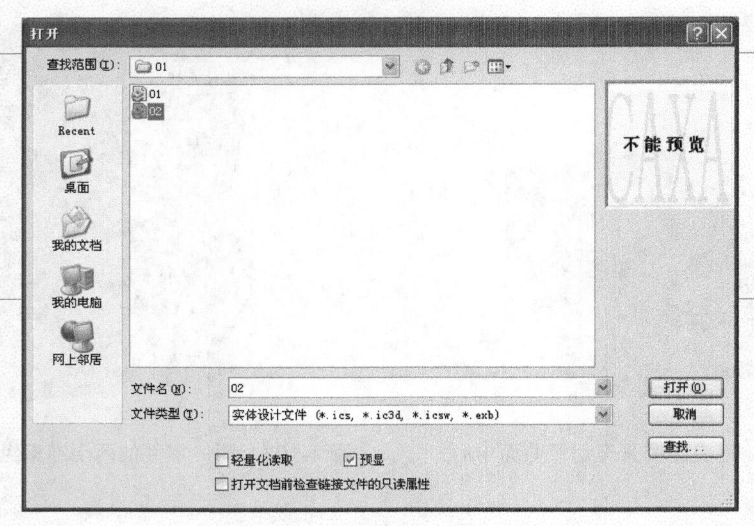


图 1-106　打开文件

step 02 再创建长方体特征，在【设计元素库】的【图素】选项卡中，拖动长方体到绘图区，如图 1-107 所示。

step 03 右击模型操作手柄，在弹出的快捷菜单中选择【编辑操作柄的值】命令，在弹出的【编辑操作柄的值】对话框中，设置参数值为“0.2”，修改长方体的参数，单击【确定】按钮，如图 1-108 所示。

step 04 在【设计元素库】的【图素】选项卡中，拖动孔类长方体到绘图区，创建第二个长方体，如图 1-109 所示。

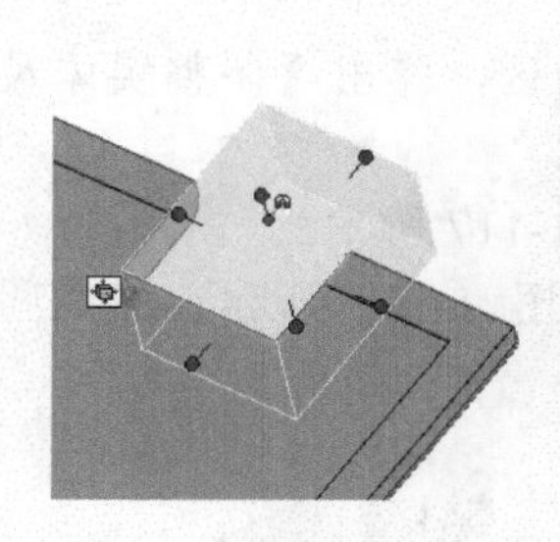

图 1-107　创建长方体

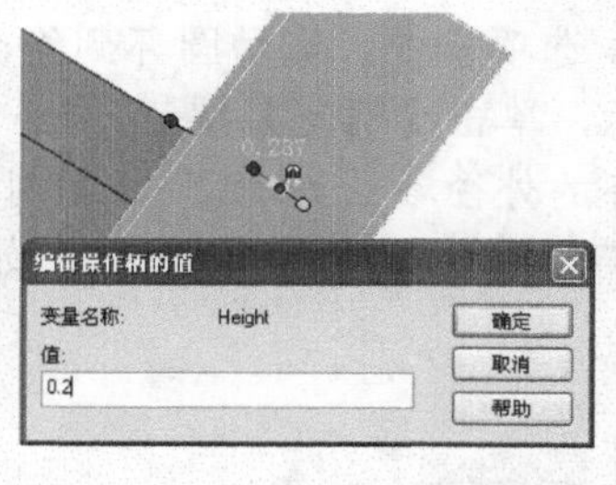


图 1-108　修改长方体的参数

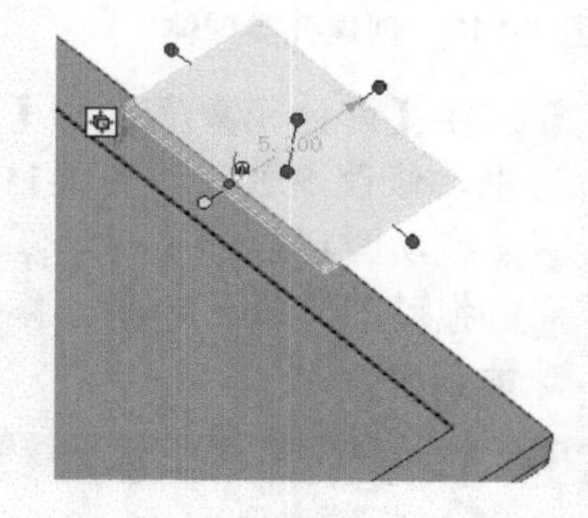

图 1-109　创建第二个长方体

step 05 拖动长方体操作手柄，修改第二个长方体的参数，其长度为“6”，如图 1-110 所示。

step 06 完成的长方体特征如图 1-111 所示。

step 07 单击【特征】|【修改】面板中的【圆角过渡】按钮，选择圆角边线和面，设置【过渡半径】为“0.100(mm)”，如图 1-112 所示，然后单击【确定】按钮。

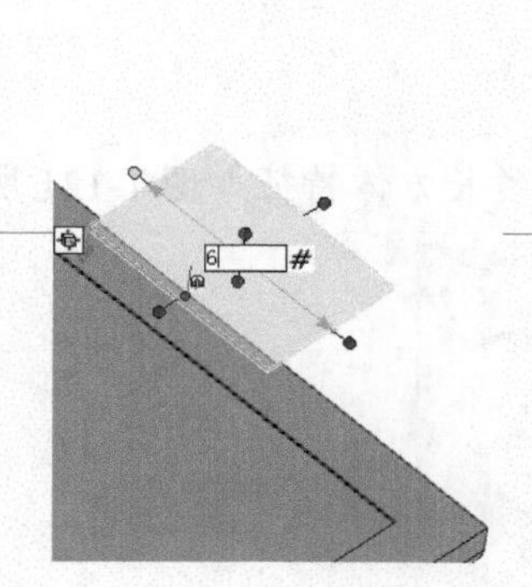


图 1-110　修改第二个长方体的参数

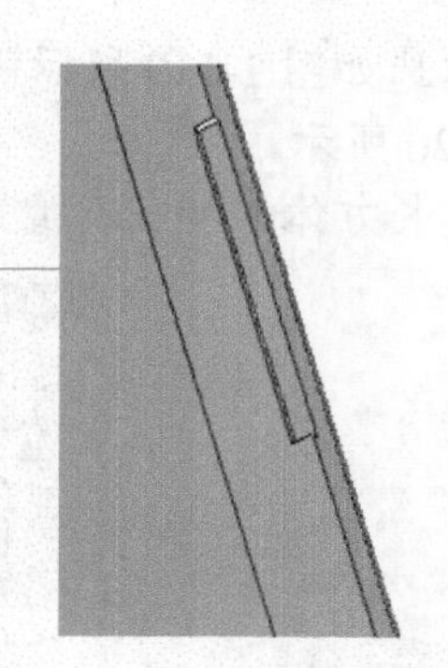

图 1-111　完成的长方体特征

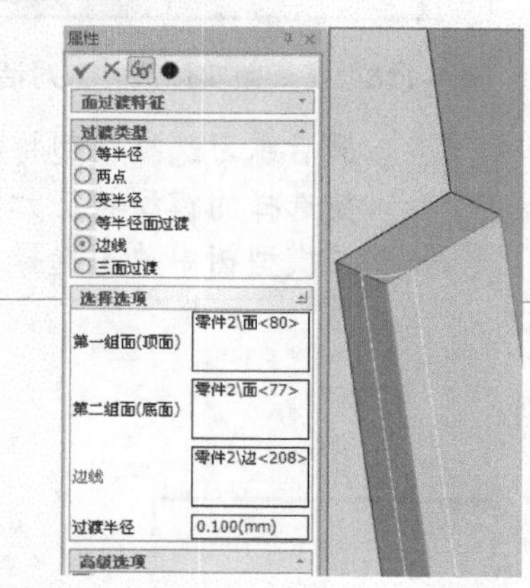


图 1-112　圆角过渡

step 08 再创建圆球和圆环，在【设计元素库】的【图素】选项卡中，拖动孔类球体到绘图区，创建孔类球体，如图 1-113 所示。

step 09 右击模型操作手柄，在弹出的快捷菜单中选择【编辑操作柄的值】命令，在弹出的【编辑操作柄的值】对话框中，设置孔类球体的值为“0.5”，如图 1-114 所示，单击【确定】按钮。

step 10 完成的孔类球体特征如图 1-115 所示。

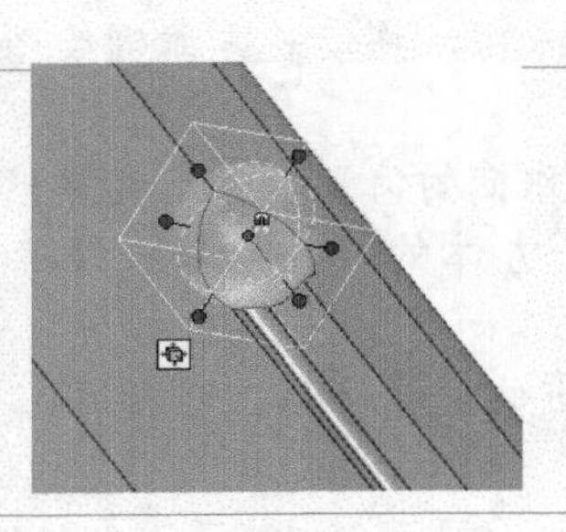

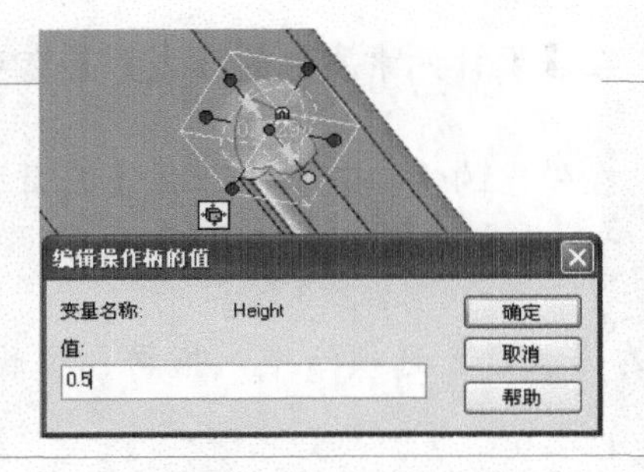


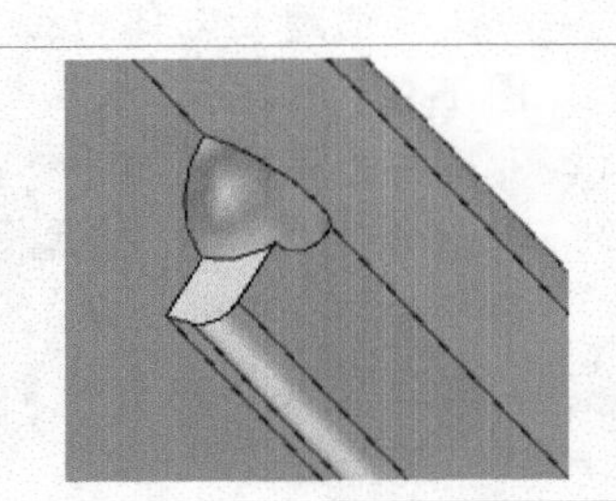

图 1-113　创建孔类球体　　图 1-114　修改孔类球体的参数　　图 1-115　完成的孔类球体特征

step 11 在【设计元素库】的【图素】选项卡中，拖动圆环到绘图区，弹出【调整实体尺寸】对话框，修改参数，如图 1-116 所示，单击【确定】按钮。

step 12 拖动圆环操作手柄，修改圆环的外径参数为“1”，如图 1-117 所示。

step 13 拖动圆环操作手柄，修改圆环的内径参数为“0.2”，如图 1-118 所示，完成圆环和圆球的创建。

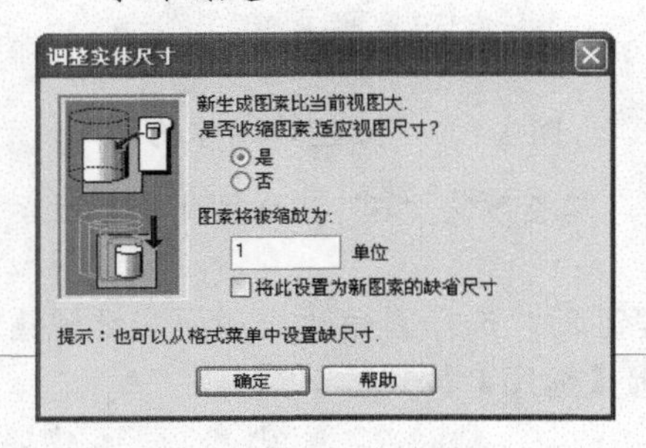


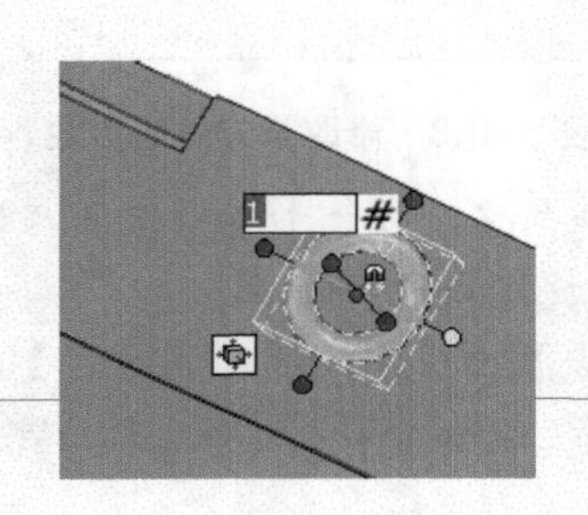


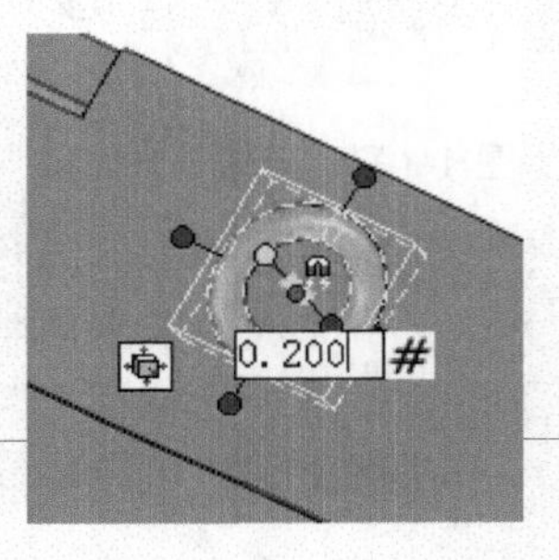


图 1-116　【调整实体尺寸】对话框　　图 1-117　修改圆环的外径参数　　图 1-118　修改圆环的内径参数

step 14 最后练习选择模型特征，框选如图 1-119 所示的图形。

step 15 被选择的模型特征如图 1-120 所示。

step 16 在模型树中单击选择【孔类长方体】特征，被选择的孔类长方体特征如图 1-121 所示。

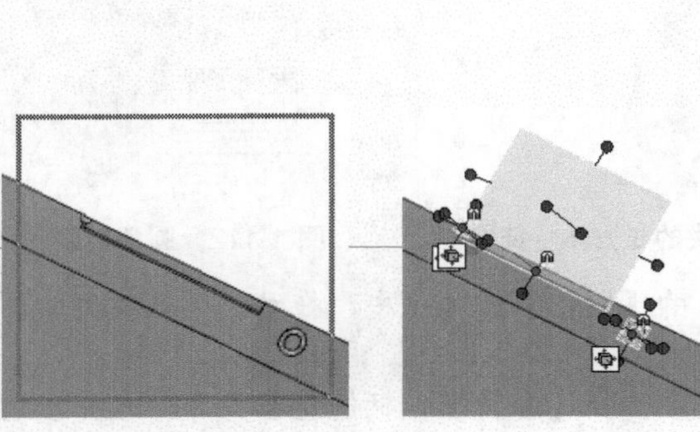

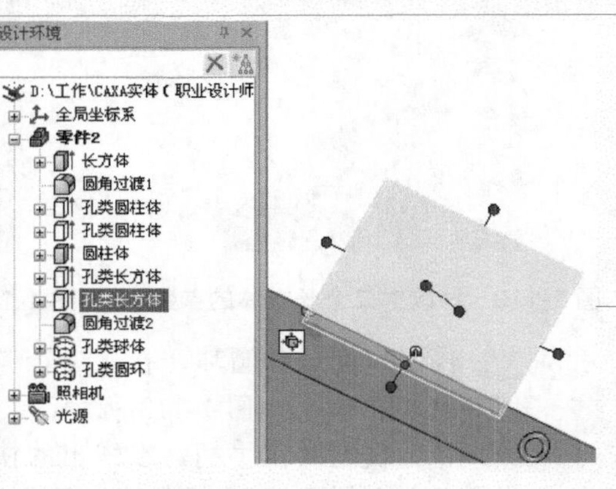

图 1-119　框选模型　　图 1-120　选择的模型特征　　图 1-121　选择【孔类长方体】特征

step 17 单击软件右上角的【关闭】按钮，弹出如图 1-122 所示的对话框，单击【是】按钮。

图 1-122　保存模型

**机械设计实践：**智能图素和捕捉的应用，大大地方便了机械三维设计，特别是须依附于各有关的产业技术而难以形成独立学科的。如图 1-123 所示是电动机带动的水泵模型，在创建装配模型时，要大量地运用智能捕捉命令。

图 1-123　水泵模型

# 第4课 2课时 三维球应用

三维球可以附着在多种三维物体上。在选中零件、智能图素、锚点、表面、视向、光源和动画路径关键帧等三维物体后，可通过单击快速启动工具栏中的【三维球】按钮(或按 F10 快捷键)打开三维球，使三维球附着在这些三维物体上，从而方便地对它们进行移动、相对定位和距离测量。

三维球如图 1-124 所示。它在空间有三个轴，内外分别有三个操作柄，使得用户可以沿任意一个方向移动物体，也可以约束实体在某个固定方向移动或绕某固定轴旋转。

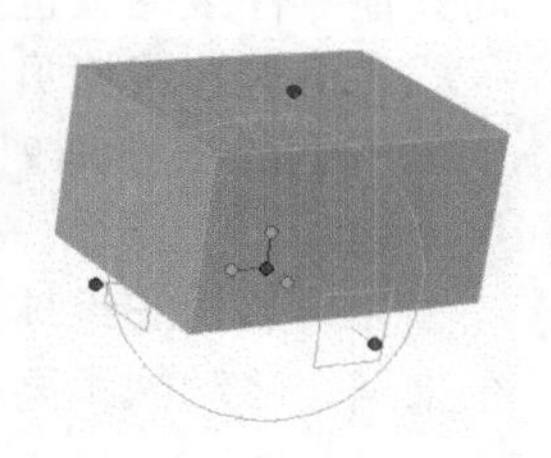

图 1-124　三维球

## 1.4.1　三维球阵列

**行业知识链接：**三维球是一个非常优秀和直观的三维图素操作工具。它可以通过平移、旋转和其他复杂的三维空间变换精确定位任何一个三维物体；同时，它还可以完成对智能图素、零件或组合件生成复制、直线阵列、矩形阵列和圆形阵列的操作功能。如图 1-125 所示的套筒零件中的槽口，可以由三维阵列生成。

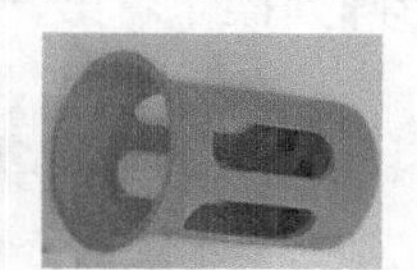

图 1-125　套筒

### 1. 使用三维球实现移动和线性阵列

使用三维球的外操作柄可实现图素的移动和线性阵列。

用鼠标的左键或右键拖动三维球的外操作柄。当光标位于三维球的二维平面内时，按下鼠标左键，即可拖动图素在选定的虚拟平面内移动，如图 1-126 所示。

当使用鼠标左键操作时，只能在被选择操作柄的轴线方向(将变为黄色)移动该图素。同时可以看到该图素被移动的具体数值。如果需要精确编辑该图素的位移值，可以在移动时右击，在弹出的【编辑距离】对话框中输入数值即可，如图 1-127 所示。

如果使用鼠标右键操作，则在拖动操作结束后，可在弹出的快捷菜单中选择需要的命令，例如【平移】、【拷贝】、【链接】和【生成线性阵列】等命令，如图 1-128 所示。

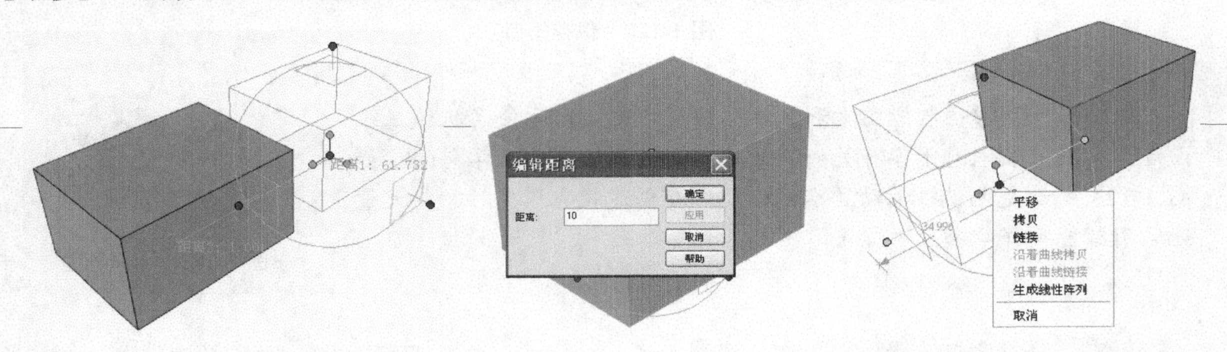


图 1-126　拖动图素在二维平面内移动　　图 1-127　编辑距离值　　图 1-128　快捷菜单

【平移】命令：将设计零件、图素在指定的轴线方向上移动一定的距离。

【拷贝】命令：将图素变成多个，零件都相同，但没有链接关系。

【链接】命令：将零件、图素变成多个，零件或图素有链接关系，其中如果一个有变化，复制出的其他零件或图素也同时发生变化。

【沿着曲线拷贝】命令：沿着选定曲线将零件或图素变成多个。

【生成线性阵列】命令：将零件、图素生成线性阵列，零件或图素有链接关系，同时还可以有尺寸驱动。

如果启用三维球后，不对图素进行拖动，直接右击，可在弹出的快捷菜单中选择【编辑距离】命令来确定移动的距离，或选择【生成线性阵列】命令来生成阵列，如图 1-129 所示。

**2. 使用三维球实现矩形阵列**

用鼠标左键单击三维球的一个操作柄，待其变为黄色后，再将光标移到另一个操作柄端，右击，在弹出的快捷菜单中选择【生成矩形阵列】命令。被选中的元素将在三个亮黄色点所形成的平面内进行矩形阵列操作。第一次选择的外操作柄方向为第一方向，如图 1-130 所示。

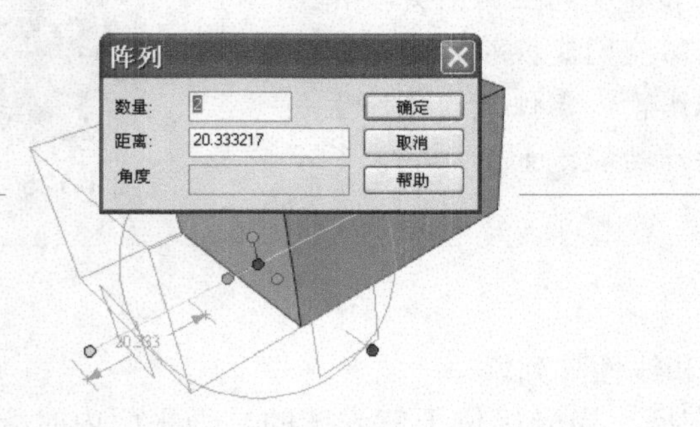


图 1-129　生成线性阵列

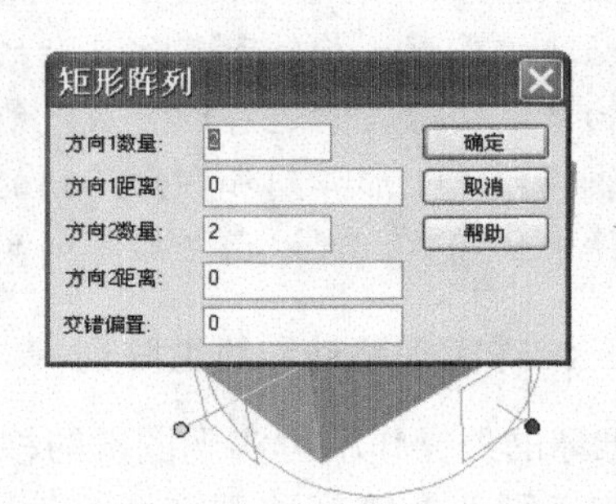


图 1-130　使用三维球的矩形阵列

### 3. 使用三维球实现旋转和圆形阵列

先单击三维球某一方向的外操作柄，将光标移至三维球内部，按住鼠标左键即可使图素绕黄色亮显轴旋转，然后松开左键，右击旋转角度值，从弹出的快捷菜单中选择【编辑值】命令，在弹出的【编辑旋转】对话框中即可精确编辑旋转角度值，如图 1-131 所示。

按住鼠标右键拖动旋转，然后松开右键，在弹出的快捷菜单中选择【生成圆形阵列】命令，即可在弹出的【阵列】对话框中设置各参数，从而形成图素的圆形阵列，如图 1-132 所示。

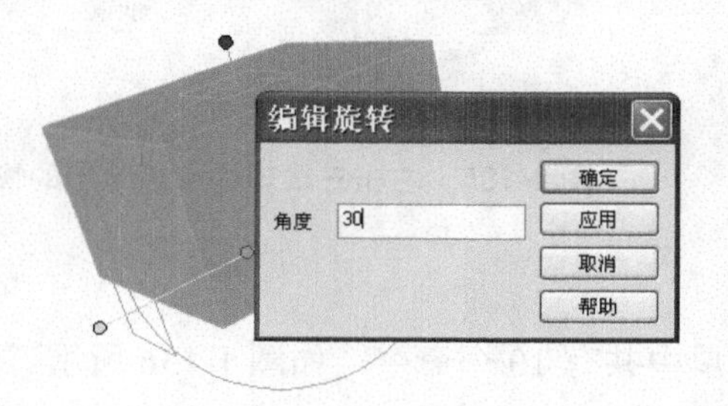


图 1-131　使用三维球进行旋转操作

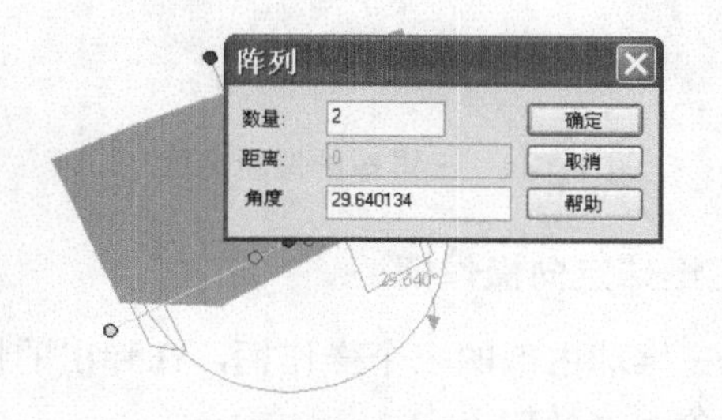


图 1-132　生成圆形阵列

## 1.4.2　三维球定位及定向

**行业知识链接：**通常情况下，三维球是定位零件模型的，同时也可以定位零件特征。如图 1-133 所示的零件孔特征，使用孔类圆柱体创建时，需要进行三维球定位。

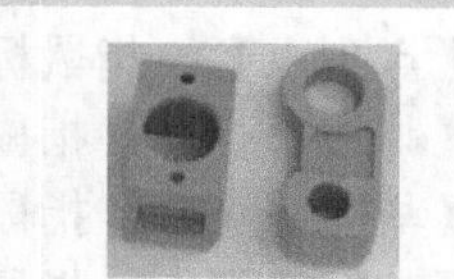

图 1-133　零件孔特征

### 1. 三维球定位

1)　三维球的重新定位

通常，开启三维球工具时，三维球的中心点在默认状态下与设计图素的锚点重合。移动设计图素时，移动的距离都是以三维球中心点为基准进行的。如果想使图素绕着空间某个轴旋转或者阵列，就需要应用三维球的重新定位功能，改变基准点的位置。

此时可先单击零件，再单击【三维球】按钮，激活三维球，按 Space 键，三维球变成白色。这时可随意移动三维球(基准点)的位置，当将三维球调整到所需的位置时，再次按 Space 键，三维球恢复原来的颜色，此时即可对相应的图素或零件继续进行操作。三维球重新定位后，可以看到三维球的中心点和锚点不再重合，如图 1-134 所示。

2)　三维球中心点的定位方法

利用三维球的中心点，可进行点定位。右击三维球的中心点，在弹出的快捷菜单中除了【编辑位置】、【按三维球的方向创建附着点】和【创建多份】命令外，还有三个三维球中心点定位的命令，如图 1-135 所示。

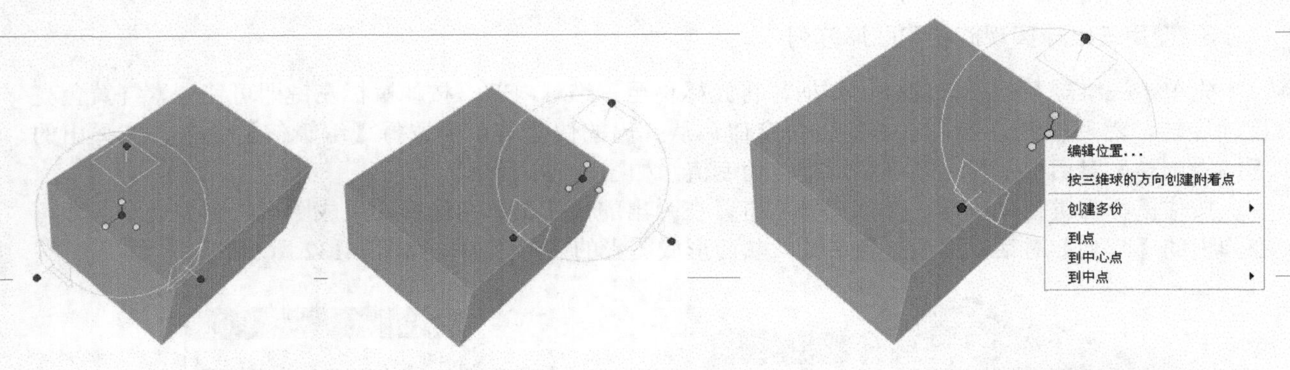


图 1-134　三维球的重新定位　　图 1-135　右击三维球中心点弹出的快捷菜单

### 2. 三维球定向操作柄

右击三维球内部的三个操作柄，在弹出的快捷菜单中共有 10 个命令，如图 1-136 所示。

各命令的含义如下。

【编辑方向】：指当前轴向(黄色轴)在空间内的角度，用三维空间数值表示。

【到点】：指鼠标捕捉的定向操作柄(短轴)指向规定点。

【到中心点】：指鼠标捕捉的定向操作柄指向规定圆心点。

【到中点】：指鼠标捕捉的定向操作柄指向规定中点。

【点到点】：指鼠标捕捉的定向操作柄与两个点的连线平行。

【与边平行】：指鼠标捕捉的定向操作柄与选取的边平行。

【与面垂直】：指鼠标捕捉的定向操作柄与选取的面垂直。

【与轴平行】：指鼠标捕捉的定向操作柄与柱面轴线平行。

【反转】：指三维球带动元素在选中的定向操作柄方向上转动 180°。

【镜像】：指用三维球将元素以未选取的两个轴所形成的面做面镜像(包括移动、复制和链接)。短操作柄的功能具有方向性。

### 3. 三维球配置选项

三维球的选项和相关的反馈功能可以按设计的需要禁止或激活。

如果要在三维球显示在某个操作对象上时修改三维球的配置选项，可以在设计环境中的任意位置右击，在弹出的快捷菜单中进行设置。其中有几个选项是默认的。在选定某个选项时，该选项的旁边将出现一个复选标记，如图 1-137 所示。

三维球配置选项的含义如下。

【移动图素和定位锚】：此选项可使三维球的动作影响选定的操作对象及其定位锚。此选项为默认选项。

【仅移动图素】：此选项可使三维球的动作仅影响选定的操作对象，而定位锚的位置不会受到影响。

【仅定位三维球(空格键)】：此选项可使三维球本身重定位，而不移动操作对象。

【定位三维球心】：此选项可把三维球的中心重定位到操作对象的指定点上。

【重新设置三维球到定位锚】：此选项可使三维球恢复到默认位置，即操作对象的定位锚上。

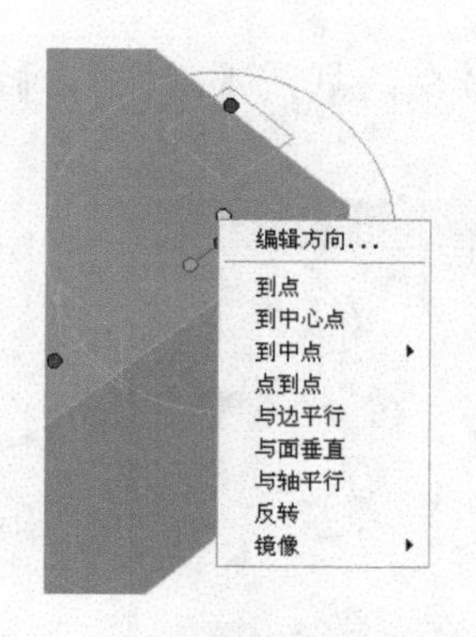


图 1-136　定向操作柄的快捷菜单

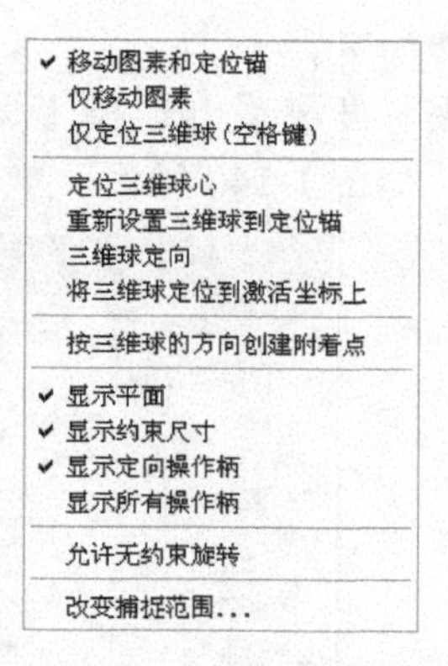


图 1-137　三维球配置选项

【三维球定向】：此选项可使三维球的方向轴与整体坐标轴(L，W，H)对齐。

【显示平面】：此选项可在三维球上显示二维平面。

【显示约束尺寸】：此选项可使 CAXA 3D 实体设计报告图素或零件移动的角度和距离。

【显示定向操作柄】：此选项可显示附着在三维球中心点上的方位操作柄。此选项为默认选项。

【显示所有操作柄】：此选项可使三维球轴的两端都显示出方位操作柄和平移操作柄。

【允许无约束旋转】：此选项可利用三维球自由旋转操作对象。

【改变捕捉范围】：此选项可设置操作对象重定位操作中需要的距离和角度变化增量。增量设定后，可在移动三维球时按住 Ctrl 键激活此选项。

## 课后练习

案例文件：ywj\01\02. ics、03. ics

视频文件：光盘\视频课堂\第 1 教学日\1.4

本节课后练习创建手机模型的细节特征，包括圆柱和圆柱阵列、键和键的阵列。如图 1-138 所示是完成的手机模型。

本节案例主要练习手机模型的细节创建，包括正面按键及其阵列、侧面按键及其阵列。绘制手机模型的思路和步骤如图 1-139 所示。

图 1-138　完成的手机模型

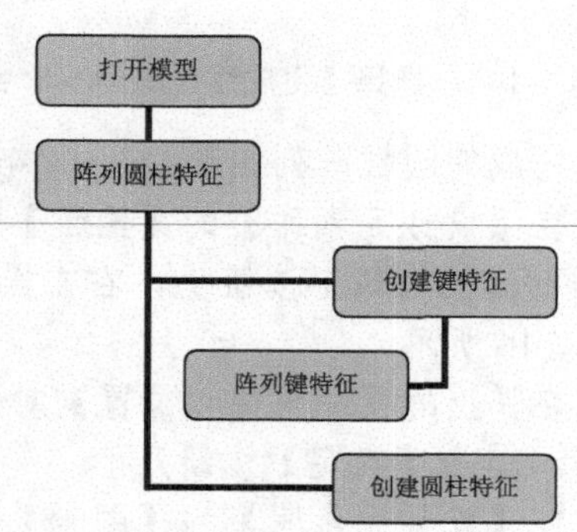


图 1-139　绘制手机模型的操作步骤

案例操作步骤如下。

step 01 首先打开模型，选择【文件】|【打开】菜单命令，打开【打开】对话框，选择文件“02”，如图 1-140 所示，单击【打开】按钮。

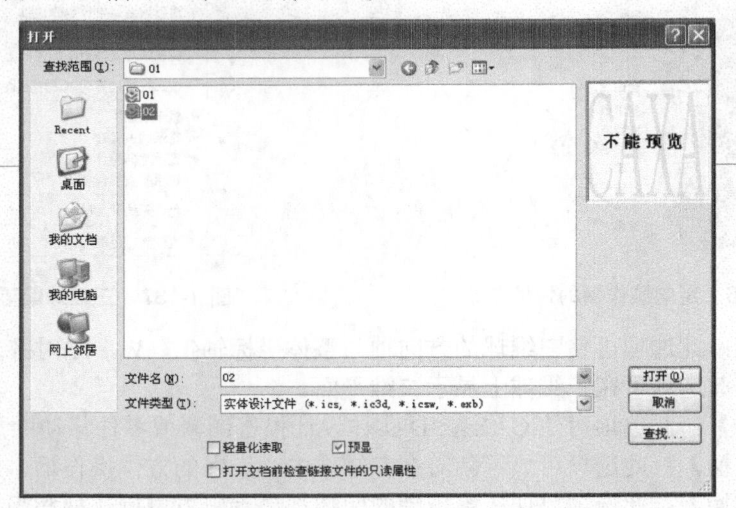


图 1-140　打开文件

step 02 再创建阵列圆柱特征，在【设计元素库】的【图素】选项卡中，拖动圆柱体到绘图区，单击快速启动工具栏中的【三维球】按钮，右击操作手柄，弹出如图 1-141 所示的快捷菜单，选择【生成线性阵列】命令。

step 03 在弹出的【阵列】对话框中修改参数，设置【数量】为 3，【距离】为 6，如图 1-142 所示，单击【确定】按钮。

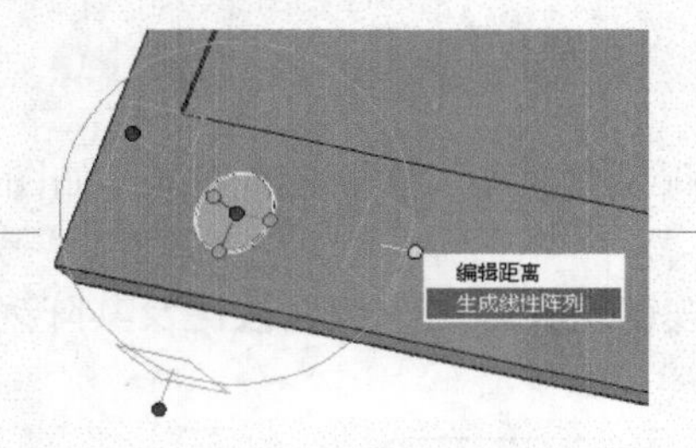


图 1-141　选择【生成线性阵列】命令

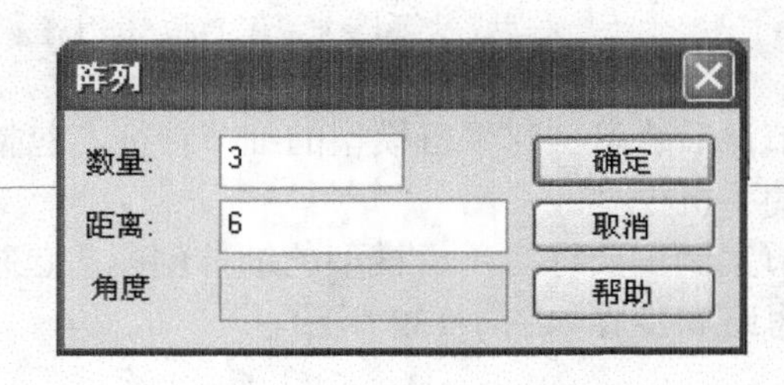


图 1-142　修改阵列参数

step 04 完成的圆柱阵列图形如图 1-143 所示。

step 05 在【设计元素库】的【图素】选项卡中，拖动孔类圆柱体到绘图区，单击快速启动工具栏中的【三维球】按钮，右击操作手柄，在弹出的快捷菜单中选择【编辑位置】命令，如图 1-144 所示。

step 06 在弹出的【编辑中心位置】对话框中修改孔的参数，将【长度】修改为 35，如图 1-145 所示，单击【确定】按钮。

step 07 在【设计元素库】的【图素】选项卡中，拖动孔类圆柱体到绘图区，单击快速启动工具栏中的【三维球】按钮，右击操作手柄，在弹出的快捷菜单中选择【编辑位置】命令，如图 1-146 所示。

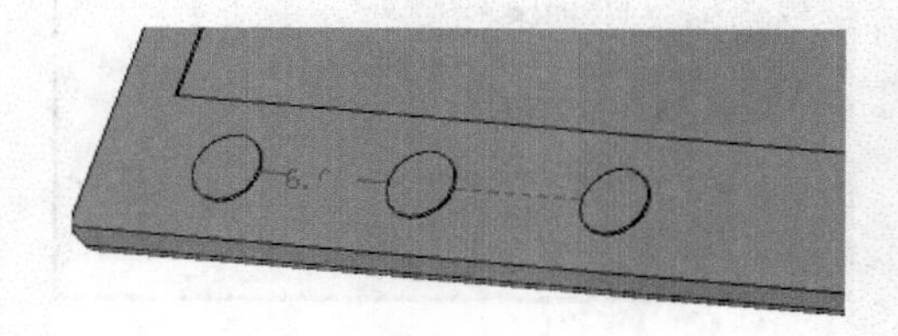

图 1-143　圆柱阵列图形

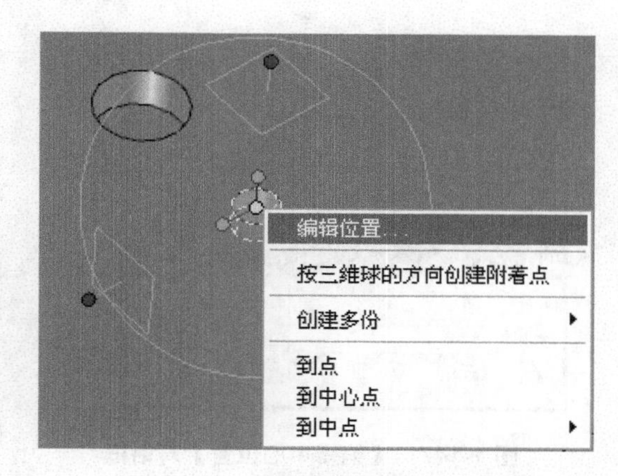


图 1-144　选择【编辑位置】命令

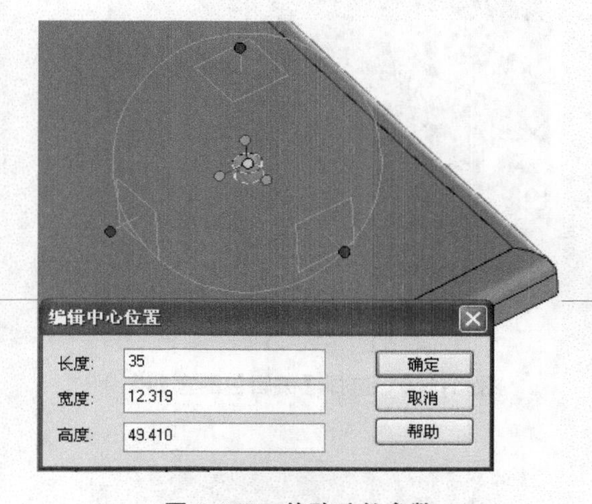


图 1-145　修改孔的参数

图 1-146　创建孔类圆柱体并编辑位置

step 08 在弹出的【编辑中心位置】对话框中将【长度】参数修改为 35，如图 1-147 所示，单击【确定】按钮。

step 09 再创建键的阵列特征，在【设计元素库】的【图素】选项卡中，拖动孔类键到绘图区，弹出【调整实体尺寸】对话框，修改参数，如图 1-148 所示，单击【确定】按钮。

step 10 创建的键特征如图 1-149 所示。

step 11 右击操作手柄，在弹出的快捷菜单中选择【编辑包围盒】命令，如图 1-150 所示。

step 12 在弹出的【编辑包围盒】对话框中修改【长度】为 2、【宽度】为 0.400、【高度】为 0.1，如图 1-151 所示，单击【确定】按钮。

step 13 选择键特征，单击快速启动工具栏中的【三维球】按钮，右击操作手柄，在弹出的快捷菜单中选择【生成线性阵列】命令，如图 1-152 所示。

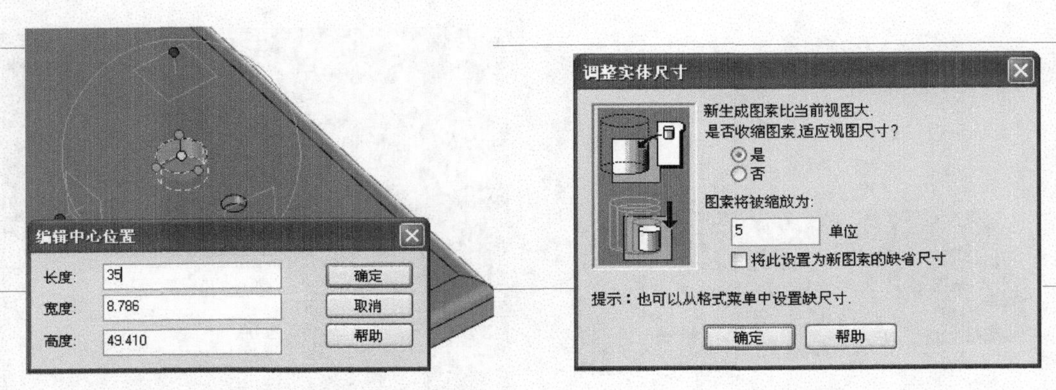


图 1-147 【编辑中心位置】对话框　　图 1-148 【调整实体尺寸】对话框

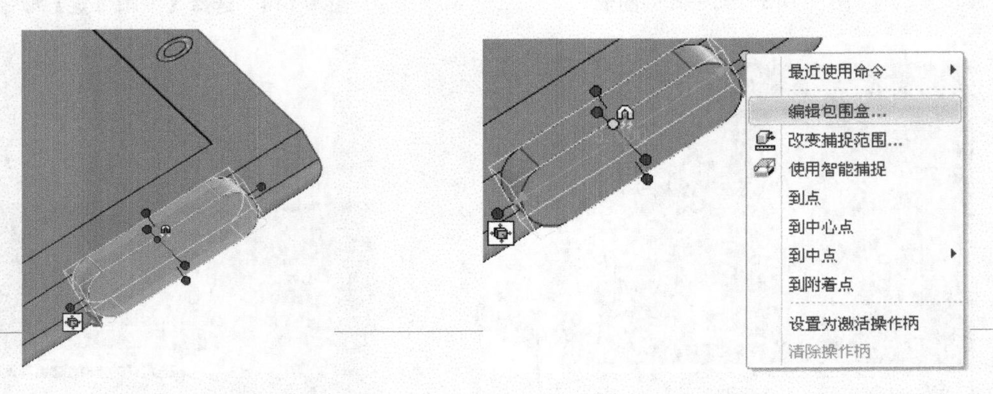


图 1-149 键特征　　图 1-150 选择【编辑包围盒】命令

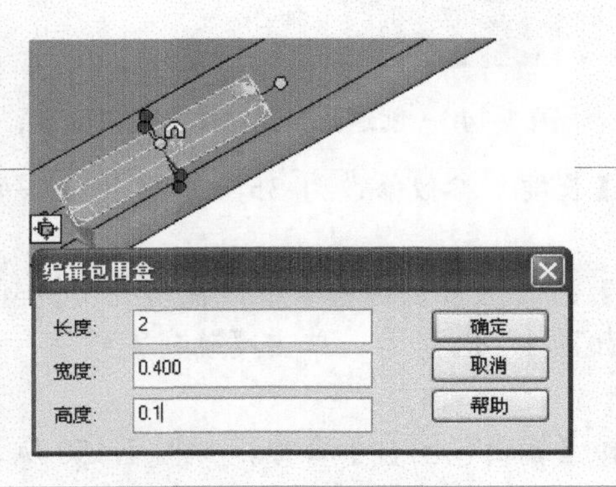


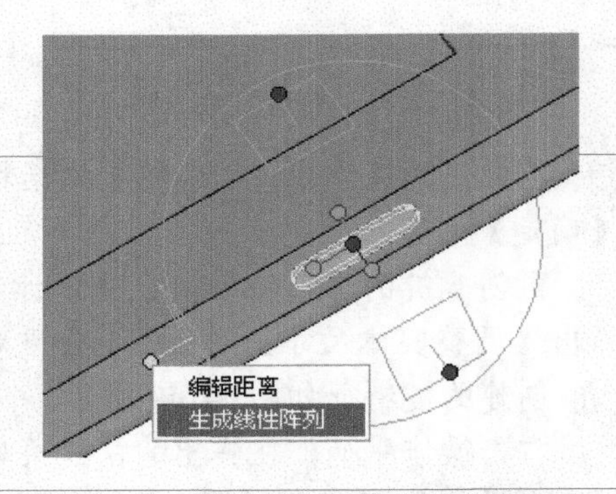


图 1-151 修改键的参数　　图 1-152 选择【生成线性阵列】命令

step 14 在弹出的【阵列】对话框中修改【数量】为 2、【距离为】3，如图 1-153 所示，单击【确定】按钮完成键的阵列。

step 15 完成的手机模型如图 1-154 所示。

step 16 选择【文件】|【另存为】菜单命令，弹出【另存为】对话框，修改文件名为“03”，如图 1-155 所示，单击【保存】按钮。

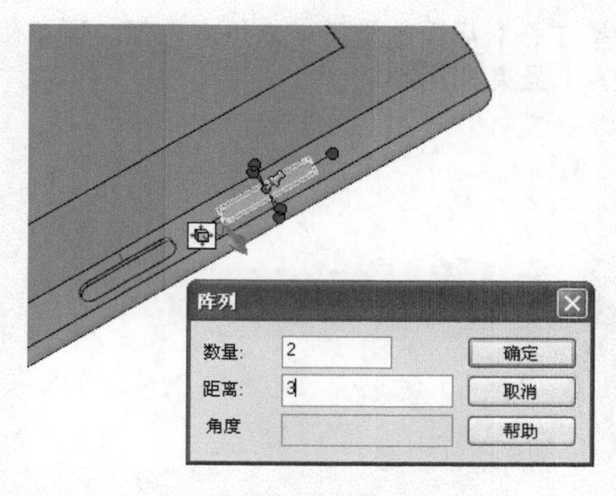


图 1-153　修改阵列参数

图 1-154　完成的手机模型

图 1-155　【另存为】对话框

**机械设计实践：**根据不同的工作原理，可以拟定多种不同的三维模型创建方案。例如以切削螺纹来说，既可以采用工件只做旋转运动而刀具做直线运动来切削螺纹(如在普通车床上切削螺纹)，也可以使工件不动而刀具做转动和移动来切削螺纹(如用板牙加工螺纹)。如图 1-156 所示的连接件，在创建螺纹特征时，可以使用三维球来定位。

图 1-16　螺纹特征

## 阶段进阶练习

本教学日主要介绍 CAXA 3D 实体设计 2015 的特点，包括概述、软件界面和基本操作、智能图素和捕捉的应用、三维球的应用等内容。CAXA 3D 实体设计的基本操作是用户学习其他 CAXA 知识的基础，是用户入门的必备知识，因此学好基本操作将对后面的学习带来很多方便，而正确理解 CAXA 的一些基本概念，可对用户学习其他的操作打下坚实的基础。

使用本教学日学过的各种命令来创建一个新文件。

练习步骤和方法如下。

(1) 熟悉软件界面。

(2) 学习文件操作。

(3) 设置系统参数。

(4) 新建视图布局。

设计师职业培训教程

# 第 2 教学日

二维草图在三维设计中占有重要的地位，用户可以在指定的平面上绘制二维平面，并利用一些特征创建工具将二维草图通过指定的方式生成三维实体或曲面，以实现特殊的零件造型。CAXA 实体设计在实体特征的构建方面是延伸草图的设计概念，通过在草图中建立二维草图截面，利用设计环境所提供的功能建立三维实体。

本教学日主要介绍二维草图绘制和四种实体命令，为了加强特征的细部外形设计，还介绍了修改和编辑功能，以及拉伸、旋转、扫描和放样的实体命令，并对三维实体特征进行了编辑与修改。

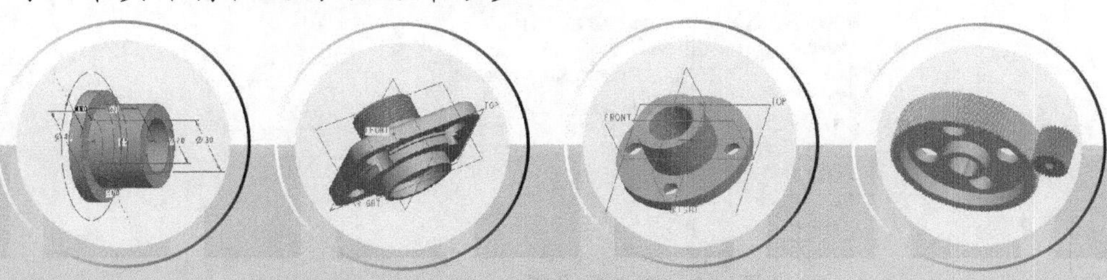

# 第1课 2课时 设计师职业知识——机械草图基础

## 2.1.1 基础知识

草图的各种命令按钮分布于【绘制】、【修改】、【约束】和【显示】这四个功能面板中，如图 2-1 所示。

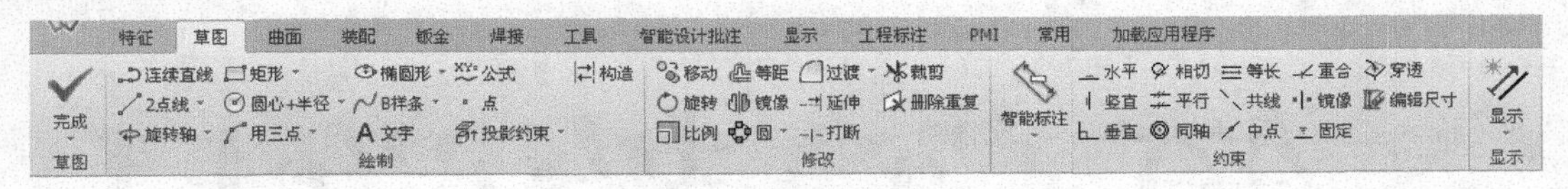


图 2-1 【草图】选项卡

用户也可使用相对应的工具条找到草图命令。右击任意工具条，在弹出的快捷菜单中打开【工具条设置】子菜单，然后选择相关的命令即可，如图 2-2 所示。

另外，用户还可更改默认的草图环境，根据自身的情况进行个性化设置。

图 2-2 工具条设置

### 1. 二维草图选择选项

CAXA 实体设计二维草图选择选项提供四种选项属性表来定义栅格、捕捉、显示及约束等绘图参数，用以生成二维草图。

在草图格栅的空白区域右击，然后在弹出的快捷菜单中选择【栅格】、【捕捉】、【显示】或【约束】命令，就可以对这些“二维草图选择”进行访问使用了。选择其中任何一个选项都可以显示出这四个选项的属性页标签。也可以激活二维草图选择选项。

1)　栅格

利用【栅格】选项卡可以显示草图绘图表面、二维草图格栅和坐标轴方向，设置水平和垂直格栅线间距，并指定是否将定义的设置值设定为默认值，如图2-3所示。

2)　捕捉

利用【捕捉】选项卡可以定义鼠标相对于格栅和(或)格栅中的绘图元素的捕捉行为，如图2-4所示。

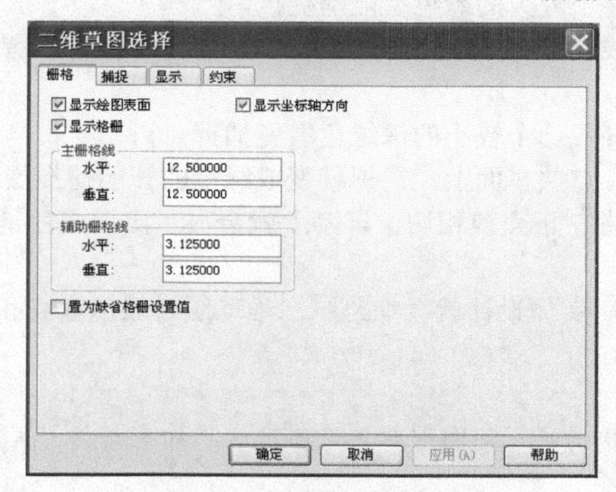


图2-3　【栅格】选项卡

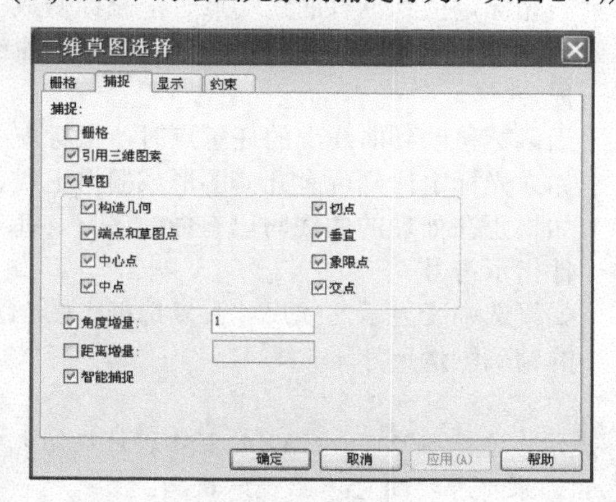


图2-4　【捕捉】选项卡

3)　显示

利用【显示】选项卡可以显示/隐藏曲线尺寸、显示/隐藏端点位置、显示/隐藏轮廓条件指示器及改变草图的线条宽度，如图2-5所示。

4)　约束

利用【约束】选项卡可以在绘制草图时自动生成各种几何约束关系，如图2-6所示。

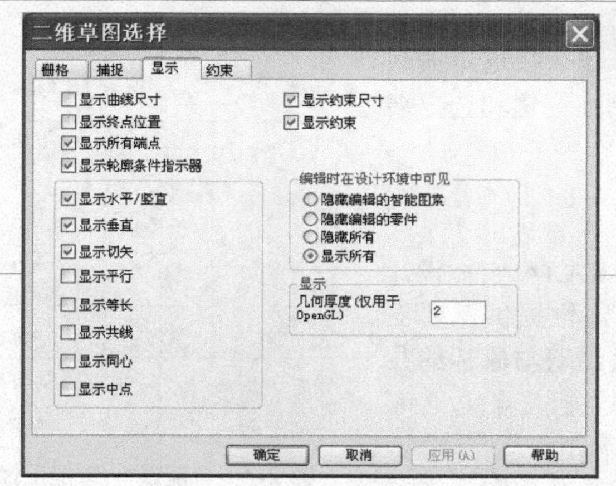


图2-5　【显示】选项卡

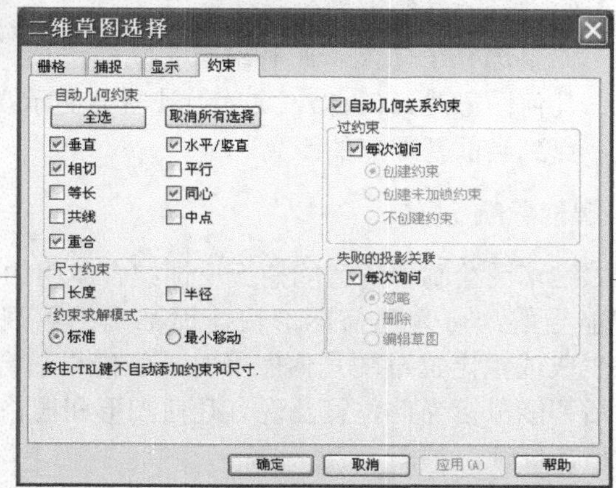


图2-6　【约束】选项卡

### 2. 二维草图格栅反馈信息

为了更快地绘制二维草图，CAXA 实体设计在二维草图格栅上进行的绘图操作提供了详细的反馈提示。

1) 激活后的反馈信息

在二维草图格栅上绘图时，选择所有的五种捕捉操作，那么 CAXA 实体设计就可以提供以下反馈信息。

- 鼠标显示形态变为带深绿色小点的十字准线。
- 当光标定位到已有曲线端点时，鼠标变成一个较大的绿色智能捕捉点。
- 当光标定位到某条曲线的端点或两条曲线的交点时，鼠标就变成一个较大的绿色智能捕捉点。
- 当鼠标移动到曲线上的任意点时，鼠标就变成一个较小的深绿色智能捕捉点。
- 如果光标定位到现有几何图形或栅格上线、点共享面上，鼠标就变成绿色的智能捕捉虚线。
- 如果正在处理的曲线与已有曲线齐平、垂直、正交或相切，屏幕上就会显示出深蓝色剖面条件指示符号。
- 如果选中【显示曲线尺寸】复选框，CAXA 实体设计就会在绘制二维草图时显示直线和曲线的精确测量尺寸。

> **提示：** 默认状态下，CAXA 实体设计在绘制相切的几何图形时，使用默认的约束条件，并用红色的约束符号指明它们的锁定状态。

2) 未激活时的反馈信息

- 在二维草图绘制时，如果未激活任何捕捉工具，那么 CAXA 实体设计就会显示以下反馈信息：鼠标显示为一个指针。
- 以红点指示断开的终点，用白点表示已定义曲线的交点。
- 屏幕上显示的深蓝色关系符号用于指明曲线之间或曲线和栅格轴之间的相互关系。红色约束符表示的是约束性关联关系。
- 如果选择了【显示所有端点】功能选项，那么在选定关联几何图形时，CAXA 实体设计就会显示端点位置和选定端点到当前基准点的距离。

### 3. 智能导航

与二维草图绘制中的智能捕捉反馈结合使用的 CAXA 实体设计功能智能导航，可为几何图形快捷而准确的可视定位提供重要支持。在生成或重定位草图几何图形时，智能导航会沿着与鼠标的共享面激活智能鼠标当前位置及现有几何图形和栅格上相关点/边之间的智能捕捉反馈，如图 2-7 所示。

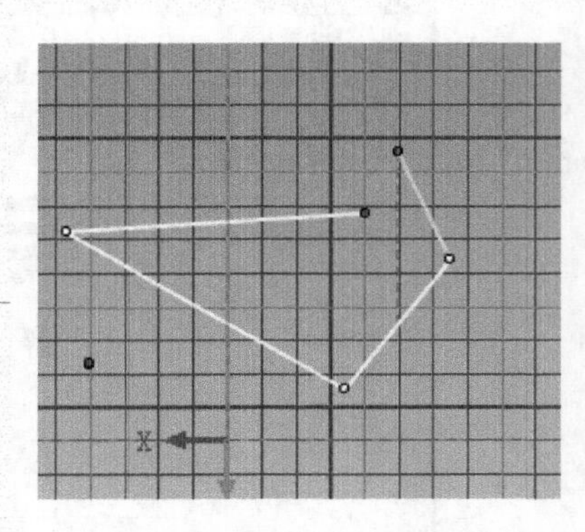


**图 2-7 智能鼠标/智能反馈信息**

若要暂时禁止智能导航反馈，则应在生成或编辑几何图形之前按 Shift 键。

### 4. 草图正视

通常情况下，在构建 3D 模型的过程中要旋转模型至一个便于观察和操作的位置，以便利用实体的某个面建立草图平面，但这个面可能并不正视于屏幕。此时，可选择【显示】|【视向】|【主视图】菜单命令，使草图正视显示，从而提高设计效率。

选择【工具】|【选项】命令，弹出【选项-常规】对话框，打开【常规】选项卡，在【常规】选项卡中选中【编辑草图时正视】和【退出草图时恢复原来的视向】复选框，如图 2-8 所示。

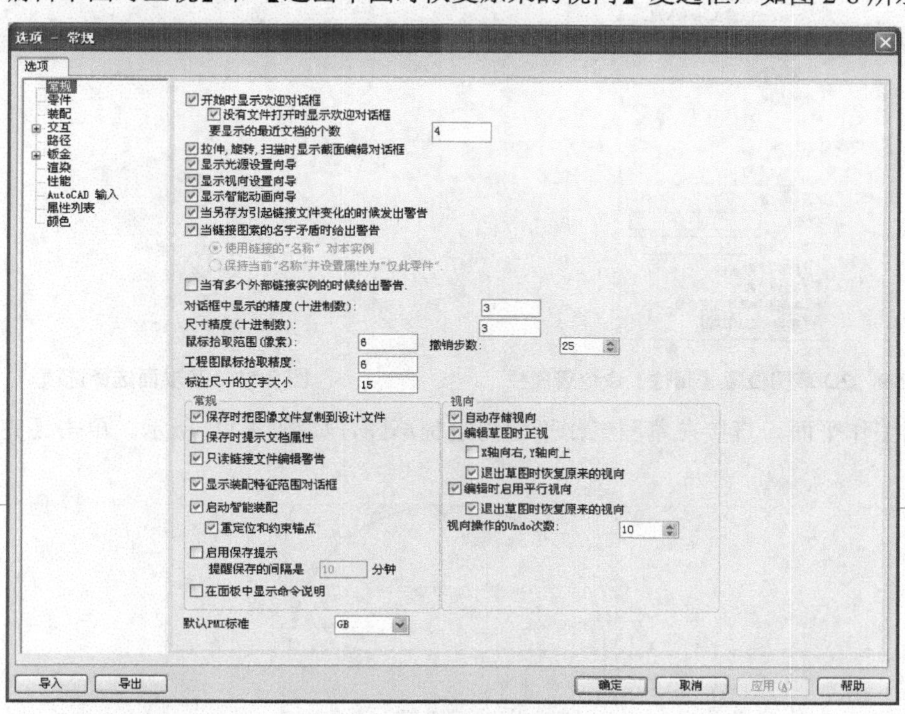


图 2-8 【常规】选项卡

## 2.1.2 二维草图简介

在 CAXA 实体设计中，使用设计元素库可以完成很多零件造型。同时，系统也提供了一些特征创建工具供用户创建自定义图素，以满足零件造型的设计要求。在使用某些特征创建工具时，需要绘制二维草图来生成三维实体或曲面。

### 1. 创建草图

新建一个设计环境，在功能区切换到【草图】选项卡，单击【二维草图】按钮，弹出 2D 草图位置【属性】命令管理栏，如图 2-9 所示。利用该命令管理栏可设定二维草图定位类型等，设置完成后便可在草图平面内绘制二维草图。

单击【二维草图】按钮，会出现如图 2-10 所示的基准面选择选项。此时，还可以选择直接在 XY、YZ 或 XZ 平面内新建草图。

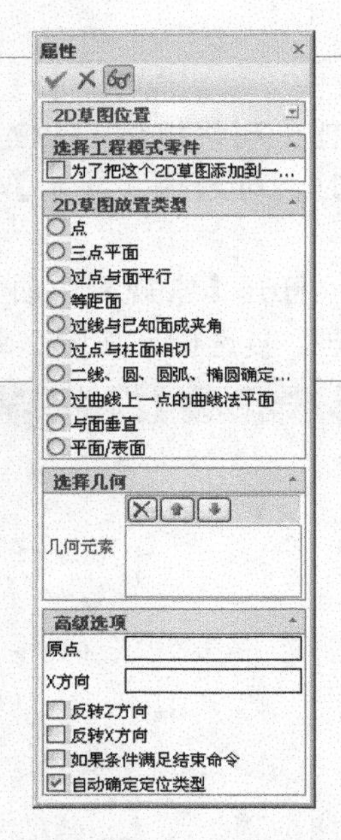


图 2-9　2D 草图位置【属性】命令管理栏

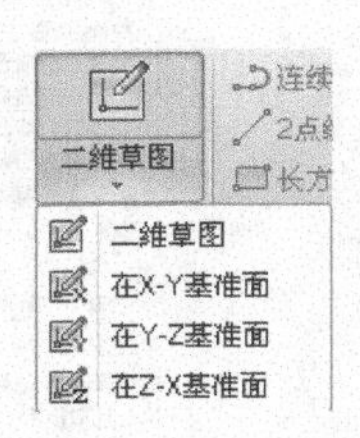


图 2-10　基准面选择选项

进入草图工作平面，直接在草图工作平面内绘制草图，如图 2-11 所示。单击【完成】按钮，生成二维草图。

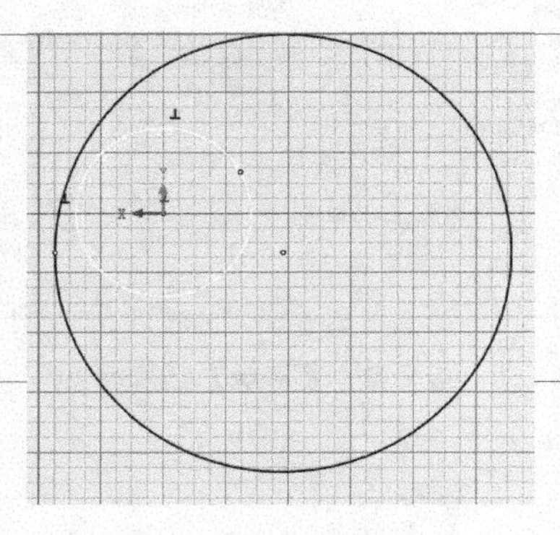

图 2-11　绘制草图

### 2. 生成基准面

在 CAXA 实体设计草图环境中显示的二维绘图栅格，通常叫作“基准面”。它确定了草图平面所在的位置和方向。

1)　生成基准面

CAXA 实体设计 2015 提供了 10 种 2D 草图放置类型(绘图基准面)，如图 2-9 所示。

(1)　点。

当设计环境为空时，在设计环境中选取一点，就会生成一个默认的与 XY 平面平行的草图基准面。当设计环境中存在实体时，生成基准面时系统提示“选择一个点确定二维草图的定位点”，拾取面上需要的点，那么就在这个面上生成基准面。当在设计环境中拾取三维曲线上的点时，则在相应的拾取位置上生成基准面，生成的基准面与曲线垂直。当在设计环境中拾取二维曲线时，生成的基准面为过这条二维曲线端点的 XY 平面。

(2) 三点平面。

拾取三点建立基准面，生成的基准面的原点在拾取的第一个点上。这三个点可以是实体上的点或者三维曲线上的点。

(3) 过点与面平行。

生成的基准面与已知平面平行且过已知点。这里的平面可以是实体的表面和曲面，拾取的点可以是实体上的点和三维曲线上的点。

(4) 等距面。

生成的基准面是由已知平面法向平移给定的距离得到的。生成基准面的方向由输入距离的正负来决定。平面可以是实体上的面和曲面。

(5) 过线与已知面成夹角。

它与已知的平面成给定的夹角且过已知的直线。这里的线和面必须是实体的面和棱边。

(6) 过点与柱面相切。

过点与柱面相切所得到的基准面与柱相切且过空间一点。柱面可以是曲面和实体的表面，空间一点可以是三维曲线或实体棱边上的点。

(7) 二线、圆、圆弧、椭圆确定平面。

直接拾取两条直线、圆、圆弧和椭圆都可以唯一地确定一个平面，从而生成所需要的基准面。这两条直线、圆、圆弧和椭圆必须是三维曲线或实体上的棱边。

(8) 过曲线上一点的曲线法平面。

选择曲线上的任意一点，所得到的基准面与曲线上这一点的切线方向垂直，使用最多的是选择曲线的端点。这条曲线可以是三维曲线、曲面的边，也可以是实体的棱边。

(9) 与面垂直。

选择一点，再选择一个表面，得到通过该点且与表面垂直的基准面。

(10) 平面/表面。

选择一个平面或表面，所得到的基准面就在这个平面或表面上。

2) 快速生成基准面

在绘图区域中右击坐标系平面，弹出快捷菜单，如图 2-12 所示。利用该快捷菜单可以对基准平面进行相关的操作，也可以在左侧设计树中右击所需的坐标平面，在弹出的快捷菜单中进行设置，如图 2-13 所示。

该快捷菜单中各命令的含义如下。

【隐藏平面】：设置所选定的基准面是否隐藏。

【显示栅格】：控制所选定的基准面上的栅格是否显示。

【生成草图轮廓】：选择该命令，则在所选择的基准面上绘制二维草图。

【在等距平面上生成草图轮廓】：选择该命令，则在所选择的基准面的等距面上绘制二维草图。等距的方向由所对应的坐标轴和输入值的正负来决定。

【创建切面草图】：选择该命令后，一个零件与某一坐标平面相切的位置可以自动生成草图，类似投影功能。

【坐标系平面格式】：对基准面的各项默认参数进行设置。其内容包括栅格间距(分为主刻度和副刻度)、对栅格是否进行捕捉、基准面尺寸(分为固定尺寸和自动尺寸)。

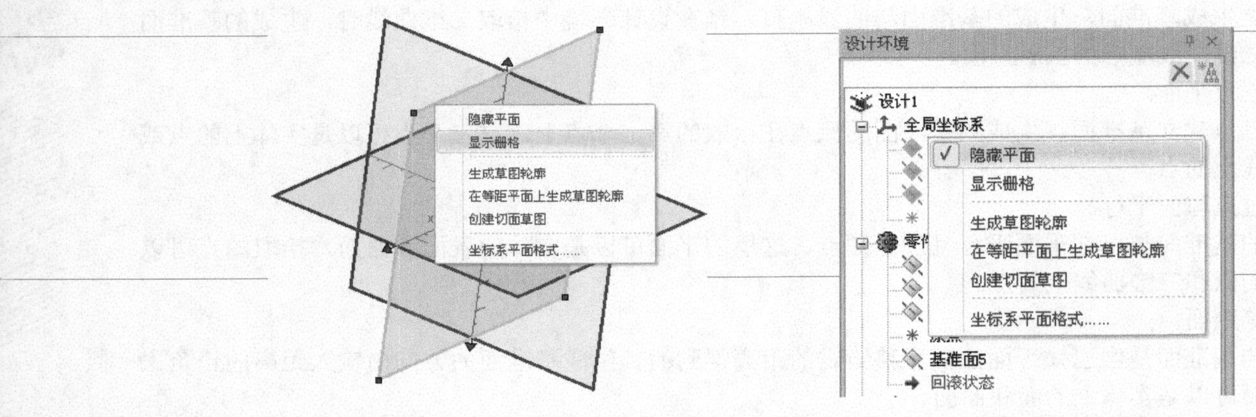


图 2-12　右击坐标系平面　　　　图 2-13　右击设计树中的坐标系按钮

3)　基准面重新定向和定位

利用草图的定位锚可以对草图进行拖动，重新定位。

在 CAXA 实体设计中利用三维球工具可以更便捷、快速地对基准面进行定向和定位。打开已经生成的基准面的三维球，利用它的旋转、平移等功能对其所附着的基准面进行定向和定位操作。

### 3. 草图检查

由二维草图生成三维造型时，CAXA 实体设计都会进行草图检查。如果轮廓敞开或为任何形式的无效草图，那么在试图将该几何图形拉伸成三维图形时，屏幕上就会出现一条信息。单击【拉伸】按钮，进入一个基准面绘制未封闭的二维草图，若试图将该几何图形拉伸成三维实体，会弹出【零件重新生成】对话框。原因在该对话框的【细节】选项组中显示，对应的草图问题区会以红色点划线显示，如图 2-14 所示。

从 CAXA 实体设计 2011 开始，增加了“删除重线”的功能。用鼠标框选需要检查重线的草图部分的图线，然后选择【工具】|【编辑草图】|【删除重复】命令即可，如图 2-15 所示。

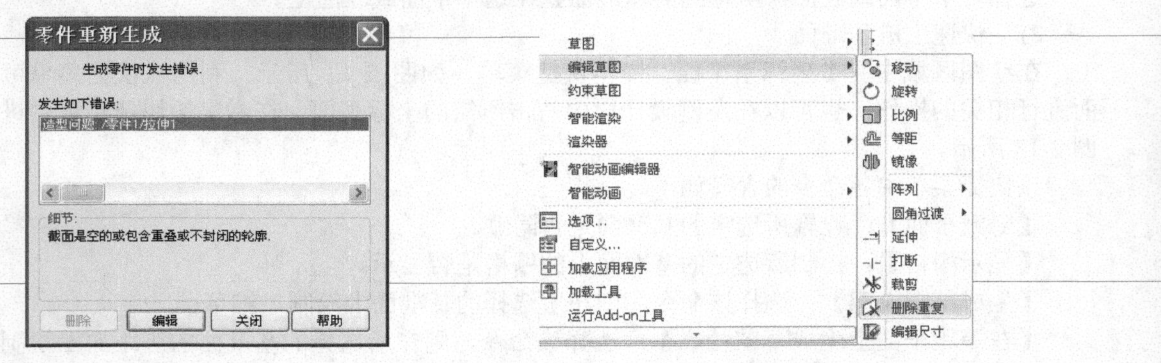


图 2-14　【零件重新生成】对话框　　　　图 2-15　【删除重复】命令

### 4. 退出草图

CAXA 实体设计退出草图绘制的方法有以下两种。

(1)　在【草图】选项卡中单击【草图】功能面板中的【完成】按钮✔或【取消】按钮✖，退出草图绘制模式。

(2) 使用鼠标右键。在草图平面的空白区域右击，在弹出的快捷菜单中选择【结束绘图】命令或【取消绘图】命令，即可退出草图。

## 第2课 2课时 绘制草图

### 2.2.1 线条绘制

**行业知识链接：**线条是图纸图形的基本组成要素，在绘制所有的图形时都要用到。如图 2-16 所示是一个固定件的草图，绘制时基本使用直线来完成轮廓。

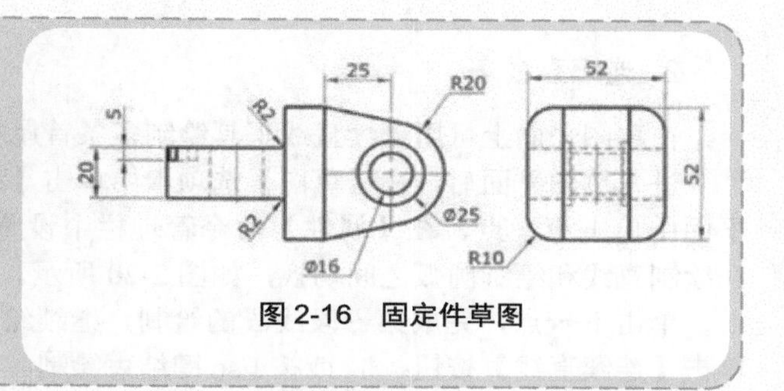


图 2-16 固定件草图

CAXA 3D 实体设计 2015 提供的用于草图绘制的工具集中在【草图】选项卡的【绘制】功能面板上。【绘制】功能面板如图 2-17 所示。

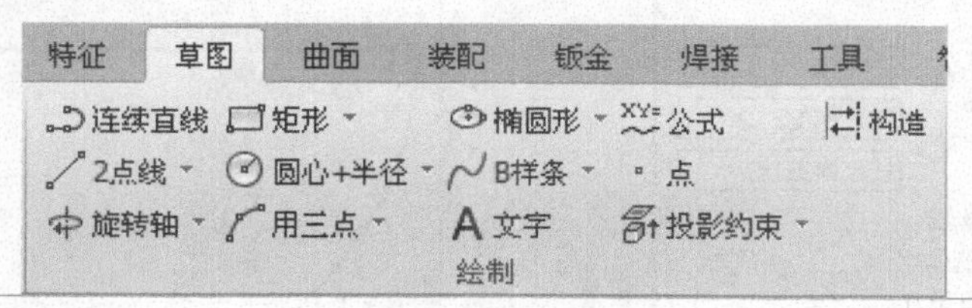


图 2-17 【绘制】功能面板

**1. 2 点线**

使用【2 点线】工具可以在草图平面的任意方向上画一条直线或一系列相交的直线。CAXA 3D 实体设计 2015 提供了两种 2 点线绘制方法。

1) 利用鼠标左键绘制 2 点线

进入草图平面后，在【草图】选项卡中单击【绘制】功能面板中的【2 点线】按钮，用鼠标左键在草图平面上单击所要生成直线的两个端点，或者在【属性】命令管理栏中输入点的坐标，如图 2-18 所示。

直线绘制完毕后，按 Esc 键或再次单击【2 点线】按钮结束操作。

2) 用鼠标右键绘制 2 点线

进入草图平面后，在【草图】选项卡中单击【绘制】功能面板中的【2 点线】按钮，将光标移动到所要生成直线的开始点位置，单击鼠标(左右键均可)确定起始点的位置，将光标移动到直线的另一个端点位置，右击，弹出如图 2-19 所示的【直线长度/斜度编辑】对话框。在该对话框的文本框中输入长度值和倾斜角度值，单击【确定】按钮即可完成直线的绘制。

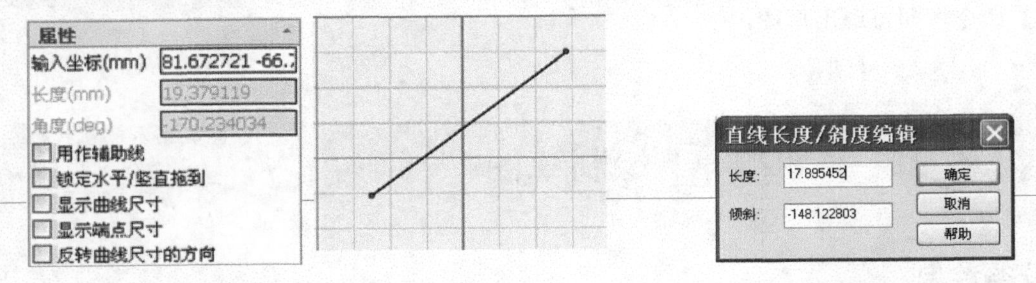


图 2-18　绘制 2 点线　　　　图 2-19　【直线长度/斜度编辑】对话框

### 2. 连续直线

在草图平面上可用连续直线工具绘制多条首尾相连的直线。

进入草图平面后，在【草图】选项卡中单击【绘制】功能面板中的【连续直线】按钮，在草图平面中单击第一点，在【属性】命令管理栏中设置相关的选项，单击【切换直线/圆弧】按钮，可以在绘制直线和绘制圆弧之间切换，如图 2-20 所示。

单击下一点，完成第一段线段的绘制，继续绘制其他线段，生成轮廓线，如图 2-21 所示。再次单击【连续直线】按钮，或按 Esc 键结束绘制。

图 2-20　【属性】命令管理栏

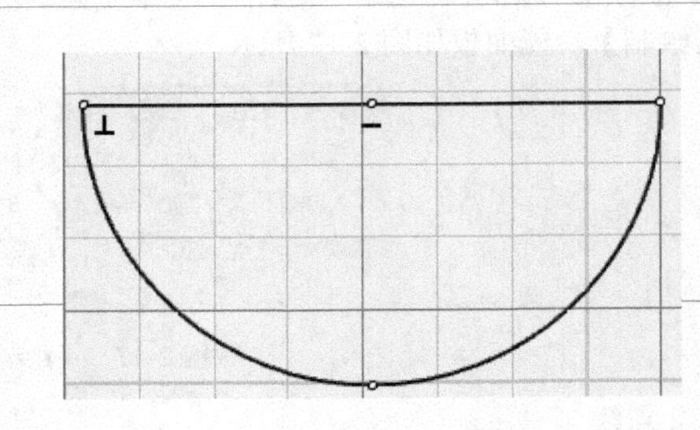

图 2-21　生成轮廓线

## 2.2.2　多边形绘制

行业知识链接：摇臂用于机械行业的不规则运动场合。如图 2-22 所示是摇臂的平面图纸，在图纸的连接部分，需要使用多边形命令绘制。

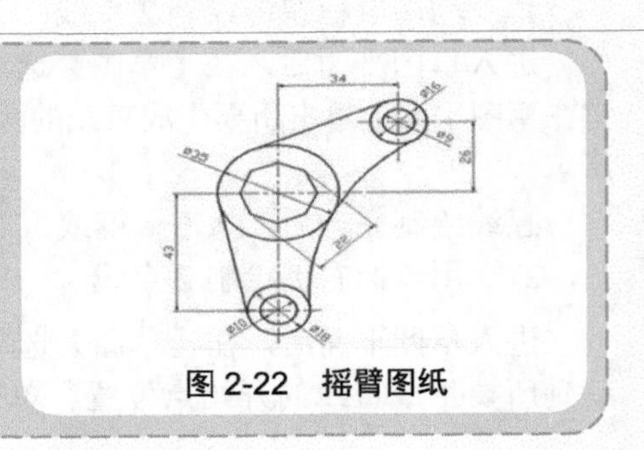

图 2-22　摇臂图纸

绘制多边形工具包括【长方形】、【三点矩形】、【多边形】和【中心矩形】四个按钮。

### 1. 绘制长方形

在【草图】选项卡中单击【绘制】功能面板中的【长方形】按钮，在草图平面中单击鼠标指定长方形的第一点，使用单击鼠标或在【属性】命令管理栏中输入坐标的方式指定长方形的第二点，完成长方形的绘制，如图 2-23 所示。

再次单击【长方形】按钮，结束操作。

本例同样可以使用鼠标绘制。在指定第二点时，右击，弹出如图 2-24 所示的【编辑长方形】对话框。在该对话框的文本框中输入指定的长方形的长度及宽度，然后单击【确定】按钮即可。

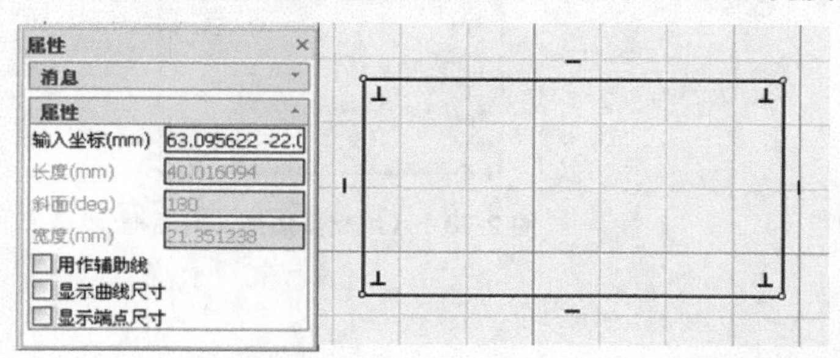


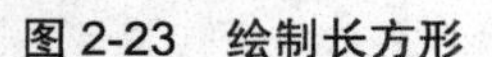

图 2-23 绘制长方形

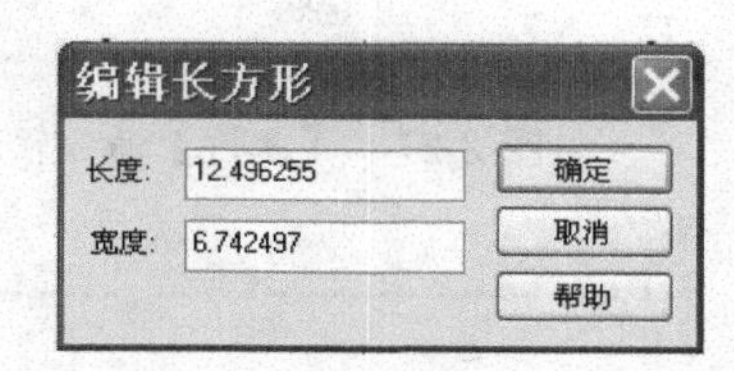


图 2-24 【编辑长方形】对话框

### 2. 三点矩形

在【草图】选项卡中单击【绘制】功能面板中的【三点矩形】按钮，在草图平面中单击鼠标指定三点矩形的第一点，移动鼠标指定三点矩形的第二点，或者右击，利用弹出的【编辑矩形的第一条边】对话框对矩形的第一条边进行编辑，如图 2-25 所示。

移动鼠标指定三点矩形的第三点，单击形成矩形；也可以在鼠标移到某一位置后右击，在弹出的如图 2-26 所示的【编辑矩形的宽度】对话框中编辑矩形的宽度，单击【确定】按钮，完成绘图。

图 2-25 【编辑矩形的第一条边】对话框

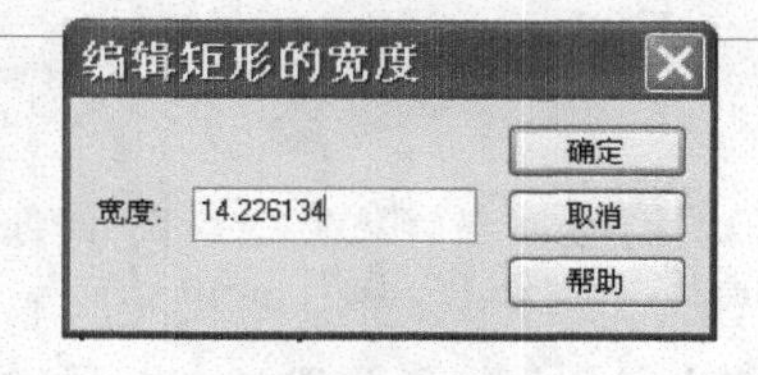


图 2-26 【编辑矩形的宽度】对话框

### 3. 多边形

在【草图】选项卡中单击【绘制】功能面板中的【多边形】按钮，在草图上确定一点，设为多边形的中心点，移动鼠标，则在草图平面中动态显示默认的多边形。在左侧的【属性】命令管理栏中设置多边形的边数，并选中【外接】或【内接】单选按钮，在【半径】文本框中输入半径值，在【角度】文本框中输入角度值，如图 2-27 所示。按 Enter 键即可完成多边形的绘制。

也可将鼠标移动至一定位置后右击，在弹出的【编辑多边形】对话框中设置相应的参数，然后单击【确定】按钮，完成多边形的绘制，如图 2-28 所示。

4. 中心矩形

在【草图】选项卡中单击【绘制】功能面板中的【中心矩形】按钮，在草图上确定一点，设为中心矩形的中心点，移动鼠标，并在适合的位置单击，完成中心矩形的绘制，如图 2-29 所示。

也可将鼠标移动至一定位置后右击，在弹出的【编辑长方形】对话框中设置长度值和宽度值，然后单击【确定】按钮，完成中心矩形的绘制，如图 2-30 所示。

图 2-27 【属性】命令管理栏

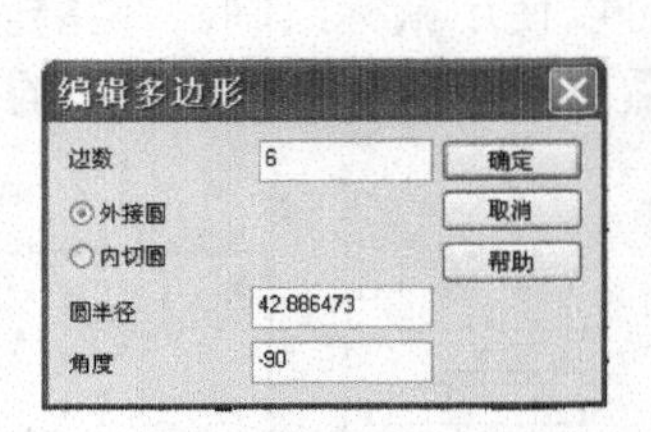


图 2-28 【编辑多边形】对话框

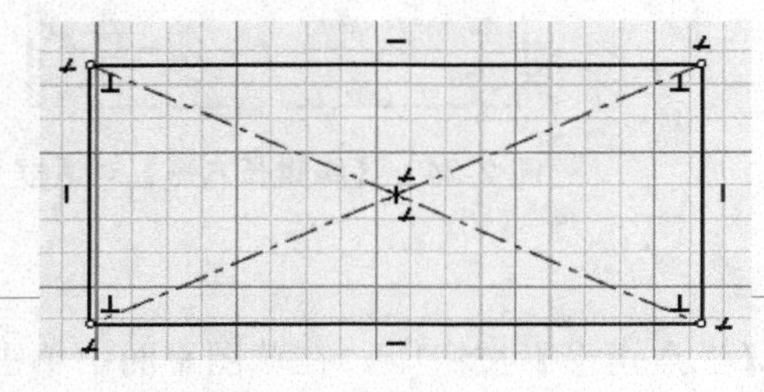

图 2-29 矩形

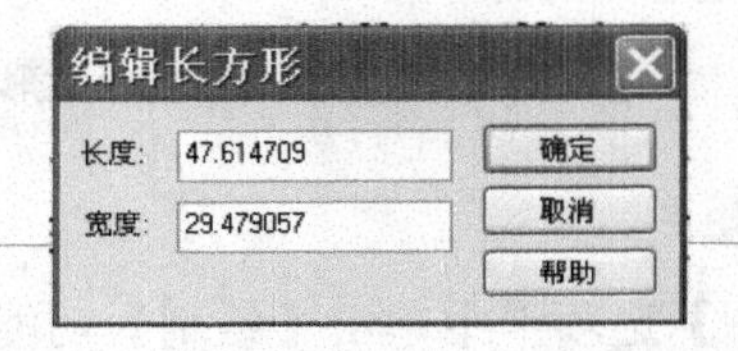


图 2-30 【编辑长方形】对话框

## 2.2.3 圆和椭圆绘制

行业知识链接：在 CAXA 草图绘制中能以多种方式创建直线、圆、椭圆、多边形、样条曲线等基本图形对象，可以绘制多种机械、建筑、电气等行业图纸。如图 2-31 所示是软件绘制的机械零件，其中有很多圆和圆弧图形。

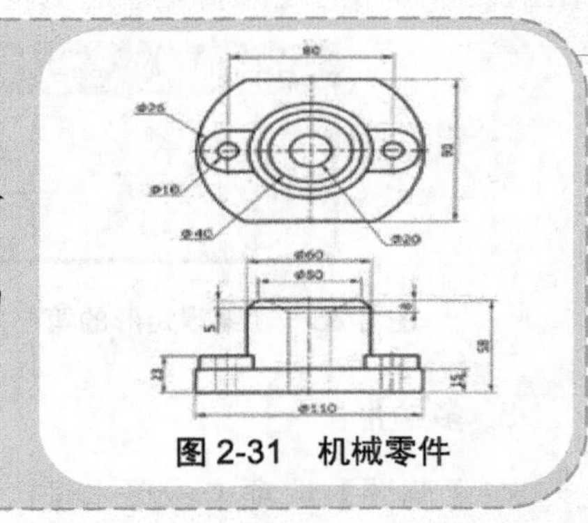

图 2-31 机械零件

1. 圆形

绘制圆的按钮有【圆心+半径】、【三点圆】、【两点圆】、【一切点+两点】、【两切点+一点】和【三切点】。

1) 圆心+半径

进入草图平面后，在【草图】选项卡单击【绘制】功能面板中的【圆心+半径】按钮，在栅格上单击一点作为圆心，或在【属性】命令管理栏中输入圆心坐标，如图2-32所示。

指定另一点来确定半径，或在【属性】命令管理栏的【半径】文本框中输入半径值或另一点的坐标。如果指定圆心后，在草图平面中将鼠标拖动一定距离后再右击，则可在弹出的【编辑半径】对话框中输入所需的半径值，然后单击【确定】按钮，如图2-33所示。

选定该圆，右击，在弹出的快捷菜单中选择【曲线属性】命令，弹出【椭圆】对话框。在该对话框中可查看和编辑该圆的属性，完成后单击【确定】按钮，如图2-34所示。

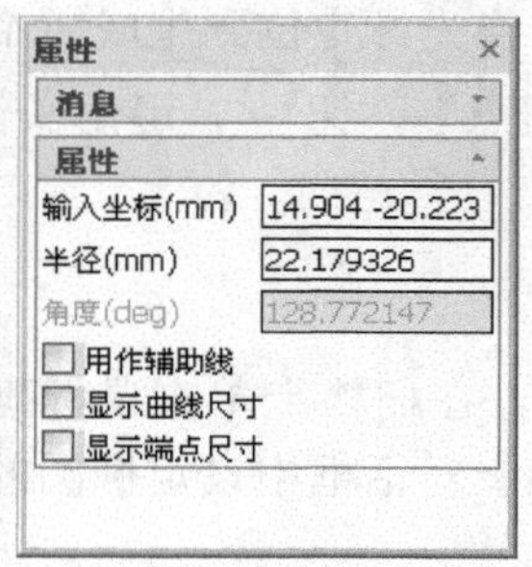


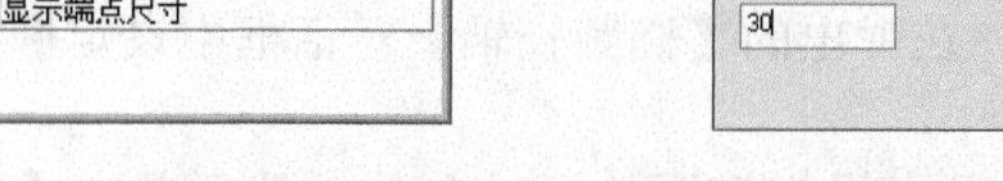


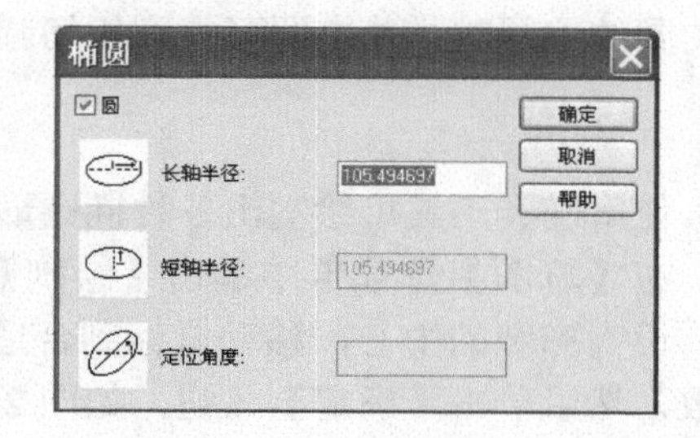


图2-32　输入圆心坐标　　图2-33　【编辑半径】对话框　　图2-34　【椭圆】对话框

2)　三点圆

在【草图】选项卡中单击【绘制】功能面板中的【三点圆】按钮，单击栅格，指定圆的第一点，在系统提示下，在栅格上指定圆的第二点，在系统提示下，在栅格上指定圆的第三点，从而绘制一个圆，如图2-35所示。

3)　两点圆

在【草图】选项卡中单击【绘制】功能面板中的【两点圆】按钮，在系统提示下，在栅格上指定圆的第一点，在系统提示下，指定圆的第二点，完成两点圆的绘制，如图2-36所示，再次单击【两点圆】按钮，结束绘制。

4)　一切点+两点

使用【一切点+两点】工具按钮可生成一个与圆、圆弧、圆角和直线相切的圆。

在【草图】选项卡中单击【绘制】功能面板中的【一切点+两点】按钮，在栅格上单击已知圆上的任意一点以指定参考曲线，移动鼠标至合适位置后单击，指定圆的第一点，移动鼠标，单击确定第二点，从而完成该相切圆的绘制，如图2-37所示，再次单击【一切点+两点】按钮，结束操作。

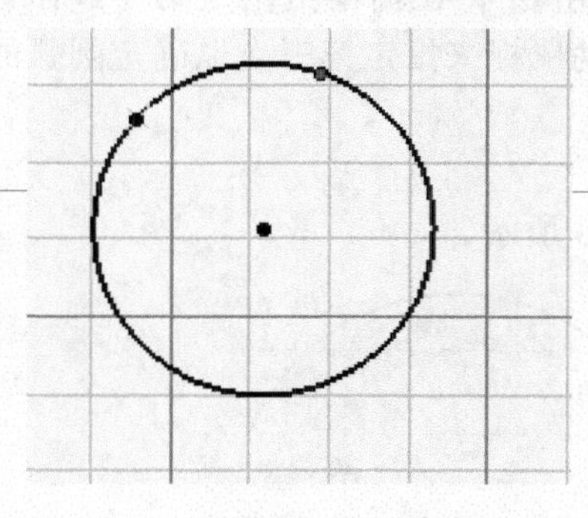

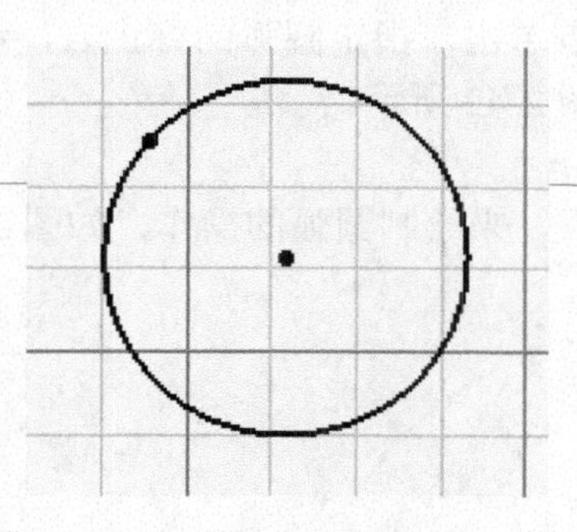

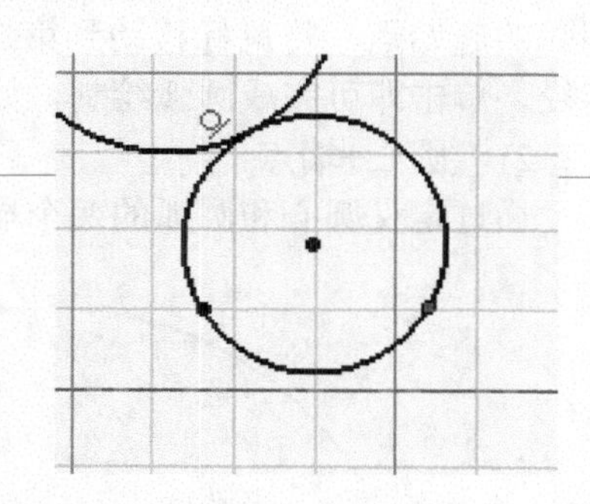

图2-35　三点圆　　图2-36　两点圆　　图2-37　切点圆

5) 两切点+一点

在【草图】选项卡中单击【绘制】功能面板中的【两切点+一点】按钮，在已知圆上单击一点，以指定第一条参考曲线，移动鼠标，在已知直线上单击一点，以指定第二条参考曲线，移动鼠标，单击栅格上一点，完成相切圆的绘制，如图 2-38 所示，按 Esc 键，结束操作。

6) 三切点

在【草图】选项卡中单击【绘制】功能面板中的【三切点】按钮，单击第一个已知圆上的一点，单击第二个已知圆上的一点，将鼠标移动到第三个已知圆上的一点，当光标定位到生成所希望得到的圆的位置时，单击即可得到相切圆，如图 2-39 所示，再次单击【三切点】按钮，退出操作。

**2. 椭圆**

使用椭圆工具可绘制出各种椭圆形和椭圆弧。

在【草图】选项卡中单击【绘制】功能面板中的【椭圆形】按钮，在栅格上单击鼠标确定一点，设为椭圆的中心，移动鼠标到合适位置后右击，在弹出的【椭圆长轴】对话框中设定椭圆的长轴参数，然后单击【确定】按钮，如图 2-40 所示。

移动鼠标后右击，在弹出的【编辑短轴】对话框中设定椭圆的短轴参数，然后单击【确定】按钮，完成椭圆的绘制，如图 2-41 所示。

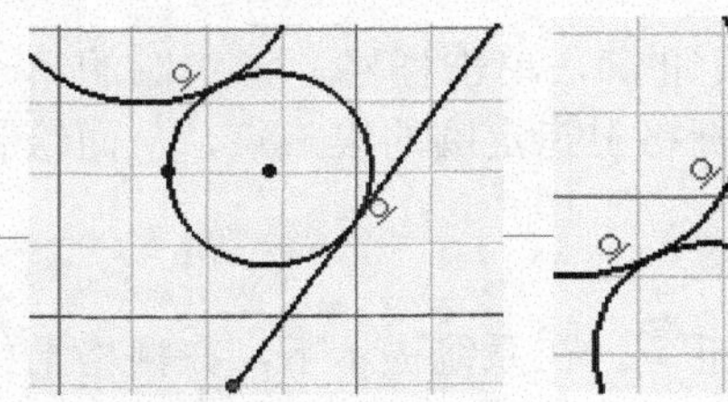

图 2-38 两切点圆

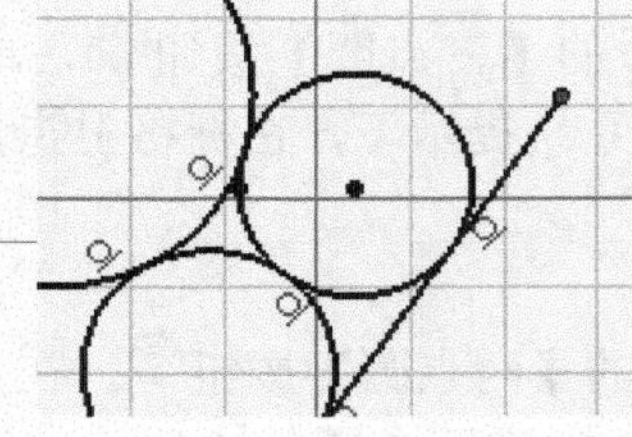

图 2-39 三切点圆

图 2-40 【椭圆长轴】对话框

图2-41 【编辑短轴】对话框

**3. 圆弧**

CAXA 实体设计 2015 提供了多种方法生成圆弧，如【用三点】按钮、【圆心+端点】按钮和【两端点】按钮。

1) 用三点

在【草图】选项卡中单击【绘制】功能面板中的【用三点】按钮，在栅格上指定第一点作为圆弧的起始点，将鼠标移动到第二点单击，指定圆弧的终止点，移动鼠标来指定第三点以确定圆弧的半径，单击即可完成圆弧绘制，如图 2-42 所示。

2) 圆心+端点

通过定义圆心和圆弧的两个端点，来绘制圆弧的操作，如图 2-43 所示。

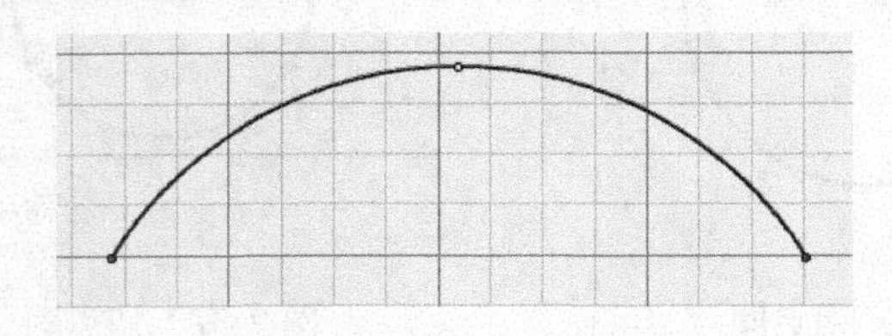

图 2-42 三点弧

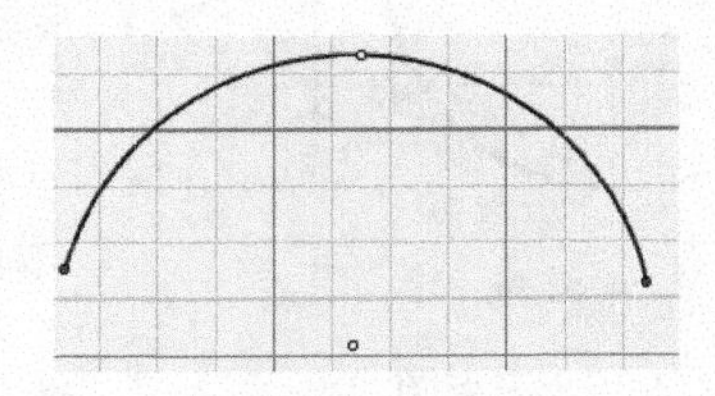

图 2-43 端点弧

3) 两端点

通过定义圆弧的两个端点来绘制圆弧的操作步骤与上述方法类似。

## 2.2.4 曲线绘制

**行业知识链接**：曲线很多时候用于标注突出或者绘制不规则图形。如图 2-44 所示是平面图中使用曲线标示的特殊区域。

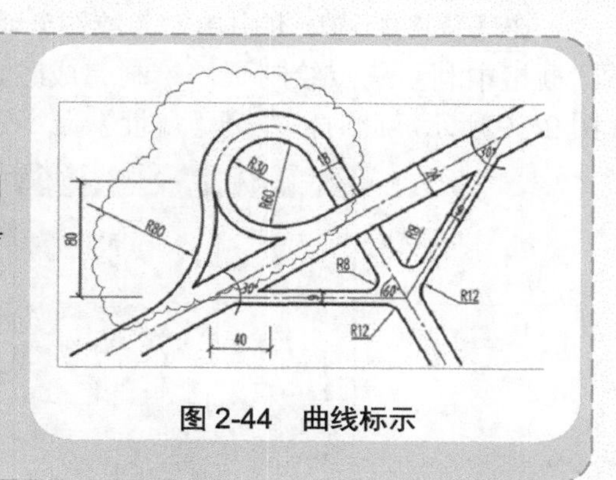

图 2-44 曲线标示

### 1. B 样条曲线

在【草图】选项卡中单击【绘制】功能面板中的【B 样条】按钮，在草图栅格中单击指定 B 样条曲线上的第一个插值点，继续指定其他插值点，以生成一条连续的 B 样条曲线，如图 2-45 所示。完成后，右击或按 Esc 键结束操作。

### 2. Bezier 曲线

生成 Bezier 曲线的操作步骤同 B 样条曲线一样，绘制 Bezier 曲线的示例如图 2-46 所示。

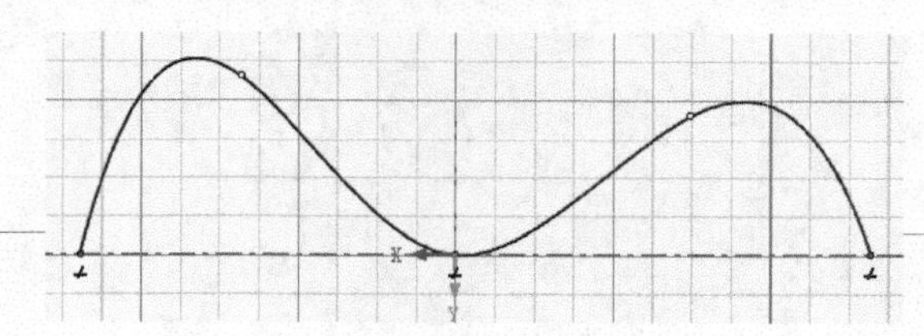

图 2-45 B 样条曲线

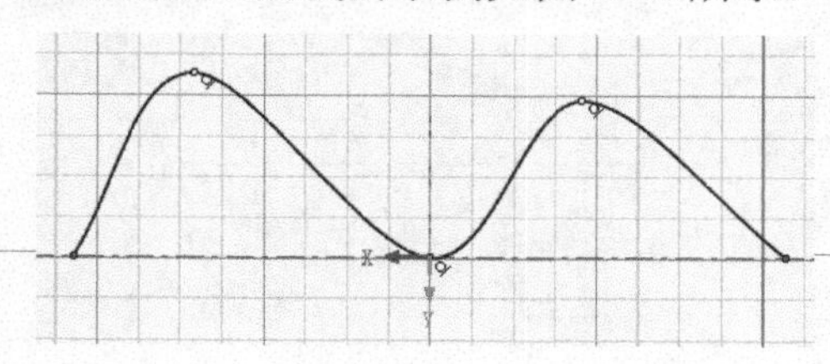

图 2-46 Bezier 曲线

### 3. 公式曲线

在【草图】选项卡中单击【绘制】功能面板中的【公式】按钮，弹出如图 2-47 所示的【公式曲线】对话框。在该对话框中可设置坐标系、可变单位、参数变量和表达式等，并可预览公式曲线的属性。然后单击【确定】按钮，即可完成公式曲线的绘制，如图 2-48 所示。

### 4. 点

在【草图】选项卡中单击【绘制】功能面板中的【点】按钮，接着在草图基准面中指定位置，即可绘制一个点，也可以连续绘制多个点。绘制的点在草图中的显示样式如图 2-49 所示。

### 5. 构造几何

构造几何工具是 CAXA 实体设计为生成复杂的二维草图用于绘制辅助线的工具。该工具用来生成作为辅助参考图形的几何图形，而不用来建立实体或曲面。

在【草图】选项卡中单击【绘图】功能面板中的【构造】按钮和【圆心+半径】按钮，在草图栅格中利用三点绘制圆，绘制完成时，该圆会立即以颜色加亮显示，以表明其为一条辅助线，如图 2-50 所示。此时，左侧【属性】命令管理栏中的【用作辅助线】复选框处于选中状态。

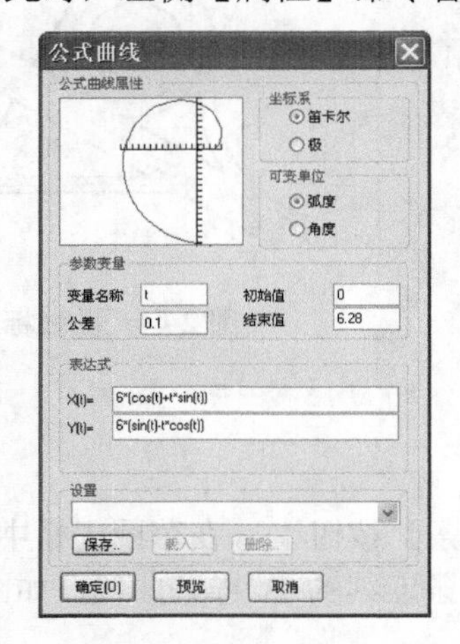


图 2-47 【公式曲线】对话框

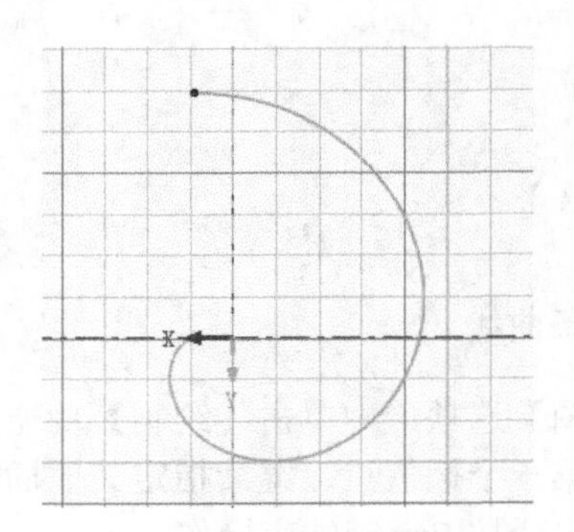

图 2-48 公式曲线

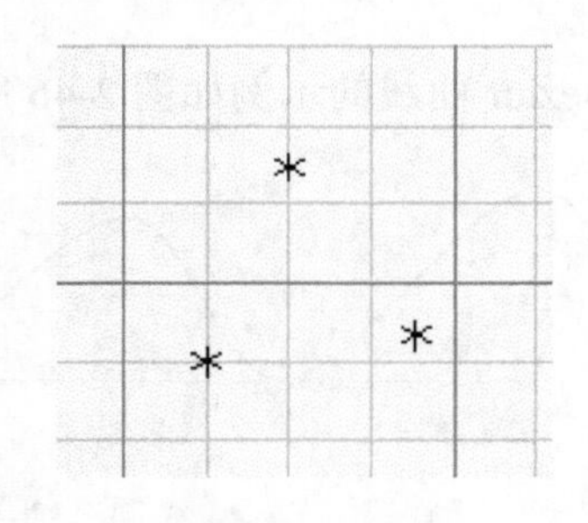

图 2-49 绘制点

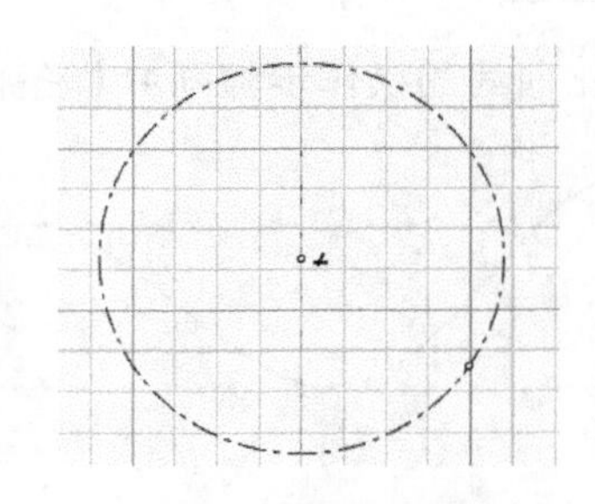

图 2-50 构造圆

## 课后练习

案例文件：ywj\02\01. ics
视频文件：光盘\视频课堂\第 2 教学日\2.2

本节课后练习创建垫片草图，垫片的材质由纸、橡皮片或铜片制成，放在两零件之间起到密封或者减震的作用，通常其厚度较薄。如图 2-51 所示是完成的垫片草图。

本节案例主要练习垫片草图的创建，首先绘制矩形和四个小圆，之后创建交叉的矩形，通过修剪圆草图完成垫片。绘制垫片草图的思路和步骤如图 2-52 所示。

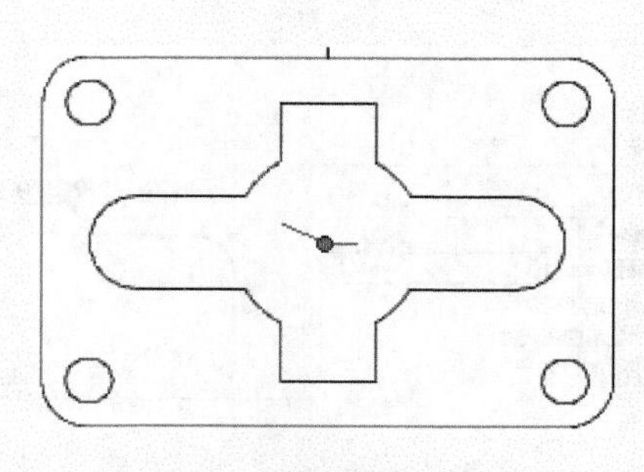
图 2-51 完成的垫片草图

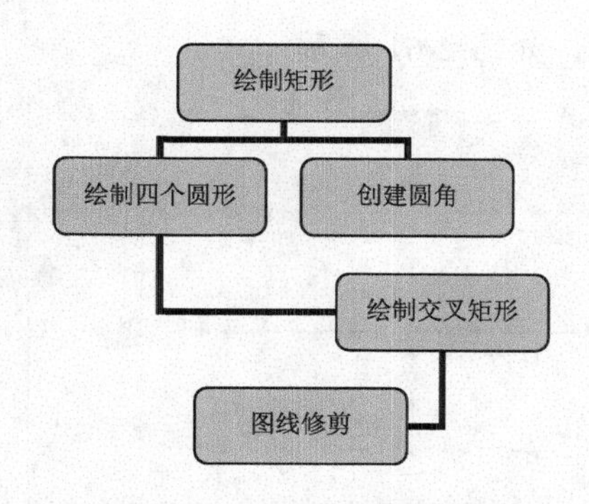

图 2-52 绘制垫片草图的步骤

案例操作步骤如下。

step 01 首先绘制矩形，单击【草图】选项卡中的【二维草图】按钮，选择 X-Y 基准面作为草图绘图平面，进入草图绘制模式，如图 2-53 所示。

step 02 在【草图】选项卡中单击【绘制】功能面板中的【长方形】按钮，绘制矩形，如图 2-54 所示。

step 03 在【草图】选项卡中单击【约束】功能面板中的【智能标注】按钮，标注尺寸 12×8，如图 2-55 所示。

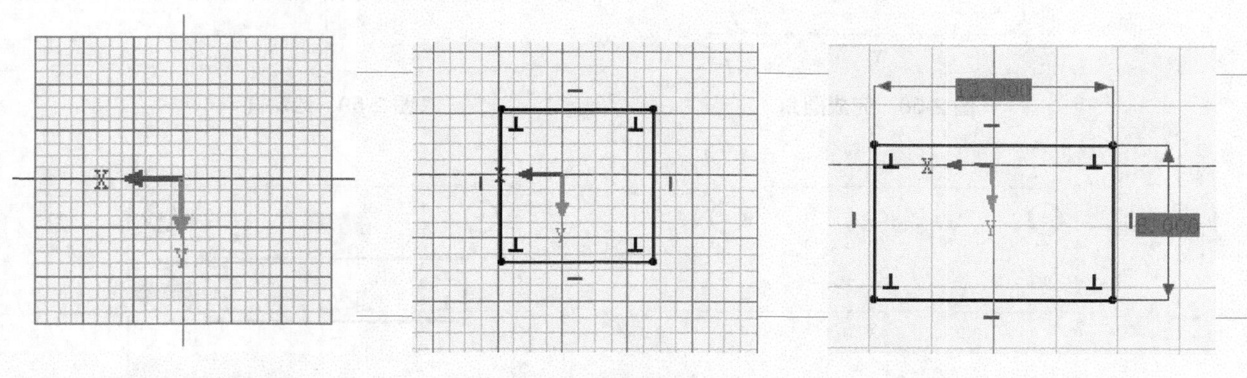
图 2-53 草绘平面　　图 2-54 绘制矩形　　图 2-55 标注尺寸

step 04 在【草图】选项卡中单击【约束】功能面板中的【智能标注】按钮，标注位置尺寸，完成矩形的绘制，如图 2-56 所示。

step 05 再创建圆角，在【草图】选项卡中单击【修改】功能面板中的【过渡】按钮，在【属性】命令管理栏中输入【半径】值为 1，绘制如图 2-57 所示的圆角。

step 06 在【草图】选项卡中单击【修改】功能面板中的【过渡】按钮，完成其他圆角的绘制，如图 2-58 所示。

step 07 再绘制四个圆形，在【草图】选项卡中单击【绘制】功能面板中的【圆心+半径】按钮，在【属性】命令管理栏中输入【半径】值为 0.5，绘制如图 2-59 所示的圆。

step 08 在【草图】选项卡中单击【绘制】功能面板中的【圆心+半径】按钮，完成其他圆的绘制，如图 2-60 所示。

step 09 在【草图】选项卡中单击【绘制】功能面板中的【长方形】按钮，绘制 8×2 的矩形，如图 2-61 所示。

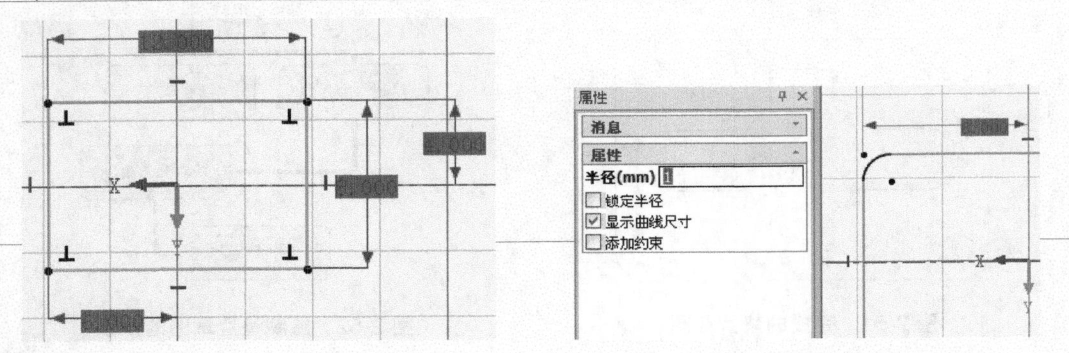


图 2-56　标注位置尺寸　　图 2-57　绘制圆角

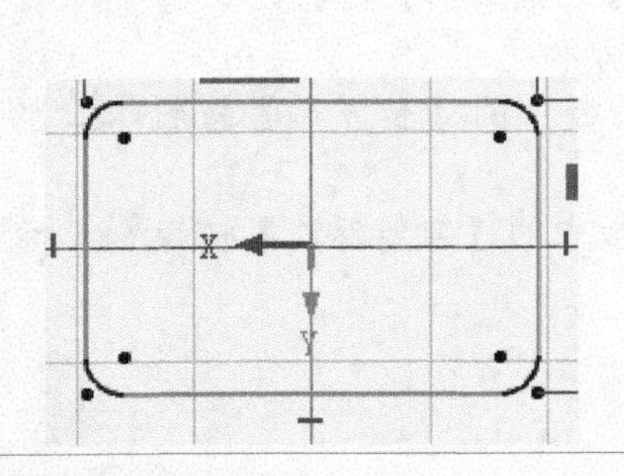

图 2-58　完成圆角

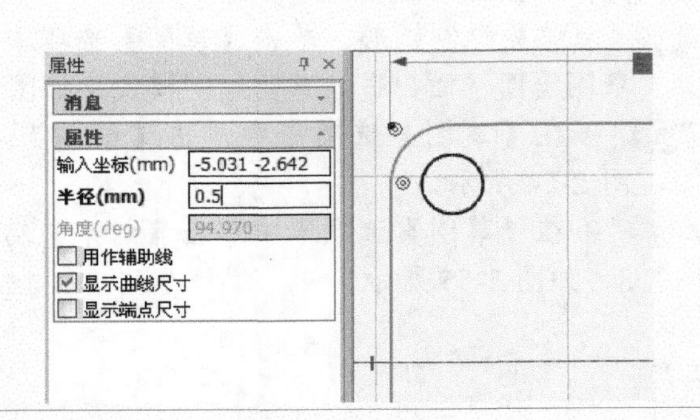


图 2-59　绘制圆

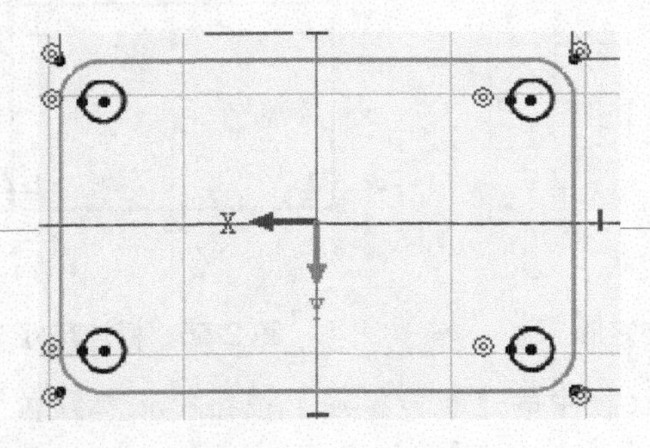

图 2-60　完成其他圆

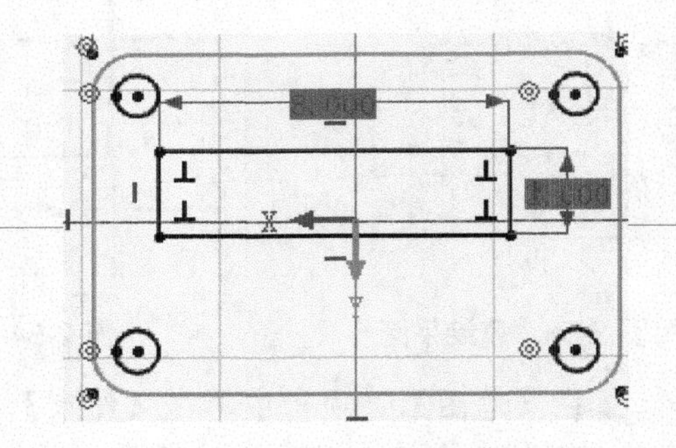

图 2-61　绘制矩形

step 10 在【草图】选项卡中单击【约束】功能面板中的【智能标注】按钮，标注位置尺寸，如图 2-62 所示。

step 11 在【草图】选项卡中单击【绘制】功能面板中的【圆心+半径】按钮，绘制半径为 2 的圆，如图 2-63 所示。

step 12 在【草图】选项卡中单击【修改】功能面板中的【裁剪】按钮，删除多余曲线，如图 2-64 所示。

step 13 在【草图】选项卡中单击【绘制】功能面板中的【长方形】按钮，绘制 6×8 的矩形，如图 2-65 所示。

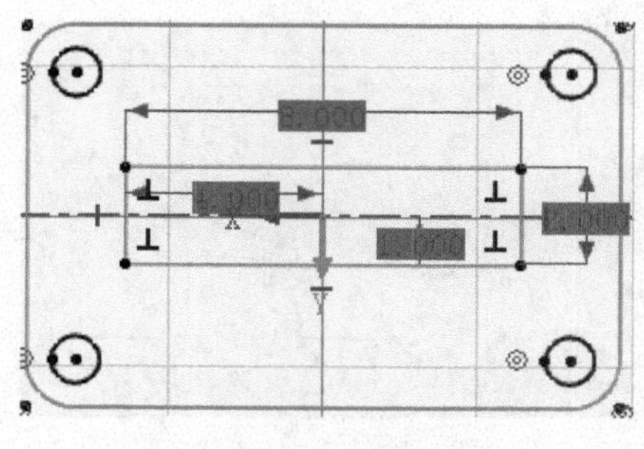

图 2-62 标注位置尺寸

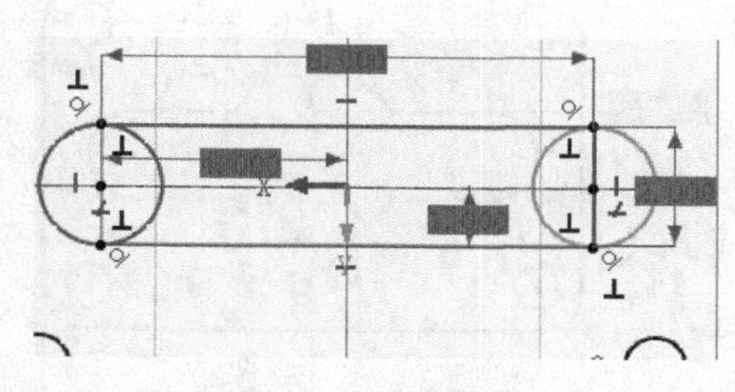

图 2-63 绘制半径为 2 的圆

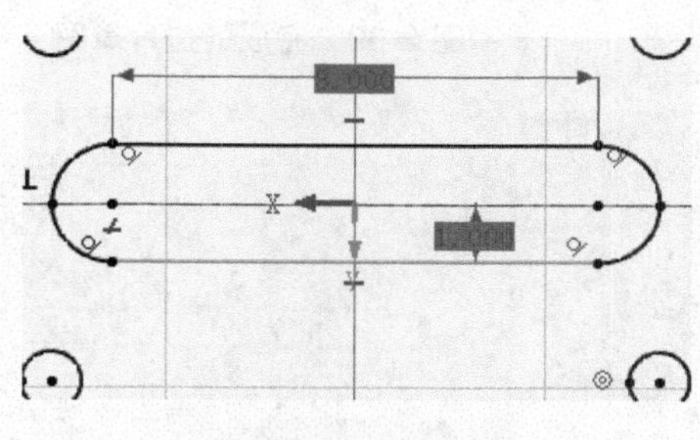

图 2-64 裁剪草图

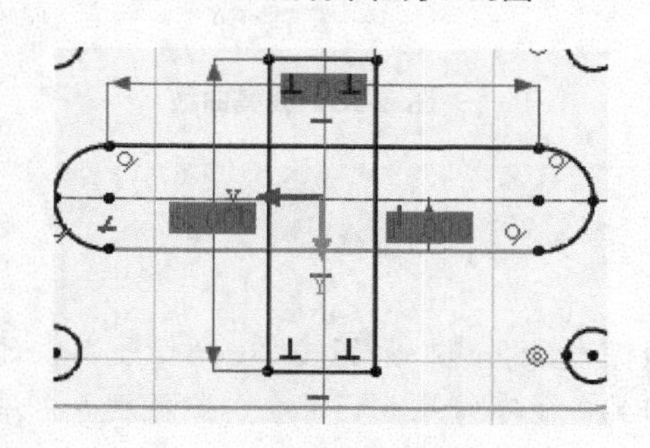

图 2-65 绘制 6×8 的矩形

step 14 在【草图】选项卡中单击【约束】功能面板中的【智能标注】按钮，标注矩形位置尺寸，如图 2-66 所示。

step 15 在【草图】选项卡中单击【绘制】功能面板中的【圆心+半径】按钮，绘制半径为 2 的圆，如图 2-67 所示。

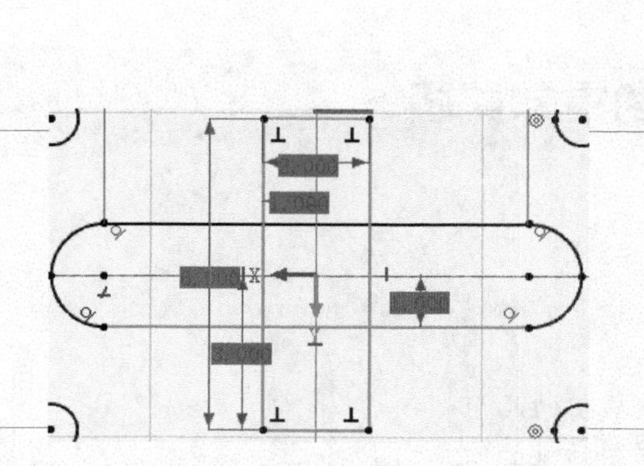

图 2-66 标注矩形位置尺寸

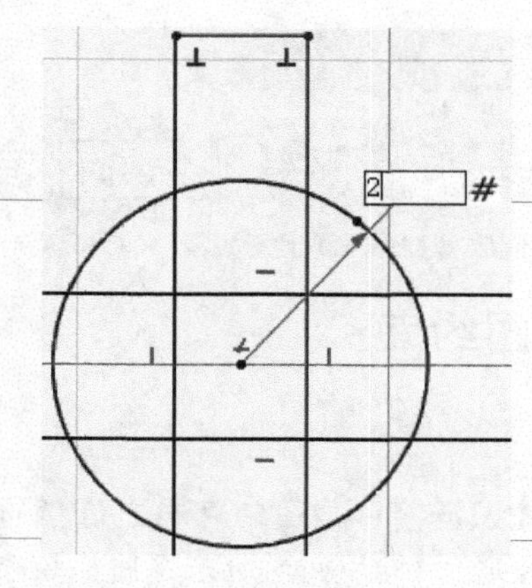

图 2-67 绘制半径为 2 的圆

step 16 在【草图】选项卡中单击【修改】功能面板中的【裁剪】按钮，将多余的曲线删除，如图 2-68 所示。

step 17 垫片草图绘制完成，如图 2-69 所示。

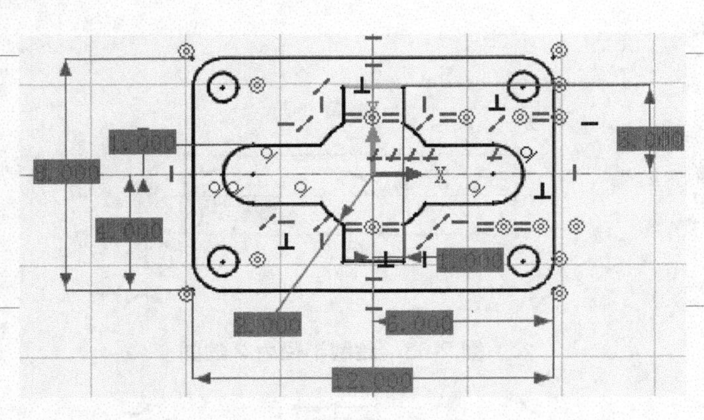

图 2-68　裁剪曲线

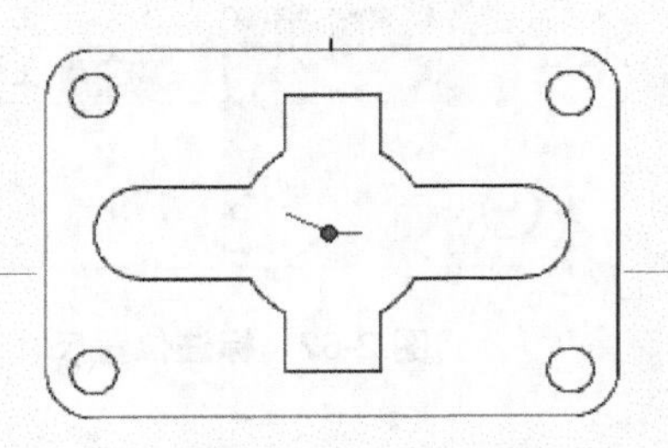

图 2-69　完成的垫片草图

**机械设计实践：**如图 2-70 所示是典型的零件生产图纸，它具备了零件尺寸、配合、粗糙度等制造信息，是进行批量生产的一手技术信息。

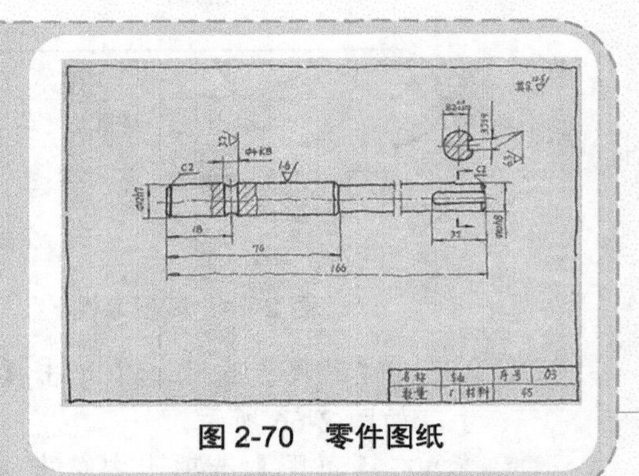

图 2-70　零件图纸

# 第 3 课 2 课时 草图约束和编辑

## 2.3.1　草图约束

**行业知识链接：**草图约束和定位指的是修改草图的几何属性或者外形。如图 2-71 所示是圆形轮子修改草图约束的结

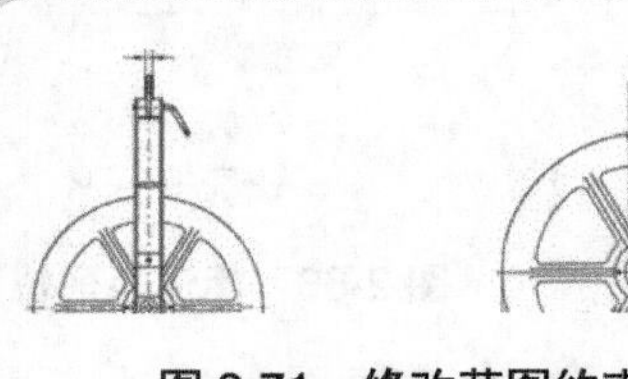

图 2-71　修改草图约束

在 CAXA 3D 实体设计 2015 中，草图生成后需对二维草图进行约束。【约束】功能面板如图 2-72 所示。

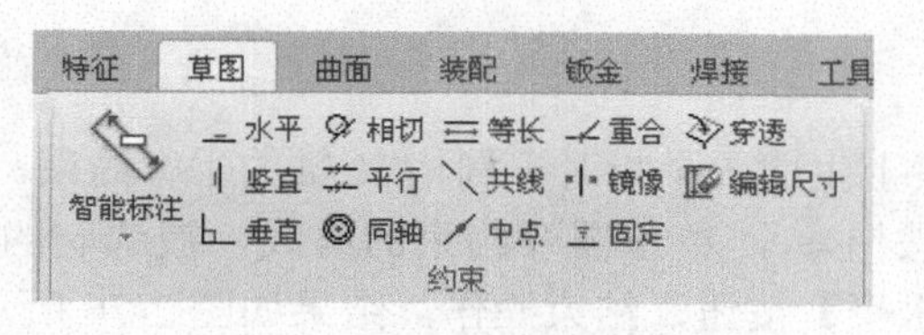


图 2-72 【约束】功能面板

二维约束工具可以对绘出图形的长度、角度、平行、垂直、相切等曲线图形加上限制条件，并且以图形方式标示在草图平面上，方便用户直观地浏览所有的信息。

在设计树中会显示该草图的约束状态，草图名称后面的“+”号表示过约束，“-”号表示欠约束，没有“+”“-”号则为完全约束。草图中通过颜色显示约束状态。默认设置下，过约束为红色，欠约束为白色，完全约束为绿色。

### 1. 垂直约束

垂直约束用于在草图平面中的两条已知曲线之间生成垂直约束。

在【草图】选项卡中单击【约束】功能面板中的【垂直】按钮，单击要应用垂直约束的曲线1，单击要应用垂直约束的曲线2，这两条曲线将相互垂直，同时在它们的相交处出现一个红色的垂直约束符号，如图2-73所示。

如果需要，可以清除该约束条件：将鼠标移至垂直符号处，当指针变成小手形状时右击，在弹出的快捷菜单中选择【锁定】命令，取消锁定即可。

### 2. 相切约束

相切约束用于在草图平面中已有的两条曲线之间生成一个相切约束。

在【草图】选项卡中单击【约束】功能面板中的【相切】按钮，单击第一条要约束的曲线，单击第二条要约束的曲线，这两条曲线将立即形成相切约束关系，同时在切点位置出现了一个红色的相切约束符号，如图2-74所示。

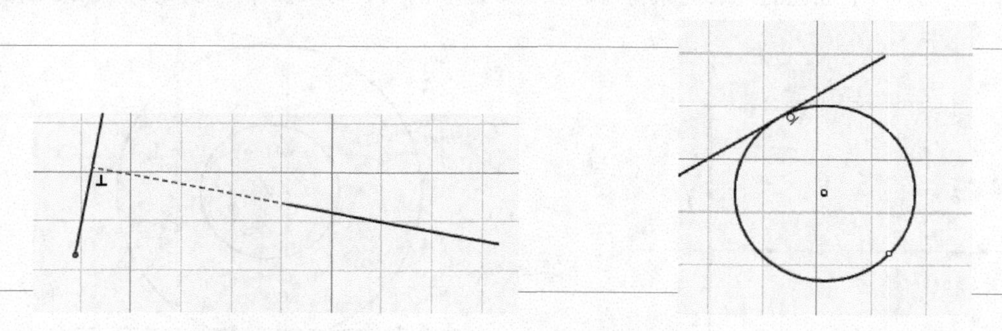

图 2-73 垂直约束

图 2-74 相切约束

### 3. 平行约束

平行约束用于使两条直线平行。添加平行约束关系的操作步骤与垂直约束类似，具体示例如图 2-75所示。

#### 4. 水平约束

水平约束用于在一条直线上生成一个相对于栅格 X 轴的平行约束。在【草图】选项卡中单击【约束】功能面板中的【水平】按钮，单击需要约束的直线，被选定的直线将立即重新定位为相对于栅格 X 轴平行。再次单击【水平】按钮，结束操作，结果如图 2-76 所示。

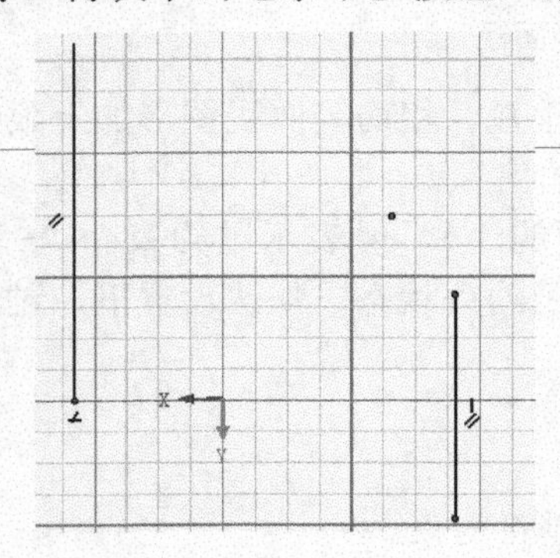

图 2-75　平行约束

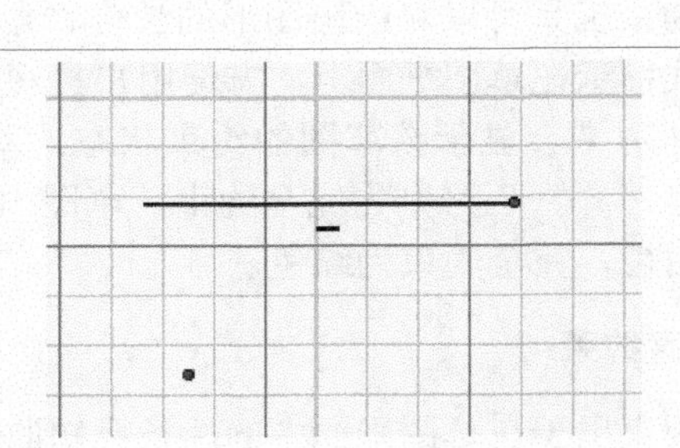

图 2-76　水平约束

#### 5. 竖直约束

竖直约束可以在一条直线上生成一个相对于栅格 X 轴的垂直约束。添加竖直约束的操作步骤与垂直约束类似，具体示例如图 2-77 所示。

#### 6. 同轴约束

使用同心约束，可以使草图平面上的两个已知圆形成同心的约束关系。

在【草图】选项卡中单击【约束】功能面板中的【同轴】按钮，依次选择需要同心约束的两个对象(圆或者圆弧)后，被选择对象立即重新定位，第一个对象的圆心被定位到第二个对象的圆心处，同时在各自对象附近显示一个红色的同心约束符号。按 Esc 键取消同心约束操作，结果如图 2-78 所示。

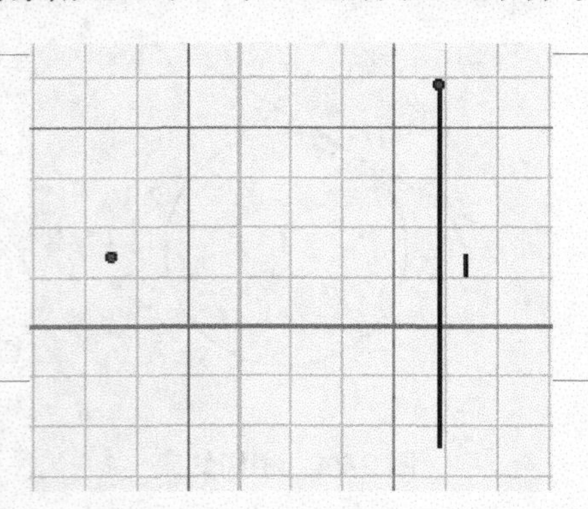

图 2-77　竖直约束

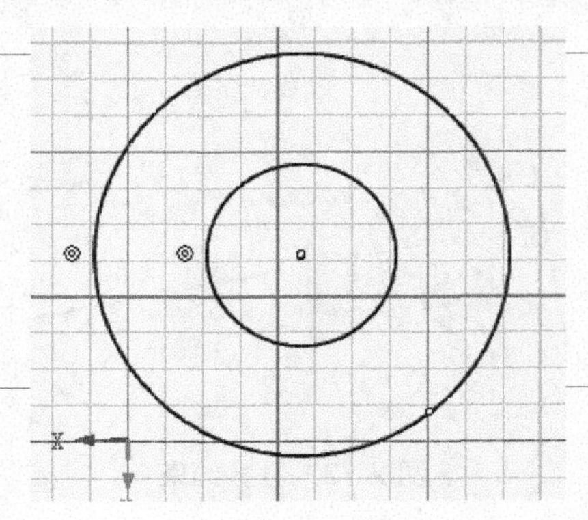

图 2-78　同轴约束

#### 7. 等长约束

使用等长约束，可以为两条已知曲线建立等长度约束。

在【草图】选项卡中单击【约束】功能面板中的【等长】按钮，单击第一条需要等长度约束的曲线，被选定的曲线上将出现一个浅蓝色的标记，单击第二条需要等长度约束的曲线，两条曲线上都将出现红色的等长度约束符号，如图 2-79 所示。

### 8. 共线约束

使用共线约束，可以为已存在的直线间建立共线约束关系。

在【草图】选项卡中，单击【约束】功能面板中的【共线】按钮，分别拾取需要建立共线约束关系的两条直线，此时两条直线将立即重新定位，形成共线约束，并出现红色的共线约束符号。按 Esc 键取消共线约束操作，结果如图 2-80 所示。

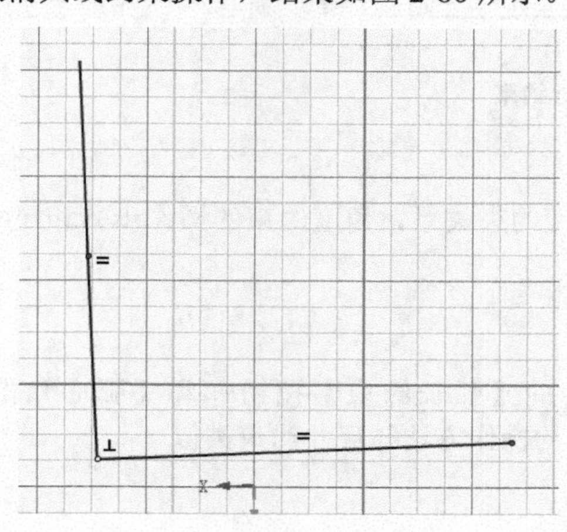

图 2-79　等长约束

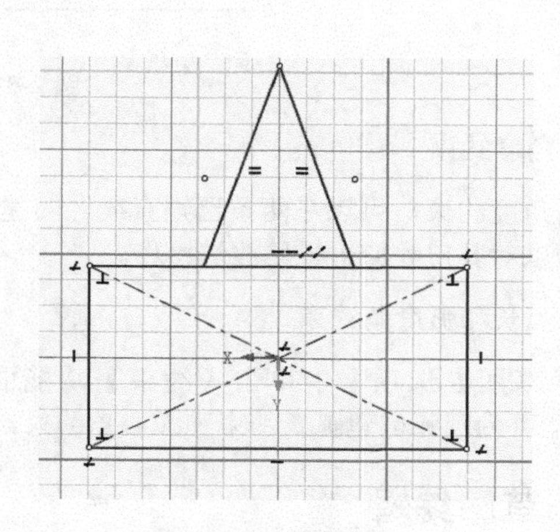

图 2-80　共线约束

### 9. 重合约束

使用重合约束，可以将端点、中点约束到草图中的其他元素上。

在【草图】选项卡中，单击【约束】功能面板中的【重合】按钮，用鼠标分别单击需要重合约束的两个点，为这两个点之间添加重合约束。按 Esc 键取消重合约束操作。

### 10. 中点约束

中点约束是指将选定的一个顶点或圆心约束到指定对象的中点处。添加中点约束的操作步骤与垂直约束类似。

### 11. 固定约束

可以对选定的几何图形尺寸进行固定几何约束。在进行固定几何约束之后，无论对它们做何种修改，图形都将与原来的几何图形保持一致，不做任何改变。在【草图】选项卡中，单击【约束】功能面板中的【固定】按钮，拾取需要添加固定几何约束的直线，拾取的直线显示固定几何约束符，在接下来的操作中，不管对它们做何种修改，由于其几何尺寸已固定约束，其图形不发生改变。

### 12. 尺寸约束

在【草图】选项卡中单击【约束】功能面板中的【智能标注】按钮，接着拾取需要添加约束的曲线，然后将鼠标移至适合的位置单击即可建立尺寸约束，如图 2-81 所示。

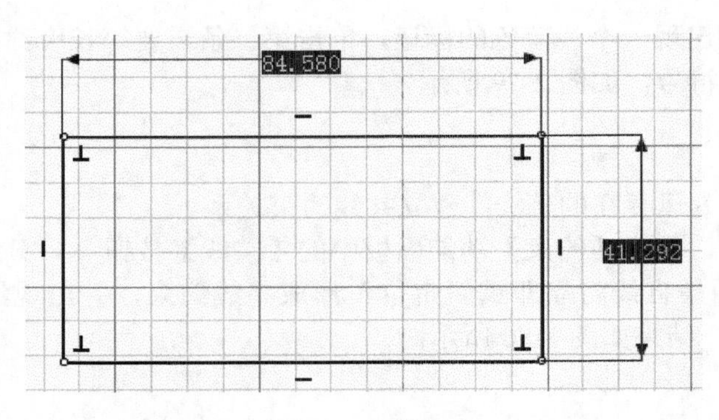


图 2-81　尺寸约束

**13. 角度约束**

使用角度约束，可以在两条已知直线之间建立角度约束关系。角度约束的操作步骤和尺寸约束类似，也可以对其尺寸值进行修改等操作。

**14. 弧长和弧度角约束**

在【草图】选项卡中单击【约束】功能面板中的【弧长约束】按钮和【弧心角约束】按钮，即可为圆弧创建弧长约束和弧心角约束。两者的操作方法与尺寸约束类似。

## 2.3.2　草图编辑

**行业知识链接：**草图编辑就是 CAXA 实体设计对草图中的图形进行平移、缩放、旋转、镜像、偏置和投影等的操作。如图 2-82 所示是绘制的垫板零件，要用到大量的编辑命令。

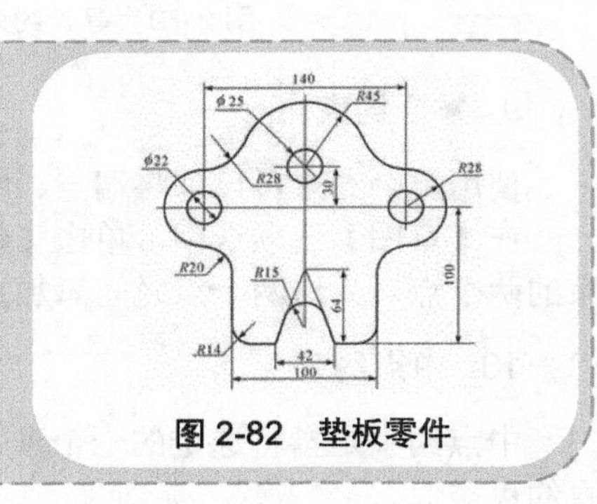


图 2-82　垫板零件

草图编辑的功能按钮集中在【修改】功能面板中，如图 2-83 所示。

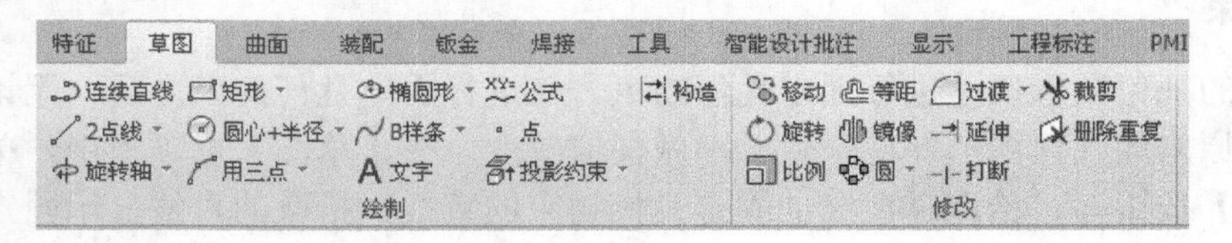


图 2-83　【修改】功能面板

**1. 编辑曲线**

1)　移动曲线

移动曲线工具可用于移动草图中的图形。既可以对单独的一条直线或曲线使用移动曲线工具，也可以同时对多条直线或曲线使用移动曲线工具。

在【草图】选项卡中单击【修改】功能面板中的【移动】按钮，在草图中拾取要移动的几何图形。选择的要移动的几何图形被收集在【选择实体】选项组中，如图2-84所示。

在【属性】命令管理栏的【模式】选项组中选中【拖动实体】单选按钮，在草图中单击并拖动鼠标，将其拖动到新位置后释放。当拖动鼠标时，CAXA 实体设计会自动提供有关几何图形与参考位置的距离反馈信息，如图2-85所示，单击【确定】按钮，结束操作。

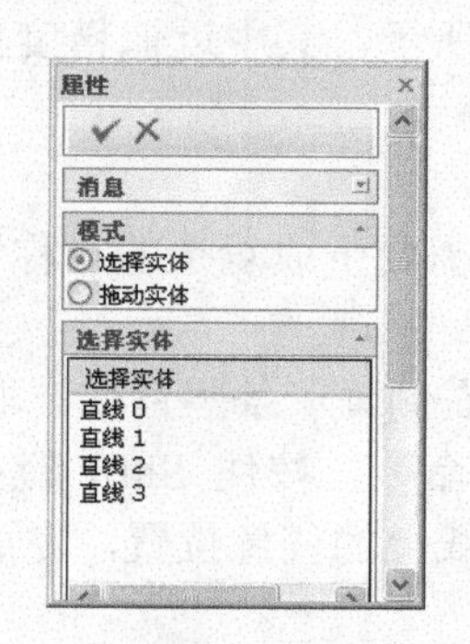


图2-84 【选择实体】选项组

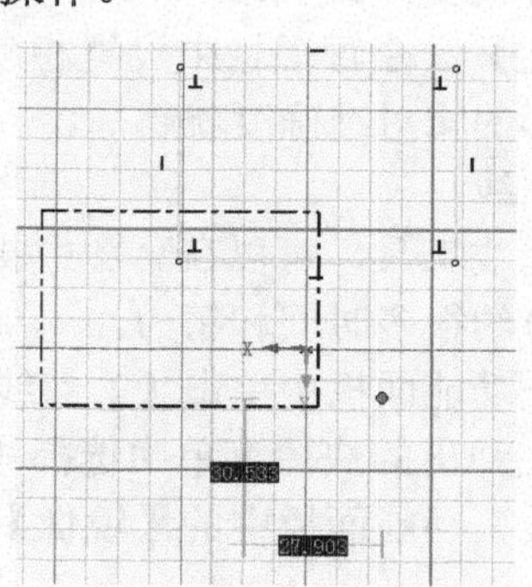

图2-85 拖动图形

2) 旋转曲线

旋转曲线工具可用于旋转几何图形。同前面介绍的移动曲线工具一样，既可以对单独的一条直线或曲线使用旋转曲线工具，也可以对一组几何图形使用旋转曲线工具。

框选要旋转的几何图形，单击【修改】功能面板中的【旋转】按钮，在草图栅格的原点位置会出现一个尺寸较大的图钉。用该图钉定义旋转中点，若想调整旋转中点，则应将光标移动到图钉针杆接近钉帽的位置处，然后单击鼠标并将其拖动到需要的位置后释放。

单击并拖动选定的几何图形，以确定旋转角度。CAXA 实体设计会在拖动几何图形时显示出旋转角度的反馈信息，完成后单击【完成】按钮，结束操作，如图2-86所示。

3) 缩放曲线

利用缩放曲线工具，可以将几何图形按比例缩放。与移动曲线工具一样，既可以对单独的一条直线或曲线使用缩放曲线工具，也可以同时对多条直线或曲线使用缩放曲线工具。

选择需要缩放的几何图形，在【草图】选项卡中单击【修改】功能面板中的【比例】按钮，在草图栅格的原点处会出现一个尺寸较大的图钉。用该图钉定义比例缩放中点，单击并拖动选定的几何图形，缩放到适当的比例后释放鼠标。拖动鼠标时，CAXA 实体设计会自动提供有关几何图形与原位置的距离反馈信息，单击【确定】按钮，结果如图2-87所示。

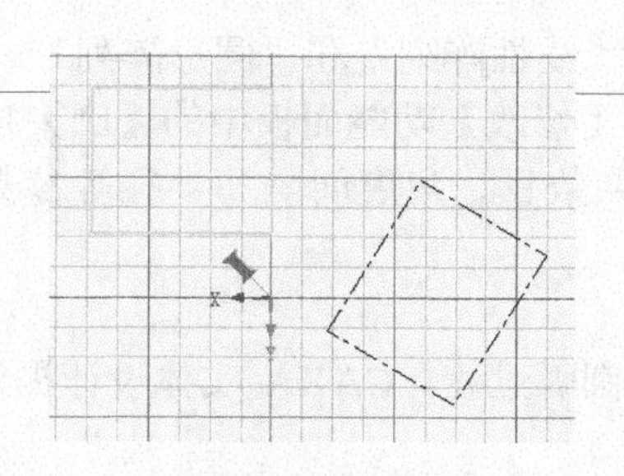

图2-86 旋转曲线

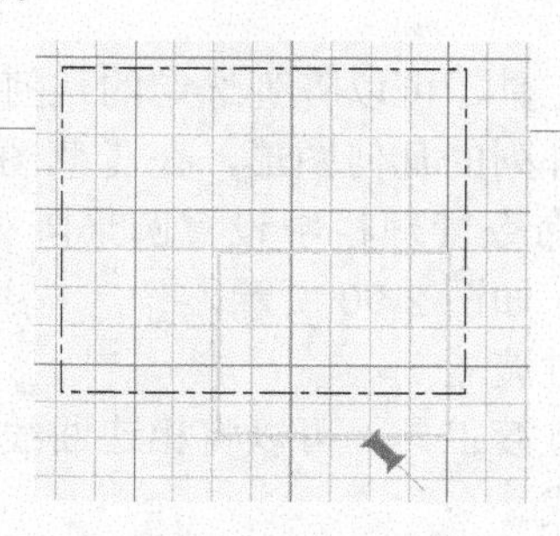

图2-87 缩放曲线

4) 等距曲线

利用等距曲线工具，可以复制选定的几何图形，然后使它与原位置等距特定距离。对直线和圆弧等非封闭图形而言，其作用与复制功能并没有太多的区别；但是对于包含不规则几何图形的封闭草图来说，偏移曲线工具的作用则是非常明显的。

框选要偏移的图形或曲线，在【草图】选项卡中单击【修改】功能面板中的【等距】按钮，在左侧的【属性】命令管理栏中设置相应的参数，如图 2-88 所示。其中近似精度值越小，复制的图形与原几何图形的相对准确度就越高。

5) 镜像曲线

利用镜像曲线工具，可以在草图中将图形对称地复制。当需要生成复杂的对称性草图时，采用镜像曲线工具将节约很多时间和精力。

在【绘制】功能面板中单击【2 点线】按钮，在几何图形右侧画一条竖直线。取消 2 点线工具，右击竖直线，在弹出的快捷菜单中选择【作为构造辅助元素】命令，按住 Shift 键拾取几何图形的各边，单击【修改】功能面板中的【镜像】按钮，然后单击竖直线上的任意位置，完成镜像，如图 2-89 所示。

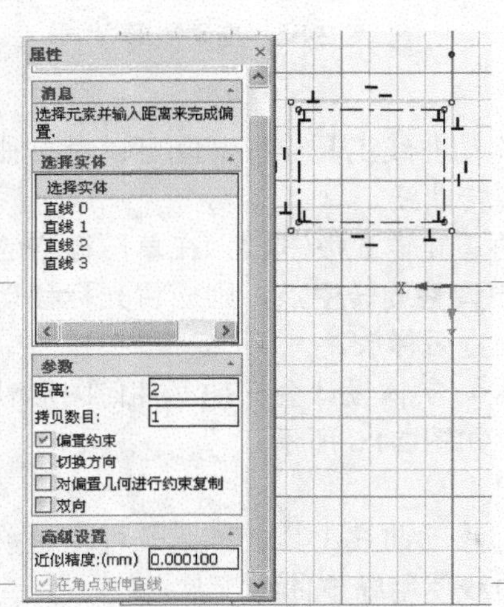


图 2-88 等距曲线

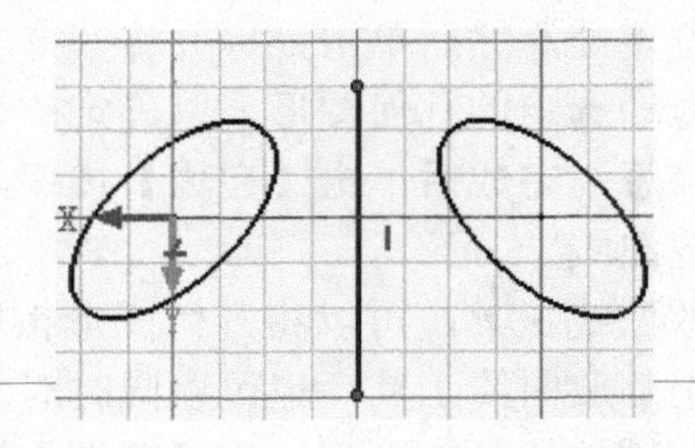

图 2-89 镜像曲线

## 2. 编辑草图

1) 阵列

利用阵列工具，可以阵列选定的几何图形。阵列分为“线性阵列”和“圆形阵列”。

选择需要阵列的几何图形，在【草图】选项卡中单击【修改】功能面板中的【圆】按钮，在左侧的【属性】命令管理栏中设置圆形阵列的中心点、阵列数目、角度间隔和半径等参数，然后单击【确定】按钮，如图 2-90 所示。

2) 圆弧过渡

利用圆弧过渡工具，可以将相连曲线形成的交角进行圆弧过渡。CAXA 实体设计提供了两种绘制圆弧过渡的方式。

在【草图】选项卡中单击【修改】功能面板中的【过渡】按钮，将光标定位到需要进行圆角过渡的顶点处，单击并按住鼠标向长方形内部拖动，至合适位置后释放鼠标，再次单击【过渡】按钮，取消操作。

右击圆弧，在弹出的快捷菜单中选择【曲线属性】命令，弹出【圆角过渡】对话框。在该对话框中设置半径值，然后单击【确定】按钮，如图 2-91 所示。

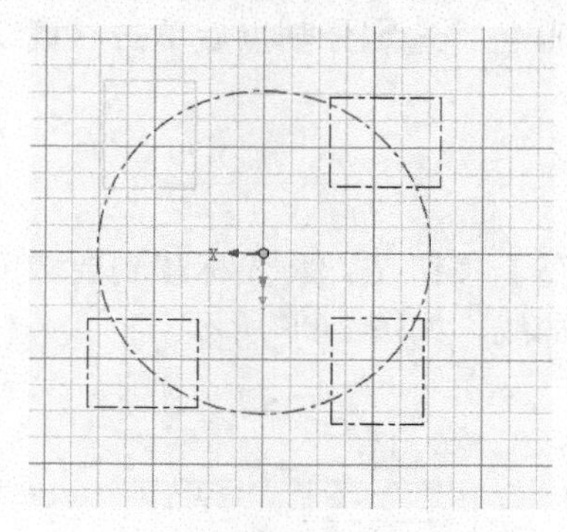

图 2-90　圆形阵列

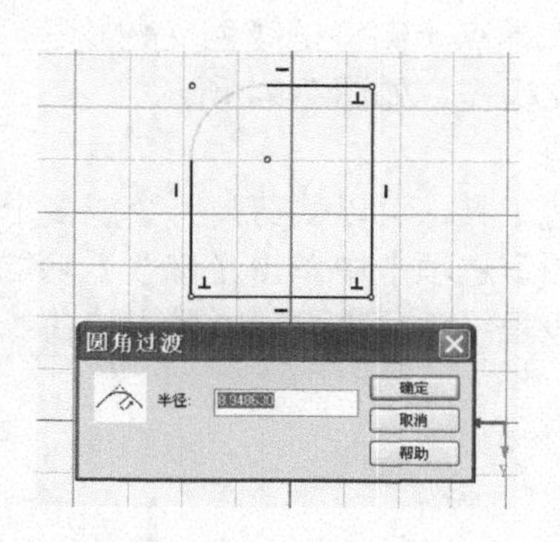


图 2-91　过度曲线

3)　倒角

倒角功能提供了三种普遍应用的倒角方式，方便用户在草图设计过程中进行选择。倒角功能支持交叉线、断开线倒角及一次多个倒角的功能。

在【草图】选项卡中单击【修改】功能面板中的【倒角】按钮，在【属性】命令管理栏中选择倒角类型，并设定参数值，如图 2-92 所示。

4)　延伸

利用延伸工具，可以将一条曲线延伸到一系列与它存在交点的曲线上，也可以延伸到曲线的延长线上。

在【草图】选项卡中单击【修改】功能面板中的【延伸】按钮，将光标移动到需要延伸的直线一端，此时会出现一条绿线和箭头，用以指明曲线的延伸方向和延伸到的曲线。按 Tab 键，可在可能延伸到的一系列曲线之间进行切换，如图 2-93 所示。

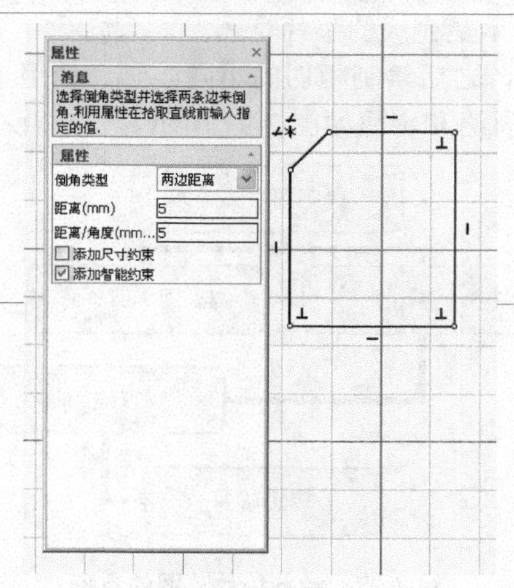


图 2-92　曲线倒角

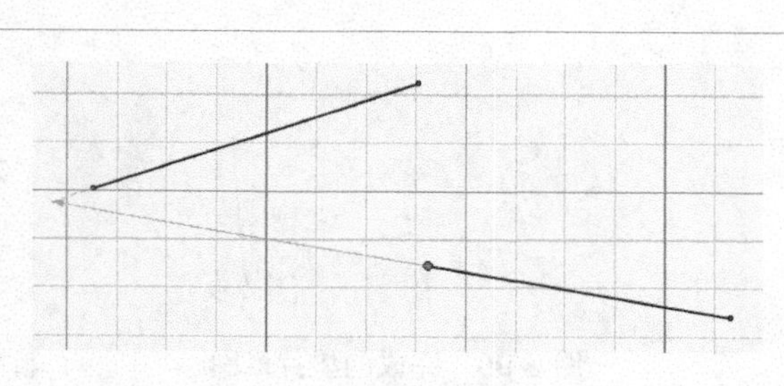

图 2-93　延伸曲线

5) 打断

如果需要在草图平面上的现有直线或曲线段中添加新的几何图形，或者如果必须对某条现有直线或曲线段单独进行操作，则可利用打断工具将它们分割成单独的线段。

在【草图】选项卡中单击【修改】功能面板中的【打断】按钮，并将其移动到需要分割的直线上，直线上光标点一侧将呈绿色反亮显示，而另一侧则为蓝色。选定分割点后单击，直线即被分割为两段，可独立操作，如图 2-94 所示。

6) 裁剪

利用裁剪工具，可以裁剪掉一个或多个曲线段。

在【草图】选项卡中单击【修改】功能面板中的【裁剪】按钮，将光标移到要裁剪的曲线处，直到该曲线段呈绿色反亮显示，单击该曲线段，即可裁剪曲线，如图 2-95 所示。

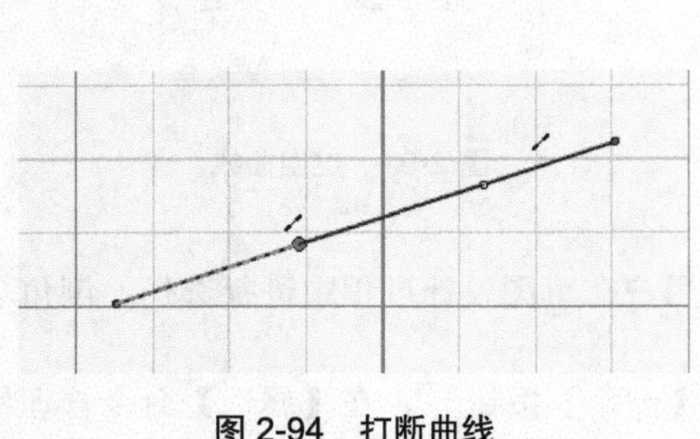

图 2-94　打断曲线

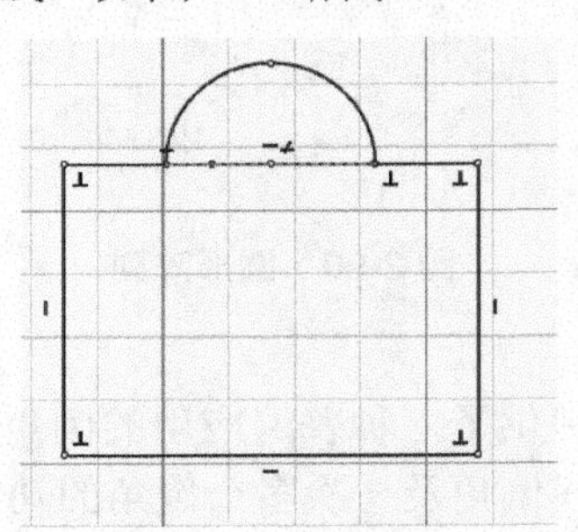

图 2-95　裁剪曲线

## 课后练习

案例文件：ywj\02\02.ics

视频文件：光盘\视频课堂\第 2 教学日\2.3

本节课后练习创建垫片草图，垫片是两个物体之间的机械密封，通常用以防止两个物体之间受到压力、腐蚀和管路自然地热胀冷缩而泄漏。如图 2-96 所示是完成的垫片草图。

本节案例主要练习绘制垫片草图，首先绘制同心圆，之后绘制相切的小同心圆，使用【直线】命令绘制其他图形部分，最后进行修剪。绘制垫片草图的思路和步骤如图 2-97 所示。

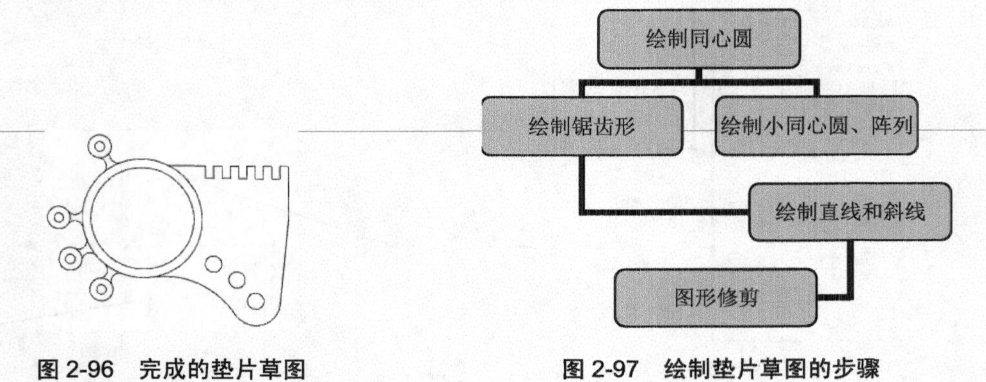


图 2-96　完成的垫片草图

图 2-97　绘制垫片草图的步骤

案例操作步骤如下。

step 01 首先绘制同心圆，单击【草图】选项卡中的【二维草图】按钮，选择 X-Y 基准面作为草图绘图平面，在【草图】选项卡中单击【绘制】功能面板中的【圆心+半径】按钮，绘制半径为 62 的圆，如图 2-98 所示。

step 02 在【草图】选项卡中单击【绘制】功能面板中的【圆心+半径】按钮，绘制半径为 72 的圆，如图 2-99 所示。

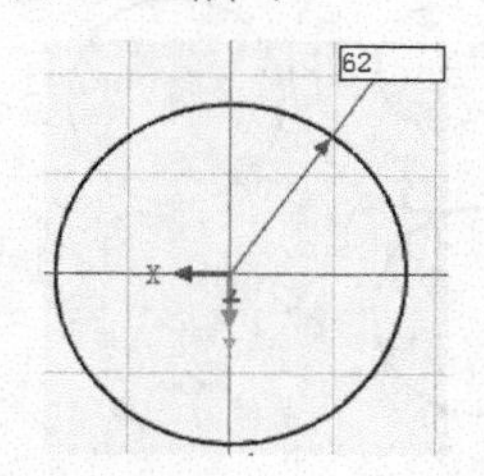


图 2-98　绘制半径为 62 的圆

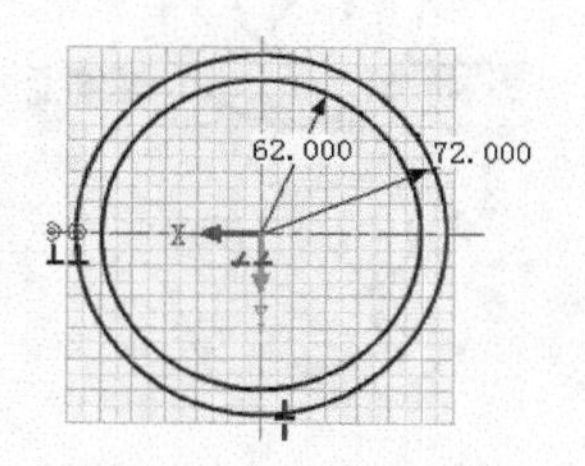


图 2-99　绘制半径为 72 的圆

step 03 在【草图】选项卡中单击【绘制】功能面板中的【2 点线】按钮，绘制一条 30 度的辅助线，如图 2-100 所示。

step 04 再绘制其他同心圆，在【草图】选项卡中单击【绘制】功能面板中的【圆心+半径】按钮，绘制半径为 14 和 6 的同心圆，如图 2-101 所示。

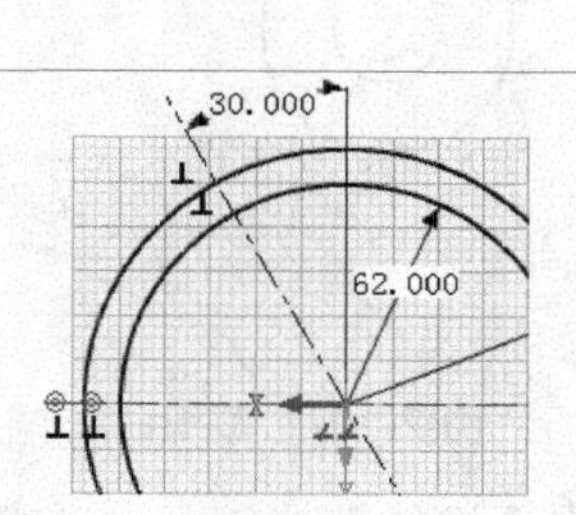


图 2-100　绘制辅助线

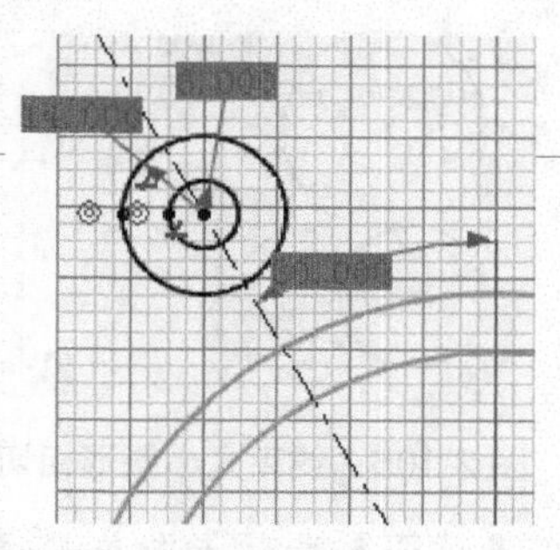

图 2-101　绘制同心圆

step 05 在【草图】选项卡中单击【约束】功能面板中的【智能标注】按钮，标注圆的位置尺寸，如图 2-102 所示。

step 06 在【草图】选项卡中单击【绘制】功能面板中的【圆心+半径】按钮，绘制半径为 10 的圆，如图 2-103 所示。

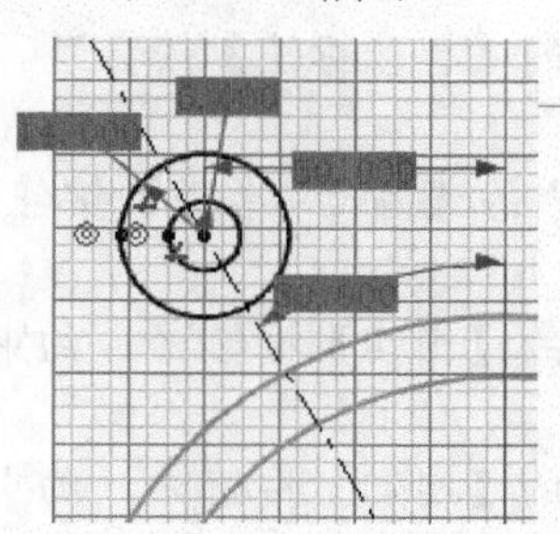

图 2-102　标注圆的位置尺寸

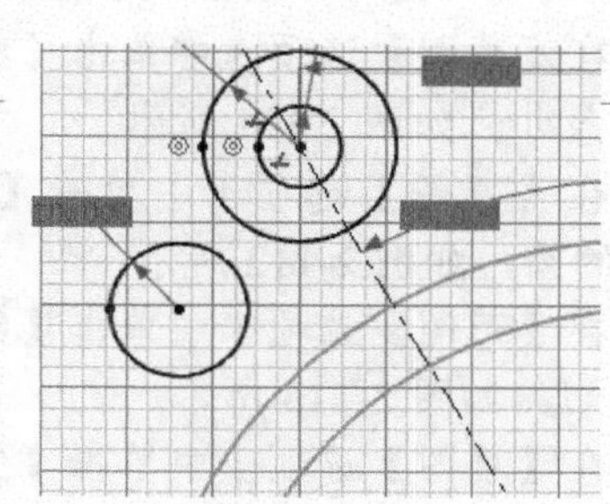

图 2-103　绘制半径为 10 的圆

step 07 在【草图】选项卡中单击【约束】功能面板中的【相切】按钮，约束大小圆形相切，如图 2-104 所示。

step 08 在【草图】选项卡中单击【绘制】功能面板中的【圆心+半径】按钮，绘制半径为 10 的圆，如图 2-105 所示。

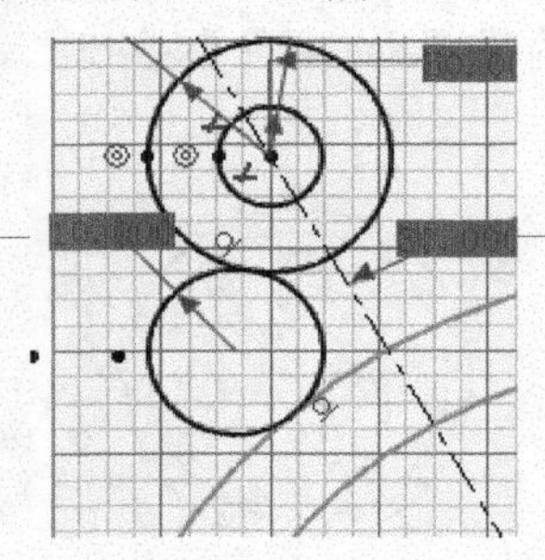

图 2-104 约束大小圆形相切

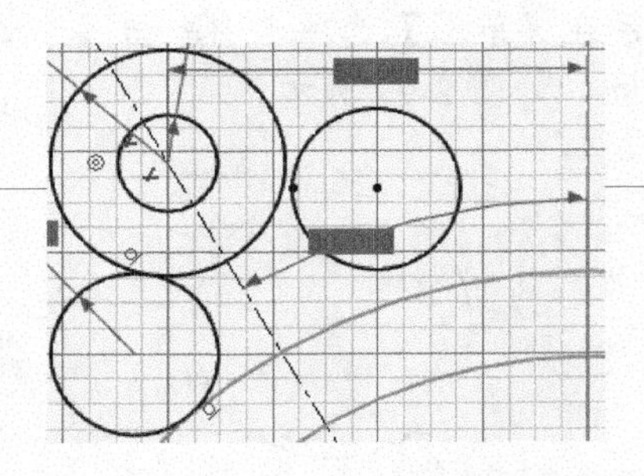

图 2-105 绘制半径为 10 的圆

step 09 在【草图】选项卡中单击【约束】功能面板中的【相切】按钮，约束大小圆形相切，如图 2-106 所示。

step 10 在【草图】选项卡中单击【修改】功能面板中的【裁剪】按钮，裁剪曲线，如图 2-107 所示。

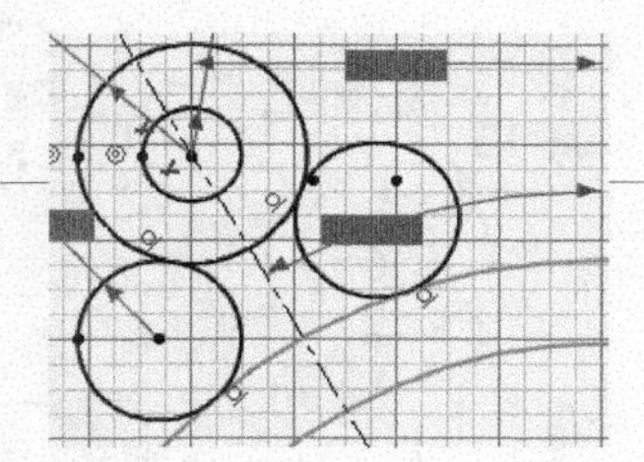

图 2-106 约束大小圆形相切

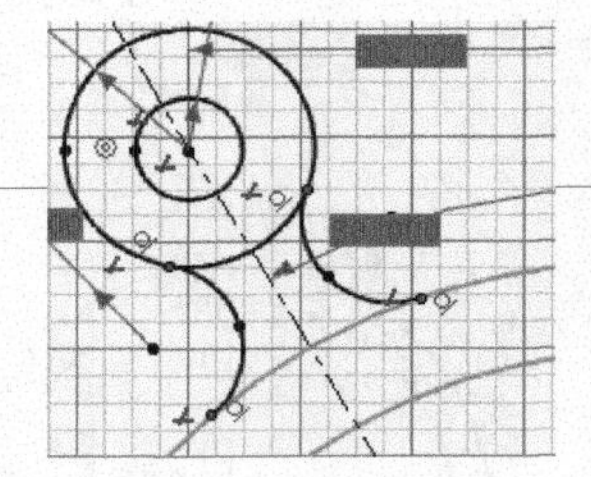

图 2-107 裁剪曲线

step 11 在【草图】选项卡中单击【修改】功能面板中的【旋转】按钮，选择旋转图形，旋转 60 度，如图 2-108 所示。

step 12 在【草图】选项卡中单击【修改】功能面板中的【圆形阵列】按钮，选择阵列图形，修改【属性】命令管理栏中的【阵列数目】为 3，【角度跨度】为 60，如图 2-109 所示。

step 13 在【草图】选项卡中单击【绘制】功能面板中的【圆心+半径】按钮，绘制半径为 10 和 30 的同心圆，如图 2-110 所示。

step 14 在【草图】选项卡中单击【约束】功能面板中的【智能标注】按钮，标注同心圆的位置和尺寸，如图 2-111 所示。

step 15 在【草图】选项卡中单击【绘制】功能面板中的【圆心+半径】按钮，绘制半径为 100 的圆，如图 2-112 所示。

step 16 在【草图】选项卡中单击【约束】功能面板中的【相切】按钮，约束大圆和上边的小圆相切，如图 2-113 所示。

step 17 在【草图】选项卡中单击【约束】功能面板中的【相切】按钮，约束大圆和右边的小圆相切，如图 2-114 所示。

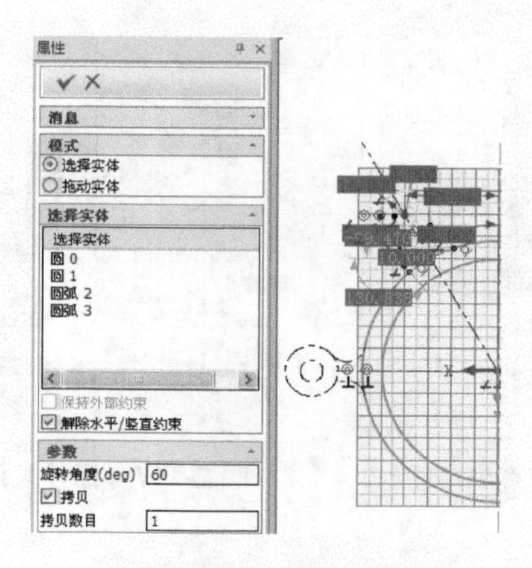


图 2-108　旋转图形

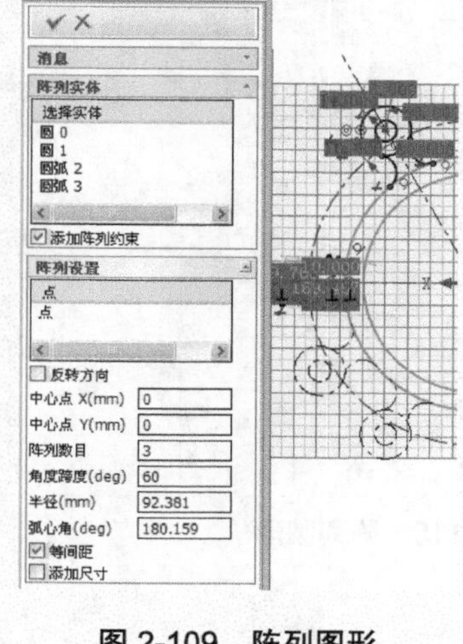


图 2-109　阵列图形

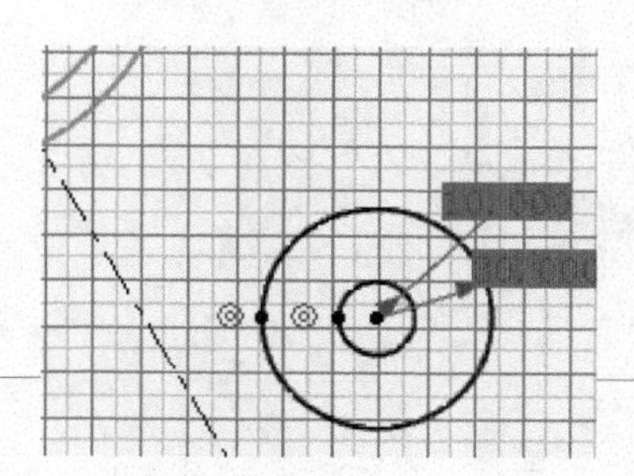

图 2-110　绘制同心圆

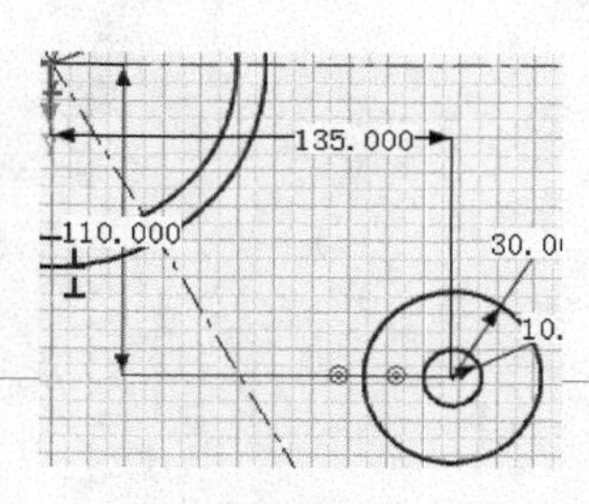


图 2-111　标注同心圆的位置尺寸

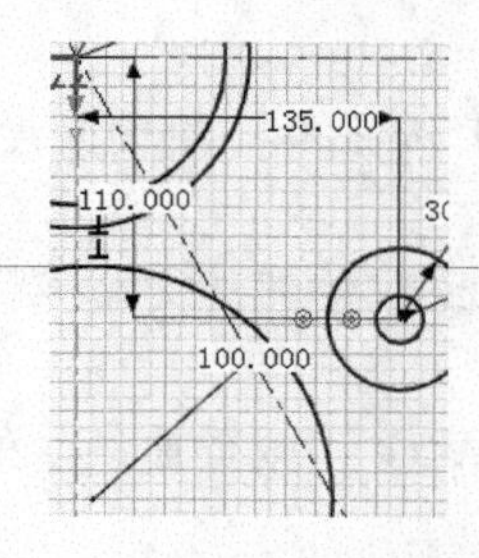


图 2-112　绘制半径为 100 的圆

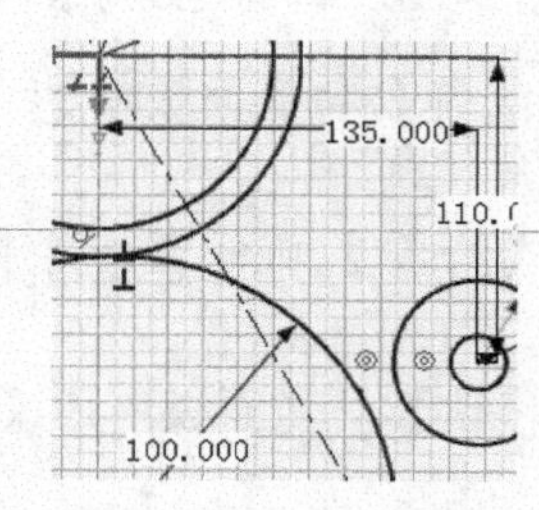


图 2-113　约束圆相切

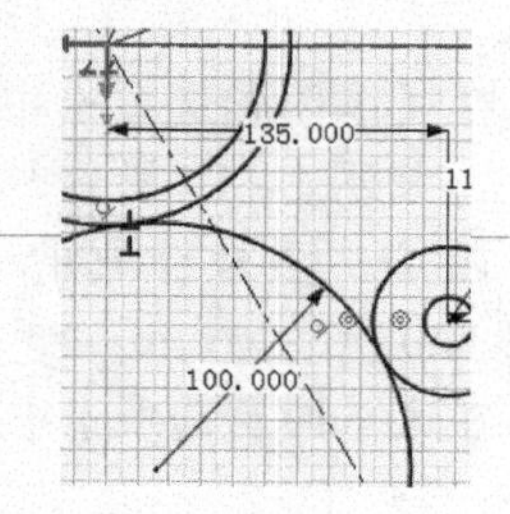


图 2-114　约束大小圆相切

step 18 在【草图】选项卡中单击【修改】功能面板中的【圆形阵列】按钮，修改【属性】命令属性栏中的【阵列数目】为 3，阵列圆形，如图 2-115 所示。

step 19 开始绘制锯齿形，在【草图】选项卡中单击【绘制】功能面板中的【2 点线】按钮，绘制直线草图，如图 2-116 所示。

step 20 在【草图】选项卡中单击【约束】功能面板中的【智能标注】按钮，标注直线尺寸，如图 2-117 所示。

step 21 在【草图】选项卡中单击【修改】功能面板中的【线形阵列】按钮，选择阵列对象，修改【属性】命令管理栏中的参数，阵列五个曲线对象，如图 2-118 所示。

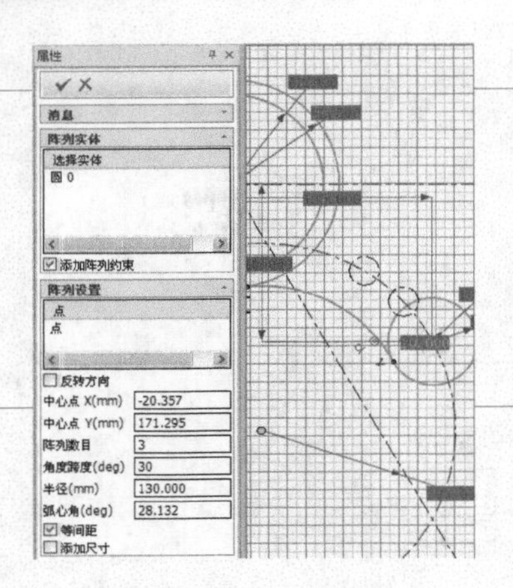

图 2-115　阵列圆形

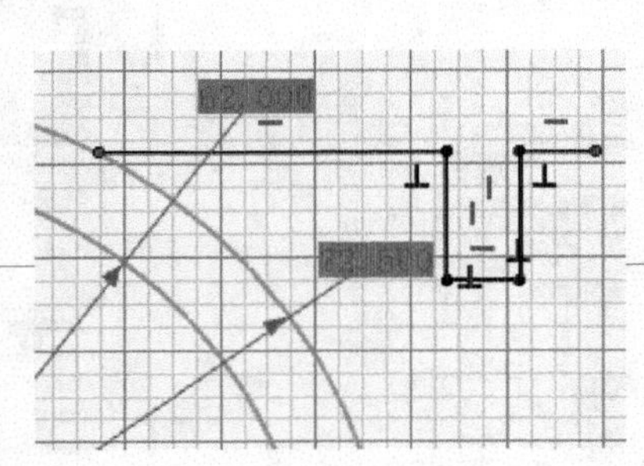

图 2-116　绘制直线草图

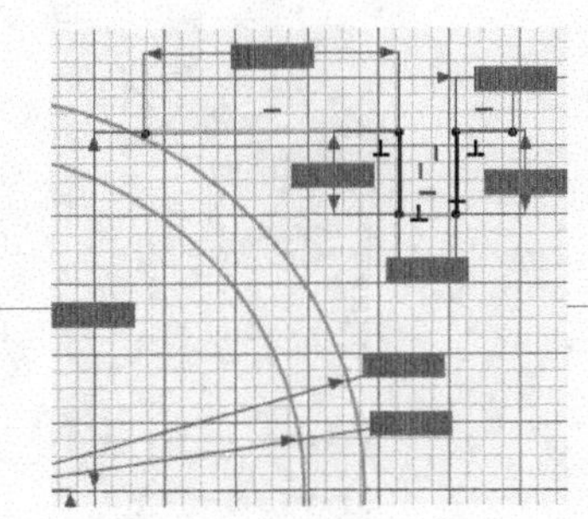

图 2-117　标注直线尺寸

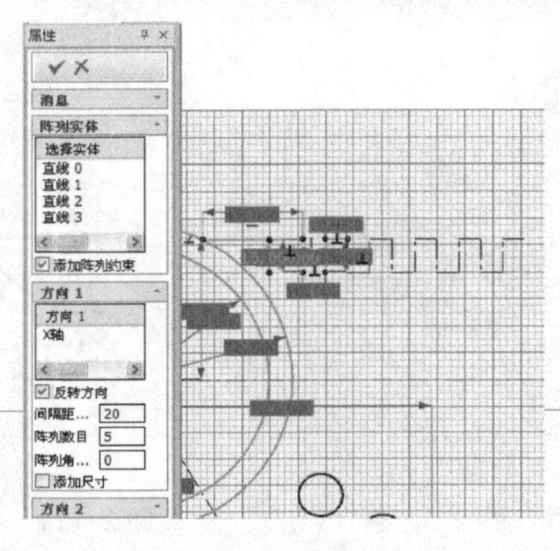

图 2-118　阵列曲线对象

step 22 在【草图】选项卡中单击【绘制】功能面板中的【2 点线】按钮，绘制长度为 60 的直线，如图 2-119 所示。

step 23 在【草图】选项卡中单击【绘制】功能面板中的【2 点线】按钮，绘制切线，如图 2-120 所示。

step 24 在【草图】选项卡中单击【修改】功能面板中的【裁剪】按钮，裁剪曲线，如图 2-121 所示。

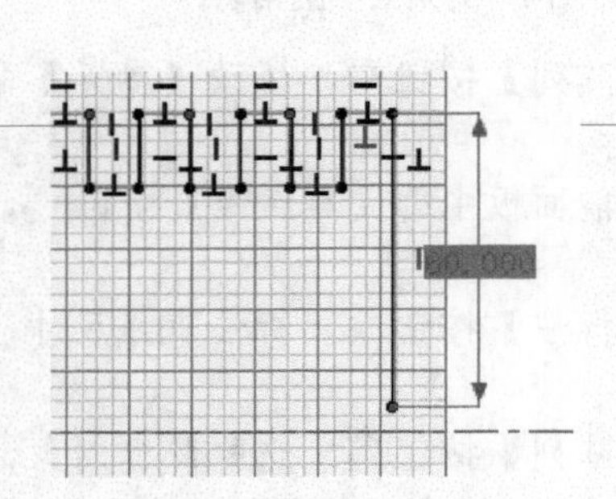

图 2-119　绘制长度为 60 的直线

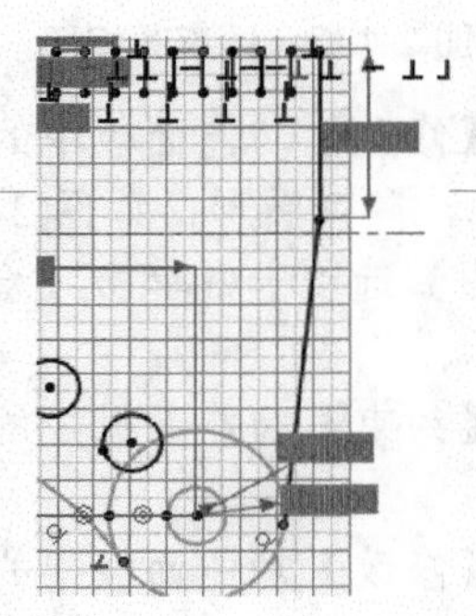

图 2-120　绘制切线

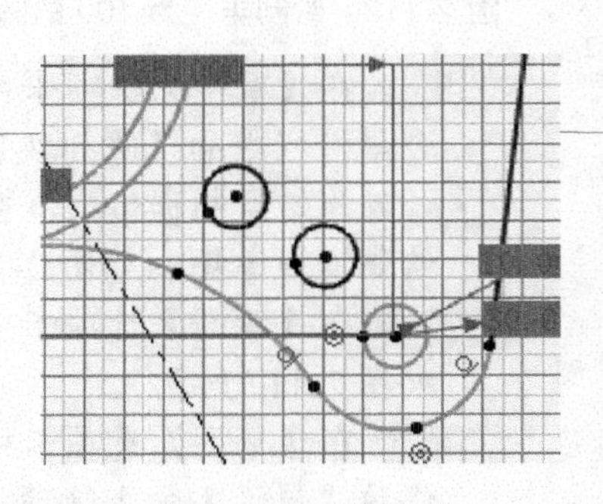

图 2-121　裁剪曲线

step 25 绘制完成的垫片草图如图 2-122 所示。

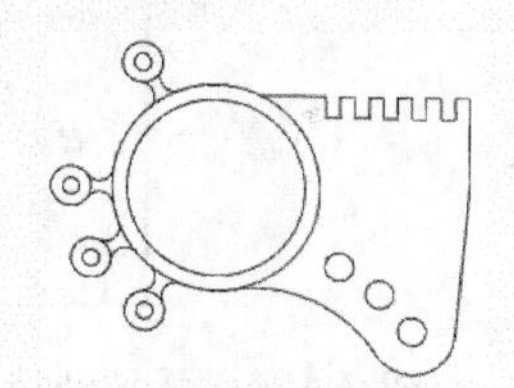

图 2-122　完成的垫片草图

**机械设计实践**：在机械图纸中，三视图是常用到的视图布局方法。使用三视图绘制零件，就需要使用【镜像】、【偏移】、【阵列】等命令，如图 2-123 所示，要保证端盖零件视图的尺寸精确就要使用不同的编辑命令。

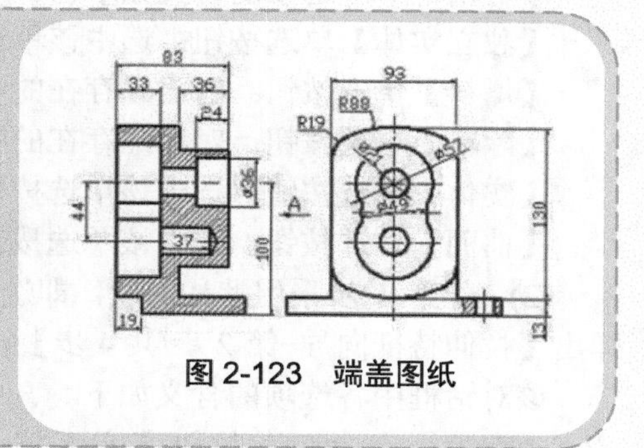


图 2-123　端盖图纸

# 第4课　2课时　拉伸和旋转特征

## 2.4.1　拉伸

**行业知识链接**：一般的零件，通过【拉伸】、【旋转】等命令都可以得到，如图 2-124 所示的零件，通过简单的草绘，并进行拉伸即可完成。

图 2-124　拉伸特征零件

CAXA 实体设计可沿高度方向坐标轴，拉伸封闭的二维截面线，从而生成三维拉伸特征。即使图素已经拓展成三维状态，若对所生成的三维造型不满意，仍可编辑截面或其他属性。

### 1. 使用拉伸向导创建拉伸特征

实体特征设计的命令按钮位于【特征】功能面板中，如图 2-125 所示。

(1) 生成一个新的设计环境后，在【特征】选项卡中单击【特征】功能面板中的【拉伸向导】按钮，弹出【拉伸特征向导-第 1 步/共 4 步】对话框，如图 2-126 所示。

图 2-125 【特征】功能面板

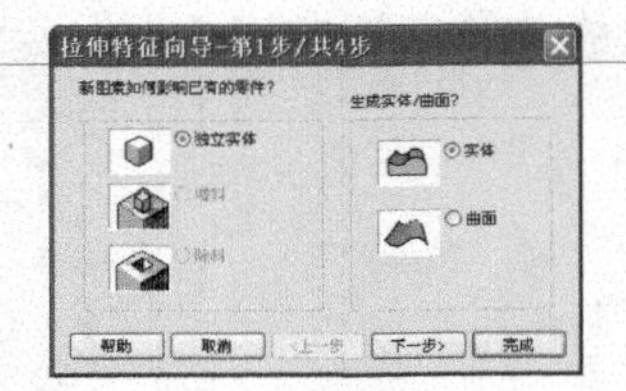

图 2-126 【拉伸特征向导-第 1 步/共 4 步】对话框

该对话框中各选项的含义如下。

【独立实体】单选按钮：选中该单选按钮，将创建一个新的独立实体模型。

【增料】单选按钮：对已经存在的零件或实体图素，进行拉伸增料操作。

【除料】单选按钮：对已经存在的零件或实体图素，进行拉伸除料操作。

【实体】单选按钮：选中该单选按钮，则创建的拉伸特征为实体造型。

【曲面】单选按钮：选中该单选按钮，则创建的拉伸特征为曲面造型。

(2) 若第 1 步采用默认选项，即选中【独立实体】和【实体】单选按钮，单击【下一步】按钮，弹出【拉伸特征向导-第 2 步/共 4 步】对话框，如图 2-127 所示。

该对话框中各选项的含义如下。

【在特征末端(向前拉伸)】单选按钮：选中该单选按钮时，绘制的草图将位于新建特征一端，新建特征向前单向拉伸。

【在特征两端之间(双向拉伸)】单选按钮：选中该单选按钮时，绘制的草图将位于新建特征中间，由草图向两侧拉伸。选中该单选按钮时，【约束中性面】复选框可用，表示用双向对称拉伸创建特征。

【沿着选择的表面】单选按钮：选中该单选按钮时，拉伸方向平行于所选择的平面。

【离开选择的表面】单选按钮：选中该单选按钮时，拉伸方向垂直于所选择的平面。

(3) 完成向导第 2 步，单击【下一步】按钮，弹出如图 2-128 所示的【拉伸特征向导-第 3 步/共 4 步】对话框。在该对话框中可设定拉伸距离等参数。

该对话框中各选项的含义如下。

【到指定的距离】单选按钮：选中该单选按钮时，可在【距离】文本框中输入拉伸的距离。

【到同一零件表面】单选按钮：选中该单选按钮时，拉伸至实体零件的表面，表面可以是曲面或平面。

【到同一零件曲面】单选按钮：选中该单选按钮时，拉伸至实体零件的曲面。

【贯穿】：只有在减料操作时才可用，用于除去草图轮廓拉伸后与实体零件相交部分的材料。

(4) 完成向导第 3 步，单击【下一步】按钮，弹出如图 2-129 所示的【拉伸特征向导-第 4 步/共 4 步】对话框。在该对话框中可设置是否显示绘制栅格、主栅格间距和辅助栅格线间距等。

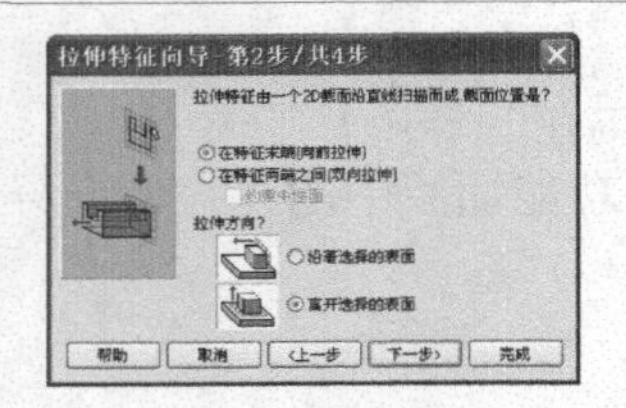

图 2-127 【拉伸特征向导-第 2 步/共 4 步】对话框

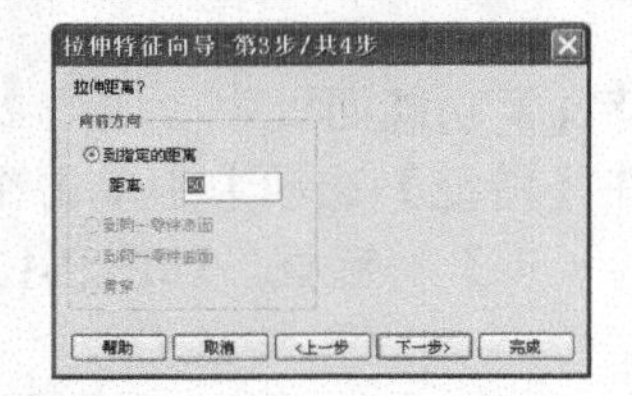

图 2-128 【拉伸特征向导-第 3 步/共 4 步】对话框

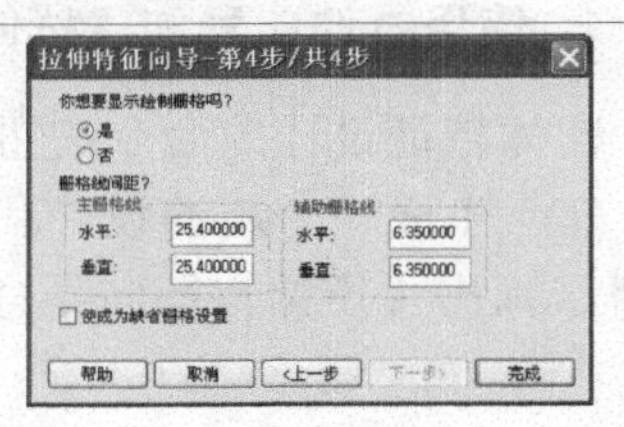

图 2-129 【拉伸特征向导-第 4 步/共 4 步】对话框

设置好后，单击【完成】按钮，此时图形窗口中显示二维草图栅格，而功能区自动切换至【草图】选项卡并激活相关草图工具。

利用二维绘制工具绘制所需草图，并利用相关的草图修改工具和约束工具处理草图，使草图满足拉伸截面要求，然后在【草图】选项卡中单击【草图】功能面板中的【完成】按钮✔，系统即将二维草图轮廓按照设定的拉伸参数拉伸成三维实体造型。

### 2. 已有草图轮廓的拉伸特征

CAXA 实体设计还提供了对已存在的草图轮廓进行右键拉伸的功能。选择在草图中绘制的几何图形，右击，在弹出的快捷菜单中选择【生成】|【拉伸】命令，如图 2-130 所示。

进入拉伸状态，并弹出【创建拉伸特征】对话框，如图 2-131 所示。

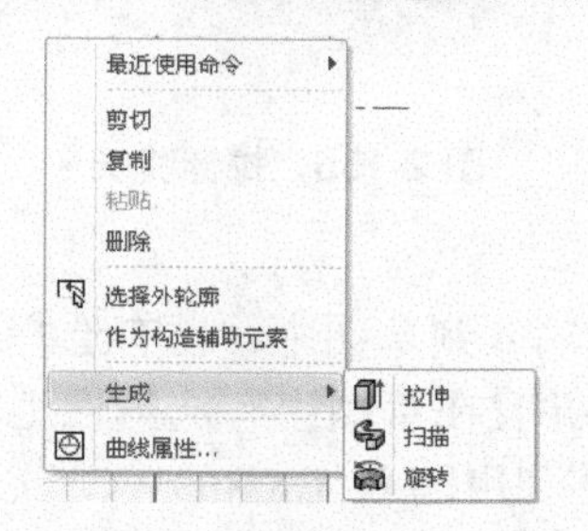


图 2-130　选择【生成】|【拉伸】命令

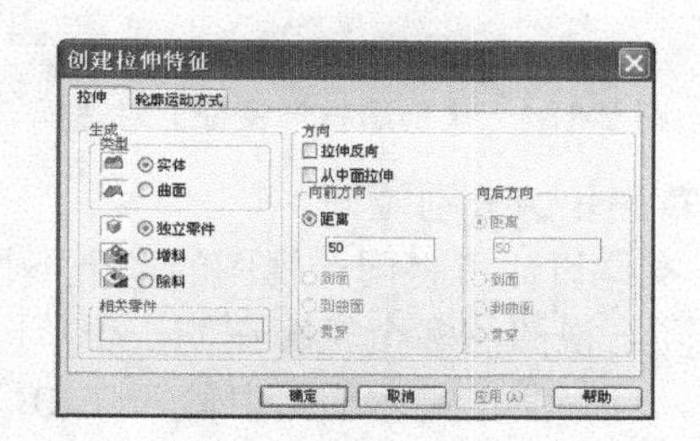


图 2-131　【创建拉伸特征】对话框

在设计区以灰白色箭头显示拉伸方向，可以在【方向】选项组中选中【拉伸反向】复选框，使拉伸方向反向。

【拉伸】选项卡可以定义拉伸的各个参数，这里的选项与拉伸特征向导中的各个选项类似。

切换到【轮廓运动方式】选项卡，如图 2-132 所示。

该选项卡中各选项的含义如下。

【复制轮廓】单选按钮：在拉伸造型时，复制草图轮廓。

【轮廓隐藏】单选按钮：在拉伸造型后，自动隐藏草图轮廓。此选项为默认选项。

【与轮廓关联】单选按钮：在设置轮廓关联后，草图轮廓自动复制(在设计树中以零件单独存在)，并且拉伸实体与草图轮廓相关联。

如图 2-133 所示为已有草图轮廓经过拉伸操作后的三维造型。

### 3. 创建拉伸特征的其他方法

在 CAXA 3D 实体设计 2015 中，还有许多创建拉伸特征的方法，例如利用实体表面拉伸、对草图轮廓分别拉伸等。

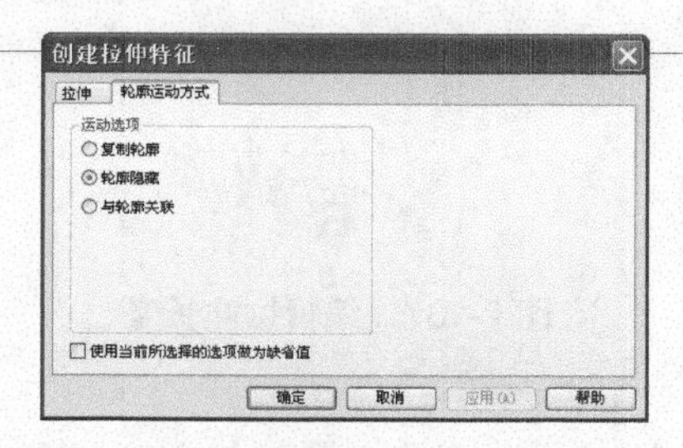


图 2-132　【轮廓运动方式】选项卡

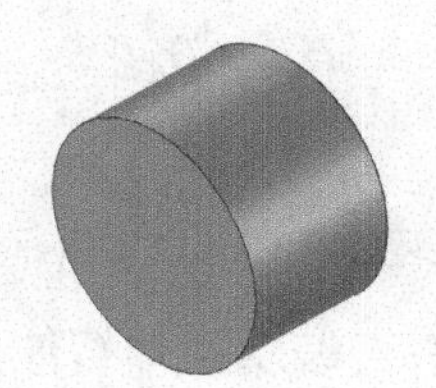

图 2-133　拉伸特征

1) 利用实体表面拉伸

单击实体表面，使其处于表面编辑状态，然后右击，在弹出的快捷菜单中选择【生成】|【拉伸】命令，弹出【创建拉伸特征】对话框，如图 2-134 所示。在该对话框中选中相应的单选按钮，并在其后的文本框中输入参数，单击【确定】按钮，结果如图 2-135 所示。

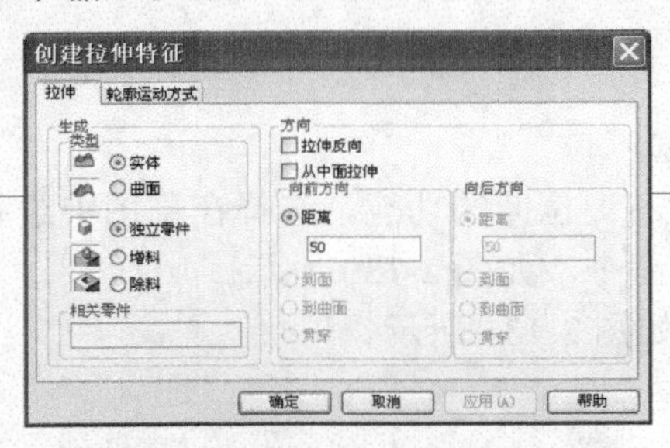


图 2-134 【创建拉伸特征】对话框

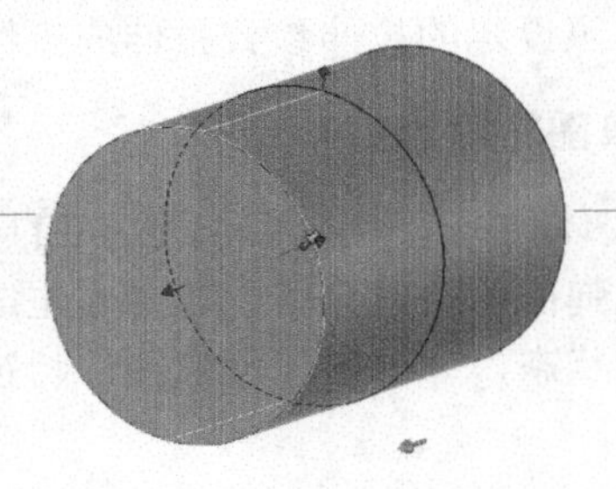

图 2-135 拉伸特征

2) 对草图轮廓分别拉伸

CAXA 实体设计可将同一视图的多个不相交轮廓一次性输入到草图中，再有选择性地利用轮廓构建特征。将同一视图的多个轮廓在同一个草图中约束完成，并且在草图中有选择性地构建特征，可提高设计效率。对习惯在实体草图中输入 EXB/DWG 文件，并利用输入 EXB/DWG 文件后生成的轮廓构建特征的用户来说，这个功能尤为实用。

在草图中绘制多个封闭但不相交的草图轮廓，选择某一个封闭轮廓，右击，在弹出的快捷菜单中选择【生成】|【拉伸】命令。完成一次拉伸，再次进入拉伸草图编辑，拉伸其他封闭轮廓。

### 4. 编辑拉伸特征

利用二维草图拉伸生成拉伸特征后，如果对拉伸特征不满意，可对该拉伸特征的草图轮廓或其他属性进行编辑处理。

1) 利用图素手柄编辑

在智能图素编辑状态下选中已拉伸图素，图素手柄包括三角形拉伸手柄和四方形轮廓手柄，通过拖动自定义拉伸图素上的相关手柄可进行编辑操作，如图 2-136 所示。

三角形拉伸手柄：该类手柄用于编辑拉伸特征的两个相对表面，以改变拉伸特征的长度。

四方形轮廓手柄：该类手柄用于改变拉伸截面的轮廓，重新定位拉伸特征的各个表面。

如果在手柄上右击，利用弹出的快捷菜单中的相关命令也可以进行编辑处理，如图 2-137 所示。

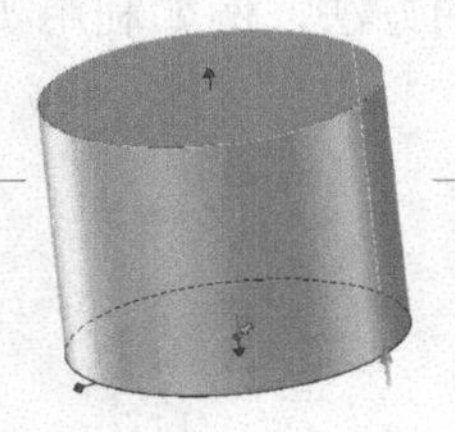

图 2-136 拖动手柄

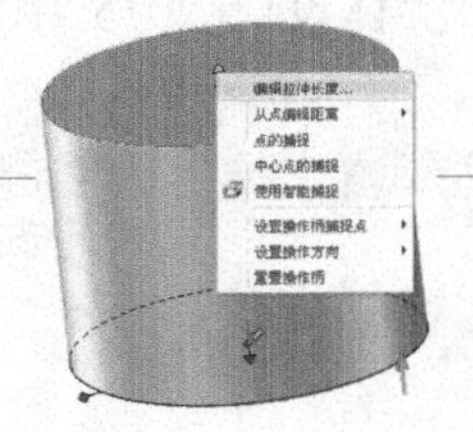

图 2-137 编辑拉伸长度

2) 利用鼠标右键编辑拉伸智能图素

在设计树中选择要编辑的拉伸特征，右击，弹出如图 2-138 所示的快捷菜单。或者在设计环境中，选择处于智能图素状态的拉伸特征，右击，弹出如图 2-139 所示的快捷菜单。

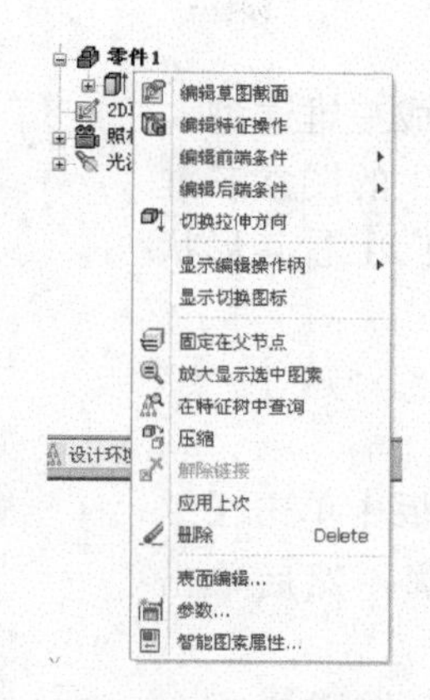

图 2-138　快捷菜单(1)

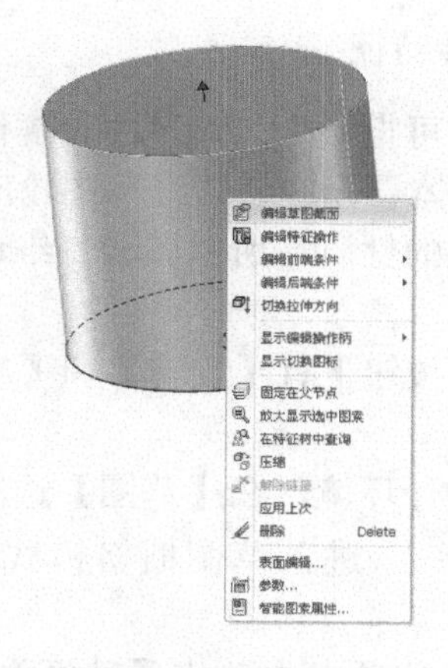

图 2-139　快捷菜单(2)

3)　利用智能图素属性表编辑

利用智能图素属性表可以编辑拉伸草图和拉伸长度。

右击图素状态下的拉伸特征造型，在弹出的快捷菜单中选择【智能图素属性】命令，切换到【拉伸】选项设置界面，如图 2-140 所示。

在【拉伸深度】文本框中输入拉伸高度。可选中【显示拉伸高度操作柄】、【显示截面操作柄】和【显示公式】复选框，也可不选中。单击【属性】按钮，在【截面智能图素】对话框轮廓列表中修改草图轮廓，如图 2-141 所示。

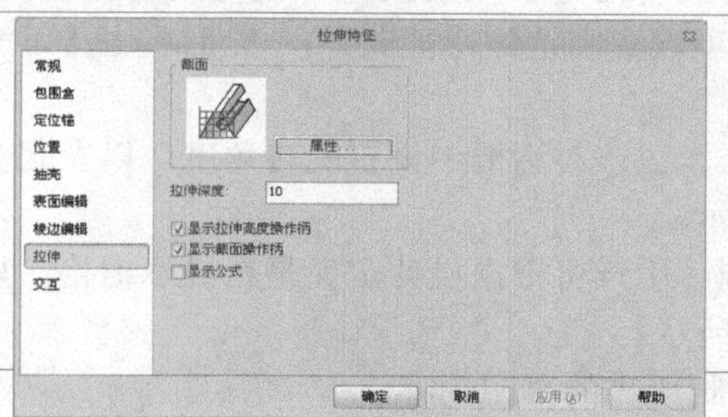

图 2-140　【拉伸】选项设置界面

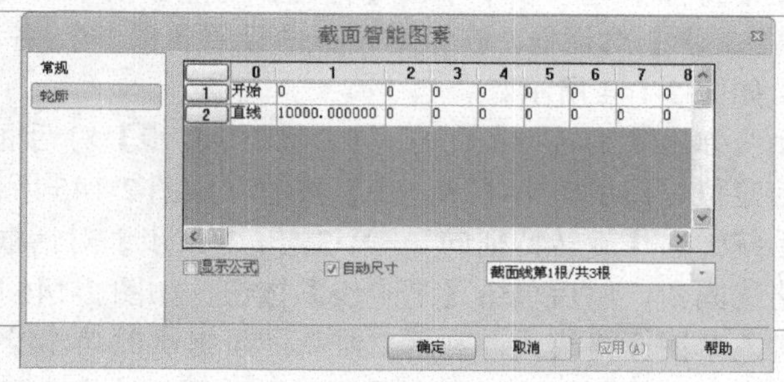

图 2-141　【截面智能图素】对话框

## 2.4.2　旋转

行业知识链接：常见的机械零件，一般都有拉伸或者旋转特征，很多机械加工零件本身都是由拉伸和旋转特征组成。如图 2-142 所示，是由旋转特征生成的零件。在实际生产中，车床刀具旋转切除金属层，可以将毛坯变成成品。

图 2-142　旋转特征零件

将一条直线、曲线或一个二维截面绕旋转轴旋转，可生成具有旋转特征的自定义智能图素。

### 1. 创建旋转特征

利用旋转法可把一个二维草图轮廓沿着它的旋转轴旋转生成三维造型。由于 CAXA 实体设计中使二维草图轮廓沿其旋转轴转动，产生的图素三维造型总是具有圆的性质，所以图素三维造型在沿该旋转轴的方向上看其形状总是圆的。

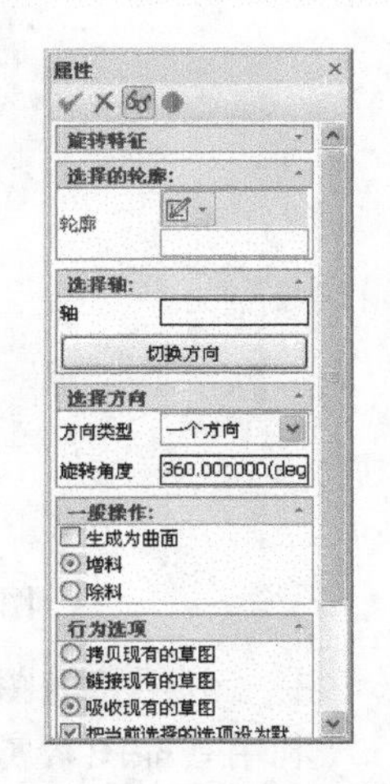

图 2-143 【属性】命令管理栏

在【旋转】按钮下有【旋转】和【旋转向导】两个选项。

1) 旋转

新建一个设计环境，在【草图】选项卡的【草图】功能面板中单击【二维草图】按钮，进入草图栅格模式，绘制所需的草图轮廓，然后单击【完成】按钮。

在【特征】选项卡中单击【特征】功能面板中的【旋转】按钮，在【属性】命令管理栏中选中【新生成一个独立的零件】单选按钮，选择之前完成的草图轮廓，在【属性】命令管理栏中分别设置方向类型、旋转角度和其他选项等，如图 2-143 所示。

在【属性】命令管理栏中单击【确定】按钮，CAXA 实体设计允许将一个已经存在的实体特征的边线作为旋转轴来完成旋转特征。

2) 旋转向导

旋转向导的操作步骤及含义与拉伸向导相似。

在【特征】选项卡中单击【特征】功能面板中的【旋转向导】按钮，弹出【旋转特征向导-第 1 步/共 3 步】对话框。在该对话框中设置各项参数(各项设置同拉伸特征向导)，然后单击【下一步】按钮，如图 2-144 所示。

系统弹出【旋转特征向导-第 2 步/共 3 步】对话框。在该对话框中设置旋转角度，以及定义新形状如何定位，然后单击【下一步】按钮，如图 2-145 所示。

系统弹出【旋转特征向导-第 3 步/共 3 步】对话框。用户可根据设计定义是否显示栅格，以及设置栅格线间距，然后单击【下一步】按钮，如图 2-146 所示。

进入草图栅格模式，利用二维草图所提供的功能绘制所需的草图轮廓。

草图轮廓绘制完毕后，在【草图】选项卡的【草图】功能面板中单击【完成】按钮，完成旋转特征。

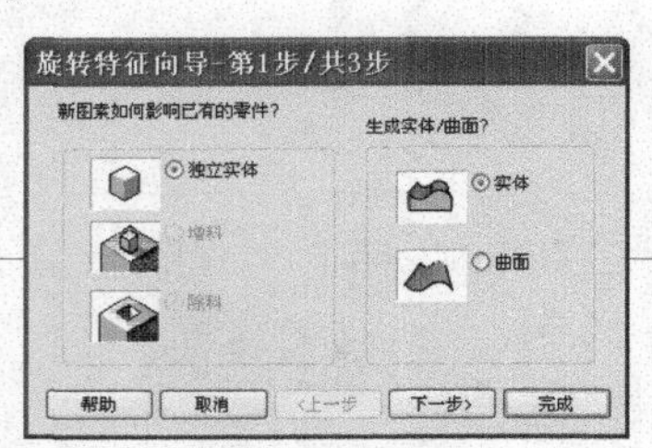

图 2-144 【旋转特征向导-第 1 步/共 3 步】对话框

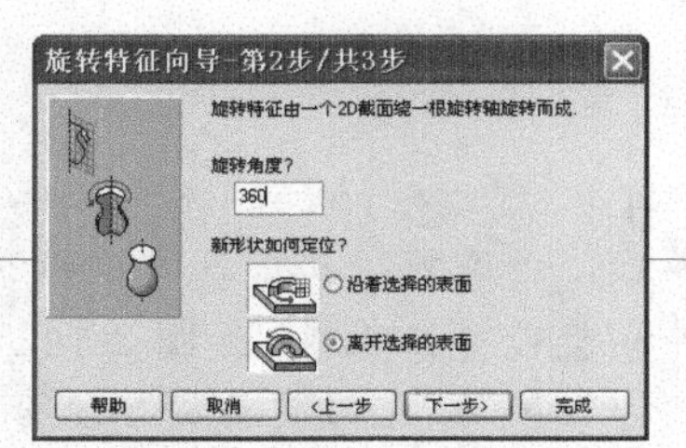

图 2-145 【旋转特征向导-第 2 步/共 3 步】对话框

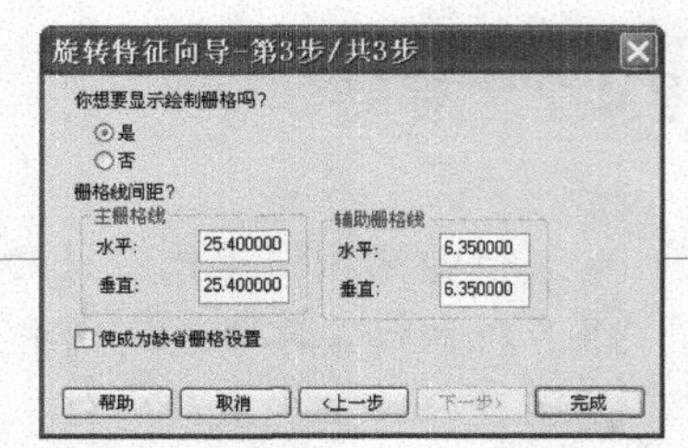

图 2-146 【旋转特征向导-第 3 步/共 3 步】对话框

## 2. 编辑旋转特征

在 CAXA 实体设计中，即使草图已经延展到三维，如果对所生成的三维造型不满意，仍可以编辑它的草图轮廓或其他属性。

1) 利用智能图素手柄编辑

在智能图素编辑状态下选中已旋转的图素。与拉伸设计一样，要注意标准智能图素上默认显示的是图素手柄，而不是包围盒手柄，如图 2-147 所示。

旋转设计手柄：用于编辑旋转设计的旋转角度。

轮廓设计手柄：用于重新定位旋转设计的各个表面，以修改旋转特征的截面轮廓。

2) 利用鼠标右键编辑

右击设计树上要编辑的旋转特征，弹出可以编辑旋转特征的快捷菜单，如图 2-148 所示。或者在设计环境中，右击处于智能图素状态的旋转特征，在弹出的快捷菜单中选择相应的命令编辑旋转特征，如图 2-149 所示。

用户可根据所要编辑的内容，选择不同的命令。

【编辑特征操作】命令：可以进入旋转特征【属性】命令管理栏进行重新设置。

【编辑草图截面】命令：用于修改生成旋转造型的二维草图截面。

【切换旋转方向】命令：用于切换旋转设计的转动方向。

3) 利用智能图素属性编辑

在智能图素状态下右击旋转特征，在弹出的快捷菜单中选择【智能图素属性】命令，在弹出的【旋转特征】对话框中切换到【旋转】选项设置界面，从中编辑旋转角等参数，如图 2-150 所示。

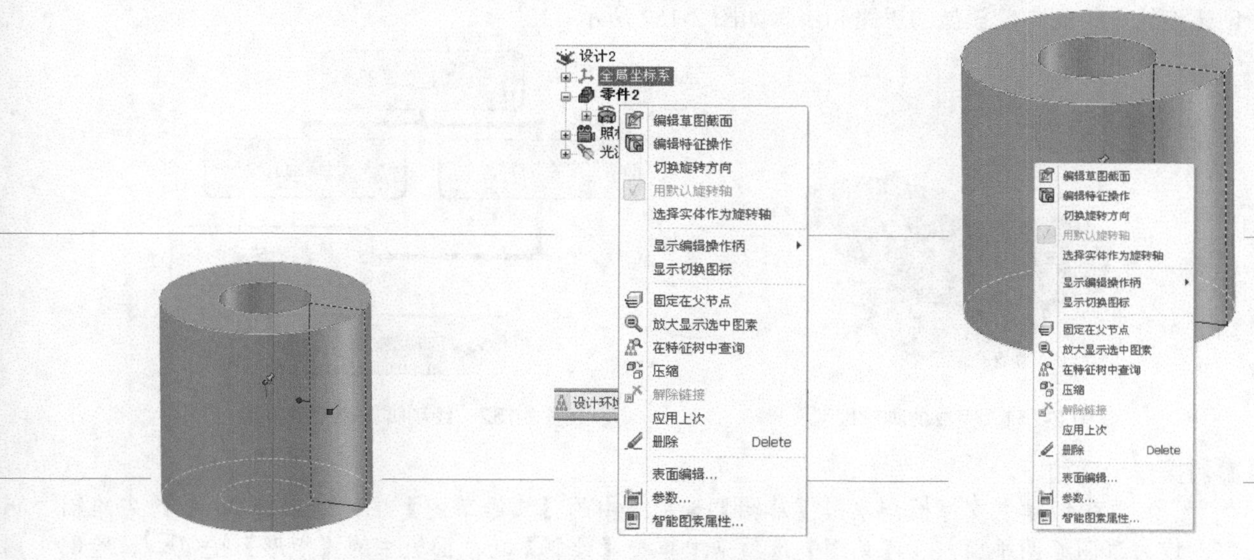


图 2-147 手柄编辑　　图 2-148 快捷菜单(1)　　图 2-149 快捷菜单(2)

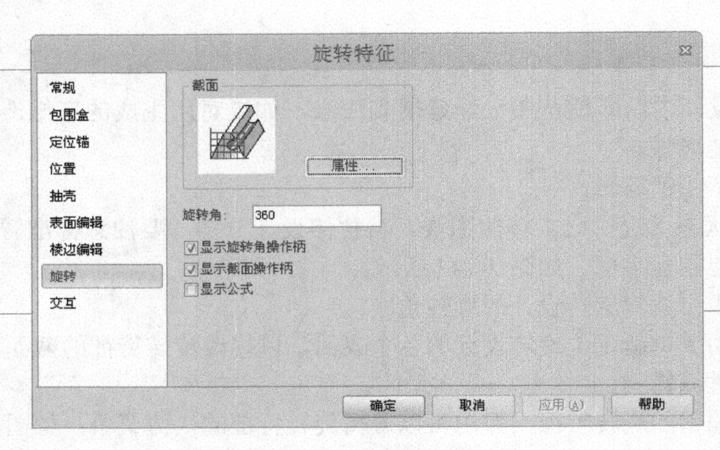


图 2-150　【旋转特征】对话框

## 课后练习

案例文件：ywj\02\03.ics

视频文件：光盘\视频课堂\第 2 教学日\2.4

本节课后练习创建脚轮模型，活动脚轮也就是我们所说的万向轮，它的结构允许 360 度旋转；固定脚轮也叫定向脚轮，它没有旋转结构，不能转动。如图 2-151 所示是完成的脚轮模型。

本节案例主要练习脚轮模型的创建，首先绘制矩形创建主支撑板，之后完成孔，再创建支撑臂，最后创建滚轮。绘制脚轮模型的思路和步骤如图 2-152 所示。

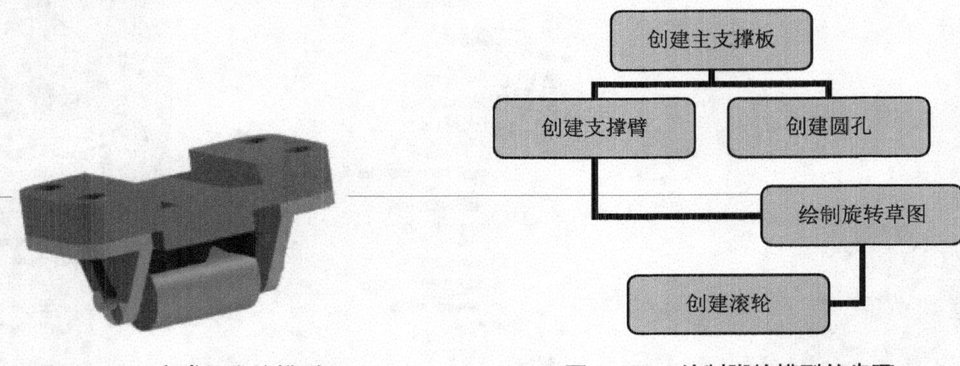


图 2-151　完成的脚轮模型　　　图 2-152　绘制脚轮模型的步骤

案例操作步骤如下。

step 01 首先创建主支撑板，单击【草图】选项卡中的【二维草图】按钮，选择 X-Y 基准面作为草图绘图平面，在【草图】选项卡中单击【绘制】功能面板中的【矩形】按钮，绘制 40×20 的矩形，如图 2-153 所示。

step 02 在【草图】选项卡中单击【修改】功能面板中的【过渡】按钮，绘制半径为 4 的圆角，如图 2-154 所示。

step 03 在【草图】选项卡中单击【绘制】功能面板中的【圆心+半径】按钮，绘制半径为 2 的圆，如图 2-155 所示。

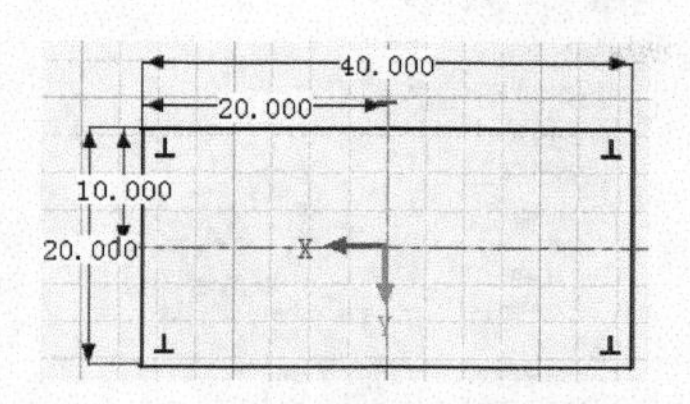


图 2-153　绘制 40×20 的矩形

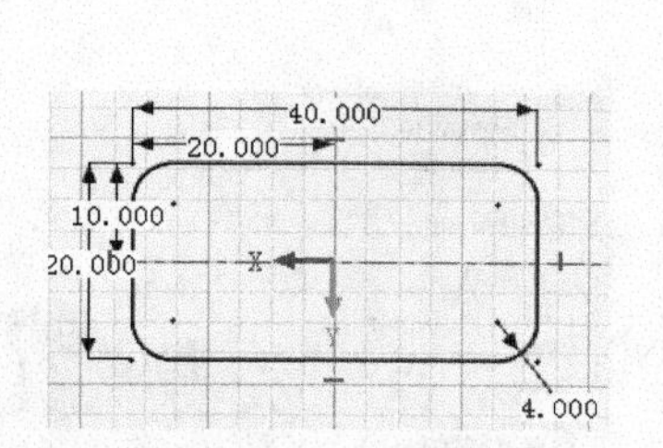


图 2-154　绘制圆角

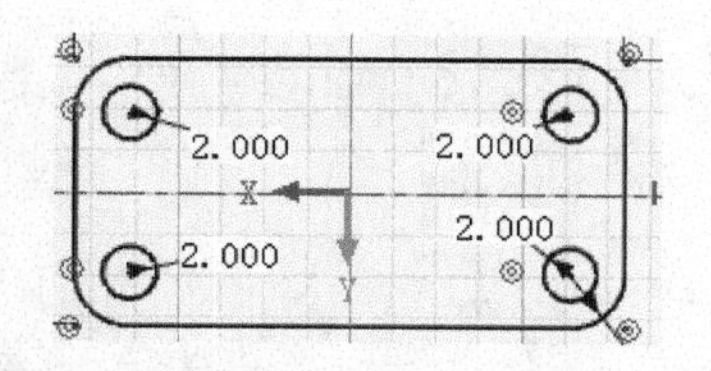


图 2-155　绘制圆

step 04 单击【特征】功能面板中的【拉伸】按钮，选择拉伸截面，设置【高度值】为 6，完成拉伸，如图 2-156 所示。

step 05 再创建支撑壁，单击【草图】选项卡中的【二维草图】按钮，选择模型面作为绘图平面，如图 2-157 所示。

step 06 在【草图】选项卡中单击【绘制】功能面板中的【矩形】按钮，绘制边长为 16 的矩形，如图 2-158 所示。

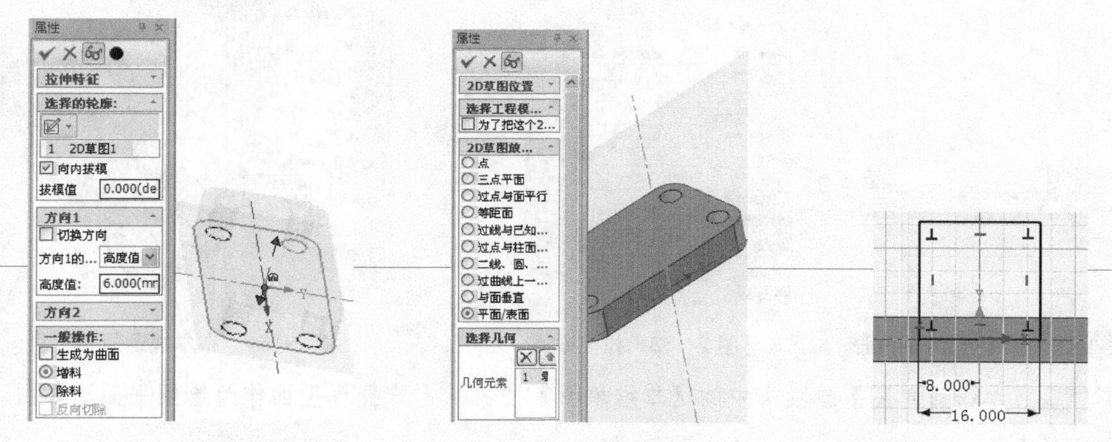


图 2-156　拉伸截面　　图 2-157　选择绘图平面　　图 2-158　绘制矩形

step 07 单击【特征】功能面板中的【拉伸】按钮，选择矩形，完成拉伸，如图 2-159 所示。

step 08 在【特征】选项卡中单击【修改】功能面板中的【布尔】按钮，选择主体和被减零件，如图 2-160 所示。单击【确定】按钮，进行布尔运算。

step 09 单击【草图】选项卡中的【二维草图】按钮，选择模型面作为绘图平面，如图 2-161 所示。

step 10 在【草图】选项卡中单击【绘制】功能面板中的【矩形】按钮，绘制 14×4 的矩形，如图 2-162 所示。

step 11 单击【特征】功能面板中的【拉伸】按钮，选择拉伸截面，修改【属性】命令管理栏中的参数，完成拉伸，如图 2-163 所示。

step 12 在【特征】选项卡中，单击【修改】面板中【布尔】按钮，选择主体和被加零件，如图 2-164 所示。单击【确定】按钮，进行布尔加运算。

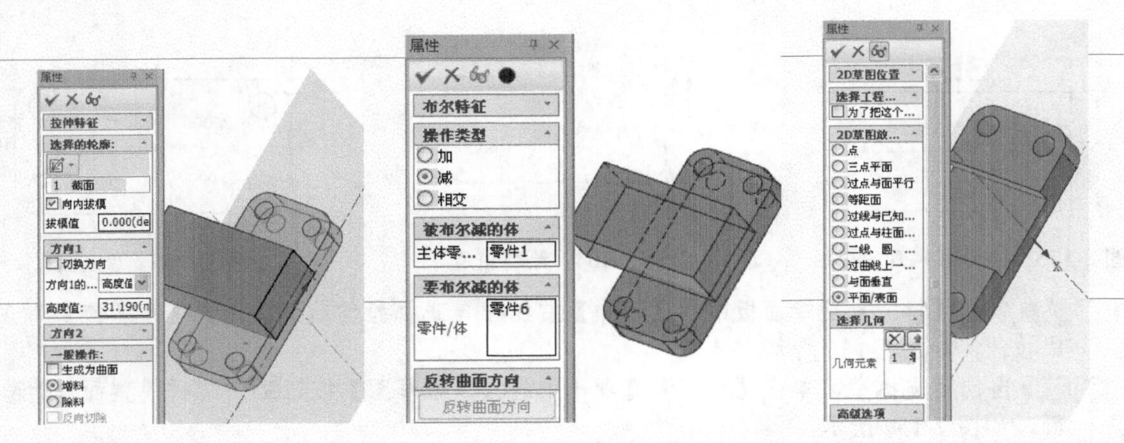

图 2-159　拉伸矩形　　图 2-160　布尔减运算　　图 2-161　选择绘图平面

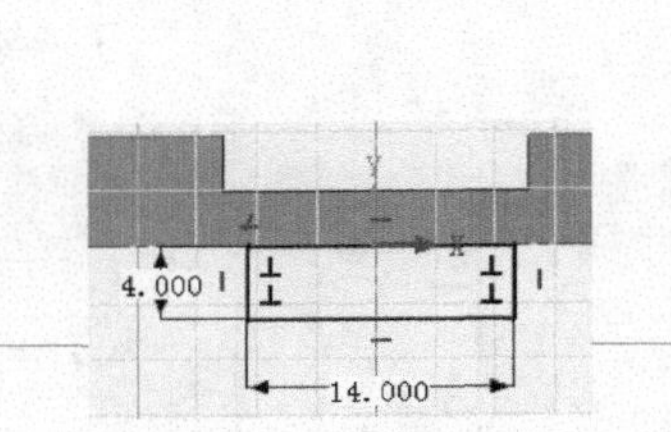

图 2-162　绘制 14×4 的矩形

图 2-163　拉伸截面

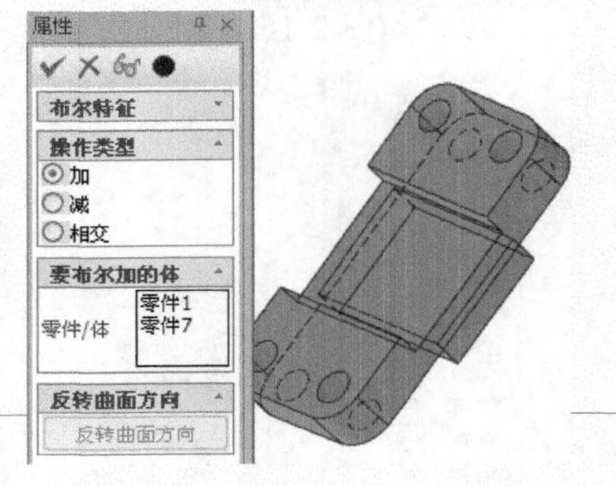

图 2-164　布尔加运算

step 13 单击【草图】选项卡中的【二维草图】按钮，选择模型面作为绘图平面，如图 2-165 所示。

step 14 在【草图】选项卡中单击【绘制】功能面板中的【矩形】按钮，绘制 10×2 的矩形，如图 2-166 所示。

step 15 在【草图】选项卡中单击【修改】功能面板中的【镜像】按钮，镜像矩形，如图 2-167 所示。

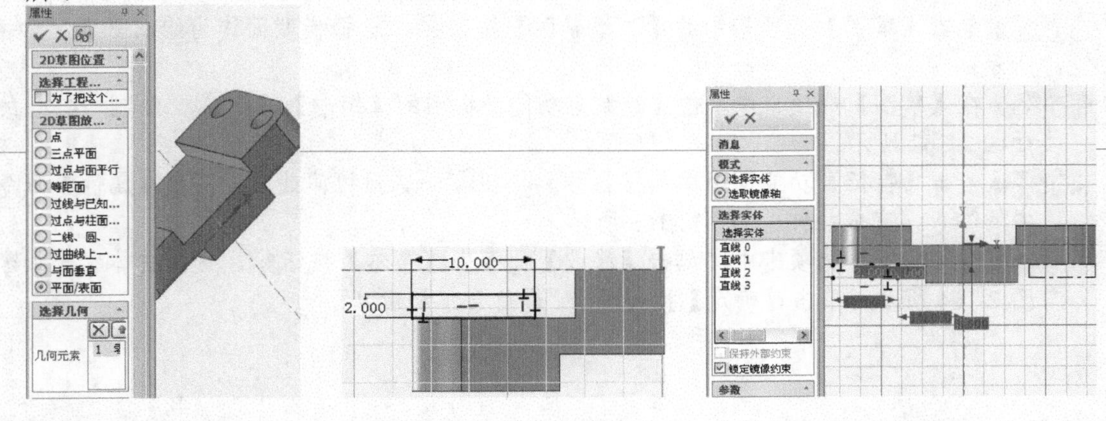

图 2-165　选择绘图平面　　图 2-166　绘制 10×2 的矩形　　图 2-167　镜像矩形

step 16 单击【特征】功能面板中的【拉伸】按钮，选择拉伸截面，设置【高度值】为 20，完成拉伸，如图 2-168 所示。

step 17 在【特征】选项卡中单击【修改】功能面板中的【圆角过渡】按钮，修改【属性】命令管理栏中的半径为 4，绘制过渡圆角，如图 2-169 所示。

step 18 单击【草图】选项卡中的【二维草图】按钮，选择模型面作为绘图平面，如图 2-170 所示。

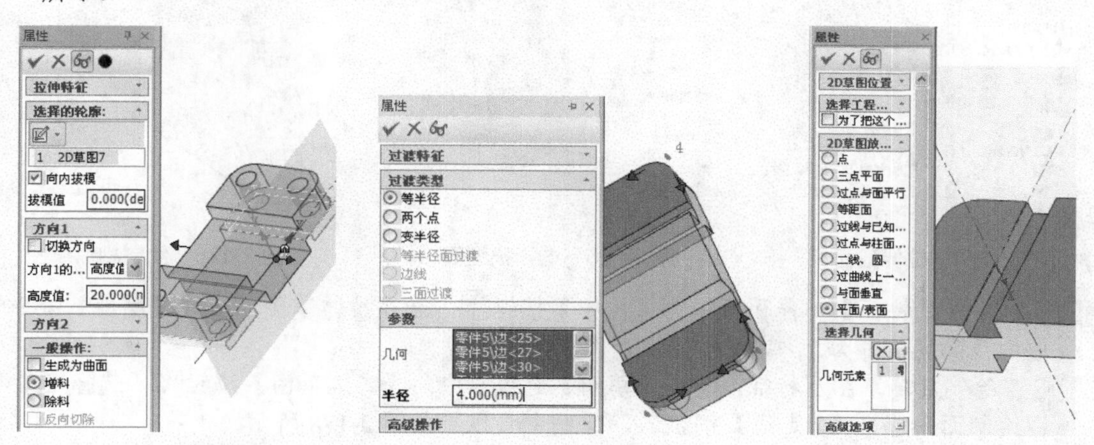


图 2-168 拉伸界面　　图 2-169 绘制过渡圆角　　图 2-170 选择绘图平面

step 19 在【草图】选项卡中单击【绘制】功能面板中的【2 点线】按钮，绘制三角形，尺寸如图 2-171 所示。

step 20 在【草图】选项卡中单击【修改】功能面板中的【过渡】按钮，绘制半径为 4 的圆角，如图 2-172 所示。

step 21 在【草图】选项卡中单击【绘制】功能面板中的【圆心+半径】按钮，绘制半径为 2 的圆，如图 2-173 所示。

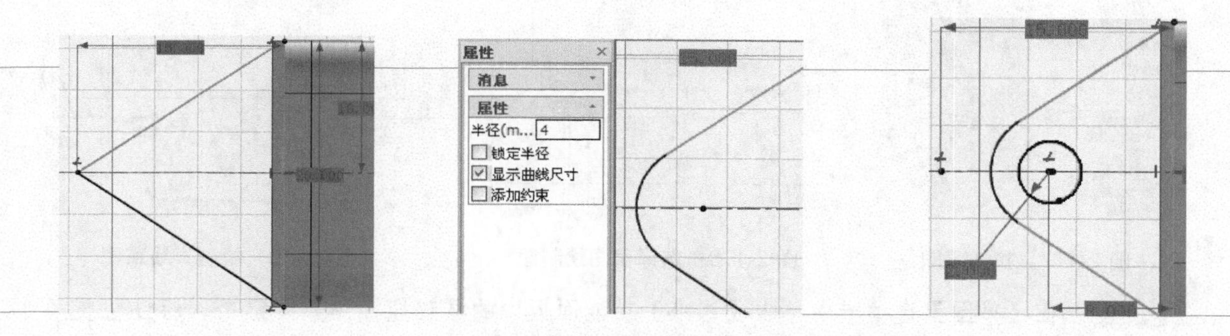


图 2-171 绘制三角形　　图 2-172 绘制半径为 4 的圆角　　图 2-173 绘制半径为 2 的圆

step 22 单击【特征】功能面板中的【拉伸】按钮，选择拉伸截面，修改【属性】命令管理栏中的参数，完成拉伸，如图 2-174 所示。

step 23 单击【草图】选项卡中的【二维草图】按钮，选择模型面进行绘制，如图 2-175 所示。

step 24 在【草图】选项卡中单击【绘制】功能面板中的【2 点线】按钮，绘制相似草图，尺寸如图 2-176 所示。

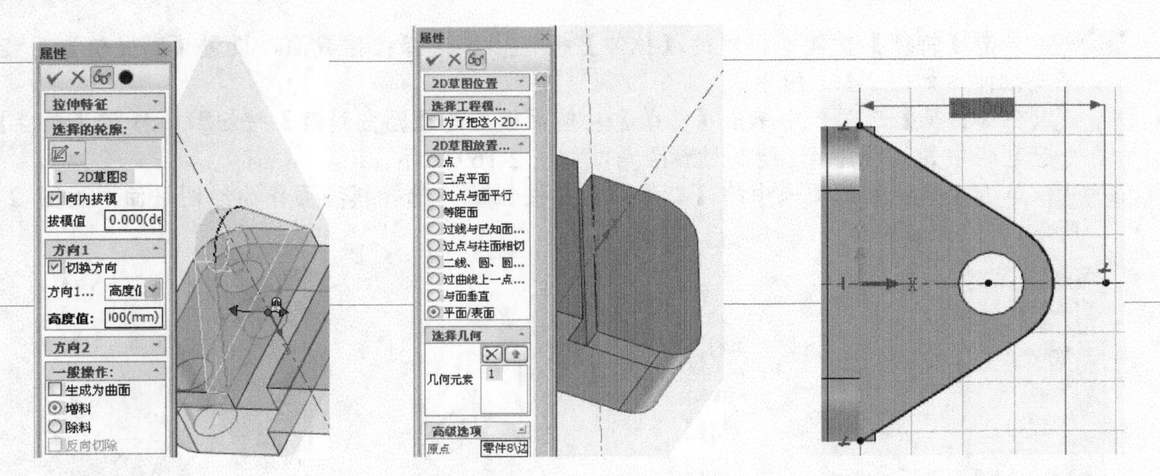


图 2-174 拉伸截面　　图 2-175 选择模型面　　图 2-176 绘制相似草图

step 25 单击【特征】功能面板中的【拉伸】按钮，选择拉伸草图，修改【属性】命令管理栏中的【高度值】为 2，完成拉伸，如图 2-177 所示。

step 26 绘制旋转草图及特征，单击【草图】选项卡中的【二维草图】按钮，选择 ZX 面为草图绘制面，单击【2 点线】按钮，绘制中心线，如图 2-178 所示。

step 27 在【草图】选项卡中单击【绘制】功能面板中的【2 点线】按钮，绘制直线草图，如图 2-179 所示。

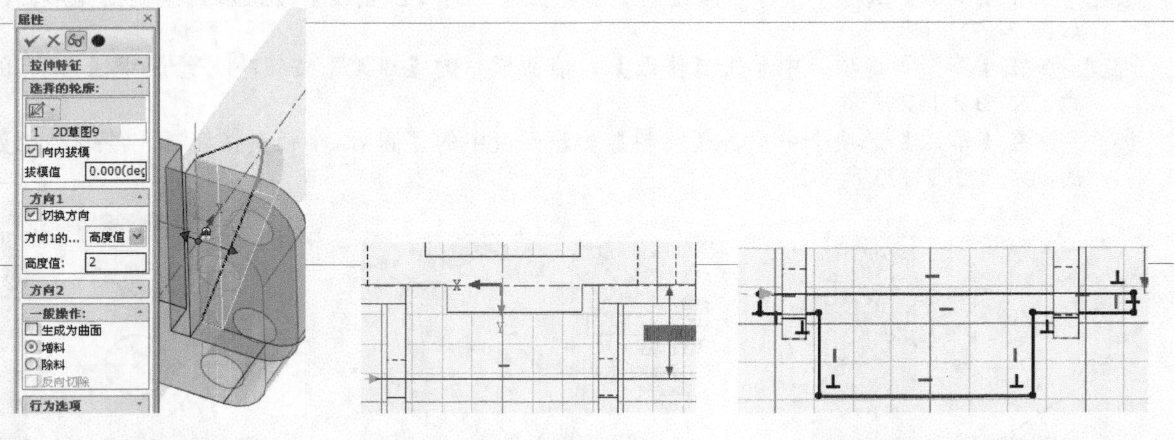


图 2-177 拉伸草图　　图 2-178 选择草图绘制面　　图 2-179 绘制直线草图

step 28 在【草图】选项卡中单击【约束】功能面板中的【智能标注】按钮，标注位置尺寸，如图 2-180 所示。

step 29 单击【特征】功能面板中的【旋转】按钮，选择旋转对象，修改【属性】命令管理栏中的【旋转角度】为 360 度，完成旋转模型，如图 2-181 所示。

step 30 完成的脚轮模型如图 2-182 所示。

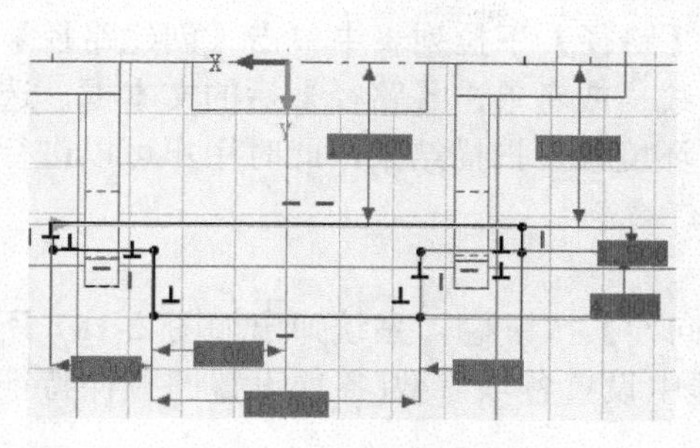

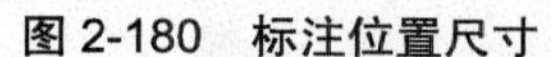

图 2-180　标注位置尺寸

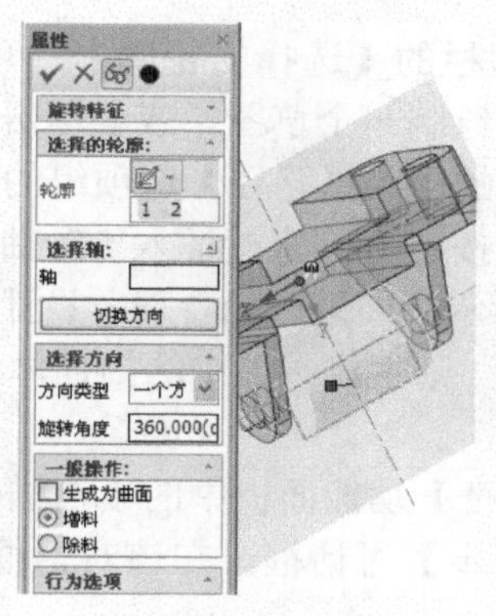


图 2-181　旋转模型

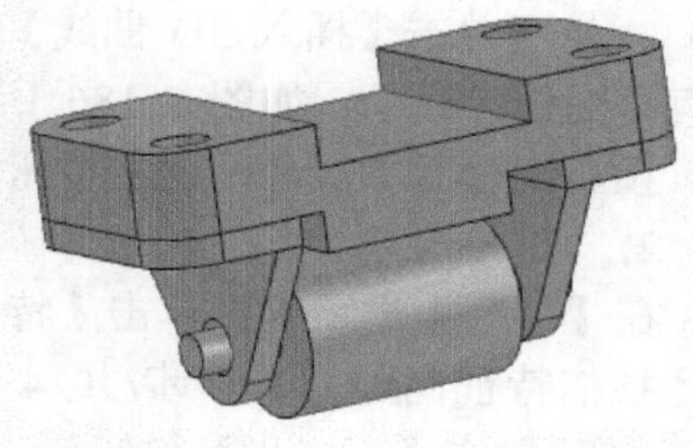

图 2-182　完成的脚轮模型

**机械设计实践：**机械设计中，要考虑零件的加工步骤，最先考虑的问题是使用何种加工手段，在绘制过程中要注意加工设备的限制。如图 2-183 所示的零件是无法只使用车床进行加工的，在绘制拉伸特征的时候要考虑使用铣床，在成本控制方面要考虑使用加工中心。

图 2-183　加工拉伸特征零件

# 第5课　2课时　扫描和放样特征

## 2.5.1　扫描

**行业知识链接：**扫描功能可以快速地创建截面沿曲线路径运动形成的特征，如图 2-184 所示的零件螺纹通过扫描可以快速创建，运用好扫描命令在很多地方可以加快设计步骤。

图 2-184　扫描特征零件

所谓扫描特征，就是沿着一条轨迹线扫描一个截面生成的特征。因此，利用扫描特征生成三维造型，除了需要二维草图外，还需要指定一条扫描曲线。扫描曲线可以是一条直线、一系列连续线条、一条 B 样条曲线或一条三维曲线。

### 1. 创建扫描特征

在【扫描】按钮下有【扫描】和【扫描向导】两个选项。

1)　扫描

在【特征】选项卡中单击【特征】功能面板中的【扫描】按钮，左侧【属性】命令管理栏询问是新建一个零件还是在原有零件上添加特征，选择一个选项(如选中【新生成一个独立的零件】单选按钮)，然后单击【确定】按钮，如图 2-185 所示。

在扫描特征【属性】命令管理栏的【选择的轮廓】选项组的【轮廓】下拉列表中单击【创建草图】按钮，按照创建草图的过程绘制一个草图。或者单击【轮廓】后的文本框，选择已有草图作为截面。然后在【属性】命令管理栏的【选择路径】选项组的【路径】下拉列表中单击【创建路径】按钮；也可单击【插入 3D 曲线】按钮，直接插入 3D 曲线；或者单击【路径】后的文本框，选择已有草图作为路径，如图 2-186 所示。如果选择合理，设计环境预显扫描结果，此时用户可以进行更改。预显满意后单击【确定】按钮，则生成预显中的扫描体。

2) 扫描向导

在【特征】选项卡中单击【特征】功能面板中的【扫描向导】按钮，系统弹出如图 2-187 所示的【扫描特征向导-第 1 步/共 4 步】对话框。在该对话框中设置各项参数(各项设置同拉伸特征向导)，然后单击【下一步】按钮。

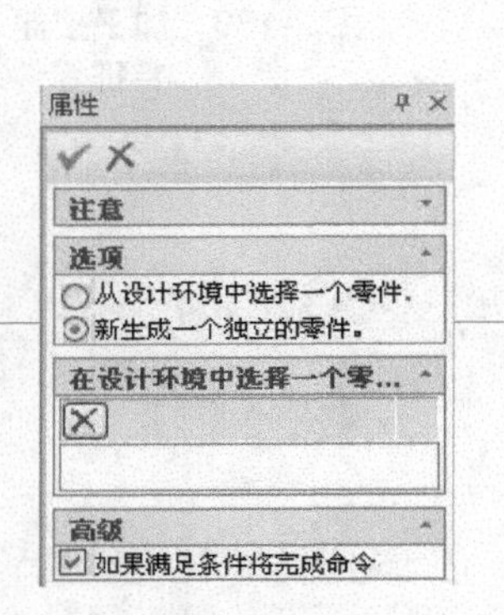


图 2-185 选中【新生成一个独立的零件】单选按钮

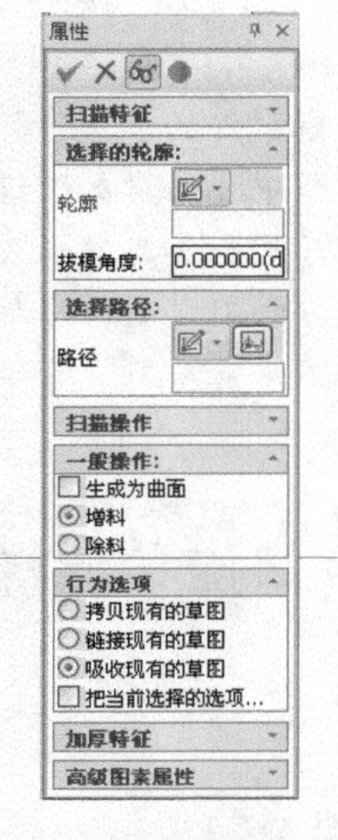


图 2-186 【属性】命令管理栏

图 2-187 【扫描特征向导-第 1 步/共 4 步】对话框

系统弹出【扫描特征向导-第 2 步/共 4 步】对话框。该对话框给出了扫描特征的定义描述，以及由用户选中【离开表面】或【沿着表面】单选按钮来定义新扫描特征定位。本例选中【离开表面】单选按钮，然后单击【下一步】按钮，如图 2-188 所示。

系统弹出【扫描特征向导-第 3 步/共 4 步】对话框。在该对话框中选中【2D 导动线】单选按钮，接着选中【Bezier 曲线】单选按钮，并选中【允许沿尖角扫描】复选框，然后单击【下一步】按钮，如图 2-189 所示。

系统弹出【扫描特征向导-第 4 步/共 4 步】对话框。在该对话框中设置好相关选项和栅格线参数后，单击【完成】按钮，如图 2-190 所示。

CAXA 实体设计环境中将显示二维草图栅格和【编辑轨迹曲线】对话框，利用二维草图所提供的功能绘制理想的轨迹曲线，如图 2-191 所示。

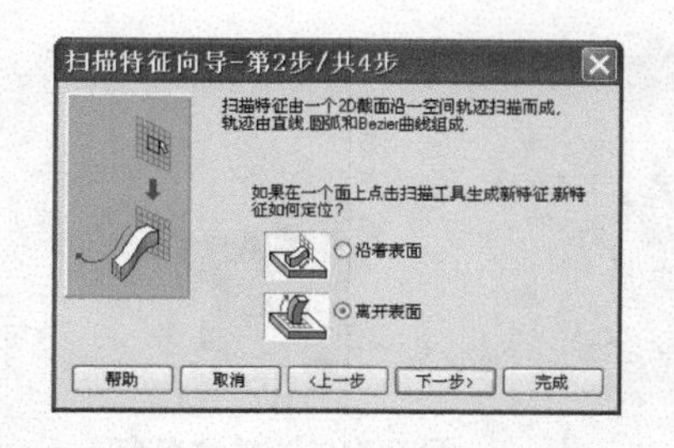


图 2-188 【扫描特征向导-第 2 步/共 4 步】对话框

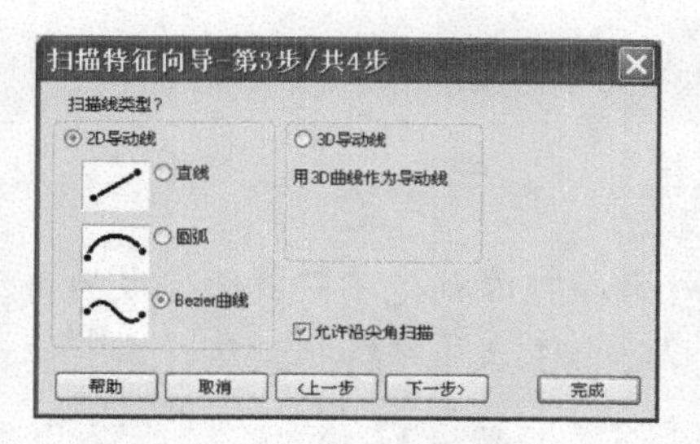


图 2-189 【扫描特征向导-第 3 步/共 4 步】对话框

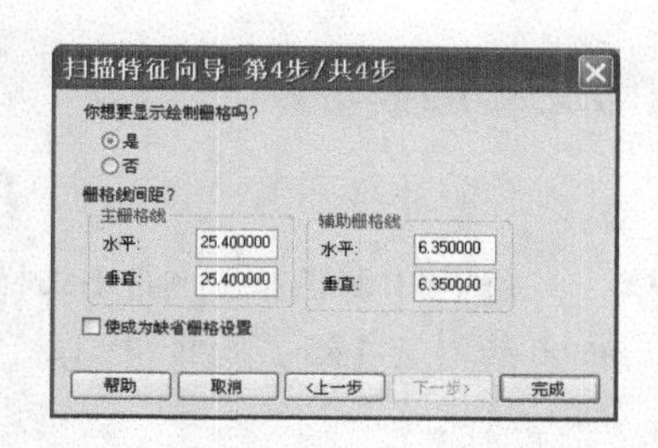


图 2-190 【扫描特征向导-第 4 步/共 4 步】对话框

在【草图】选项卡中单击【草图】功能面板中的【完成】按钮，此时设计环境中将会按照轨迹线和草图截面生成扫描实体，如图 2-192 所示。

### 2. 编辑扫描特征

如果用户对 CAXA 实体设计中已生成的三维扫描特征不满意，可以编辑它的草图或其他属性。

1) 利用智能图素手柄编辑

在智能图素编辑状态下选中要扫描的图素。虽然图素手柄并不总是呈现在视图上，但可以通过将光标移向导动设计图素的下部边缘，显示出图素手柄，如图 2-193 所示。

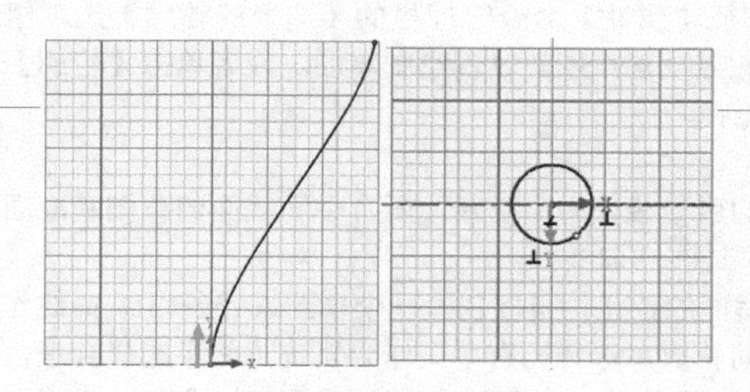

图 2-191 绘制轨迹曲线

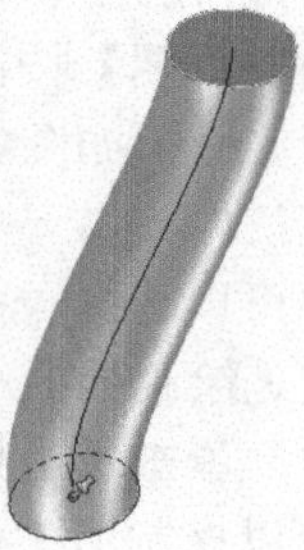

图 2-192 扫描实体

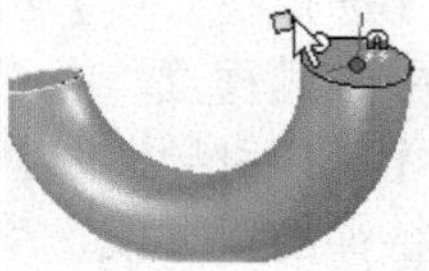

图 2-193 手柄编辑

要用扫描特征手柄来进行编辑，可以通过拖动或右击该手柄，进入并编辑它的标准智能图素手柄选项来实现。

2) 利用鼠标右键编辑

右击设计树中要编辑的扫描特征，弹出可以编辑扫描特征的快捷菜单，如图 2-194 所示。其中，各选项的含义如下。

【编辑草图截面】：用于修改扫描特征的二维草图。

【编辑轨迹曲线】：用于修改扫描特征的导动曲线。

【切换扫描方向】：用于切换生成扫描特征所用的导动方向。

【允许扫描尖角】：选择/撤销选择这个选项，可以规定扫描图素角是尖的，还是光滑过渡的。

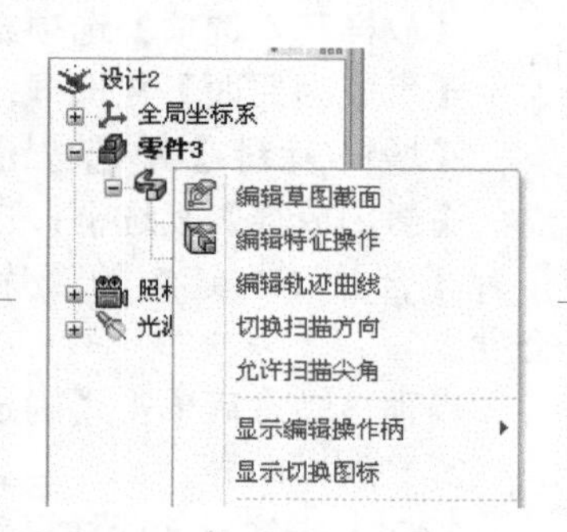


图 2-194 快捷菜单

## 2.5.2 放样

**行业知识链接：**利用【放样】命令可以创建不同截面生成的特殊特征。如图 2-195 所示的特征可以完全依靠放样特征创建，而其他命令则无法生成。

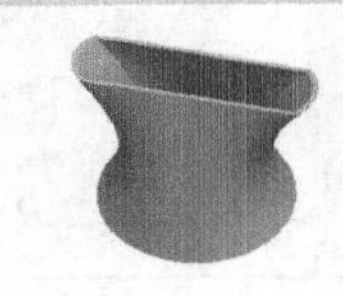

图 2-195 放样特征

放样设计的对象是多重草图截面，这些草图截面都必须经过编辑和重新设定尺寸。CAXA 实体设计通过【放样】命令，将这些草图截面沿定义的轮廓定位曲线生成一个三维造型。

### 1. 创建放样特征

放样设计的对象是多重草图截面，并且每一个草图截面都需要重新设定尺寸，这与扫描完全不同。【放样】按钮下有【放样】和【放样向导】两个选项。

1) 放样

在【特征】选项卡中单击【特征】功能面板中的【放样】按钮，左侧命令管理栏询问是新建一零件还是在原有零件上添加特征。选择一个选项(如选中【新生成一个独立的零件】单选按钮)，然后单击【确定】按钮，如图 2-196 所示。在放样特征【属性】命令管理栏的【选择的轮廓】选项组的【轮廓】下拉列表中单击【创建草图】按钮，按照创建草图的过程绘制草图。或者单击【轮廓】后的文本框，选择已有草图作为截面，如图 2-197 所示。

然后设置起始条件及结束条件。

【选择中心线】选项组：可以选择一条变化的引导线作为中心线。所有中间截面的草图基准面都与此中心线垂直。中心线可以是绘制的曲线、模型边线或曲线。

【选择引导曲线】选项组：单击【引导线】后面的按钮，可以创建一个草图或一条 3D 曲线作为放样特征的引导线，引导线可以控制所生成的中间轮廓。选择已有草图作为轨迹，如果选择合理，此时会在设计环境中预显扫描结果，此时用户可以进行更改。也可以选择一条 3D 曲线作为轨迹生成扫描特征。

【放样基本选项】选项组中各选项的含义如下。

【生成为曲面】复选框：放样得到一个曲面，而不是实体。

【增料(除料)】单选按钮：该次放样对已有零件进行增料或除料操作。

【封闭放样】复选框：自动连接最后一个和第一个草图，沿放样方向生成一个闭合实体。

【合并 G1 连续的面片】复选框：如果相邻面是 G1 连续的，则在所生成的放样中进行曲面合并。

当预显满意后单击【确定】按钮，生成预显中的放样。

2) 放样向导

CAXA 实体设计同样提供了放样向导，用于指导用户一步步完成特征操作。

新建一个设计环境，在【特征】选项卡中单击【特征】功能面板中的【放样向导】按钮，弹出【放样造型向导-第 1 步/共 4 步】对话框。采用默认选项，单击【下一步】按钮，如图 2-198 所示。

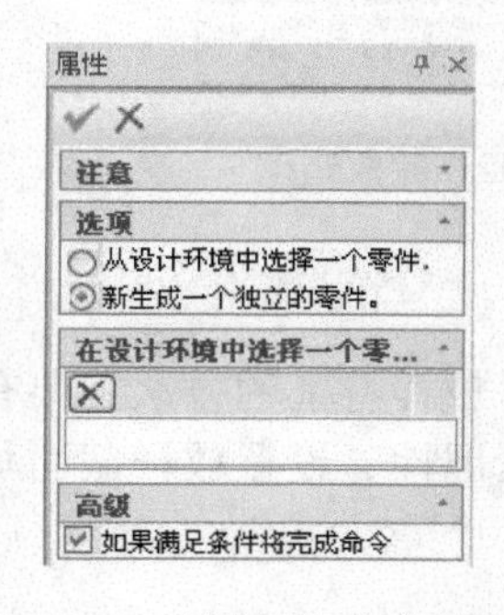

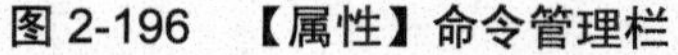

图 2-196 【属性】命令管理栏

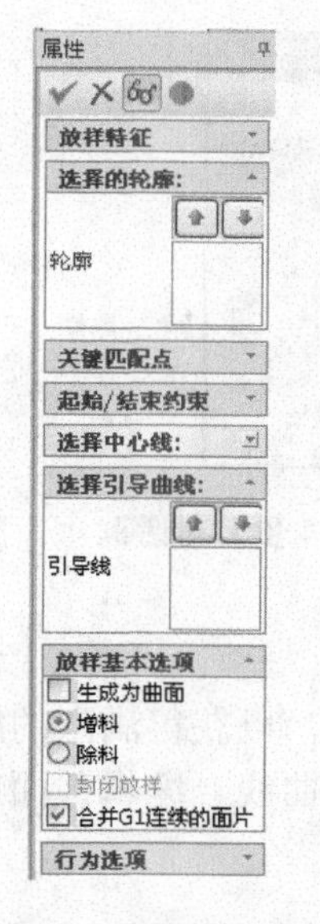


图 2-197 放样特征【属性】命令管理栏

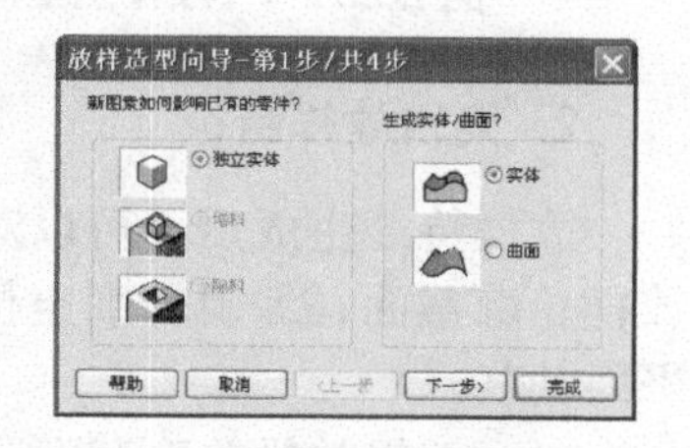


图 2-198 【放样造型向导-第 1 步/共 4 步】对话框

系统弹出【放样造型向导-第 2 步/共 4 步】对话框，在【截面数】选项组中选中【指定数字】单选按钮，并设置截面数为 4，然后单击【下一步】按钮，如图 2-199 所示。

系统弹出【放样造型向导-第 3 步/共 4 步】对话框，在【截面类型】选项组中选中【圆】单选按钮，在【轮廓定位曲线的类型】选项组中选择【圆弧】单选按钮，然后单击【下一步】按钮，如图 2-200 所示。

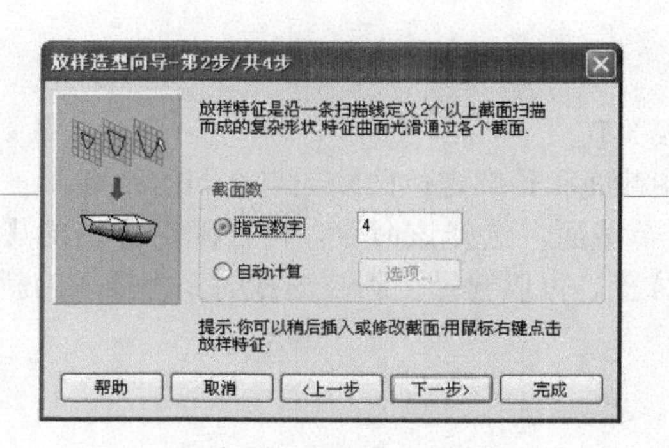


图 2-199 【放样造型向导-第 2 步/共 4 步】对话框

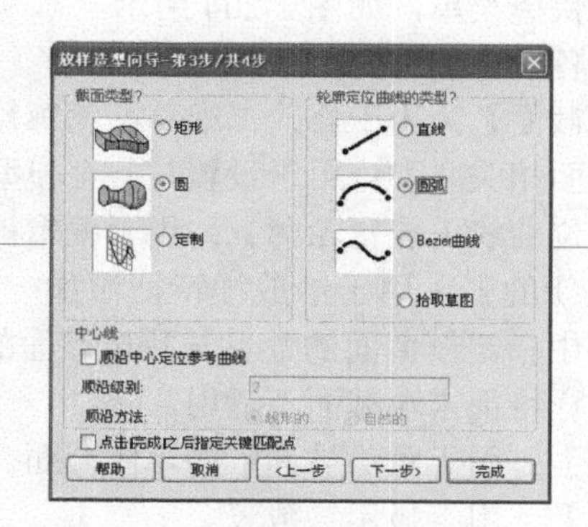


图 2-200 【放样造型向导-第 3 步/共 4 步】对话框

系统弹出【放样造型向导-第 4 步/共 4 步】对话框，从中设置相关的栅格选项及参数，然后单击【完成】按钮，如图 2-201 所示。

在草图栅格上，用鼠标拖动默认曲线的操作柄修改放样定位曲线，修改完毕后在【编辑轮廓定位曲线】对话框中单击【完成造型】按钮，如图 2-202 所示。

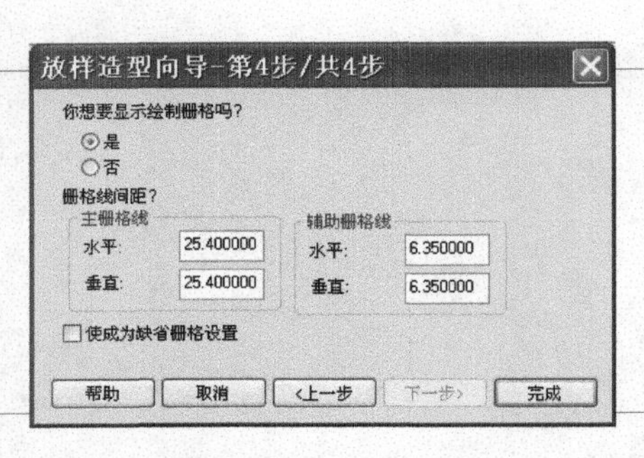


图 2-201 【放样造型向导-第 4 步/共 4 步】对话框

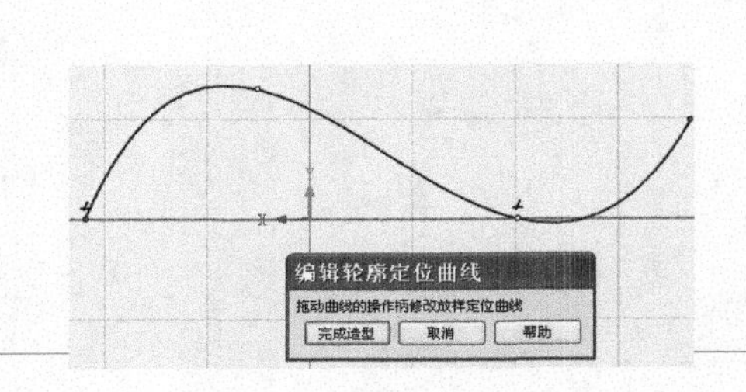


图 2-202 完成造型

## 2. 编辑放样特征

放样特征生成后，可以对其进行编辑，以获得满意的放样造型。编辑放样特征的方法主要有编辑放样轮廓截面、编辑轮廓定位曲线及导动曲线、编辑截面属性和智能图素属性、设置放样截面与相邻平面关联。

1) 编辑放样轮廓截面

(1) 利用智能图素操作柄。

当放样特征处于智能图素编辑状态时，放样特征的各草图轮廓截面上显示编号按钮，单击其中某个编号按钮，系统会根据光标所在的位置出现该草图轮廓截面的操作柄，如图 2-203 所示。使用鼠标拖动操作柄，即可快速编辑轮廓截面。

(2) 利用鼠标右键编辑。

在智能图素编辑状态下，放样特征的草图轮廓截面上会显示编号按钮，右击放样特征的编号按钮，则弹出快捷菜单，如图 2-204 所示。

菜单中各命令的含义如下。

【编辑截面】：用于修改二维草图轮廓截面。

【和一面相关联】：用于设置与一个模型面生成关联。

【在定位曲线上放置轮廓】：用于编辑被选草图截面和轮廓定位曲线起点之间的距离。

【插入新的】：用于给放样特征添加一个或多个截面。选择该命令，可在随后弹出的【插入截面】对话框中指定新截面的数目与被选截面的相对位置。可以选择复制被选截面作为插入的新截面。该命令对放样特征末端截面不适用。

【删除】：用于删除被选中的草图截面。

【参数】：用于显示参数表。

【截面属性】：用于设定与定位曲线起点的相对距离和轨迹曲线的方向角，并在轮廓列表中修改草图轮廓。

2) 编辑轮廓定位曲线及导动曲线

在智能图素编辑状态下右击放样特征，利用弹出的快捷菜单中的相关命令进行编辑操作，即可修改放样特征，如图 2-205 所示。

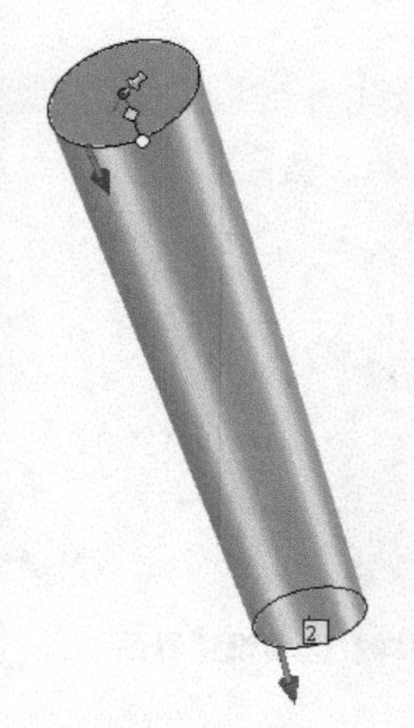

图 2-203　操作柄

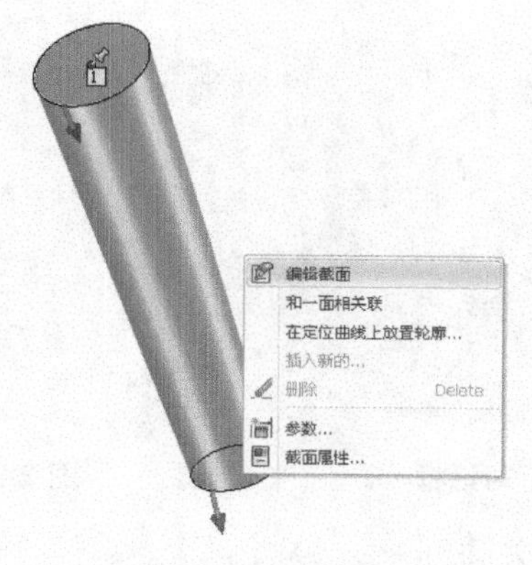


图 2-204　快捷菜单

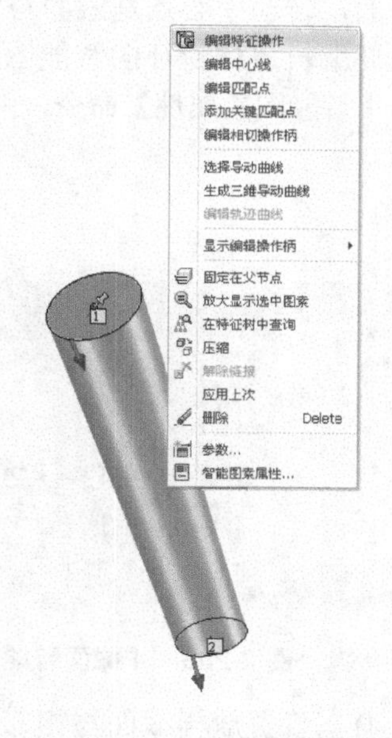


图 2-205　编辑特征

其中的部分命令含义如下。

【编辑特征操作】：选择该命令，将进入放样特征的设置命令栏，可以重新定义截面、导动线等。

【编辑中心线】：选择该命令，可在二维草图上编辑放样用的中心线。

【编辑匹配点】：该命令用于编辑放样设计截面的连接点。这些匹配点显现在轮廓定位曲线和每个截面交点的最高点处，颜色是红色。编辑匹配点就是把它放于截面的线段或曲线的端点上。该命令可用于绘制扭曲的图形。

【添加关键匹配点】：该命令可用于添加关键匹配点。选择该命令，将出现三维曲线工具，用来绘制一条与各截面相交、作为轮廓定位曲线的曲线，各交点即为新添加的关键匹配点。

【编辑相切操作柄】：该命令用于在每个放样轮廓上编辑放样导动曲线的切线。选择该命令，草图轮廓的端点(折点)上会显示编号按钮。单击编号按钮，在导动线上显示红色的相切操作柄。单击并推或拉这些操作柄，可手工编辑关联轮廓的切线。

3)　编辑截面属性和智能图素属性

在智能图素状态下，右击截面编号，在弹出的快捷菜单中选择【截面属性】命令，弹出【截面智能图素】对话框，如图 2-206 所示。

其中的部分选项含义如下。

【应用截面到放样设计】复选框：(系统默认)如果想让 CAXA 实体设计把这个截面纳入放样设计中去，就应选中该复选框。若不选中该复选框，放样设计过程就会忽略该截面。

【与定位曲线起点的相对距离】文本框：用于指定截面与定位曲线起点之间的需求距离。定位曲线是连接放样设计截面的线段或曲线。输入“0”把截面置于定位曲线的起点，输入“1”把截面置于定位曲线的终点。用 0 与 1 之间的数值规定其他位置。

【轨迹曲线的方向角】文本框：用于规定截面相对于其原来方位的角度。转动轴垂直于截面所在的平面，转动中心点是截面与定位曲线的交点。

要编辑放样特征的智能图素属性，可在智能图素编辑状态下右击放样特征，在弹出的快捷菜单中选择【智能图素属性】命令，弹出【放样特征】对话框，然后切换到【放样】选项设置界面，如图 2-207 所示。

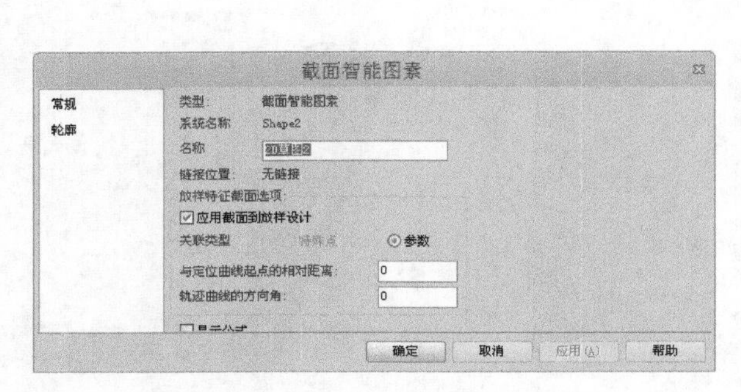


图 2-206　【截面智能图素】对话框

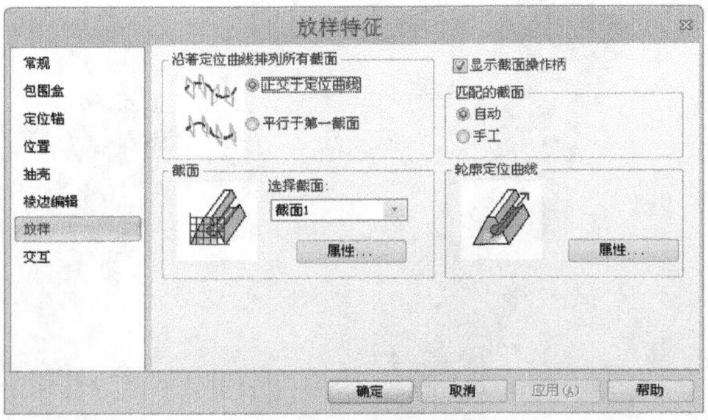

图 2-207　【放样】选项设置界面

4)　设置放样截面与相邻平面关联

CAXA 实体设计有一个独特的功能：在同一模型上，把放样特征的起始截面或终止截面与相邻平面相关联。在现有图素或零件上增加的自定义放样特征都可以进行编辑，以指定切矢因子，把截面与它所依附的平面相匹配。

## 课后练习

案例文件：ywj\02\04.ics

视频文件：光盘\视频课堂\第 2 教学日\2.5

本节课后练习创建消声器模型，消声器是允许气流通过，却又能阻止或减小声音传播的一种器件，是消除空气动力性噪声的重要措施。消声器能够阻挡声波的传播，允许气流通过，是控制噪声的有效工具。如图 2-208 所示是完成的消声器模型。

本节案例主要练习消声器模型的创建，首先创建扫描管路，再创建放样腔体，接着创建扫描管路，最后创建拉伸腔体。绘制消声器模型的思路和步骤如图 2-209 所示。

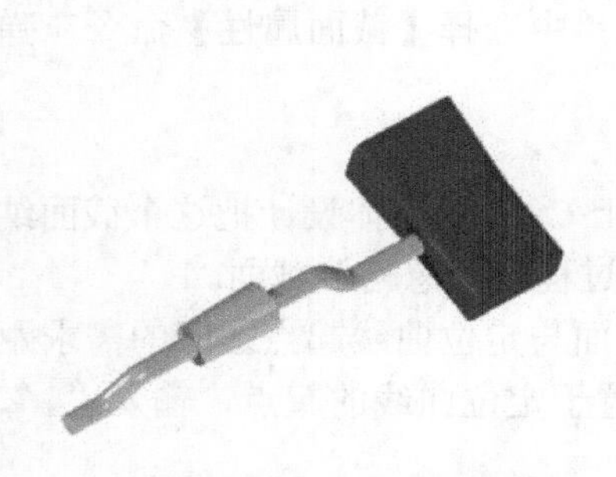

图 2-208　完成的消声器模型

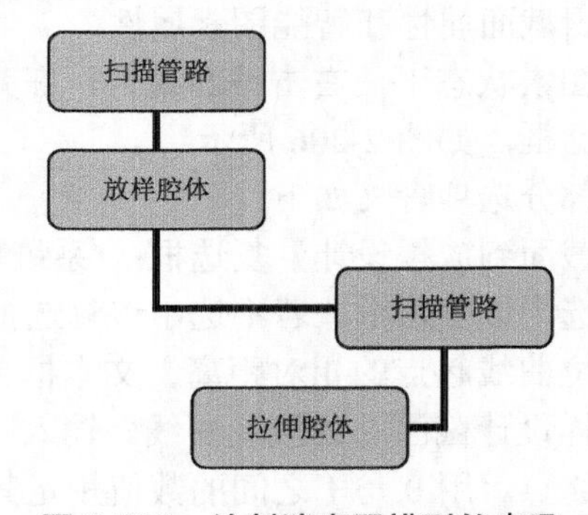


图 2-209　绘制消声器模型的步骤

案例操作步骤如下。

step 01 首先扫描管路，单击【草图】选项卡中的【二维草图】按钮，选择 X-Y 基准面作为草图绘制平面，在【草图】选项卡中单击【绘制】功能面板中的【圆心+半径】按钮，绘制半径为 5 的圆，如图 2-210 所示。

step 02 单击【特征】功能面板中的【扫描】按钮，选择轮廓后，创建扫描路径，如图 2-211 所示。

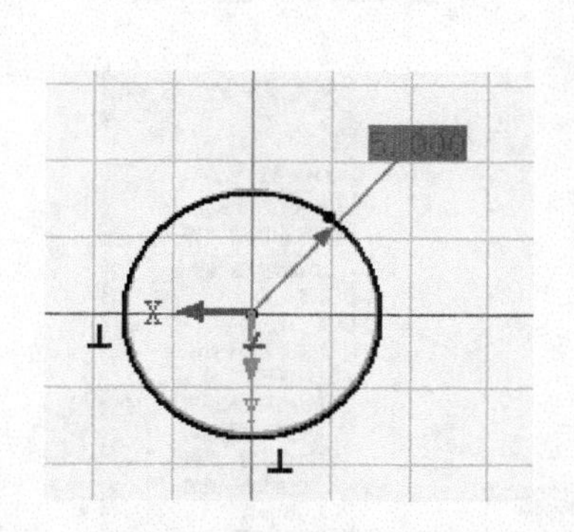


图 2-210　绘制半径为 5 的圆

图 2-211　选择轮廓

step 03 选择 Y-Z 基准面作为草图绘制平面，在【草图】选项卡中单击【绘制】功能面板中的【2 点线】按钮，绘制如图 2-212 所示的线段。

step 04 在【草图】选项卡中单击【约束】功能面板中的【智能标注】按钮，标注直线尺寸，如图 2-213 所示。

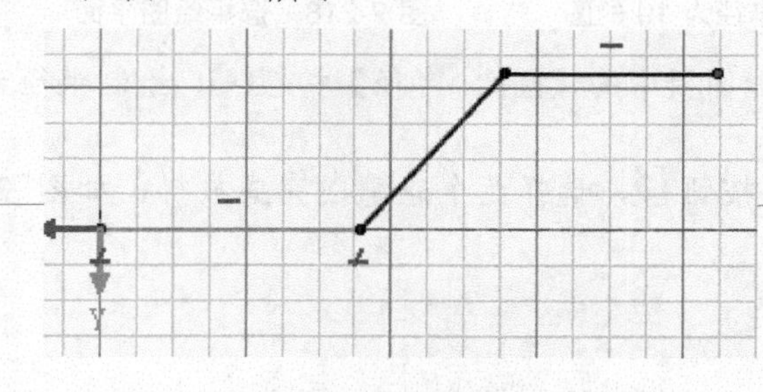

图 2-212　绘制线段

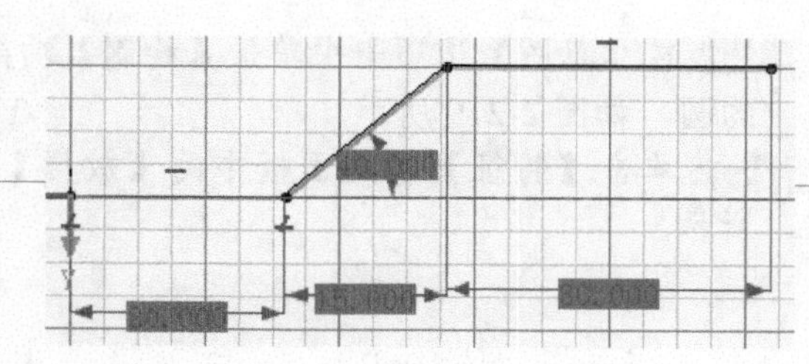

图 2-213　标注直线尺寸

step 05 在【草图】选项卡中单击【修改】功能面板中的【过渡】按钮，绘制半径为 10 的圆角，如图 2-214 所示。

step 06 退出草绘，在扫描特征【属性】命令管理栏中，单击【确定】按钮，完成扫描，如图 2-215 所示。

step 07 再创建放样腔体。单击【草图】选项卡中的【二维草图】按钮，选择模型面作为绘图平面，如图 2-216 所示。

step 08 在【草图】选项卡中单击【绘制】功能面板中的【圆心+半径】按钮，绘制半径为 10 的圆，如图 2-217 所示。

step 09 单击【草图】选项卡中的【二维草图】按钮，选择模型面作为绘图平面，如图 2-218 所示。

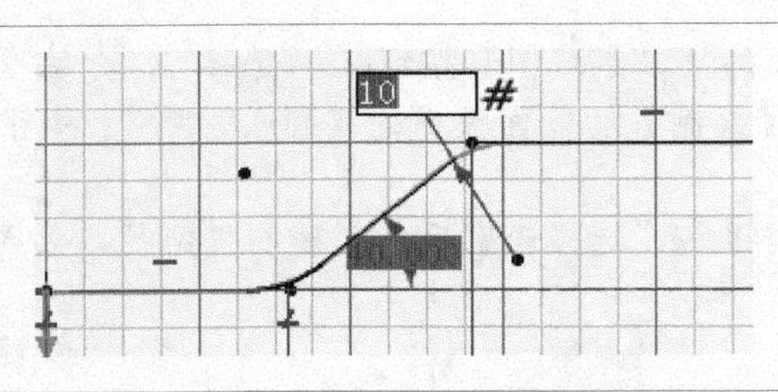

图 2-214　绘制半径为 10 的圆角

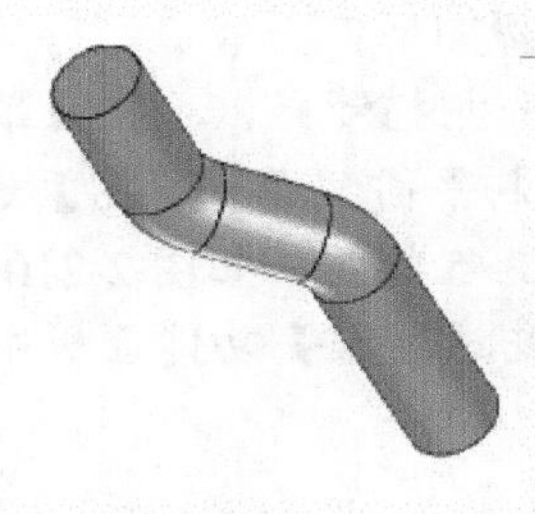

图 2-215　完成扫描

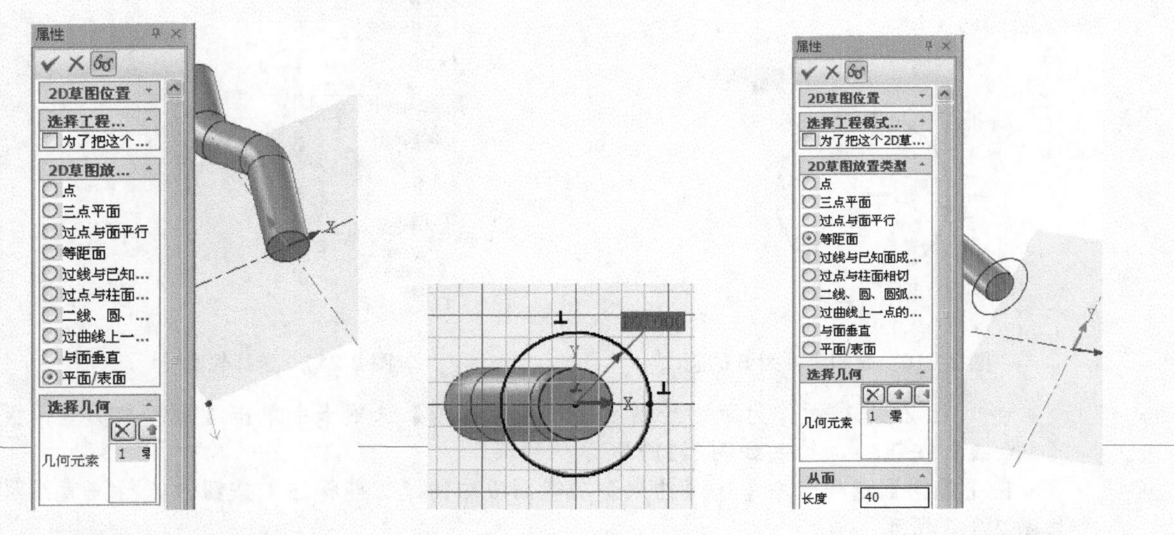

图 2-216　选择绘图平面　　图 2-217　绘制半径为 10 的圆　　图 2-218　选择绘图平面

step 10 在【草图】选项卡中单击【绘制】功能面板中的【圆心+半径】按钮，绘制半径为 12 的圆，如图 2-219 所示。

step 11 单击【特征】功能面板中的【放样】按钮，选择两个轮廓，完成放样，如图 2-220 所示。

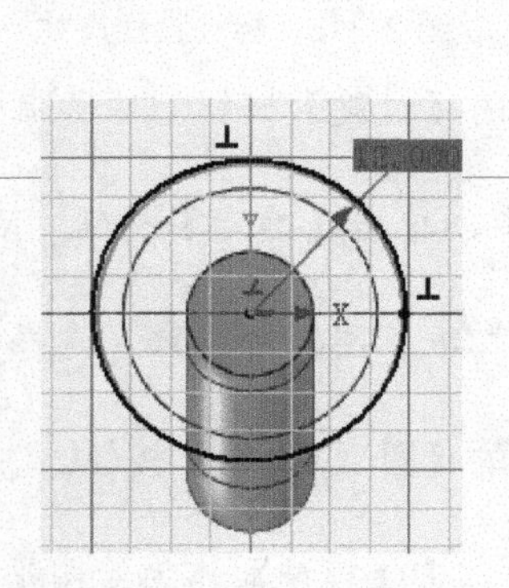

图 2-219　绘制半径为 12 的圆

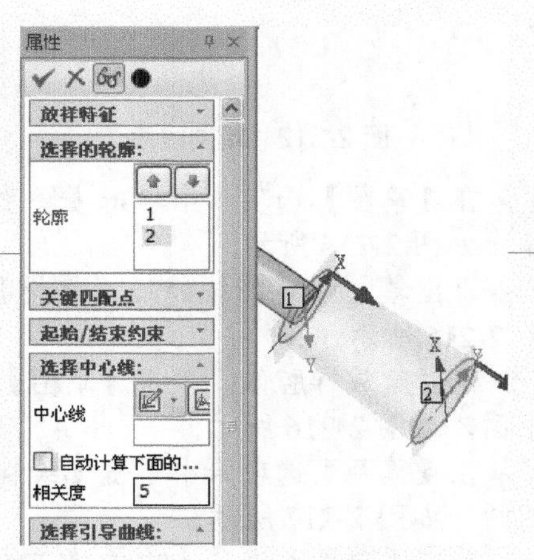


图 2-220　完成放样

step 12 再创建扫描管路，单击【草图】选项卡中的【二维草图】按钮，选择模型面作为绘图平面，如图 2-221 所示。

step 13 在【草图】选项卡中单击【绘制】功能面板中的【圆心+半径】按钮，绘制半径为 5 的圆，如图 2-222 所示。

step 14 单击【特征】功能面板中的【扫描】按钮，选择轮廓，创建路径，如图 2-223 所示。

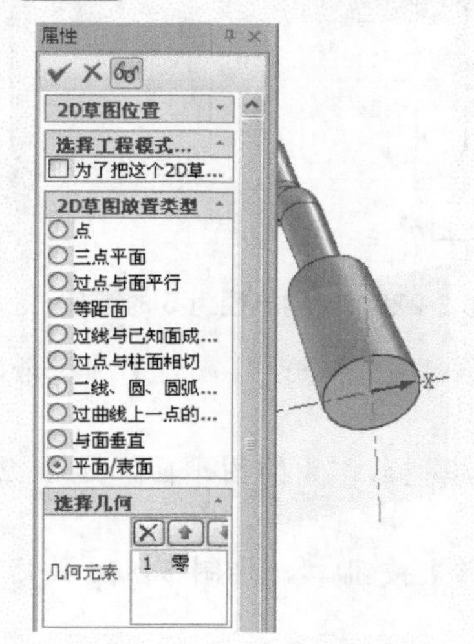


图 2-221 选择绘图平面

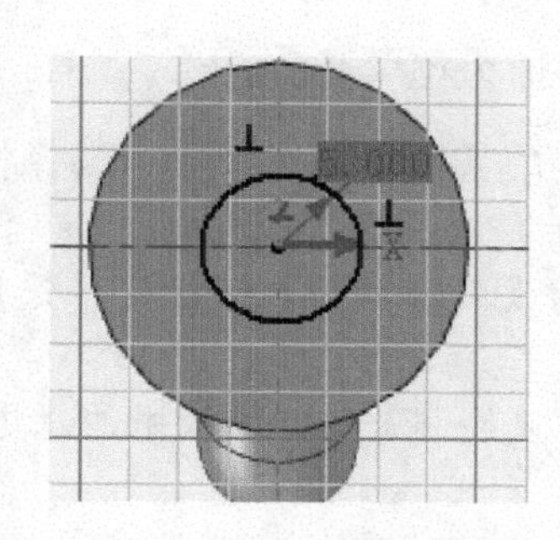

图 2-222 绘制半径为 5 的圆

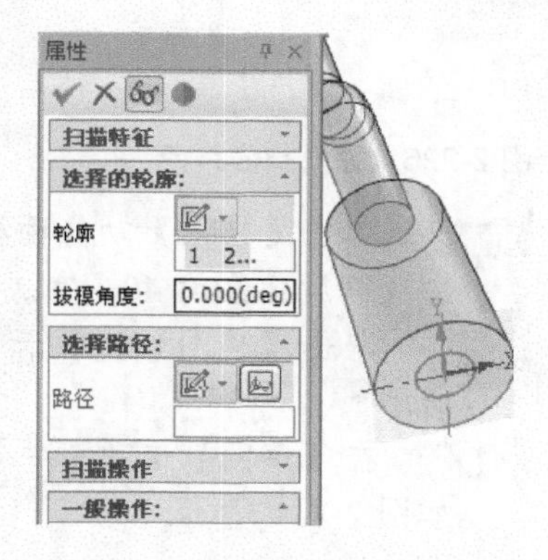


图 2-223 选择轮廓

step 15 选择 Y-Z 基准面作为草图绘制平面，在【草图】选项卡中单击【绘制】功能面板中的【2 点线】按钮，绘制如图 2-224 所示的线段。

step 16 在【草图】选项卡中单击【修改】功能面板中的【过渡】按钮，绘制半径为 10 的圆角，如图 2-225 所示。

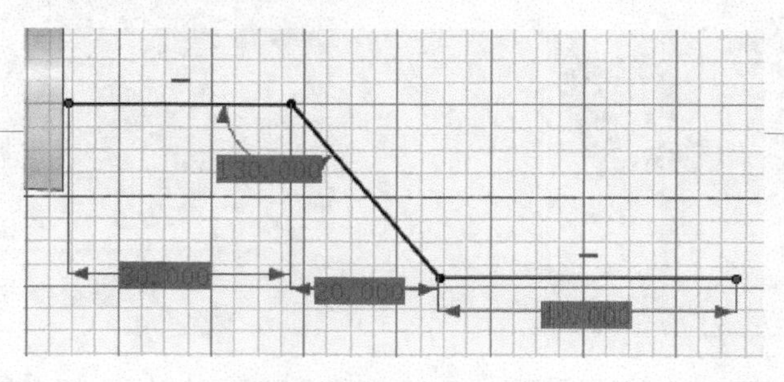

图 2-224 绘制线段

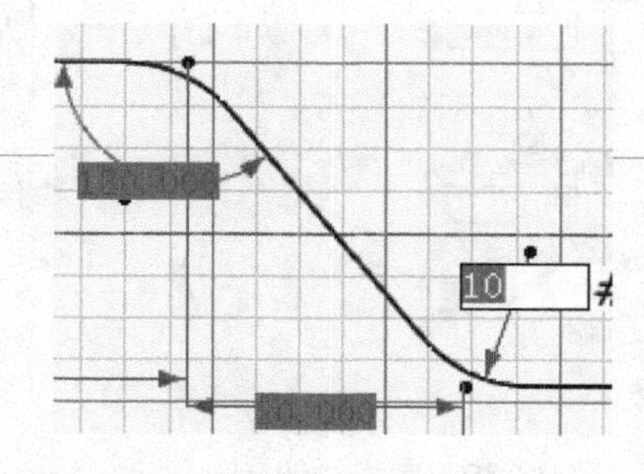


图 2-225 绘制半径为 10 的圆角

step 17 在扫描特征【属性】命令管理栏中选择路径，单击【确定】按钮，完成扫描路径，如图 2-226 所示。

step 18 最后创建拉伸腔体，单击【草图】选项卡中的【二维草图】按钮，选择 Y-Z 基准面作为草图绘制平面，在【草图】选项卡中单击【绘制】功能面板中的【矩形】按钮，绘制 50×24 的矩形，如图 2-227 所示。

step 19 在【草图】选项卡中，单击【修改】功能面板中的【过渡】按钮，绘制半径为 5 的圆角，如图 2-228 所示。

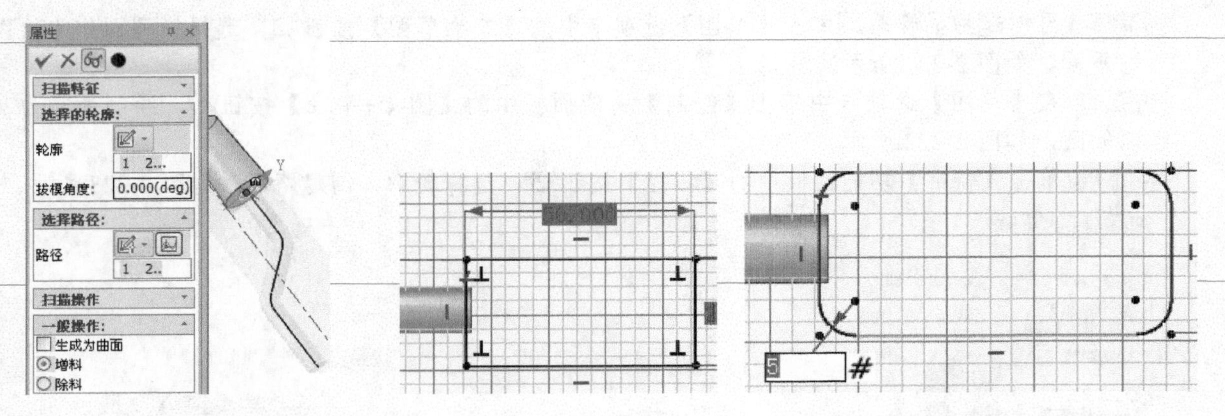

图 2-226　完成扫描路径　　　图 2-227　绘制矩形　　　图 2-228　绘制半径为 5 的圆角

step 20 单击【特征】功能面板中的【拉伸】按钮，选择拉伸截面，修改【属性】命令管理栏中【高度值】为 40，完成拉伸，如图 2-229 所示。

step 21 单击【草图】选项卡中的【二维草图】按钮，选择模型面作为绘图平面，如图 2-230 所示。

step 22 在【草图】选项卡中单击【绘制】功能面板中的【矩形】按钮，绘制 54×30 的矩形，如图 2-231 所示。

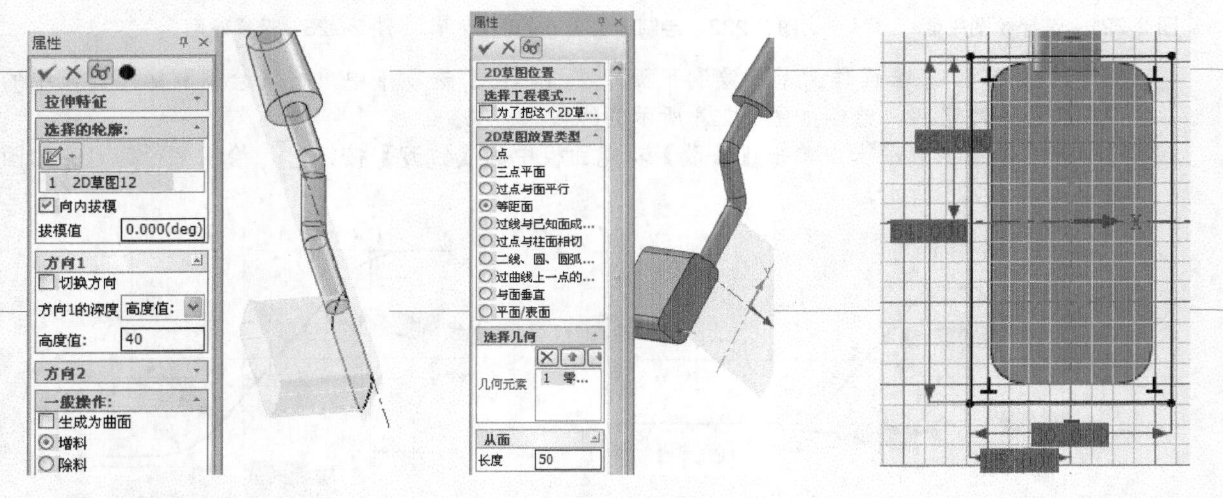

图 2-229　完成拉伸　　　图 2-230　选择绘图平面　　　图 2-231　绘制 54×30 的矩形

step 23 在【草图】选项卡中，单击【修改】功能面板中的【过渡】按钮，绘制半径为 5 的圆角，如图 2-232 所示。

step 24 单击【草图】选项卡中的【二维草图】按钮，选择模型面作为绘图平面，如图 2-233 所示。

step 25 在【草图】选项卡中单击【绘制】功能面板中的【矩形】按钮，绘制 50×24 的矩形，如图 2-234 所示。

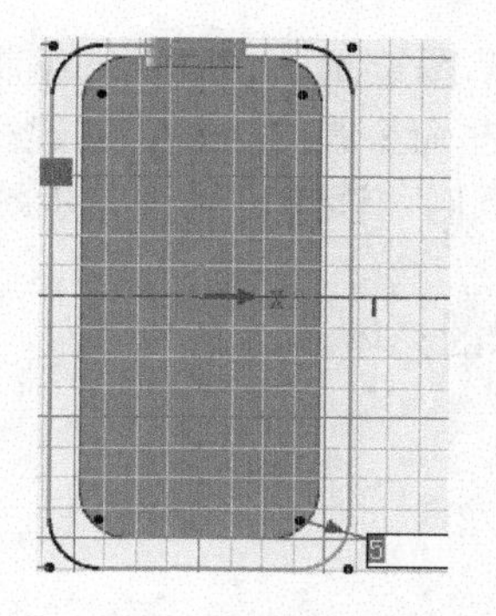

图 2-232　绘制半径为 5 的圆角

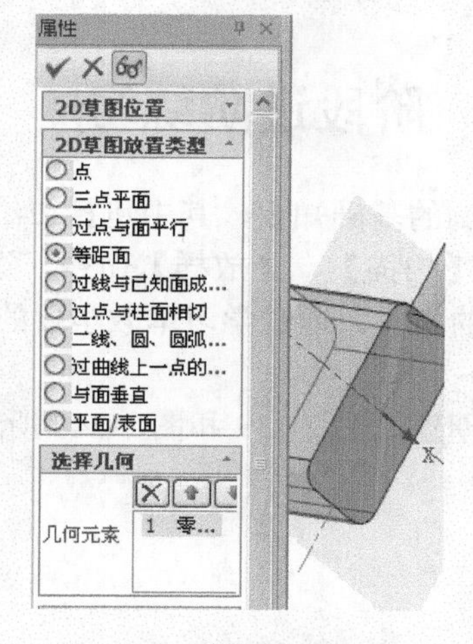


图 2-233　选择绘图平面

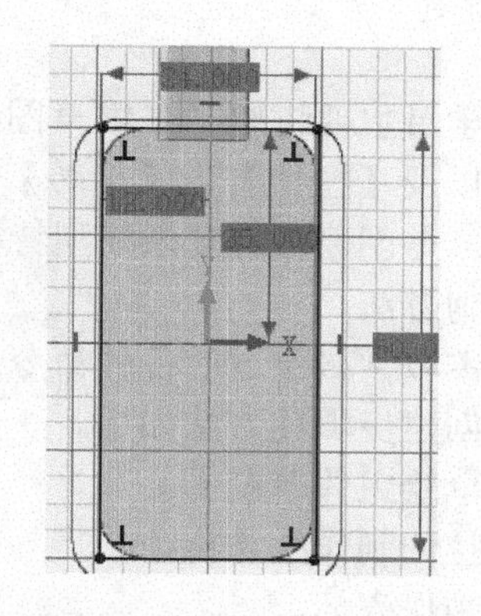

图 2-234　绘制 50×24 的矩形

step 26 在【草图】选项卡中单击【修改】功能面板中的【过渡】按钮，绘制半径为 5 的圆角，如图 2-235 所示。

step 27 单击【特征】功能面板中的【放样】按钮，选择 3 个截面草图，完成放样，如图 2-236 所示。

step 28 完成的消声器模型如图 2-237 所示。

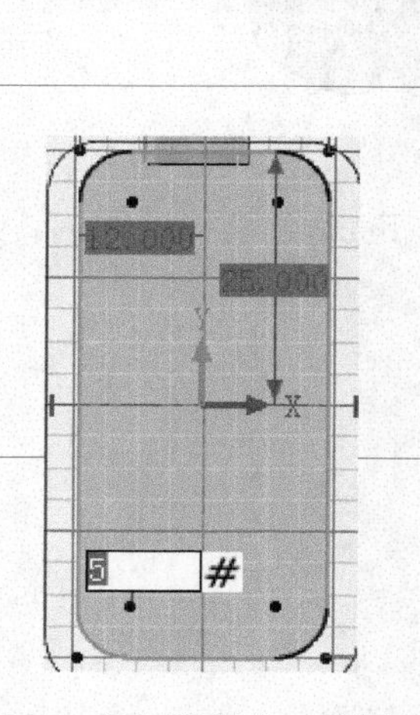

图 2-235　绘制半径为 5 的圆角

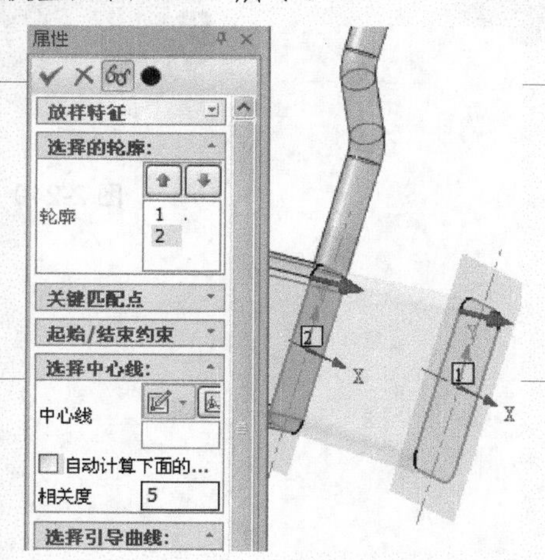


图 2-236　完成放样

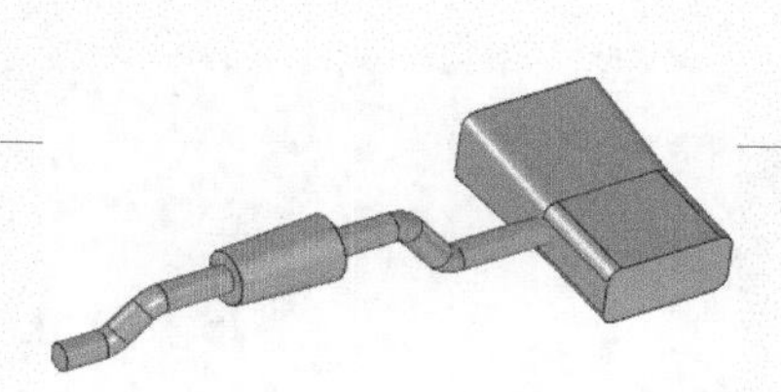

图 2-237　完成的消声器模型

**机械设计实践：**在设计环境中创建放样特征时，结构树中特征的显示顺序与设计的创建步骤一致。在几何体内创建特征时，放样过渡较为常见，如图 2-238 所示是圆形和方形之间的放样模型。

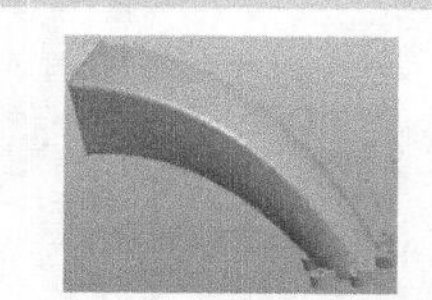

图 2-238　放样模型

## 阶段进阶练习

本教学日主要讲解了二维草图绘制的基础知识，其中包括二维草图绘制、二维草图编辑和草图约束方法，以及【拉伸】、【旋转】、【扫描】、【放样】命令，这些命令是 CAXA 创建三维特征的基本命令，是创建各种复杂模型特征的工具。通过学习本教学日的范例，读者可以进一步熟悉 CAXA 的草图绘制方法。

使用本教学日学过的各种命令来创建如图 2-239 和图 2-240 所示的壳体。

一般创建步骤和方法如下。

(1) 草绘主体草图。

(2) 拉伸制作主体特征。

(3) 制作壳体。

(4) 使用【拉伸】、【拉伸切除】和【孔】命令制作细节特征。

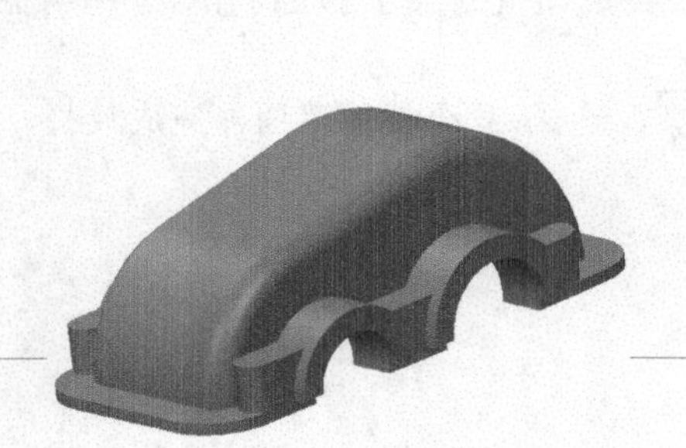

图 2-239　上壳体

图 2-240　下壳体

设计师职业培训教程

# 第 3 教学日

第 2 教学日中介绍了草绘和实体的一些特征操作，本教学日介绍其他特征修改和编辑命令。利用【特征】选项卡中的【变换】和【直接编辑】等功能面板可以对实体造型进行更正和后期编辑，使操作者创建需要的实体设计。利用【特征】选项卡中的【修改】功能面板可以快速有效地对实体造型进行操作、更正和后期编辑，使操作者的实体设计更加快捷、方便。

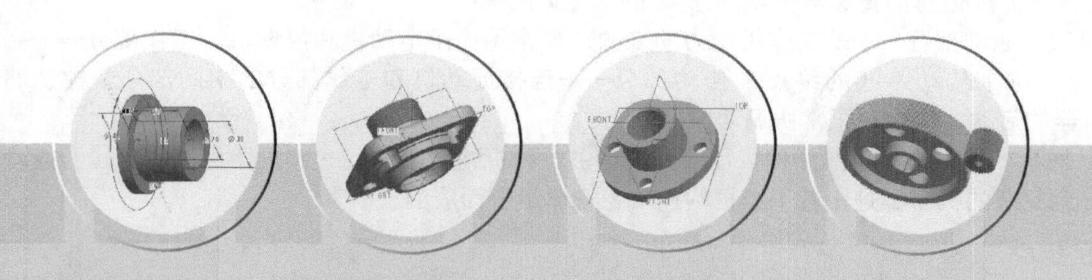

# 第1课 1课时 设计师职业知识——机械设计基础

为了满足生产和生活的需要，人们设计和制造了各种各样的机械设备，如机床、汽车、起重机、电动机、洗衣机、机器人和航天器等。在现代生产和日常生活中，机械已成为代替或减轻人类劳动、提高劳动生产率和产品质量的主要手段。机械的发展程度是衡量一个国家工业水平的重要标志之一。第 1 课主要介绍机械、机器、机构和零件等基本概念，以及机械、机器和机构的组成，说明机械模型设计的研究内容、性质与任务。

## 3.1.1 机械、机器、机构及其组成

### 1. 现代机械及其组成

现代机械是传统机械技术与不断涌现的相关新技术的集成，是以计算机技术协调控制的，用于完成包括机械力、运动和能量流传递任务的，由光、机、电、液压等部件组成的装置与系统。

现代机械主要由以下系统或部分组成：①驱动系统；②传动系统；③执行系统；④控制和信息处理系统。

### 2. 机器

机器是指能实现确定的机械运动，又能做有用的机械功或实现能量、物料、信息的传递与变换的装置。它是根据某种具体使用要求而设计的多件实物的组合体，如缝纫机、洗衣机、各类机床、运输车辆、农用机器、起重机等。机器的种类繁多，结构、性能和用途等各不相同，但具有相同的基本特征：①人造的实物组合体；②各部分有确定的相对运动；③代替或减轻人类劳动完成有用功或实现能量的转换。

机器的分类：动力机器——实现能量转换(如内燃机、蒸汽机、电动机)。

工作机器——完成有用功(如机床等)，种类繁多。

信息机器——完成信息的传递与变换(如复印机、传真机等)。

机器的组成：原动部分——是工作机动力的来源，最常见的是电动机和内燃机。工作部分——完成预定的动作，位于传动路线的终点。传动部分——连接原动机和工作部分的中间部分。控制部分——保证机器的启动、停止和正常协调动作。

从结构上来看，机器的传动部分和执行部分都是由各种机构组成的。一部机器可以包含一个或若干个机构。任意复杂的机器都是由若干组机构按一定规律组合而成的。

### 3. 机构的组成

机构是只能实现运动和力的传递与变换的装置。如连杆机构、凸轮机构、齿轮机构等。机构的共有特征：①人造的实物组合体；②各部分有确定的相对运动。机构可分为通用机构和专用机构。

通用机构——用途广泛，如齿轮机构、连杆机构等。专用机构——只能用于特定场合，如钟表的

擒纵机构。

机械、机器、机构、构件、零件机构是由一些相对独立运动的单元体组成的，这些单元体称为构件。从制造观点来看，机构由许多独立加工的单元体组成，这些单元体称为零件。一个构件是由一个零件或几个零件组成的刚性结构机器，与机构在结构和运动方面并无区别(仅作用不同)，故机构和机器统称为机械。

## 3.1.2 机械零件设计基础知识

### 1. 机械设计的基本要求

机械设计应满足的基本要求：①功能要求；②可靠性与安全性要求；③经济性要求；④社会性要求；⑤其他特殊要求。在满足预期功能的前提下，性能好、效率高、成本低，在预定使用期限内安全可靠，操作方便、维修简单和造型美观等。

### 2. 机械设计的一般设计程序

机械设计的一般设计程序：①产品规划；②概念设计；③构形设计；④编制技术文件；⑤技术审定和产品鉴定。

### 3. 机械零件的主要失效形式和工作能力

机械零件丧失工作能力或达不到设计要求性能时，称为失效。机械零件的失效形式有：①断裂；②过大的弹性变形或塑性变形；③工作表面损伤失效(腐蚀、磨损和接触疲劳)；④发生强烈的振动；⑤连接的松弛；⑥摩擦传动的打滑等。失效并不简单地等同于零件的破坏。机械零件失效的原因主要为强度、刚度、耐磨性、振动稳定性、温度等。对于各种不同的失效形式，也各有相应的工作能力判定条件。

强度条件：计算应力<许用应力；刚度条件：变形量<许用变形量。防止失效的判定条件是：计算量<许用量——工作能力计算准则。

机械零件的工作能力——在不发生失效的条件下，零件所能安全工作的限度。通常此限度是对载荷而言的，然而在机器运转时，零件还会受到各种附加载荷，通常在引入习惯上又称为承载能力。

名义载荷——在理想的平稳工作条件下作用在零件上的载荷。名义应力——按名义载荷计算所得的应力。工作载荷——在某种工作条件下零件实际承受的载荷。载荷系数 $K$——考虑各种附加载荷因素的影响。计算载荷——载荷系数与名义载荷的乘积。计算应力——按计算载荷计算所得的应力。

应力：$\sigma=W/A$(kg/mm$^2$)。其中，$W$ 为拉伸或压缩载荷(kg)；$A$ 为截面积(mm$^2$)。

静应力下，零件材料的破坏形式是断裂或塑性变形。变应力下，零件的损坏形式是疲劳断裂。疲劳断裂具有以下特征：①疲劳断裂的最大应力远比静应力下材料的强度极限低，甚至比屈服极限低；②不管脆性材料或塑性材料，疲劳断口均表现为无明显塑性变形的脆性突然断裂；③疲劳断裂是微观损伤积累到一定程度的结果。它的初期现象是在零件表面或表层形成微裂纹，这种微裂纹随着应力循环次数的增加而逐渐扩展，直至余下的未断裂的截面积不足以承受外载荷时，就突然断裂。疲劳断裂不同于一般静力断裂，它是损伤到一定程度后，即裂纹扩展到一定程度后才发生的突然断裂。所以疲劳断裂是与应力循环次数(即使用期限或寿命)有关的断裂。

#### 4. 一般设计步骤

(1) 确定零件的计算简图。

(2) 根据机器的工作要求和简化的计算方案确定作用在零件上的载荷。

(3) 根据零件工作情况的分析，选择合适的材料。

(4) 分析零件的可能失效形式，选定相应的设计准则进行有关计算，确定零件的形状和主要尺寸。应当注意，零件尺寸的计算值一般并不是最终的采用值，设计者还要根据制造零件的工艺要求和标准、规格加以调整。

(5) 绘制零件工作图，制定技术要求，编写计算说明书及有关技术文件。

#### 5. 机械零件材料及其选择

机械制造中最常用的材料是钢和铸铁，其次是有色金属合金。非金属材料如塑料、橡胶等。

1) 铁碳合金

铸铁：含碳量>2%；钢：含碳量≤2%。

铸铁包括灰铸铁、球墨铸铁、可锻铸铁、合金铸铁等。特点：良好的液态流动性，可铸造成形状复杂的零件；较好的减震性、耐磨性、切削性(指灰铸铁)；成本低廉。应用：应用范围广，其中灰铸铁最广，球墨铸铁次之。

钢包括结构钢、工具钢、特殊钢(不锈钢、耐热钢、耐酸钢等)、碳素结构钢、合金结构钢、铸钢等。特点：与铸铁相比，钢具有高的强度、韧性和塑性，可用热处理方法改善其力学性能和加工性能。零件毛坯获取方法：锻造、冲压、焊接、铸造等。应用：应用范围极其广泛。选用原则：我国资源丰富，优选碳素钢，其次是硅、锰、硼、钒类合金钢。钢的价格便宜且供应充分。

2) 铜合金

青铜——含锡铜合金；黄铜——铜锌合金，并含有少量的锰、铝、镍、轴承合金(巴氏合金)。特点：具有良好的塑性和液态流动性，青铜合金还具有良好的减摩性和抗腐蚀性。零件毛坯获取方法：辗压、铸造。应用：应用范围广泛。

3) 橡胶

橡胶富于弹性，能吸收较多的冲击能量。常用作联轴器或减震器的弹性元件、带传动的胶带等。硬橡胶可用于制造用水润滑的轴承衬。

4) 塑料

塑料的比重小，易于制成形状复杂的零件，而且各种不同塑料具有不同的特点，如耐蚀性、绝热性、绝缘性、减摩性、摩擦系数大等，所以近年来在机械制造中其应用日益广泛。

5) 其他非金属材料

皮革、木材、纸板、棉、丝等。设计机械零件时，选择合适的材料是一项复杂的技术和经济问题，设计者应根据零件的需求选材。

机械零件材料的选用原则，适用于制作机械零件的材料种类非常多，在设计机械零件时，如何从各种各样的材料中选择出合适的材料，是一项受多方面因素所制约的复杂的工作。设计者应根据零件的用途、工作条件和材料的物理、化学、机械和工艺性能以及经济因素等进行全面考虑。

#### 6. 摩擦、磨损与润滑

摩擦学——研究相对运动的作用表面间的摩擦、磨损和润滑，以及三者间相互关系的理论与应用的一门边缘学科。摩擦——相对运动的物体表面间的相互阻碍作用现象。磨损——由于摩擦而造成的物体表面材料的损失或转移。润滑——减轻摩擦和磨损所应采取的措施。世界上使用的能源大约有1/3～1/2消耗于摩擦。机械产品的易损零件大部分是由于磨损超过限度而报废和更换的。

随着科学技术的发展，摩擦学的理论和应用必将由宏观进入微观，由静态进入动态，由定性进入定量，成为系统综合研究的领域。

润滑是减小摩擦、降低或避免磨损的最有效的技术方法。

润滑剂可分为气体、液体、半固体和固体四种基本类型，最常见的有两种类型。

(1) 润滑油。衡量润滑油的主要指标有黏度(动力黏度和运动黏度)、黏度指数、闪点和倾点等。

(2) 润滑脂。衡量润滑脂的指标是锥入度和滴度。

### 3.1.3 机械零件的结构工艺性及标准化

#### 1. 机械零件的结构工艺性

工艺性零件设计要求——具备所要求的工作能力；制造要求——制造工艺可行，成本低。零件工艺性良好的标志：在具体的生产条件下，零件要便于加工，而加工费用又很低。

零件的技术要求有以下几个方面。

(1) 工艺性的基本要求：毛坯选择合理。制备方法：选用型材、铸造、锻造、冲压和焊接等。毛坯选择与生产批量、材料性能和加工可能性有关。单件或小批量生产时，选用棒料、板材、型材或焊件；大批量生产时，往往选用铸造、锻造、冲压等方法。

(2) 结构简单合理。最好采用平面、柱面、螺旋面等简单表面及其组合；尽量减少加工面数和加工面积；增加相同形状、相同元素(直径、圆角半径、配合、螺纹、键、齿轮模数等)的数量；尽量采用标准件。

(3) 合理的制造精度和表面粗糙度。零件的加工成本随精度和表面粗糙度的提高而急剧增加。绝不能盲目追求高精度，应在满足使用要求的前提下，尽量采用较低的精度和表面质量。

(4) 尽量减小零件的加工量。毛坯形状和尺寸应尽量接近零件本身的形状和尺寸。力求减少或无切削加工，节约材料、降低成本。尽量采用精密铸造、精密锻造、冷轧、冷挤压、粉末。

#### 2. 标准化定义

标准化是在经济、技术、科学及管理等社会实践中，对重复事物和概念，通过制定、发布和实施标准，以获得最佳的秩序和效益。

内容：①产品品种规格的系列化。将同一类产品的主要参数、形式、尺寸、基本结构等依次分档，制成系列化产品，以较少的规格品种满足用户的广泛要求。②零部件的通用化。将用途、结构相近的零部件(如轴承、螺栓等)，经过统一后实现互换；③产品质量标准化。要保证产品质量合格和稳定，就必须做好设计、加工工艺、装配检验、包装储运等环节的标准化。

标准化是组织社会化大生产的重要手段，是实施科学管理的基础，也是对产品设计的基本要求之一。通过标准化的实施，可以获得最佳的社会经济成效。

# 第 2 课 2 课时 特征修改

CAXA 实体设计提供了对零件的编辑特征修改、直接编辑及变换工具。这些操作工具位于【特征】选项卡中，可以直接单击相应的按钮，如图 3-1 所示；它们的相应命令位于菜单浏览器的【修改】菜单中。这些工具可对特征进行修改，包括圆角过渡、边倒角、面拔模、抽壳、分裂零件、删除体、布尔运算、截面、直接编辑和特征变换等。

图 3-1 【特征】选项卡

## 3.2.1 常用修改命令

**行业知识链接：** 如果机器的结构方案比较复杂，则其设计制造成本就要相对增大，对于这种情况，就要常常进行特征修改，以满足各种需求。如图 3-2 所示的具有复杂特征的零件，要进行多处修改。

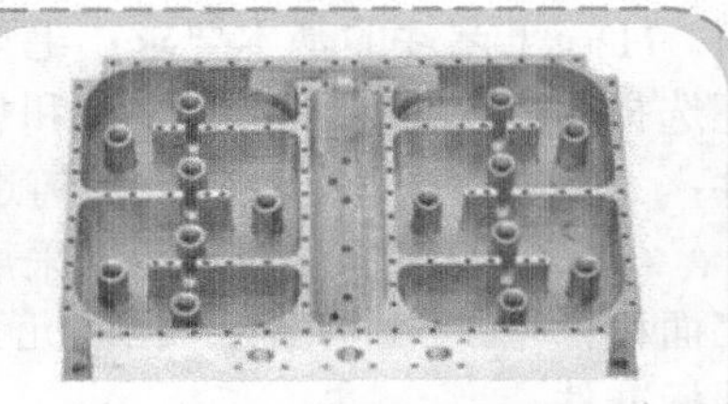

图 3-2 复杂特征的零件

### 1. 抽壳

抽壳是挖空一个图素的过程。这一功能对于制作容器、管道和其他内空的对象十分有用。当对一个图素进行抽壳时，可以规定剩余壳壁的厚度。CAXA 实体设计提供了向里、向外及两侧抽壳等三种方式。

可以用以下方法激活【抽壳】命令。

(1) 在【特征】选项卡中单击【修改】功能面板中的【抽壳】按钮。

(2) 在【特征生成】工具条中单击【抽壳】按钮。

(3) 在【修改】菜单中选择【抽壳】命令。

(4) 在实体智能图素状态下右击，在弹出的快捷菜单中选择【智能图素属性】命令，然后在弹出的【拉伸特征】对话框中切换到【抽壳】选项设置界面，选中【对该图素进行抽壳】复选框并进行设置。

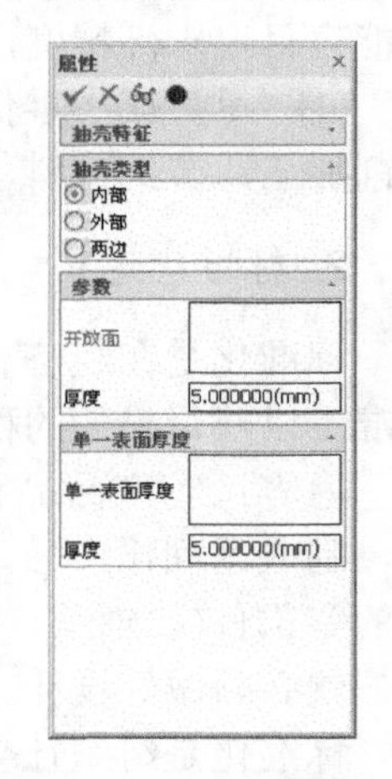


图 3-3 抽壳特征【属性】命令管理栏

操作步骤如下。

选择要抽壳的实体零件，在【特征生成】工具条中单击【抽壳】按钮，出现如图 3-3 所示的抽壳特征【属性】命令管理栏。

在【抽壳类型】选项组中指定抽壳类型，在零件上选择要开口的表面，在【厚度】文本框中指定壳体的厚度。

在抽壳特征【属性】命令管理栏中单击【预览】按钮，可以在模型中预览抽壳效果。

预览满意后，单击上方的【确定】按钮，生成抽壳特征。

除了对零件进行抽壳操作外，还可以对智能图素进行抽壳操作。方法是：右击处于智能图素状态的实体，在弹出的快捷菜单中选择【智能图素属性】命令，在弹出的【拉伸特征】对话框中切换到【抽壳】选项设置界面，如图 3-4 所示。在【抽壳】选项设置界面可以选中【对该图案进行抽壳】复选框，设置【壁厚】参数，单击【确定】按钮，对图素进行抽壳操作即可。

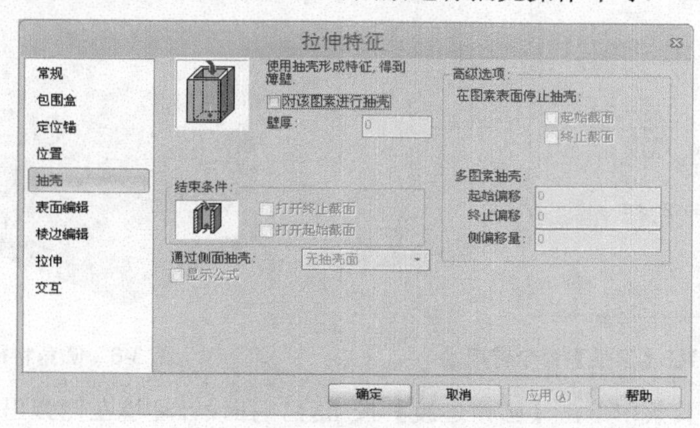


图 3-4 【抽壳】选项设置界面

## 2. 过渡

1) 圆角过渡

【圆角过渡】命令可将零件中尖锐的边线结构设计成平滑的圆角。打开圆角过渡工具的方法主要有以下几种。

(1) 在【特征】选项卡中单击【修改】功能面板中的【圆角过渡】按钮。

(2) 在【修改】菜单中选择【圆角过渡】命令。

(3) 在【特征生成】工具条中单击【圆角过渡】按钮。

(4) 右击需要圆角过渡的棱边，在弹出的快捷菜单中选择【圆角过渡】命令。

其他特征修改、变换和编辑工具的打开与此类似，不再赘述。

在圆角过渡类型中，有【等半径】、【两个点】、【变半径】、【等半径面过渡】、【边线】和【三面过渡】等六种造型方式。

2) 等半径圆角过渡

等半径圆角过渡是一种常见的圆角过渡。下面结合一个长方体造型讲解如何创建圆角过渡。

在【特征生成】工具条中单击【圆角过渡】按钮，在设计环境左侧弹出过渡特征【属性】命令管理栏，在【过渡类型】选项组中选中【等半径】单选按钮，在【半径】文本框中输入“2”，其他采用系统默认的选项，如图 3-5 所示。

设置完成后，单击过渡特征【属性】命令管理栏上方的【确定】按钮，结果如图 3-6 所示。

3) 两个点圆角过渡

两个点圆角过渡是变半径过渡中最简单的形式，过渡后圆角的半径值为所选择的过渡边的两个端点的半径值。

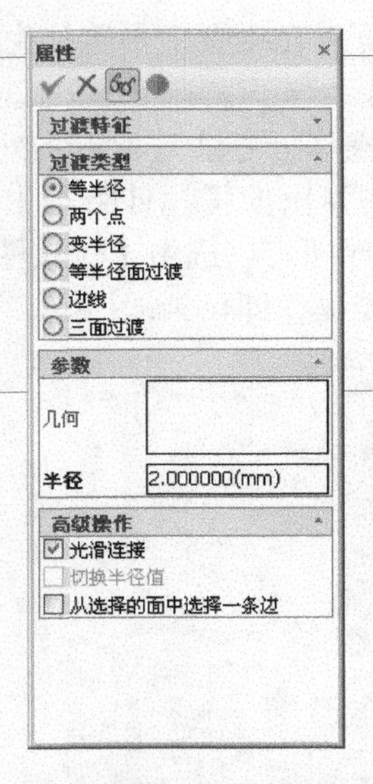


图 3-5　过渡特征【属性】命令管理栏

图 3-6　圆角特征

在【特征生成】工具条中单击【圆角过渡】按钮，在设计环境左侧弹出过渡特征【属性】命令管理栏，如图 3-7 所示。在【过渡类型】选项组中选中【两个点】单选按钮，再选择需要圆角过渡的棱边。

在【参数】选项组中，分别在【起始半径】和【终止半径】文本框中输入半径值，单击过渡特征【属性】命令管理栏上方的【确定】按钮，结果如图 3-8 所示。

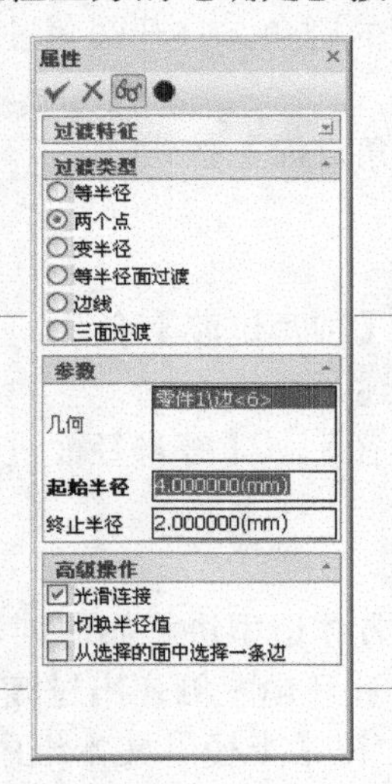


图 3-7　过渡特征【属性】命令管理栏

图 3-8　圆角特征

4)　变半径圆角过渡

变半径圆角过渡可以使一条棱边上的圆角有不同的半径变化。

在【特征生成】工具条中单击【圆角过渡】按钮，在设计环境左侧弹出过渡特征【属性】命令管理栏，在【过渡类型】选项组中选中【变半径】单选按钮，如图 3-9 所示。

激活【几何】筛选器，并选择要增加变半径的边；在【半径】文本框中设定该点处的圆角半径值，在【百分比】文本框中系统会自动生成该点至起始点的距离与棱边长度的比例。使用同样的方法设定其他的变半径控制点，结果如图 3-10 所示。

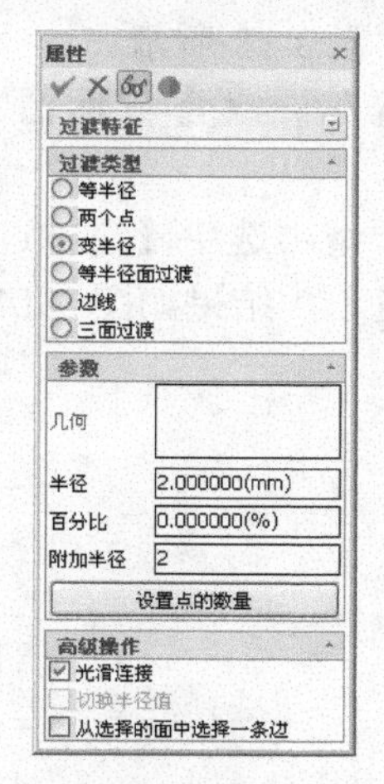


图 3-9　过渡特征【属性】命令管理栏

图 3-10　圆角特征

5)　等半径面过渡圆角过渡

在【特征生成】工具条中单击【圆角过渡】按钮，在设计环境左侧弹出面过渡特征【属性】命令管理栏，在【过渡类型】选项组中选中【等半径面过渡】单选按钮，如图 3-11 所示。

激活【第一组面(顶面)】筛选器，并选择第一个面，激活【第二组面(底面)】筛选器，并选择第二个面，在【过渡半径】文本框中输入“10”。单击面过渡特征【属性】命令管理栏上方的【确定】按钮，结果如图 3-12 所示。

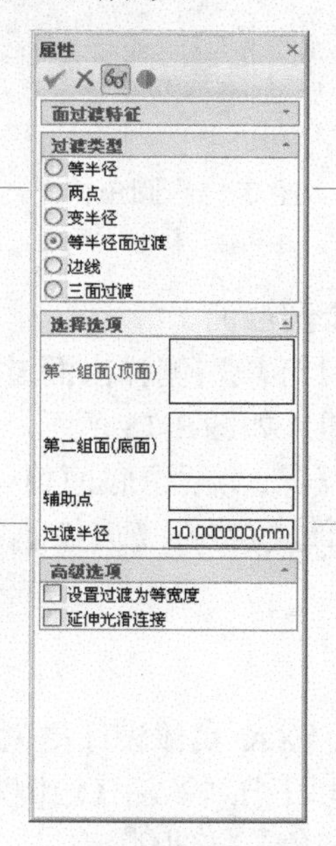


图 3-11　面过渡特征【属性】命令管理栏

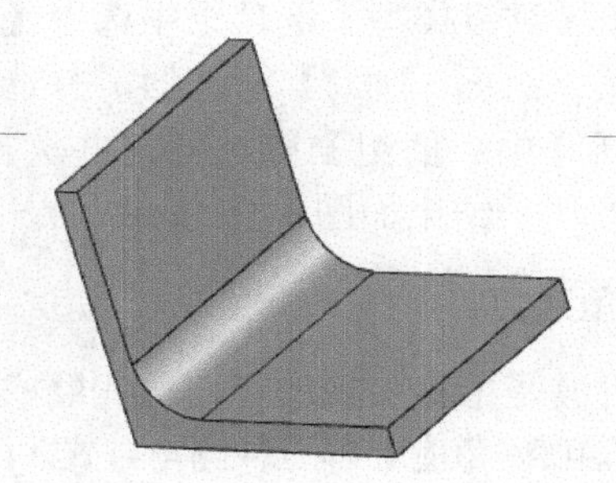

图 3-12　圆角特征

6) 边线圆角过渡

指定边线面过渡可以在边线内生成面过渡。

在【特征生成】工具条中单击【圆角过渡】按钮，在设计环境左侧弹出面过渡特征【属性】命令管理栏，在【过渡类型】选项组中选中【边线】单选按钮，如图3-13所示。

激活【第一组面(顶面)】筛选器，并选择第一个面。激活【第二组面(底面)】筛选器，并选择第二个面。激活【边线】筛选器，并选择边线。

在【过渡半径】文本框中输入“10”，在【高级选项】选项组中选中【设置过渡为曲率连续】复选框。单击面过渡特征【属性】命令管理栏上方的【确定】按钮，结果如图3-14所示。

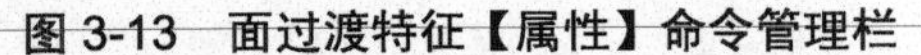

图3-13 面过渡特征【属性】命令管理栏　　图3-14 圆角特征

7) 三面过渡圆角过渡

三面过渡功能将零件中的某一个面，经过圆角过渡变成一个圆曲面。

单击【特征生成】工具条中的【圆角过渡】按钮，在设计环境左侧弹出面过渡特征【属性】命令管理栏，在【过渡类型】选项组中选中【三面过渡】单选按钮，如图3-15所示。

激活【第一组面(顶面)】筛选器，并选择第一个面。激活【第二组面(底面)】筛选器，并选择第二个面。激活【中央面组】筛选器，并选择第三个面。单击面过渡特征【属性】命令管理栏上方的【确定】按钮，结果如图3-16所示。

### 3. 边倒角过渡

边倒角过渡是指将尖锐的直角边线磨成平滑的斜角边线。CAXA 实体设计提供了【两边距离】、【距离】和【距离-角度】等三种倒角方式。CAXA实体设计中有以下几种激活【边倒角】命令的方法。

(1) 在【特征】选项卡中单击【修改】功能面板中的【边倒角】按钮。

(2) 在【特征生成】工具条中单击【边倒角】按钮。

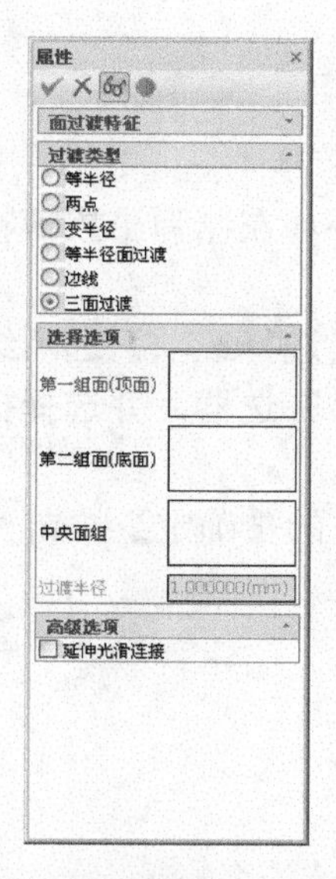

图 3-15　面过渡特征【属性】命令管理栏

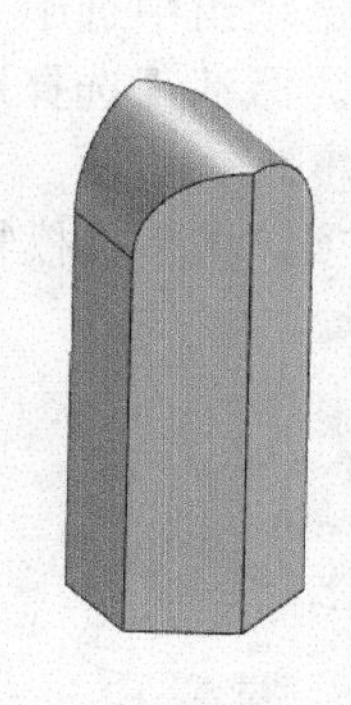

图 3-16　圆角特征

(3)　在【修改】菜单中选择【边倒角】命令。

(4)　右击要边倒角的边，然后从弹出的快捷菜单中选择【边倒角】命令。

(5)　右击智能图素状态下的三维实体，在弹出的快捷菜单中选择【智能图素属性】命令，然后在弹出的【拉伸特征】对话框中切换到【棱边编辑】选项设置界面，并在该选项设置界面中选择过渡方式和需要边倒角的边线，如图 3-17 所示。选择【边倒角】命令，设计环境中会出现如图 3-18 所示的倒角特征【属性】命令管理栏。选中【距离】、【两边距离】或【距离-角度】单选按钮后，设置【距离】参数，单击【确定】按钮✔，即可完成边倒角操作。

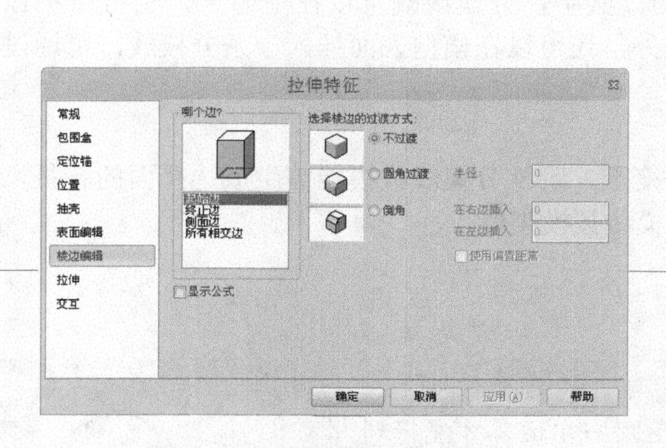


图 3-17　【拉伸特征】对话框

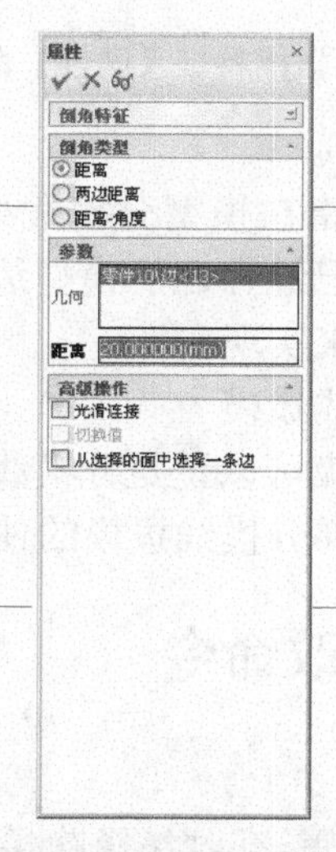


图 3-18　倒角特征【属性】命令管理栏

### 4. 面拔模

面拔模可以在实体选定面上形成特定的拔模角度。CAXA 实体设计中有三种拔模形式：【中性面拔模】、【分模线拔模】和【阶梯分模线拔模】。

1) 中性面拔模

中性面拔模是面拔模的基本方法。

单击【特征生成】工具条中的【面拔模】按钮，在设计环境左侧弹出拔模特征【属性】命令管理栏，如图 3-19 所示。

在【拔模类型】选项组中选中【中性面】单选按钮。激活【选择选项】选项组中的【中性面】筛选器，并选择中性面。激活【选择选项】选项组中的【拔模面】筛选器，并选择拔模面。在【拔模角度】文本框中设置角度。

其他采用默认选项，单击拔模特征【属性】命令管理栏上方的【确定】按钮，生成的中性面拔模造型如图 3-20 所示。

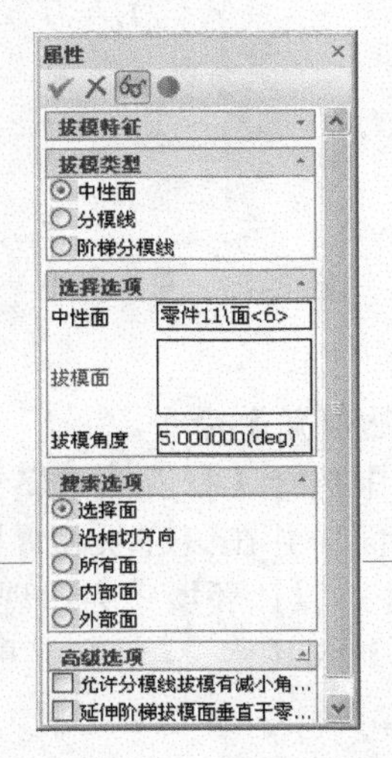

图 3-19 拔模特征【属性】命令管理栏

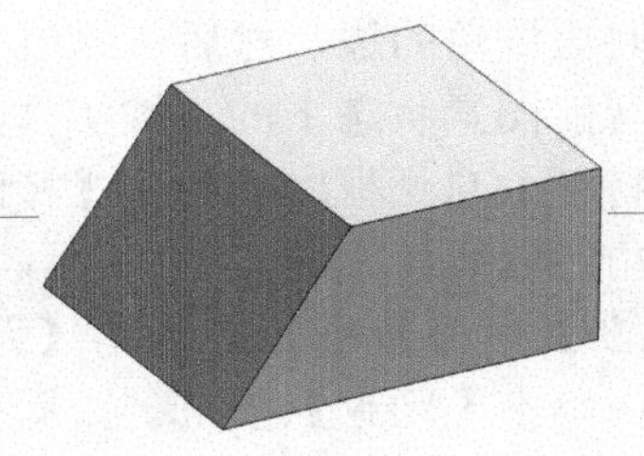

图 3-20 拔模特征

2) 分模线拔模

分模线拔模是指在模型分模线处形成拔模面。其中，分模线既可以在平面上，也可以不在平面上。除了可以使用已经存在的模型边作为分模线外，还可以在模型表面插入一条分模线，可通过【分割实体表面】命令来实现。

3) 阶梯分模线拔模

阶梯分模线拔模可以说是分模线拔模的一种变形。阶梯分模线拔模能够生成选择面的转折，即能够生成小阶梯。阶梯分模线拔模的使用方法与分模线拔模类似。

## 3.2.2 特殊修改命令

**行业知识链接：**有时候修改模型特征需要运用布尔运算才能得到，布尔运算是进行模型特征操作的有力补充。图 3-21 揭示了布尔运算的原理，从左到右依次为并集、差集和交集的运算结果。

图 3-21 布尔运算

### 1. 分裂零件

分裂零件是指把一个零件整体分裂开，可以单独对分裂出的零件进行编辑修改。分裂零件适用于创新模式下的零件。CAXA 3D 实体设计 2015 提供了两种分割零件的方法：使用默认图素分割零件和使用别的零件分割零件。

1) 使用默认图素分割零件

【分裂零件】命令是利用系统默认的“正方体”图素来分裂零件。在零件未被选中时，【分裂零件】按钮呈灰色，所以先选中零件，再在【特征】选项卡中单击【修改】功能面板中的【分裂零件】按钮，弹出【分裂零件】对话框，如图 3-22 所示。

单击零件上任意一点以确定分割零件的位置，这时该点处出现绿色正方体，如图 3-23 所示。

激活三维球，通过三维球对绿色正方体重新定位，如图 3-24 所示。

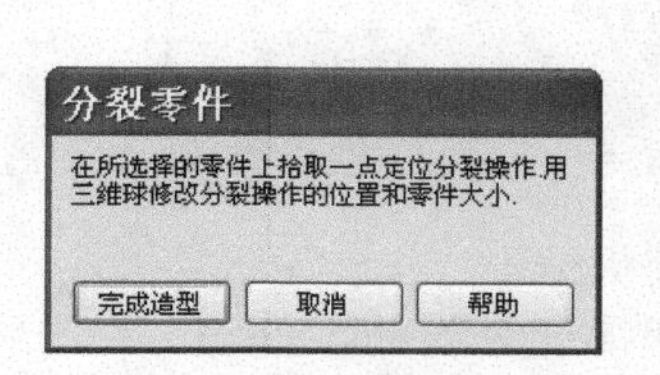


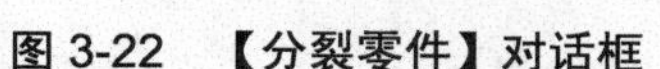
图 3-22 【分裂零件】对话框

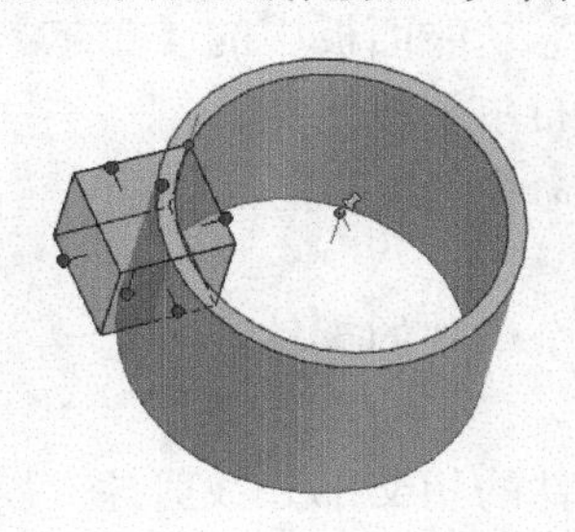

图 3-23 选择分割位置

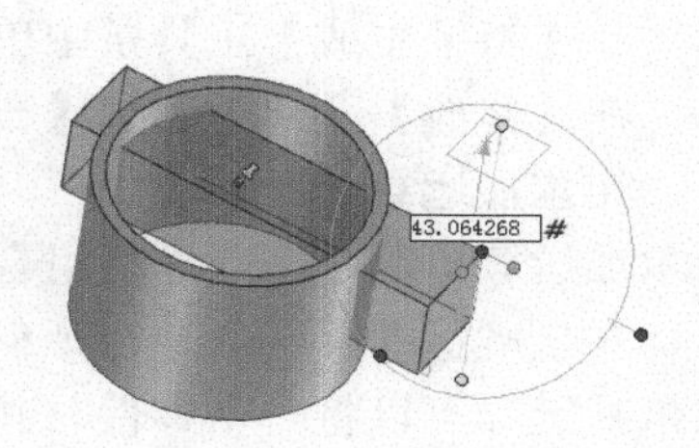


图 3-24 设置分割体

将光标放到方向操作柄上，待其变为黄色时可以拖动操作柄，控制分裂小零件的大小。也可以等指针变为小手形状时双击，在弹出的【编辑操作柄的值】对话框中输入准确数值，确定被分割图素的长度、宽度和高度，完成后单击【分裂零件】对话框中的【完成造型】按钮，即可生成如图 3-25 所示的造型。

2) 使用别的零件分割零件

使用别的零件分割零件，事实上是把另外一个零件作为分割图素来分割零件，操作步骤和上面介绍的相同。

### 2. 删除体

【删除体】命令目前仅适用于工程模式下的零件，用于删除工程模式零件中的体。如果选择的不是工程模式下的零件，则选择【删除体】命令时会出现如图 3-26 所示的错误提示。

图 3-25 分割结果

图 3-26 提示框

可使用以下两种方法激活【删除体】命令。

- 在【特征】选项卡中单击【修改】功能面板中的【删除体】按钮。
- 在【修改】菜单中选择【删除体】命令。

### 3. 拉伸零件/装配体

【拉伸零件/装配体】命令仅适用于创新模式下的零件。在【特征】选项卡中单击【修改】功能面板中的【拉伸零件/装配体】按钮，可将零件/装配体的包围盒尺寸，以设定的一个基准平面向外延伸一定的距离。因此，该命令也可以称为【包围盒延伸】命令。这种智能延伸的方式，能够将设计完成的零件及装配在长度、宽度和高度方向快速地延伸一定的距离。

### 4. 布尔运算

布尔运算是指组合零件和从其他零件中提取一个零件的操作。布尔运算包括布尔加运算、布尔减运算和布尔相交运算。

可以用以下方法激活【布尔运算】命令。

- 在【特征】选项卡中单击【修改】功能面板中的【布尔】按钮。
- 在【特征生成】工具条中单击【布尔】按钮。
- 在【修改】菜单中选择【布尔】命令。

1) 布尔加运算

布尔加运算可以将多个零件组合成一个单独的零件。

2) 布尔减运算

布尔减运算可以将一个零件与其他零件的相交部分裁剪掉，以获得一个新的零件。

## 课后练习

案例文件：ywj\03\01. ics

视频文件：光盘\视频课堂\第 3 教学日\3.2

本节课后练习创建壳体模型，壳体在机械中起到封闭和保护装载部件的功能，如图 3-27 所示是完成的壳体模型。

本节案例主要练习壳体模型的创建，首先制作圆柱部分，然后使用【抽壳】和【阵列】命令创建腔体和支撑板，最后创建长方体下壳体。绘制壳体模型的思路和步骤如图 3-28 所示。

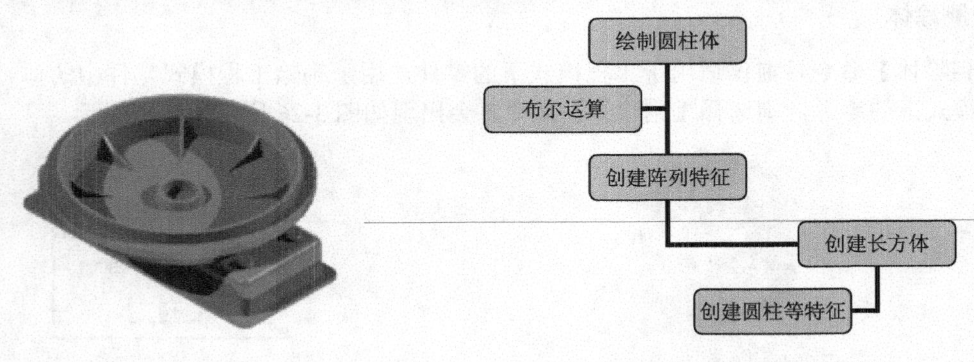


图 3-27 完成的壳体模型　　图 3-28 绘制壳体模型的步骤

案例操作步骤如下。

step 01 首先绘制圆柱体，单击【草图】选项卡中的【二维草图】按钮，选择 X-Y 基准面作为草图绘图平面，单击【草图】选项卡的【绘制】功能面板中的【圆心+半径】按钮，绘制半径为50的圆，如图3-29所示。

step 02 单击【特征】功能面板中的【拉伸】按钮，选择拉伸草图，修改【属性】命令管理栏中的【高度值】为4，完成拉伸，如图3-30所示。

step 03 单击【草图】选项卡中的【二维草图】按钮，选择模型面作为绘图平面，如图3-31所示。

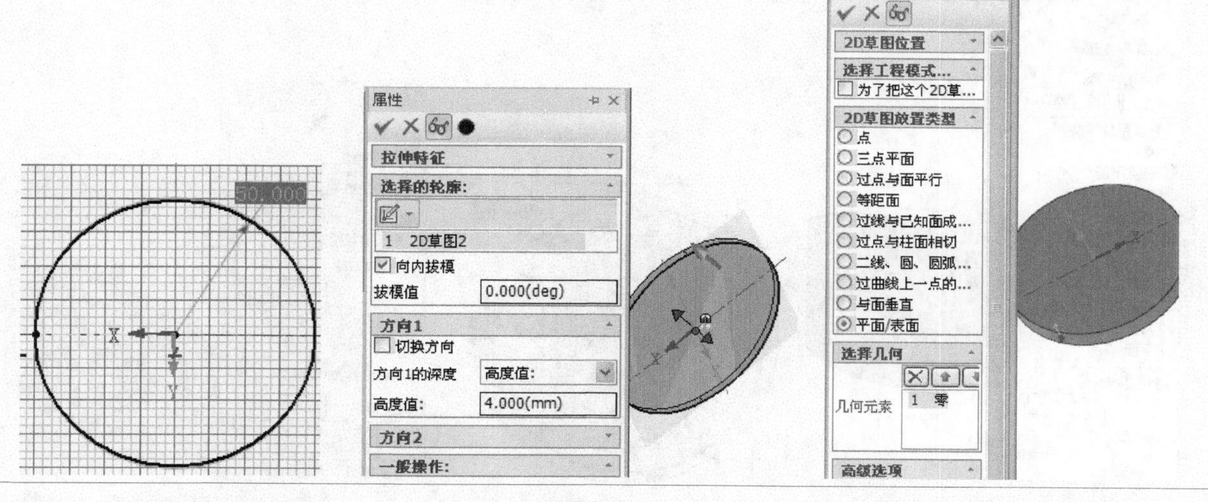


图3-29　绘制半径为50的圆　　图3-30　拉伸草图　　图3-31　选择绘图平面

step 04 在【草图】选项卡中单击【绘制】功能面板中的【圆心+半径】按钮，绘制半径为60的圆，如图3-32所示。

step 05 单击【特征】功能面板中的【拉伸】按钮，选择拉伸草图，修改【属性】命令管理栏中的【高度值】为4，完成拉伸，如图3-33所示。

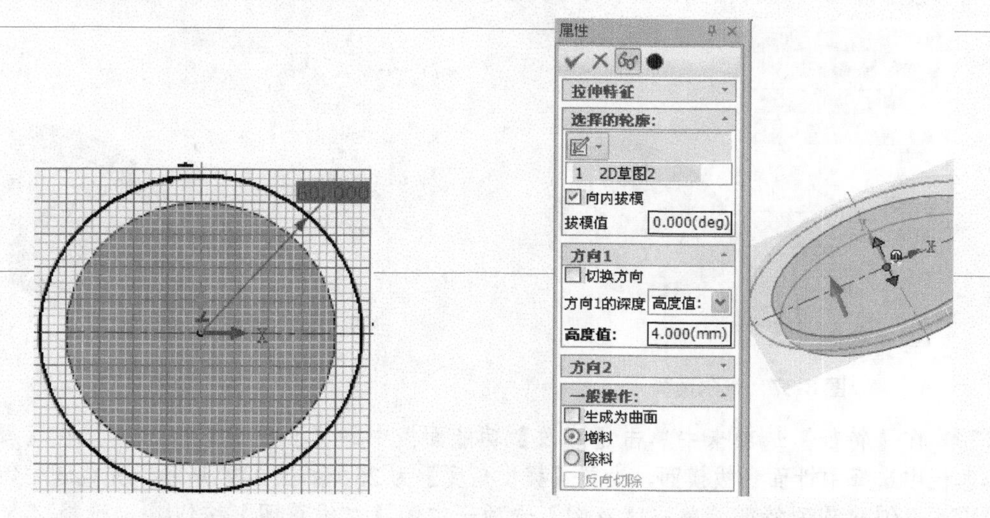


图3-32　绘制半径为60的圆　　图3-33　拉伸草图

step 06 单击【草图】选项卡中的【二维草图】按钮，选择模型面作为绘图平面，如图 3-34 所示。

step 07 在【草图】选项卡中单击【绘制】功能面板中的【圆心+半径】按钮，绘制半径为 54 的圆，如图 3-35 所示。

step 08 单击【特征】功能面板中的【拉伸】按钮，选择拉伸草图，修改【属性】命令管理栏中的【高度值】为 6，完成拉伸，如图 3-36 所示。

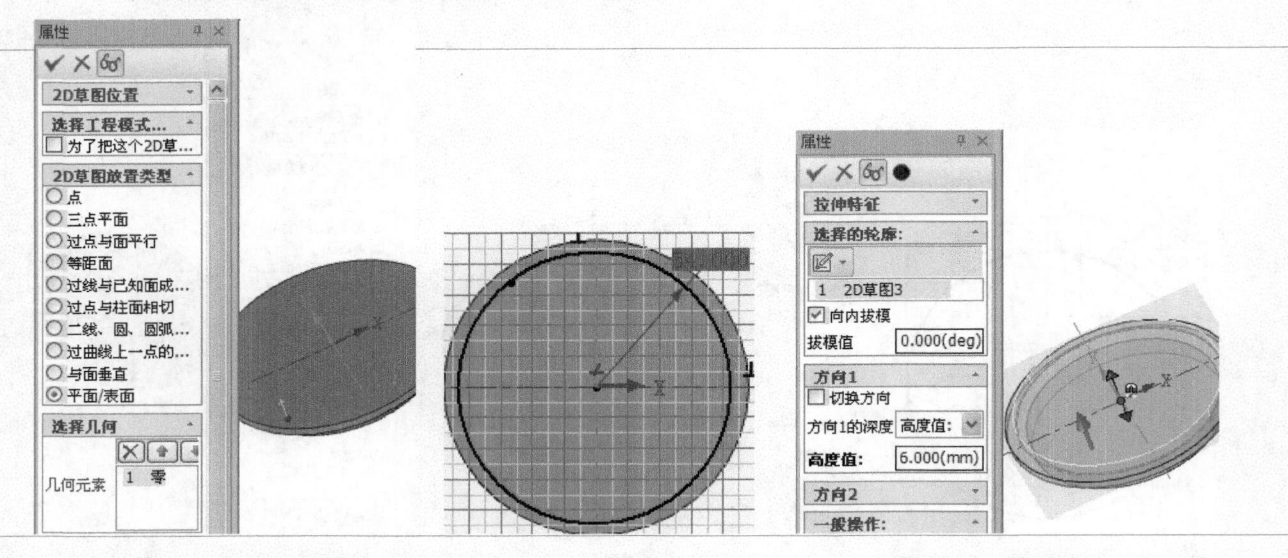


图 3-34 选择绘图平面　　图 3-35 绘制半径为 54 的圆　　图 3-36 拉伸草图

step 09 在【特征】选项卡中单击【修改】功能面板中的【布尔】按钮，选择主体和被加零件，如图 3-37 所示，单击【确定】按钮，进行布尔运算。

step 10 在【特征】选项卡中，单击【修改】功能面板中的【抽壳】按钮，选择开放面，设置【厚度】为 2，进行抽壳，如图 3-38 所示。

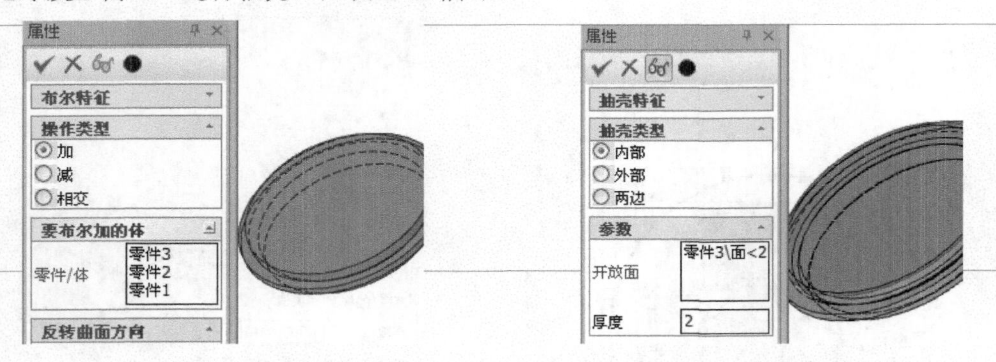


图 3-37 布尔运算　　图 3-38 抽壳操作

step 11 在【特征】选项卡中单击【修改】功能面板中的【面拔模】按钮，在【属性】命令管理栏中选择中性面和拔模面，设置【拔模角度】为 25，如图 3-39 所示，完成圆柱体的创建。

step 12 再创建阵列特征，单击【草图】选项卡中的【二维草图】按钮，选择 Z-X 基准面作为草图绘图平面，在【草图】选项卡中单击【绘制】功能面板中的【2 点线】按钮，绘制如

图 3-40 所示的线段。

step 13 单击【特征】功能面板中的【旋转】按钮，选择旋转特征，完成旋转，如图 3-41 所示。

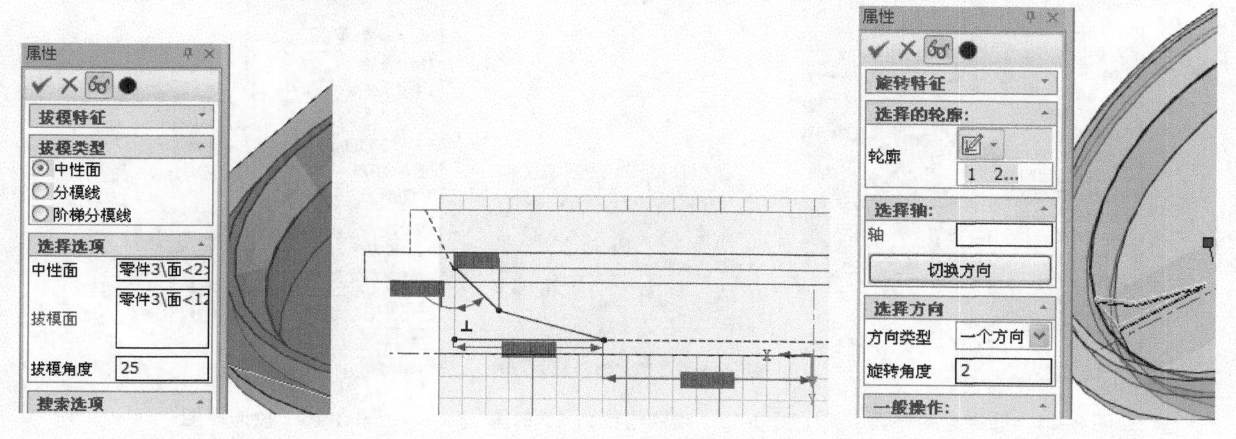


图 3-39 拔模操作　　图 3-40 绘制线段　　图 3-41 旋转特征

step 14 在【特征】选项卡中单击【修改】功能面板中的【布尔】按钮，选择主体和被加零件，如图 3-42 所示。单击【确定】按钮，进行布尔加运算。

step 15 在【特征】选项卡中单击【变换】功能面板中的【阵列特征】按钮，选择【属性】命令管理栏中的【阵列类型】为【圆型阵列】，设置【数量】为 8，如图 3-43 所示，完成筋的阵列。

step 16 继续创建其他长方体和圆柱体，单击【草图】选项卡中的【二维草图】按钮，选择模型面作为绘图平面，如图 3-44 所示。

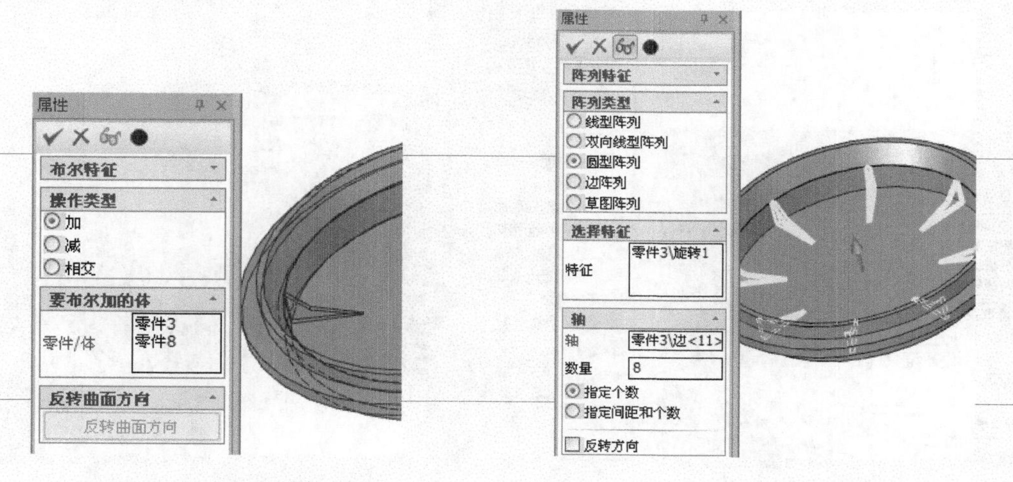


图 3-42 布尔加运算　　图 3-43 阵列筋

step 17 在【草图】选项卡中单击【绘制】功能面板中的【圆心+半径】按钮，绘制半径为 10 的圆，如图 3-45 所示。

step 18 单击【特征】功能面板中的【拉伸】按钮，选择拉伸草图，修改【属性】命令管理栏中的【高度值】为 4，完成拉伸，如图 3-46 所示。

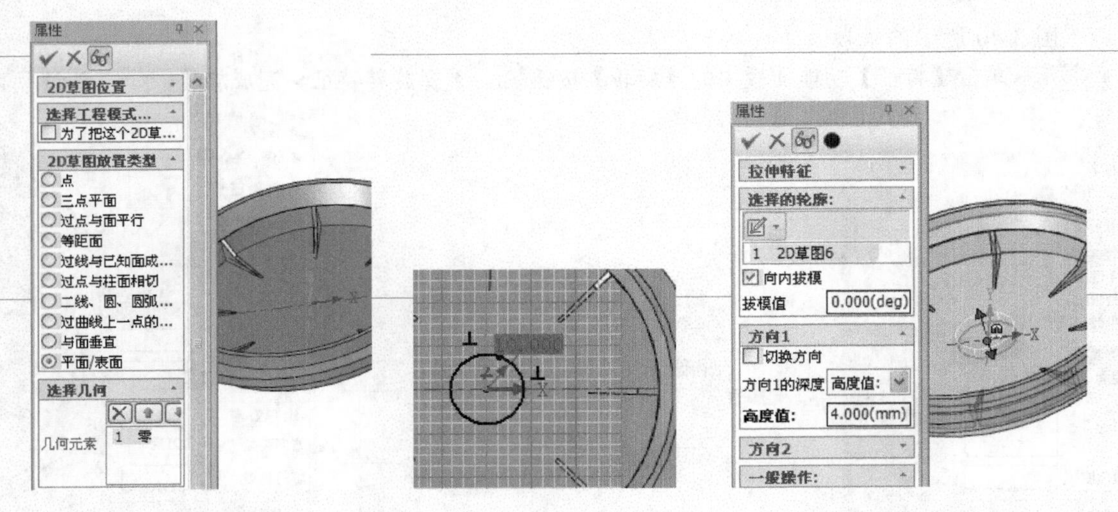


图 3-44　选择绘图平面　　图 3-45　绘制半径为 10 的圆　　图 3-46　拉伸草图

step 19 在【特征】选项卡中单击【修改】功能面板中的【面拔模】按钮，选择【属性】命令管理栏中的中性面和拔模面，设置【拔模角度】为 20，进行拔模，如图 3-47 所示。

step 20 单击【草图】选项卡中的【二维草图】按钮，选择模型面作为绘图平面，如图 3-48 所示。

step 21 在【草图】选项卡中单击【绘制】功能面板中的【圆心+半径】按钮，绘制半径为 8 的圆，如图 3-49 所示。

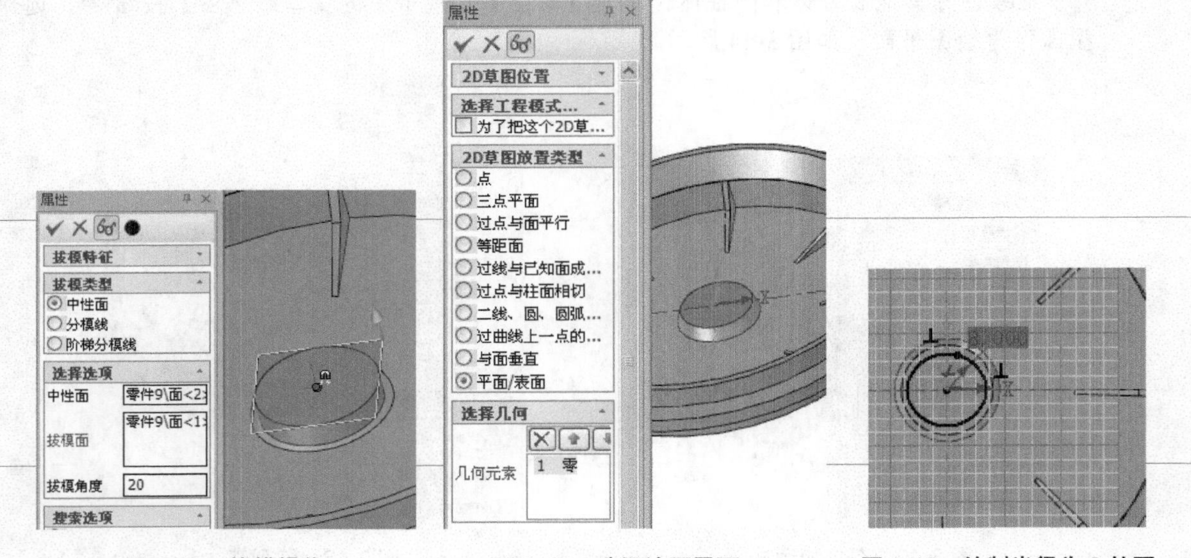


图 3-47　拔模操作　　图 3-48　选择绘图平面　　图 3-49　绘制半径为 8 的圆

step 22 单击【特征】功能面板中的【拉伸】按钮，选择拉伸草图，修改【属性】命令管理栏中的参数，完成拉伸，如图 3-50 所示。

step 23 在【特征】选项卡中单击【修改】功能面板中的【布尔】按钮，选择主体和被加零件，如图 3-51 所示。单击【确定】按钮，进行布尔加运算。

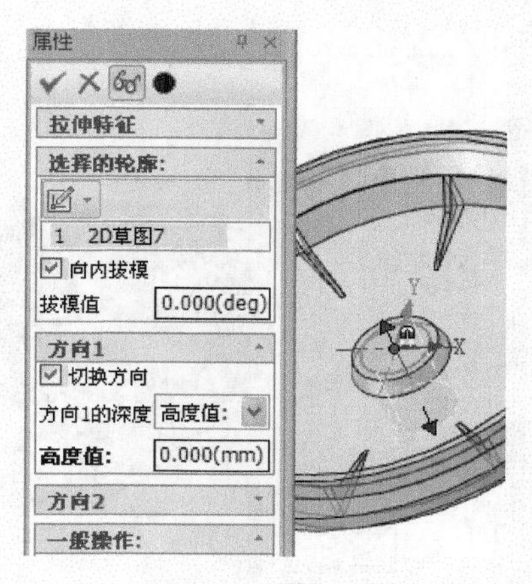


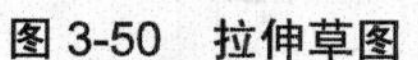

图 3-50 拉伸草图

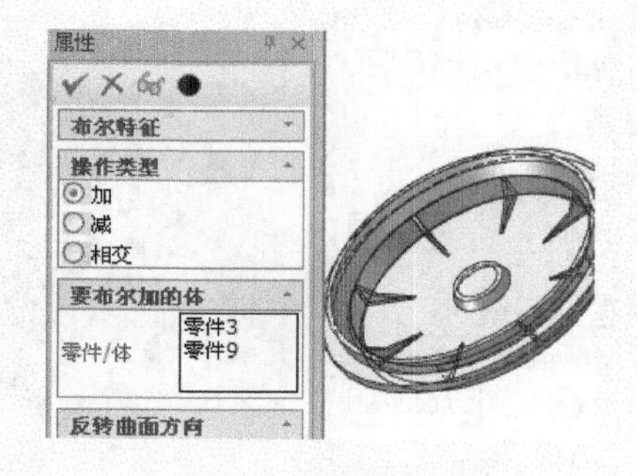


图 3-51 布尔加运算

step 24 在【特征】选项卡中单击【修改】功能面板中的【布尔】按钮，选择主体和被减零件，如图 3-52 所示。单击【确定】按钮，进行布尔减运算。

step 25 单击【草图】选项卡中的【二维草图】按钮，选择 X-Y 基准面作为草图绘图平面，在【草图】选项卡中单击【绘制】功能面板中的【矩形】按钮，绘制 50×130 的矩形，如图 3-53 所示。

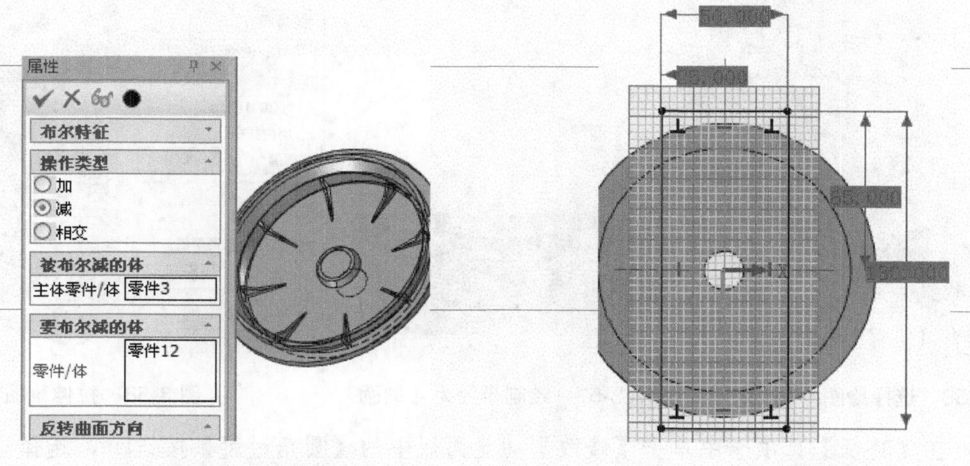


图 3-52 布尔减运算

图 3-53 绘制矩形

step 26 单击【特征】功能面板中的【拉伸】按钮，选择拉伸草图，修改【属性】命令管理栏中的【高度值】为 20，完成拉伸，如图 3-54 所示。

step 27 在【特征】选项卡中单击【修改】功能面板中的【圆角过渡】按钮，选择边线，设置半径为 4，创建圆角，如图 3-55 所示。

step 28 单击【草图】选项卡中的【二维草图】按钮，选择模型面作为绘图平面，如图 3-56 所示。

step 29 在【草图】选项卡中单击【绘制】功能面板中的【圆心+半径】按钮，绘制半径为 4 的圆，如图 3-57 所示。

step 30 单击【特征】功能面板中的【拉伸】按钮，选择拉伸草图，修改【属性】命令管理栏中的【高度值】为2，完成拉伸，如图3-58所示。

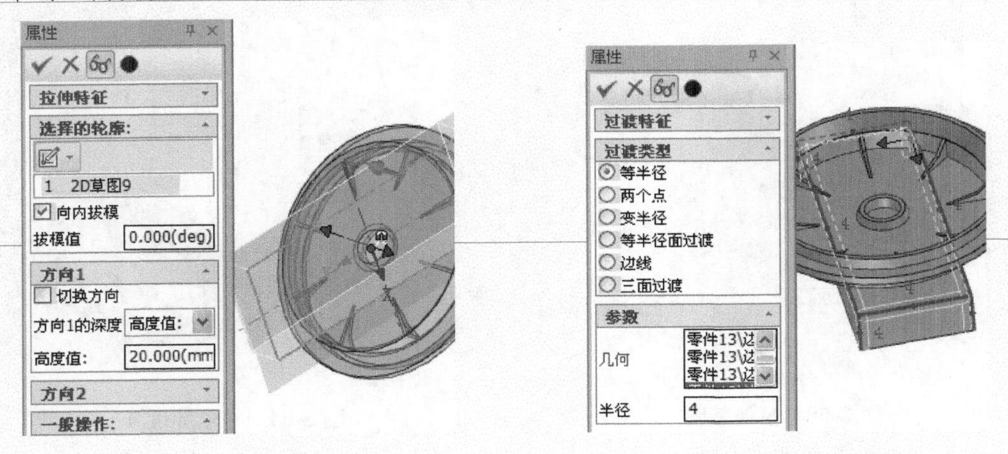

图 3-54　拉伸草图　　图 3-55　圆角过渡

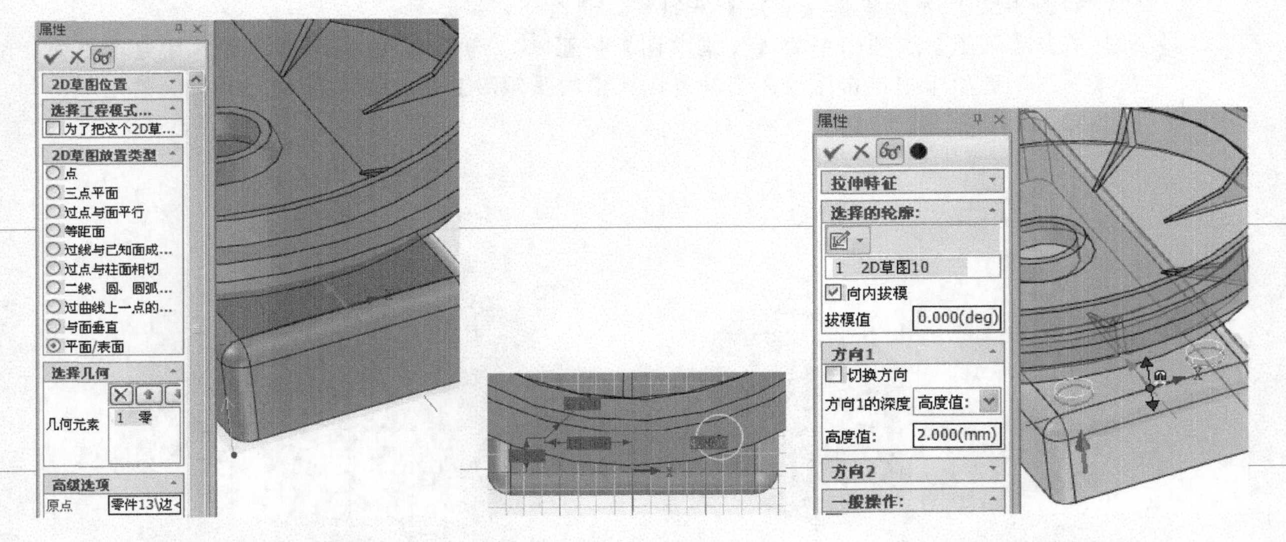

图 3-56　选择绘图平面　　图 3-57　绘制半径为4的圆　　图 3-58　拉伸草图

step 31 在【特征】选项卡中单击【修改】功能面板中的【圆角过渡】按钮，选择边线，设置半径为1，创建圆角，如图3-59所示。

step 32 在【特征】选项卡中单击【修改】功能面板中的【布尔】按钮，选择主体和被加零件，如图3-60所示。单击【确定】按钮，进行布尔加运算。

step 33 单击【草图】选项卡中的【二维草图】按钮，选择模型面作为绘图平面，如图3-61所示。

step 34 在【草图】选项卡中单击【绘制】功能面板中的【矩形】按钮，绘制60×140的矩形，如图3-62所示。

step 35 在【草图】选项卡中单击【修改】功能面板中的【过渡】按钮，绘制半径为5的圆角，如图3-63所示。

step 36 单击【特征】功能面板中的【拉伸】按钮，选择拉伸草图，修改【属性】命令管理栏中的【高度值】为 2，完成拉伸，如图 3-64 所示。

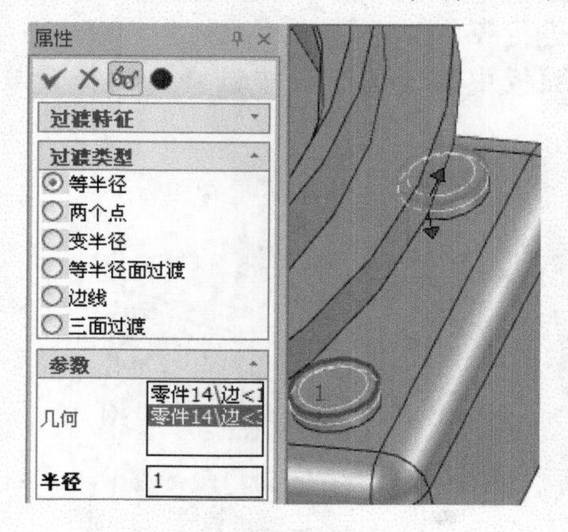


图 3-59　圆角过渡

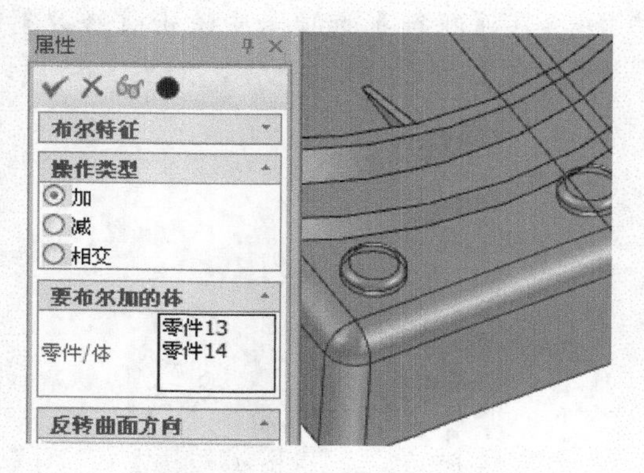


图 3-60　布尔加运算

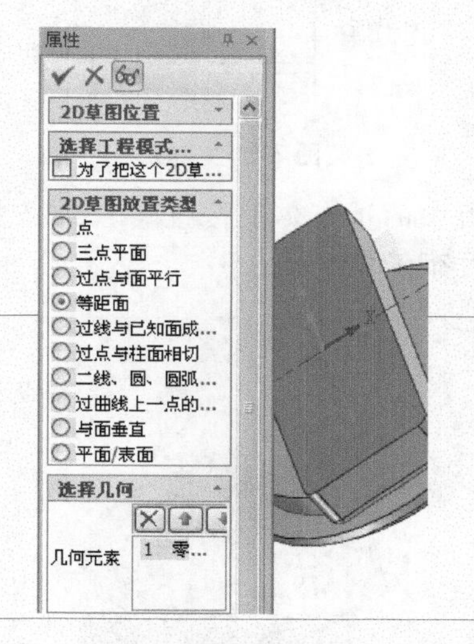


图 3-61　选择绘图平面

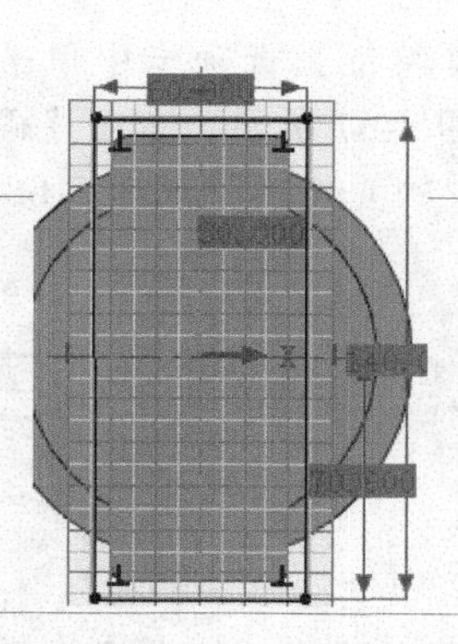

图 3-62　绘制矩形

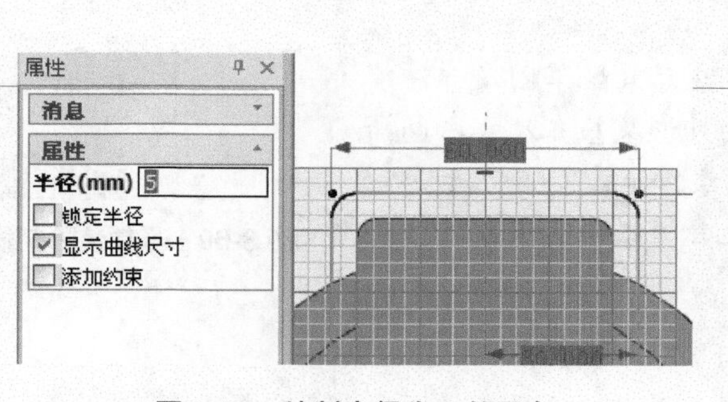


图 3-63　绘制半径为 5 的圆角

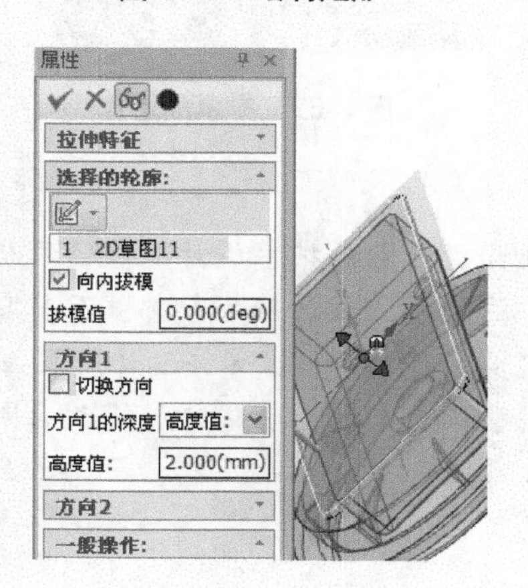


图 3-64　拉伸草图

step 37 在【特征】选项卡中单击【修改】功能面板中的【布尔】按钮，选择主体和被加零件，如图 3-65 所示。单击【确定】按钮，进行布尔加运算。

step 38 在【特征】选项卡中单击【修改】功能面板中的【抽壳】按钮，选择开放面，设置【厚度】为 2，创建壳体，如图 3-66 所示。

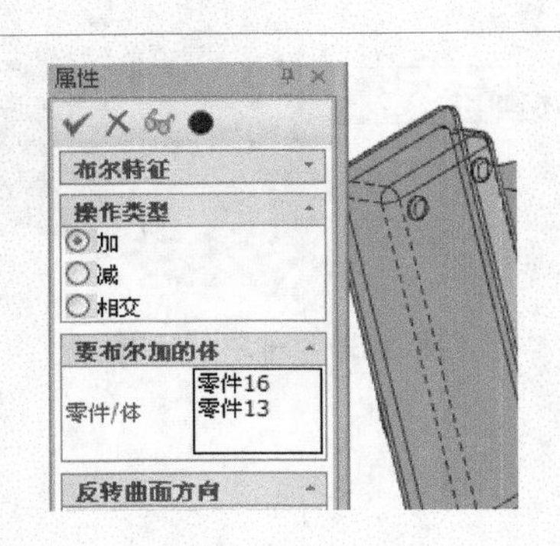


图 3-65 布尔加运算

图 3-66 抽壳

step 39 在【特征】选项卡中单击【修改】功能面板中的【布尔】按钮，选择主体和被加零件，如图 3-67 所示。单击【确定】按钮，进行布尔加运算。

step 40 完成的壳体模型如图 3-68 所示。

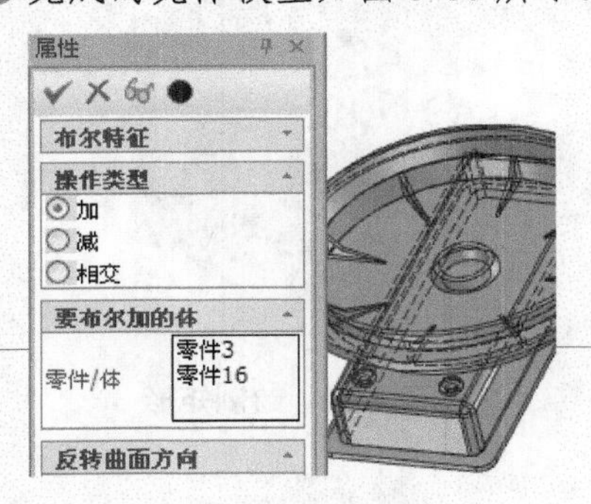


图 3-67 布尔加运算

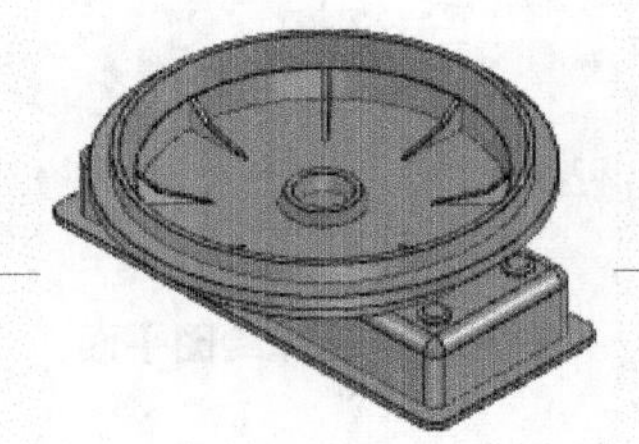

图 3-68 完成的壳体模型

**机械设计实践：** 技术设计阶段的目标是产生总装配草图及部件装配草图。通过草图设计确定各部件及其零件的外形及基本尺寸，包括各部件之间的连接，零、部件的外形及基本尺寸。如图 3-69 所示是完成的零件装配剖视图，实体特征修改后图纸也会随之而变化。

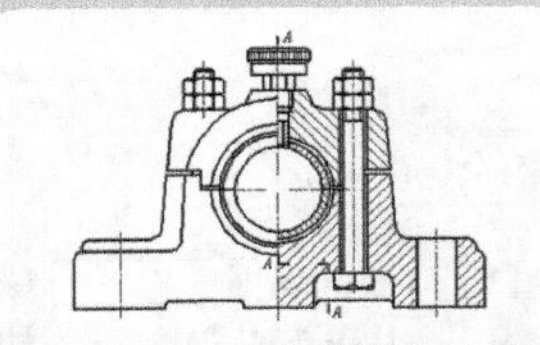

图 3-69 零件装配剖视图

# 特征编辑

## 3.3.1 特征修改

**行业知识链接：**机械设计完成的方案，很多时候还要进行特征修改，CAXA提供了表面特征修改的多种命令。如图3-70所示，在设计键槽时，可以使用表面匹配特征命令进行创建。

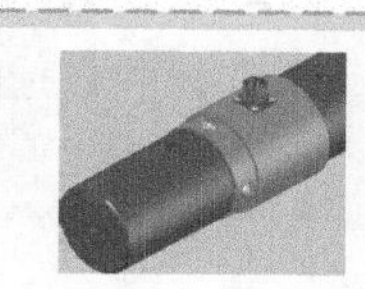

图3-70 零件键槽

### 1. 表面移动

使用【表面移动】命令可以让单个零件的面独立于智能图素结构而移动或旋转。表面移动包括以下几种移动方法。

(1) 自由移动：选择移动表面后，可以自由移动，不受任何约束。此时，可借助三维球工具来确定表面的移动量。

(2) 沿线移动：选择移动表面，并选择一个边，输入移动距离，表面会沿这条线移动相应的距离。

(3) 旋转：选择移动表面，并选择一个边，输入旋转角度，表面会以这条线为轴旋转相应的角度。

**提示：**当线移动时，表面的移动和旋转也随之更改。

激活【表面移动】命令的方式如下。

(1) 在【特征】选项卡中单击【直接编辑】功能面板中的【表面移动】按钮，选定要编辑的面，右击并在弹出的快捷菜单中选择【平移】命令。

(2) 在【修改】菜单中选择【面操作】|【表面移动】命令。

单击长方体上表面，使其处于表面编辑状态，然后右击，在弹出的快捷菜单中选择【平移】命令，如图3-71所示。此时，设计环境中弹出【移动面】命令管理栏，如图3-72所示。

其中的部分选项含义如下。

【重建正交】复选框：利用该复选框可通过从零件表面延展新垂直面重新生成以移动面为基准的零件。

【无延伸移动特征】复选框：利用该复选框可移动特征面而不延伸到相交面。

【特征拷贝】复选框：利用该复选框可复制特征的选定面。

在面的中心处出现激活的三维球，可以利用三维球对面进行移动、旋转等操作(单击三维球的操作柄控制三维球旋转方向，编辑包围盒，输入相应尺寸等)，如图3-73所示。

完成后单击【移动面】命令管理栏上方的【确定】按钮，弹出【面编辑通知】对话框，单击【是】按钮，如图3-74所示，即可完成移动面的操作。

### 2. 表面匹配

【表面匹配】命令应用于创新零件中。利用【表面匹配】命令可以实现两个面的共面、平行和垂直等几何转变。

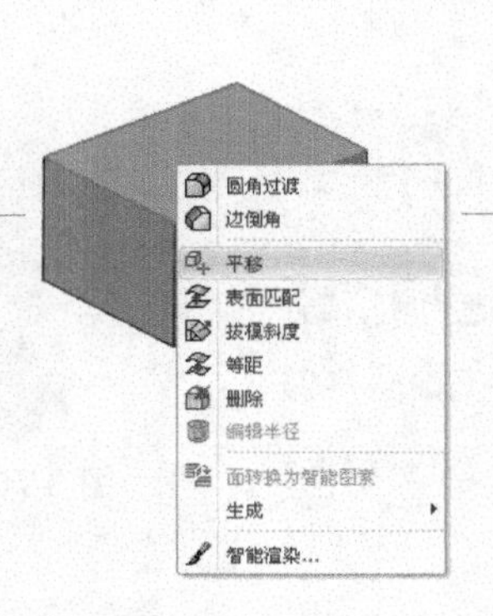


图 3-71　选择【平移】命令

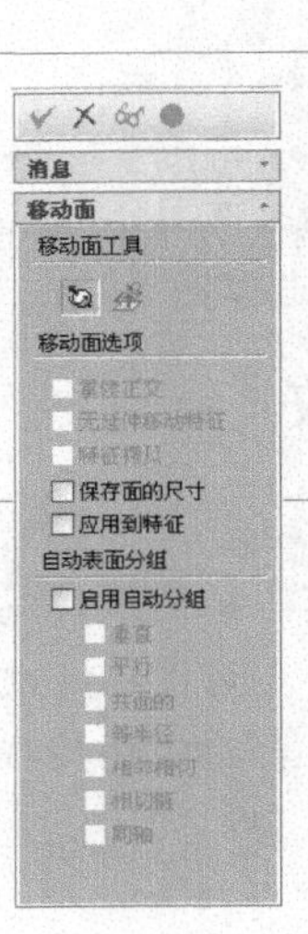


图 3-72　【移动面】命令管理栏

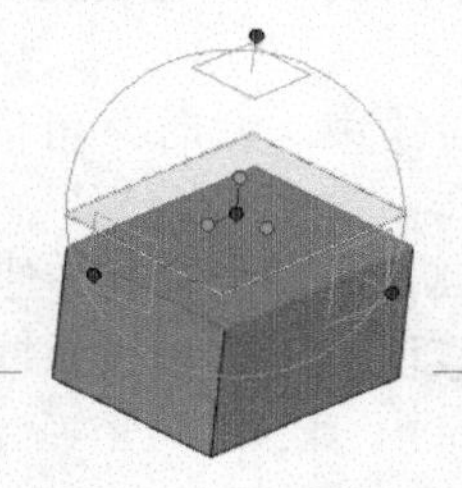

图 3-73　三维球操作

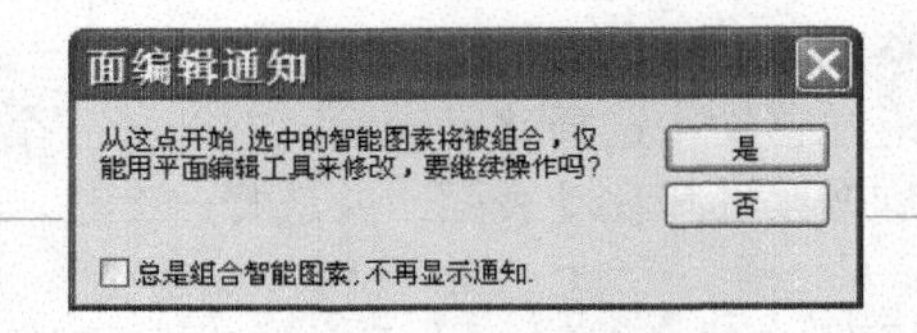


图 3-74　【面编辑通知】对话框

激活【表面匹配】命令的方法如下。

(1)　在【特征】选项卡中单击【直接修改】功能面板中的【表面匹配】按钮。

(2)　选择要匹配的面后右击，在弹出的快捷菜单中选择【表面匹配】命令，如图 3-75 所示。选择【表面匹配】命令后，在设计环境左侧弹出【匹配面】命令管理栏，如图 3-76 所示。

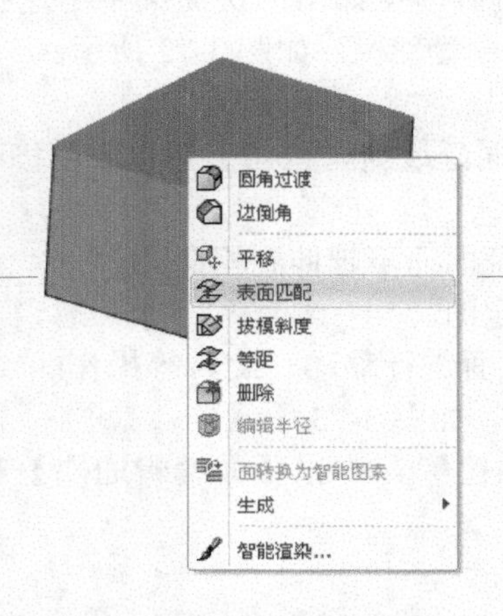


图 3-75　选择【表面匹配】命令

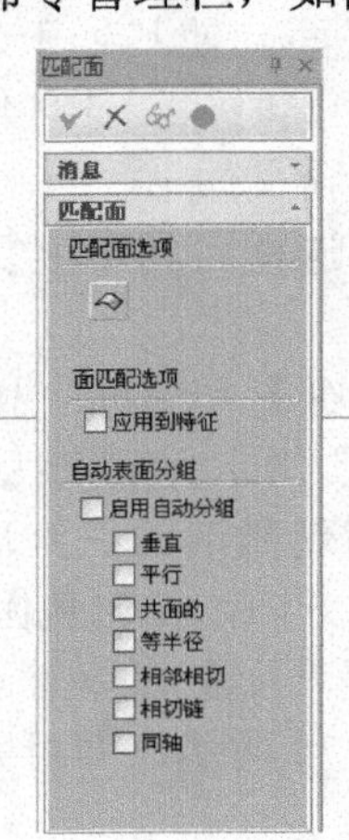


图 3-76　【匹配面】命令管理栏

单击【匹配面选项】选项组中的【选择匹配面】按钮，然后依次选择两个实体的表面，如图 3-77 所示。

单击【匹配面】命令管理栏上方的【确定】按钮，弹出【面编辑通知】对话框，如图 3-78 所示。

单击【面编辑通知】对话框中的【是】按钮，即可生成如图 3-79 所示的表面匹配造型。

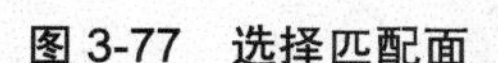

图 3-77 选择匹配面

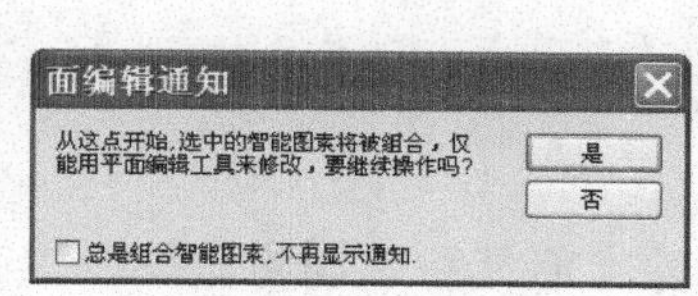


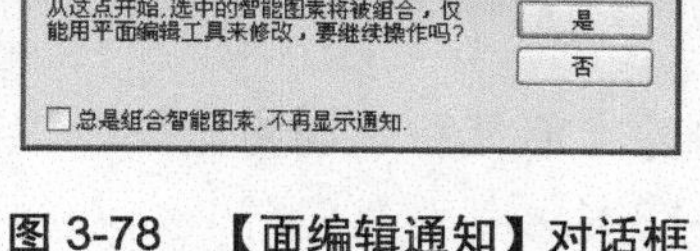


图 3-78 【面编辑通知】对话框

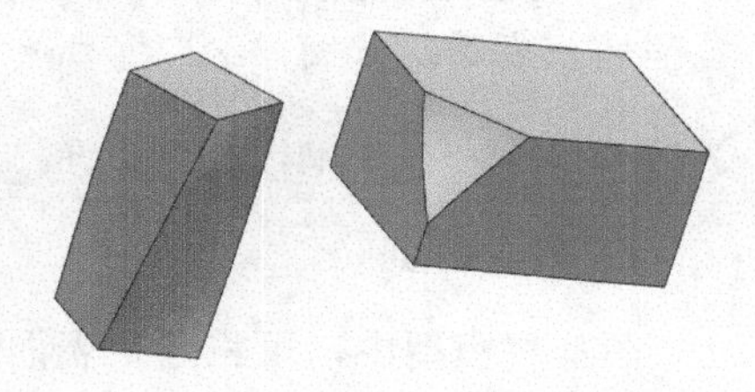

图 3-79 生成的表面匹配造型

### 3. 表面等距

表面等距是指使一个面相对于原来的位置，精确地偏移一定距离来实现对实体特征的修改。

激活【表面等距】命令的方法如下。

(1) 在【特征】选项卡中单击【直接修改】功能面板中的【表面等距】按钮。

(2) 选择要匹配的面后右击，在弹出的快捷菜单中选择【表面等距】命令。

(3) 在【修改】菜单中选择【面操作】|【表面等距】命令。

选择 A 面使其高亮显示，在【特征】选项卡中，单击【直接编辑】功能面板中的【表面等距】按钮，在设计环境左侧弹出【偏移面】命令管理栏，如图 3-80 所示。

设置【距离】参数，单击【偏移面】命令管理栏上方的【确定】按钮，在弹出的【面编辑通知】对话框中单击【是】按钮，即可生成如图 3-81 所示的造型。

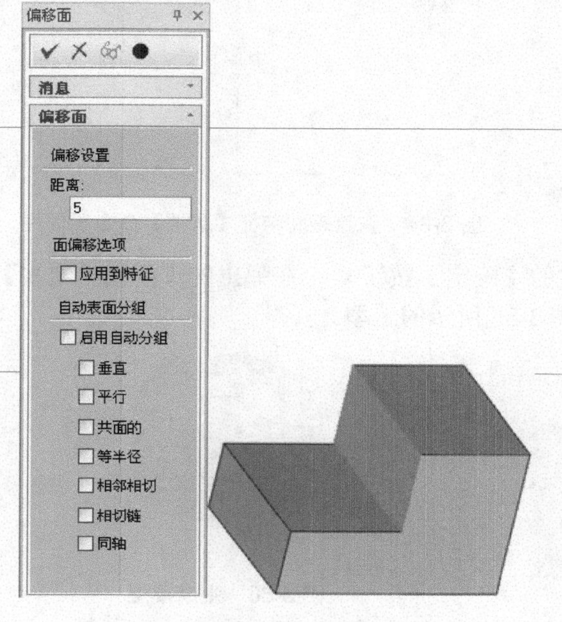


图 3-80 【偏移面】命令管理栏

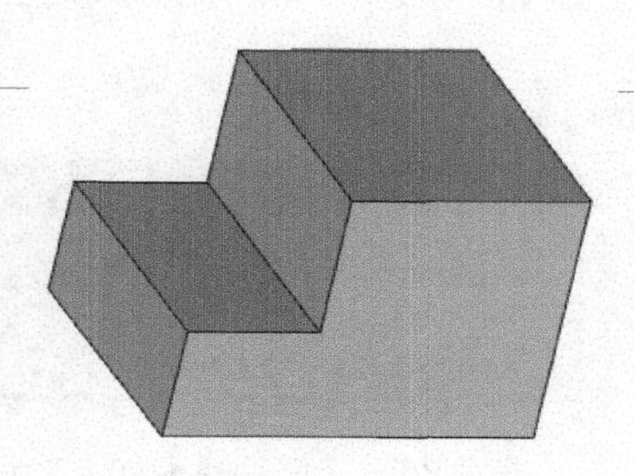

图 3-81 偏移面

### 3.3.2 特征编辑

**行业知识链接**：特征编辑是对特征的属性进行修改，如圆的直径、拉伸的长度等。如图 3-82 所示是链传动结构，修改传动比只需要修改轮的直径。

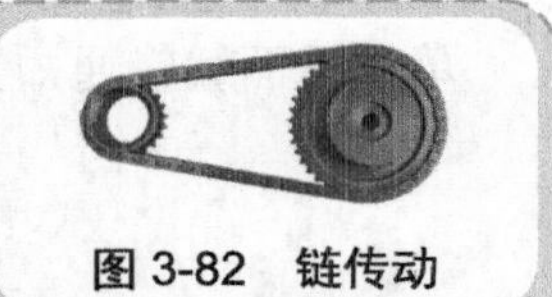

图 3-82 链传动

1. 删除表面

在某些模型中，可将选定表面删除，而其相邻面将延伸，以弥补造成的缺口。当不能生成有效的实体时，就会出现错误提示，如图 3-83 所示。

【删除表面】命令的激活方法与前面相同。

从【设计元素库】中拖曳“多棱体”图素至设计环境中。单击前表面使其处于表面编辑状态。在【特征】选项卡中单击【直接编辑】功能面板中的【删除表面】按钮，在弹出的删除表面特征【属性】命令管理栏中设置删除面，如图 3-84 所示。

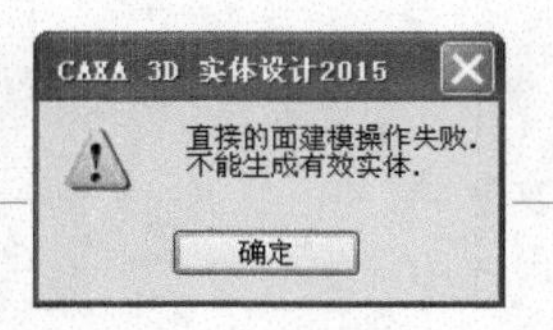


图 3-83 提示框

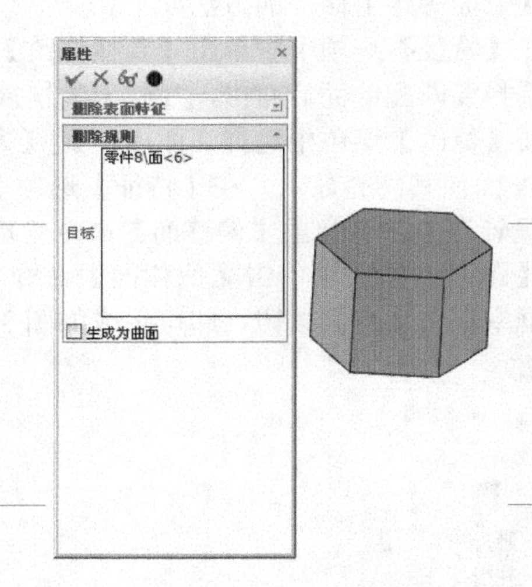


图 3-84 删除表面特征【属性】命令管理栏

单击删除表面特征【属性】命令管理栏上方的【确定】按钮，在弹出的【面编辑通知】对话框中单击【是】按钮，如图 3-85 所示，则生成如图 3-86 所示的造型。

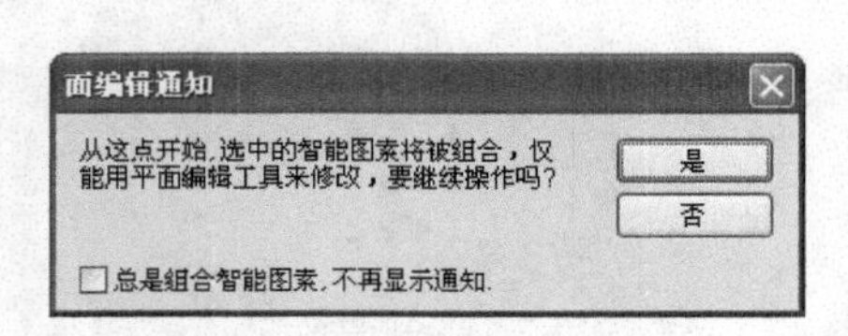


图 3-85 【面编辑通知】对话框

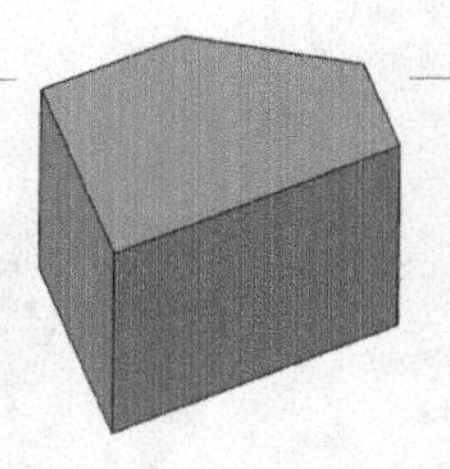

图 3-86 生成模型

### 2. 编辑表面半径

编辑表面半径是指编辑圆柱面的半径或椭圆面的长轴半径、短轴半径，以实现对实体特征的编辑操作。

激活【编辑表面半径】命令的方法如下。

(1) 在【特征】选项卡中单击【直接编辑】功能面板中的【编辑表面半径】按钮。

(2) 在【特征生成】工具条中单击【编辑表面半径】按钮。

(3) 在【修改】菜单中选择【面操作】|【编辑表面半径】命令。

(4) 右击，在弹出的快捷菜单中选择【编辑半径】命令。

编辑表面半径(变半径)的方法很简单：先选择一个圆柱面或椭圆面，激活【编辑表面半径】命令，在随后弹出的【编辑表面半径】命令管理栏中设置相应的参数，如图 3-87 所示，最后单击【确定】按钮，在弹出的【面编辑通知】对话框中单击【是】按钮即可，如图 3-88 所示。

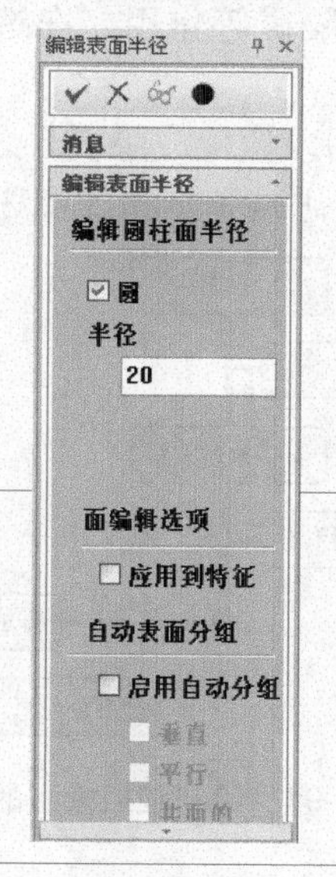


图 3-87 【编辑表面半径】命令管理栏

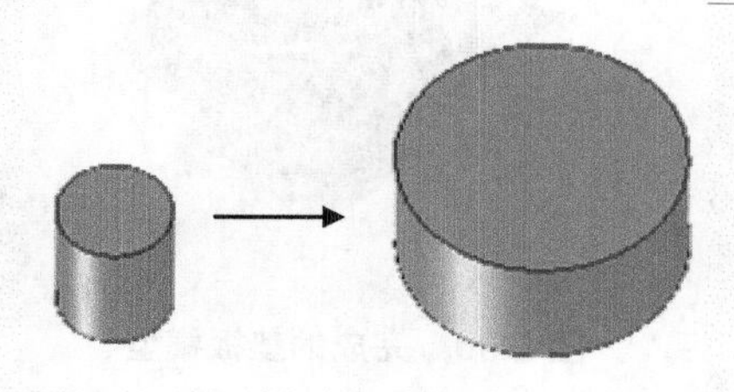

图 3-88 编辑过程

### 3. 分割实体表面

使用 CAXA 3D 实体设计中的【分割实体表面】命令，可将适合的图形(二维草图、已存在的边或 3D 曲线)投影到表面上，进而将指定面分割成多个可以单独选择的小面。

激活【分割实体表面】命令的方法如下。

(1) 在【特征】选项卡中单击【直接编辑】功能面板中的【分割实体表面】按钮。

(2) 在【修改】菜单中选择【面操作】|【分割实体表面】命令。

激活【分割实体表面】命令后，弹出分割实体表面【属性】命令管理栏，如图 3-89 所示。

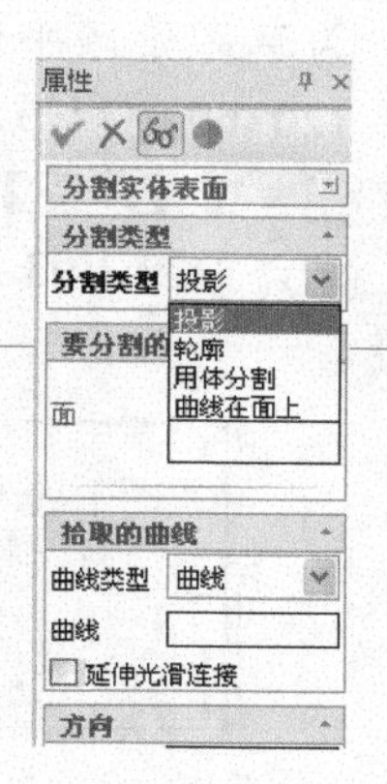


图 3-89 分割实体表面【属性】命令管理栏

其中【分割类型】选项组中各选项的含义如下。

【投影】：将线投影到表面/面上，然后沿投影线将该表面分割成多个部分。

【轮廓】：将实体的轮廓投影到表面上来分割表面。

【用体分割】：类似于分裂零件，选择两个零件，然后选择【分割实体表面】命令，第二个零件将确定分割第一个零件的分割线。【用体分割】在工程模式中用于在不同的体之间进行分割。

【曲线在面上】：用曲线分割表面。该曲线可以是封闭的曲线，也可以是一段曲线。

## 课后练习

案例文件：ywj\03\02. ics

视频文件：光盘\视频课堂\第 3 教学日\3.3

本节课后练习创建垫板模型，垫板在机械部件中有支撑和隔震等作用，在造型上比较平滑，如图 3-90 所示是完成的垫板模型。

本节案例主要练习垫板模型的创建过程，首先绘制主体草图，拉伸成垫板，之后使用【布尔】和【拉伸】命令创建细节，最后对模型进行分割。绘制垫板模型的思路和步骤如图 3-91 所示。

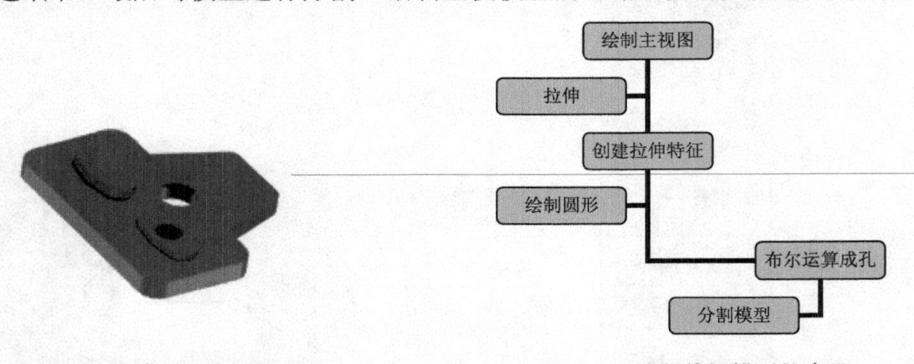


图 3-90 完成的垫板模型

图 3-91 绘制垫板模型的步骤

案例操作步骤如下。

step 01 首先创建主视图，单击【草图】选项卡中的【二维草图】按钮，选择 X-Y 基准面作为草图绘图平面，单击【草图】选项卡的【绘制】功能面板中的【矩形】按钮，绘制 120×60 的矩形，如图 3-92 所示。

step 02 在【草图】选项卡中单击【修改】功能面板中的【过渡】按钮，绘制半径为 10 的圆角，如图 3-93 所示。

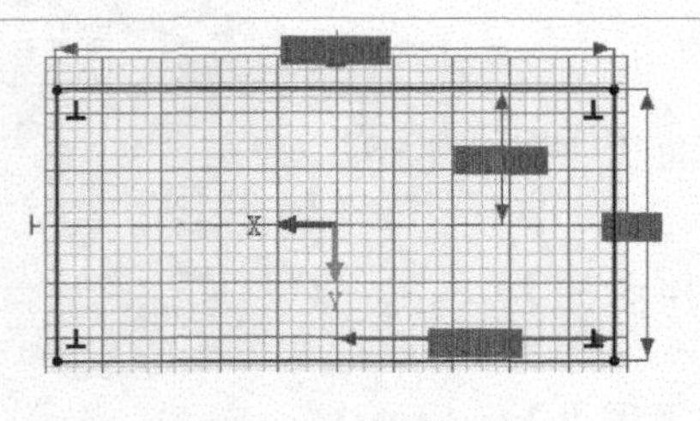

图 3-92 绘制矩形

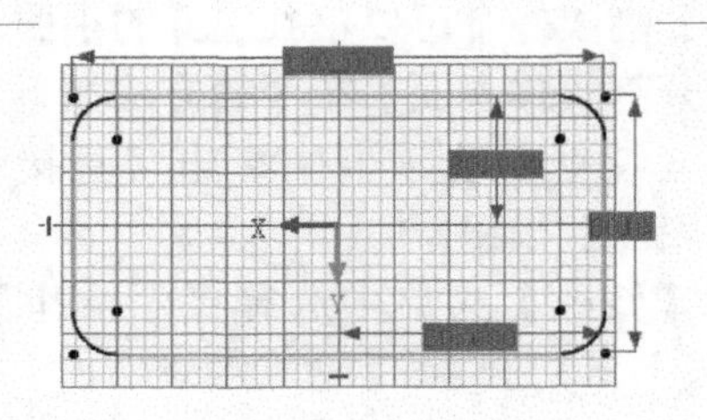

图 3-93 绘制半径为 10 的圆角

step 03 在【草图】选项卡中单击【绘制】功能面板中的【2 点线】按钮，绘制线段，尺寸如图 3-94 所示。

step 04 在【草图】选项卡中单击【修改】功能面板中的【过渡】按钮，绘制半径为 5 的圆角，如图 3-95 所示。

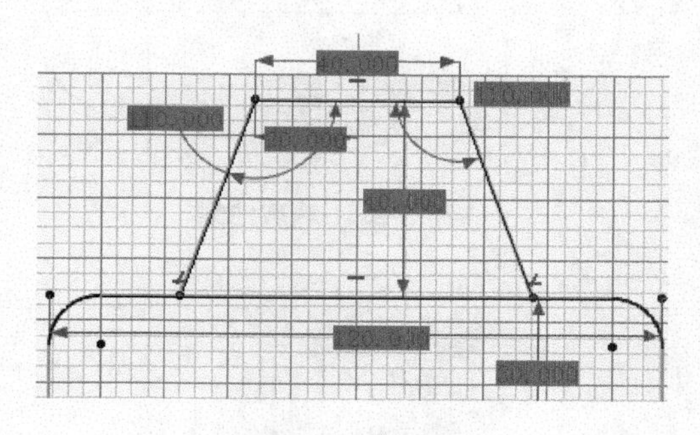

图 3-94 绘制线段

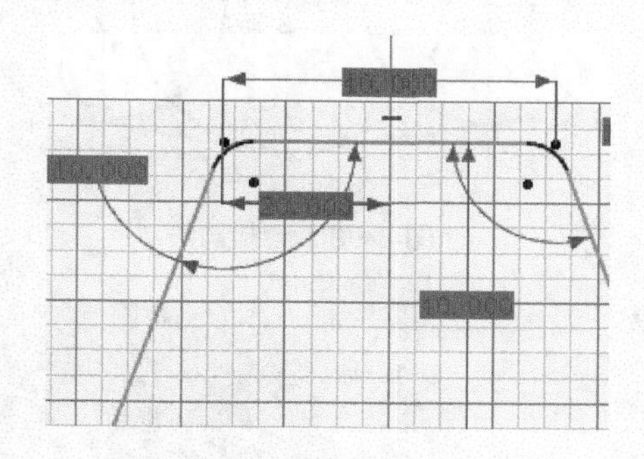

图 3-95 绘制半径为 5 的圆角

step 05 再进行拉伸，单击【特征】功能面板中的【拉伸】按钮，选择拉伸草图，修改【属性】命令管理栏中的【高度值】为 4，完成拉伸，如图 3-96 所示。

step 06 单击【草图】选项卡中的【二维草图】按钮，选择 X-Y 基准面作为草图绘图平面，在【草图】选项卡中单击【绘制】功能面板中的【圆心+半径】按钮，分别绘制半径为 8 和 10 的三个圆，如图 3-97 所示。

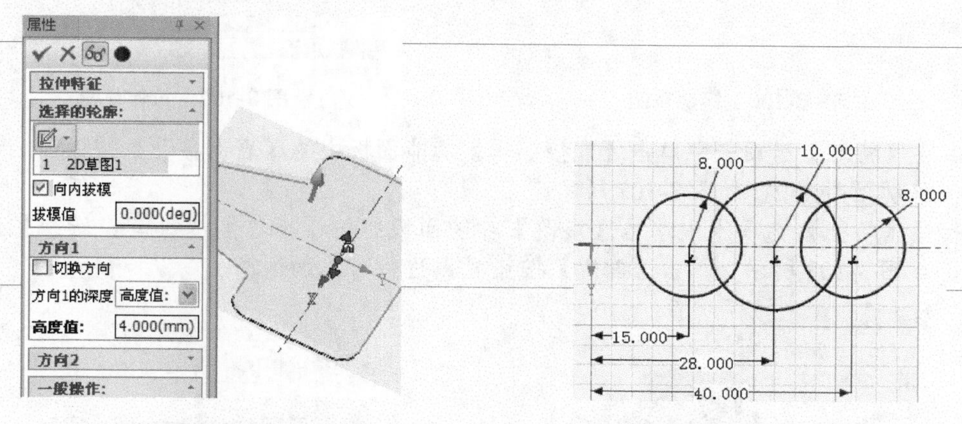


图 3-96 拉伸草图

图 3-97 绘制三个圆

step 07 在【草图】选项卡中单击【绘制】功能面板中的【2 点线】按钮，绘制如图 3-98 所示的切线。

step 08 在【草图】选项卡中单击【修改】功能面板中的【裁剪】按钮，裁剪多余曲线，如图 3-99 所示。

step 09 在【草图】选项卡中单击【修改】功能面板中的【镜像】按钮，镜像草图如图 3-100 所示。

step 10 单击【特征】功能面板中的【拉伸】按钮，选择拉伸草图，修改【属性】命令管理栏中的【高度值】为 5，完成拉伸，如图 3-101 所示。

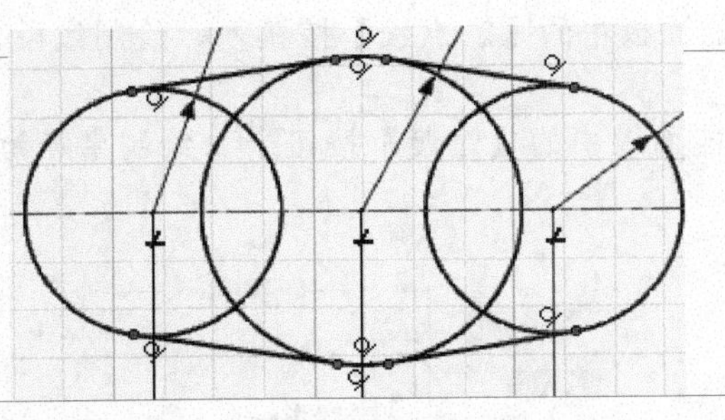

图 3-98　绘制切线

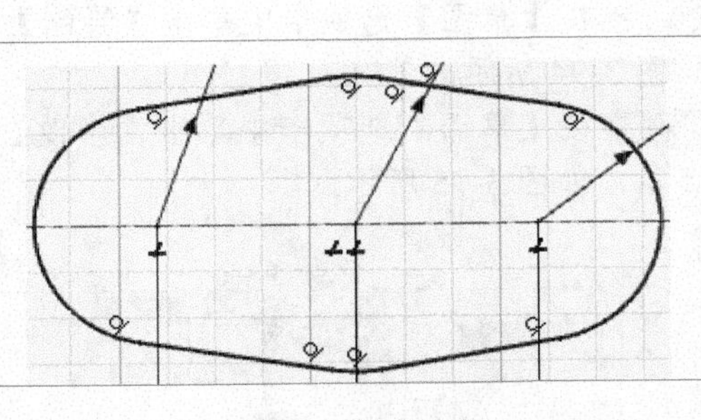

图 3-99　裁剪曲线

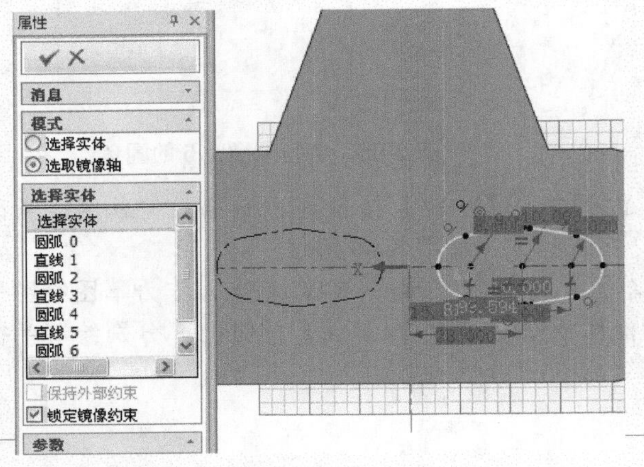


图 3-100　镜像草图

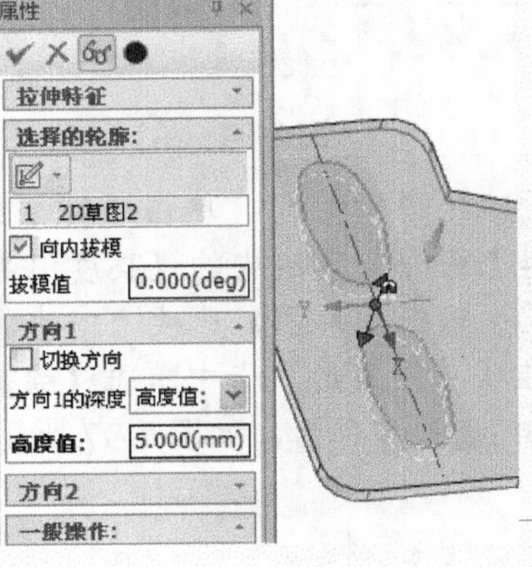


图 3-101　拉伸草图

step 11 在【特征】选项卡中单击【直接编辑】功能面板中的【表面移动】按钮，移动模型表面，移动距离为 2，如图 3-102 所示。

step 12 在【特征】选项卡中单击【修改】功能面板中的【布尔】按钮，选择主体和被加零件，如图 3-103 所示。单击【确定】按钮，进行布尔加运算。

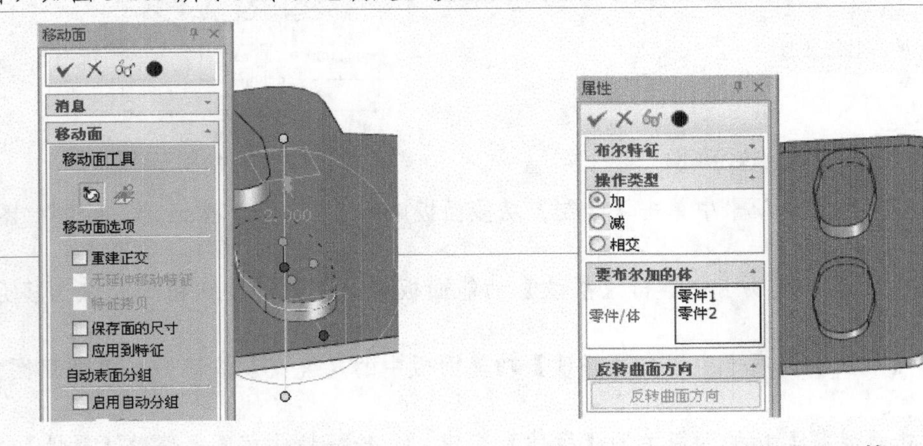


图 3-102　移动表面　　　　图 3-103　布尔加运算

step 13 单击【草图】选项卡中的【二维草图】按钮，选择模型面作为绘图平面，如图 3-104

所示。

step 14 在【草图】选项卡中单击【绘制】功能面板中的【圆心+半径】按钮，绘制半径为 7 的圆，如图 3-105 所示。

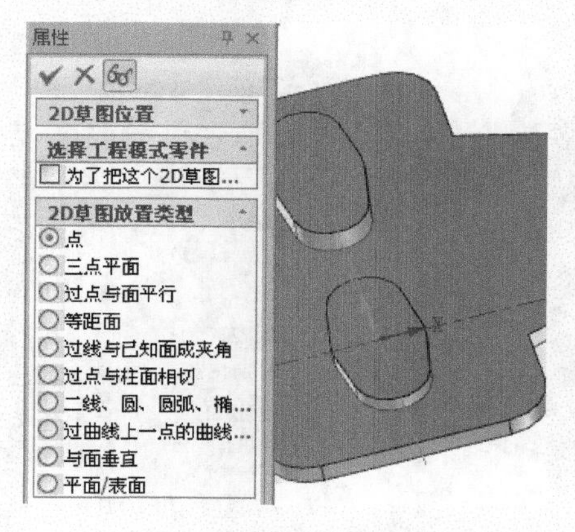


图 3-104　选择绘图平面

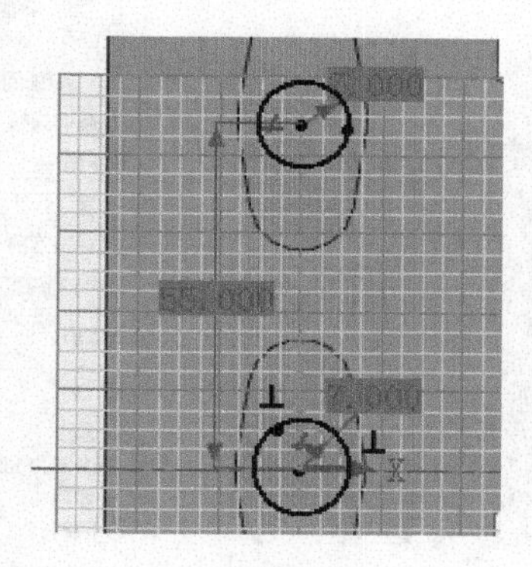


图 3-105　绘制半径为 7 的圆

step 15 单击【特征】功能面板中的【拉伸】按钮，选择拉伸草图，修改【属性】命令管理栏中的参数，完成拉伸，如图 3-106 所示。

step 16 在【特征】选项卡中单击【修改】功能面板中的【布尔】按钮，选择主体和被减零件，如图 3-107 所示。单击【确定】按钮，进行布尔减运算。

step 17 之后创建孔特征，单击【草图】选项卡中的【二维草图】按钮，选择模型面作为绘图平面，如图 3-108 所示。

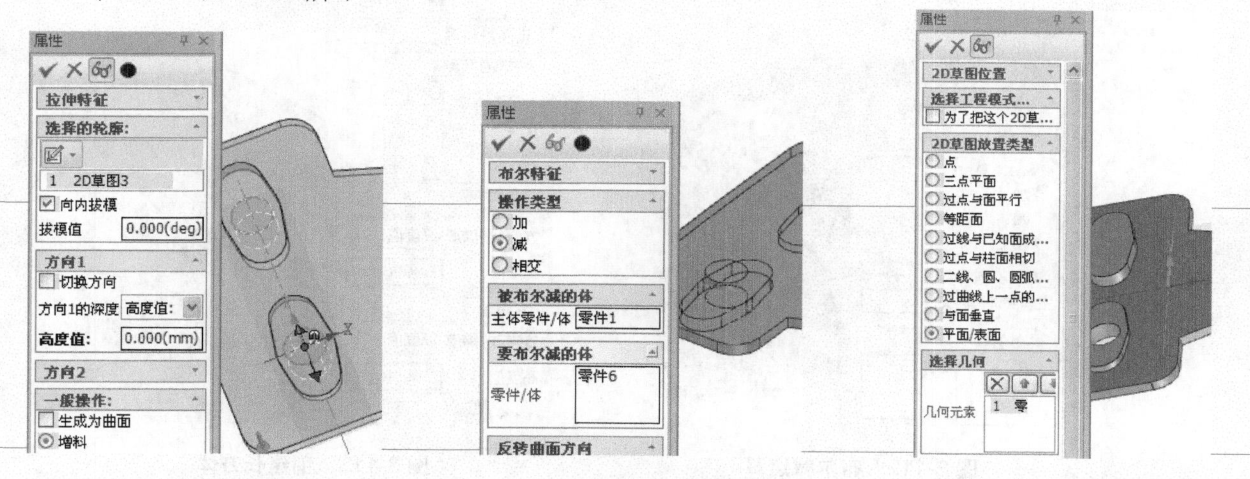


图 3-106　拉伸草图　　图 3-107　布尔减运算　　图 3-108　选择绘图平面

step 18 在【草图】选项卡中单击【绘制】功能面板中的【圆心+半径】按钮，绘制半径为 10 的圆，如图 3-109 所示。

step 19 单击【特征】功能面板中的【拉伸】按钮，选择拉伸草图，修改【属性】命令管理栏中的【高度值】为 10，完成拉伸，如图 3-110 所示。

step 20 在【特征】选项卡中单击【直接修改】功能面板中的【表面匹配】按钮，选择两个匹配面，如图 3-111 所示。单击【确定】按钮✓，完成表面匹配。

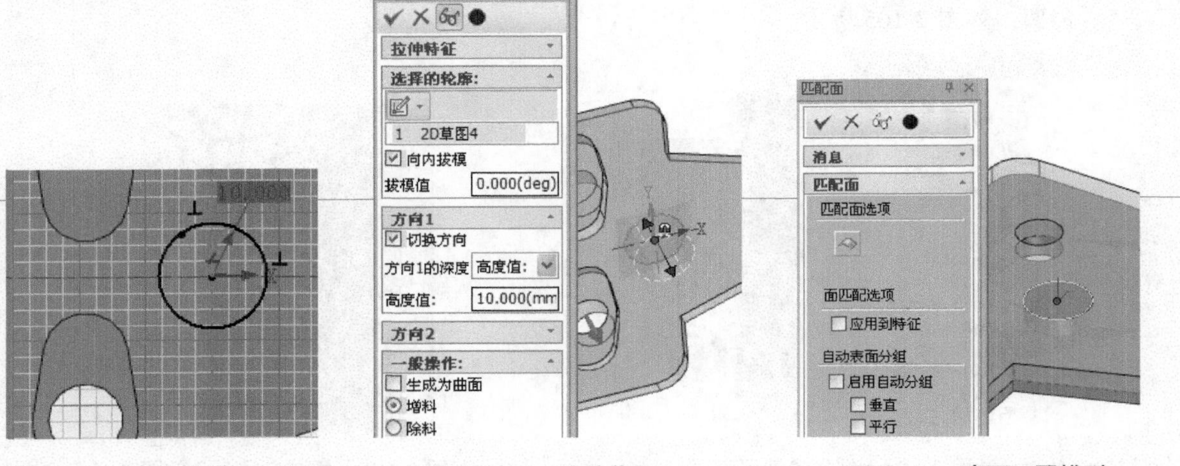


图 3-109　绘制半径为 10 的圆　　　图 3-110　拉伸草图　　　图 3-111　表面匹配模型

step 21 在【特征】选项卡中单击【修改】功能面板中的【布尔】按钮，选择主体和被减零件，如图 3-112 所示。单击【确定】按钮✓，进行布尔减运算。

step 22 最后进行分割，单击【特征】选项卡中的【长方体】按钮，创建长方体，尺寸如图 3-113 所示。

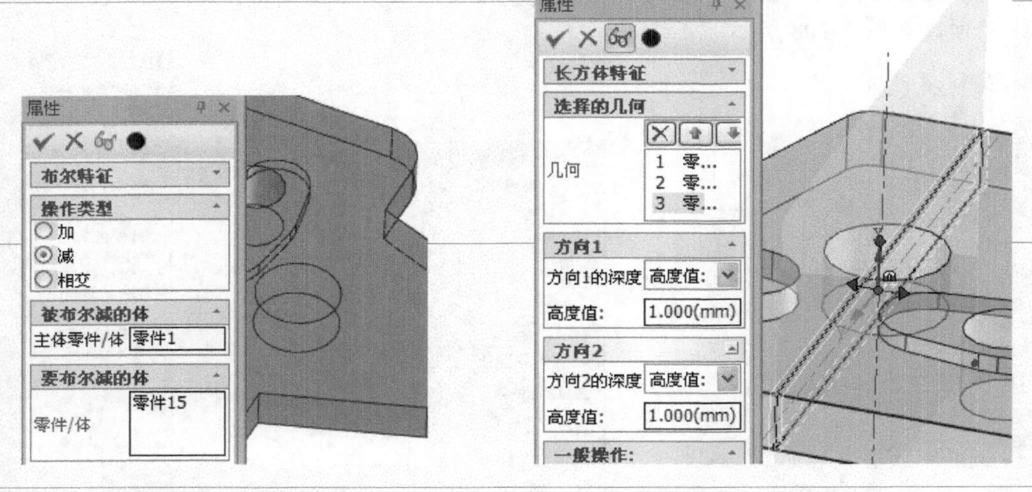


图 3-112　布尔减运算　　　图 3-113　创建长方体

step 23 在【特征】选项卡中单击【直接编辑】功能面板中的【分割实体表面】按钮，选择【属性】命令管理栏中的分割类型为用体分割，如图 3-114 所示。单击【确定】按钮✓，分割模型。

step 24 完成的垫板模型如图 3-115 所示。

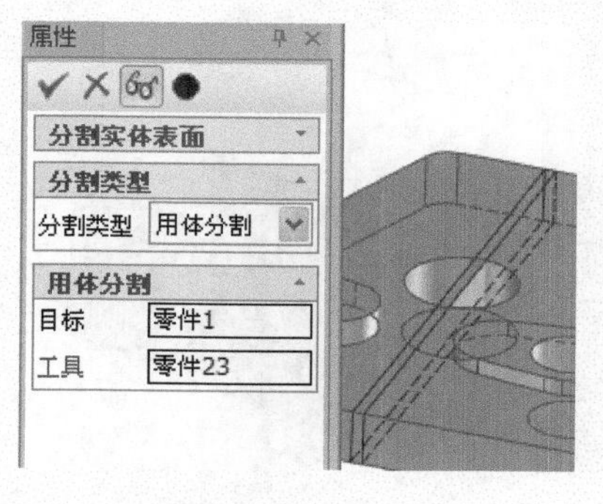


图 3-114　分割模型

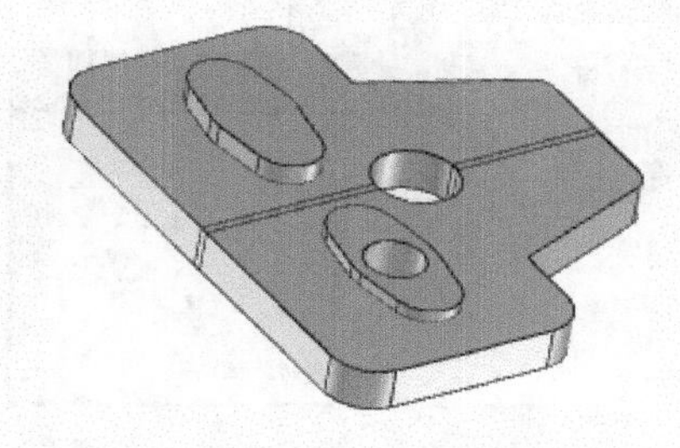

图 3-115　完成的垫板模型

**机械设计实践**：在技术设计的各个步骤中，一些新的数值计算方法，如有限元法等，可使以前难以定量计算的问题获得极好的近似定量计算的结果。通过试验找出结构上的薄弱部位或多余的截面尺寸，可以通过特征编辑进行修改。如图 3-116 所示的管道零件，需要经过多次试验才能找到最合适的弯折角度。

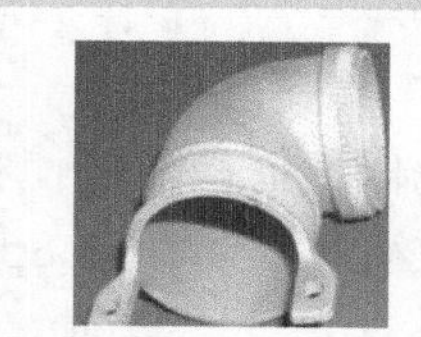

图 3-116　管道零件

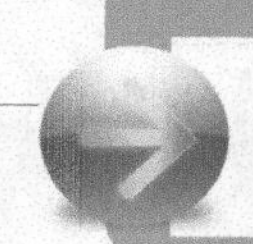

# 第4课　2课时　特征变换

## 3.4.1　三维球及命令菜单操作

**行业知识链接**：为了确定主要零件的基本尺寸，必须确定运动零件的参数(功率、转速、线速度等)，然后做运动学计算，从而确定各运动构件的运动参数。而三维球的运用可以在一定程度上模拟零件的运动，如图 3-117 所示，柱体零件的孔参数可以添加进插入件进行模拟。

图 3-117　柱体零件

### 1. 特征的拷贝与链接

特征的拷贝与链接都是复制特征，其不同之处在于利用【链接】命令完成的特征之间存在内在的联系，修改其中一个特征时，其他的特征也随之改变，而拷贝的特征不存在这种联系。

在零件编辑状态下选定该零件，然后激活三维球工具。右击三维球外操作柄，并拖动三维球沿外操作柄移动一定距离后释放鼠标。在弹出的快捷菜单中选择【拷贝】命令，然后在弹出的【重复拷贝/链接】对话框中的【数量】和【距离】文本框中输入相应的参数，如图 3-118 所示。

单击【确定】按钮，取消三维球，结果如图 3-119 所示。

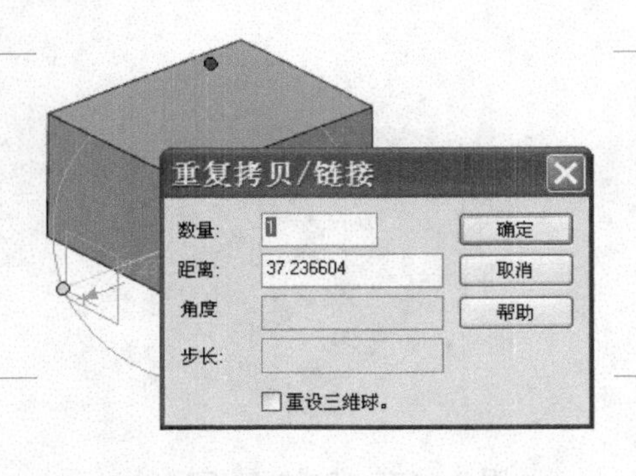


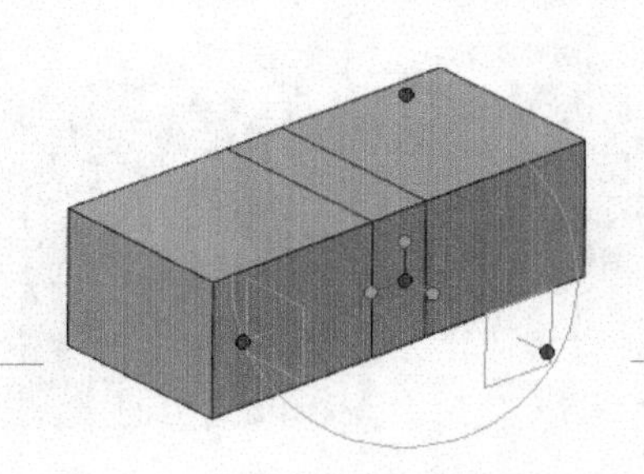

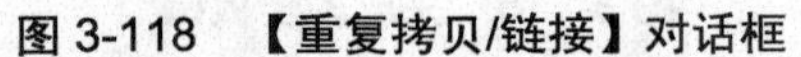
图 3-118 【重复拷贝/链接】对话框

图 3-119 拷贝结果

## 2. 镜像特征

镜像特征操作可使实体零件对一个基准面镜像，产生左右完全对称的两个实体。

激活三维球，按 Space 键，右击三维球中心，在弹出的快捷菜单中选择【到点】命令，如图 3-120 所示。

将光标移至一边的中点处，待出现绿色圆点后单击鼠标，按 Space 键，结果如图 3-121 所示。

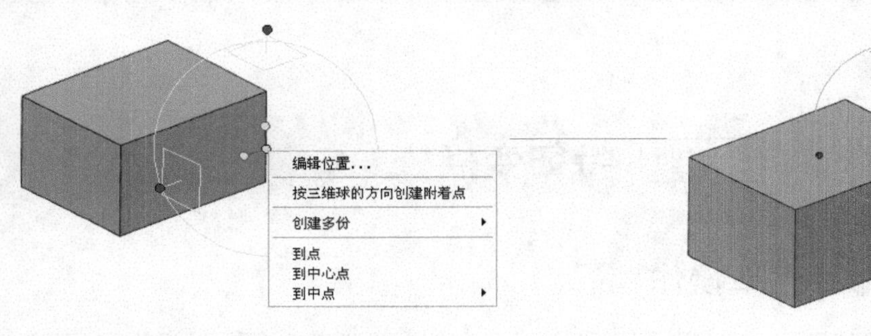


图 3-120 选择【到点】命令

图 3-121 移动模型

右击三维球右侧的内操作柄，在弹出的快捷菜单中选择【镜像】|【链接】命令，生成造型，如图 3-122 和图 3-123 所示。

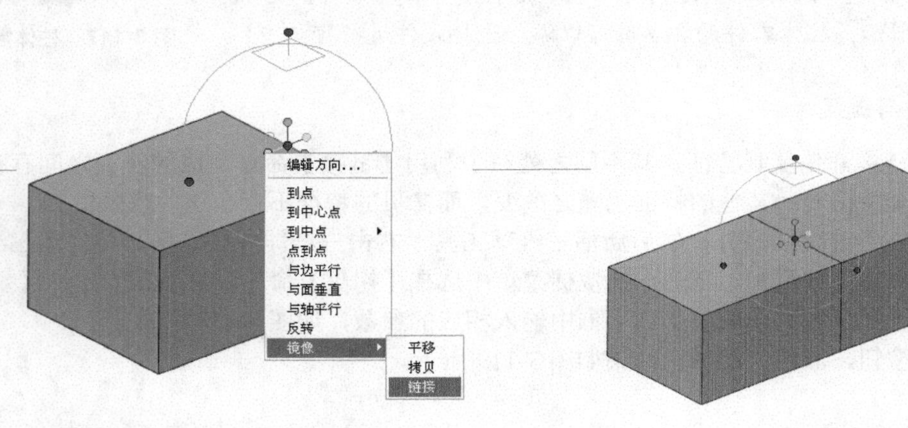


图 3-122 选择【镜像】|【链接】命令

图 3-123 镜像模型

3. 拷贝体

拷贝体操作可以拷贝激活零件下的体，拷贝后的造型与原始造型位置重合，通过设计树使用三维球进行位置移动，即可看到拷贝结果。

## 3.4.2 功能面板操作

**行业知识链接：**【阵列】和【缩放】命令，可以对零件特征进行多个复制和放大缩小的操作。如图 3-124 所示，零件的圆孔特征可以由阵列创建。

图 3-124 零件圆孔特征

### 1. 阵列特征

对于具有排列规律的特征，可采用阵列的方式来生成。阵列特征按照“线性”“圆周”“矩形”的方式来重复特征。利用三维球工具可以很方便地实现阵列特征操作。

在【特征】选项卡中单击【变换】功能面板中的【阵列特征】按钮，在设计环境左侧弹出阵列特征【属性】命令管理栏，如图 3-125 所示。选择特征后，单击【确定】按钮，生成预览中的实体，如图 3-126 所示。

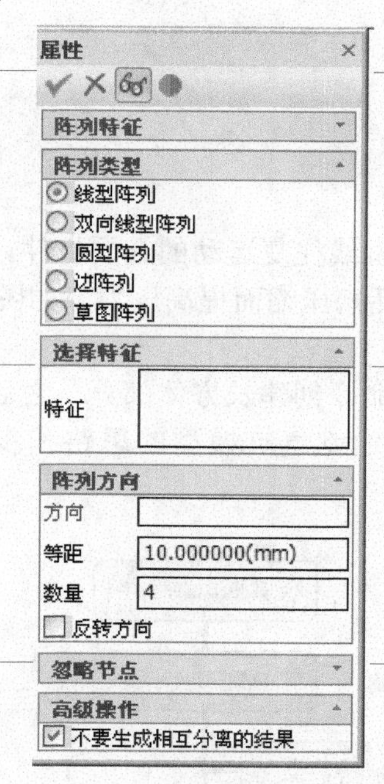


图 3-125 阵列特征【属性】命令管理栏

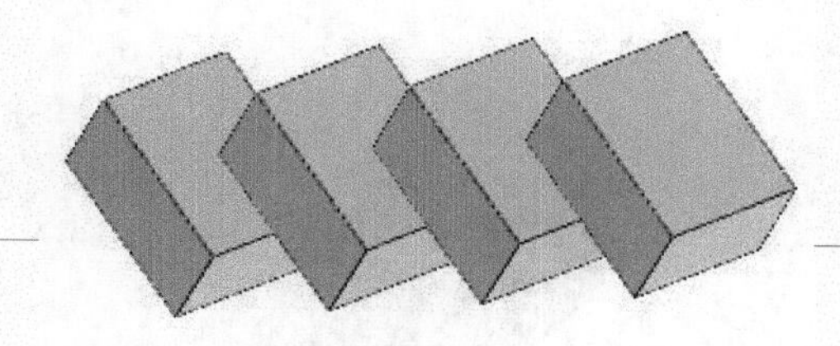

图 3-126 阵列特征

### 2. 缩放体

缩放体操作可使实体在参考点的 X、Y、Z 方向上按照一定的比例放大或缩小。

在【特征】选项卡中单击【变换】功能面板中的【缩放体】按钮，在设计环境左侧弹出比例缩放特征【属性】命令管理栏，如图 3-127 所示。

选择参考点和 X、Y、Z 三个方向的比例，然后单击【属性】命令管理栏中的【确定】按钮✓，结果如图 3-128 所示。

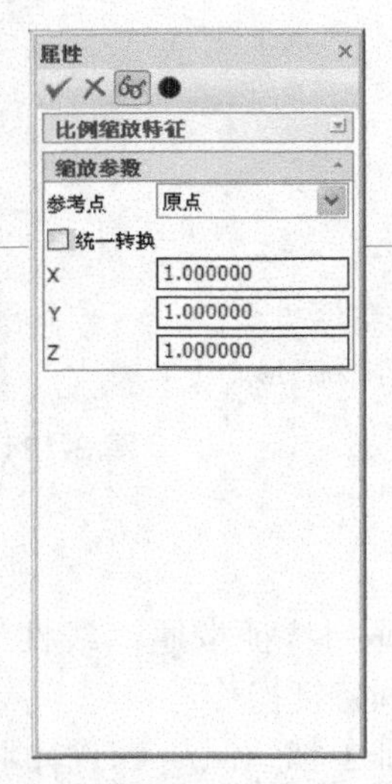


图 3-127　比例缩放特征【属性】命令管理栏

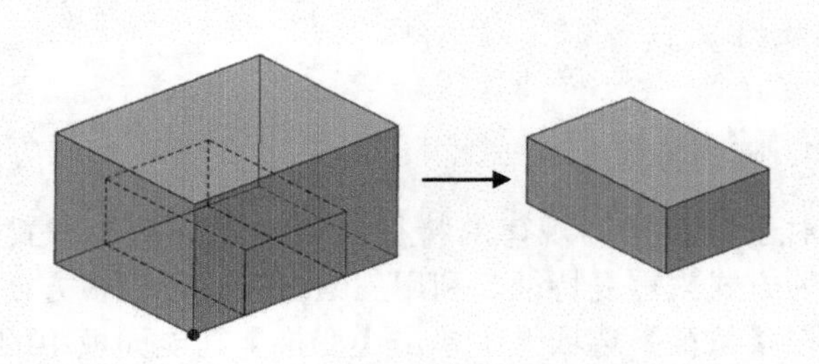

图 3-128　缩放特征

## 课后练习

案例文件：ywj\03\03. ics

视频文件：光盘\视频课堂\第 3 教学日\3.4

本节课后练习创建气缸模型，它是引导活塞在缸内进行直线往复运动的金属机件。在发动机气缸中通过膨胀将热能转化为机械能；气体在压缩机气缸中接受活塞压缩而提高压力，如图 3-129 所示是完成的气缸模型。

本节案例主要练习气缸模型的创建，首先使用【拉伸】命令创建长方体部分，之后创建圆柱体，使用布尔运算得到孔的特征，最后创建多边形侧面特征。绘制气缸模型的思路和步骤如图 3-130 所示。

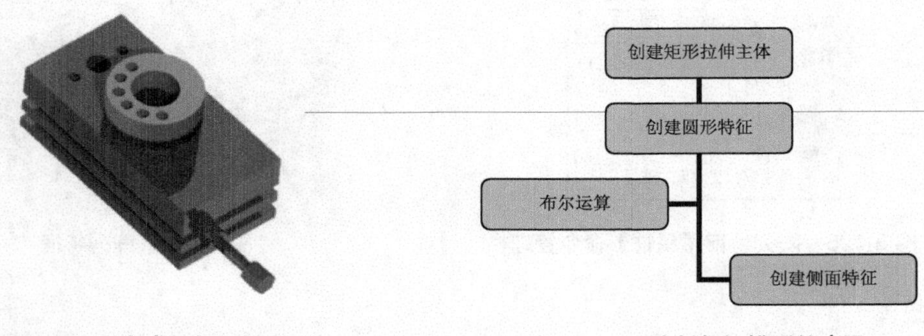


图 3-129　完成的气缸模型

图 3-130　绘制气缸模型的步骤

案例操作步骤如下。

step 01 首先创建矩形拉伸主体，单击【草图】选项卡中的【二维草图】按钮，选择 X-Y 基准面作为草图绘图平面，在【草图】选项卡中单击【绘制】功能面板中的【矩形】按钮，绘制 40×20 的矩形，如图 3-131 所示。

step 02 单击【特征】功能面板中的【拉伸】按钮，选择拉伸草图，修改【属性】命令管理栏中的【高度值】为 2，完成拉伸，如图 3-132 所示。

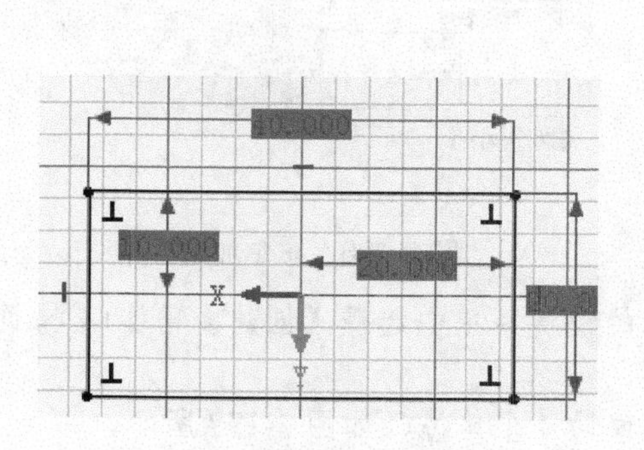

图 3-131　绘制 40×20 的矩形

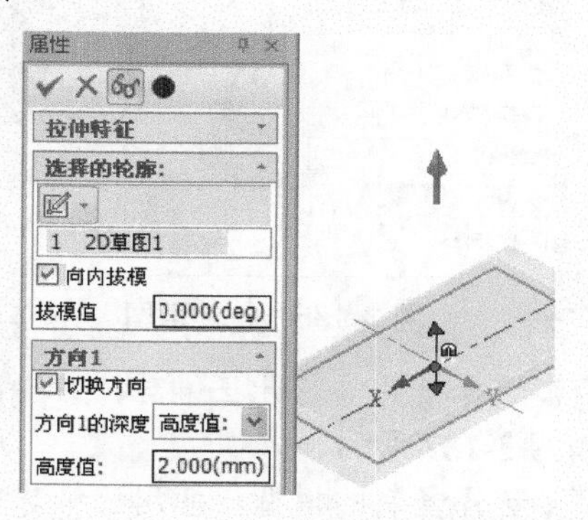


图 3-132　拉伸草图

step 03 单击【草图】选项卡中的【二维草图】按钮，选择模型面进行绘制，如图 3-133 所示。

step 04 在【草图】选项卡中单击【绘制】功能面板中的【矩形】按钮，绘制 16×36 的矩形，如图 3-134 所示。

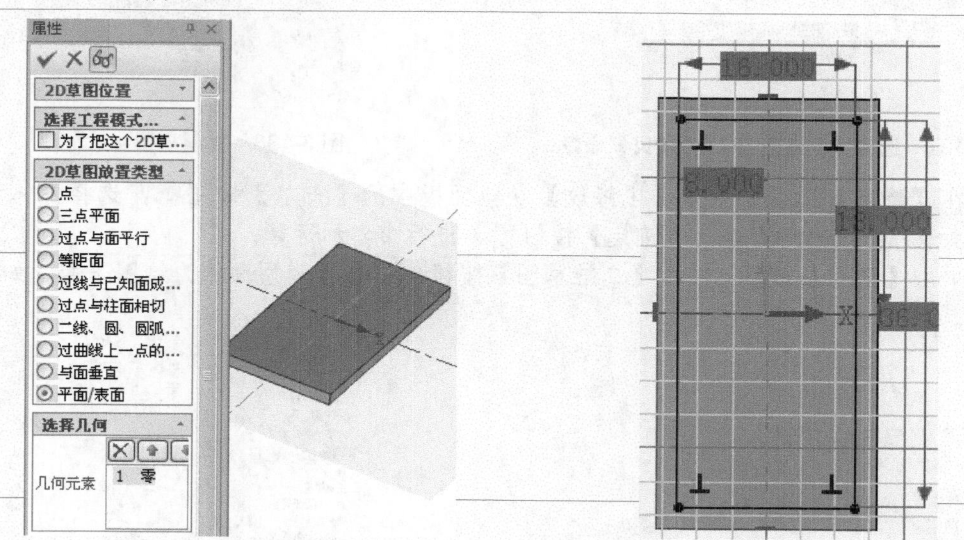


图 3-133　选择草绘平面　　图 3-134　绘制 16×36 的矩形

step 05 单击【特征】功能面板中的【拉伸】按钮，选择拉伸草图，修改【属性】命令管理栏中的【高度值】为 2，完成拉伸，如图 3-135 所示。

step 06 在【特征】选项卡中单击【修改】功能面板中的【布尔】按钮，选择主体和被加零件，如图 3-136 所示。单击【确定】按钮，进行布尔加运算。

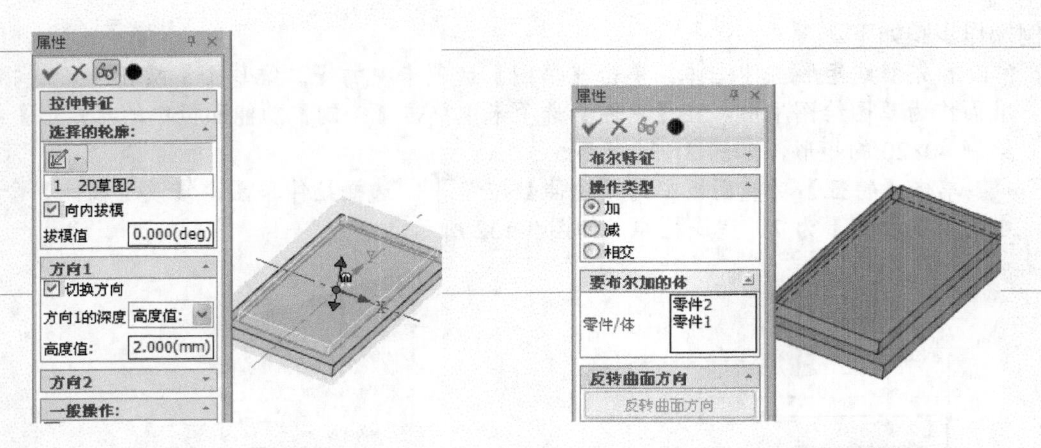


图 3-135 拉伸草图

图 3-136 布尔加运算

step 07 选择模型，打开三维球，右击，在弹出的快捷菜单中选择【创建多份】|【拷贝】命令，如图 3-137 所示。

step 08 选择复制的模型，使用三维球工具向上移动 4 个单位，如图 3-138 所示。

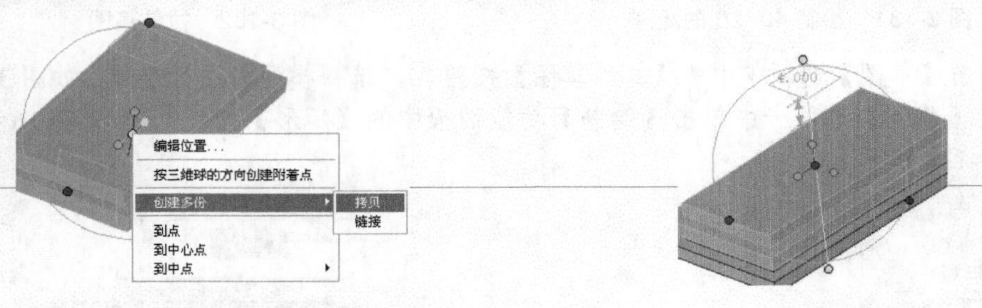


图 3-137 选择【创建多份】|【拷贝】命令

图 3-138 复制模型

step 09 在【特征】选项卡中单击【修改】功能面板中的【布尔】按钮，选择主体和被加零件，如图 3-139 所示。单击【确定】按钮，进行布尔加运算。

step 10 单击【草图】选项卡中的【二维草图】按钮，选择模型面作为绘图平面，如图 3-140 所示。

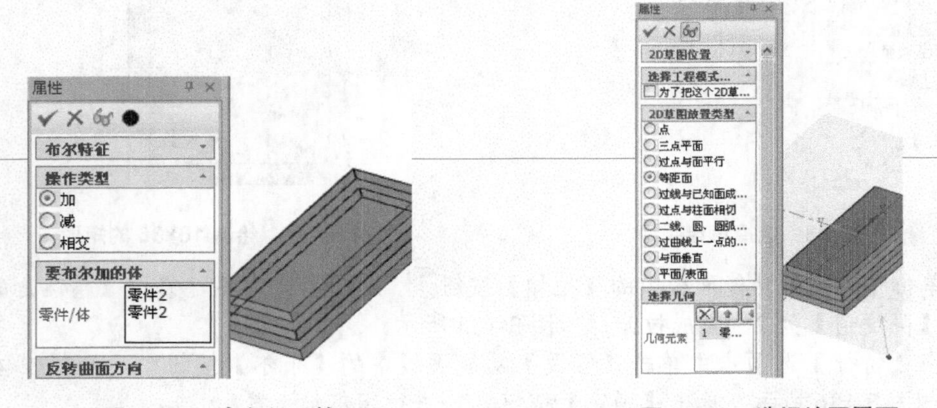


图 3-139 布尔加运算

图 3-140 选择绘图平面

step 11 在【草图】选项卡中单击【绘制】功能面板中的【矩形】按钮，绘制矩形，如图 3-141 所示。

step 12 单击【特征】功能面板中的【拉伸】按钮，选择拉伸草图，修改【属性】命令管理栏中的【高度值】为 3，完成拉伸，如图 3-142 所示。

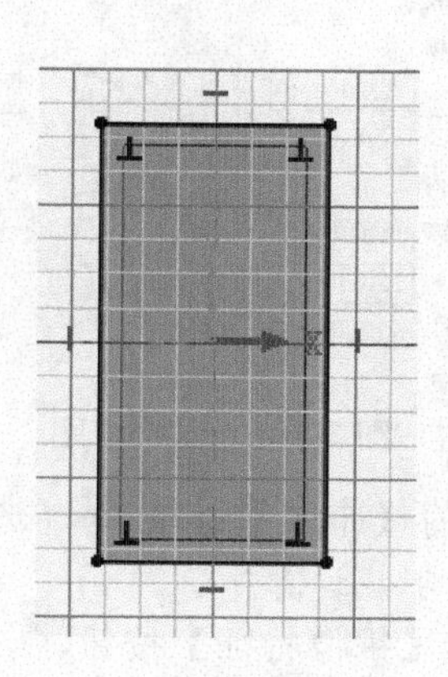

图 3-141　绘制矩形

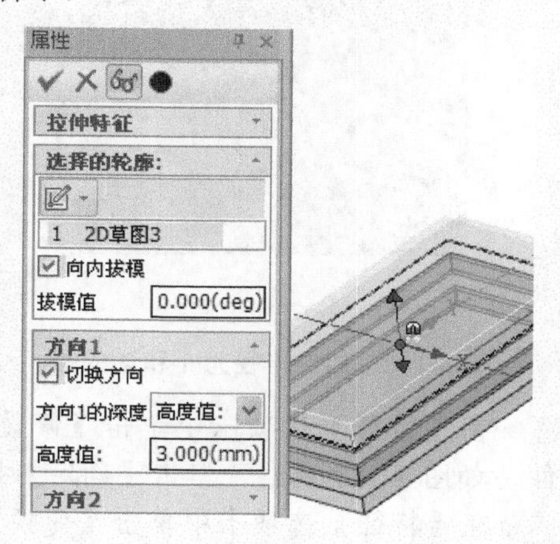


图 3-142　拉伸草图

step 13 在【特征】选项卡中单击【修改】功能面板中的【布尔】按钮，选择主体和被加零件，如图 3-143 所示。单击【确定】按钮，进行布尔加运算，完成矩形主体。

step 14 再创建圆形特征，单击【草图】选项卡中的【二维草图】按钮，选择模型面作为绘图平面，如图 3-144 所示。

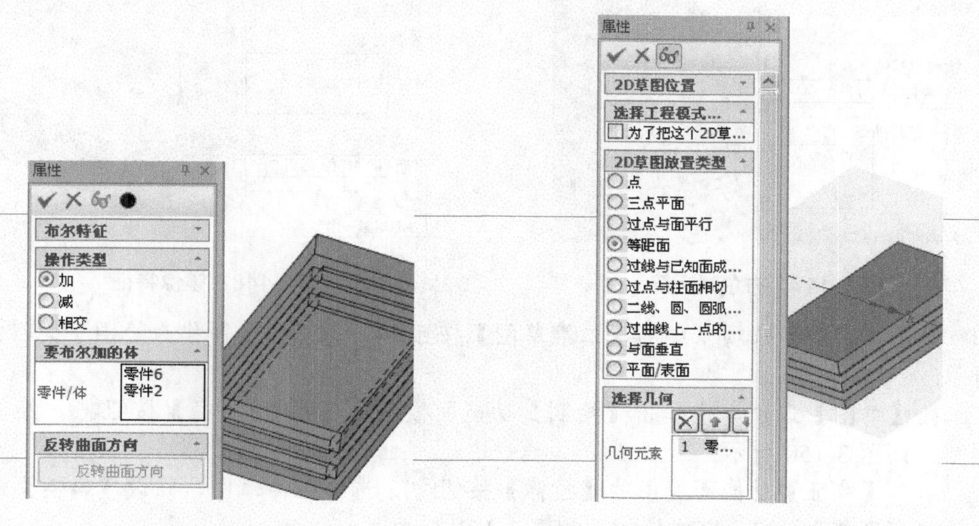


图 3-143　布尔加运算

图 3-144　选择绘图平面

step 15 在【草图】选项卡中单击【绘制】功能面板中的【圆心+半径】按钮，分别绘制半径为 1 和 2 的圆，如图 3-145 所示。

step 16 单击【特征】功能面板中的【拉伸】按钮，选择拉伸草图，修改【属性】命令管理栏中的【高度值】为 12，完成拉伸，如图 3-146 所示。

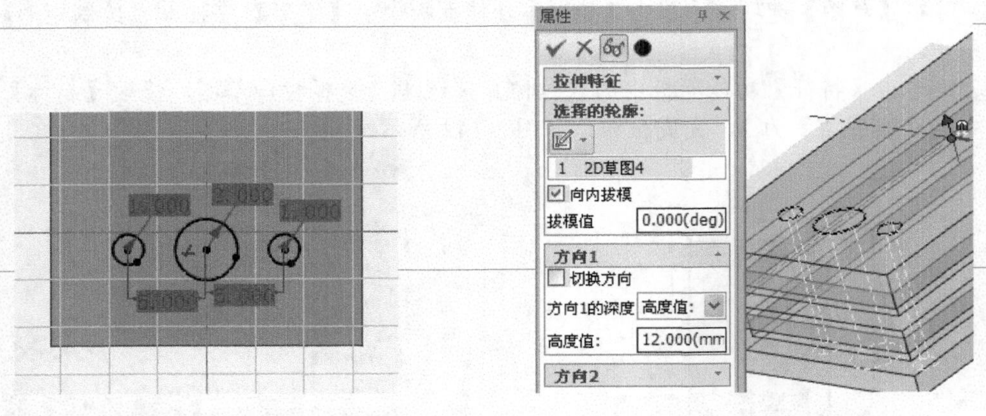


图 3-145　绘制半径为 1 和 2 的圆　　　　图 3-146　拉伸草图

step 17 在【特征】选项卡中单击【修改】功能面板中的【布尔】按钮，选择主体和被减零件，如图 3-147 所示。单击【确定】按钮，进行布尔减运算。

step 18 在【特征】选项卡中单击【变换】功能面板中的【镜像特征】按钮，在【属性】命令管理栏中选择特征和平面，完成镜像，如图 3-148 所示。

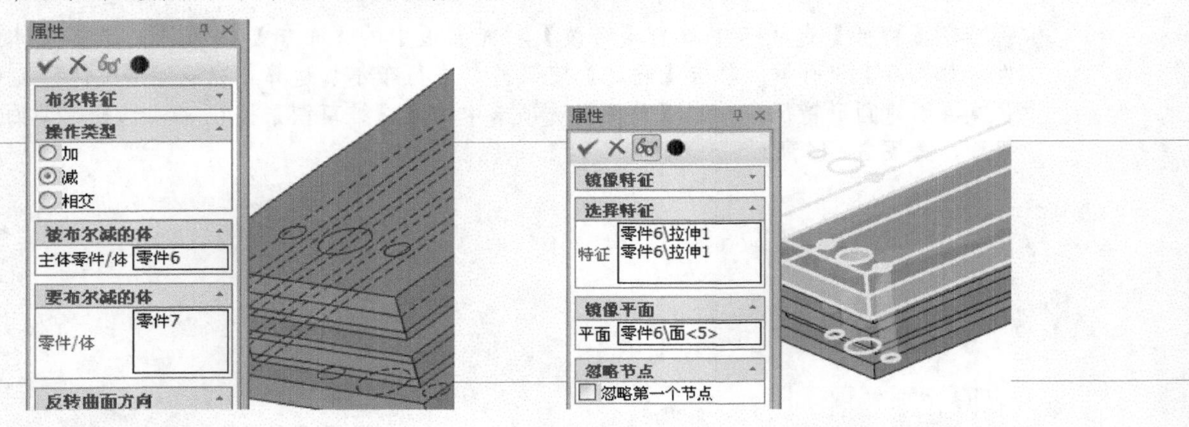


图 3-147　布尔减运算　　　　图 3-148　镜像特征

step 19 单击【草图】选项卡中的【二维草图】按钮，选择模型面作为绘图平面，如图 3-149 所示。

step 20 在【草图】选项卡中单击【绘制】功能面板中的【圆心+半径】按钮，绘制半径为 8 的圆，如图 3-150 所示。

step 21 单击【特征】功能面板中的【拉伸】按钮，选择拉伸草图，修改【属性】命令管理栏中的【高度值】为 2，完成拉伸，如图 3-151 所示。

step 22 单击【草图】选项卡中的【二维草图】按钮，选择模型面作为绘图平面，如图 3-152 所示。

step 23 在【草图】选项卡中单击【绘制】功能面板中的【圆心+半径】按钮，绘制边线上的圆，如图 3-153 所示。

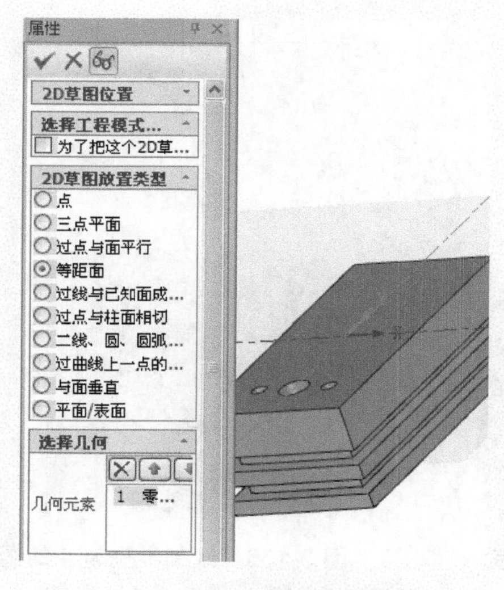


图 3-149　选择绘图平面

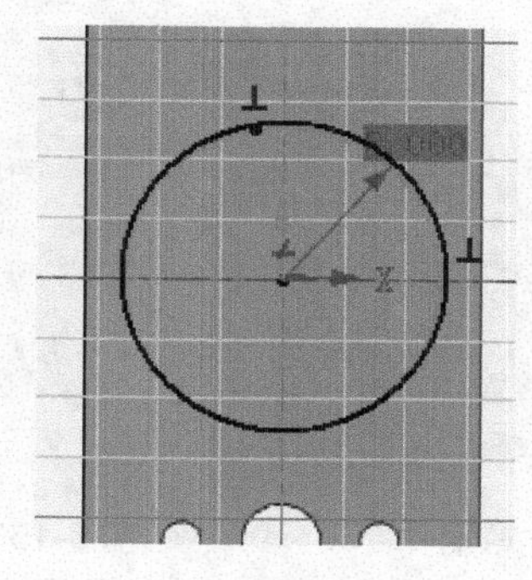

图 3-150　绘制半径为 8 的圆

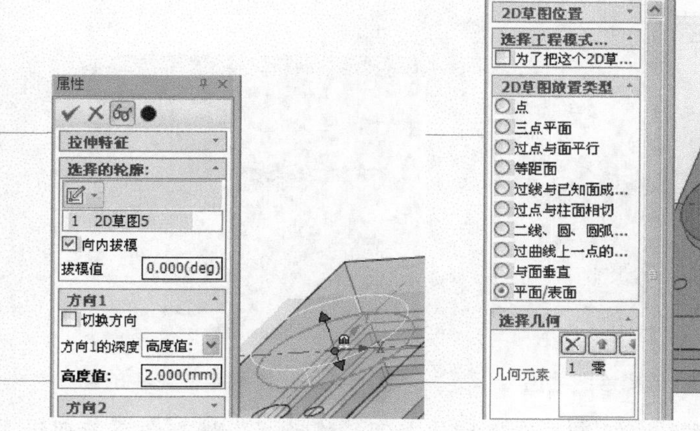


图 3-151　拉伸草图

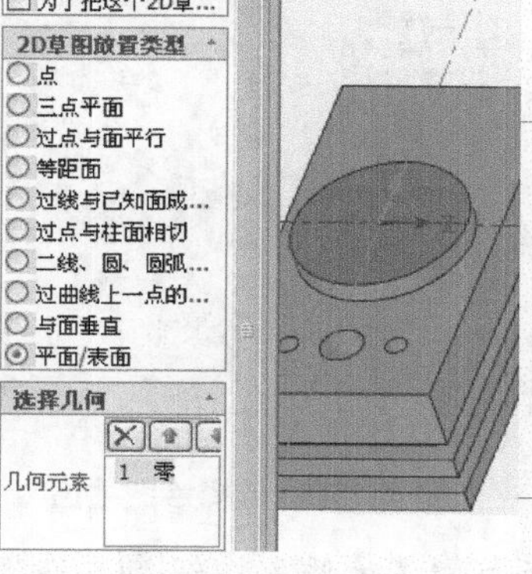


图 3-152　选择绘图平面

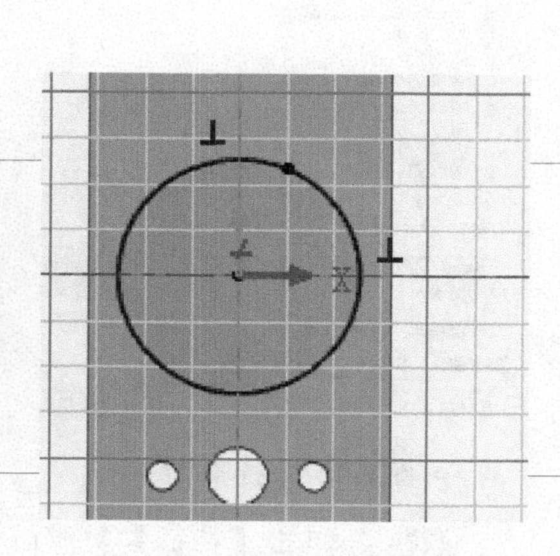

图 3-153　绘制边线上的圆

step 24 单击【特征】功能面板中的【拉伸】按钮，选择拉伸草图，修改【属性】命令管理栏中的【高度值】为 4，完成拉伸，如图 3-154 所示。

step 25 单击【草图】选项卡中的【二维草图】按钮，选择模型面作为绘图平面，如图 3-155 所示。

step 26 在【草图】选项卡中单击【绘制】功能面板中的【圆心+半径】按钮，绘制半径为 4 的圆，如图 3-156 所示。

step 27 单击【特征】功能面板中的【拉伸】按钮，选择拉伸草图，修改【属性】命令管理栏中的【高度值】为 6，完成拉伸，如图 3-157 所示。

step 28 单击【草图】选项卡中的【二维草图】按钮，选择模型面作为绘图平面，如图 3-158 所示。

step 29 在【草图】选项卡中单击【绘制】功能面板中的【圆心+半径】按钮，绘制半径为 1

的圆，如图 3-159 所示。

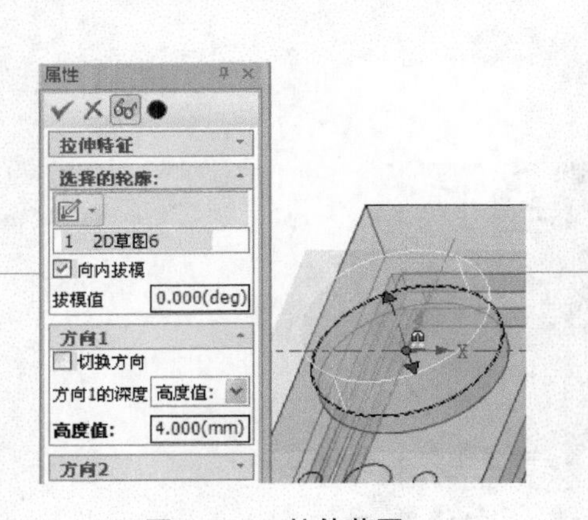


图 3-154 拉伸草图

图 3-155 选择绘图平面

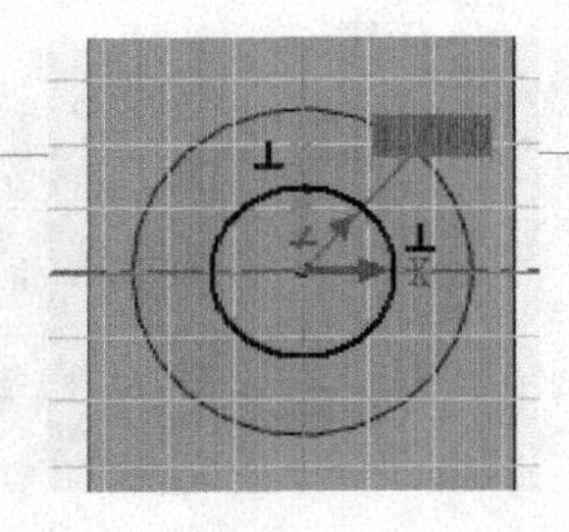

图 3-156 绘制半径为 4 的圆

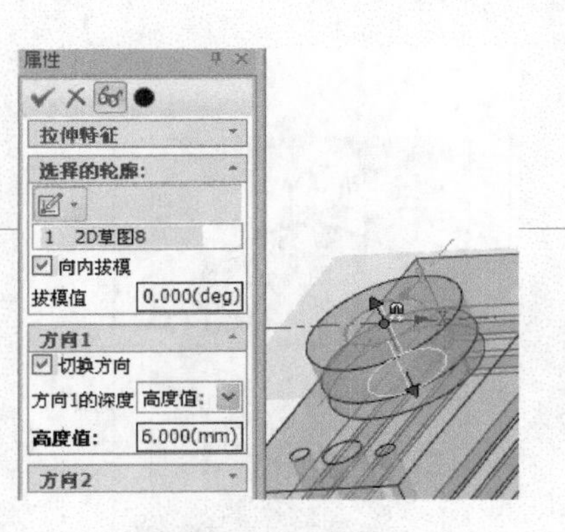


图 3-157 拉伸草图

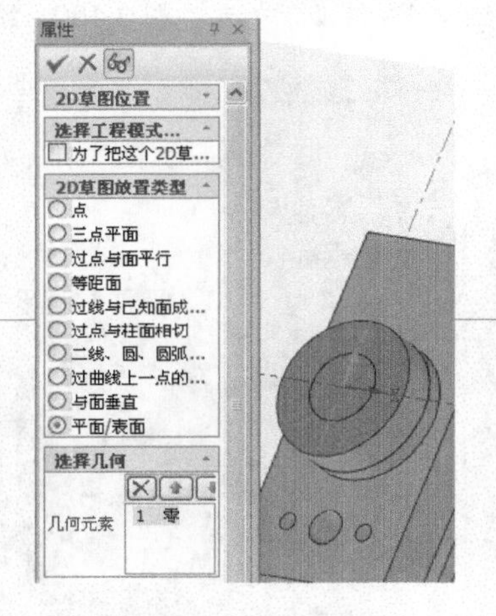


图 3-158 选择绘图平面

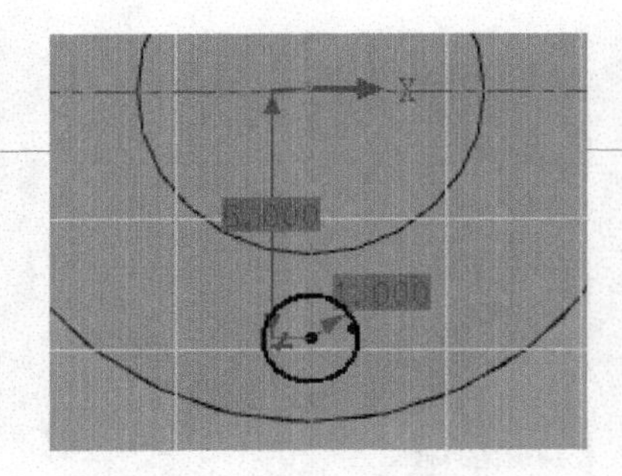

图 3-159 绘制半径为 1 的圆

step 30 单击【特征】功能面板中的【拉伸】按钮，选择拉伸草图，修改【属性】命令管理栏中的【高度值】为 6，完成拉伸，如图 3-160 所示。

step 31 在【特征】选项卡中单击【修改】功能面板中的【布尔】按钮，选择主体和被减零件，如图 3-161 所示。单击【确定】按钮，进行布尔减运算。

step 32 在【特征】选项卡中单击【修改】功能面板中的【布尔】按钮，选择主体和被减零件，如图 3-162 所示。单击【确定】按钮，进行布尔减运算。

step 33 在【特征】选项卡中单击【变换】功能面板中的【阵列特征】按钮，修改【属性】命令管理栏中的【角度】为 30，【数量】为 6，完成圆形阵列，如图 3-163 所示。

step 34 最后创建侧面特征，单击【草图】选项卡中的【二维草图】按钮，选择模型面作为绘图平面，如图 3-164 所示。

step 35 在【草图】选项卡中单击【绘制】功能面板中的【多边形】按钮，绘制如图 3-165 所示的六边形。

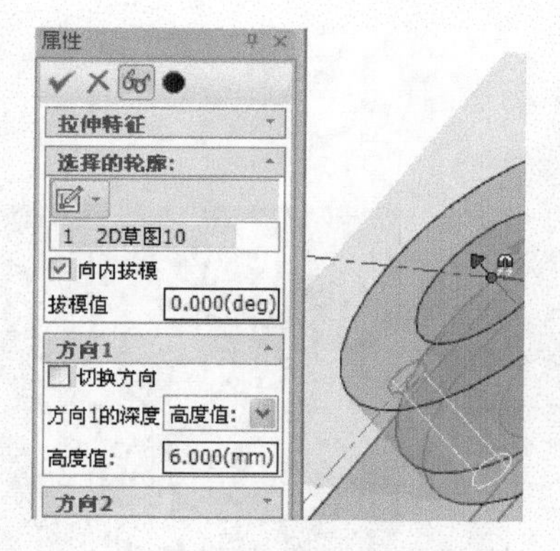


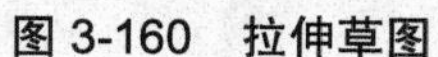
图 3-160 拉伸草图

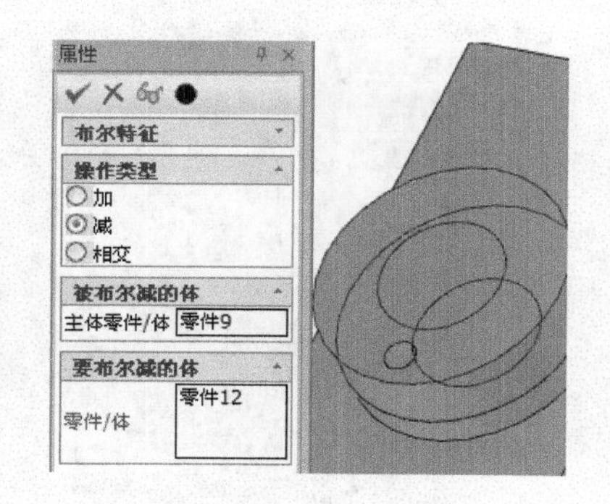


图 3-161 布尔减运算(1)

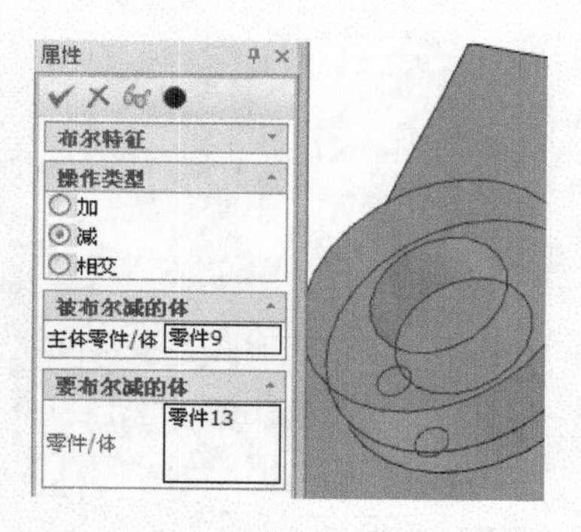


图 3-162 布尔减运算(2)

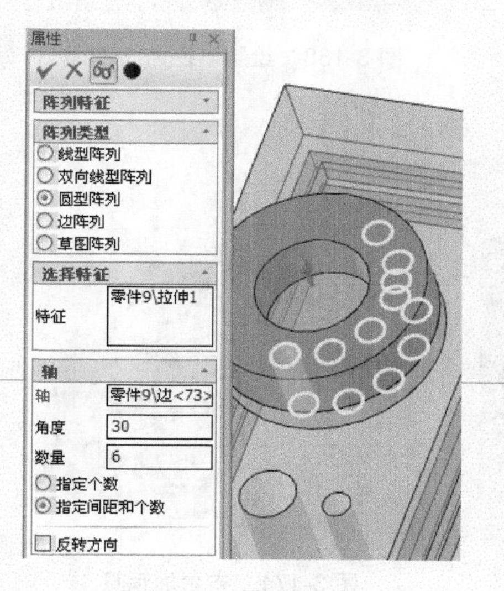


图 3-163 圆形阵列

图 3-164 选择绘图平面

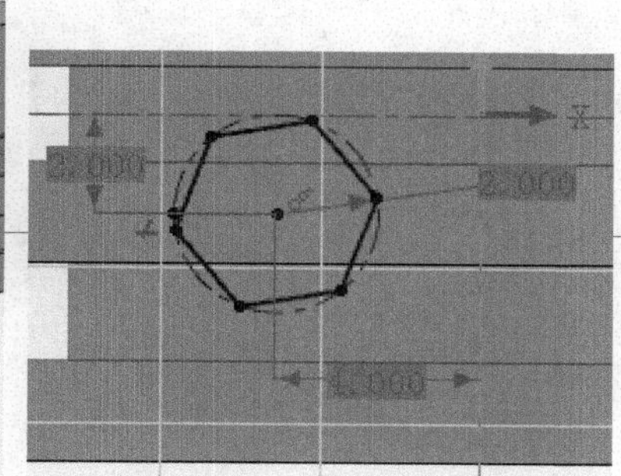


图 3-165 绘制多边形

step 36 单击【特征】功能面板中的【拉伸】按钮，选择拉伸草图，修改【属性】命令管理栏中的【高度值】为 4，完成拉伸，如图 3-166 所示。

step 37 单击【草图】选项卡中的【二维草图】按钮，选择模型面作为绘图平面，如图 3-167 所示。

step 38 在【草图】选项卡中单击【绘制】功能面板中的【圆心+半径】按钮，绘制半径为 1 的圆，如图 3-168 所示。

step 39 单击【特征】功能面板中的【拉伸】按钮，选择拉伸草图，修改【属性】命令管理栏中的【高度值】为 4，完成拉伸，如图 3-169 所示。

step 40 在【特征】选项卡中单击【修改】功能面板中的【裁剪】按钮，在【属性】命令管理栏中选择目标和工具，完成裁剪，如图 3-170 所示。

step 41 在【特征】选项卡中单击【修改】功能面板中的【布尔】按钮，选择主体和被加零件，如图 3-171 所示。单击【确定】按钮，进行布尔加运算。

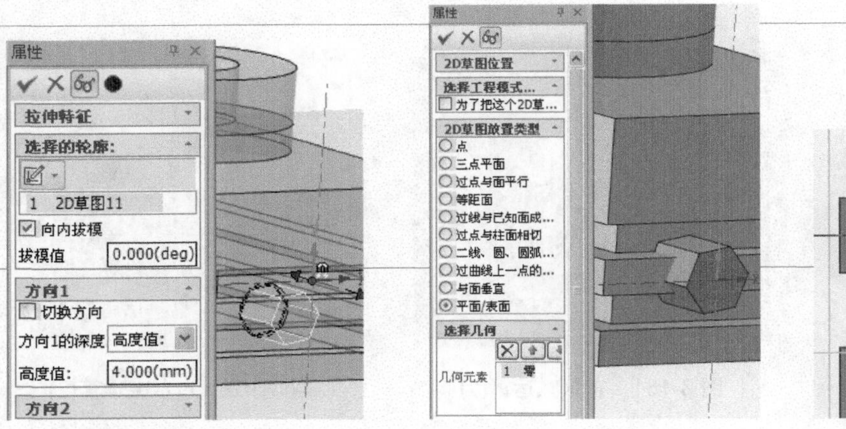
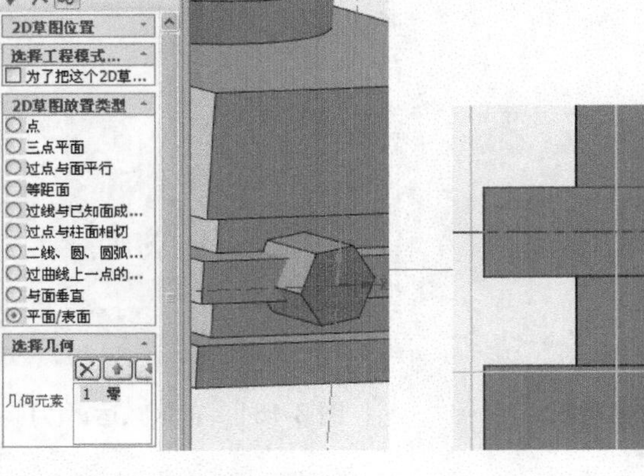
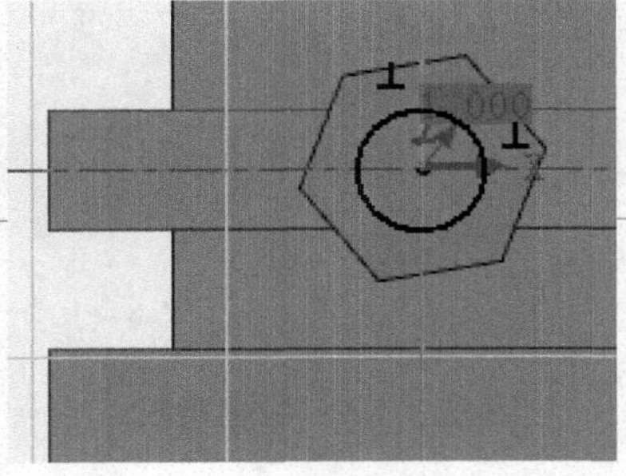

图 3-166　拉伸草图　　图 3-167　选择绘图平面　　图 3-168　绘制半径为 1 的圆

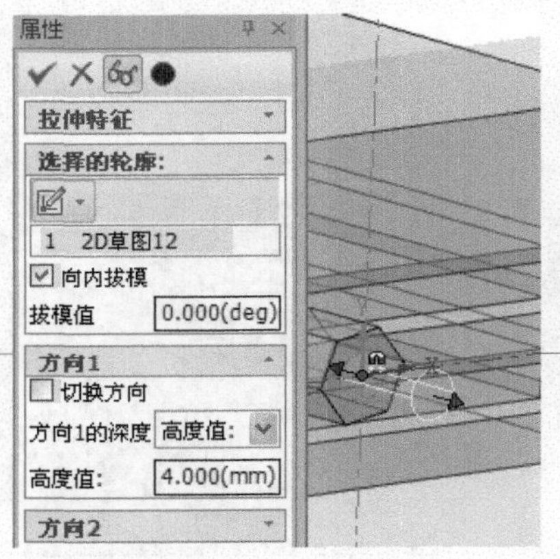
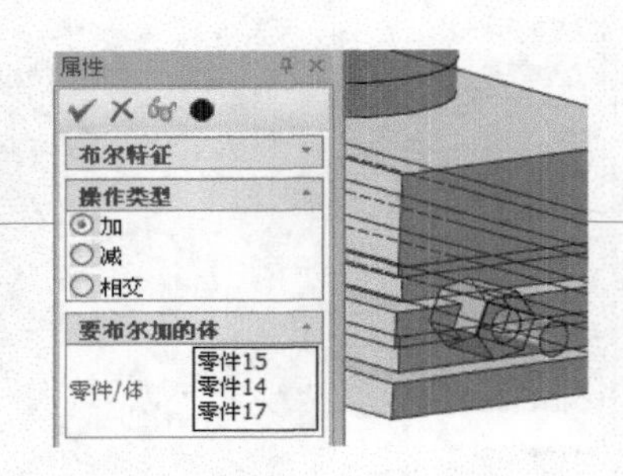

图 3-169　拉伸草图　　图 3-170　裁剪模型　　图 3-171　布尔加运算

step 42 在【特征】选项卡中单击【变化】功能面板中的【镜像特征】按钮，在【属性】命令管理栏中选择特征和镜像平面，完成镜像，如图 3-172 所示。

step 43 完成的气缸模型如图 3-173 所示。

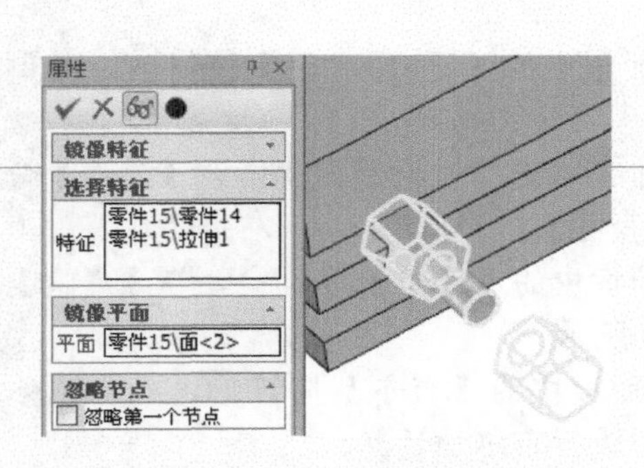

图 3-172　镜像特征

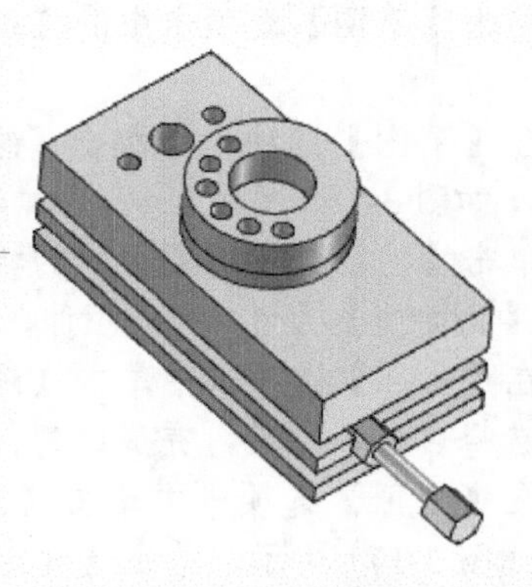

图 3-173　完成的气缸模型

**机械设计实践：** 随着计算机技术的发展，计算机在机械设计中得到了日益广泛的使用，并出现了许多高效率的设计、分析软件。利用这些软件可以在设计阶段进行多方案的对比，可以对不同的包括大型的和很复杂的方案的结构强度、刚度和动力学特性进行精确的分析。如图 3-174 所示的紧固件，可以使用计算机模拟安装，分析机械运行状态。

图 3-174　紧固件

## 阶段进阶练习

在进行基本实体特征设计后，需要对模型进行深化设计或精细设计。CAXA 实体设计提供了对零件的特征修改、直接编辑及变换工具。在实体编辑过程中，【修改】功能面板中的命令往往不能满足某些特殊需要，这时就要使用特征直接编辑和特征变换的命令。

本教学日主要介绍了特征修改的相关内容，其中【抽壳】、【过渡】、【拔模】等特征命令是经常用到且比较重要的内容，直接编辑针对特征模型，特征变换针对特征面，是对特征修改的有力补充，读者可以结合范例进行融会贯通。

使用本教学日学过的各种命令来创建如图 3-175 所示的壳体模型。

练习步骤和方法如下。

(1) 拉伸创建基体。

(2) 绘制草图创建筋。

(3) 拉伸切除孔。

(4) 创建细节特征。

图 3-175　壳体模型

设计师职业培训教程

# 第4教学日

曲线构建与曲面设计是三维设计的重要部分，可以利用丰富的曲线、曲面造型设计在设计环境中生成更加复杂的曲线、曲面。CAXA 实体设计提供了丰富的曲面造型手段。构造曲面的关键是搭建线架构，在线架构的基础上选用各种曲面的生成方法，构造所需定义的曲面来描述零件的外表面。本教学日重点介绍三维曲线的创建和三维曲面各种命令的应用。

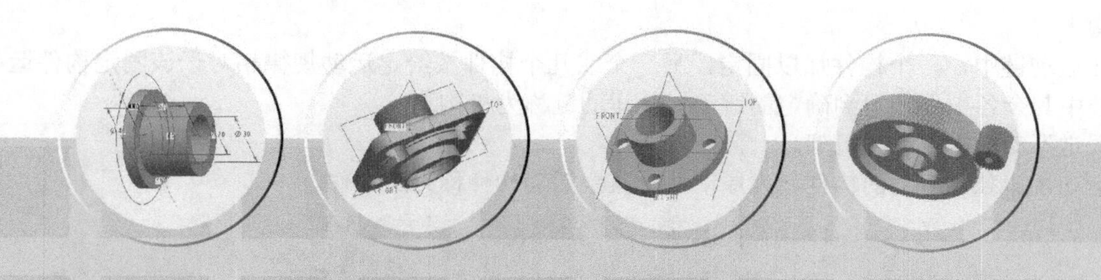

# 第1课 1课时 设计师职业知识——机构的组成和运动

## 1. 机构的组成

1) 构件

定义：每一个独立影响机械功能并能独立运动的单元体称为构件。

构件可以是一个独立的运动构件，也可以由几个零件连接在一起组成，如图 4-1 所示。

2) 运动副

定义：每两个构件间的这种直接接触所形成的可动连接称为运动副，如图 4-2 所示。运动副元素(即接触形式)：点、线、面。

分类标准：按接触形式分类；按相对运动的形式分类；按引入的约束数分类；按接触部分的几何形状分类。

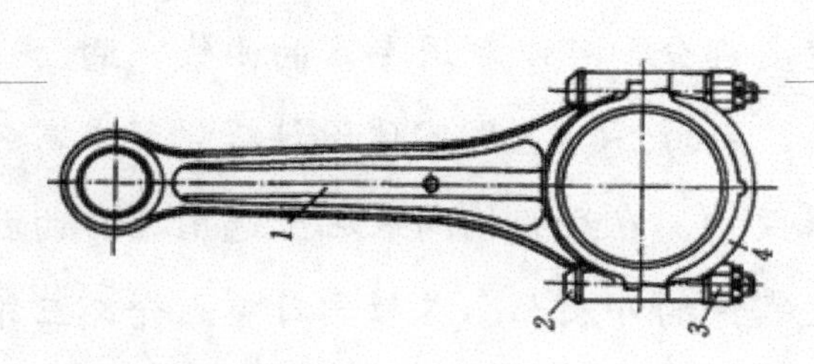

图 4-1 构件

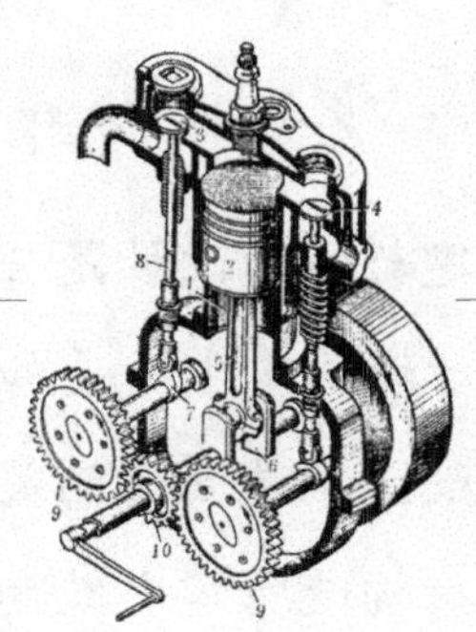

图 4-2 运动机构中的运动副

3) 运动链

定义：两个以上的构件通过运动副的连接而构成的系统。运动链分为开式链和闭式链，如图 4-3 所示。

4) 机构

定义：在运动链中，一个构件加以固定，另一个或几个构件按给定运动规律相对于该固定构件运动，若运动链中其余各构件能得到确定的运动，此运动链称为机构。

机构中固定不动的构件称为机架。

按给定运动规律独立运动的构件称为原动件，其余活动构件称为从动件。

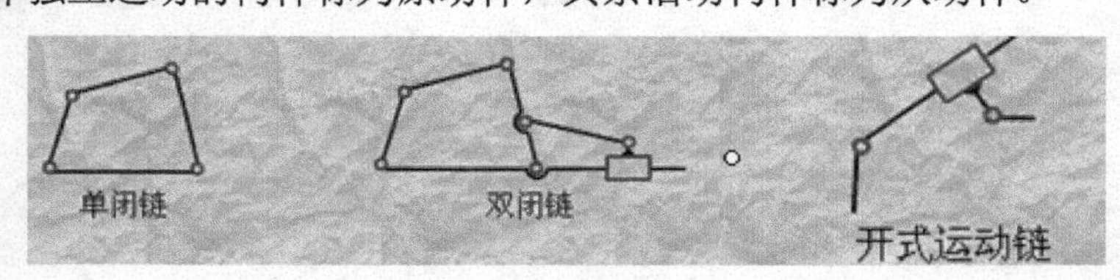


图 4-3 运动链

**2. 机构运动简图**

定义：用国际规定的简单符号和线条代表运动副和构件，并按一定的比例尺表示机构的运动尺寸，绘制出表示机构的简明图形，这种图形称为运动简图，如图 4-4 所示。

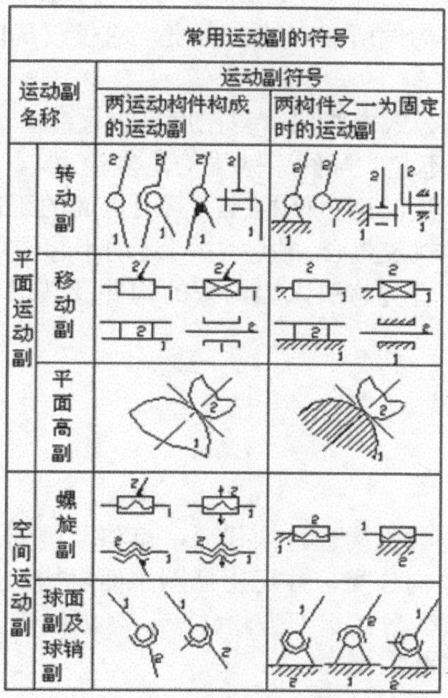

| 常用运动副的符号 | | | |
|---|---|---|---|
| 运动副名称 | | 运动副符号 | |
| | | 两运动构件构成的运动副 | 两构件之一为固定时的运动副 |
| 平面运动副 | 转动副 | | |
| | 移动副 | | |
| | 平面高副 | | |
| 空间运动副 | 螺旋副 | | |
| | 球面副及球销副 | | |

图 4-4　运动副符号

若不按严格比例绘制出的简图通常称为机构示意图。

简图的绘制步骤如下。

(1)　分析机械的动作原理、组成情况和运动情况，确定其组成的各构件，何为原动件、机架、执行部分和传动部分。

(2)　沿着运动传递路线，逐一分析每两个构件间相对运动的性质，以确定运动副的类型和数目。

(3)　恰当地选择运动简图的视图平面。(尽可能地选择多数构件的运动平面，必要时选择两个或多个视图)

(4)　选择适当的比例，定出各运动副的相对位置，绘制简图。从原动件开始，按传动顺序标出个构件的编号和运动副的代号。原动件用箭头表示其运动方向。

**3. 运动链成为机构的条件**

1)　运动链的自由度计算

计算公式：

$$F=4-n-5P_4-4P_4-3P_4-2P_4-P_1$$

平面运动链的自由度计算公式：

$$F=3n-2P_4-P_4$$

式中：$F$ 表示运动链的自由度数，共有 $n$ 个构件，$n$ 为活动构件的数目，$P_n$ 为 $n$ 级副的个数。

条件：取运动链中的一个构件相对固定作为机架，运动链，相对于机架的自由度必须大于零，且原动件的数目等于运动链的自由度数。

2) 计算自由度时应注意的问题

(1) 复合铰链：两个以上的构件自同一处以转动副相连接组成的运动副。

处理方法：若有 $k$ 个构件在同一处组成复合铰链，则其构成的转动副数目应为$(k-1)$个。

(2) 局部自由度：机构中某些构件所具有的自由度，它仅仅局限于该构件本身，并不影响其他构件的运动。

处理方法：从机构自由度计算公式中将局部自由度减去。

(3) 虚约束: 机构中所存在的不起实际约束效果的重复约束。

发生场合：两构件间构成多个运动副；两构件上某两点间的距离在运动过程中始终保持不变；连接构件上与被连接构件上连接点的轨迹重合；机构中对运动不起作用的对称部分。

处理方法：在计算自由度时，首先将引入虚约束的构件及其运动副除去不计，然后用自由度公式进行计算。

**4. 机构的组成原理和结构分析**

1) 平面机构的高副低代

实质：以低副来代替高副。

目的：其一，将含有平面高副的机构进行低代后，可将其视为只含低副的平面机构，就可根据机构组成原理和结构方法对其进行结构分类，并运用低副平面机构的分析方法对其进行分析和研究。其二，高副低代及其逆过程，是机构变异的重要方法之一。高副低代如图 4-5 所示。

(1) 代替前后机构的自由度不变。

(2) 代替前后机构的瞬时数度和瞬时加速度不变。

2) 机构的组成原理

内容：把若干个自由度为零的基本杆组依次连接到原动机和机架上，就可组成一个新的机构，其自由度与原动件的数目相等，如图 4-6 所示。

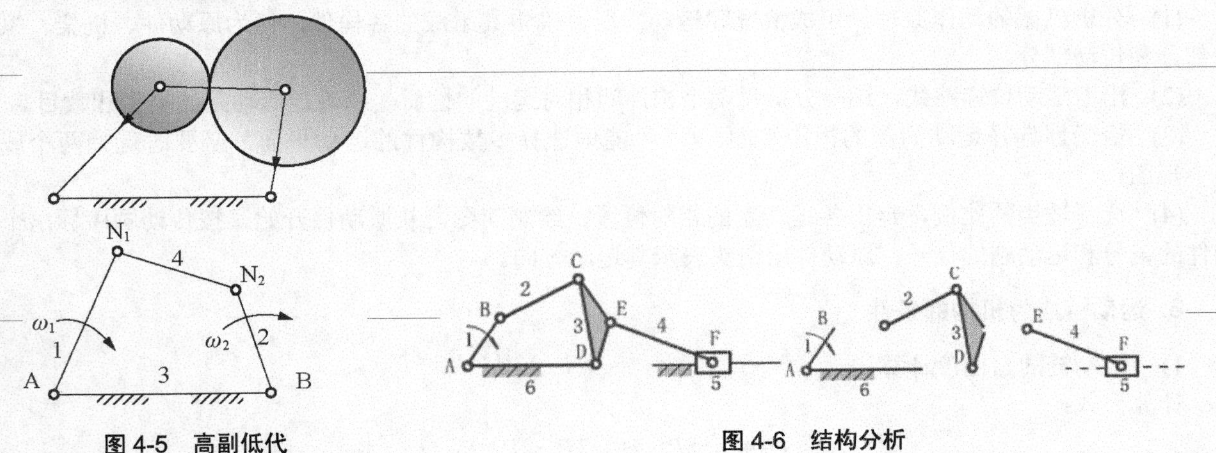


图 4-5　高副低代　　　　图 4-6　结构分析

# 第2课 2课时 3D点应用

在 CAXA 实体设计中构造曲面的基础是线架构，搭建线架构的基础是 3D 曲线，而生成 3D 曲线的基础是建构 3D 空间点。3D 空间点是造型中最小的单元，通常在造型时可将 3D 曲面作为参考来搭建线架构，在造型设计中起着重要作用。

## 4.2.1 生成 3D 点

**行业知识链接：**在机械设计中，三维空间上的点称为 3D 点，它的定位形式有很多种。如图 4-7 所示的曲面零件，其上的特征顶点要使用 3D 点命令创建。

图 4-7 CAXA 三维曲面零件

3D 点是 3D 曲线下的一种几何单元，CAXA 实体设计提供了以下几种生成点的方式。

### 1. 读入点数据文件

点数据文件是指按照一定格式输入点的文本文件。文件中的坐标为(X，Y，Z)的形式，坐标值用逗号或空格分隔开。

在【曲面】选项卡中单击【三维曲线】功能面板中的【三维曲线】按钮，或选择【文件】|【输入】|【3D 曲线中输入】|【导入参考点】命令，在弹出的【导入参考点】对话框中输入点数据文件所在的路径，即可读入点数据文件并生成 3D 点。

### 2. 坐标点

坐标点功能可以通过输入 3D 坐标值约束点的精确位置。在【三维曲线】命令管理栏中，单击【插入参考点】按钮，然后在下方的【坐标输入位置】文本框中输入坐标值。

### 3. 任意点及相关点

CAXA 实体设计提供了在 3D 空间任意绘制点的方式，再加上其强大的智能捕捉及三维球变换的功能，可绘制出通常 3D 软件所提供的曲线上点、平面上点、曲面上点、圆心点、交点、中点和等分点等生成点的方式。

## 4.2.2 编辑点

**行业知识链接：**机械设计的步骤中，如果创建了 3D 点，不可避免要进行点的编辑，或者使点的属性发生改变。如图 4-8 所示是曲面设计过程中添加的细节特征，曲面上的某些点要进行编辑。

图 4-8 曲面细节

一般设计中会出现很多反复设计的过程，当绘制完成的几何元素需要更改时，希望通过编辑的方式进行修改后重新生成。

CAXA 实体设计提供了 3 种编辑点的方式。

### 1. 利用右键快捷菜单编辑

在曲线编辑状态下，右击 3D 点，在弹出的快捷菜单中选择【编辑】命令，然后在弹出的【编辑绝对点位置】对话框中修改点的坐标值，如图 4-9 所示。

### 2. 利用三维球编辑

选中 3D 点，按 F10 键或单击【三维球】按钮激活三维球，右击三维球中心点，在弹出的快捷菜单中选择【编辑位置】命令，然后在弹出的【编辑中心位置】对话框中修改点的坐标值，如图 4-10 所示。

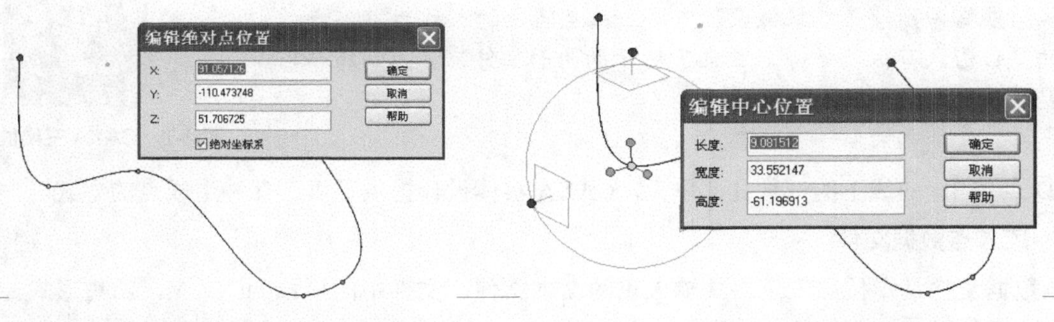


图 4-9 【编辑绝对点位置】对话框　　　图 4-10 【编辑中心位置】对话框

### 3. 利用 3D 曲线属性表编辑

CAXA 实体设计的 3D 点属于 3D 曲线中的几何元素，可右击曲线，在快捷菜单中选择【3D 曲线属性】命令，通过【3D 曲线】对话框的【位置】选项设置界面中的 3D 曲线属性表编辑点的坐标值，通过【3D 曲线】选项设置界面设置曲线长度，如图 4-11 和图 4-12 所示。

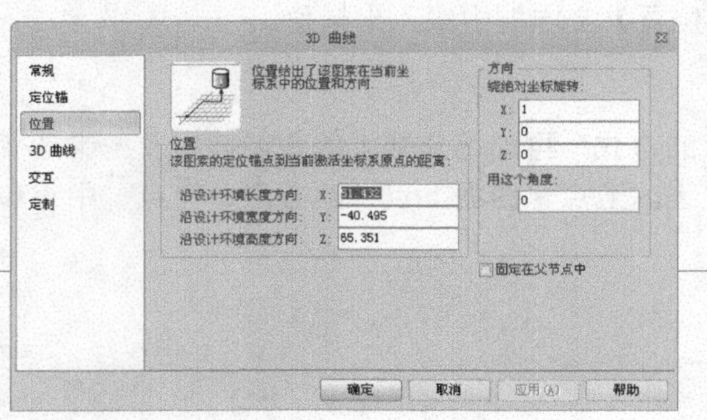


图 4-11 【位置】设置界面

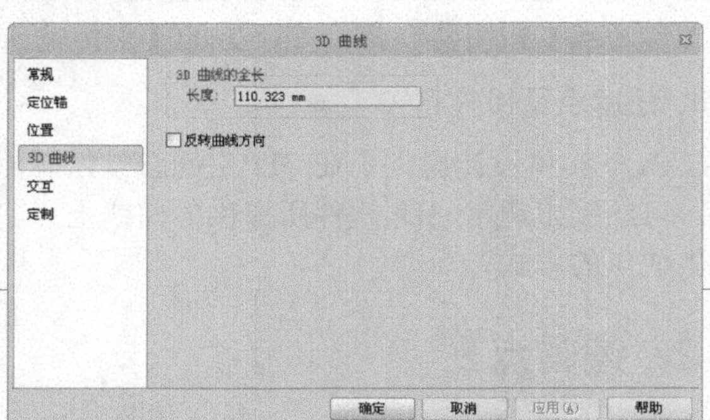


图 4-12 【3D 曲线】选项设置界面

## 课后练习

案例文件： ywj\04\01. ics

视频文件： 光盘\视频课堂\第 4 教学日\4.2

本节课后练习创建夹子的曲面模型，夹子是夹取物品的一种工具，它具有一些特殊曲面，需要创建空间曲线配合曲面的生成。如图 4-13 所示是完成的夹子模型。

本节案例主要练习夹子模型的创建，使用【旋转】命令创建曲面，之后修剪样条线拉伸的曲面，再创建导动面进行连接，最后镜像曲面。绘制夹子模型的思路和步骤如图 4-14 所示。

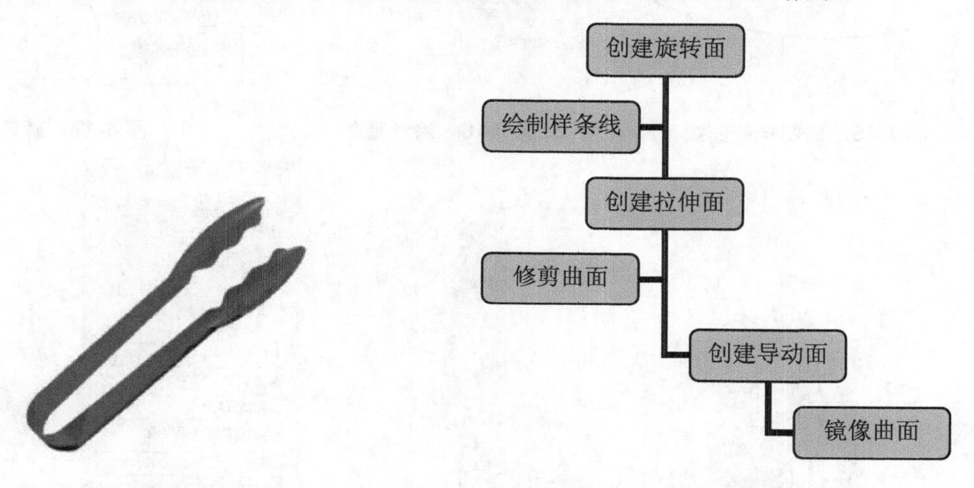


图 4-13　夹子模型　　　　图 4-14　绘制夹子模型的步骤

案例操作步骤如下。

step 01 首先创建旋转面，单击【草图】选项卡中的【二维草图】按钮，选择 Y-Z 基准面作为草图绘制平面，在【草图】选项卡中单击【绘制】功能面板中的【B 样条】按钮，绘制样条曲线，如图 4-15 所示。

step 02 在【曲面】选项卡中单击【三维曲线】功能面板中的【三维曲线】按钮，选择【三维曲线】命令管理栏中的【插入直线】按钮，绘制直线，如图 4-16 所示。

step 03 单击【曲面】功能面板中的【旋转面】按钮，修改【属性】命令管理栏中的【旋转终止角度】为 180 度，旋转图形，如图 4-17 所示。

step 04 再创建拉伸面，单击【草图】选项卡中的【二维草图】按钮，选择 Z-X 基准面作为草图绘制平面，在【草图】选项卡中单击【绘制】功能面板中的【2 点线】按钮，绘制长度为 6 的线段，如图 4-18 所示。

step 05 在【草图】选项卡中单击【绘制】功能面板中的【B 样条】按钮，绘制样条曲线，如图 4-19 所示。

step 06 单击【特征】功能面板中的【拉伸】按钮，选择拉伸草图截面，修改【属性】命令管理栏中的方向【高度值】均为 10，完成拉伸，如图 4-20 所示。

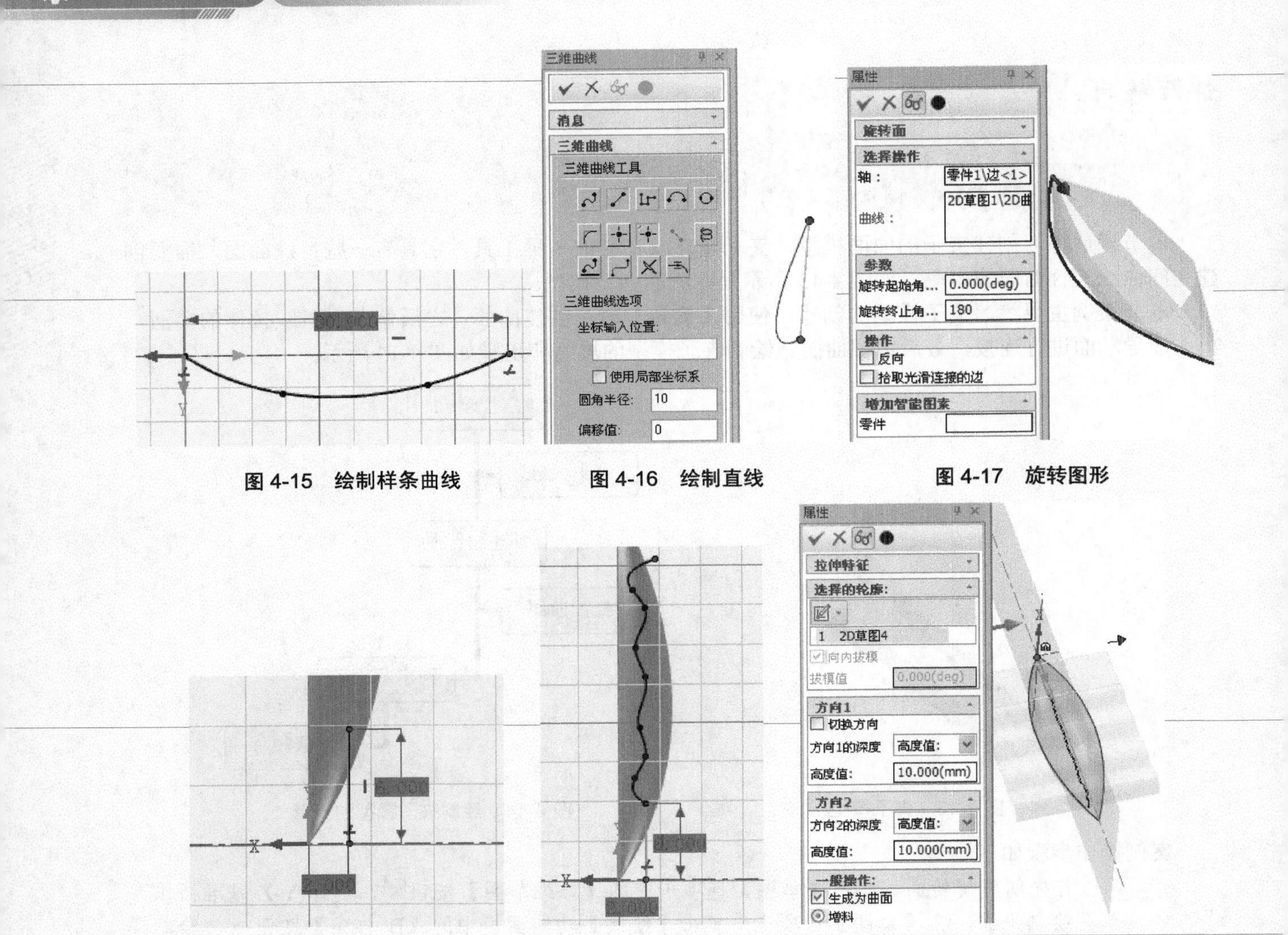


图 4-15 绘制样条曲线　　图 4-16 绘制直线　　图 4-17 旋转图形

图 4-18 绘制长度为 6 的线段　　图 4-19 绘制样条曲线　　图 4-20 拉伸草图

step 07 在【特征】选项卡中单击【修改】功能面板中的【裁剪】按钮，选择【属性】命令管理栏中的目标零件和工具，完成裁剪曲面，如图 4-21 所示。

step 08 选择拉伸曲面，右击，在弹出的快捷菜单中选择【隐藏选择对象】命令，如图 4-22 所示。

step 09 在【曲面】选项卡中单击【三维曲线】功能面板中的【三维曲线】按钮，单击【插入参考点】按钮，创建两个参考点，如图 4-23 所示。

step 10 在【曲面】选项卡中单击【三维曲线】功能面板中的【提取曲线】按钮，选择曲面边线，创建曲线，如图 4-24 所示。

step 11 在【曲面】选项卡中单击【三维曲线】功能面板中的【三维曲线】按钮，单击【插入直线】按钮，绘制直线，如图 4-25 所示。

step 12 在【曲面】选项卡中单击【三维曲线编辑】功能面板中的【裁剪/分割 3D 曲线】按钮，选择曲线和工具，裁剪曲线，如图 4-26 所示。

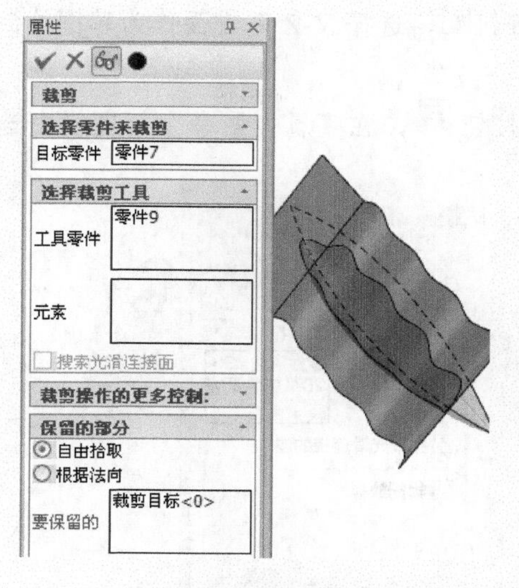


图 4-21　裁剪曲面

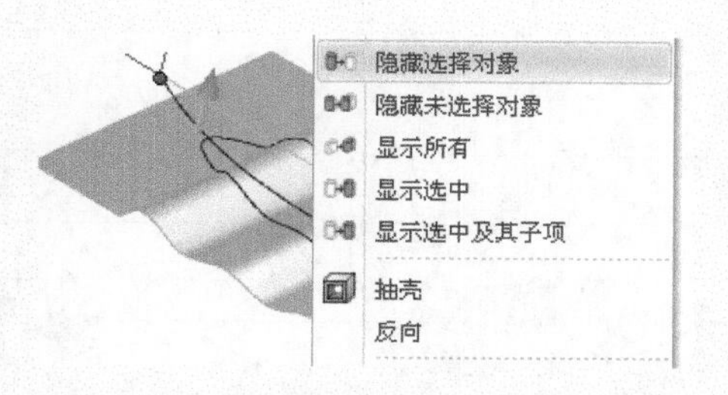


图 4-22　选择【隐藏选择对象】命令

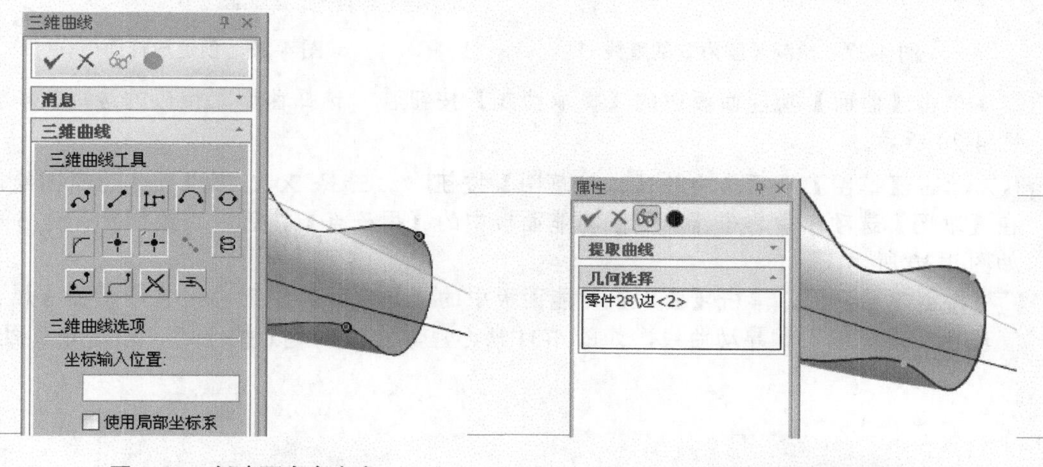


图 4-23　创建两个参考点

图 4-24　提取曲线

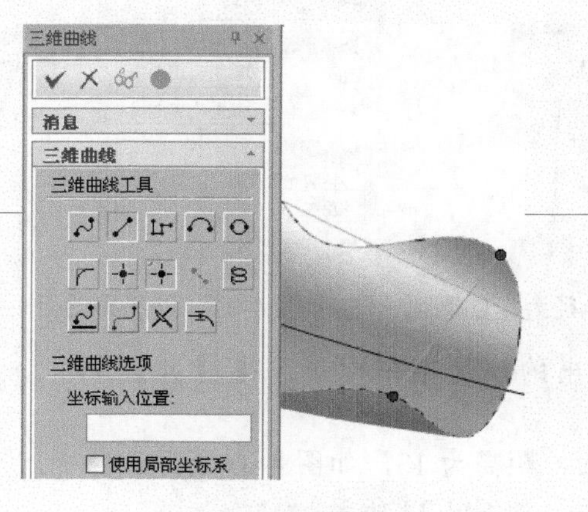


图 4-25　绘制直线

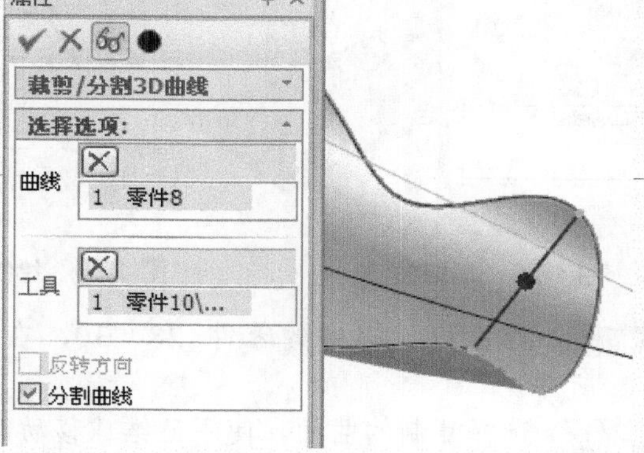


图 4-26　裁剪曲线

step 13 单击【草图】选项卡中的【二维草图】按钮，选择 Y-Z 基准面作为草图绘制平面，绘制长度为 3 的直线，如图 4-27 所示。

step 14 单击【曲面】功能面板中的【放样面】按钮，在【属性】命令管理栏中选择放样曲线，创建放样面，如图 4-28 所示。

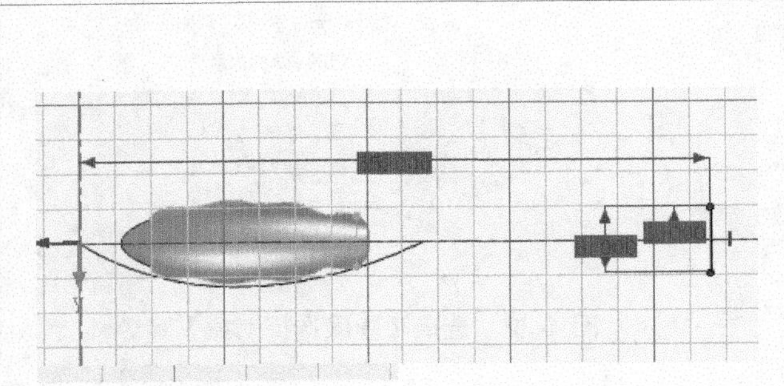

图 4-27　绘制长度为 3 的直线

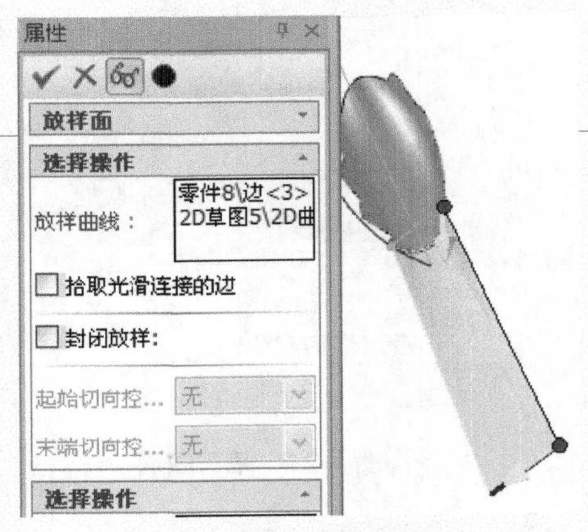


图 4-28　创建放样面

step 15 单击【曲面】功能面板中的【提取曲线】按钮，选择曲面上相应的边，提取直线，如图 4-29 所示。

step 16 单击【草图】选项卡中的【二维草图】按钮，选择 X-Y 基准面作为草图绘制平面，在【草图】选项卡中单击【绘制】功能面板中的【用三点】按钮，绘制半径为 5 的圆弧，如图 4-30 所示。

step 17 再创建导动面，单击【曲面】功能面板中的【导动面】按钮，在导动面【属性】命令管理栏中选择截面和导动曲线，如图 4-31 所示。单击【确定】按钮，创建导动面。

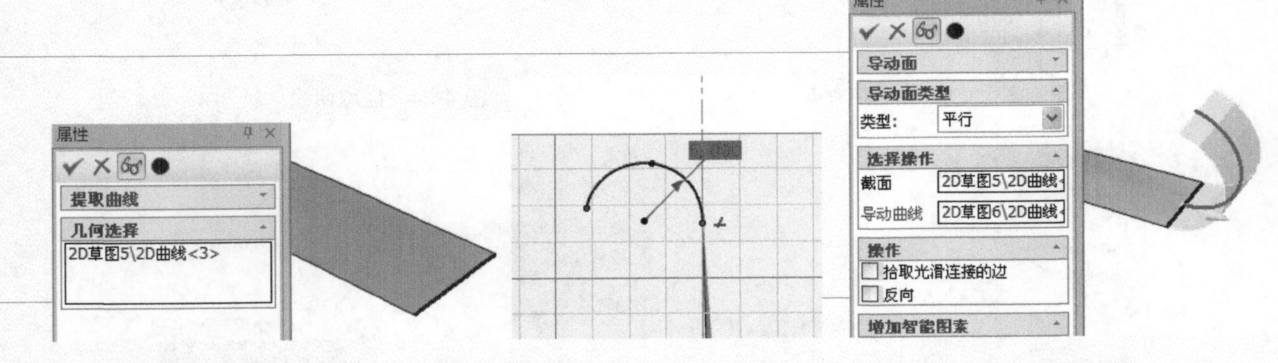


图 4-29　提取曲线　　图 4-30　绘制半径为 5 的圆弧　　图 4-31　创建导动面

step 18 右击设计树中的零件 28、30，在弹出的快捷菜单中选择【拷贝】命令，如图 4-32 所示。

step 19 选择复制的曲面，使用三维球移动曲面，距离为 13，如图 4-33 所示。

step 20 选择复制的曲面，使用三维球旋转曲面，如图 4-34 所示。

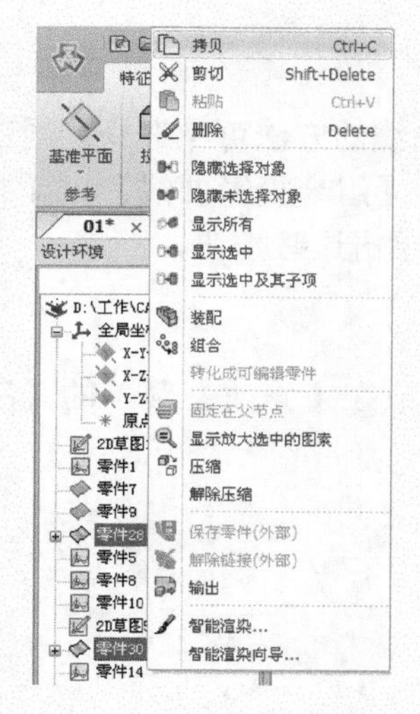


图 4-32　选择【拷贝】命令

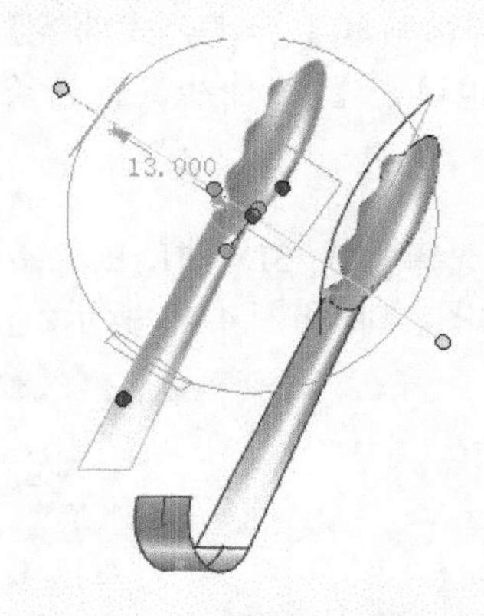


图 4-33　移动曲面

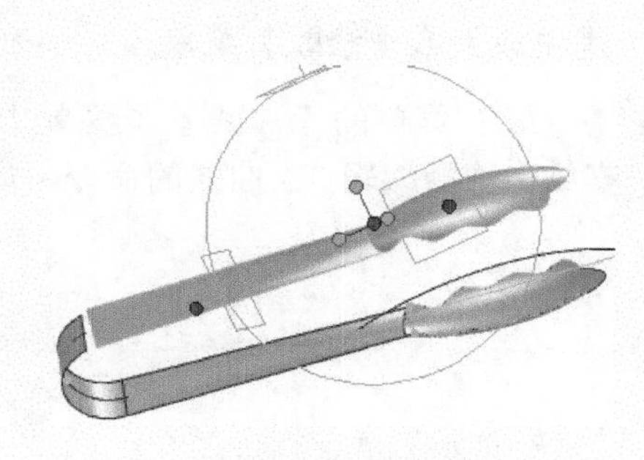

图 4-34　旋转曲面

step 21 在【曲面】选项卡中单击【曲面编辑】功能面板中的【合并曲线】按钮，在【属性】命令管理栏中选择两个曲面进行合并，如图 4-35 所示。

step 22 完成的夹子曲面模型如图 4-36 所示。

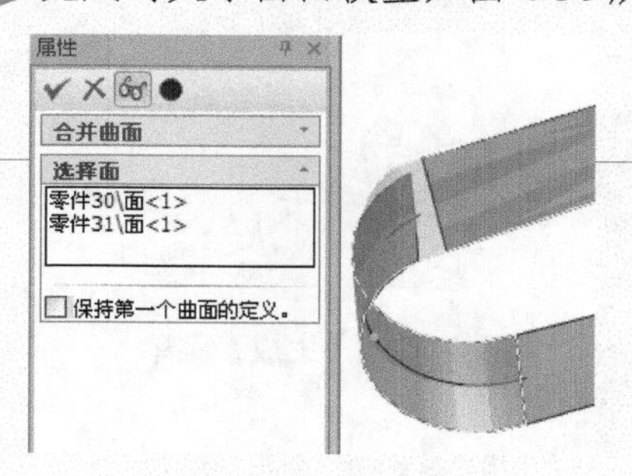


图 4-35　合并曲面

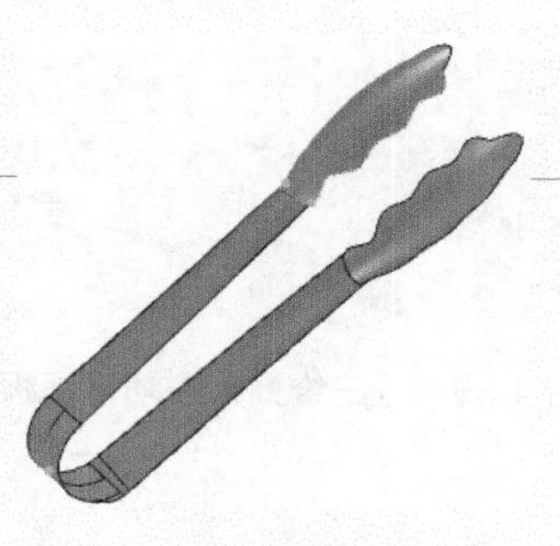

图 4-36　完成的夹子模型

**机械设计实践：**机械设计中，设计者要考虑机械各主要零件的受力、强度、形状、尺寸和重量等，并绘制主要零、部件草图。这时如发现原来选用的结构不可行，就必须调整或修改结构。在进行结构调整时，很多时候要用到三维球和 3D 点的定位。如图 4-37 所示是拨叉设计完成后，对连接部分进行修改。

图 4-37　拨叉零件

## 第 3 课　2 课时　创建三维曲线

在 CAXA 实体设计中可以通过两种方法进行 3D 曲线设计。

### 1. 通过【3D 曲线】按钮

在【曲面】选项卡的【三维曲线】功能面板中，有多种生成 3D 曲线的方法可供选择：【三维曲线】、【提取曲线】、【曲面交线】、【等参数线】、【公式曲线】、【组合投影曲线】、【曲面投影线】和【包裹曲线】，如图 4-38 所示。也可在【3D 曲线】工具条中单击这些按钮。

### 2. 【生成】或【修改】菜单

在【生成】菜单的【曲线】子菜单中选择生成 3D 曲线的命令，或在【修改】菜单的【三维曲线】子菜单中选择编辑 3D 曲线的命令，如图 4-39 和图 4-40 所示。

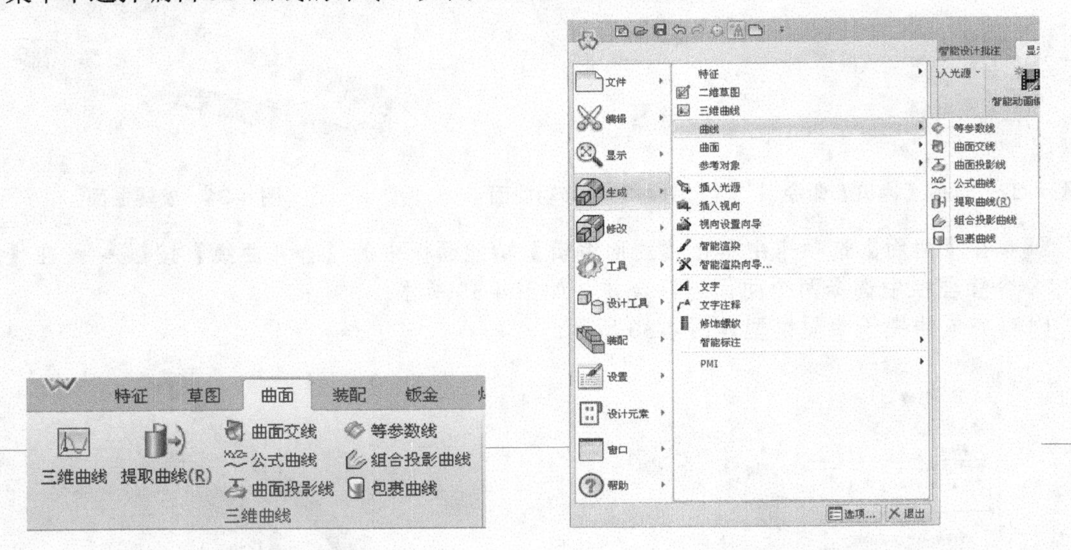


图 4-38 【三维曲线】功能面板

图 4-39 【生成】菜单

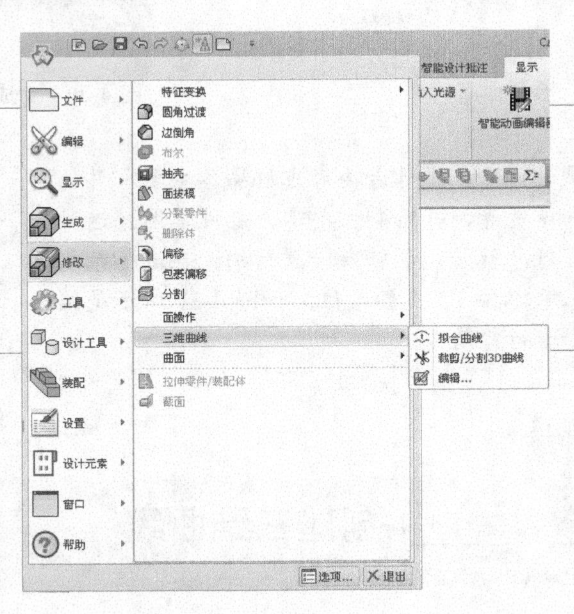


图 4-40 【修改】菜单

### 4.3.1 生成 3D 曲线

**行业知识链接**：直观上，曲线可看成空间质点运动的轨迹。3D 曲线可以看作两个曲面的交线，所以可以用这两个曲面的方程表示曲线。如图 4-41 所示，叶轮零件的叶片特征，由曲线扫描生成。

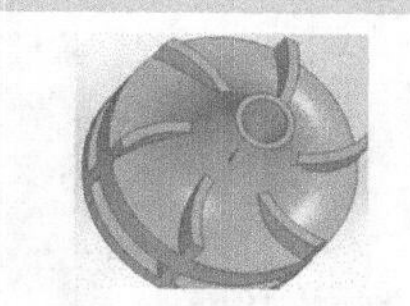
图 4-41 叶轮零件

CAXA 实体设计提供了多种生成 3D 曲线的方式，包括绘制 3D 曲线、由曲面及实体边生成 3D 曲线、生成曲面交线和生成等参数线等。

1. 绘制 3D 曲线

在【曲面】选项卡中单击【三维曲线】功能面板中的【三维曲线】按钮，在设计环境左侧弹出【三维曲线】命令管理栏，如图 4-42 所示。

选中【使用局部坐标系】复选框可以在绝对坐标系与局部坐标系之间进行切换。一般情况下是以绝对坐标输入，但有时为了方便设计，也会采用局部坐标系。在输入 3D 曲线时，系统总会提示输入一个定位点，这个点就是前面讲过的锚点，这一点也是局部坐标系的原点。

1) 插入样条曲线

单击【三维曲线】命令管理栏的【三维曲线工具】选项组中的【插入样条曲线】按钮，进入样条曲线输入状态。插入样条曲线的方法有以下 4 种。

(1) 捕捉 3D 空间点绘制样条曲线：利用 3D 空间点作为参考点，以捕捉参考点的方式生成样条曲线。3D 空间点可以是绘制的 3D 点、实体和曲面上能捕捉到的点、曲线上的点等。

(2) 借助三维球绘制样条曲线：利用三维球在三维空间中可以灵活、方便并直观地连续绘制三维曲线，并且提供了任意绘制和精确绘制两种方式，成为实体设计独有的一种绘制样条曲线的方式。这里只作简单介绍，后面将涉及这种绘制方式。

(3) 输入坐标点绘制样条曲线：根据输入的三维坐标点自动生成一条光滑的曲线。输入坐标值的格式为“X 坐标，Y 坐标，Z 坐标”，坐标值之间用空格隔开，不可加入其他字符，坐标值不可省略。

(4) 读入文本文件绘制样条曲线：读入样条数据文件。样条数据文件是指包含形成三维 B 样条的拟合点的文件。文件中的坐标为(X，Y，Z)的形式，坐标值用逗号、Tab 键或空格分隔开。使用时，选择【文件】|【输入】|【3D 曲线中输入】|【输入样条曲线】菜单命令，如图 4-43 所示，在弹出的【输入 3D 样条曲线】对话框中输入样条数据文件所在的路径，即可读入样条数据文件并生成样条曲线。

2) 插入直线

单击【三维曲线】命令管理栏中的【插入直线】按钮，输入空间直线的两个端点。这两个点可以通过输入精确的坐标值来确定，也可以拾取绘制的 3D 点、实体和其他曲线上的点。

如果在单击【插入直线】按钮后，按住 Shift 键选择曲面上任意一点或曲面上线的交点作为直线的第一点，则可以很方便地绘制出曲面上指定点的法线，如图 4-44 所示。

3) 插入多义线

单击【三维曲线】命令管理栏中的【插入多义线】按钮，进入绘制连续直线状态。单击鼠标依次设置连续直线段的各个端点，可以生成连续的直线。在多义线中间端点的手柄处右击，在弹出的快捷菜单中选择【编辑】命令，可以在弹出的【编辑绝对点位置】对话框中设置线段端点的精确坐标值，如图 4-45 所示。

图 4-42 【三维曲线】命令管理栏　　图 4-43 选择【输入样条曲线】命令

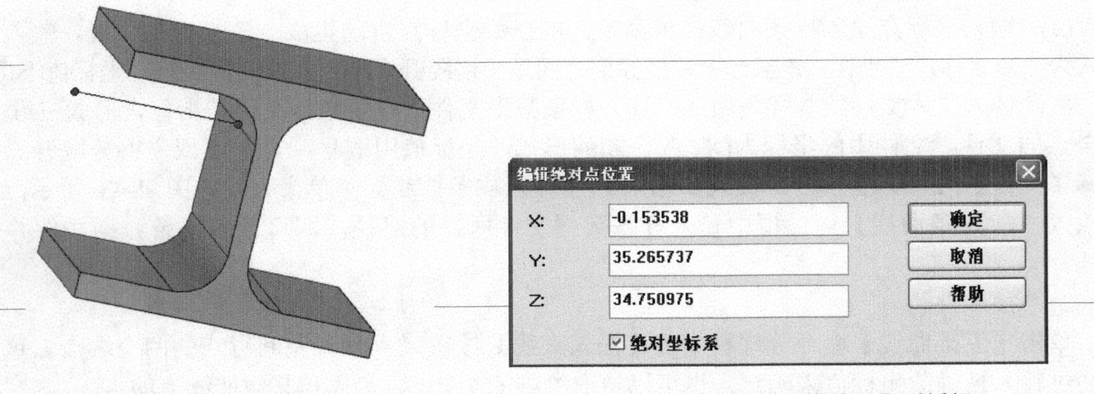


图 4-44 插入直线　　图 4-45 【编辑绝对点位置】对话框

在多义线端点的手柄处右击，在弹出的快捷菜单中选择【延伸】命令，弹出【3D 曲线延伸】对话框，可以将多义线延伸，如图 4-46 所示。

4) 插入圆弧

单击【三维曲线】命令管理栏中的【插入圆弧】按钮，进入插入圆弧状态。首先指定圆弧的两个端点，再指定圆弧上的其他任意一点来建立一个空间圆弧。圆弧半径的大小是由这 3 个指定的点来确定的。这 3 个点可以通过输入精确的坐标值来确定，也可以是绘制的 3D 点、实体和其他曲线上的点，如图 4-47 所示。

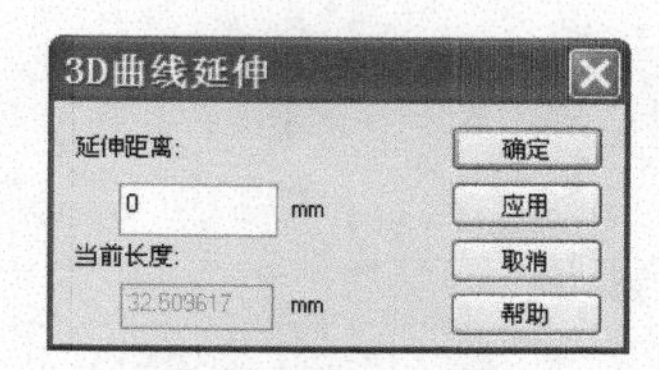


图 4-46 【3D 曲线延伸】对话框

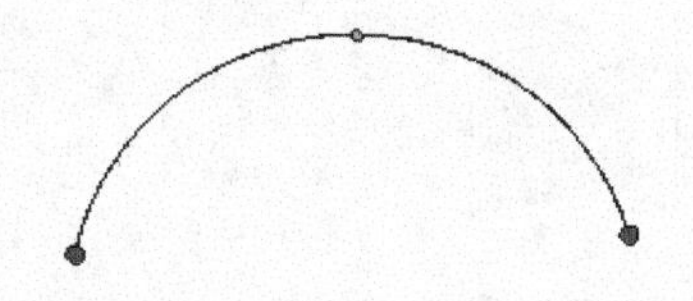

图 4-47 插入圆弧

5) 插入圆

单击【三维曲线】命令管理栏中的【插入圆】按钮，进入插入圆状态。首先指定圆上两点，再指定圆上的其他任意一点来建立一个空间圆。圆半径的大小是由这 3 个指定的点来确定的。这 3 个点可以通过输入精确的坐标值来确定，也可以是绘制的 3D 点、实体和其他曲线上的点。

6) 插入圆角过渡

单击【三维曲线】命令管理栏中的【插入圆角过渡】按钮，进入插入圆角过渡状态。插入圆角过渡时要求两曲线是具有公共端点的两条直线。

7) 插入参考点与显示参考点

单击【三维曲线】命令管理栏中的【插入参考点】按钮，在弹出的【坐标输入位置】文本框中输入坐标值后，可以插入 3D 参考点。

【三维曲线】命令管理栏中的【显示参考点】按钮可用于设置是否显示参考点。

8) 用三维球插入点

在利用【三维曲线】命令管理栏中的工具绘制三维曲线时，单击【三维球】按钮，此时【用三维球插入点】按钮被激活。它能够配合三维球完成空间布线。

9) 插入螺旋线

单击【三维曲线】命令管理栏中的【插入螺旋线】按钮，在设计环境中选择一点作为螺旋线的中心，在弹出的【螺旋线】对话框中设置螺旋线的参数，单击【确定】按钮，即可生成螺旋线，如图 4-48 所示。

10) 曲面上的样条曲线

单击【三维曲线】命令管理栏中的【曲面上的样条曲线】按钮，可在平面或曲面上绘制样条曲线，如图 4-49 所示。

11) 插入连接

单击【三维曲线】命令管理栏中的【插入连接】按钮，进入插入连接状态。在互不相连的两条曲线间插入光滑的连接，这个功能给互不相连的两条曲线的光滑连接提供了一个很好的工具。插入光滑的连接功能根据两条曲线自身的情况和相对位置的不同以及给定的插入条件的不同会由若干段曲线组成。连接分为两种情况：平面连接和非平面连接。

平面连接：两曲线为同一平面内的平面曲线。根据左下方提示区的提示，拾取第一个顶点和第二个顶点，两点之间会自动连上一条直线并弹出【平面连接选项】对话框，如图 4-50 所示。

非平面连接：若两曲线不在同一平面上，系统会自动执行非平面连接。根据左下方提示区的提示，拾取第一个顶点和第二个顶点，两点之间会自动连上一条折线并弹出【非平面连接选项】对话框，如图 4-51 所示。

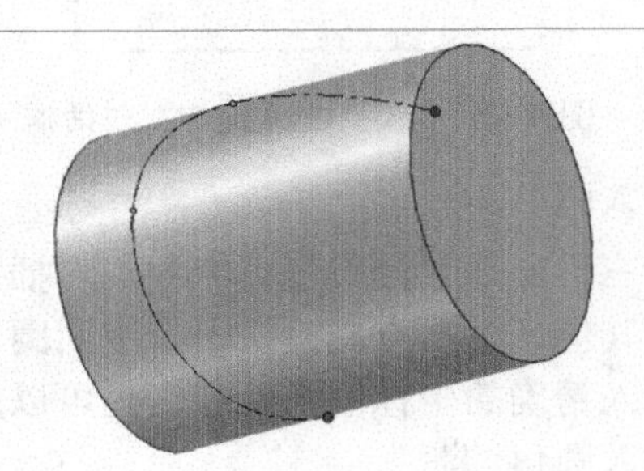

图 4-48 【螺旋线】对话框　　　　图 4-49 绘制曲线

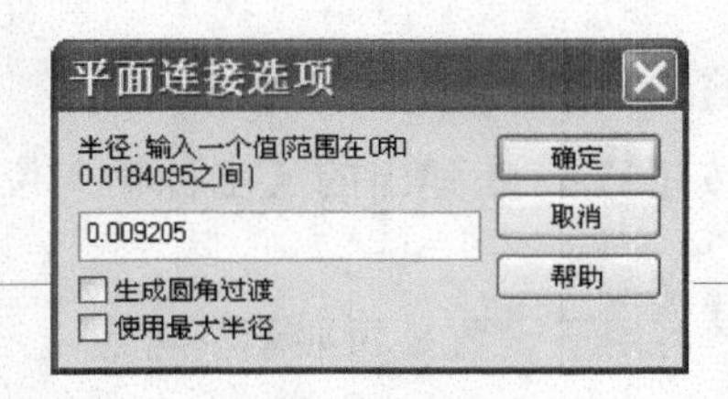


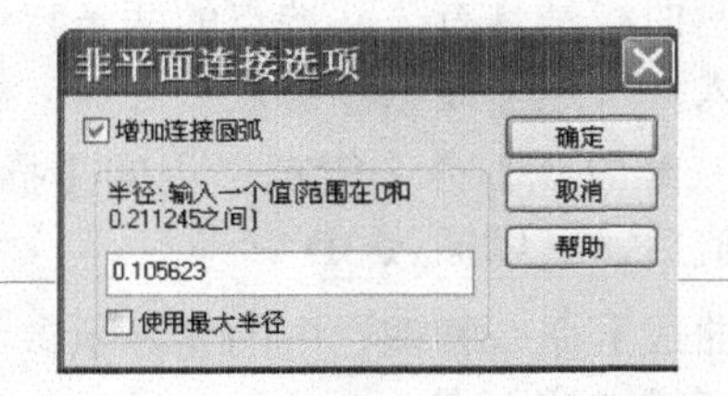


图 4-50 【平面连接选项】对话框　　　　图 4-51 【非平面连接选项】对话框

12) 分割曲线

单击【三维曲线】命令管理栏中的【分割曲线】按钮，接着选择第一条曲线，并选择裁剪者(曲线或曲面)，然后单击【确定】按钮即可实现所选曲线的分割。

13) 生成光滑连接曲线

单击【三维曲线】命令管理栏中的【生成光滑连接曲线】按钮，可双击需要搭接的曲线。进入曲线编辑状态下，利用样条曲线可自动连接成光滑搭接的曲线。

14) 提取曲线

当需要借用曲面及实体的边界来创建 3D 轮廓时，可以通过【提取曲线】命令来实现。为了提高设计效率，CAXA 实体设计将该命令放在右键的快捷菜单中，不需要用鼠标单击按钮，操作直接面向对象。这种提取曲面及实体边界创建 3D 轮廓来搭建线架的方式是 CAXA 实体设计的一大特色。提取曲面和实体的边界线时能够提取一条、多条及整个边界。

### 2. 生成曲面交线

两曲面相交，求出相交部分的交线，即曲面交线。在【曲面】选项卡中单击【三维曲线】功能面板中的【曲面交线】按钮，在设计环境左侧弹出【曲面交线】命令管理栏。根据左下方提示区的提示，分别选取两曲面或实体的表面，单击【确定】按钮，即可生成曲面交线。

### 3. 生成公式曲线

公式曲线是用数学表达式表示的曲线图形，也就是根据数学公式(参数表达式)绘制出相应的曲线，公式既可以是直角坐标形式的，也可以是极坐标形式的。公式曲线提供了一种更方便、更精确的作图手段，以适应某些精确的形状、轨迹线形的作图设计。只要交互输入数学公式、给定参数，系统便会自动绘制出该公式描述的曲线。

### 4. 曲面投影线

曲面投影线是指将一条或多条空间曲线按照给定的方向，向曲面投影而生成的曲线。

### 5. 等参数线

可将曲面看成是由 U、V 两个方向的参数形式确立的，对于 U、V 每一个确定的参数，曲面上都有一条确定的曲线与之对应。生成曲面等参数线的方式有过点和指定参数值两种。在生成指定参数值的等参数线时，给定参数值后选取曲面即可。在生成曲面上给定点的等参数线时，选取曲面后输入点即可。

### 6. 组合投影曲线

组合投影曲线是指两条不同方向的曲线，沿各自指定的方向作拉伸曲面，这两个曲面所形成的交线就是组合投影曲线。 在实体设计中可以选择沿两种投影方向生成组合投影曲线，系统默认状态是法向。

### 7. 包裹曲线

包裹曲线功能可将草图曲线或位于同一平面内的三维曲线包裹到圆柱体上。

其中，包裹曲线可以是封闭曲线，也可以是不封闭的曲线；可以是二维草图上的曲线，也可以是一个平面上的三维曲线。

> 提示：二维草图曲线包裹规则：X 方向沿回转面的切向伸展，Y 方向与回转面的轴向平行。

## 4.3.2 编辑三维曲线

> 行业知识链接：三维曲线的编辑是指分割、拟合、裁剪等操作。如图 4-52 所示是叶片零件，短叶片可由长叶片裁剪得到。

图 4-52 叶片零件

【三维曲线编辑】功能面板中包括【裁剪/分割 3D 曲线】、【拟合曲线】和【三维曲线编辑】按钮，如图 4-53 所示。

### 1. 裁剪/分割 3D 曲线

裁剪/分割 3D 曲线时，可以使用其他的三维曲线或几何图形(实体表面或曲面)来打断需要裁剪/分割的三维曲线。利用分割曲线功能对输入的曲线分割后，也可以删除不需要的曲线段。

### 2. 拟合曲线

使用拟合曲线工具，可以将多条首尾相接的空间曲线或模型边界拟合为一条曲线，并且可以根据设计需要来决定是否删除原来的曲线。

具体操作步骤：在【曲面】选项卡中单击【三维曲线编辑】功能面板中的【拟合曲线】按钮，弹出拟合曲线【属性】命令管理栏，如图 4-54 所示。

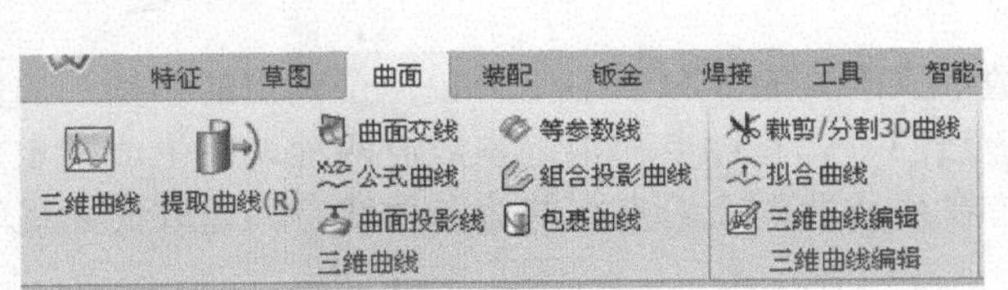

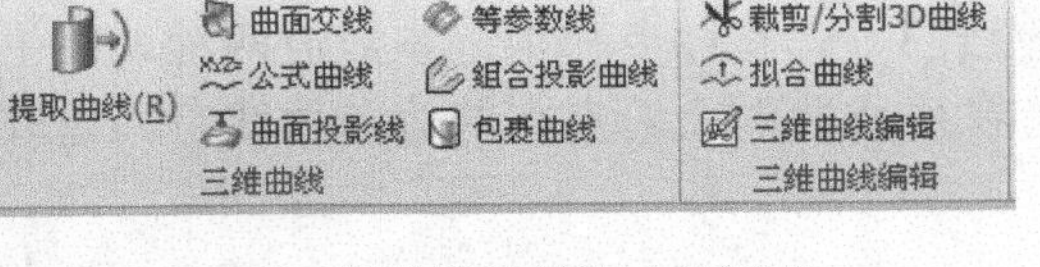

图 4-53 【三维曲线编辑】功能面板

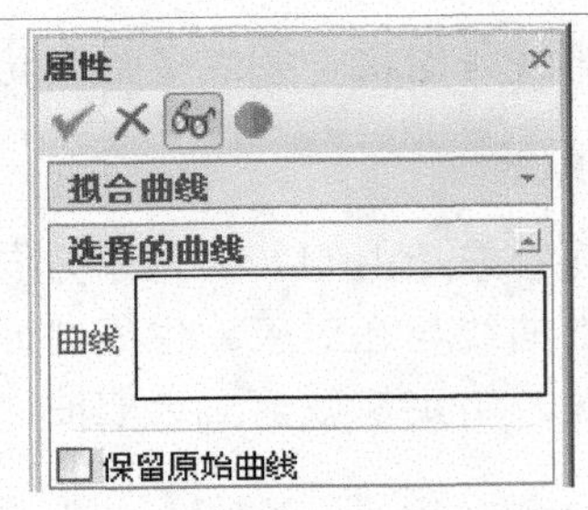


图 4-54 拟合曲线【属性】命令管理栏

该功能可将多条首尾相接的空间曲线以及模型边界线拟合为一条曲线，以便后续操作中进行选取及设计树的查询，并提供两种拟合的方式：当多条首尾相接的曲线是光滑连接时，使用拟合曲线功能的结果是不改变曲线的状态，只是把多条曲线拟合为一条曲线。当多条首尾相接的曲线不是光滑连接时，使用拟合曲线功能的结果是改变曲线的形状，将多条曲线拟合为一条曲线并保证光滑连续。

### 3. 三维曲线编辑

选中需要编辑的三维曲线，然后在【曲面】选项卡中单击【三维曲线编辑】功能面板中的【三维曲线编辑】按钮，进入三维曲线编辑状态，即可通过编辑三维曲线的关键点来编辑曲线。然后，可以对三维曲线的控制点和端点的切矢量的长度、方向以及曲率进行编辑。

编辑三维曲线控制点的方法有以下 3 种。

(1) 把光标移到三维曲线的控制点处(小圆点处)，此时鼠标指针变为手柄形状。通过手柄可以直接拖动控制点到需要的位置，或捕捉实体和曲线上的点。

(2) 把光标移到样条曲线的控制点处(小圆点处)，这时鼠标指针变为手柄形状。右击，在弹出的快捷菜单中选择【编辑】命令，弹出【编辑绝对点位置】对话框，在该对话框的文本框中输入正确的值，然后单击【确定】按钮，完成点的编辑，如图 4-55 所示。

(3) 在生成三维曲线后，也可以使用三维球确定控制点的精确位置。这样并不需要确定点在绝对坐标系中的坐标值。其操作方法为：单击样条曲线控制点，按 F10 键或单击【三维球】按钮激活三维球，通过三维球可精确控制曲线的位置和状态，如图 4-56 所示。

### 4. 编辑样条曲线的端点和控制点的切矢量

单击样条曲线，样条曲线的端点和控制点处将会出现切向矢量手柄。将光标移动到端点或切向矢量手柄处，右击，弹出如图 4-57 所示的快捷菜单。快捷菜单提供了多种用于编辑曲线端点和切向矢量的方式。通过快捷菜单中的【编辑】命令可以设定切向矢量的精确值，通过【锁定】命令可以锁定样条曲线当前的切矢量值。

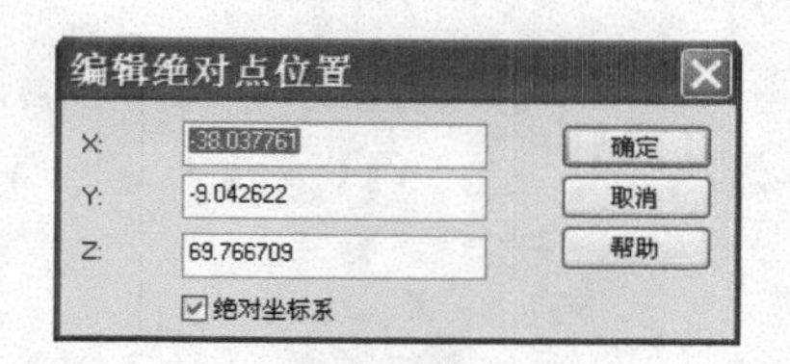


图 4-55 【编辑绝对点位置】对话框

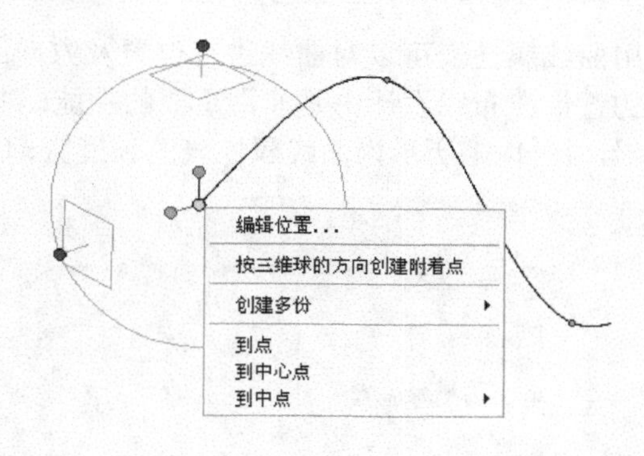


图 4-56 三维球编辑

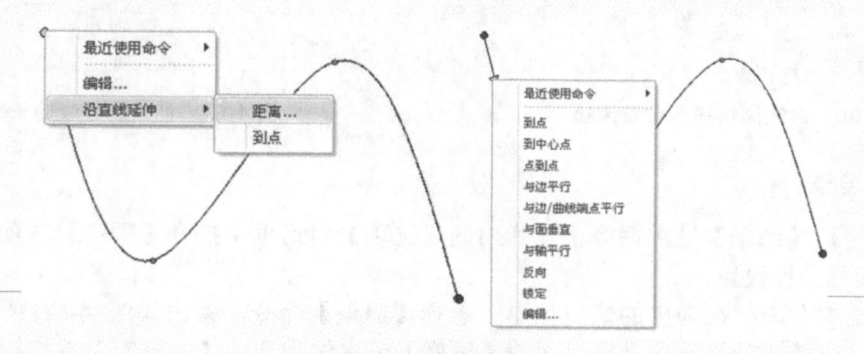


图 4-57 快捷菜单

5. 显示和编辑样条曲线的曲率

在【显示】菜单中选择【显示曲率】命令，然后选择样条曲线；或者右击样条曲线，在弹出的快捷菜单中选择【显示曲率】命令，样条曲线上即显示出曲率。显示曲率后，右击，在弹出的快捷菜单中可选择是否显示包络线，是否显示最大曲率等，如图 4-58 所示。

将光标指向已显示曲率梳的样条曲线，右击，弹出快捷菜单，选择【编辑曲率】命令，弹出【编辑曲率】对话框。在该对话框中，可通过输入曲线梳的缩放值和密度值来编辑样条曲线的曲率，如图 4-59 所示。

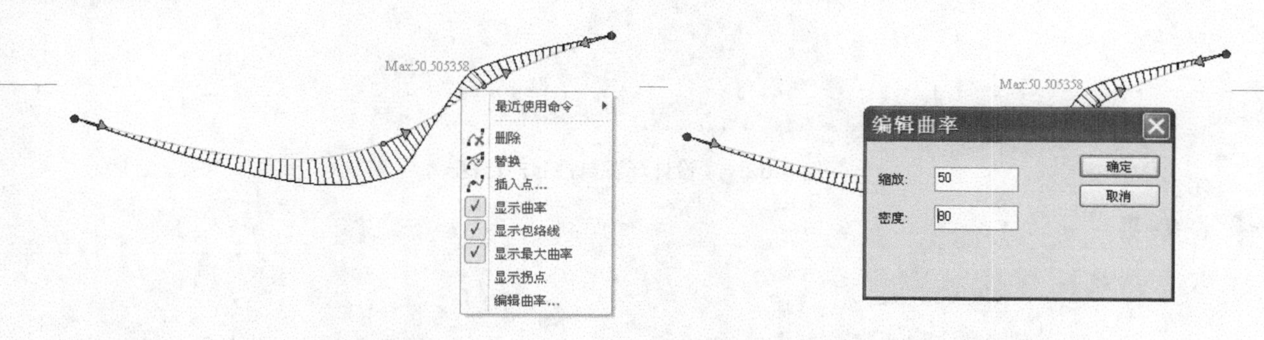


图 4-58 样条曲率

图 4-59 【编辑曲率】对话框

### 6. 曲线属性表的编辑及查询

利用曲线属性表可以对曲线进行位置及方向的编辑，并且能够通过曲线属性查询曲线的长度。曲线长度的查询在布线设计中是非常重要的功能。图 4-60 所示为【3D 曲线】对话框中的曲线属性表的位置编辑，图 4-61 所示为曲线属性表的长度查询。

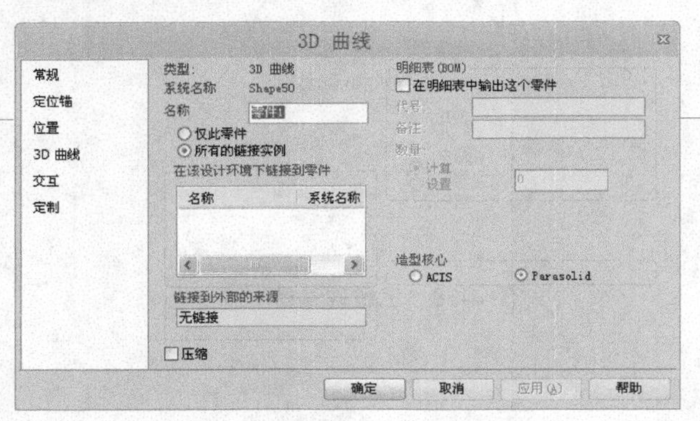


图 4-60　曲线属性表的位置编辑

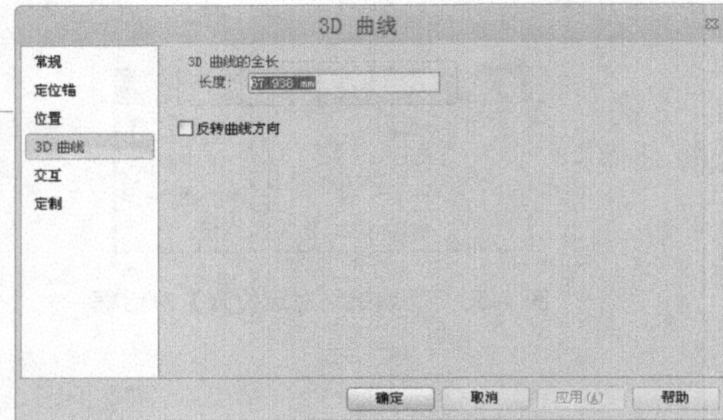


图 4-61　曲线属性表的长度查询

### 7. 曲线的渲染

选择【工具】|【选项】菜单命令，在弹出的【选项】对话框中打开【颜色】选项卡，在其中可以对 3D 曲线的颜色进行设置。

在设计环境中右击，在弹出的快捷菜单中选择【渲染】命令，弹出如图 4-62 所示的【设计环境属性】对话框。在【渲染】选项设置界面的【风格】选项组中选中【线框】单选按钮和【应用零件颜色】复选框。设置完成后，便可用渲染零件的方式对曲线进行渲染。

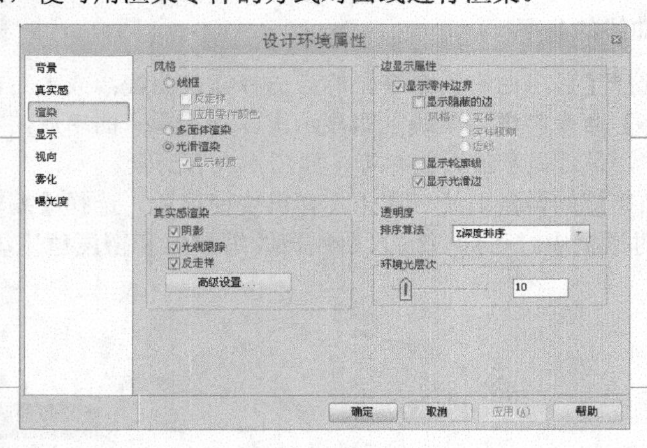


图 4-62　【设计环境属性】对话框

## 课后练习

案例文件：ywj\04\02.ics

视频文件：光盘\视频课堂\第 4 教学日\4.3

本节课后练习创建烟灰缸曲面模型，烟灰缸是日常用品，有的具有复杂曲面，需要创建三维曲线，进行空间曲面的创建。如图 4-63 所示是完成的烟灰缸曲面。

本节案例主要练习烟灰缸的曲面创建，首先需要创建空间曲线，之后创建拉伸形成腔体，之后使用【网格面】、【偏移面】等命令创建包围曲面，最后使用拉伸曲面进行修剪。绘制烟灰缸的思路和步骤如图 4-64 所示。

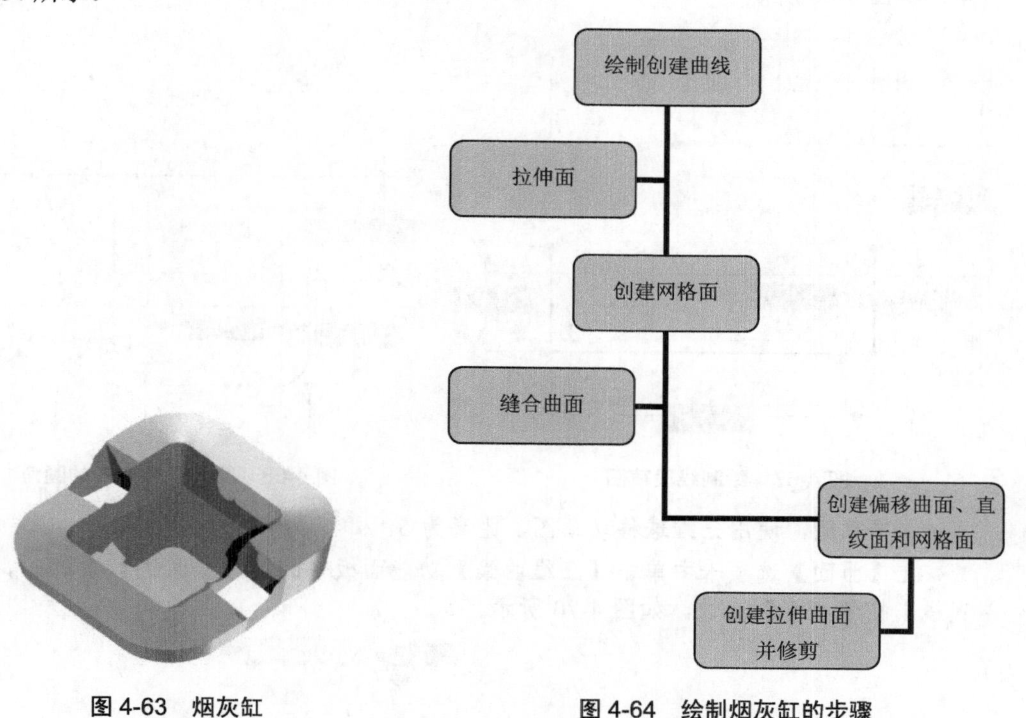


图 4-63　烟灰缸

图 4-64　绘制烟灰缸的步骤

案例操作步骤如下。

step 01 首先创建拉伸面，单击【草图】选项卡中的【二维草图】按钮，选择 X-Y 基准面作为草图绘制平面，在【草图】选项卡中单击【绘制】功能面板中的【2 点线】按钮，绘制直线草图，尺寸如图 4-65 所示。

step 02 在【草图】选项卡中单击【修改】功能面板中的【过渡】按钮，绘制半径为 3 的圆角，如图 4-66 所示。

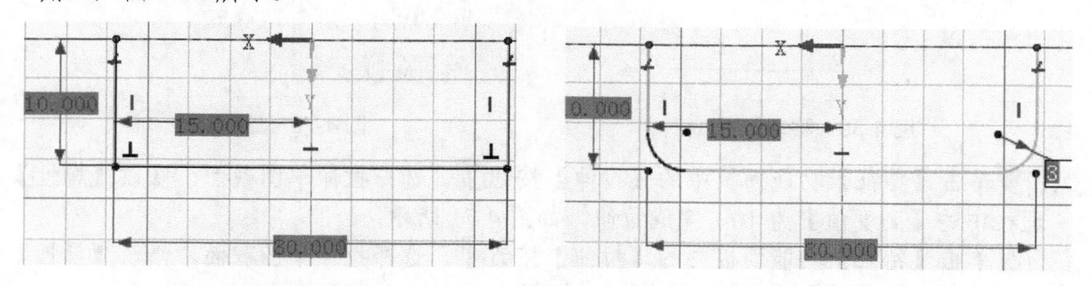


图 4-65　绘制直线草图

图 4-66　绘制半径为 3 的圆角

step 03 单击【草图】选项卡中的【二维草图】按钮，选择 X-Y 基准面作为草图绘制平面，在【草图】选项卡中单击【绘制】功能面板中的【2 点线】按钮，绘制线段草图，尺寸如图 4-67 所示。

step 04 在【草图】选项卡中单击【修改】功能面板中的【过渡】按钮，绘制半径为 3 的圆角，如图 4-68 所示。

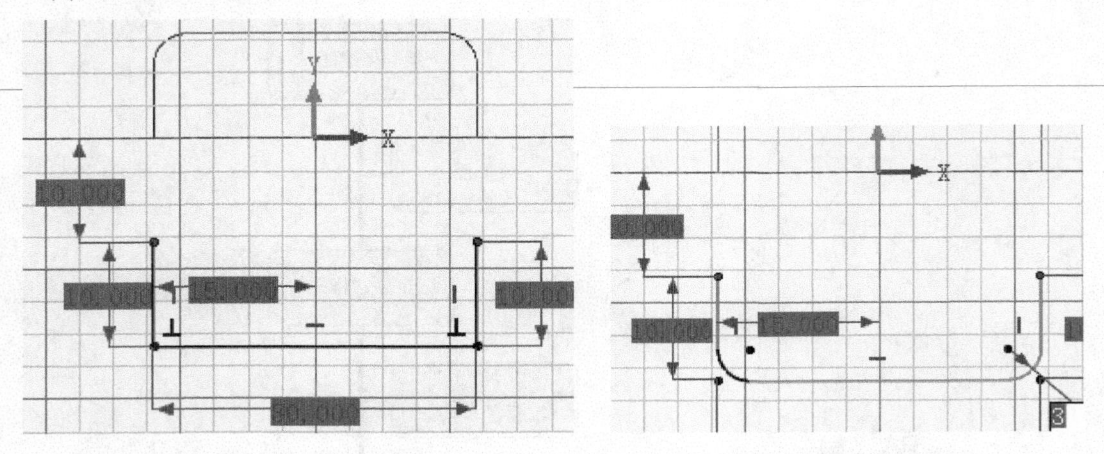


图 4-67　绘制线段草图　　　　图 4-68　绘制半径为 3 的圆角

step 05 选择草图，使用三维球移动草图，距离为 5，如图 4-69 所示。

step 06 在【曲面】选项卡中单击【三维曲线】功能面板中的【三维曲线】按钮，选择【插入直线】按钮，绘制直线，如图 4-70 所示。

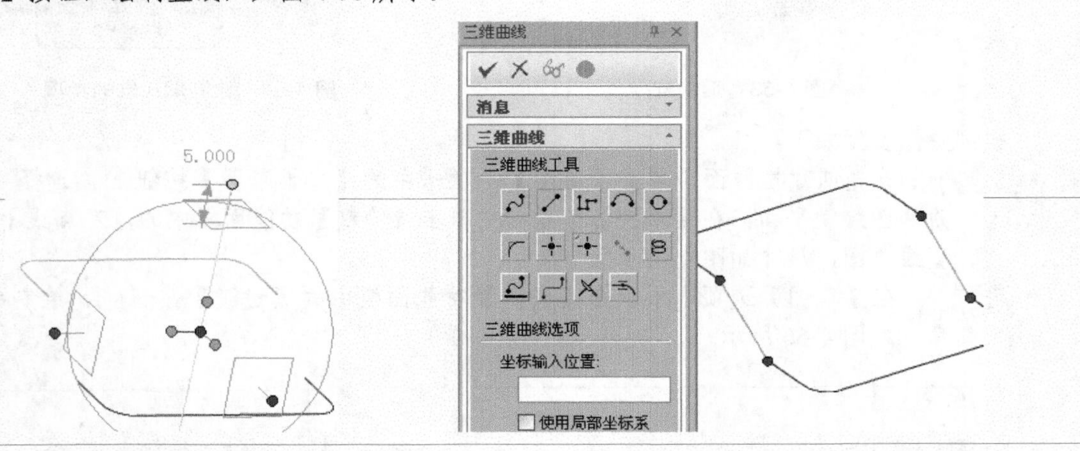


图 4-69　移动草图　　　　图 4-70　绘制直线

step 07 单击【特征】功能面板中的【拉伸】按钮，选择拉伸草图截面，修改【属性】命令管理栏中的【高度值】为 10，完成拉伸，如图 4-71 所示。

step 08 单击【特征】功能面板中的【拉伸】按钮，选择拉伸草图截面，修改【属性】命令管理栏中的【高度值】为 4，完成拉伸，如图 4-72 所示。

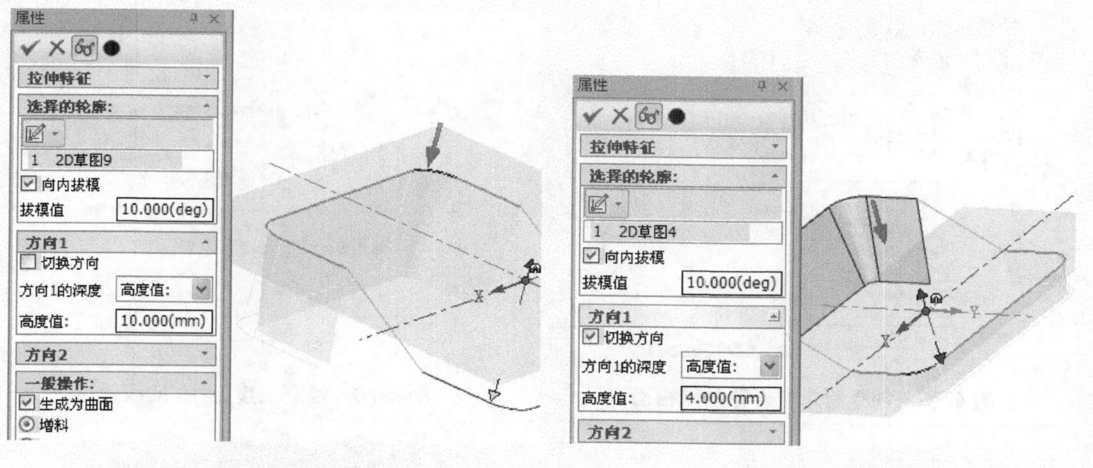


图 4-71　拉伸草图(1)　　　图 4-72　拉伸草图(2)

step 09 在【曲面】选项卡中单击【三维曲线】功能面板中的【三维曲线】按钮，单击【插入直线】按钮，绘制直线，如图 4-73 所示。

step 10 再创建两个网格面，单击【曲面】功能面板中的【网格面】按钮，分别选择 U 曲线和 V 曲线，创建第一个网格曲面，如图 4-74 所示。

step 11 单击【曲面】功能面板中的【网格面】按钮，分别选择 U 曲线和 V 曲线，创建第二个对称的网格曲面，如图 4-75 所示。

step 12 创建拉伸面等曲面，单击【草图】选项卡中的【二维草图】按钮，选择 X-Y 基准面作为草图绘制平面，在【草图】选项卡中单击【绘制】功能面板中的【2 点线】按钮，绘制长度为 10 的线段，如图 4-76 所示。

step 13 在【曲面】选项卡中单击【曲线编辑】功能面板中的【缝合】按钮，选择所有曲面进行缝合，如图 4-77 所示。

step 14 单击【曲面】功能面板中的【提取曲线】按钮，选择曲面上相应的边，创建曲线，如图 4-78 所示。

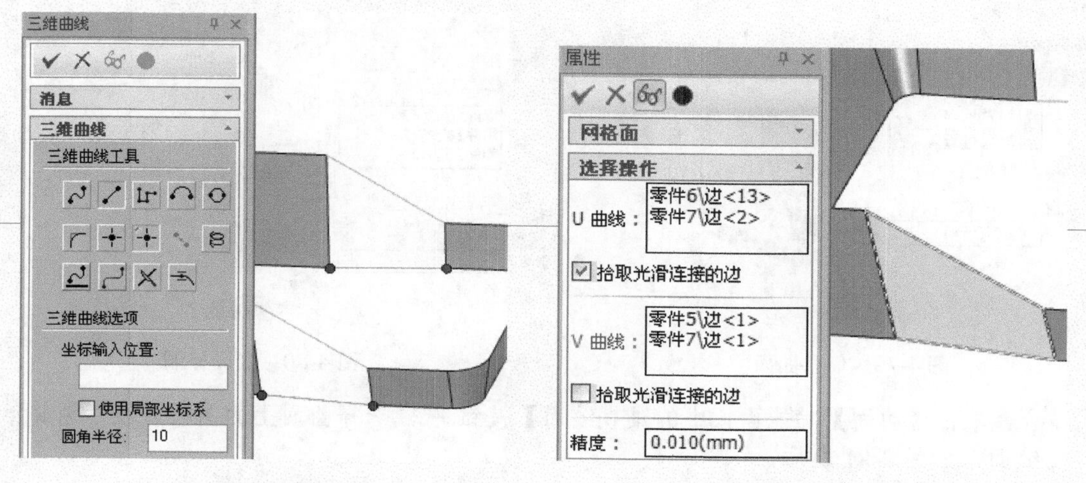


图 4-73　绘制直线　　　图 4-74　创建第一个网格面

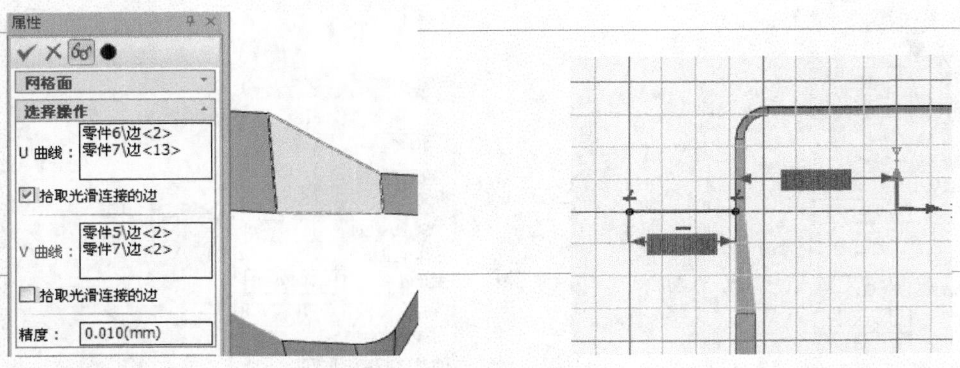


图 4-75　创建第二个对称的网格面

图 4-76　绘制长度为 10 的线段

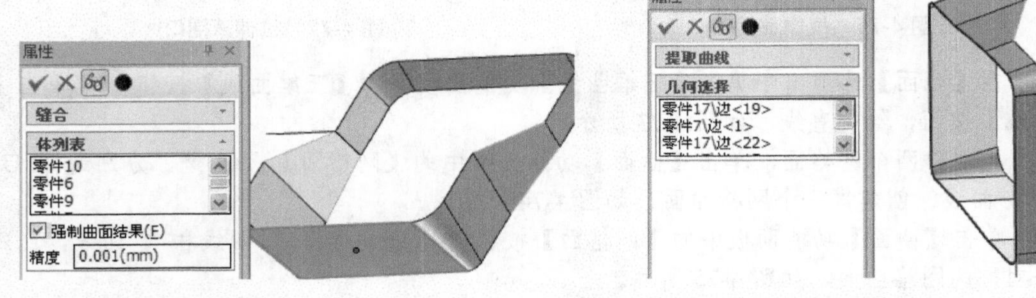


图 4-77　缝合曲面

图 4-78　创建曲线

step 15 在【曲面】选项卡中单击【曲面编辑】功能面板中的【偏移曲面】按钮，选择所有曲面，设置向外偏移【长度】为 10，如图 4-79 所示，偏移曲面。

step 16 在【曲面】选项卡中单击【曲面编辑】功能面板中的【曲面补洞】按钮，在【属性】命令管理栏依次选择封闭曲线，完成补洞，如图 4-80 所示。

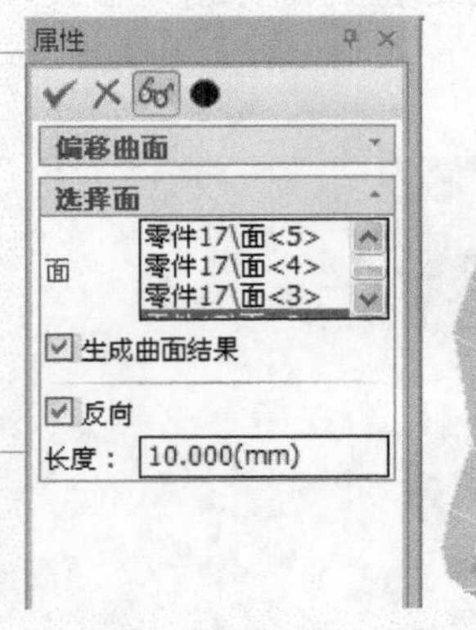


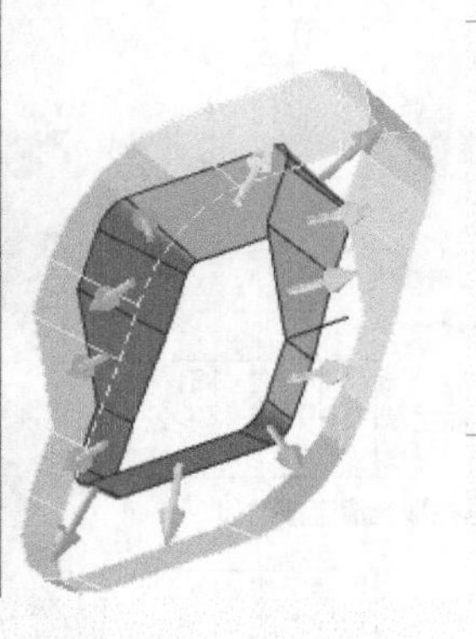

图 4-79　偏移曲面

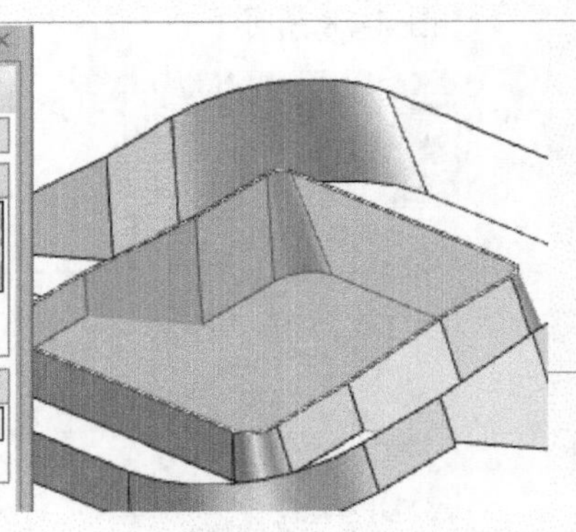

图 4-80　曲面补洞

step 17 单击【曲面】功能面板中的【直纹面】按钮，选择曲面上的两段边线，创建第一个直纹面，如图 4-81 所示。

step 18 单击【曲面】功能面板中的【直纹面】按钮，选择曲面上的两段边线，创建第二个直纹面，如图 4-82 所示。

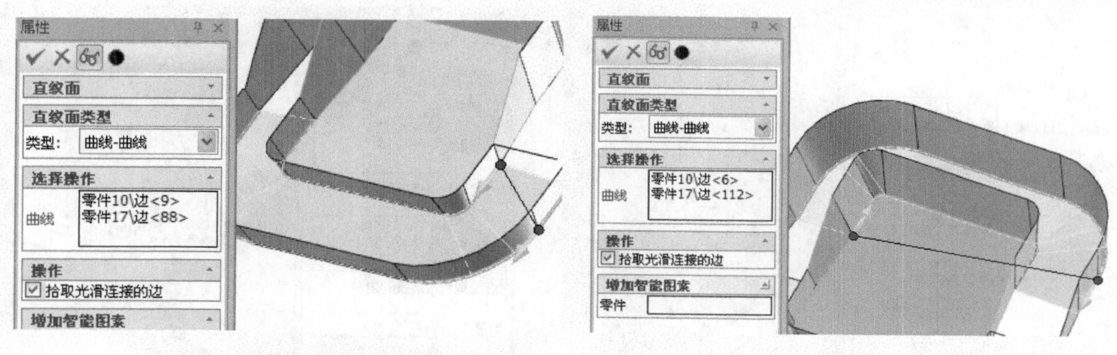


图 4-81　创建第一个直纹面　　　　图 4-82　创建第二个直纹面

step 19 单击【曲面】功能面板中的【直纹面】按钮，选择曲面上的两段边线，创建第三个直纹面，如图 4-83 所示。

step 20 单击【曲面】功能面板中的【直纹面】按钮，选择曲面上的两段边线，创建第四个直纹面，如图 4-84 所示。

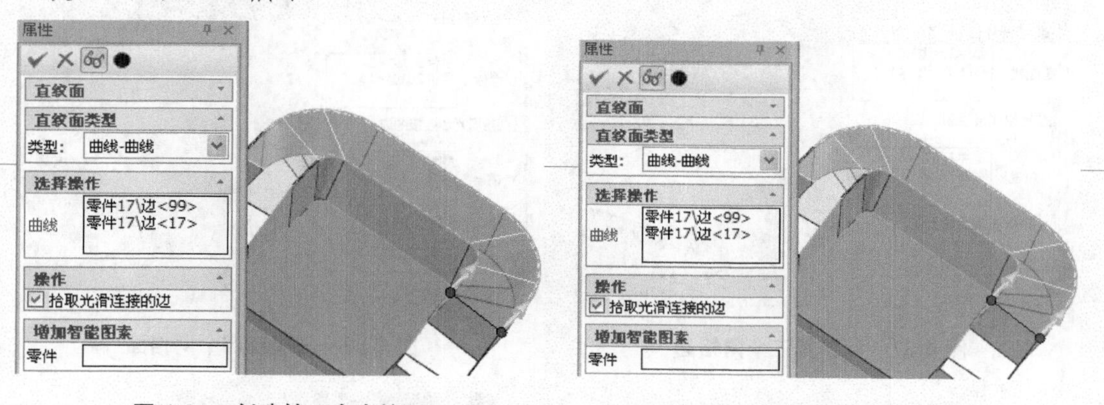


图 4-83　创建第三个直纹面　　　　图 4-84　创建第四个直纹面

step 21 单击【曲面】功能面板中的【网格面】按钮，在【属性】命令管理栏中分别选择 U 曲线、V 曲线，创建第一个网格面，如图 4-85 所示。

step 22 单击【曲面】功能面板中的【网格面】按钮，在【属性】命令管理栏中分别选择 U 曲线、V 曲线，创建第二个网格面，如图 4-86 所示。

step 23 单击【曲面】功能面板中的【网格面】按钮，在【属性】命令管理栏中分别选择 U 曲线、V 曲线，创建第三个网格面，如图 4-87 所示。

step 24 单击【曲面】功能面板中的【网格面】按钮，在【属性】命令管理栏中分别选择 U 曲线、V 曲线，创建第四个网格面，如图 4-88 所示。

step 25 单击【草图】选项卡中的【二维草图】按钮，选择 Y-Z 基准面作为草图绘制平面，在【草图】选项卡中单击【绘制】功能面板中的【圆心+半径】按钮，绘制半径为 4 的圆，如图 4-89 所示。

step 26 单击【特征】功能面板中的【拉伸】按钮，选择拉伸草图截面，修改【属性】命令管理栏中的【高度值】为 30，完成拉伸，如图 4-90 所示。

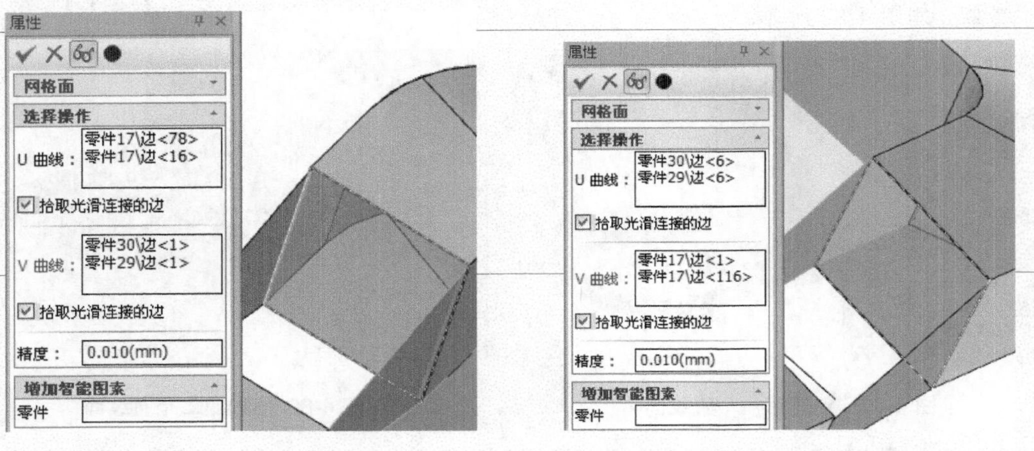


图 4-85　创建第一个网格面　　　　图 4-86　创建第二个网格面

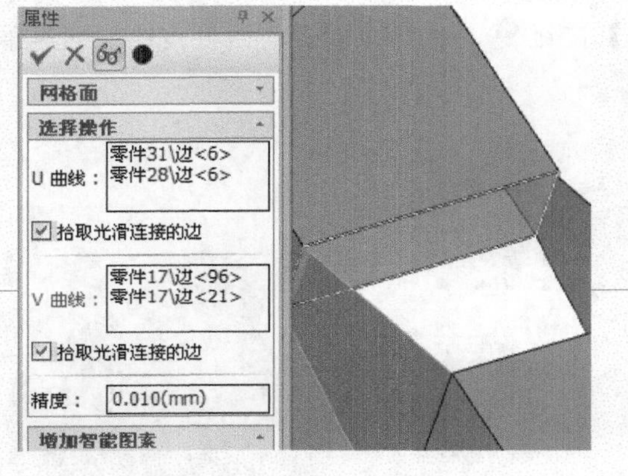


图 4-87　创建第三个网格面

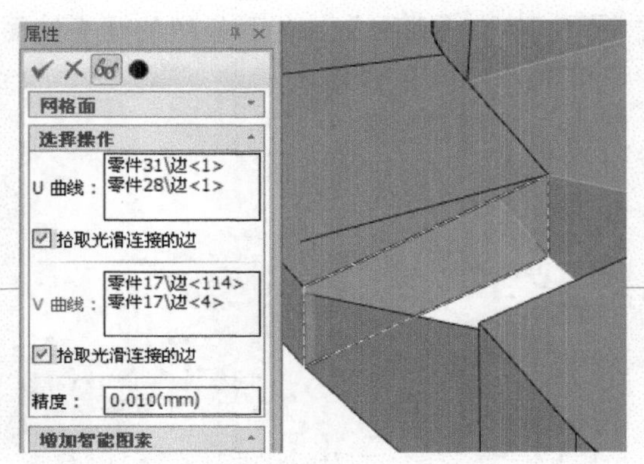


图 4-88　创建第四个网格面

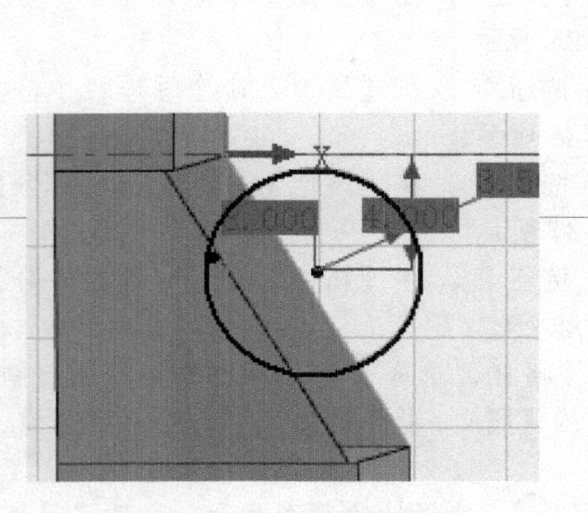

图 4-89　绘制半径为 4 的圆

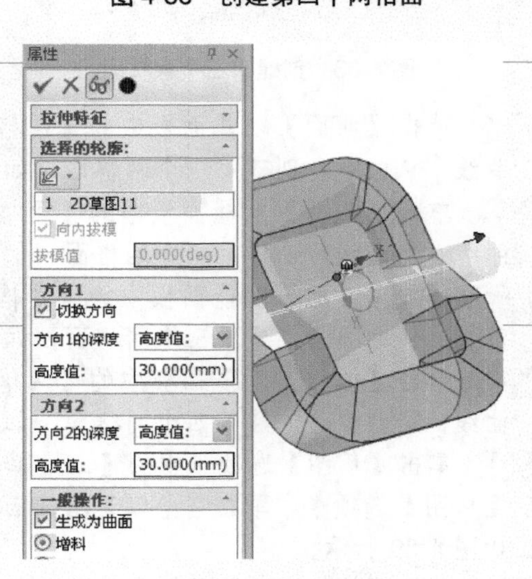


图 4-90　拉伸草图

step 27 最后裁剪曲面，在【特征】选项卡中单击【修改】功能面板中的【裁剪】按钮，选择【属性】命令管理栏中的目标零件和工具零件，完成裁剪，如图 4-91 所示。

step 28 右击设计树中的零件 40，在弹出的快捷菜单中选择【隐藏选择对象】命令，如图 4-92 所示。

step 29 完成的烟灰缸曲面模型如图 4-93 所示。

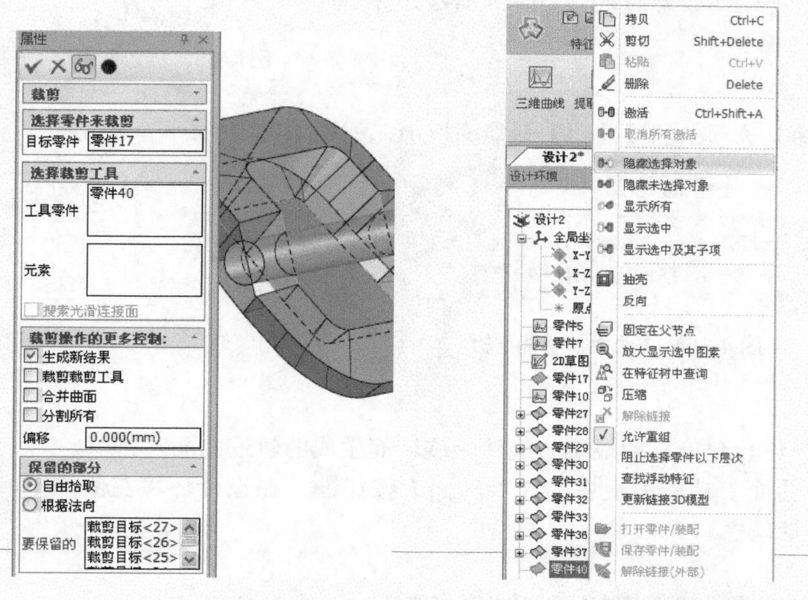


图 4-91 裁剪曲面

图 4-92 选择【隐藏选择对象】命令

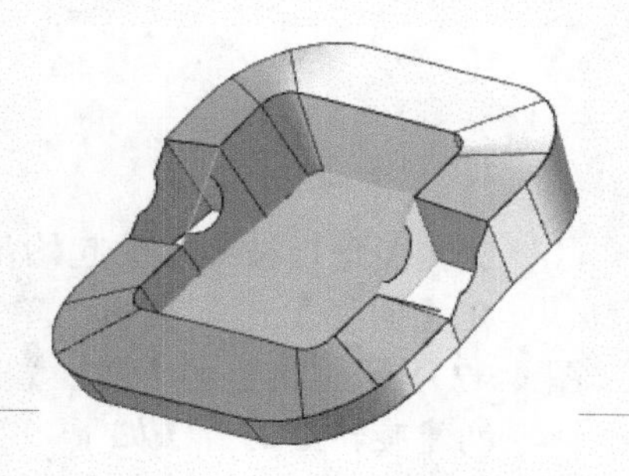

图 4-93 完成的烟灰缸模型

**机械设计实践：**在机械设计中，很多时候设计特征外形并不能满足机械设计的实际要求，这时可以查看和研究模型特征的三维曲线，可能会找到问题所在。如图 4-94 所示是法兰零件的曲线表现形式。

图 4-94 法兰零件

# 第 4 课 2 课时 创建三维曲面

根据曲面特征线的不同组合方式，可以组织不同的曲面生成方式。CAXA 实体设计提供了多种曲面生成、编辑及变换的功能。

## 4.4.1 生成曲面

**行业知识链接：**曲面是一条动线，在给定的条件下，在空间连续运动的轨迹。创建曲面的过程，就是动线运动的过程。如图 4-95 所示是旋钮的曲面造型，顶部由对称曲面构成。

图 4-95 旋钮曲面

创建曲面的工具按钮位于【曲面】选项卡的【曲面】功能面板中，如图 4-96 所示。

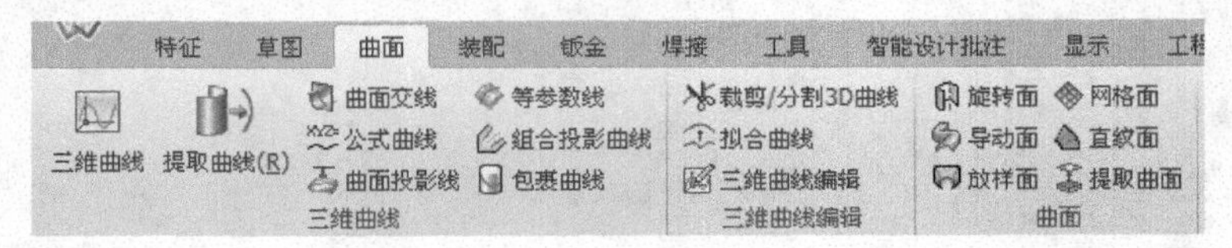


图 4-96 【曲面】功能面板

### 1. 旋转面

旋转面是指按给定的起始角度、终止角度将曲线绕一旋转轴旋转而生成的轨迹曲面。

在【曲面】选项卡中，单击【曲面】功能面板中的【旋转面】按钮，在设计环境左侧弹出如图 4-97 所示的旋转面【属性】命令管理栏。

创建旋转面的方法如下。

激活【轴】筛选器，并选择一条草图线或一条空间直线作为旋转轴。

激活【曲线】筛选器，并拾取空间曲线为母线。

在【旋转起始角度】文本框中设置生成曲面的起始位置。

在【旋转终止角度】文本框中设置生成曲面的终止位置。

选中【反向】复选框。当给定旋转的起始角度和终止角度后，确定旋转的方向是顺时针还是逆时针。如果设置不符合设计要求，即可选中该复选框。

选中【拾取光滑连接的边】复选框。如果旋转面的截面是由两条以上光滑连接的曲线组成，选中该复选框，将成为链拾取状态，多个光滑连接曲线将被同时拾取。

如果屏幕上已经存在一个曲面，并且需要把生成的旋转面与这个面作为一个零件来使用，那么在【增加智能图素】选项组的【曲面】筛选框中选择已存在曲面，系统会把这两个曲面作为一个零件来处理。

单击旋转面【属性】命令管理栏上方的【确定】按钮，即可生成旋转面。图 4-98 所示为起始角为 60°、终止角为 320° 的旋转面。

### 2. 网格面

以网格曲线为骨架，蒙上自由曲面生成的曲面称为网格面。而网格曲线是指由特征线组成的横竖相交的曲线。

首先构造曲面的特征网格曲线，以确定曲面的初始骨架形状。

用自由曲面插值特征网格曲线，即可生成曲面。

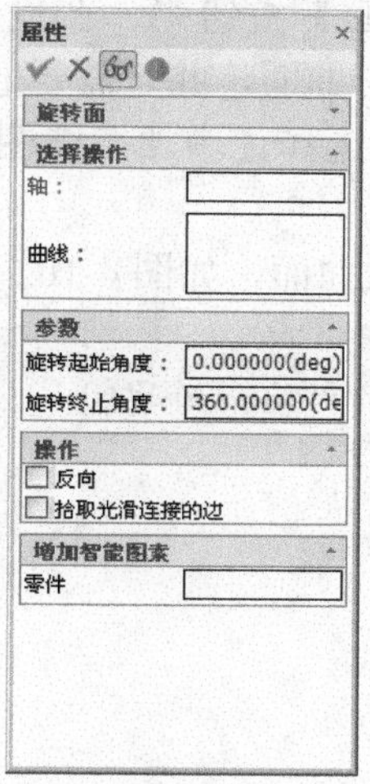

图 4-97　旋转面【属性】命令管理栏

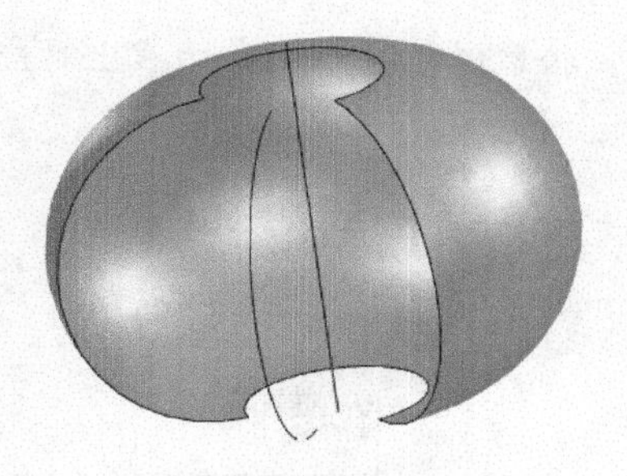

图 4-98　旋转曲面

由于一组截面线只能反映一个方向的变化趋势，所以引入另一组截面线来限定另一个方向的变化，这就形成了一个网格骨架，此时就能控制住两个方向(U 和 V 两个方向)的变化趋势，使特征网格曲线能够基本反映出理想的曲面形状，在此基础上插值网格骨架生成的曲面就是理想的曲面。

### 3. 直纹面

直纹面是指一条直线的两个端点分别在两条曲线上匀速运动而形成的轨迹曲面。

在【曲面】选项卡中单击【曲面】功能面板中的【直纹面】按钮，在设计环境左侧弹出如图 4-99 所示的直纹面【属性】命令管理栏。根据直纹面的生成条件，可分为 4 种生成方式：【曲线-曲线】、【曲线-点】、【曲线-曲面】和【垂直于面】。

1)　曲线-曲线

【曲线-曲线】方式是指在两条空间自由曲线之间生成曲面。

使用草图或 3D 曲线功能绘制两条空间曲线，如图 4-100 所示。

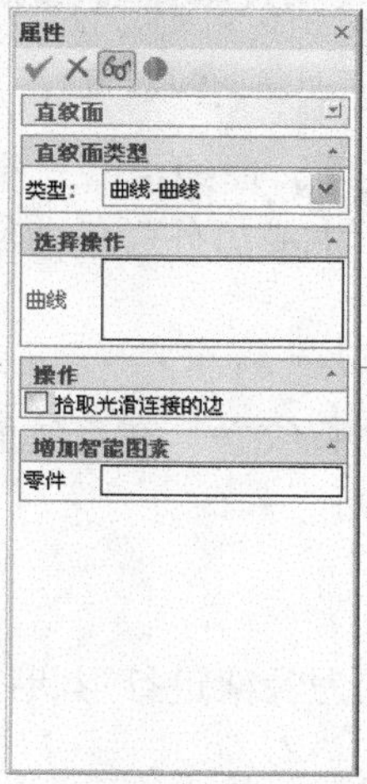

图 4-99　直纹面【属性】命令管理栏

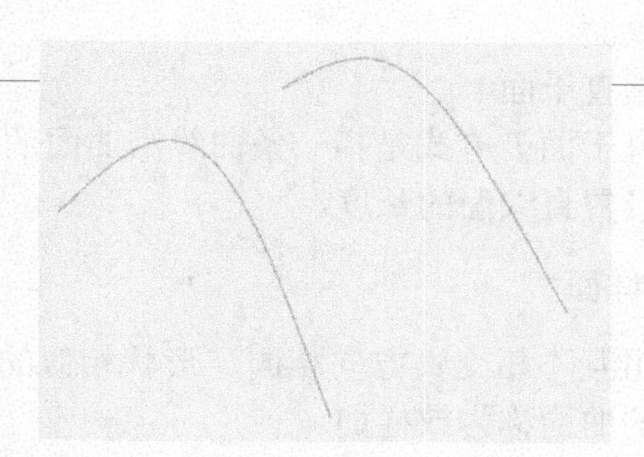

图 4-100　空间曲线

在【曲面】选项卡中单击【曲面】功能面板中的【直纹面】按钮，在设计环境左侧弹出如图 4-101 所示的直纹面【属性】命令管理栏。如果已经存在一个曲面，并且需要把将要生成的直纹面与这个曲面作为一个零件来使用，那么在选择这个曲面的同时选择【增加智能图素】选项组中的零件，CAXA 实体设计就会把这两个曲面作为一个零件来处理。

根据提示依次拾取两条曲线。单击【确定】按钮，即可生成曲面，如图 4-102 所示。

**提示：**拾取时要拾取两条曲线上对应的点，否则生成的曲面会发生扭曲。

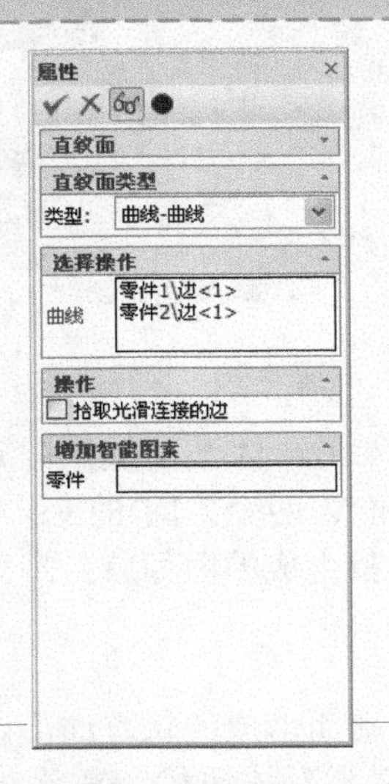


图 4-101　直纹面【属性】命令管理栏

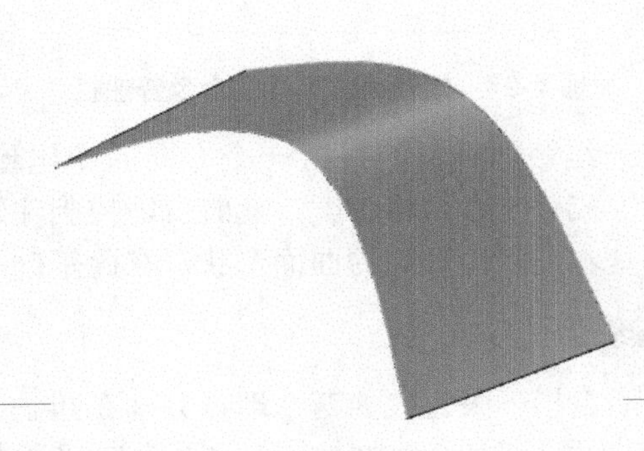

图 4-102　生成曲面

2)　曲线一点

【曲线一点】方式是指在一个点和一条曲线之间生成直纹面。

其具体操作步骤与【曲线-曲线】方式生成直纹面的步骤类似。

**提示：**要生成点，可单击【三维曲线】按钮，然后单击【插入参考点】按钮。

3)　曲线-面

【曲线-面】方式是指在一条曲线和一个曲面之间生成直纹面。曲线沿着一个方向向曲面投影，同时曲线在与这个方向垂直的平面内以一定的锥度扩张或收缩，生成另外一条曲线并在这两条曲线之间生成直纹面。

4)　垂直于面

【垂直于面】方式是指一条曲线沿曲面的法线方向生成一个直纹面。在直纹面【属性】命令管理栏中可以设置直纹面的长度。

### 4. 放样面

以一组互不相交、方向相同、形状相似的特征线(或截面线)为骨架进行形状控制，过这些曲线蒙面而生成的曲面称为放样面。

首先使用草图或 3D 曲线功能绘制放样面的各个截面曲线，在【曲面】选项卡中单击【曲面】功能面板中的【放样面】按钮，在设计环境左侧弹出如图 4-103 所示的放样面【属性】命令管理栏。

设置起始切向控制量和末端切向控制量的值。

依次拾取各截面曲线。

单击放样面【属性】命令管理栏上方的【确定】按钮，即可生成放样面。

此时生成的放样面边界是渐进的曲线，若要沿着自定义的导动线放样，则需要事先定义好导动线。另外，拾取完各截面曲线后，单击【属性】命令管理栏的【选择操作】选项组中的【导动曲线】筛选框，然后在设计环境中选择导动线。

在两个断开的曲面之间进行光滑曲面搭接时，也可利用放样面【属性】命令管理栏来实现。

### 5. 导动面

让特征截面线沿着特征轨迹线的某一方向扫动生成曲面。导动面的生成方式有：平行导动(Parallel)、固接导动(Fixed)、导动线+边界导动(Guide & Bound)和双导动线导动(Two Guides)。

在【曲面】选项卡中单击【曲面】功能面板中的【导动面】按钮，在设计环境左侧弹出如图 4-104 所示的导动面【属性】命令管理栏。

1) 利用【平行】导动方式生成导动面

【平行】导动方式是指截面线沿导动线趋势始终平行它自身移动而扫动生成曲面，截面线在运动过程中没有任何旋转。

2) 利用【固接】导动方式生成导动面

固接导动是指在导动过程中，截面线和导动线保持固接关系，即让截面线平面与导动线的切矢方向保持相对角度不变，而且截面线在自身相对坐标架中的位置关系保持不变，截面线沿导动线变化的扫动生成曲面。

固接导动有单截面线和双截面线两种。也就是说，截面线可以是一条或两条，如上面的【平行】导动方式。

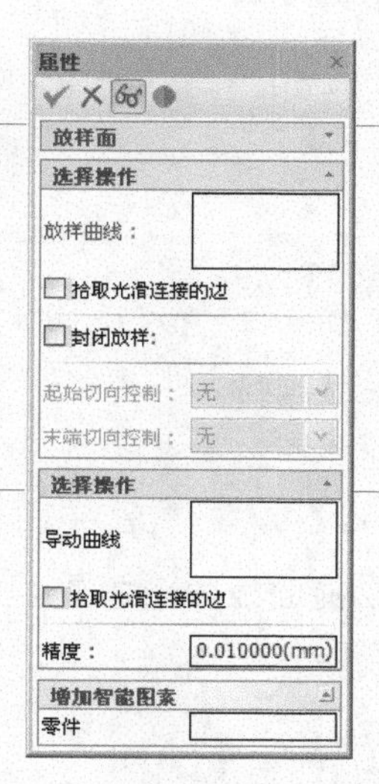


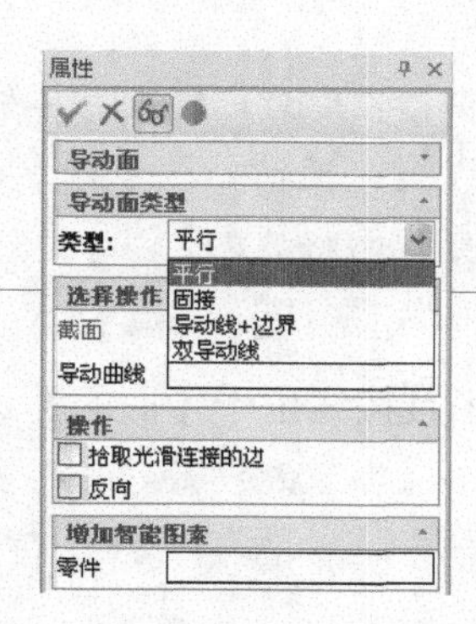

图 4-103　放样面【属性】命令管理栏　　图 4-104　导动面【属性】命令管理栏

3) 利用【导动线+边界】导动方式生成导动面

截面线按以下规则沿一条导动线扫动生成曲面(这条导动线可以与截面线不相交，也可以作为一条参考导动线)，截面线沿导动线如此运动时，就与两条边界线一起扫动生成曲面。

在导动过程中，截面线始终在垂直于导动线的平面内摆放，并求得截面线平面与边界线的两个交点。在两截面线之间进行混合变形，并对混合截面进行缩放变换，使截面线正好横跨在两个边界线的交点上。导动面的形状受导动线和边界线的控制。

【导动线+边界】和【双导动线】导动方式分为【固接】和【变半径】两种导动方向类型，在每一种类型中又分为单截面和双截面两种。若对截面线进行缩放变换时，仅需改变截面线的长度，而保持截面线的高度不变，称为固接导动。根据截面线数量不同，固接导动分为：单截面线固接导动和双截面线固接导动。其【高度类型】下拉列表中又包括【固接】和【变半径】两种方式。

4) 利用【双导动线】导动方式生成导动面

【双导动线】导动方式是指将一条或两条截面线沿着两条导动线匀速地扫动生成曲面。导动面的形状受两条导动线的控制。【双导动线】导动方式支持等高导动和变高导动。

### 6. 提取曲面

提取曲面是指从零件上提取零件的表面，生成曲面。

在【曲面】选项卡中，单击【曲面】功能面板中的【提取曲面】按钮，在设计环境左侧弹出如图 4-105 所示的提取曲面【属性】命令管理栏。

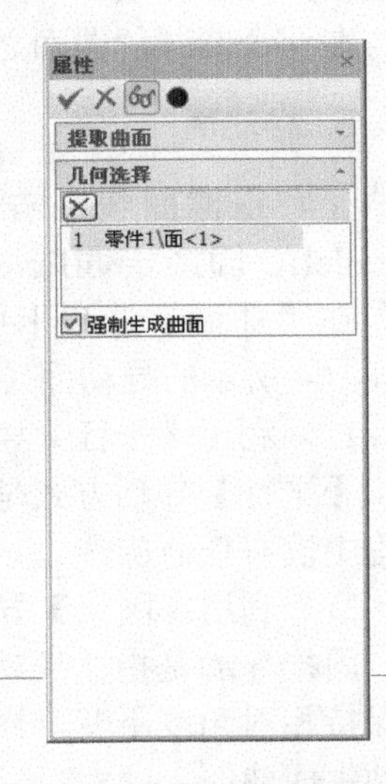


图 4-105 提取曲面【属性】命令管理栏

从实体零件上选择要生成曲面的表面，这些表面的名称会列在【几何选择】筛选器中，单击提取曲面【属性】命令管理栏上方的【确定】按钮，即可生成所选择的曲面。

## 4.4.2 编辑曲面

**行业知识链接：** 曲面产生后并不能符合要求，这时就要进行编辑，曲面编辑包括过渡、延伸、缝合等。如图 4-106 所示的外壳模型，孔的结构是由裁剪曲面形成的。

图 4-106 外壳模型

编辑曲面的工具按钮位于【曲面】选项卡的【曲面编辑】功能面板中，如图 4-107 所示。

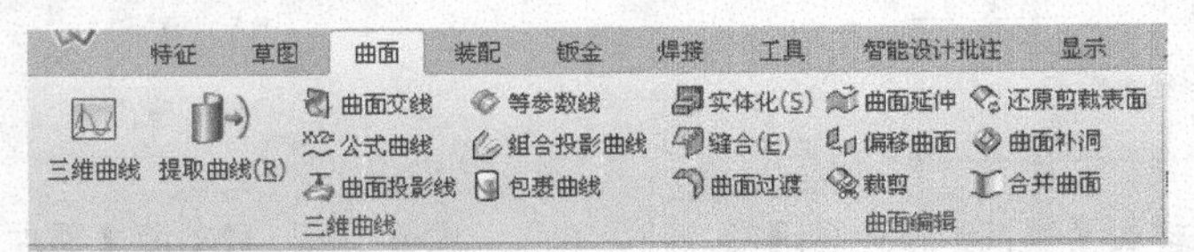


图 4-107 【曲面编辑】功能面板

### 1. 曲面过渡

曲面过渡分为在两曲面间进行等半径曲面过渡、变半径曲面过渡、曲线曲面过渡、曲面上线过渡和多曲面的过渡5种过渡方式。

1) 等半径曲面过渡

在【曲面】选项卡中，单击【曲面编辑】功能面板中的【曲面过渡】按钮，在设计环境左侧弹出曲面过渡【属性】命令管理栏，如图4-108所示。在【曲面过渡类型】选项组的【类型】下拉列表中选择【等半径】选项。

根据提示区的提示，拾取第一个面和第二个面，并在【半径】文本框中输入半径值。单击【曲面过渡】命令管理栏上方的【确定】按钮，即可生成两曲面的过渡面，如图4-109所示。

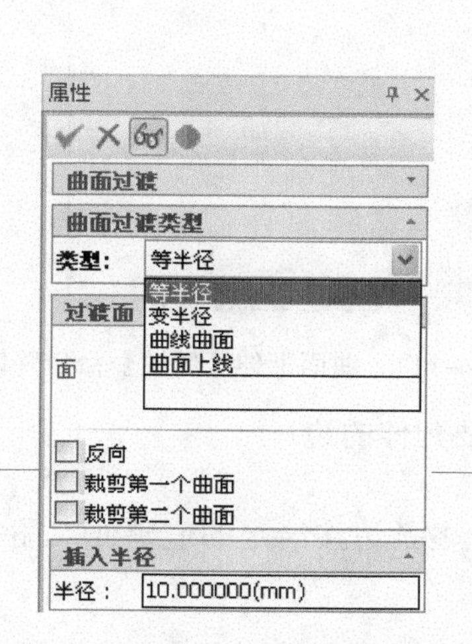


图4-108 曲面过渡【属性】命令管理栏

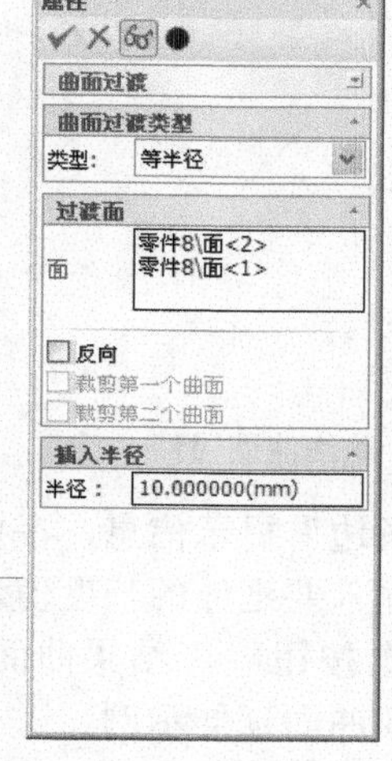


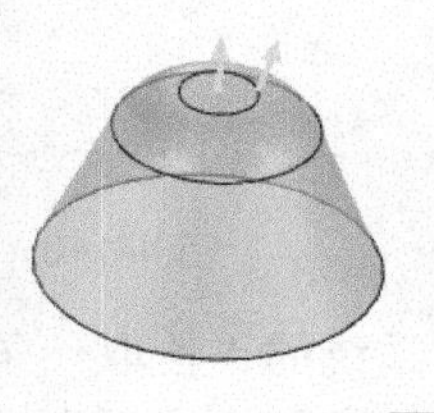

图4-109 生成过渡面

2) 变半径曲面过渡

变半径曲面过渡的操作过程与等半径曲面过渡类似。

3) 曲线曲面过渡

曲线曲面过渡是指使用单个曲面和一条曲线间生成曲面过渡。控制过渡的半径值。当不能通过传统的相交或过渡命令生成过渡时，曲线曲面过渡允许生成过渡，如图4-110所示。

4) 曲面上线过渡

曲面上线过渡是指使用两个曲面和一条曲线作为过渡边缘生成面过渡。这种过渡方式允许在曲面上生成较复杂的过渡，但这种过渡无法通过变半径的过渡实现。曲面上线过渡类似于控制线的面过渡。

5) 多曲面的过渡

如果需要对多个曲面进行过渡，可通过在【特征】选项卡中单击【修改】功能面板中的【圆角过渡】按钮来实现。

### 2. 曲面延伸

曲面延伸是指将曲面按照给定长度进行延伸。

在【曲面】选项卡中单击【曲面编辑】功能面板中的【曲面延伸】按钮，在设计环境左侧弹出如图 4-111 所示的曲面延伸【属性】命令管理栏。

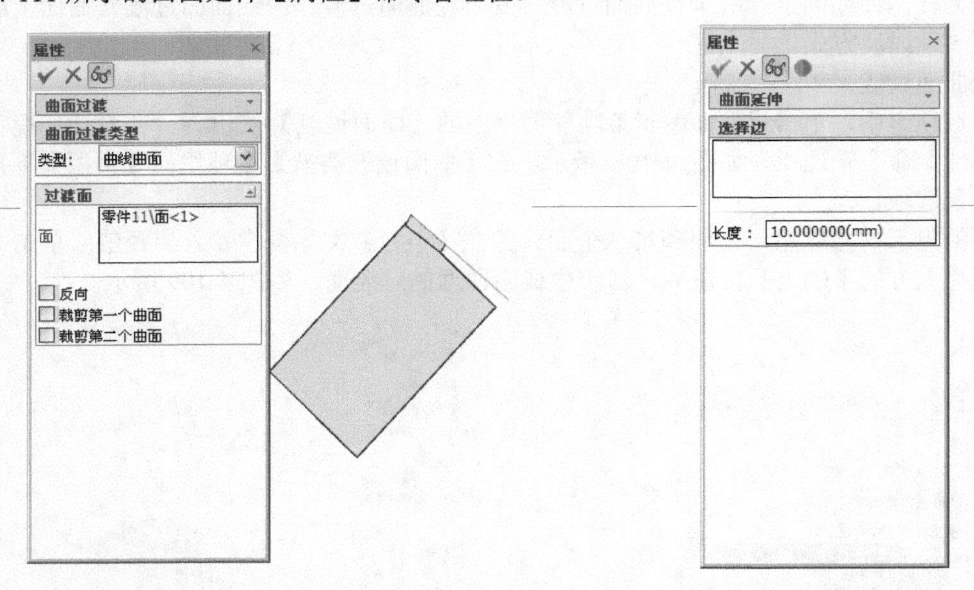


图 4-110　曲线曲面过渡　　　　图 4-111　曲面延伸【属性】命令管理栏

按照系统的“拾取一条边”提示信息，在曲面上拾取要延伸的边。

在【长度】文本框中输入要延伸的长度值。

设置好后单击【确定】按钮，结果曲面的一条边或多条边按给定的值延伸。图 4-112 所示为【曲面延伸】命令管理栏和曲面延伸示例。

### 3. 偏移曲面

偏移曲面是指将已有曲面或实体表面按照偏移一定距离的方式生成新的曲面。CAXA 实体设计 2015 的偏移曲面功能支持两种方式：等距偏移和不等距偏移。

在【曲面】选项卡中单击【曲面编辑】功能面板中的【偏移曲面】按钮，在设计环境左侧弹出偏移曲面【属性】命令管理栏。

选择一个要偏移的曲面，并设置偏移距离和偏移方向。

继续选择其他需要偏移的曲面，并设置相应的偏移距离和偏移方向。

设置长度为设计需要的长度。也可以选中【反向】复选框。

单击【偏移曲面】命令管理栏上方的【确定】按钮，即可生成偏移曲面。

偏移曲面【属性】命令管理栏和不等距曲面偏移示例如图 4-113 所示。

### 4. 裁剪

裁剪是指对生成的曲面进行修剪，去掉不需要的部分，保留需要的部分。在曲面裁剪过程中，也可以在曲面间进行修剪，以获得所需要的曲面形态。

在【曲面】选项卡中单击【曲面编辑】功能面板中的【裁剪】按钮，在设计环境左侧弹出裁剪【属性】命令管理栏，如图 4-114 所示。

在【选择零件来裁剪】筛选器中选择要裁剪的目标零件。

在【选择裁剪工具】选项组中激活【工具零件】或【元素】筛选器。

在【保留的部分】选项组的【要保留的】筛选器中选择裁剪后保留的部分。

单击【裁剪】命令管理栏上方的【确定】按钮✔，即可生成裁剪曲面。

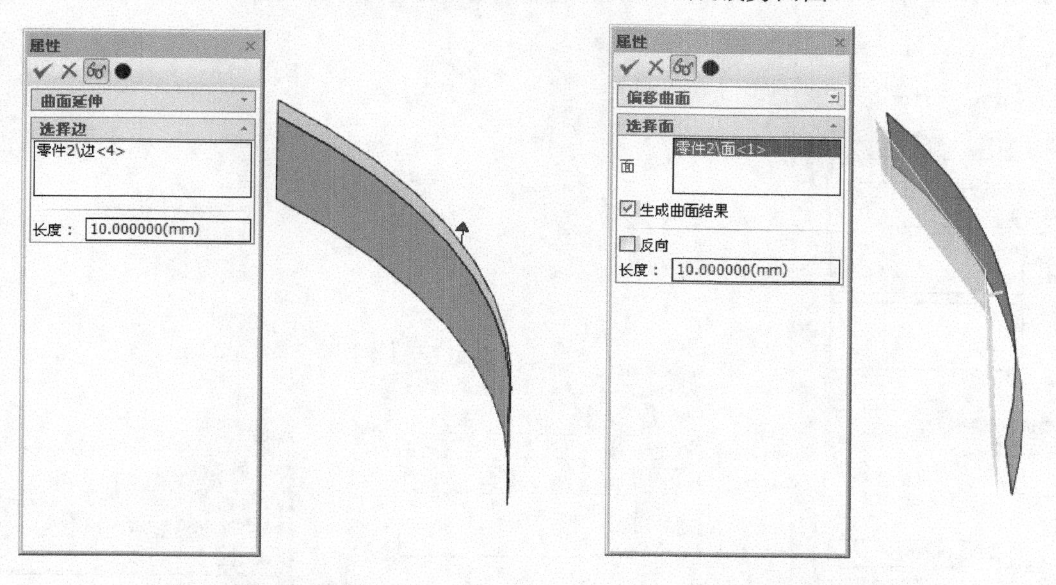


图 4-112　曲面延伸　　　　图 4-113　偏移曲面

### 5. 还原剪裁表面

还原剪裁表面是指将拾取到的裁剪曲面去除裁剪环，恢复到原始曲面状态。如果拾取的曲面裁剪边界是内边界，系统将取消对该边界施加的裁剪。如果拾取的曲面是外边界，系统将把外边界恢复到原始边界状态。

还原剪裁表面不仅能恢复裁剪曲面，还能恢复实体的表面。

### 6. 曲面补洞

曲面补洞是指在由多条曲线生成的曲面中增加一种新的曲面类型。曲面补洞的生成方法类似于边界面，但是它能由几乎任意数目的边界线生成(最少为一条曲线，最多无限条)。此外，曲面补洞作为曲面智能图素，当选择一个现有曲面的边缘作为它的边界时，可以设置曲面补洞与已有曲面相接或接触。

在【曲面】选项卡中单击【曲面编辑】功能面板中的【曲面补洞】按钮◈，在设计环境左侧弹出曲面补洞【属性】命令管理栏，如图 4-115 所示。

在曲面内选择要补洞的边界线，这些边界线必须是封闭连接的曲线或边线。

单击【曲面补洞】命令管理栏上方的【确定】按钮✔，即可生成曲面补洞。

### 7. 合并曲面

合并曲面是指将多个曲面合并为一个曲面。当多个连接曲面是光滑连续的情况下，使用合并曲面功能只能将多个曲面合并为一个曲面，而不能改变曲面的形状；当多个连接曲面不是光滑连续的情况下，使用合并曲面功能能将曲面间的切矢方向自动调整，并合并为一个光滑曲面。合并曲面功能可将多个连接曲面光滑地合并为一个曲面，使用该功能可实现两种方式的曲面合并。

在【曲面】选项卡中单击【曲面编辑】功能面板中的【合并曲面】按钮，在设计环境左侧弹出合并曲面【属性】命令管理栏，如图 4-116 所示。

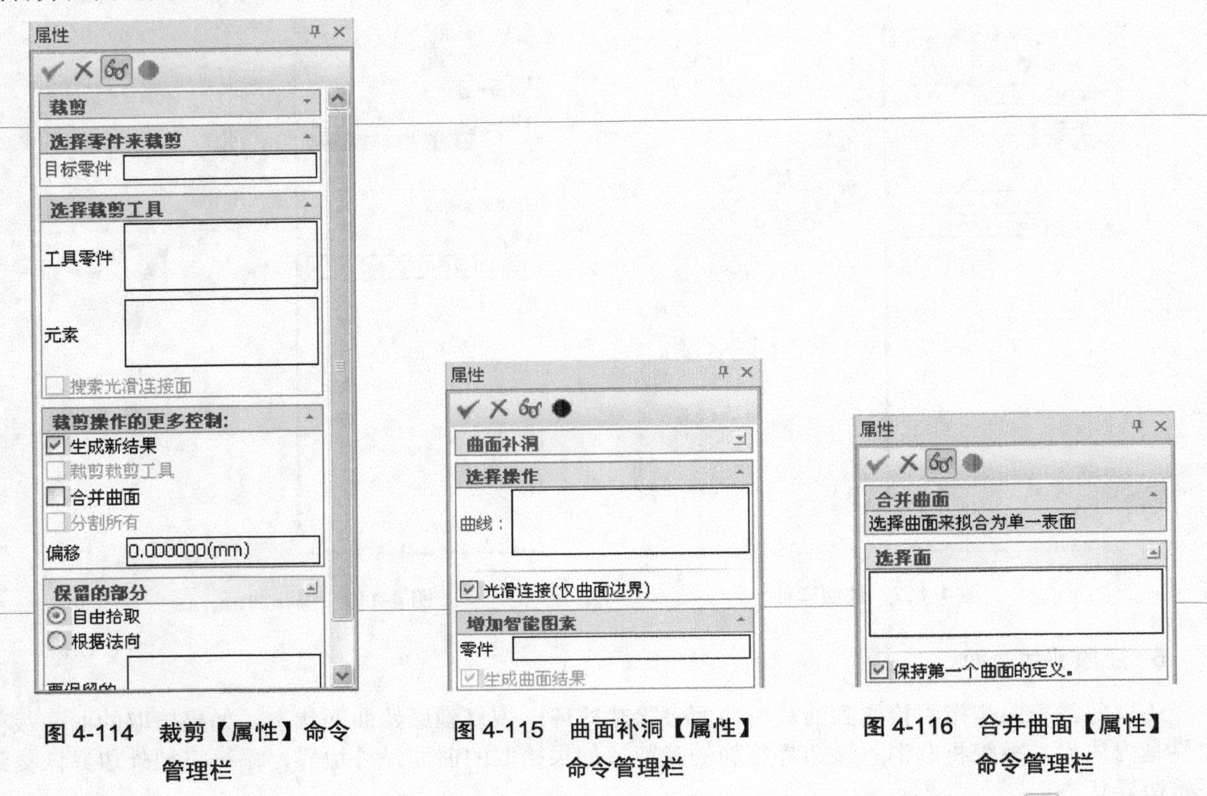


图 4-114　裁剪【属性】命令管理栏

图 4-115　曲面补洞【属性】命令管理栏

图 4-116　合并曲面【属性】命令管理栏

选择要进行合并的曲面。单击合并曲面【属性】命令管理栏上方的【确定】按钮，即可生成合并曲面。

在设计树中将原先的曲面隐藏，即可看到生成的合并曲面。

## 课后练习

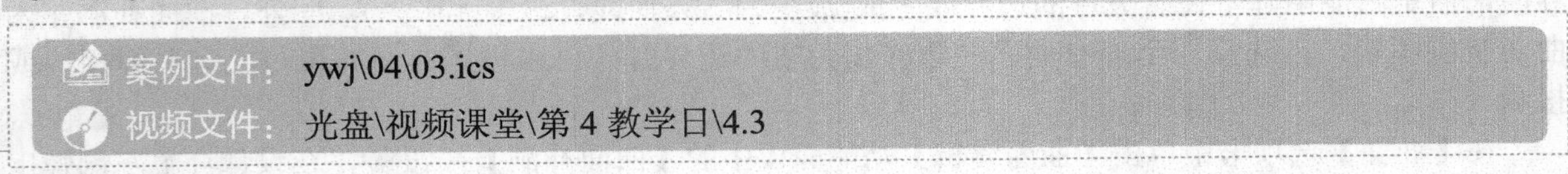


本节课后练习创建衣架的曲面模型，衣架用于支撑衣物，一般用塑料制作，不同的衣架有不同的曲面造型，如图 4-117 所示是完成的衣架曲面。

本节案例主要练习衣架的曲面模型，首先创建空间曲线，之后使用导动面命令创建衣架并进行复制，之后创建旋转面，最后完成球形面。绘制衣架曲面模型的思路和步骤如图 4-118 所示。

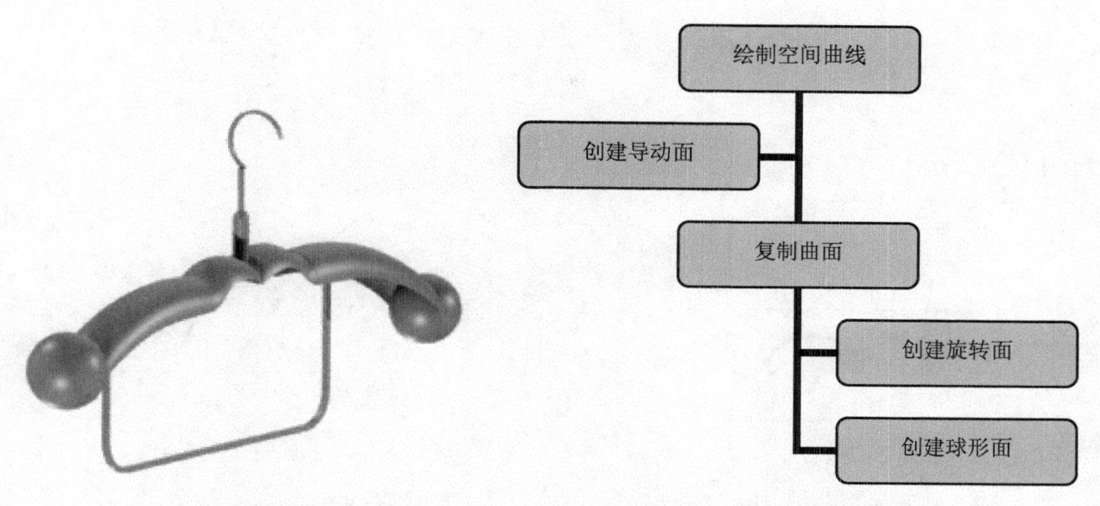


图 4-117　衣架曲面模型

图 4-118　绘制衣架曲面模型的步骤

案例操作步骤如下。

step 01 首先创建空间曲线，接着创建导动面，单击【草图】选项卡中的【二维草图】按钮，选择 Y-Z 基准面作为草图绘制平面，在【草图】选项卡中单击【绘制】功能面板中的【用三点】按钮，分别绘制半径为 55、12 的圆弧，如图 4-119 所示。

step 02 单击【草图】选项卡中的【二维草图】按钮，选择 X-Z 基准面作为草图绘制平面，在【草图】选项卡中单击【绘制】功能面板中的【用三点】按钮，绘制半径为 10 的圆弧，如图 4-120 所示。

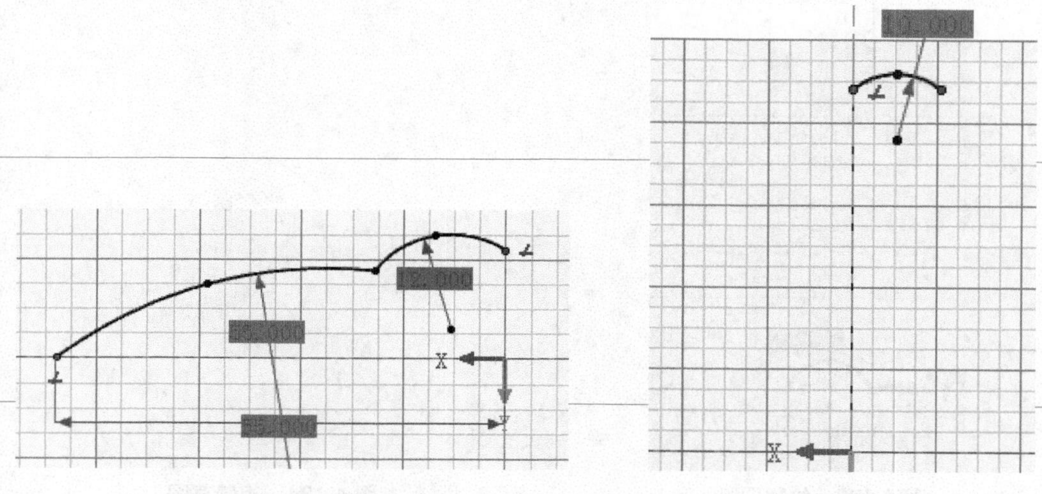

图 4-119　绘制弧线

图 4-120　绘制圆弧

step 03 单击【草图】选项卡中的【二维草图】按钮，选择 X-Z 基准面作为草图绘制平面，在【草图】选项卡中单击【绘制】功能面板中的【用三点】按钮，绘制半径为 6 的圆弧，如图 4-121 所示。

step 04 选择创建的草图，使用三维球进行旋转、移动，如图 4-122 所示。

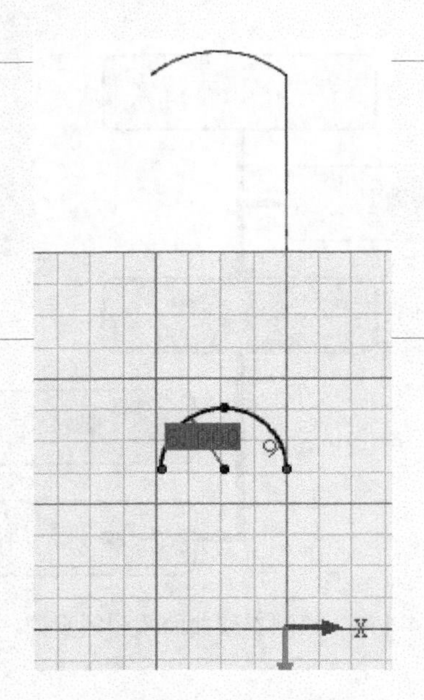

图 4-121　绘制圆弧

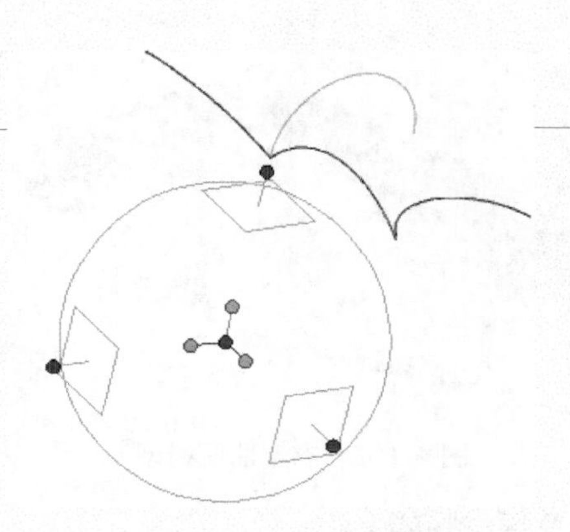

图 4-122　旋转、移动草图

step 05 单击【草图】选项卡中的【二维草图】按钮，选择 X-Z 基准面作为草图绘制平面，在【草图】选项卡中单击【绘制】功能面板中的【用三点】按钮，绘制半径为 6 的圆弧，如图 4-123 所示。

step 06 选择创建的草图，使用三维球进行旋转，如图 4-124 所示。

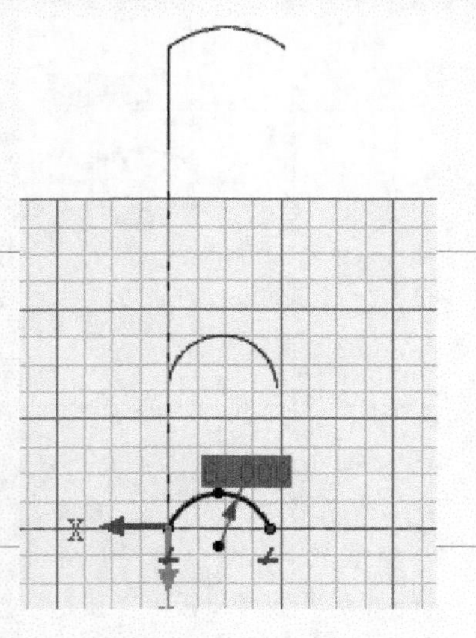

图 4-123　绘制圆弧

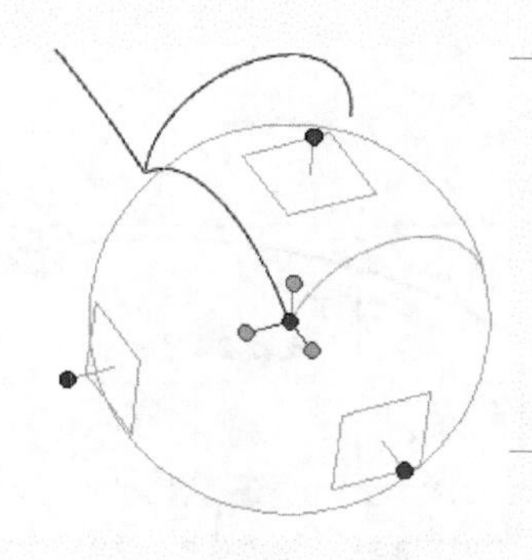

图 4-124　旋转草图

step 07 在【曲面】选项卡中单击【三维曲线】功能面板中的【三维曲线】按钮，单击【插入样条曲线】按钮，绘制曲线，如图 4-125 所示。

step 08 单击【曲面】功能面板中的【导动面】按钮，在导动面【属性】命令管理栏中选择截面和导动曲线，创建扫掠曲面，如图 4-126 所示。

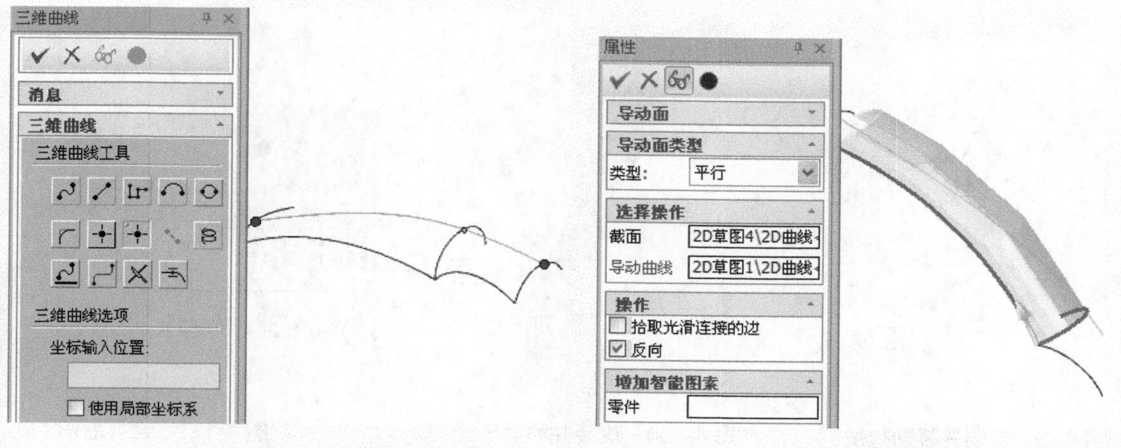


图 4-125　三维曲线　　　　图 4-126　创建导动面

step 09 单击【曲面】功能面板中的【导动面】按钮，在导动面【属性】命令管理栏中选择截面和导动曲线，创建导动曲面，如图 4-127 所示。

step 10 在【曲面】选项卡中单击【曲面编辑】功能面板中的【合并曲线】按钮，在【属性】命令管理栏中选择曲面，如图 4-128 所示，合并曲线。

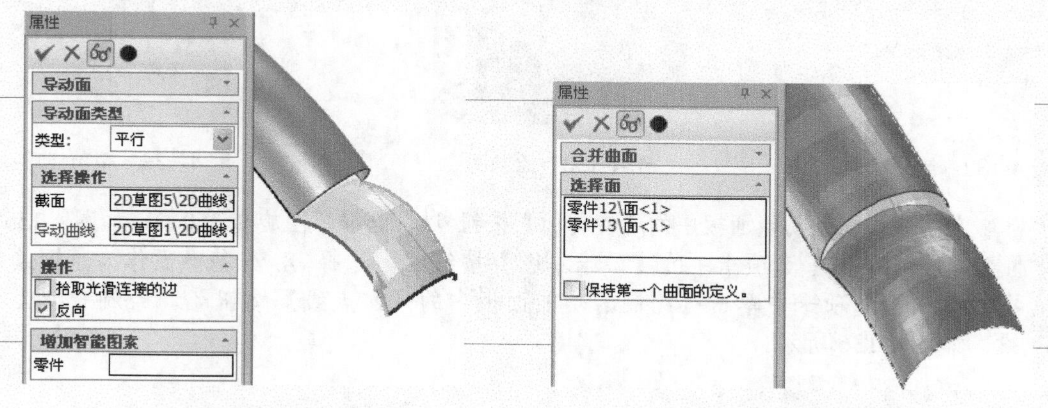


图 4-127　创建导动面　　　　图 4-128　合并曲线

step 11 选择创建的曲面，使用三维球进行复制、移动，如图 4-129 所示。

step 12 选择复制的曲面，使用三维球进行旋转、移动，如图 4-130 所示。

step 13 在【曲面】选项卡中单击【曲面编辑】功能面板中的【合并曲线】按钮，在【属性】命令管理栏中选择曲面，合并曲面，如图 4-131 所示。

step 14 再创建旋转面，单击【草图】选项卡中的【二维草图】按钮，选择 Y-Z 基准面作为草图绘制平面，在【草图】选项卡中单击【绘制】功能面板中的【矩形】按钮，绘制 10×1.5 的矩形，如图 4-132 所示。

step 15 在【草图】选项卡中单击【绘制】功能面板中的【圆心+半径】按钮，绘制半径为 1.5 的圆，如图 4-133 所示。

step 16 在【草图】选项卡中单击【修改】功能面板中的【裁剪】按钮，删除多余曲线，如图 4-134 所示。

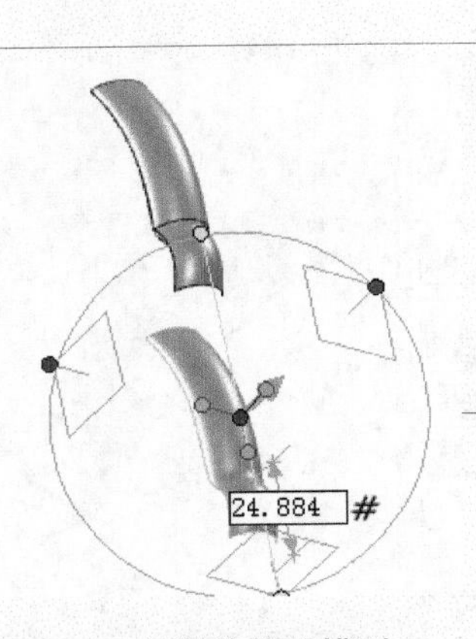


图 4-129　复制并移动模型

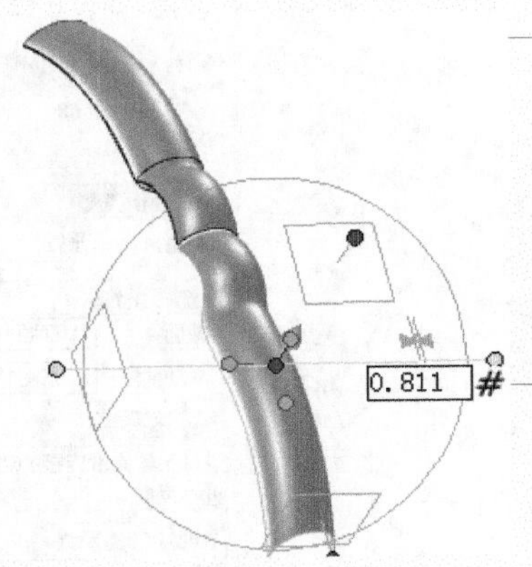


图 4-130　旋转并移动模型

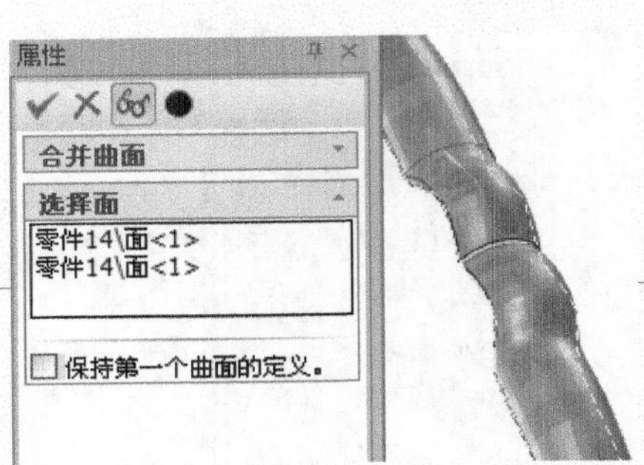


图 4-131　合并曲面

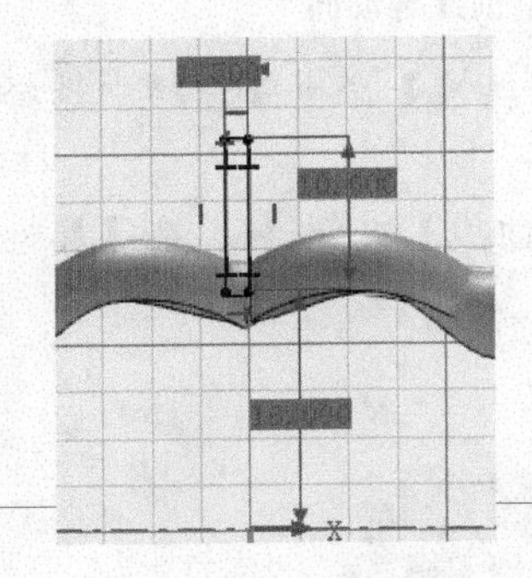

图 4-132　绘制矩形

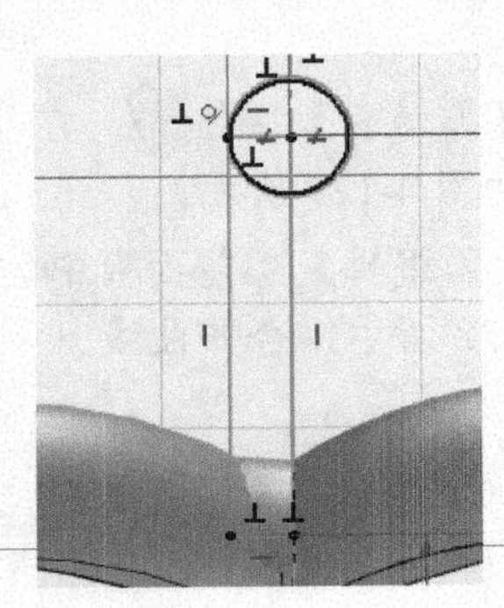

图 4-133　绘制圆

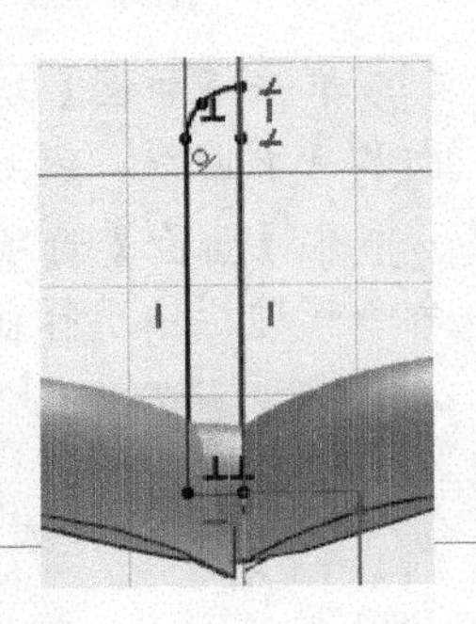

图 4-134　裁剪线段

step 17 单击【曲面】功能面板中的【旋转面】按钮，选择草图旋转 360°，如图 4-135 所示。

step 18 单击【草图】选项卡中的【二维草图】按钮，选择 X-Y 基准面作为草图绘制平面，在【草图】选项卡中单击【绘制】功能面板中的【2 点线】按钮，绘制长度为 10 的线段，如图 4-136 所示。

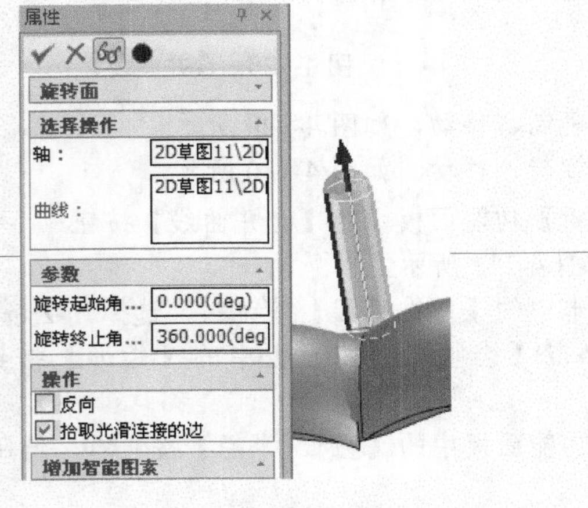


图 4-135　旋转图形

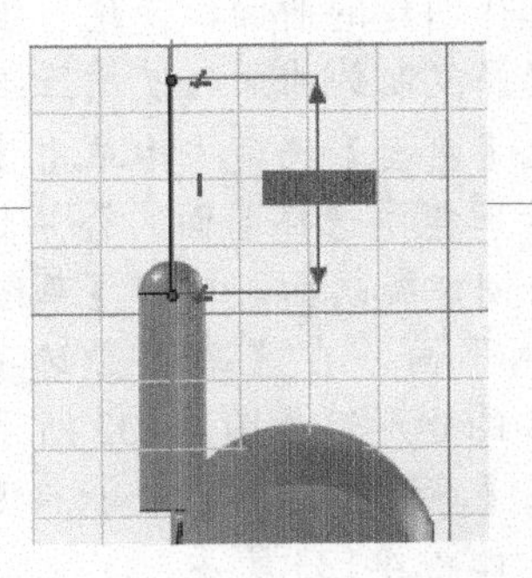

图 4-136　绘制线段

step 19 在【草图】选项卡中单击【绘制】功能面板中的【用三点】按钮，绘制半径为 6 的圆弧，如图 4-137 所示。

step 20 在【草图】选项卡中单击【修改】功能面板中的【过渡】按钮，分别绘制半径为 4、6 的圆角，如图 4-138 所示。

step 21 单击【草图】选项卡中的【二维草图】按钮，选择 X-Z 基准面作为草图绘制平面，在【草图】选项卡中，单击【绘制】功能面板中的【圆心+半径】按钮，绘制半径为 0.5 的圆，如图 4-139 所示。

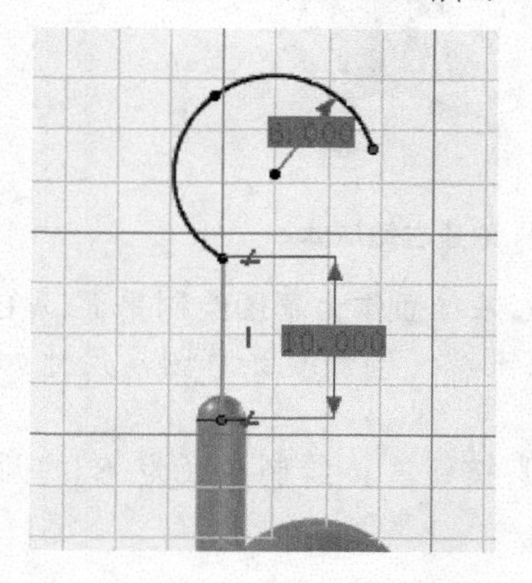

图 4-137　绘制半圆

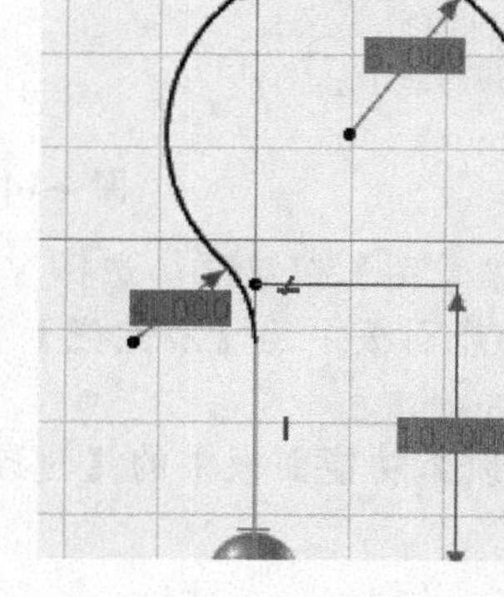

图 4-138　绘制圆角

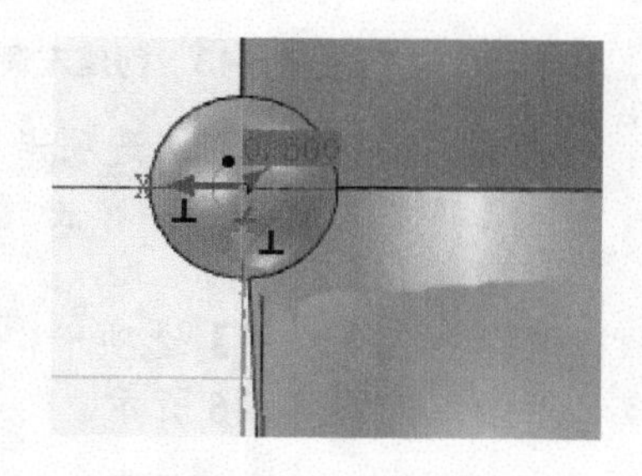

图 4-139　绘制圆

step 22 选择创建的草图，使用三维球进行移动，如图 4-140 所示。

step 23 单击【曲面】功能面板中的【导动面】按钮，在导动面【属性】命令管理栏中选择截面和导动曲线，创建扫掠曲面，如图 4-141 所示。

step 24 选择创建的曲面和曲线，使用三维球进行移动，如图 4-142 所示。

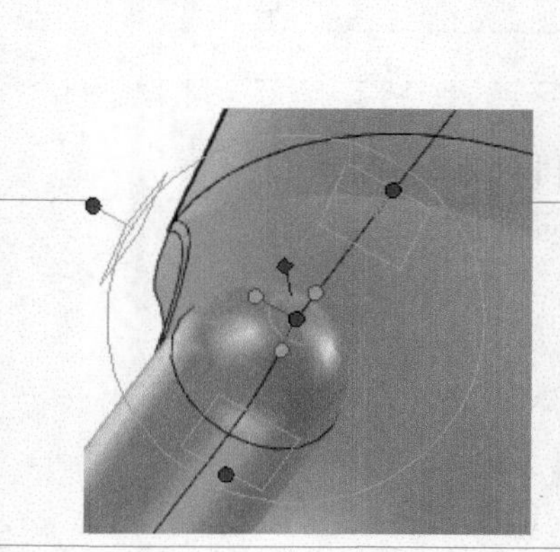

图 4-140　移动图形

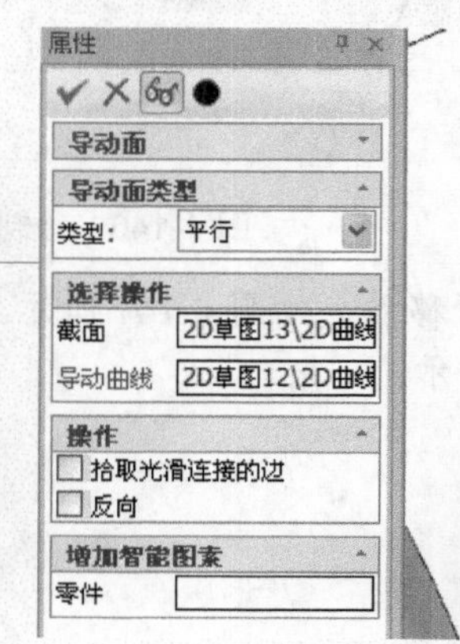


图 4-141　创建导动面

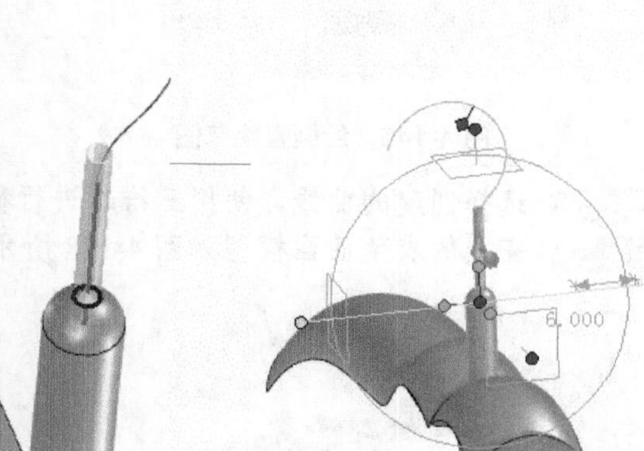

图 4-142　移动曲面

step 25 最后创建球体，在【设计元素库】的【图素】选项卡中，创建左侧球体，如图 4-143 所示。

step 26 在【设计元素库】的【图素】选项卡中，创建右侧球体，如图 4-144 所示。

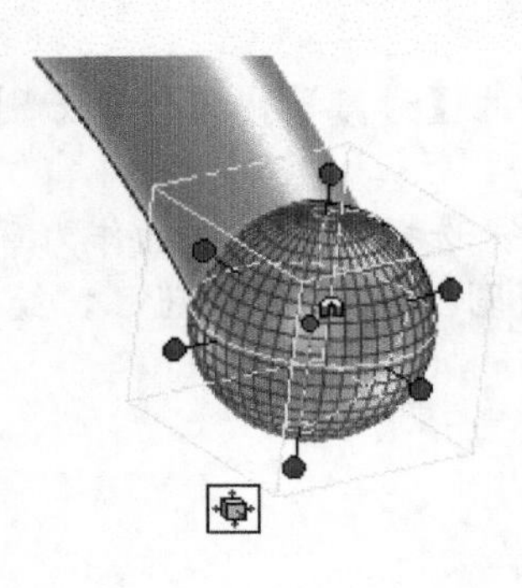

图 4-143　创建左侧球体

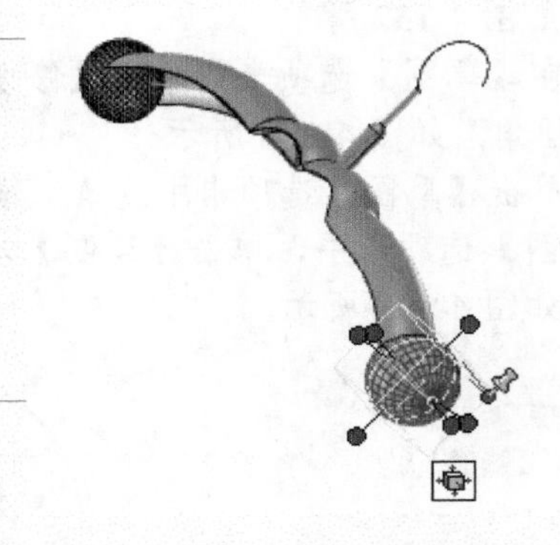

图 4-144　创建右侧球体

step 27 单击【草图】选项卡中的【二维草图】按钮，选择 Y-Z 基准面作为草图绘制平面，在【草图】选项卡中单击【绘制】功能面板中的【2 点线】按钮，绘制直线草图，尺寸如图 4-145 所示。

step 28 在【草图】选项卡中单击【修改】功能面板中的【过渡】按钮，绘制半径为 8 的圆角，如图 4-146 所示。

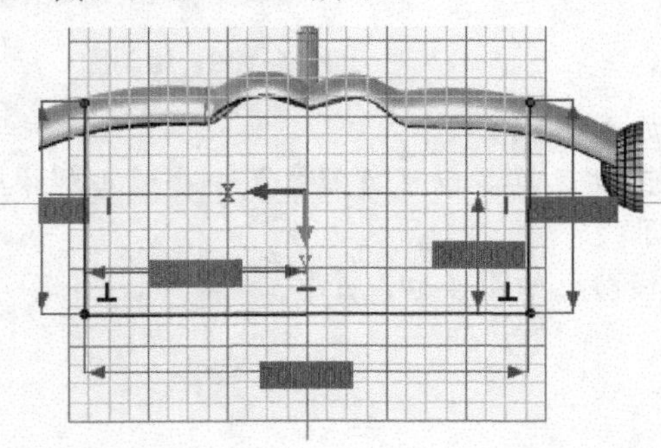

图 4-145　绘制直线草图

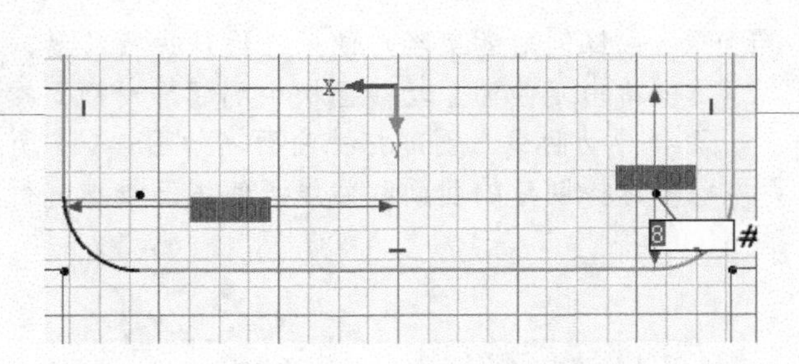

图 4-146　绘制半径为 8 的圆角

step 29 选择创建的曲线，使用三维球进行移动，如图 4-147 所示。

step 30 完成的衣架曲面模型如图 4-148 所示。

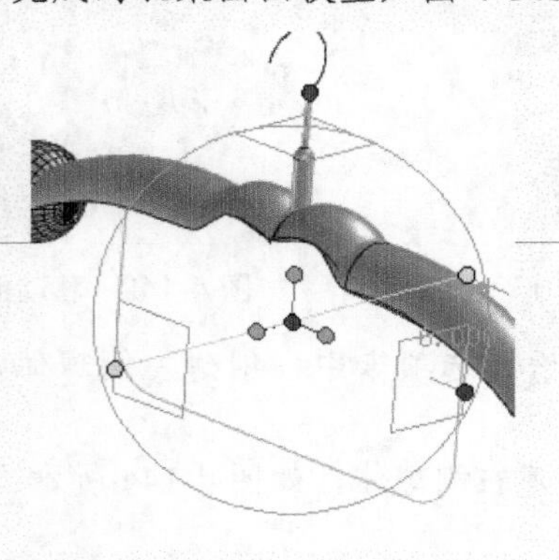

图 4-147　移动曲线

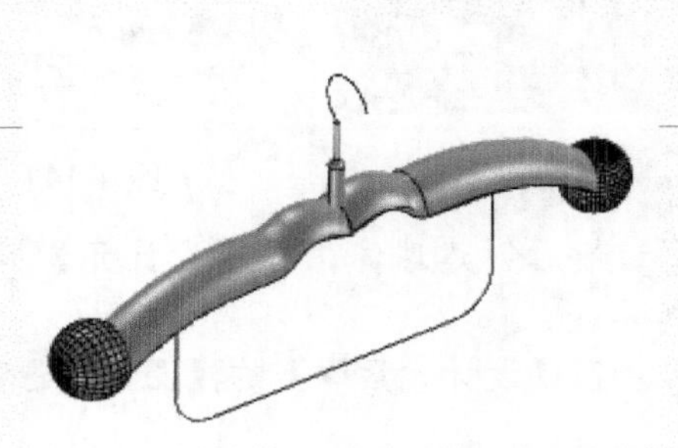

图 4-148　完成的衣架模型

**机械设计实践：** 产品技术性能包括功能、制造和运行状况在内的一切性能，既指静态性能，也指动态性能。例如，产品所能传递的功率、效率、使用寿命、强度、刚度、抗摩擦、磨损性能、振动稳定性、热特性等。性能要满足要求，首先外形要满足要求，复杂的三维曲面，既要满足审美也要满足功能需求，如图 4-149 所示的吸尘器部件，外形由复杂曲面构成。

图 4-149　吸尘器外形

## 阶段进阶练习

CAXA 实体设计软件提供了多样的曲面造型及处理方式，包括封闭网格面、直纹面、拉伸面、旋转面、偏移面等强大的曲面生成功能，以及曲面延伸、曲面过渡、曲面裁剪、曲面补洞、还原裁剪面、曲面加厚等强大的曲面编辑功能，能够实现各种高品质复杂曲面及实体曲面混合造型的设计要求。

使用本教学日学过的各种命令创建如图 4-150 所示的加湿器曲面模型。

练习步骤和方法如下。

(1) 绘制空间曲线。

(2) 拉伸曲面创建侧面。

(3) 使用网格曲面命令创建按钮。

(4) 使用扫掠命令创建弧面。

图 4-150　加湿器模型

# 第5教学日

CAXA 进行钣金件设计时，既可以使用【设计元素库】的【钣金】选项卡中的智能图素，也可以在一个已有零件的空间单独创建。标准件和图库作为机械设计中必不可少的工具，能够使设计工作更加精细和快捷，用户不必为复杂的标准件另行设计，而参数化设计更是为设计提供了精确的设计方法。本教学日介绍的CAXA 实体设计 2015 为用户提供了生成标准和自定义钣金件的功能。

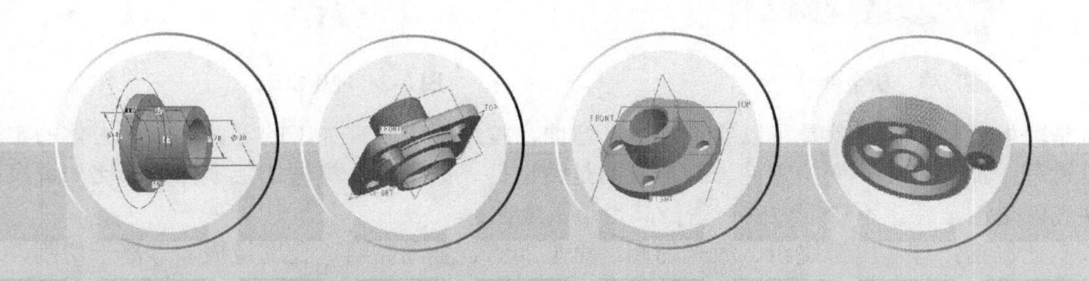

# 第1课 1课时 设计师职业知识——钣金件基础

钣金至今为止尚未有一个比较完整的定义。根据国外某专业期刊上的一则定义，可以将其定义为：钣金是针对金属薄板(通常在 6mm 以下)的一种综合冷加工工艺，包括剪、冲/切/复合、折、焊接、铆接、拼接、成型(如汽车车身)等。其显著的特征就是同一零件厚度一致。

钣金有时也作扳金，这个词来源于英文 Platemetal，一般是将一些金属薄板通过手工或模具冲压使其产生塑性变形，形成所希望的形状和尺寸，并可进一步通过焊接或少量的机械加工形成更复杂的零件，比如家庭中常用的烟囱、铁皮炉，还有汽车外壳都是钣金件。

金属板料加工就叫钣金加工。具体譬如利用板料制作烟囱、铁桶、油箱油壶、通风管道、弯头大小头、天圆地方、漏斗形等，主要工序是剪切、折弯扣边、弯曲成型、焊接、铆接等，需要一定几何知识。通常，钣金工艺最重要的步骤是剪、冲/切、折，焊接，表面处理等。如图 5-1 所示为钣金件。

## 1. 钣金工艺

一般来说，编辑钣金工艺的基本设备包括剪板机(Shear Machine)、数控冲床(CNC Punching Machine)/激光、等离子、水射流切割机(Cutting Machine)、折弯机(Bending Machine)，以及各种辅助设备如开卷机、校平机、去毛刺机、点焊机等，如图 5-2 所示为冲压机床。

图 5-1 钣金件

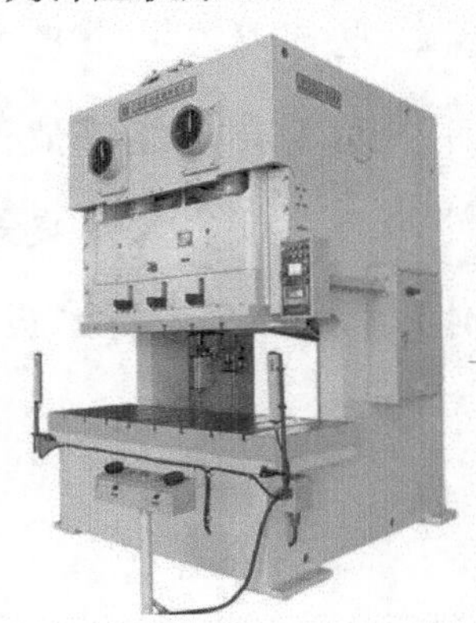

图 5-2 冲压机床

钣金件就是薄板五金件，也就是可以通过冲压、弯曲、拉伸等手段来加工的零件，一个大体的定义就是在加工过程中加工厚度不变的零件。相对应的是铸造件、锻压件、机械加工零件等，比如说汽车的外面的铁壳就是钣金件，不锈钢做的一些橱具也是钣金件。

现代钣金工艺包括：灯丝电源绕组、激光切割、重型加工、金属黏结、金属拉拔、等离子切割、精密焊接、辊轧成型、金属板料弯曲成型、模锻、水喷射切割、精密焊接等。

钣金件的表面处理也是钣金加工过程中非常重要的一环，因为它有防止零件生锈、美化产品的外观等作用。钣金件的表面前处理的作用主要是去油污、氧化皮、铁锈等，它为表面后处理做准备，而后处理主要是喷(烤)漆、喷塑以及镀防锈层等。

3D 软件中，SolidWorks、UG、Pro/E、SolidEdge、TopSolid、CATIA 等都有钣金件一项，主要是通过对 3D 图形的编辑而得到钣金件加工所需的数据(如展开图、折弯线等)以及为数控冲床(CNC Punching Machine)/激光、等离子、水射流切割机(Laser、Plasma、Waterjet Cutting Machine)/复合机(Combination Machine)以及数控折弯机(CNC Bending Machine)等提供数据。

### 2. 工艺特点

编辑钣金具有重量轻、强度高、导电(能够用于电磁屏蔽)、成本低、大规模量产性能好等特点，在电子电器、通信、汽车工业、医疗器械等领域得到了广泛应用，例如在电脑机箱、手机、MP3 中，钣金是必不可少的组成部分。

随着钣金的应用越来越广泛，钣金件的设计变成了产品开发过程中很重要的一环，机械工程师必须熟练掌握钣金件的设计技巧，使得设计的钣金既满足产品的功能和外观等要求，又使得冲压模具制造简单、成本低。

### 3. 主要用途

编辑适合于冲压加工的钣金材料非常多，广泛应用于电子电器行业的钣金材料有以下几种。

(1) 普通冷轧板：普通冷轧板是指钢锭经过冷轧机连续轧制成要求厚度的钢板卷料或片料。普通冷轧板表面没有任何的防护，暴露在空气中极易被氧化，特别是在潮湿的环境中氧化速度加快，出现暗红色的铁锈，在使用时表面要喷漆、电镀或者进行其他防护。

(2) 镀锌钢板：镀锌钢板的底材为一般的冷轧钢卷，在连续生产线经过脱脂、酸洗、电镀及各种后处理后，即成为电镀锌产品。镀锌钢板不但具有一般冷轧钢片的机械性能及近似的加工性，而且具有优越的耐蚀性及装饰性外观。在电子产品、家电及家具的市场上具有很大的竞争性及取代性。例如电脑机箱普遍使用的就是镀锌钢板。

(3) 热浸镀锌钢板：热浸镀锌钢板是指将热轧酸洗或冷轧后的半成品，经过清洗、退火，浸入温度约 460℃的熔融槽中，而使钢片镀上锌层，再经调质整平及化学处理而成。SGCC 标准的材料比 SECC 标准的材料硬、延展性差、锌层较厚、电焊性差。

(4) 不锈钢 SUS301：Cr(铬)的含量较 SUS304 低，耐蚀性较差，但经过冷加工能获得很好的拉力和硬度，弹性较好，多用于弹片弹簧以及防 EMI。

(5) 不锈钢 SUS304：使用最广泛的不锈钢之一，因含 Ni(镍)故比含 Cr(铬)的钢较富有耐蚀性、耐热性，拥有非常好的机械性能，无热处理硬化现象，没有弹性。

### 4. 工艺设计

编辑在满足产品的功能、外观等要求下，钣金的设计应当保证冲压工序简单、冲压模具制作容易、钣金冲压质量高、尺寸稳定等。详细的钣金设计指南可参考机械工业出版社出版的《零件结构设计工艺性》和《面向制造和装配的产品设计指南》。

图纸完成后，根据展开图及批量的不同选择不同的落料方式，其中有激光、数控冲床、剪板、模具等方式，然后根据图纸作出相应的展开。数控冲床受刀具方面的影响，对于一些异形工件和不规则孔的加工，在边缘会出现较大的毛刺，要进行后期去毛刺的处理，同时对工件的精度有一定的影响；激光加工无刀具限制，断面平整，适合异形工件的加工，但对于小工件加工耗时较长。在数控和激光旁放置工作台，利于板料放置在机器上进行加工，减少抬板的工作量。如图 5-3 所示是典型的钣金图纸，用于制造。

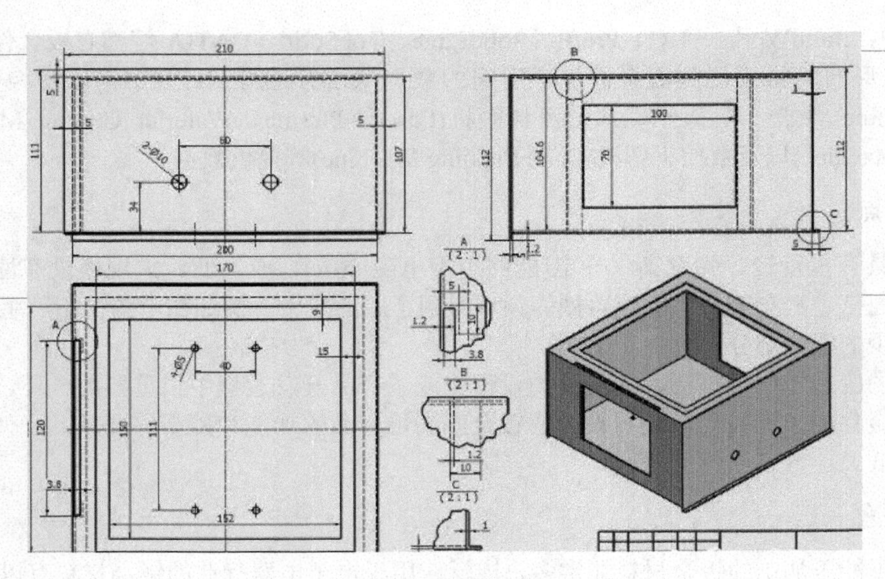

图 5-3 钣金图纸

一些可以利用的边料放置在指定的地方，为折弯时试模提供材料。在工件落料后，边角、毛刺、接点要进行必要的修整(打磨处理)，在刀具接点处，用平锉刀进行修整，对于毛刺较大的工件用打磨机进行修整，小内孔接点处用相对应的小锉刀修整，以保证外观的美观，同时外形的修整也为折弯时定位做出了保证，使折弯时工件靠在折弯机上的位置一致，从而保证同批产品尺寸的一致。

在落料完成后，进入下道工序，不同的工件根据加工的要求进入相应的工序。有折弯、压铆、翻边攻丝、点焊、打凸包、段差，有时在折弯一两道后要将螺母或螺柱压好，其中有模具打凸包和段差的地方要考虑先加工，以免其他工序先加工后会发生干涉，不能完成需要的加工。在上盖或下壳上有卡勾时，如折弯后不能碰焊要在折弯之前加工好。

折弯时首先要根据图纸上的尺寸、材料厚度确定折弯时用的刀具和刀槽，避免产品与刀具相碰撞引起变形是上模选用的关键(在同一个产品中，可能会用到不同型号的上模)，下模的选用根据板料的厚度来确定。其次是确定折弯的先后顺序，折弯一般规律是先内后外，先小后大，先特殊后普通。有要压死边的工件首先将工件折弯到 30°～40°，然后用整平模将工件压死。如图 5-4 所示为钣金折弯过程。

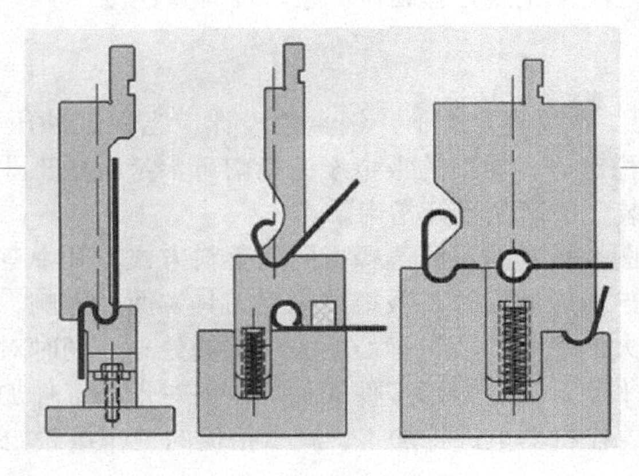

图 5-4 钣金折弯过程

压铆时，要考虑螺柱的高度选择不同的模具，然后对压力机的压力进行调整，以保证螺柱和工件表面平齐，避免螺柱没压牢或压出超过工件面，造成工件报废。

焊接有氩弧焊、点焊、二氧化碳保护焊、手工电弧焊等，点焊首先要考虑工件焊接的位置，在批量生产时考虑做定位工装保证点焊位置准确。为了焊接牢固，在要焊接的工件上打凸点，可以使凸点在通电焊接前与平板均匀接触，以保证各点加热的一致，同时也可以确定焊接位置。同样的，要进行焊接，先要调好预压时间、保压时间、维持时间、休止时间，保证工件可以点焊牢固。点焊后在工件表面会出现焊疤，要用平磨机进行处理，氩弧焊主要用于两工件较大，又要连接在一起时，或者一个工件的边角处理，达到工件表面的平整、光滑。氩弧焊时产生的热量易使工件变形，焊接后要用打磨机和平磨机进行处理，特别是边角方面较多。

工件在折弯、压铆等工序完成后要进行表面处理，不同板料表面的处理方式不同，冷板加工后一般进行表面电镀，电镀完后不进行喷涂处理，而进行磷化处理，磷化处理后要进行喷涂处理。电镀板类先进行表面清洗、脱脂，然后再进行喷涂。不锈钢板(有镜面板、雾面板、拉丝板)是在折弯前进行拉丝处理，不用喷涂，如需喷涂要进行打毛处理；铝板一般采用氧化处理，根据喷涂不同的颜色选择不同的氧化底色，常用的有黑色和本色氧化，铝板需喷涂的进行铬酸盐氧化处理后再喷涂。表面前处理可以使表面清洁，显著提高涂膜附着力，能成倍提高涂膜的耐蚀力。清洗的流程是先清洗工件，先将工件挂在流水线上，首先进入清洗溶液中(合金去油粉)，然后进入清水中，其次经过喷淋区，再经过烘干区，最后将工件从流水线上取下。

在表面前处理后，进入喷涂工序，在工件要求装配后喷涂时，牙或部分导电孔需进行保护处理，牙孔可插入软胶棒或拧入螺钉，需导电保护的要用高温胶带贴上，大批量地做定位工装来定位保护，这样喷涂时就不会喷到工件内部，在工件外表面能看到的螺母(翻边)孔处用螺钉保护，以免喷涂后工件螺母(翻边)孔处需要回牙。

一些批量大的工件还用到工装保护；工件不装配喷涂时，不需要喷涂的区域用耐高温胶带和纸片挡住，一些露在外面的螺母(螺柱)孔用螺钉或耐高温橡胶保护。如工件双面喷涂，用同样方法保护螺母(螺柱)孔；小工件用铅丝或曲别针等物品串在一起后喷涂；一些工件表面要求高，在喷涂前要进行刮灰处理；一些工件在接地符处用专用耐高温贴纸保护。在进行喷涂时，首先将工件挂在流水线上，用气管吹去表面的灰尘。进入喷涂区喷涂，喷完后顺着流水线进入到烘干区，最后从流水线上取下喷涂好的工件。

在喷涂之后进入装配工序，装配前，要将原来喷涂中用的保护贴纸撕去，确定零件内螺纹孔没有被撒进漆或粉。在整个过程中，要戴上手套，避免手上的灰尘附在工件上。有些工件还要用气枪吹干净。装配好之后就进入包装环节了，检查好工件后将其装入专用的包装袋中进行保护，一些没有专用包装的工件用气泡膜等进行包装，在包装前先将气泡膜裁成可以包装工件的大小，以免一面包装一面裁，影响加工速度；批量大的可定做专用纸箱或气泡袋、胶垫、托盘、木箱等。将工件包装好后放入纸箱内，然后在纸箱上贴上相应成品或半成品标签。

钣金件的质量除在生产制程中严格要求外，就是需要独立于生产的品质检验，一是按图纸严格把关尺寸，二是严格把关外观质量，尺寸不允许超出公差范围，外观不允许有碰划伤、色差等。

# 第2课 2课时 钣金件基础

CAXA 实体设计可以根据需要生成标准钣金件和自定义钣金件。标准钣金件的设计同其他设计一样，可以从基本智能图素目录开始，也可以通过拖曳方式在设计环境中拖入板料或创建板料开始，然后添加各种曲、孔、缝和成型结构等。

## 1. 钣金设计默认参数设置

钣金件设计从基本智能图素库开始，定义所需钣金零件的基本属性后，就可以用两个基本钣金坯料之一开始设计，其他的智能设计元素可添加到初始坯料上。然后，零件及其组成图素就可通过各种方式进行编辑，编辑方式包括菜单选项、属性表和编辑手柄或按钮。

在开始钣金件设计之前，必须定义某些钣金件默认参数，如默认板料、弯曲类型和尺寸单位等。

选择【工具】|【选项】命令，在弹出的【选项-板料】对话框中切换到【钣金】|【板料】选项设置界面。【缺省钣金零件板料】列表框中列出了 CAXA 实体设计中所有可用的钣金毛坯的型号。

利用滚动条可浏览该列表框，并从中选择适合设计的板料型号，如图 5-5 所示。切换到【钣金】选项设置界面，在其中可设定弯曲切口类型、切口的宽度和深度以及折弯半径，这些设定值将作为新添弯曲图素的默认值；此外，可指定建立成型及型孔的约束条件，如图 5-6 所示。在设定成型和型孔约束条件后，新加入成型或型孔图素时，系统自动显示约束对话框，而且成型或型孔图素会自动建立对弯曲图素、板料图素、顶点图素和倒角图素之间的约束。

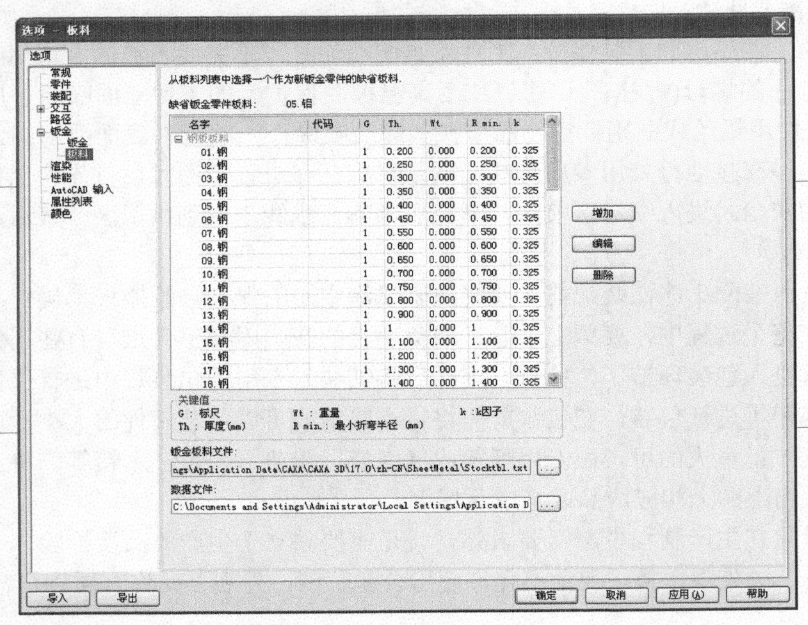


图 5-5 【缺省钣金零件板料】列表框

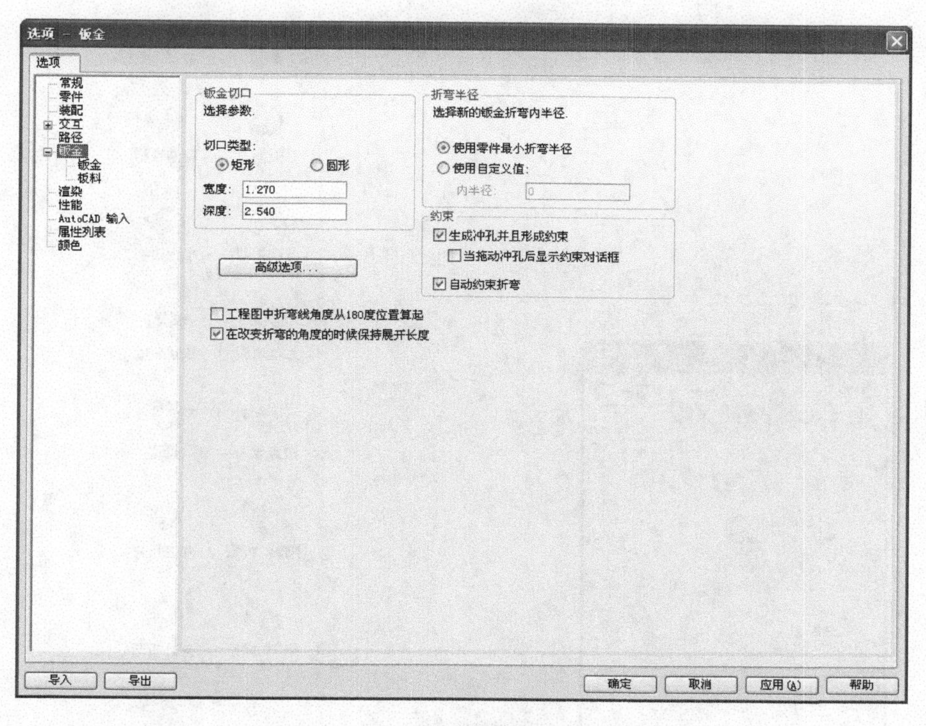


图 5-6 【钣金】选项设置界面

如果单击【高级选项】按钮，则弹出【高级钣金选项】对话框，如图 5-7 所示。在该对话框中可以设置高级钣金的相关选项，设定参数后单击【确定】按钮。

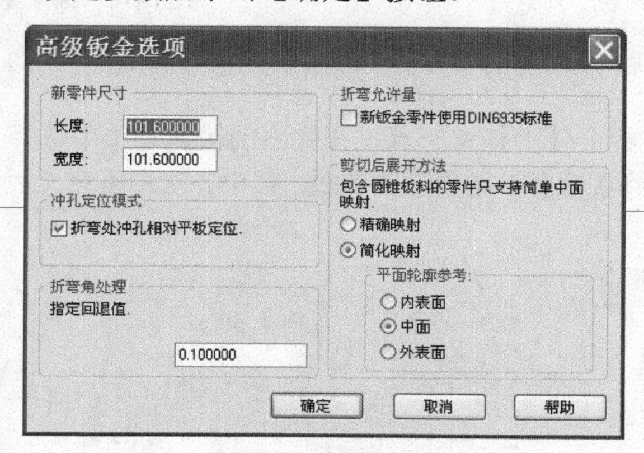


图 5-7 【高级钣金选项】对话框

如果想要更改默认的单位设置，选择【设置】|【单位】菜单命令，在弹出的【单位】对话框中设置长度、角度、质量和密度单位等参数，如图 5-8 所示。

### 2. 钣金图素的应用

钣金零件设计元素库的分类如图 5-9 所示。

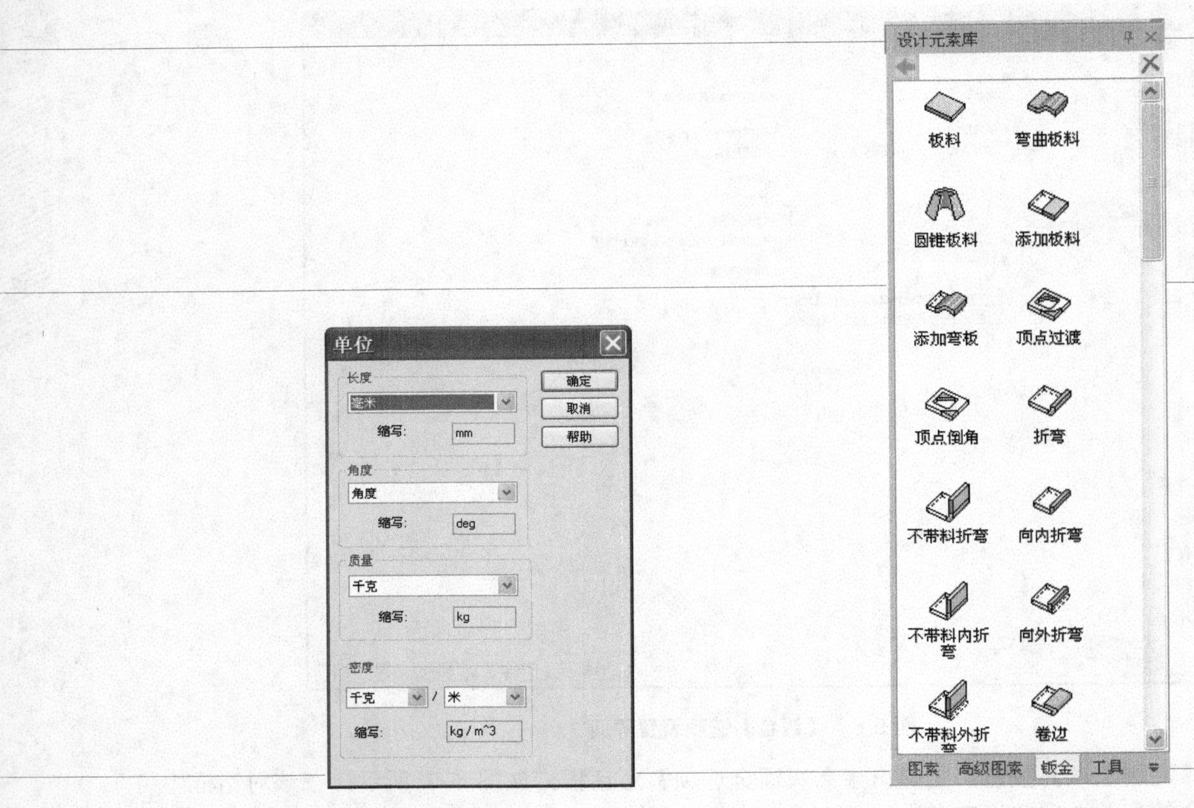


图 5-9 【单位】对话框

图 5-10 钣金零件设计元素库

3. 钣金件属性

在零件编辑状态下右击钣金件上任意一点，在弹出的快捷菜单中选择【零件属性】命令，在弹出的【钣金件】对话框中切换到【钣金】选项设置界面，其中各选项可定义钣金件的板料属性，如图 5-10 所示。

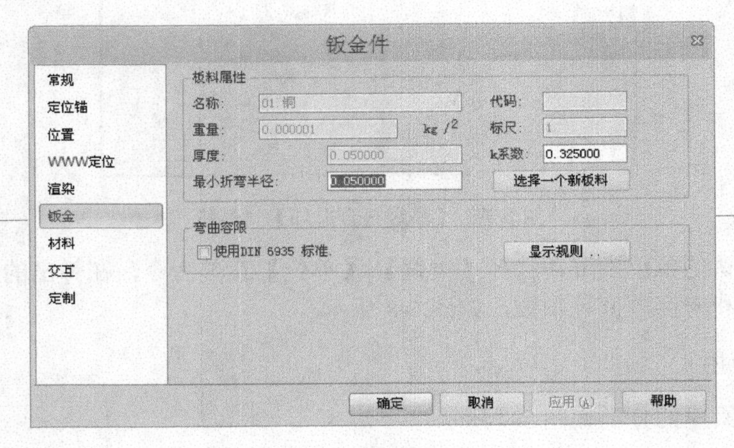


图 5-10 【钣金件】对话框

#### 4. 选择设计技术

在 CAXA 实体设计 2015 中，可将钣金件作为一个独立零件进行设计，即在开始设计阶段，先把标准智能图素拖放到钣金件的设计环境中以生成最初的设计，然后利用可视化编辑方法和精确编辑方法对钣金件进行自定义和精确设计。

尽管可以在后面的设计流程中将一个独立零件添加到现有零件上，但是有时在适当位置设计往往更容易、更快，并且可利用相对于现有零件上参考点的智能捕捉反馈进行精确的尺寸设定。若要对独立零件进行精确编辑，就必须进入编辑对话框并输入合适的值。

## 课后练习

案例文件：ywj\05\01.ics
视频文件：光盘\视频课堂\第 5 教学日\5.2

本节课后练习创建插件壳体，壳体由内、外两个曲面围成，厚度远小于平面最小曲率半径和平面尺寸的片状结构，是薄壳、中厚壳的总称。如图 5-11 所示是完成的插件壳体。

本节案例主要练习插件壳体的钣金创建，首先需要创建板料，之后创建折弯，孔的部分是使用冲孔命令创建的，最后再添加折弯。绘制插件壳体的思路和步骤如图 5-12 所示。

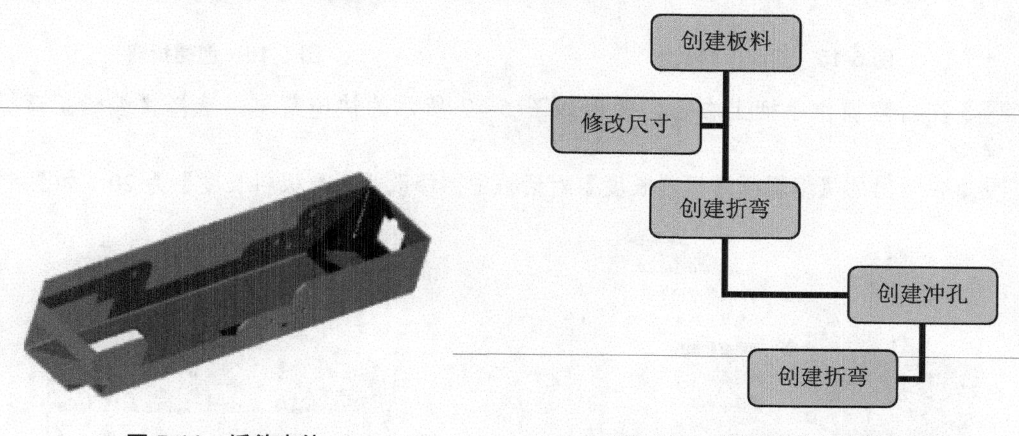


图 5-11　插件壳体　　　图 5-12　绘制插件壳体的步骤

案例操作步骤如下。

step 01 首先创建板料，打开【设计元素库】，切换到【钣金】选项卡，从中拖曳【板料】图素至设计环境中，如图 5-13 所示。

step 02 单击选择板料，拖动操作手柄修改板料宽度为 20，如图 5-14 所示。

step 03 单击选择板料，拖动操作手柄修改板料长度为 100，如图 5-15 所示，完成板料的创建。

step 04 再创建折弯，打开【设计元素库】，切换到【钣金】选项卡，从中拖曳【折弯】图素到板料图素的指定边上，如图 5-16 所示。

图 5-13　创建板料

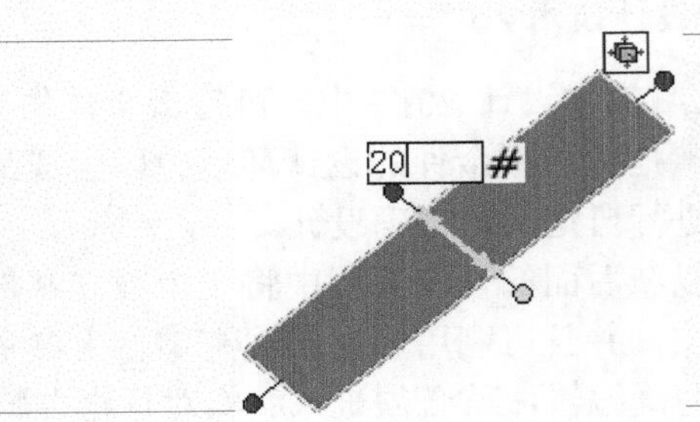


图 5-14　修改板料宽度

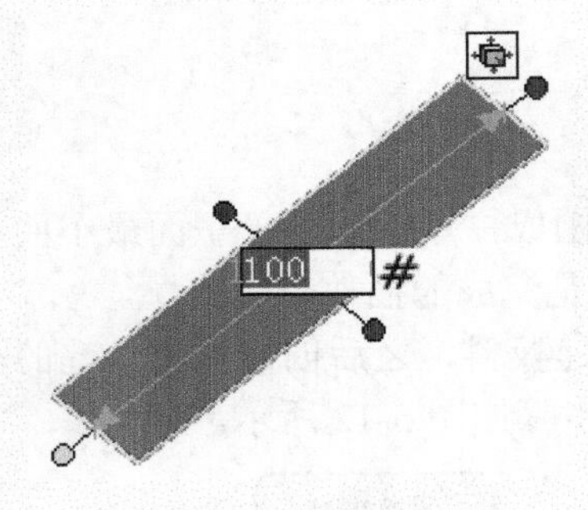


图 5-15　修改板料长度

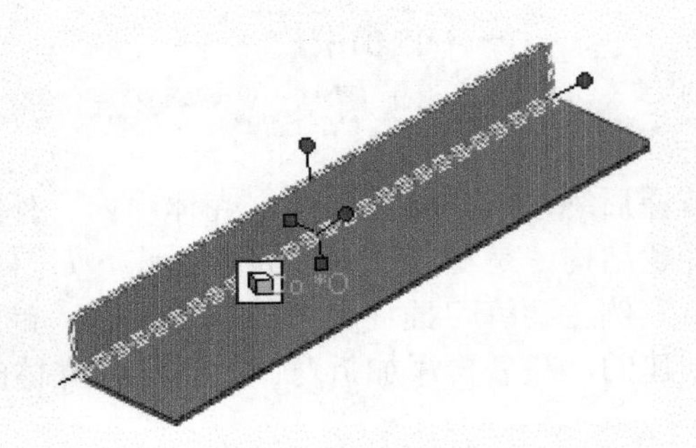

图 5-16　创建折弯

step 05 在折弯操作手柄上右击，弹出如图 5-17 所示的快捷菜单，选择【编辑折弯板料长度】命令。

step 06 在弹出的【编辑折弯板料长度】对话框中，修改【折弯板料长度】为 20，如图 5-18 所示。

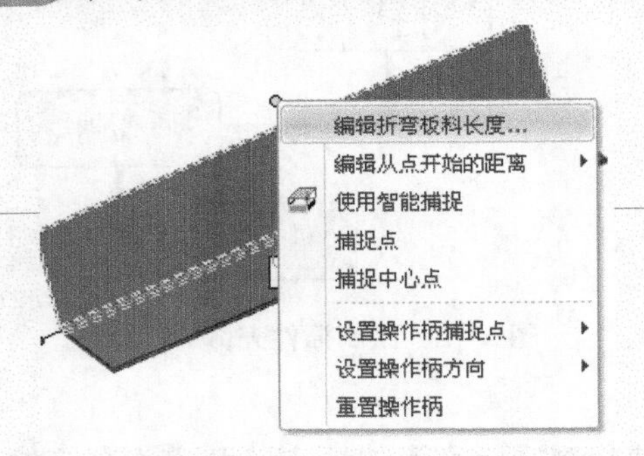


图 5-17　选择【编辑折弯板料长度】命令

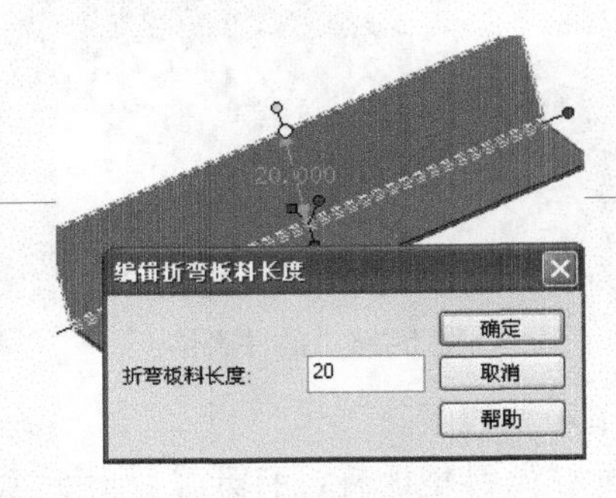


图 5-18　修改板料长度

step 07 打开【设计元素库】，切换到【钣金】选项卡，从中拖曳【顶点倒角】图素到指定顶点上，创建倒角，如图 5-19 所示。

step 08 选择倒角，拖动其操作手柄，修改尺寸为 4×4，如图 5-20 所示。

step 09 打开【设计元素库】，切换到【钣金】选项卡，从中拖曳【折弯】图素到指定边上，修改【折弯板料长度】为 15，创建折弯，如图 5-21 所示。

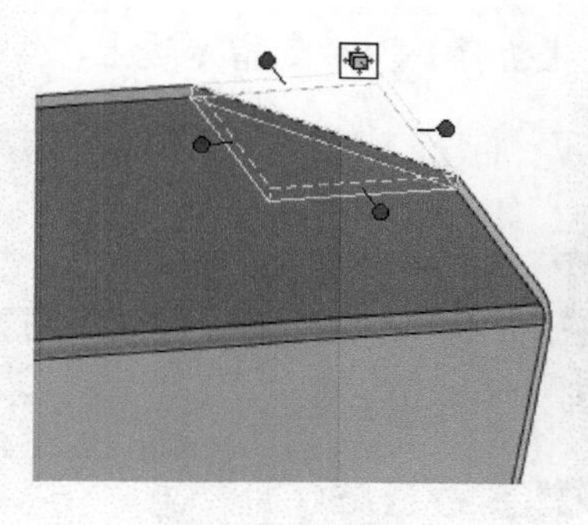

图 5-19　创建倒角

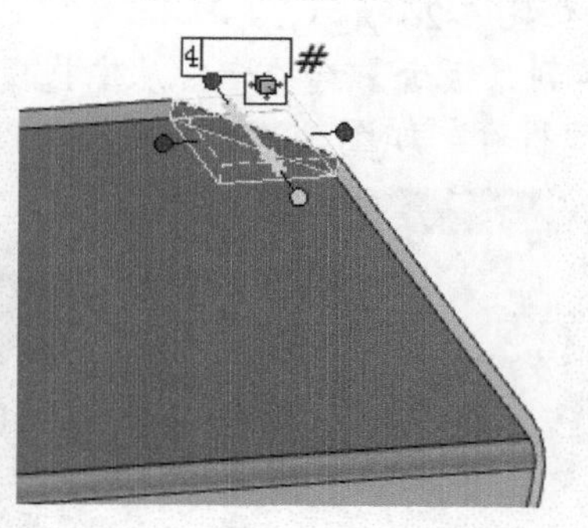


图 5-20　修改倒角尺寸

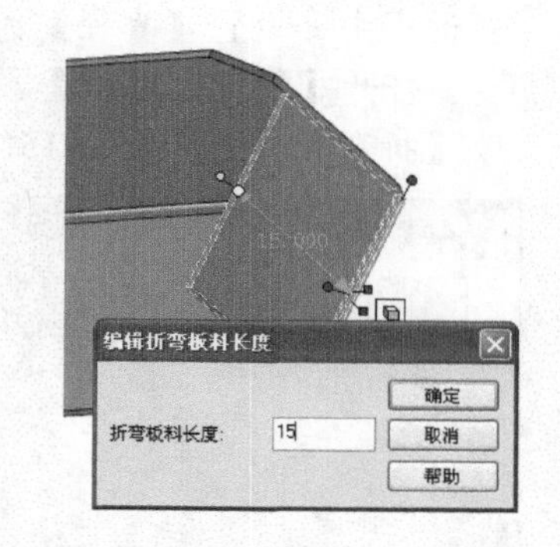


图 5-21　创建长度为 15 的折弯

step 10 在【钣金】选项卡中，单击【角】功能面板中的【闭合角】按钮，选择两个折弯进行闭合角操作，如图 5-22 所示。

step 11 接着创建各种冲孔，打开【设计元素库】，切换到【钣金】选项卡，从中拖曳【方形孔】图素到平面上，并修改特征位置，如图 5-23 所示。

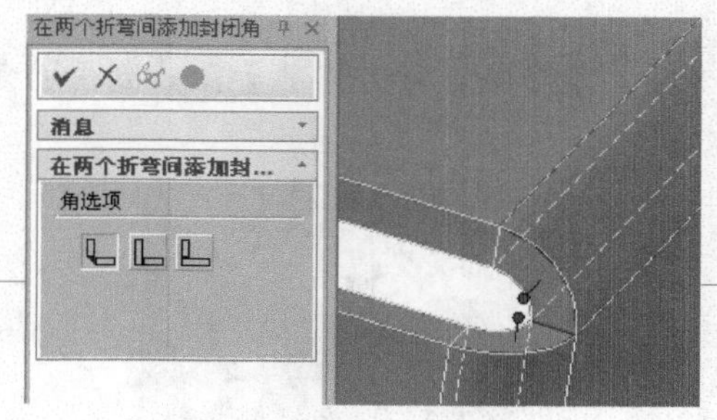


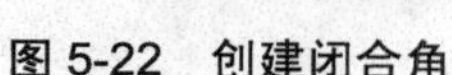

图 5-22　创建闭合角

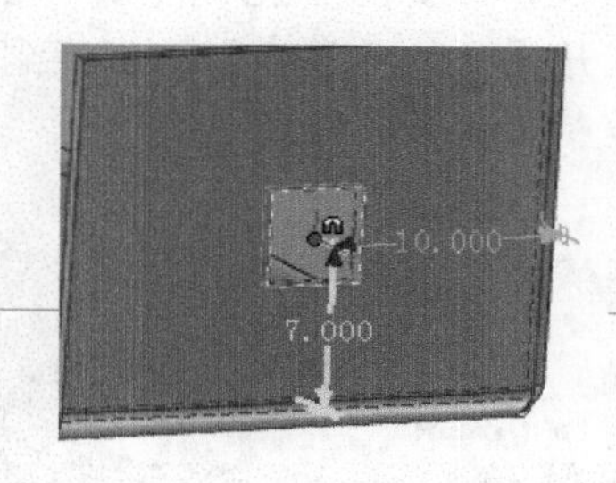


图 5-23　创建方形孔

step 12 右击方形孔的操作手柄，在弹出的快捷菜单中选择【加工属性】命令，弹出【冲孔属性】对话框，设置【长度】为 8，如图 5-24 所示。

step 13 打开【设计元素库】，切换到【钣金】选项卡，从中拖曳【圆孔】图素到平面上，并修改特征位置，创建圆孔，如图 5-25 所示。

图 5-24　设置方形孔长度

图 5-25　创建圆孔

step 14 右击圆孔的操作手柄，在弹出的快捷菜单中选择【加工属性】命令，弹出【冲孔属性】

对话框中，设置【直径】为3，如图5-26所示。

step 15 打开【设计元素库】，切换到【钣金】选项卡，从中拖曳【折弯】图素到指定边上，修改【折弯板料长度】为15，创建折弯，如图5-27所示。

图5-26 设置圆孔的直径

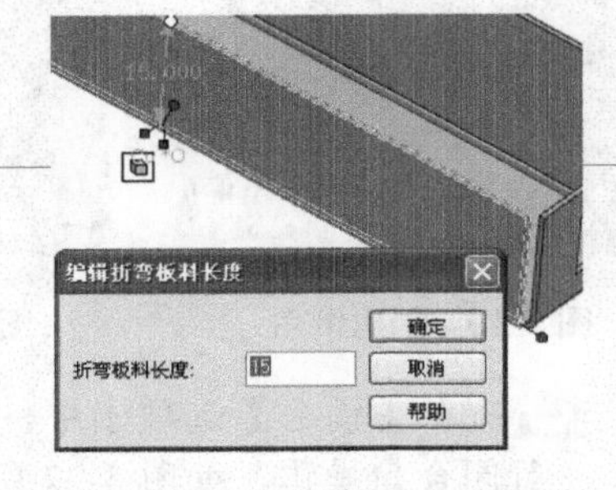


图5-27 创建长度为15的折弯

step 16 在【钣金】选项卡中，单击【角】功能面板中的【闭合角】按钮，选择两个折弯进行闭合角操作，如图5-28所示。

step 17 打开【设计元素库】，切换到【钣金】选项，从中拖曳【方形孔】图素到平面角落上，并修改特征位置，如图5-29所示。

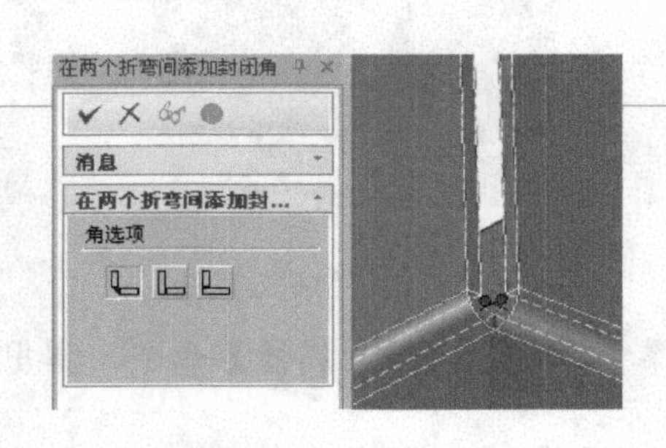


图5-28 创建闭合角

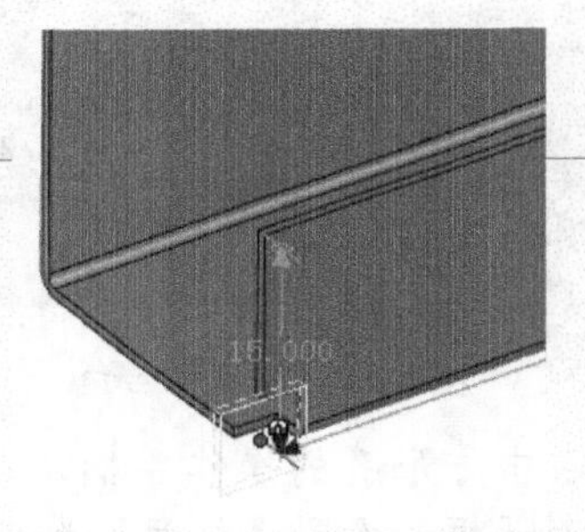

图5-29 创建角落上的方形孔

step 18 右击方形孔的操作手柄，在弹出的快捷菜单中选择【加工属性】命令，弹出【冲孔属性】对话框，设置【长度】为12，如图5-30所示。

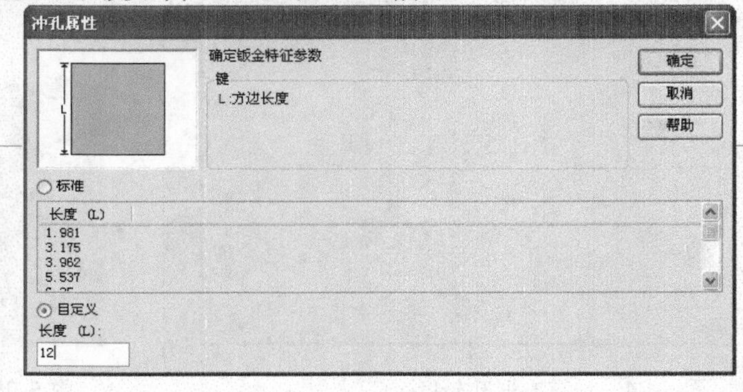


图5-30 设置方形孔长度

step 19 打开【设计元素库】，切换到【钣金】选项卡，从中拖曳【矩形孔】图素到平面上，并修改特征位置，如图 5-31 所示。

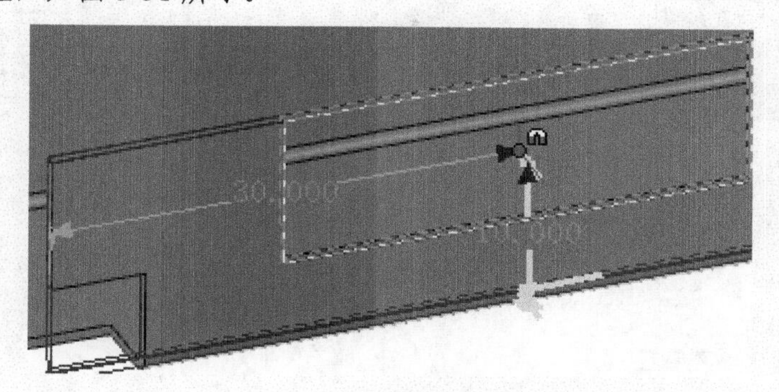


图 5-31　创建矩形孔

step 20 右击矩形孔的操作手柄，在弹出的快捷菜单中选择【加工属性】命令，弹出【冲孔属性】对话框，设置【长度】为 10、【宽度】为 30，如图 5-32 所示。

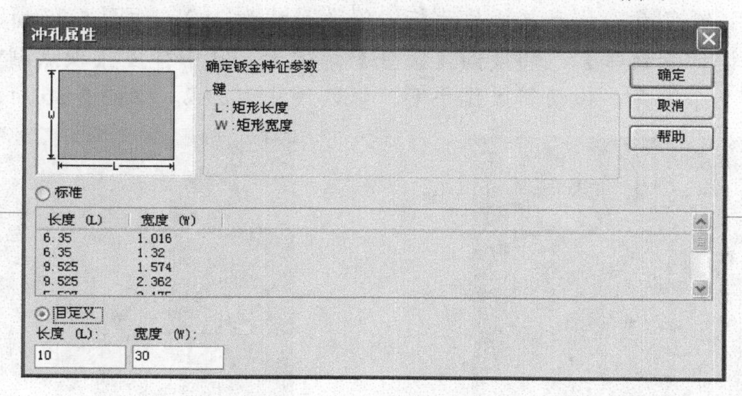


图 5-32　设置矩形孔尺寸

step 21 打开【设计元素库】，切换到【钣金】选项卡，从中拖曳【矩形孔】图素到平面上，创建小的矩形孔，并修改特征位置，如图 5-33 所示。

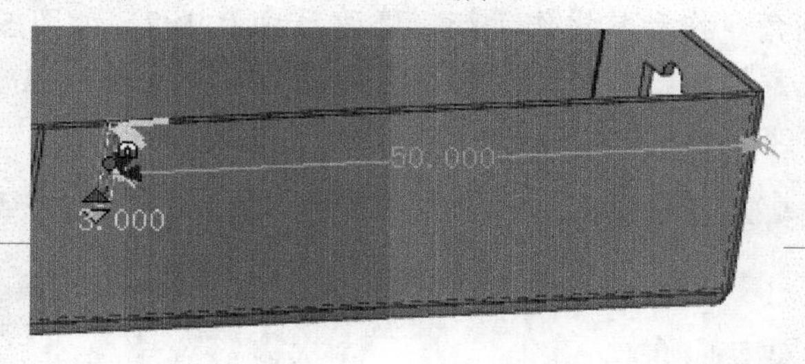


图 5-33　创建小的矩形孔

step 22 右击矩形孔的操作手柄，在弹出的快捷菜单中选择【加工属性】命令，弹出【冲孔属性】对话框，设置【长度】为 6、【宽度】为 20，如图 5-34 所示。

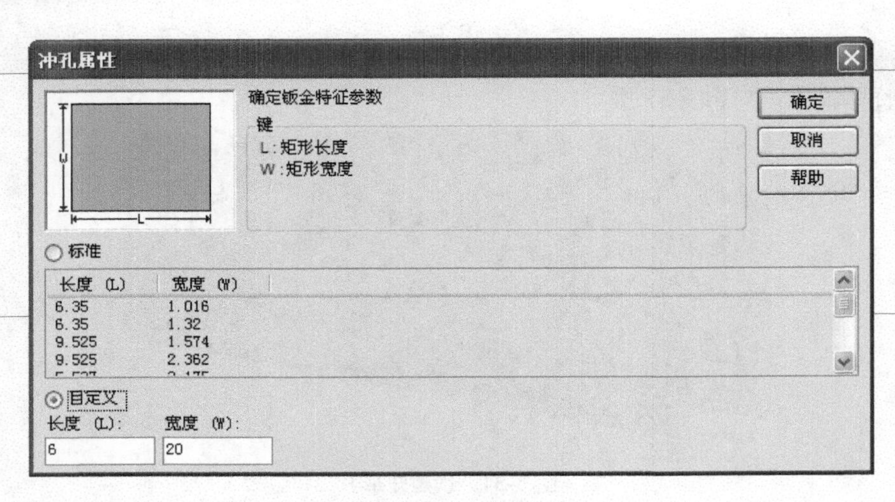


图 5-34　设置小的矩形孔尺寸

step 23 打开【设计元素库】，切换到【钣金】选项卡，从中拖曳【顶点倒角】图素到指定顶点上，创建第 1 个倒角，拖动其操作手柄，修改尺寸为 2×2，如图 5-35 所示。

step 24 打开【设计元素库】，切换到【钣金】选项卡，从中拖曳【顶点倒角】图素到指定顶点上，创建第 2 个倒角，拖动其操作手柄，修改尺寸为 2×2，如图 5-36 所示。

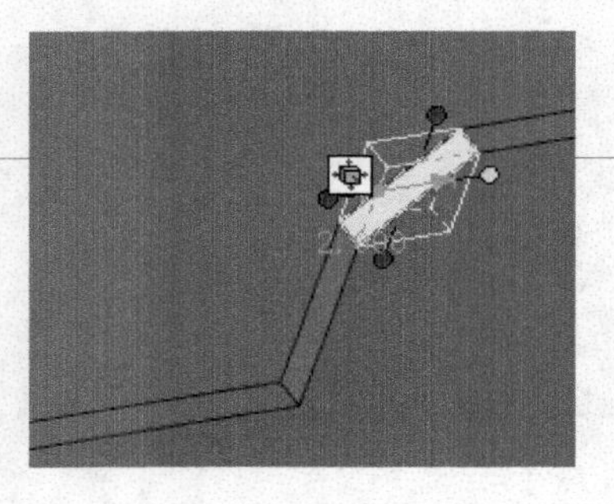

图 5-35　创建第 1 个倒角

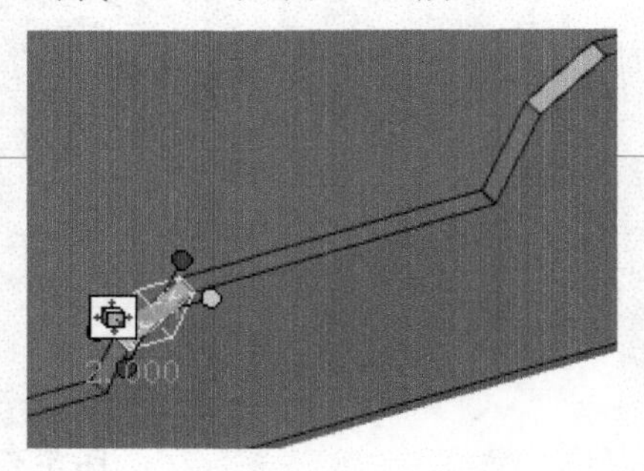


图 5-36　创建第 2 个倒角

step 25 打开【设计元素库】，切换到【钣金】选项卡，从中拖曳【顶点倒角】图素到指定顶点上，创建第 3 个倒角，拖动其操作手柄，修改尺寸为 2×2，如图 5-37 所示。

step 26 打开【设计元素库】，切换到【钣金】选项卡，从中拖曳【一组圆孔】图素到平面上，并修改特征位置，如图 5-38 所示。

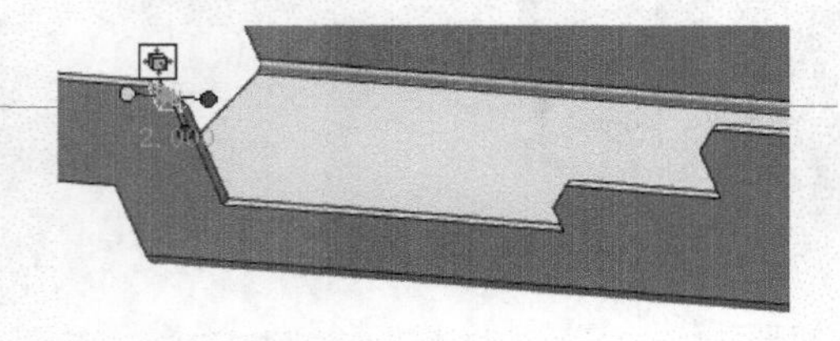

图 5-37　创建第 3 个倒角

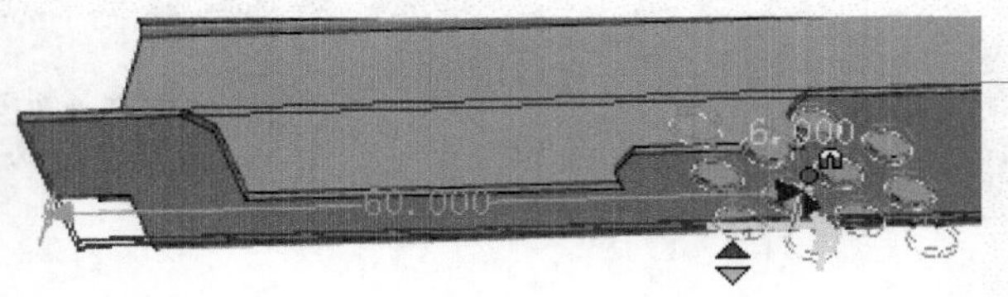


图 5-38　创建一组圆孔

step 27 右击一组圆形孔的操作手柄，在弹出的快捷菜单中选择【加工属性】命令，弹出【冲孔属性】对话框，设置【直径】为 2、【行】为 3、【列】为 1、【X 间距】为 3，如图 5-39

所示。

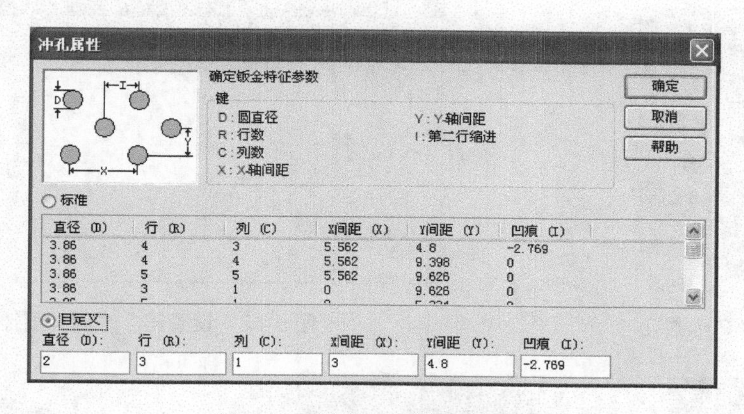


图 5-39　设置一组圆孔的属性

step 28 打开【设计元素库】，切换到【钣金】选项卡，从中拖曳【圆孔】图素到平面上，并修改特征位置，如图 5-40 所示。

step 29 右击圆孔的操作手柄，在弹出的快捷菜单中选择【加工属性】命令，弹出【冲孔属性】对话框，设置【直径】为 2，如图 5-41 所示。

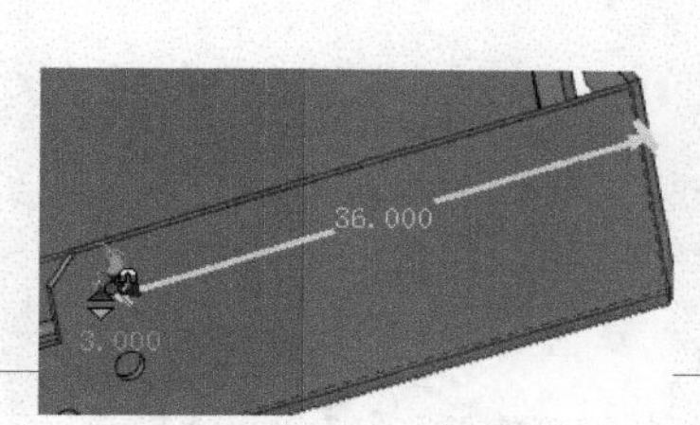


图 5-40　创建圆孔

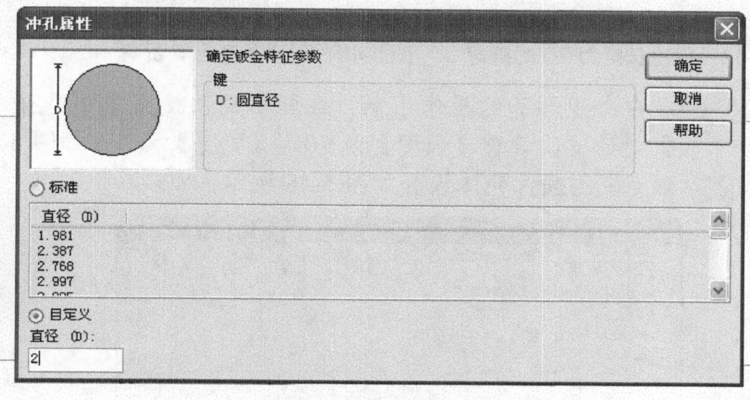


图 5-41　设置圆孔直径

step 30 打开【设计元素库】，切换到【钣金】选项卡，从中拖曳【圆孔】图素到平面上，创建第 2 个圆孔，并修改特征位置，如图 5-42 所示。

step 31 右击第 2 个圆孔的操作手柄，在弹出的快捷菜单中选择【加工属性】命令，弹出【冲孔属性】对话框，设置【直径】为 2，如图 5-43 所示。

step 32 打开【设计元素库】，切换到【钣金】选项卡，从中拖曳【折弯】图素到指定边上，修改【折弯板料长度】为 20，如图 5-44 所示，创建折弯。

step 33 打开【设计元素库】，切换到【钣金】选项卡，从中拖曳【折弯】图素到指定边上，修改【折弯长度】为 5，如图 5-45 所示，创建折弯特征。

step 34 打开【设计元素库】，切换到【钣金】选项卡，从中拖曳【矩形孔】图素到平面上，并修改特征位置，如图 5-46 所示。

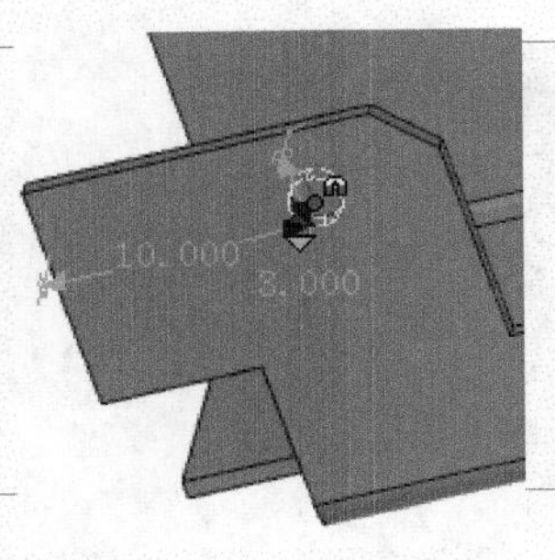


图 5-42　创建第 2 个圆孔

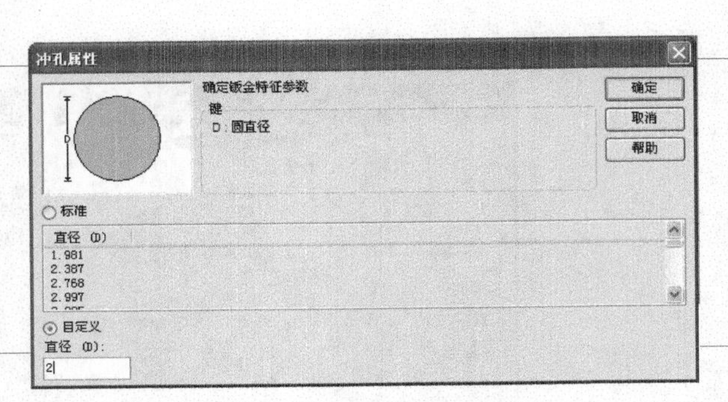


图 5-43　设置第 2 个圆孔直径

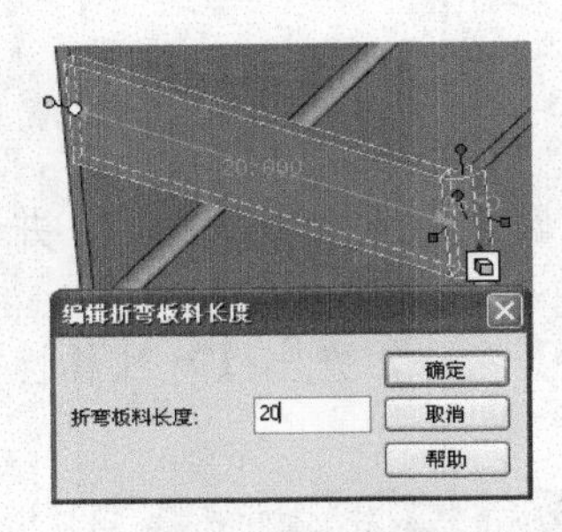


图 5-44　创建长度为 20 的折弯

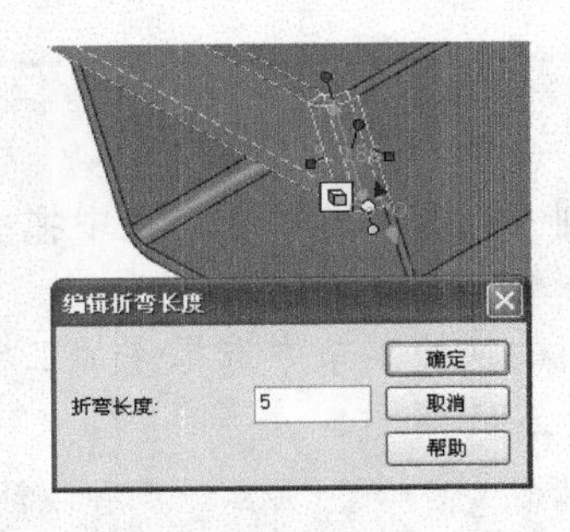


图 5-45　创建长度为 5 折弯

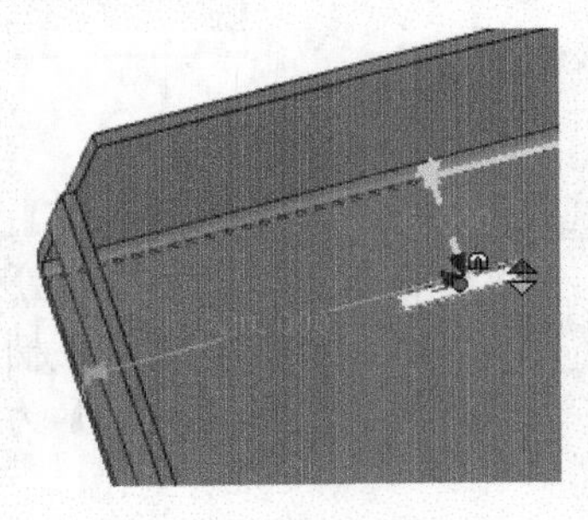

图 5-46　创建矩形孔

step 35 右击矩形孔的操作手柄，在弹出的快捷菜单中选择【加工属性】命令，弹出【冲孔属性】对话框，设置【长度】为 20、【宽度】为 4，如图 5-47 所示。

step 36 完成的插件壳体钣金如图 5-48 所示。

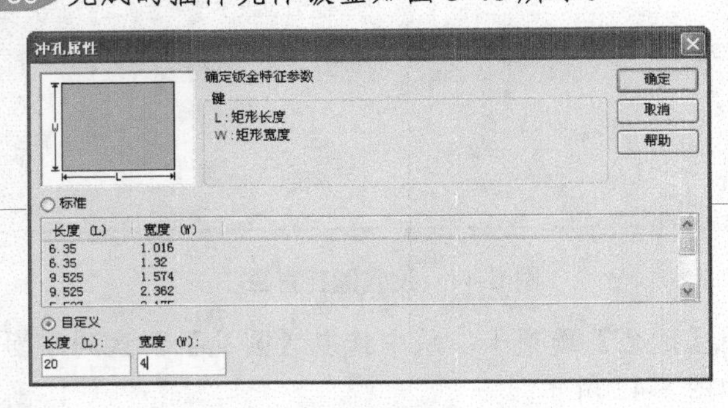


图 5-47　编辑矩形孔尺寸

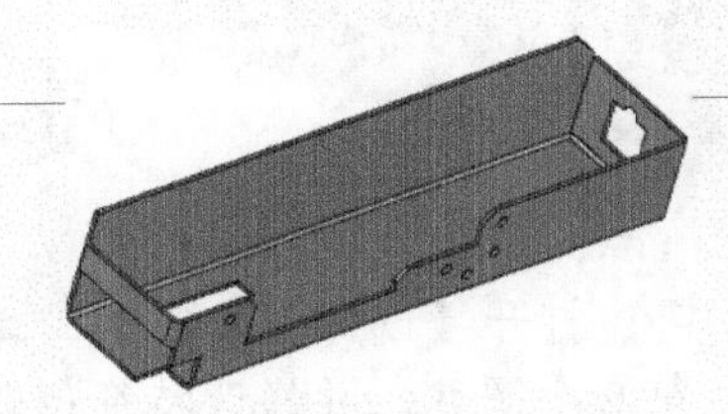

图 5-48　完成的插件壳体钣金

**机械设计实践**：与机械产品设计有关的主要标准大致有以下几种。

概念标准化：设计过程中所涉及的名词术语、符号、计量单位等应符合标准。

实物形态标准化：零部件、原材料、设备及能源等的结构形式、尺寸、性能等，都应按统一的规定选用。

方法标准化：操作方法、测量方法、试验方法等都应按相应规定实施。

如图 5-49 所示是使用标准化零件完成的振动设备。

图 5-49　振动设备

# 第3课 2课时 创建钣金件

设计开始时，应先把标准智能图素拖放到钣金件的设计环境中，生成最初的设计。基本零件定义完成后，可以利用可视化编辑方法和精确编辑方法，对零件进行自定义和精确设计。

## 5.3.1 添加图素

**行业知识链接：** CAXA中添加的元素是标准件。标准化准则就是在设计的全过程中的所有行为，都要满足标准化的要求。现已发布的与机械零件设计有关的标准，从运用范围上来讲，可以分为国家标准、行业标准和企业标准三个等级；从使用强制性来说，可分为必须执行的和推荐使用的两种。如图5-50所示就是标准化后的螺钉部件。

图 5-50 标准化螺钉

### 1. 添加基础板料图素与圆锥图素

CAXA 实体设计 2015 提供的基本板料图素有板料和弯曲板料，而圆锥板料图素则只有圆锥板料。生成钣金件的第一步是把一个基础图素拖放到设计环境中作为设计的基础，然后按需要添加其他图素，从而生成需要的基本零件。CAXA 实体设计中有两种板料图素，即基础板料图素和增加板料图素，这两种图素都有平直型和弯曲型两类。

打开【设计元素库】，切换到【钣金】选项卡，从中拖曳【板料】图素至设计环境中。基础平面板料图素将出现在设计环境中并成为钣金件设计的基础图素，如图5-51所示。

图 5-51 板料

如果必须重新设定图素的尺寸，则应在智能图素编辑状态下选定该图素。

根据需要可以重新编辑平面板料的图素。选择图素，打开包围盒，拖曳包围盒的手柄对图素进行尺寸编辑。若要精确地重新设置图素的尺寸，可在编辑手柄上右击，并分别从弹出的快捷菜单中选择【编辑包围盒】或【编辑距离】命令，编辑可用的值，然后单击【确定】按钮即可，如图 5-52 所示。

CAXA 实体设计的【添加板料】图素允许把扁平板料添加到已有钣金件设计中。【添加板料】图素将自动设定尺寸，使板料的边沿宽度或长度互相匹配。只需打开【设计元素库】，切换到【钣金】

选项卡，从中选择【添加板料】图素，并把它拖曳到添加表面的一条边上，直至该边上显示出一个绿色的智能捕捉显示区。该显示区一旦出现，即可释放【添加板料】图素，如图 5-53 所示。

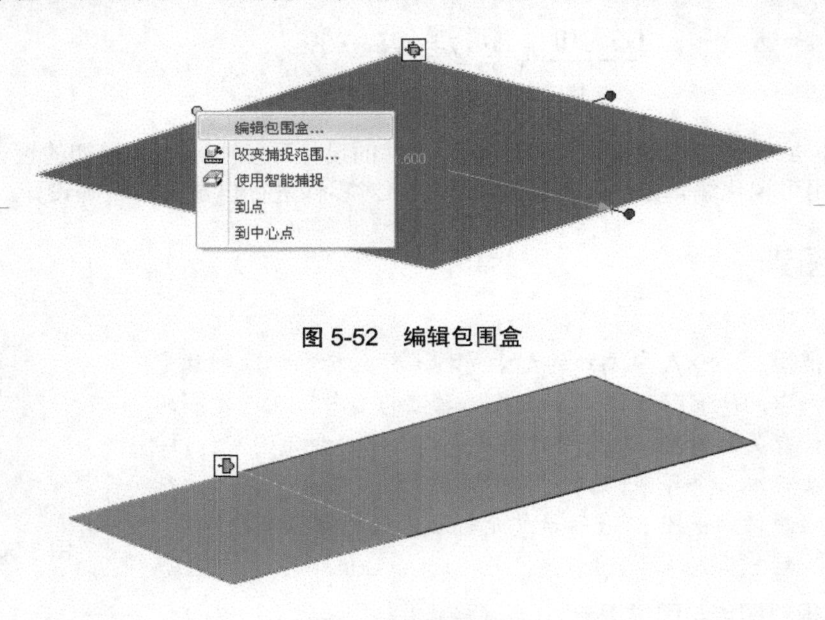


图 5-52　编辑包围盒

图 5-53　添加板料

在某些设计场合下，需要将圆锥板料作为基础板料图素，利用其相应的智能图素手柄可以调整高度、上下部的半径以及旋转半径等。右击圆锥板料，并从弹出的快捷菜单中选择【智能图素性质】命令，如图 5-54 所示，打开如图 5-55 所示的【圆锥钣金图素】对话框。切换至【圆锥属性】选项设置界面，从中可以指定顶部锥形

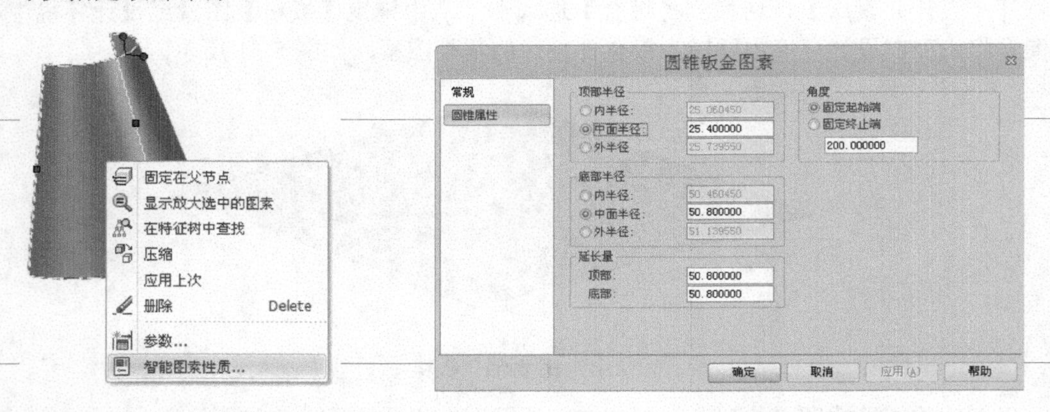


图 5-54　选择【智能图素性质】命令　　　　图 5-55　【圆锥钣金图素】对话框

相关的内部、外部及中间半径，可以指定底部锥形相关的内部、外部及中间半径，也可以在图素的中间指定锥形的高度，还可以指定锥形钣金的旋转角度。

### 2. 添加弯板

打开【设计元素库】，切换到【钣金】选项卡，从中拖曳【添加弯板】图素至基础图素的其他边

上，此时图素在释放前是扁平的。

在智能图素编辑状态下，右击【弯板板料】图素并在弹出的快捷菜单中选择【编辑草图截面】命令。

在【二维绘图】工具栏中选择连续圆弧工具，并编辑弯曲图素的轮廓。

待弯曲截面完成后，在【编辑草图截面】对话框的【编辑轮廓位置】选项组中选中【顶部】、【中心线】或【底部】单选按钮，从而确保得到平滑连接的相切截面。

在【编辑草图截面】对话框中单击【完成造型】按钮。

### 3. 添加弯曲图素

在 CAXA 实体设计中，弯曲图素可以满足钣金件常见的一些特定设计要求，而且弯曲图素的类型较多。各种弯曲图素的特点，通过它们在【钣金】选项卡中的图标便可略知一二，如图 5-56 所示。

图 5-56　弯曲图素

在向钣金件添加任何类型的弯曲图素时都需要考虑弯曲方向。在 CAXA 实体设计 2015 中，可以使用智能捕捉反馈的操作技巧来指定弯曲图素的弯曲方向：将所需类型的弯曲图素从【设计元素库】的【钣金】选项卡中拖出，在设计环境中已有板料相应曲面上面部分的边线处拖动图素，直到该边出现一个绿色智能捕捉提示，然后释放鼠标，即可添加一个向上的弯曲。如果在已有板料相应曲面下面部分的边线处拖动图素，直到该边出现一个绿色智能捕捉提示，然后释放鼠标，则在该边处添加一个向下的弯曲。

## 5.3.2　编辑图素

**行业知识链接：**通过编辑图素的属性，使其满足需求，达到一定的可靠性。可靠性是指产品或零部件在规定的使用条件下，在预期的寿命内能完成规定功能的概率。如图 5-57 所示的连接件，验证其可靠性是重要的一项检测。

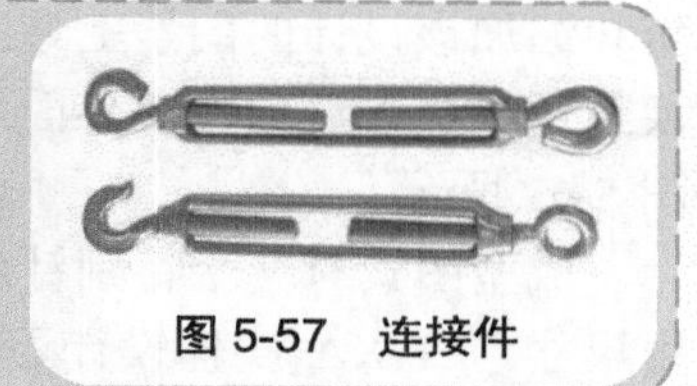

图 5-57　连接件

**1. 顶点过渡与顶点倒角**

在钣金件中可以添加顶点过渡和顶点倒角。两者的操作方法类似，都是从【设计元素库】的【钣金】选项卡中将相应的顶点图素拖放到设计环境中钣金件的顶点处释放，并可以使用相应的手柄对其进行可视化或精确编辑。

添加顶点过渡的示例如图 5-58 所示，添加顶点倒角的示例如图 5-59 所示。

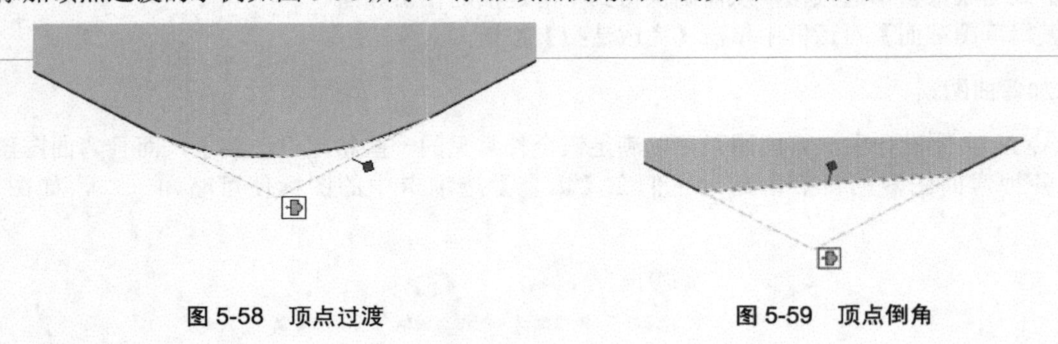

图 5-58　顶点过渡　　　　图 5-59　顶点倒角

**2. 成型图素**

成型图素以绿色图标显示，代表通过生产过程中的压力成形操作，产生的典型板料变形特征，如图 5-60 所示。

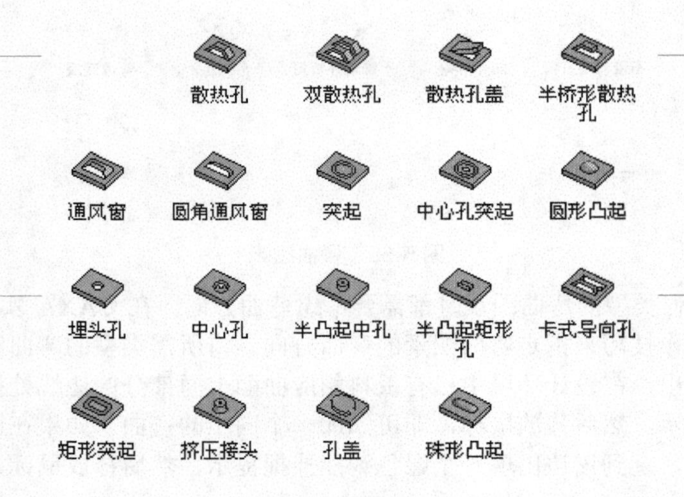


图 5-60　成型图素

成型图素添加到钣金件上后，将使现有板料变形，其作用是对已有板料或弯曲图素进行除料操作。如果其中有任何一种设计添加到钣金件图素上，约束条件将自动显示出来，系统默认显示在新图素和添加该设计的图素上最近的两条边上。若要禁止显示，可选择【工具】|【选项】命令，然后切换到【钣金】选项设置界面，并在【约束】选项组中取消选中【生成冲孔并且形成约束】复选框，如图 5-61 所示。

成型图素有一个特别针对钣金件设计的编辑系统，该系统通过按钮在预置默认设计中选择其他备用尺寸。CAXA 实体设计还提供【形状属性】对话框，为一些特殊情况指定自定义选择并查看选定工具的精确值。若要使用【形状属性】对话框，应在智能图素编辑状态下右击成型图素，并从弹出的快捷菜单中选择【加工属性】命令，如图 5-62 所示。

对话框的底部是一些用于为图素生成自定义尺寸的选项。用户可在相应的文本框中输入值对某个图素进行定义，然后单击【确定】按钮即可把输入值应用到图素中。型孔图素以蓝色图标显示，它们代表除料冲孔在板料上生产的型孔，如图 5-63 所示。

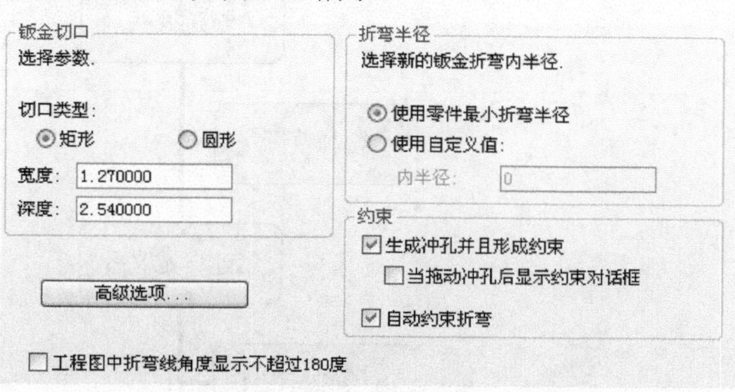


图 5-61 【约束】选项组

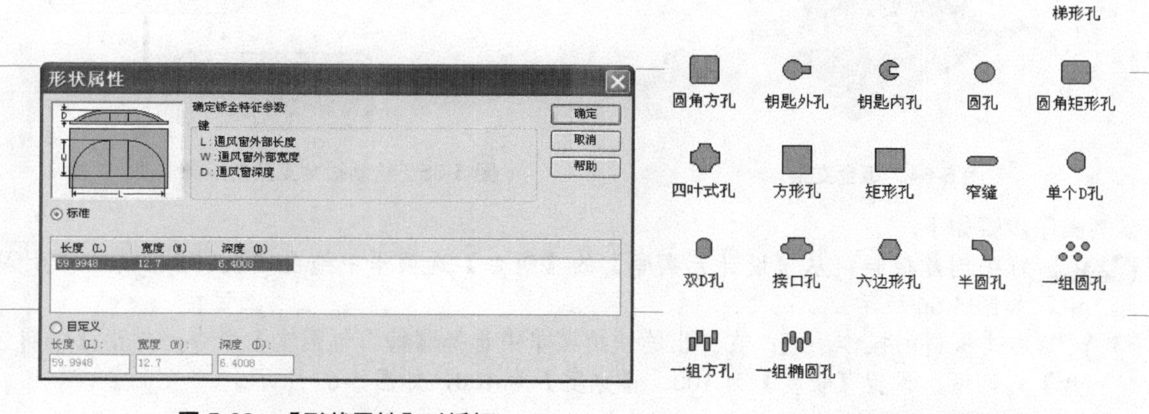


图 5-62 【形状属性】对话框

图 5-63 型孔图素

将型孔图素添加至板料图素的操作要点与成型图素类似。下面以弯板为基础钣金，在折弯处添加型孔图素。

从【设计元素库】的【钣金】选项卡中拖曳【板料】图素至设计环境中。将【添加弯板】图素拖曳至【板料】图素一侧，边缘出现绿色亮显后释放鼠标。调整折弯半径，形成弯板基础钣金。将型孔图素拖曳至折弯处。在钣金上右击，在快捷菜单中选择【加工属性】命令对其进行编辑。

## 课后练习

 案例文件：ywj\05\02.ics

视频文件：光盘\视频课堂\第 5 教学日\5.3

本节课后练习创建钣金支架模型，支架是起支撑作用的构架。支架的应用极其广泛，工作、生活中随处可见，如照相机的三脚架、医学领域的心脏支架等。如图 5-64 所示是完成的钣金支架。

本节案例主要练习钣金支架的创建，创建板料后，创建自定义孔和自定义冲压，之后创建过渡、孔和折弯等细节特征。绘制钣金支架的思路和步骤如图 5-65 所示。

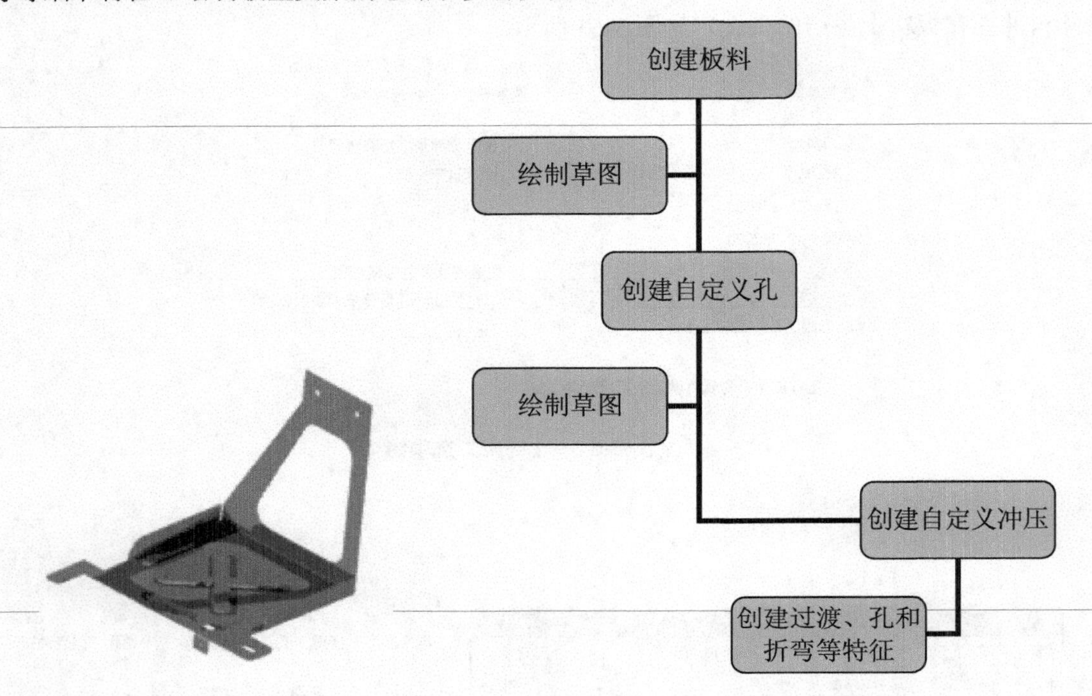


图 5-64　钣金支架　　图 5-65　绘制钣金支架的步骤

案例操作步骤如下。

step 01 首先创建板料，从【设计元素库】的【钣金】选项卡中拖曳【板料】图素至设计环境中，如图 5-66 所示。

step 02 右击板料的操作手柄，在弹出的快捷菜单中选择【编辑包围盒】命令，弹出【编辑包围盒】对话框，设置【长度】为 100、【宽度】为 100，如图 5-67 所示。

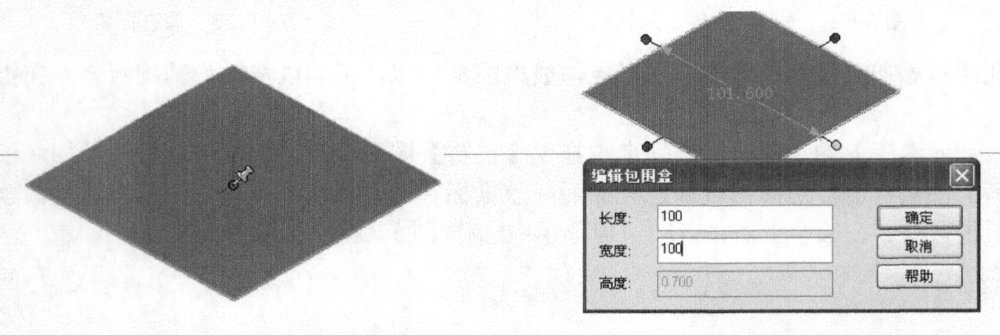


图 5-66　创建板料　　图 5-67　编辑板料尺寸

step 03 从【设计元素库】的【钣金】选项卡中拖曳【折弯】图素到指定边上，修改【折弯板料长度】为 100，创建折弯，如图 5-68 所示。

step 04 从【设计元素库】的【钣金】选项卡中拖曳【顶点倒角】图素到指定顶点上，选择倒角，拖动其操作手柄，修改尺寸为 50×90，创建倒角，如图 5-69 所示。

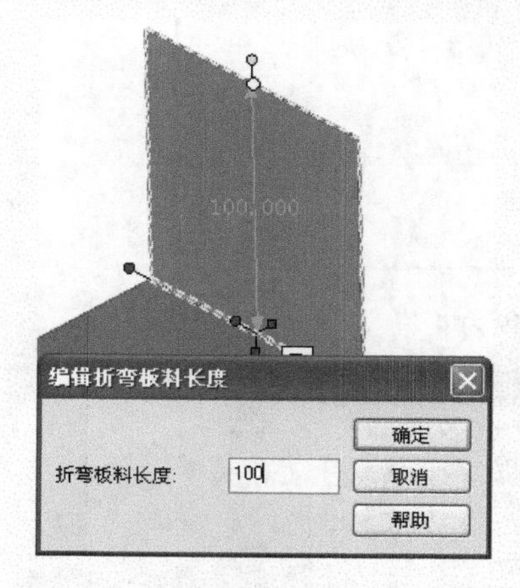

图 5-68　创建长度的 100 的折弯

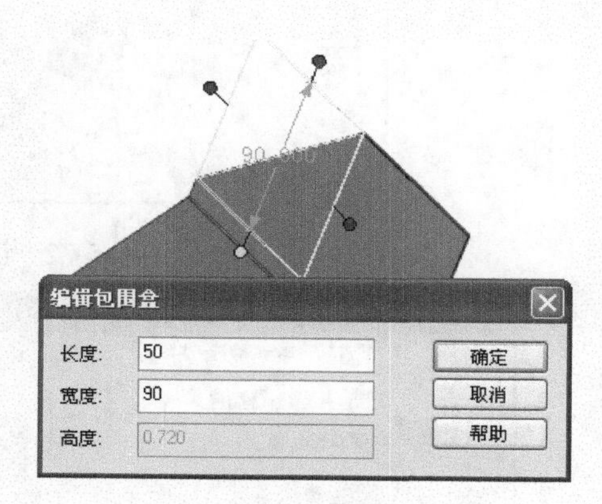

图 5-69　创建倒角

step 05 从【设计元素库】的【钣金】选项卡中拖曳【折弯】图素到指定边上，修改【折弯板料长度】为 20，如图 5-70 所示。

step 06 从【设计元素库】的【钣金】选项卡中拖曳【圆孔】图素到平面上，并修改特征位置，如图 5-71 所示。

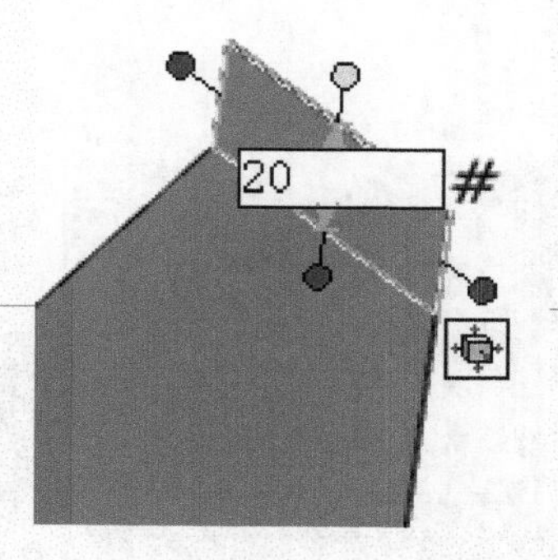

图 5-70　创建长度为 20 的折弯

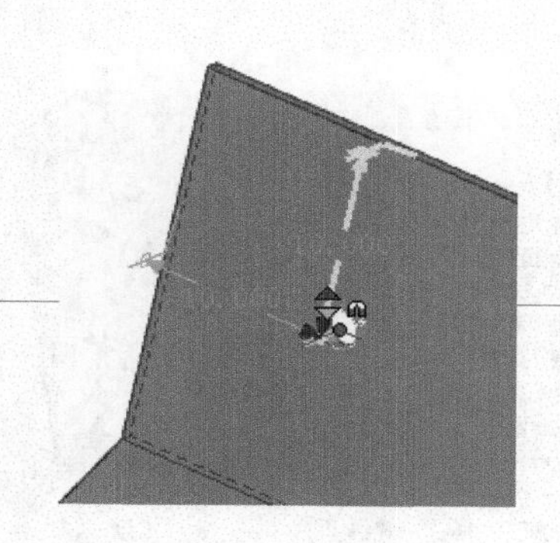
图 5-71　添加圆孔

step 07 右击圆孔的操作手柄，在弹出的快捷菜单中选择【加工属性】命令，弹出【冲孔属性】对话框，设置【直径】为 4，如图 5-72 所示。

step 08 从【设计元素库】的【钣金】选项卡中拖曳【圆孔】图素到平面上，创建对称圆孔，并修改【直径】为 4，如图 5-73 所示。

step 09 接着创建自定义孔，从【设计元素库】的【钣金】选项卡中拖曳【自定义轮廓】图素到平面上，在设计树中右击自定义轮廓，在弹出的快捷菜单中选择【编辑草图截面】命令，如图 5-74 所示。

step 10 在【草图】选项卡中单击【绘制】功能面板中的【2 点线】按钮，绘制梯形草图，尺寸如图 5-75 所示。

图 5-72　设置圆孔直径为 4

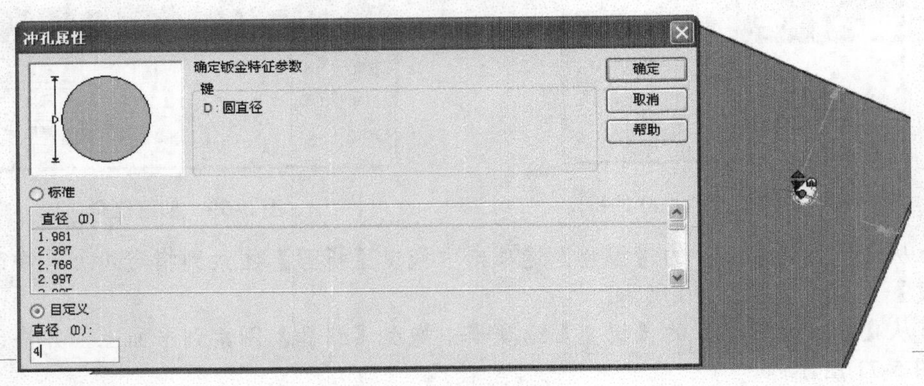


图 5-73　创建对称圆孔

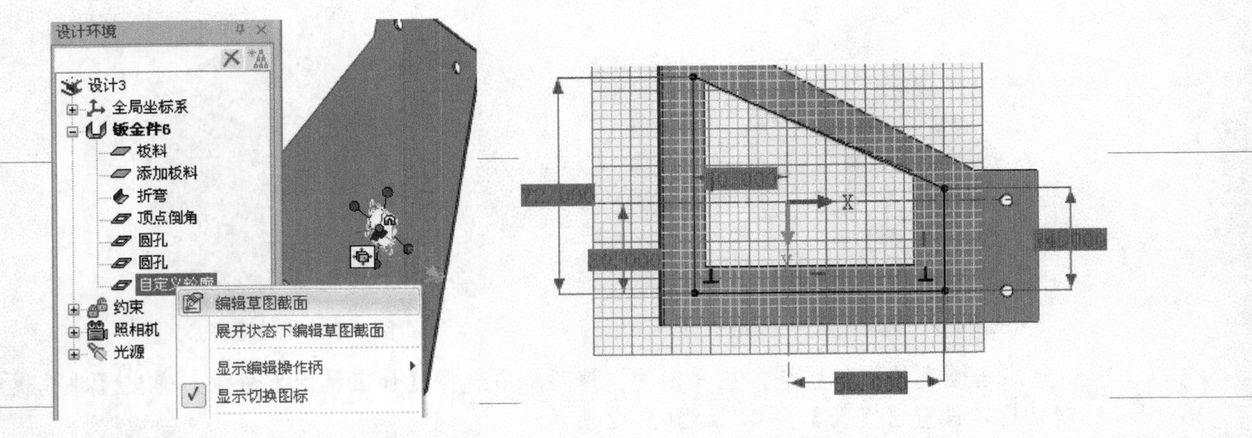


图 5-74　编辑自定义轮廓草图　　　　图 5-75　绘制梯形草图

**step 11** 在【草图】选项卡中单击【修改】功能面板中的【过渡】按钮，在【属性】命令管理栏中输入【半径】值为 10，绘制如图 5-76 所示的圆角。

**step 12** 完成的自定义孔如图 5-77 所示。

**step 13** 再创建圆角等细节特征，从【设计元素库】的【钣金】选项卡中拖曳【顶点过渡】图素到指定顶点上，拖动其操作手柄，修改尺寸为 10×10，创建第 1 个倒圆角，如图 5-78 所示。

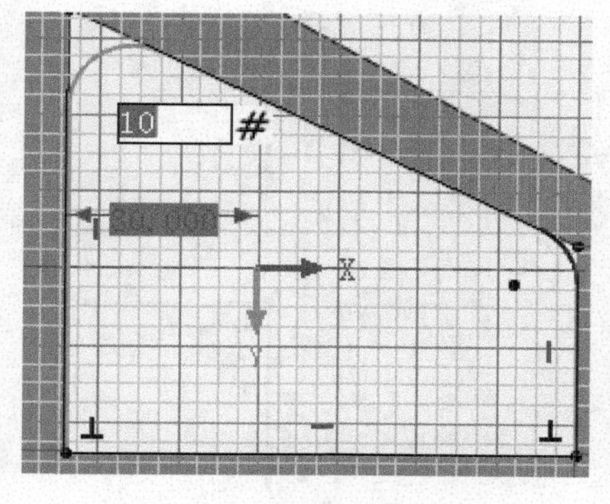


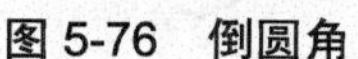

图 5-76　倒圆角

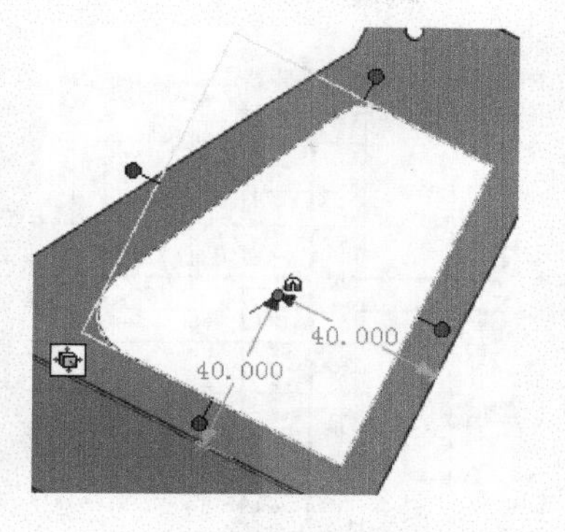


图 5-77　完成的自定义孔

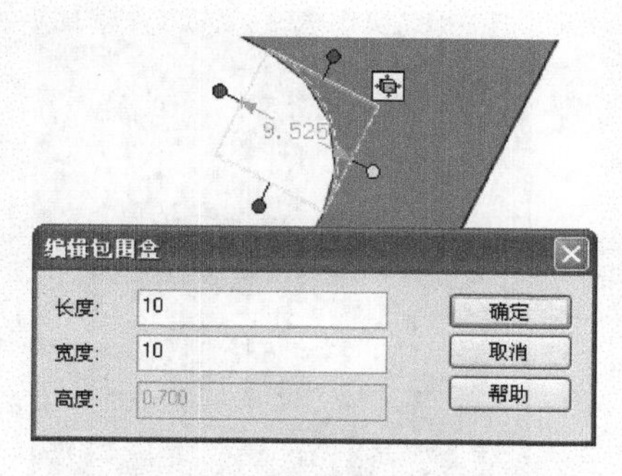


图 5-78　创建第 1 个倒圆角

step 14 从【设计元素库】的【钣金】选项卡中拖曳【顶点过渡】图素到指定顶点上，拖动其操作手柄，修改尺寸为 10×10，创建第 2 个倒圆角，如图 5-79 所示。

step 15 接着创建自定义冲压，从【设计元素库】的【钣金】选项卡中拖曳【自定义冲压】图素到平面上，在设计树中右击自定义冲压，在弹出的快捷菜单中选择【编辑自定义成型草图】命令，如图 5-80 所示。

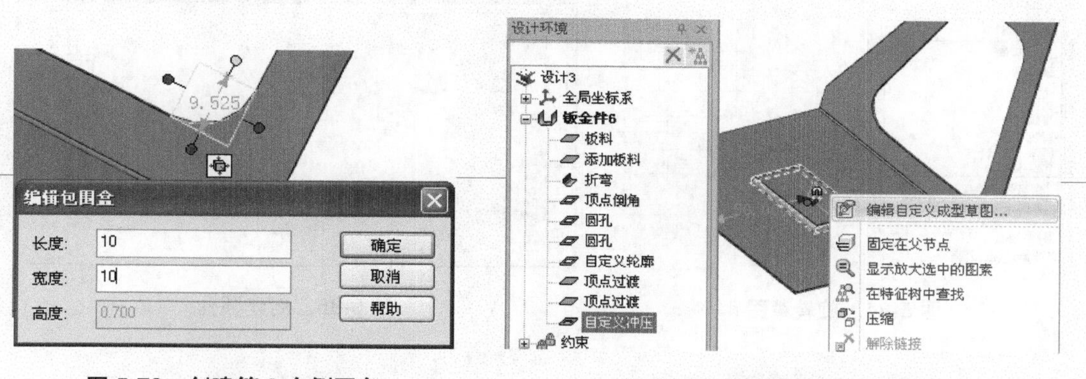


图 5-79　创建第 2 个倒圆角

图 5-80　编辑自定义冲压草图

step 16 在【草图】选项卡中单击【绘制】功能面板中的【矩形】按钮，绘制矩形，尺寸如图 5-81 所示。

step 17 在【草图】选项卡中单击【绘制】功能面板中的【圆心+半径】按钮，绘制 4 个圆，如图 5-82 所示。

step 18 在【草图】选项卡中单击【修改】功能面板中的【裁剪】按钮，将多余的曲线删除，如图 5-83 所示。

step 19 在【草图】选项卡中单击【修改】功能面板中的【旋转】按钮，将草图旋转 45°，如图 5-84 所示。

step 20 从【设计元素库】的【钣金】选项卡中拖曳【圆孔】图素到平面上，并修改【直径】为 2，如图 5-85 所示。

step 21 从【设计元素库】的【钣金】选项卡中拖曳【圆孔】图素到平面上，创建其他 3 个圆孔，如图 5-86 所示。

step 22 从【设计元素库】的【钣金】选项卡中拖曳【自定义冲压】图素到平面上，在设计树中右击自定义冲压，在弹出的快捷菜单中选择【编辑自定义成型草图】命令，如图 5-87 所示。

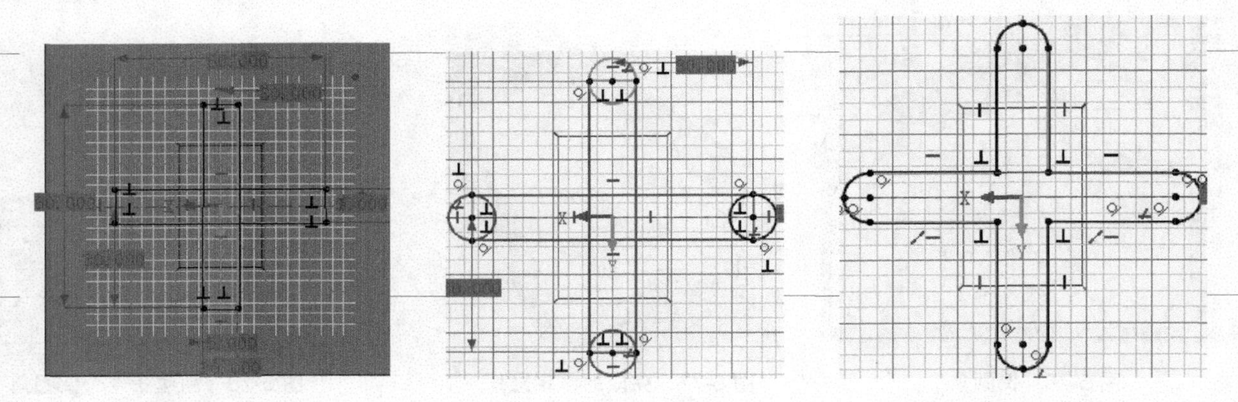

图 5-81　绘制矩形　　图 5-82　绘制 4 个圆形　　图 5-83　裁剪草图

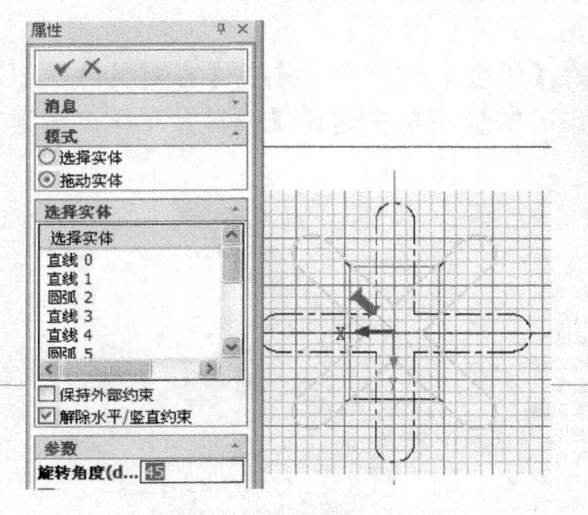


图 5-84　旋转草图

图 5-85　创建圆孔

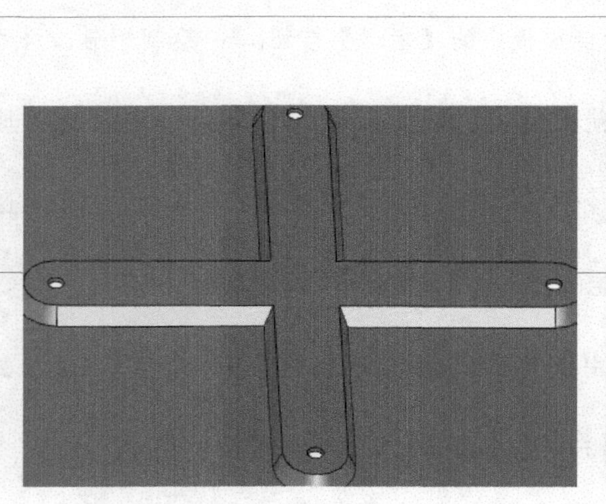

图 5-86　创建其他 3 个圆孔

图 5-87　编辑自定义冲压草图

step 23 在【草图】选项卡中单击【绘制】功能面板中的【矩形】按钮和【圆心+半径】按钮，绘制冲压草图，尺寸如图 5-88 所示。

step 24 在【草图】选项卡中单击【修改】功能面板中的【裁剪】按钮，将多余的曲线删除，如图 5-89 所示。

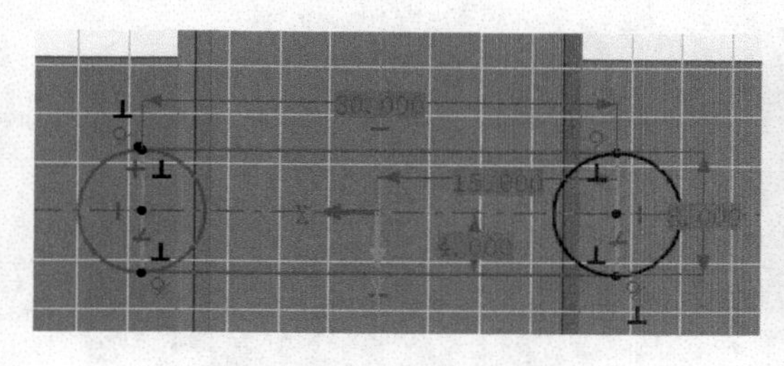

图 5-88 绘制冲压草图

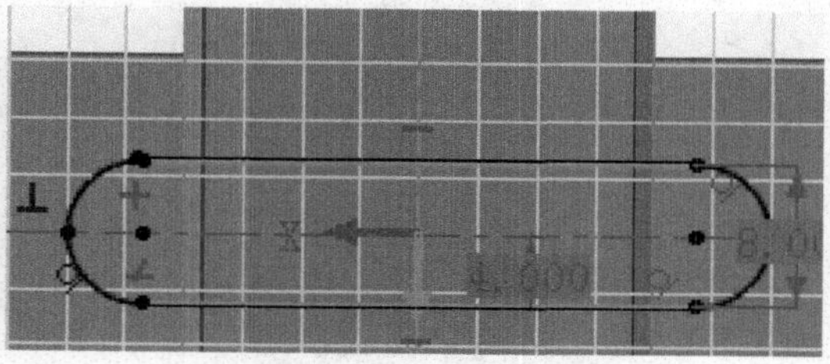

图 5-89 剪裁草图

step 25 从【设计元素库】的【钣金】选项卡中拖曳【圆孔】图素到平面上，并修改【直径】为 2，创建圆孔，如图 5-90 所示。

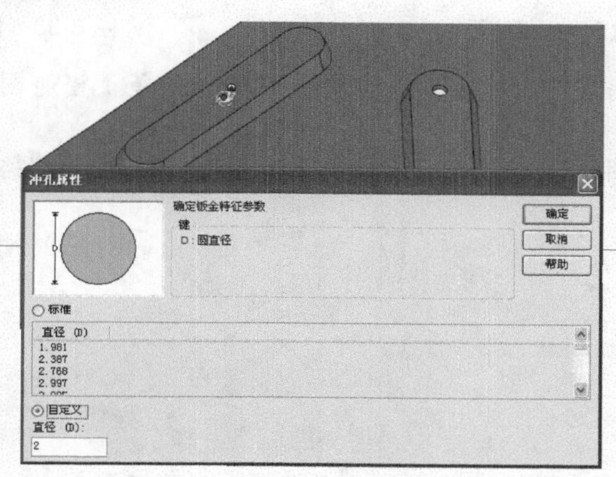


图 5-90 创建直径为 2 的圆孔

step 26 从【设计元素库】的【钣金】选项卡中拖曳【自定义冲压】图素到平面上，在设计树中右击自定义冲压，在弹出的快捷菜单中选择【编辑自定义成型草图】命令，如图 5-91 所示。

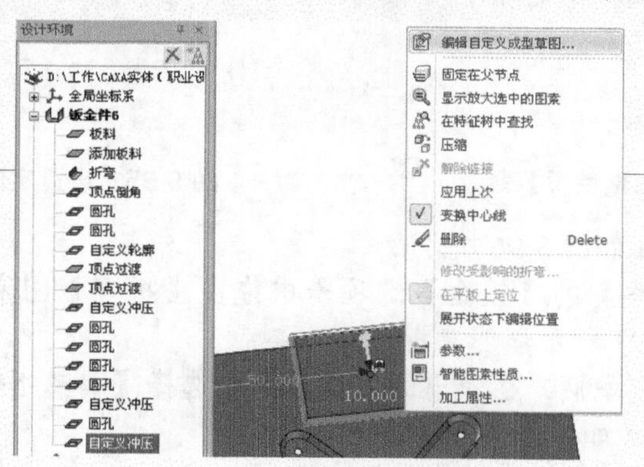


图 5-91 编辑自定义冲压草图

step 27 在【草图】选项卡中单击【绘制】功能面板中的【矩形】按钮和【圆心+半径】按钮，绘制冲压草图，尺寸如图 5-92 所示。

step 28 从【设计元素库】的【钣金】选项卡中拖曳【窄缝】图素到平面上，创建窄缝，如图 5-93 所示。

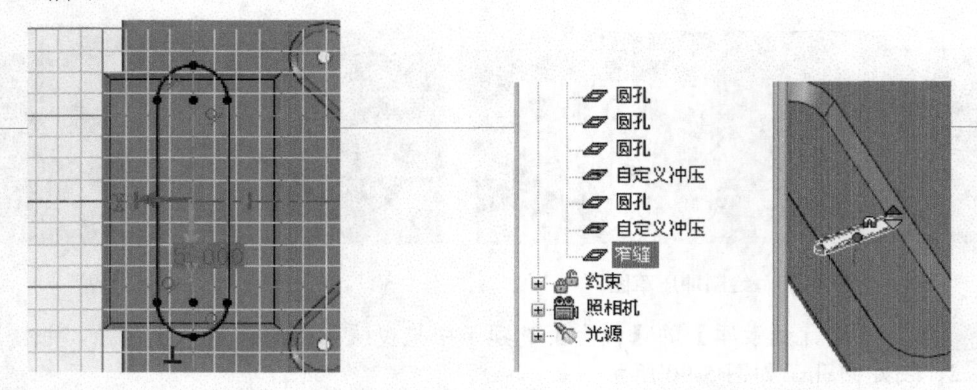


图 5-92　绘制冲压草图　　　　图 5-93　创建窄缝

step 29 在设计树中右击窄缝，在弹出的快捷菜单中选择【智能图素性质】命令，如图 5-94 所示。

step 30 在弹出的对话框中，切换到【定位锚】选项设置界面，设置方向参数，如图 5-95 所示。

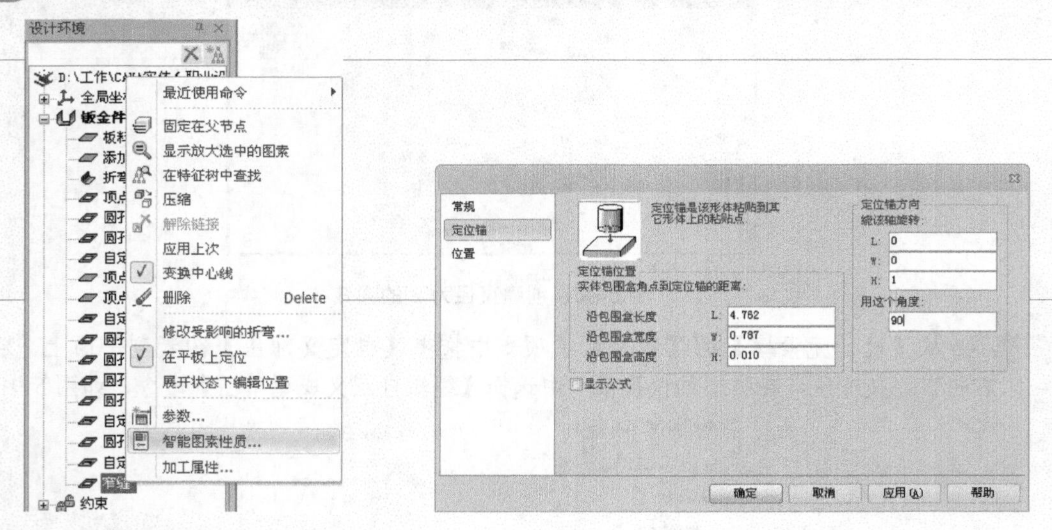


图 5-94　选择【智能图素性质】命令　　　　图 5-95　设置定位锚方向参数

step 31 完成的窄缝特征如图 5-96 所示。

step 32 从【设计元素库】的【钣金】选项卡中拖曳【折弯】图素到指定边上，修改【折弯长度】为 70，如图 5-97 所示，创建折弯。

step 33 右击折弯的操作手柄，在弹出的快捷菜单中选择【编辑折弯板料长度】命令，设置【折弯板料长度】为 10，如图 5-98 所示。

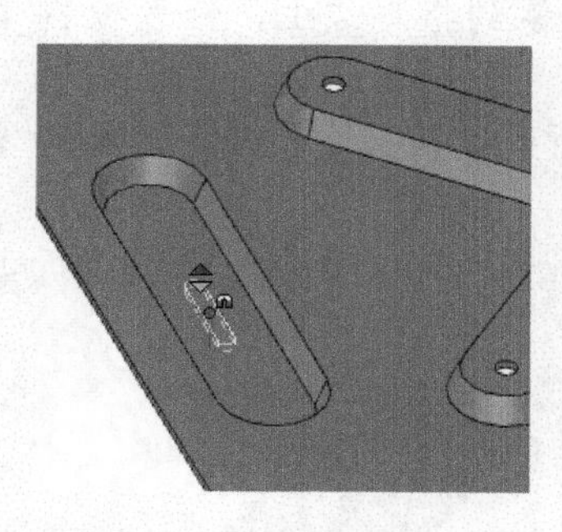

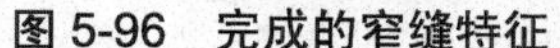

图 5-96　完成的窄缝特征

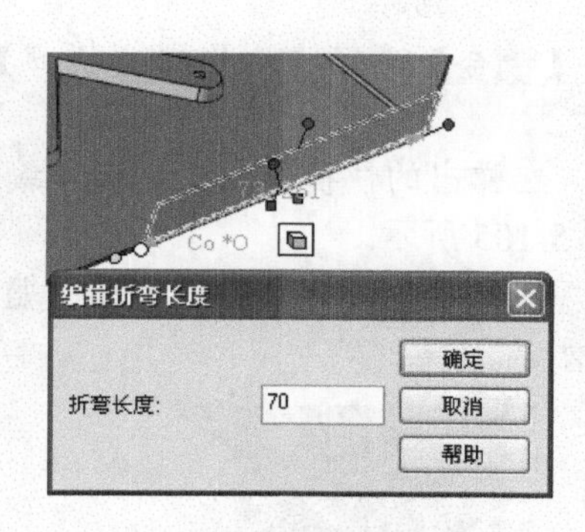


图 5-97　创建长度为 70 的折弯

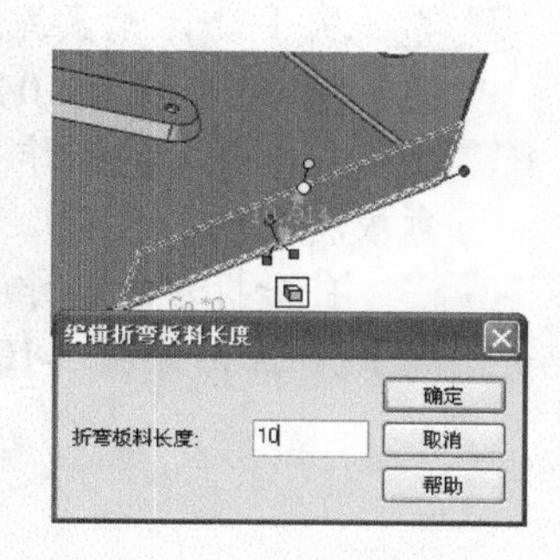


图 5-98　编辑折弯板料长度

step 34 在【钣金】选项卡中单击【角】功能面板中的【闭合角】按钮，选择两个折弯进行闭合角操作，如图 5-99 所示。

step 35 从【设计元素库】的【钣金】选项卡中拖曳【顶点过渡】图素到指定顶点上，拖动其操作手柄，修改尺寸为 10×10，创建圆角，如图 5-100 所示。

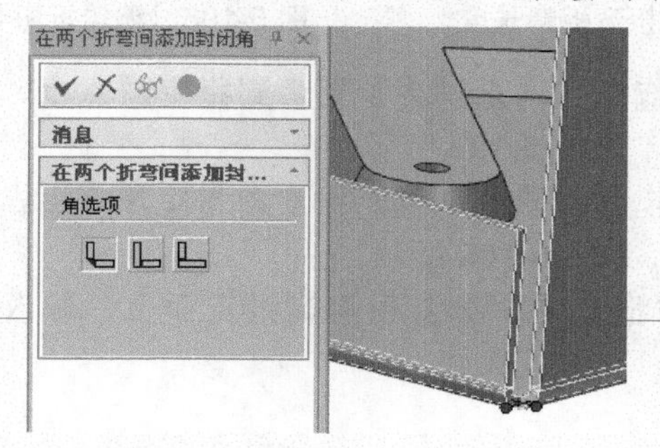


图 5-99　创建闭合角

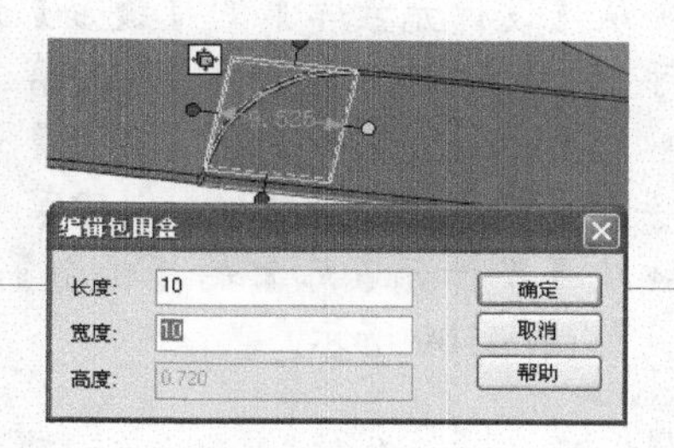


图 5-100　创建圆角

step 36 从【设计元素库】的【钣金】选项卡中拖曳【折弯】图素到指定边上，修改【折弯长度】为 70，如图 5-101 所示。

step 37 右击折弯的操作手柄，在弹出的快捷菜单中选择【编辑折弯板料长度】命令，设置【折弯板料长度】为 10，如图 5-102 所示。

step 38 从【设计元素库】的【钣金】选项卡中拖曳【顶点过渡】图素到指定顶点上，拖动其操作手柄，修改尺寸为 10×10，创建折弯上的圆角，如图 5-103 所示。

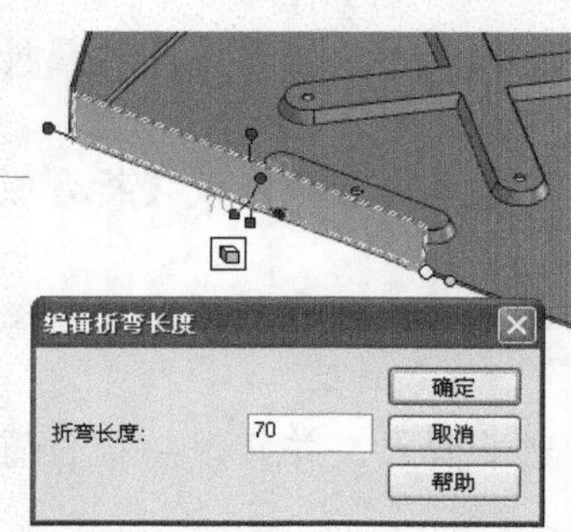


图 5-101　创建长度 70 的折弯

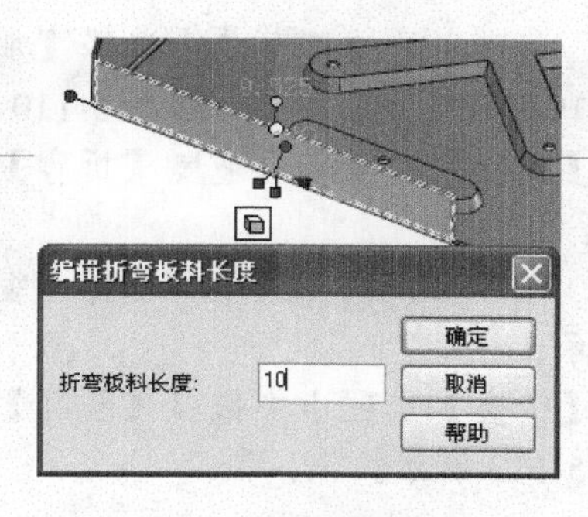


图 5-102　设置折弯板料长度

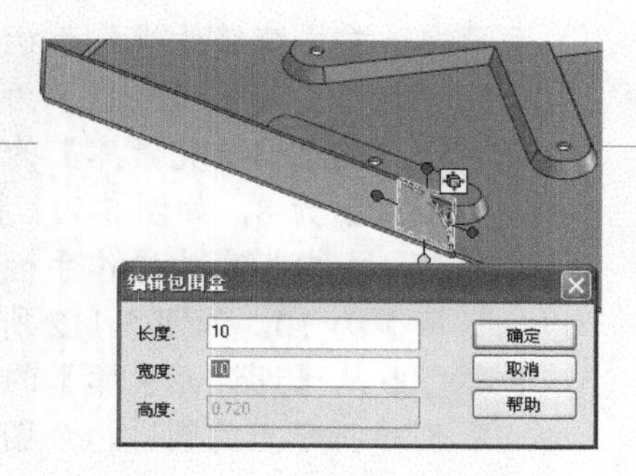


图 5-103　创建折弯上的圆角

step 39 从【设计元素库】的【钣金】选项卡中拖曳【折弯】图素到指定边上，修改板料【角度】为 0，如图 5-104 所示。

step 40 右击折弯的操作手柄，在弹出的快捷菜单中选择【编辑折弯板料长度】命令，设置【折弯板料长度】为 20，如图 5-105 所示。

step 41 右击折弯的操作手柄，在弹出的快捷菜单中选择【编辑折弯长度】命令，设置【折弯长度】为 20，如图 5-106 所示。

图 5-104　创建角度为 0 的折弯

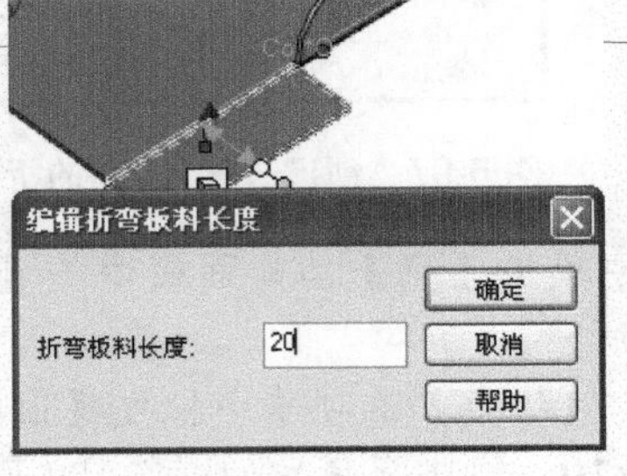

图 5-105　编辑折弯板料长度

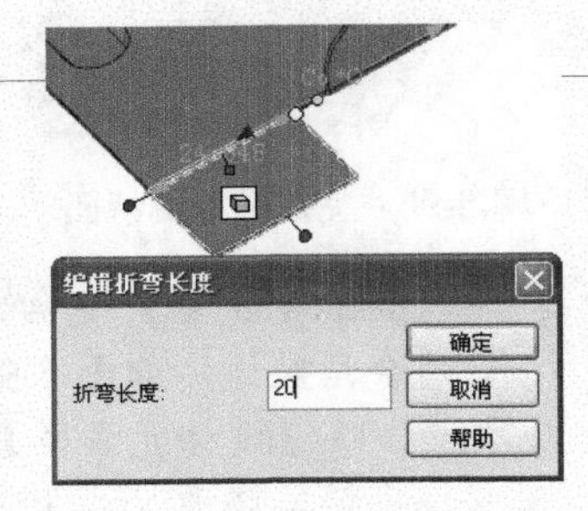

图 5-106　编辑折弯长度

step 42 从【设计元素库】的【钣金】选项卡中拖曳【顶点过渡】图素到指定顶点上，拖动其操作手柄，修改尺寸为 4×4，创建第 1 个圆角，如图 5-107 所示。

step 43 从【设计元素库】的【钣金】选项卡中拖曳【顶点过渡】图素到指定顶点上，拖动其操作手柄，修改尺寸为 4×4，创建第 2 个圆角，如图 5-108 所示。

step 44 从【设计元素库】的【钣金】选项卡中拖曳【窄缝】图素到指定面上，修改其位置尺寸，如图 5-109 所示。

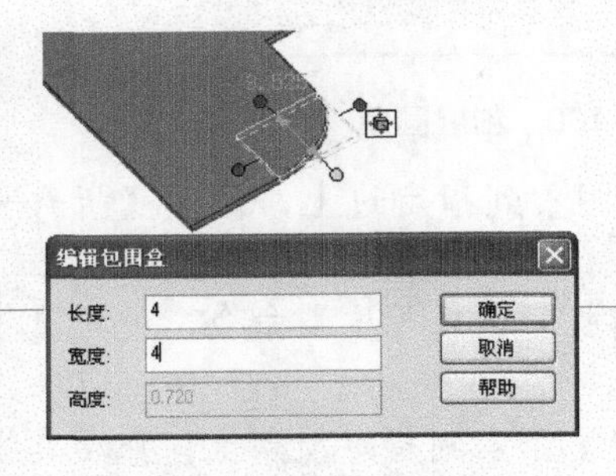

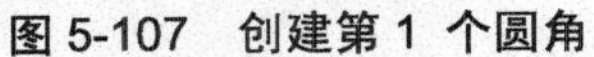
图 5-107　创建第 1 个圆角

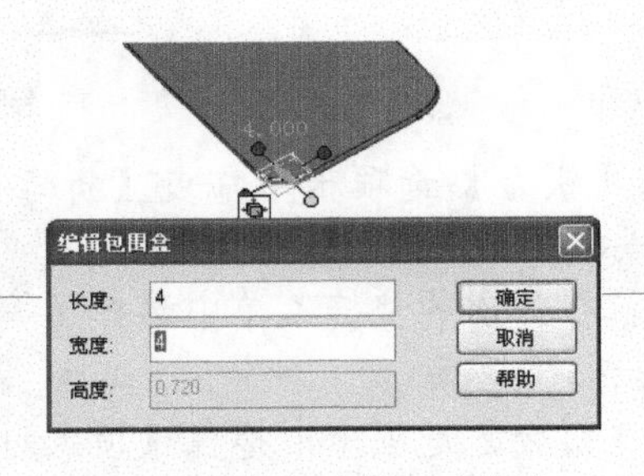

图 5-108　创建第 2 个圆角

图 5-109　创建窄缝

step 45 右击窄缝的操作手柄，在弹出的快捷菜单中选择【加工属性】命令，弹出【冲孔属性】对话框，设置【长度】为 10、【宽度】为 4，如图 5-110 所示。

step 46 从【设计元素库】的【钣金】选项卡中拖曳【折弯】图素到指定边上，修改【折弯板料长度】为 8，如图 5-111 所示。

step 47 右击折弯的操作手柄，在弹出的快捷菜单中选择【编辑折弯长度】命令，设置【折弯长度】为 10，如图 5-112 所示。

step 48 从【设计元素库】的【钣金】选项卡中拖曳【圆孔】图素到平面上，并修改特征位置，创建折弯上的圆孔，如图 5-113 所示。

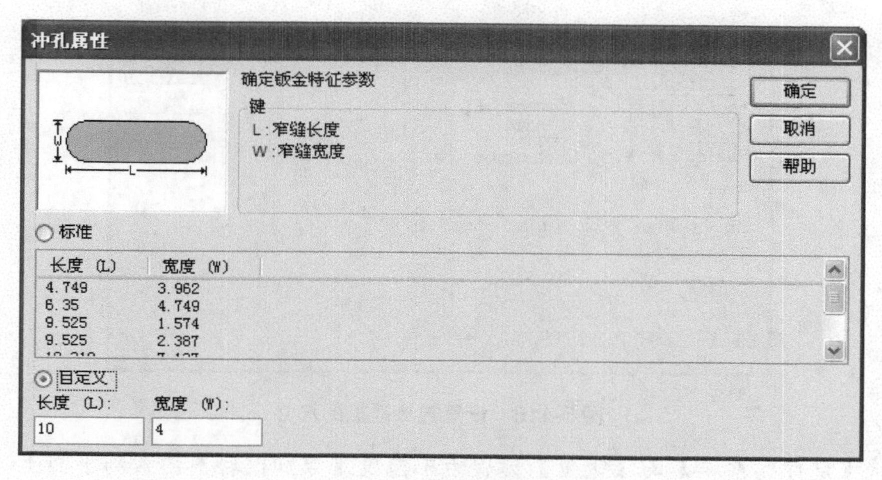


图 5-110　设置窄缝属性

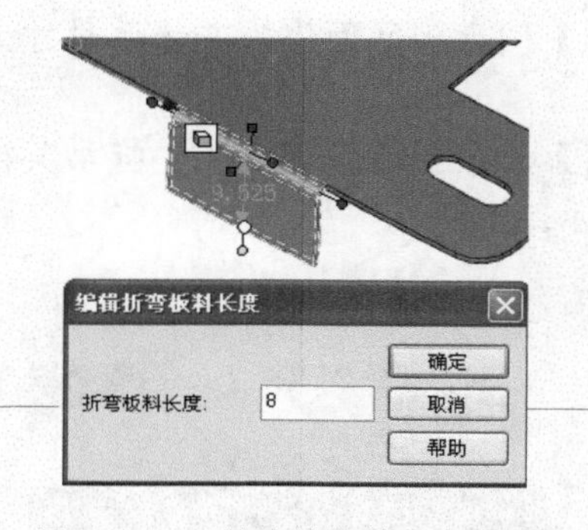


图 5-111　创建长度的 8 的折弯

图 5-112　编辑折弯长度

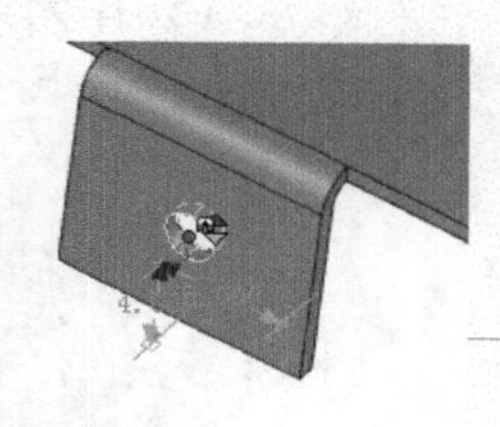

图 5-113　创建折弯上的圆孔

step 49 右击圆孔的操作手柄，在弹出的快捷菜单中选择【加工属性】命令，弹出【冲孔属性】对话框，设置【直径】为 2，如图 5-114 所示。

step 50 从【设计元素库】的【钣金】选项卡中拖曳【散热孔盖】图素到平面上，并修改特征位置，如图 5-115 所示。

step 51 右击散热孔盖的操作手柄，在弹出的快捷菜单中选择【加工属性】命令，弹出【形状属性】对话框，设置【长度】为 8、【宽度】为 6，如图 5-116 所示。

图 5-114　设置圆孔直径

图 5-115　创建散热孔盖

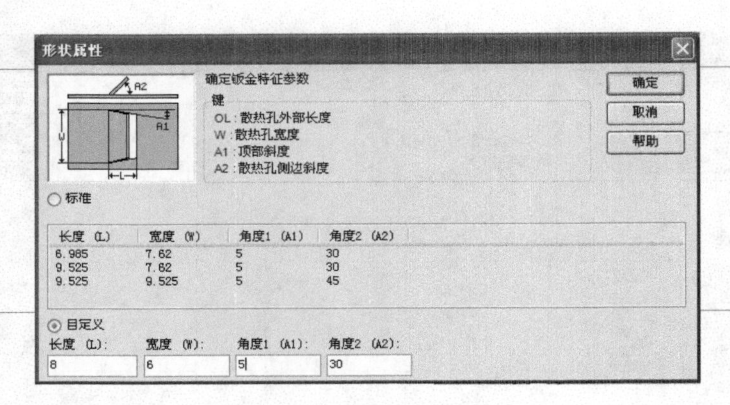


图 5-116 设置散热孔盖的尺寸

step 52 从【设计元素库】的【钣金】选项卡中拖曳【添加板料】图素到平面上，并修改尺寸为 10×15，如图 5-117 所示。

step 53 从【设计元素库】的【钣金】选项卡中拖曳【添加板料】图素到平面上，并修改尺寸为 10×20，如图 5-118 所示。

step 54 从【设计元素库】的【钣金】选项卡中拖曳【顶点过渡】图素到指定顶点上，拖动其操作手柄，修改尺寸为 2×2，创建第 1 个圆角，如图 5-119 所示。

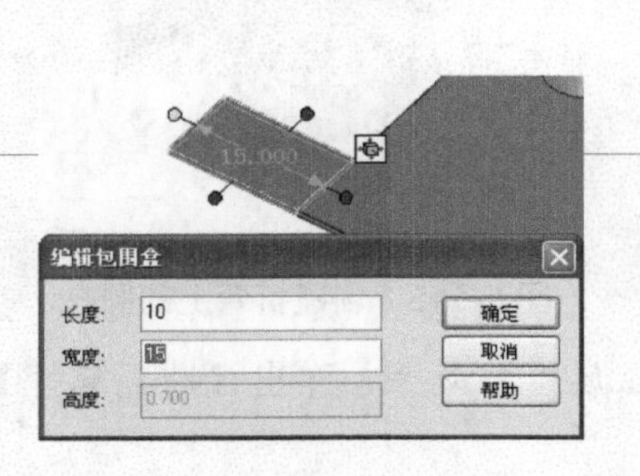


图 5-117 添加 10×15 的板料

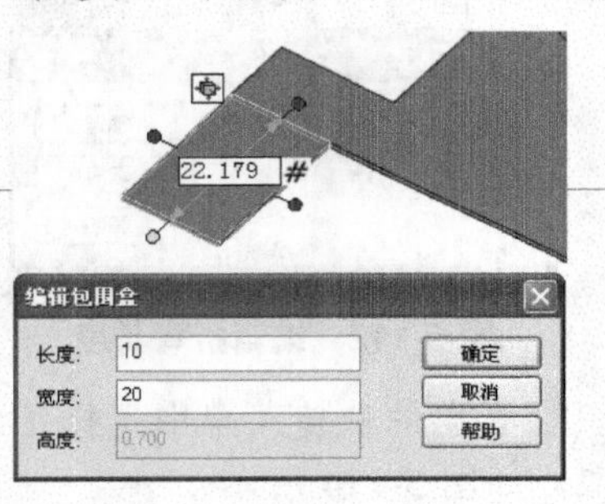


图 5-118 添加 10×20 的板料

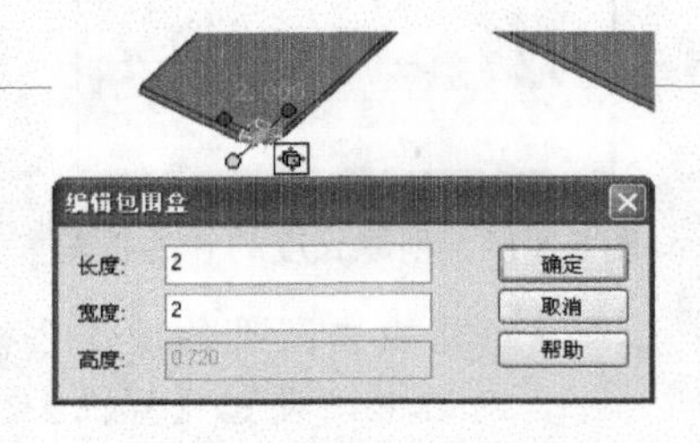


图 5-119 创建第 1 个圆角

step 55 从【设计元素库】的【钣金】选项卡中拖曳【顶点过渡】图素到指定顶点上，拖动其操作手柄，修改尺寸为 2×2，创建第 2 个圆角，如图 5-120 所示。

step 56 从【设计元素库】的【钣金】选项卡中拖曳【圆孔】图素到平面上，并修改特征位置，如图 5-121 所示。

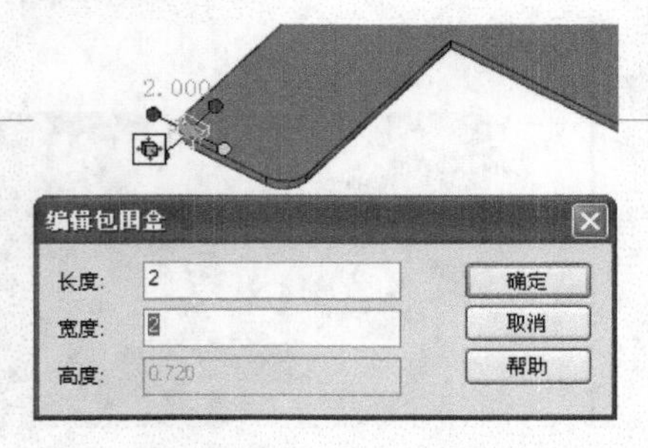


图 5-120 创建第 2 个圆角

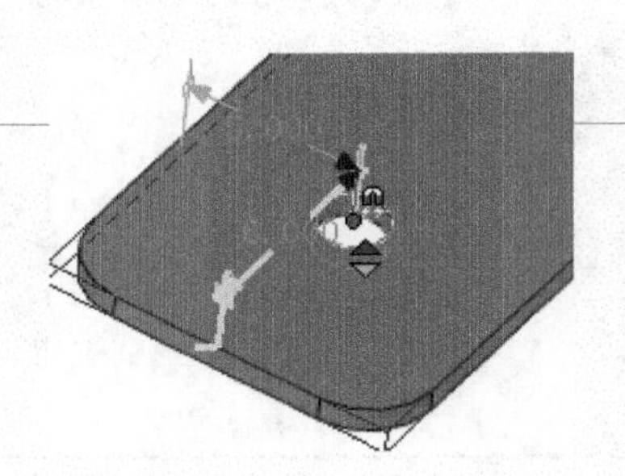

图 5-121 创建圆孔

step 57 右击圆孔的操作手柄，在弹出的快捷菜单中选择【加工属性】命令，弹出【冲孔属性】对话框，设置【直径】为 2，如图 5-122 所示。

step 58 完成的钣金支架如图 5-123 所示。

图 5-122 设置圆孔直径为 2

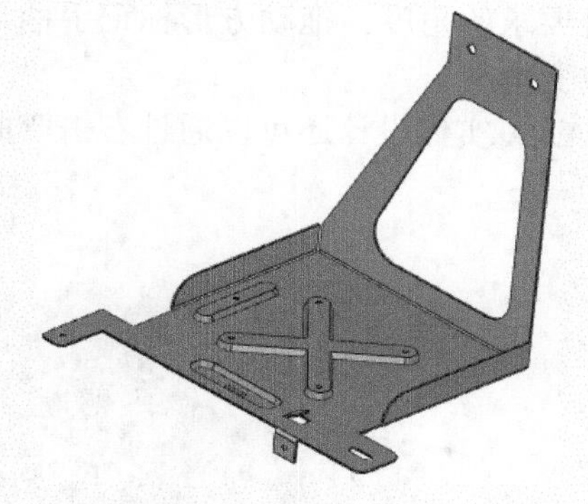

图 5-123 完成的钣金支架模型

**机械设计实践：**钣金是针对金属薄板(通常在 6mm 以下)的一种综合冷加工工艺，包括剪、冲/切/复合、折、铆接、拼接、成型(如汽车车身)等。其显著的特征就是同一零件厚度一致。如图 5-124 所示是常见的钣金盒体。

图 5-124 钣金盒体

# 第 4 课 2 课时 编辑钣金件

## 5.4.1 钣金件的编辑工具

**行业知识链接：**铆接分为拉铆、压铆、旋铆、自冲铆接、无铆钉铆接等，进行压铆所需工具一般都是压铆机或大型压铆设备，压铆是指在进行铆接过程中在外界压力下，压铆件使机体材料发生塑性变形，而挤入铆装螺钉、螺母结构中特设的预制槽内，从而实现两个零件的可靠连接的方式。如图 5-125 所示的钣金，其上有压铆的工艺特征。

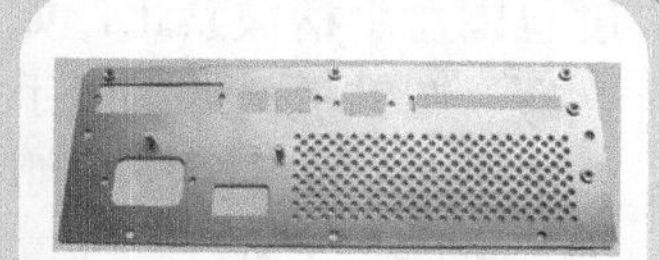

图 5-125 钣金上的压铆

在钣金件设计中，智能图素和零件同样可以使用包围盒编辑手柄、手柄开关等，但它们的可用性和功能不同于 CAXA 实体设计零件设计的其他部分。

### 1. 零件编辑状态的编辑手柄

零件编辑手柄仅可用于包含弯曲图素的零件。它们仅在零件编辑状态被选定且光标定位三弯曲图素上时显示。方形标记手柄为弯曲角度编辑手柄，球形标记手柄为移动弯曲编辑手柄。其中一套手柄在弯曲连接扁平板料的各个端点处，如图 5-126 所示。

其中弯曲角度编辑手柄(方形标记手柄)用于对弯曲角度进行可视化编辑。其方法如下。

将光标移动到相应的手柄处，直至指针变成带双向圆弧的小手形状，单击并拖动鼠标，以得到大致符合要求的角度。拖动方形标记手柄，使弯曲的关联边和与该边相连的无约束图素一起重新定位，从而改变角度。

CAXA 实体设计还可以通过右击弯曲图素方形标记手柄对其进行编辑操作，如图 5-127 所示。

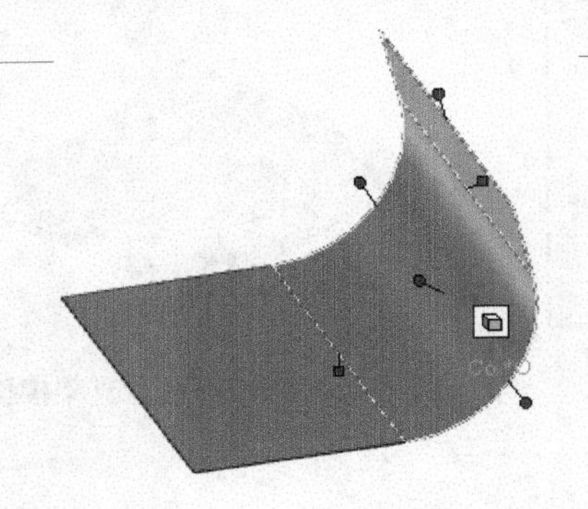

图 5-126　编辑手柄

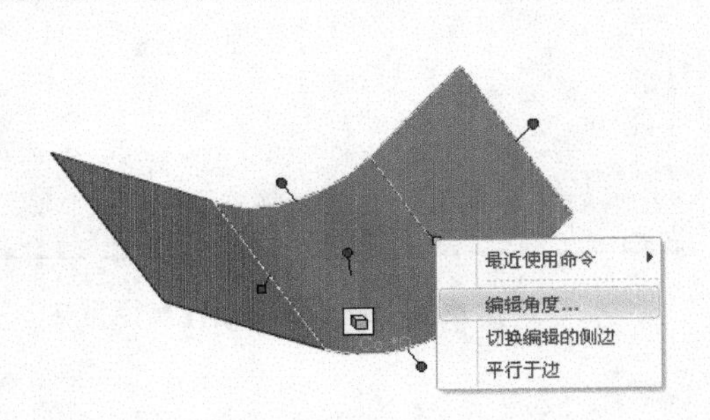


图 5-127　编辑操作

快捷菜单中各命令的含义如下。

【编辑角度】：选择该命令可精确地编辑弯曲图素与承载它的扁平板料之间的角度。在【编辑角度】对话框中输入相应的值，然后单击【确定】按钮即可。

【切换编辑的侧边】：利用该命令可把编辑手柄重新定位到弯曲图素的另一个表面上。

【平行于边】：选择该命令可使 CAXA 实体设计修改弯曲的角度，使弯曲与零件上的选定边平行对齐。

### 2. 智能图素编辑状态的编辑工具

1)　板料图素的编辑手柄

形状设计和包围盒手柄可用于编辑板料钣金件设计，这两种类型的手柄通常都可用于钣金图素的可视化编辑和精确编辑。对于钣金件设计而言，唯一的不同是：因已有钣金件厚度(高度)固定而导致高度包围盒手柄被禁止，如图 5-128 所示。

2)　圆锥板料的编辑手柄

锥形钣金板料图素可利用智能图素手柄调整高度、上下部的半径以及旋转半径，如图 5-129 所示。

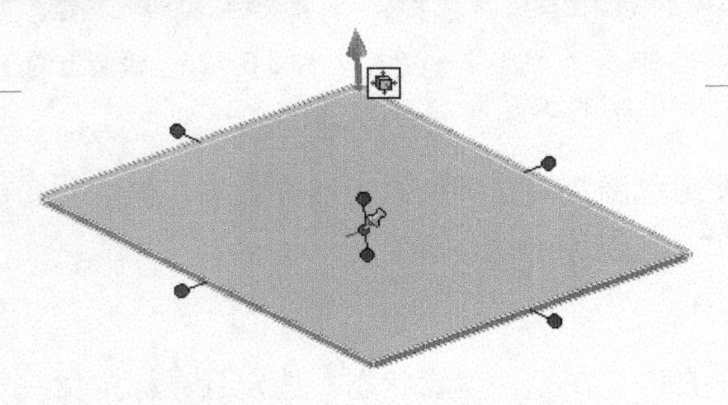

图 5-128　钣金高度手柄

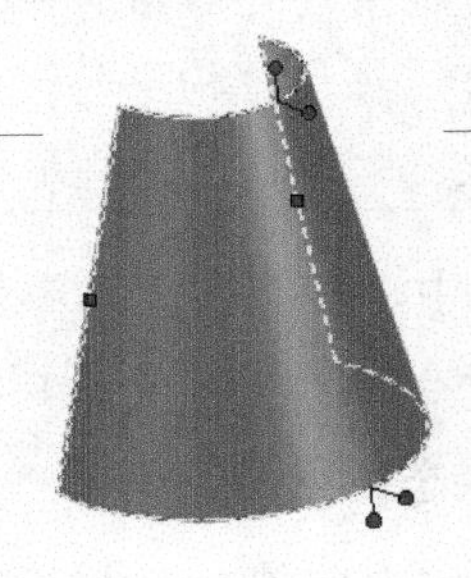

图 5-129　编辑手柄

可视化编辑：左击并拖动手柄。

精确化编辑：右击手柄，在相应的编辑对话框中输入精确的值，或者利用手柄单击参考其他精确的几何图形。

3) 顶点图素的编辑手柄

顶点钣金件图素可用图素和包围盒的手柄对顶点图素进行可视化编辑和精确编辑，其方式与扁平板料图素一样。

4) 弯曲图素的编辑手柄

在默认状态下，弯曲图素编辑手柄在智能图素编辑状态下出现，如图 5-130 所示。

折弯角度编辑手柄：方形标记手柄用于对弯曲角度进行可视化编辑。

折弯半径编辑手柄：球形半径编辑手柄可用于对弯曲半径进行可视化编辑。

折弯长度编辑手柄：球形手柄显示在弯曲图素的两端，可用于对弯曲图素的长度进行可视化编辑。

折弯板料编辑手柄：球形手柄显示在折弯板料的上表面，可用于折弯板料长度的可视化编辑。

### 3. 折弯切口编辑工具

在实体折弯部分上右击，在弹出的快捷菜单中选择【显示编辑操作手柄】|【切口】命令，以显示切口编辑工具。之后，CAXA 实体设计就会显示出【生成切口】按钮和折弯角切口编辑手柄，如图 5-131 所示。

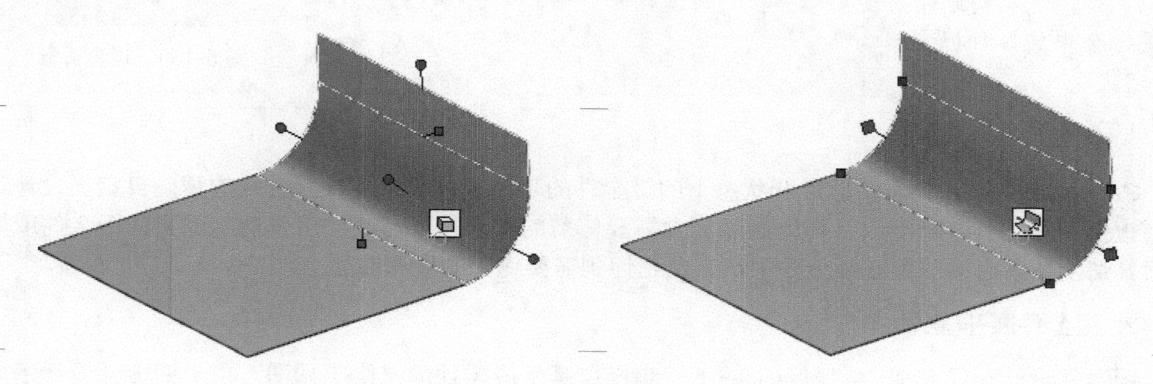

图 5-130 弯曲图素编辑手柄　　图 5-131 编辑工具

【生成切口】按钮：其作用是让使用者选择是否在钣金件上生成切口。方形的按钮显示在弯曲两端与板料相接处，它们的默认状态为禁止。若要生成一个切口，应在相应的按钮上移动光标，直至指针变成一个手指形状加开关的图标，然后单击鼠标选定。

折弯角切口编辑手柄：棱形手柄在弯曲图素两端显示，可用于对其弯曲长度进行可视化增加或减小。只需在手柄上移动光标至指针变成带双向箭头的小手形状时单击并拖动，即可编辑弯曲长度。

### 4. 冲压模变形和型孔图素编辑按钮

CAXA 实体设计用上箭头和下箭头按钮作为尺寸设置按钮，来修改冲压模变形设计和冲压模钣金设计。利用这些按钮，可以为选定图素选择 CAXA 实体设计中包含的默认尺寸，如图 5-132 所示。

当在智能图素编辑状态下选择冲压模变形或型孔图素时，会显示出上箭头和下箭头按钮。这些按钮在选定图素的相关工具表标记之间循环。红色箭头按钮表示该按钮处于激活状态，而图素的其他尺寸则可通过单击该按钮切换各选项来进行访问。灰色箭头按钮表示该按钮处于禁止状态，单击该按钮则不能访问任何选项。

图 5-132 冲压特征

## 5.4.2 编辑钣金命令

**行业知识链接：** 金属板材的折弯是在金属加工车间进行的。对于铝板来说，金属的折弯半径要大于板材的厚度。折弯时，由于有一定的回弹，金属折弯的角度要比要求的角度稍大一些。如图 5-133 所示是钣金中的各种折弯。

图 5-133 钣金折弯

### 1. 钣金切割

CAXA 实体设计具有修剪展开状态下的钣金件的功能，并支持展开钣金件的精确自定义设计。要使用钣金切割工具，当前设计环境必须包含需要修剪的钣金件，和其他用作切割图素的钣金件或标准图素。切割图素必须放置在钣金件中，完全延伸到需要切割的所有曲面上。

### 2. 钣金件展开/复原

钣金件设计一经完成，其逻辑上的下一步操作是生成零件的二维工程图。由于钣金件设计需要展开工程图视图，为此 CAXA 实体设计提供了一个简单过程来展开已完成零件，然后返回到它的弯曲状态。

要运用此工具，可在零件编辑状态下选定钣金件，在【钣金】选项卡中单击【展开/还原】功能面板中的【展开】按钮，钣金展开示例如图 5-134 所示。

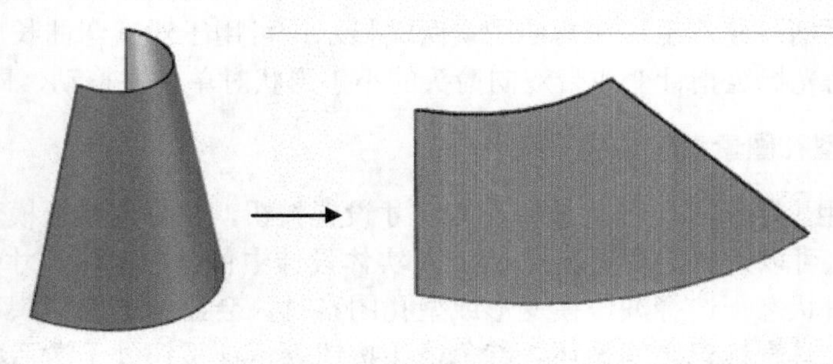

图 5-134 钣金展开

对于已经展开的钣金件，可在设计环境中选择处于展开状态的钣金件，在【钣金】选项卡中，单击【展开/还原】功能面板中的【还原】按钮，恢复其原来的钣金效果。

### 3. 应用钣金封闭角工具

钣金设计过程中经常需要在折弯钣金间增加封闭角，如果用手工方式去处理是比较困难的。CAXA 实体设计在钣金中提供了一个钣金封闭角的工具，以提高钣金设计的效率。该功能支持斜角的封闭处理。

在【钣金】选项卡中单击【角】功能面板中的【闭合角】按钮，在设计环境左侧弹出如图 5-135 所示的【闭合角】命令管理栏。在该命令管理栏中提供了 3 种角封闭方式。

### 4. 添加斜接法兰

在【钣金】选项卡中单击【角】功能面板中的【斜接法兰】按钮，可以给选定的薄金属毛坯添加斜接法兰。

在【钣金】选项卡中单击【角】功能面板中的【斜接法兰】按钮，在设计环境左侧弹出如图 5-136 所示的【斜接法兰】命令管理栏。

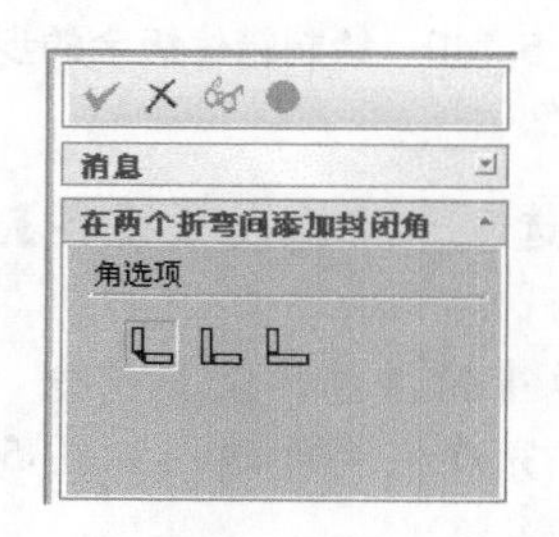


图 5-135 【闭合角】命令管理栏

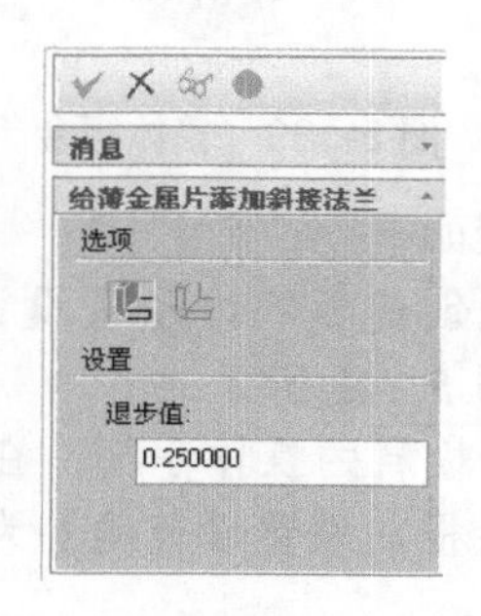


图 5-136 【斜接法兰】命令管理栏

按提示栏要求，单击折弯部分，接着在【斜接法兰】命令管理栏中单击【选择弯边】按钮，系统提示“选择一个面或边，来生成斜接法兰”，此时可选择与折弯相邻的面或边，如图 5-137 所示。

在【斜接法兰】命令管理栏中单击【确定】按钮，完成添加斜接法兰操作，如图 5-138 所示。

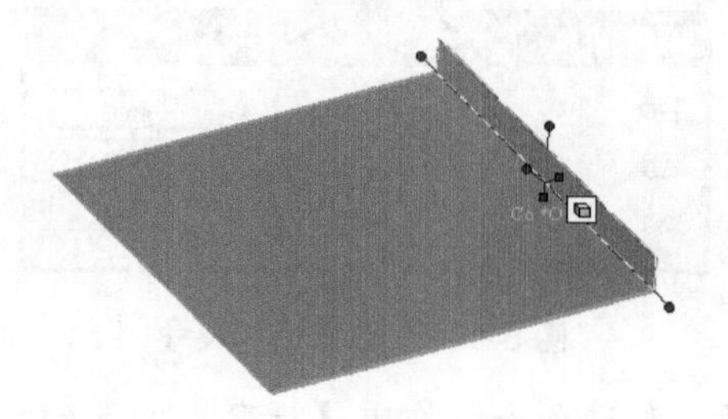

图 5-137 选择斜接边

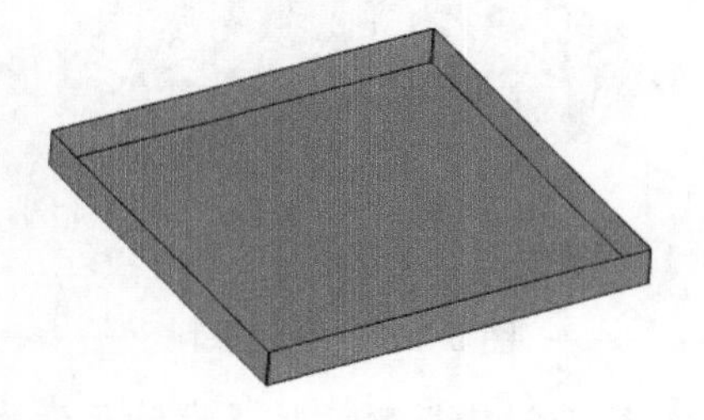

图 5-138 斜接法兰

## 课后练习

 案例文件：ywj\05\03.ics

 视频文件：光盘\视频课堂\第 5 教学日\5.4

本节课后练习创建箱体钣金模型，钣金箱体一般用于电子设备的保护罩或屏蔽罩，在电子行业十分常见。如图 5-139 所示是完成的箱体钣金。

本节案例主要练习箱体钣金的创建，首先需要创建板料，之后使用【折弯】命令创建四周，再进行孔的创建，最后编辑细节。绘制箱体钣金的思路和步骤如图 5-140 所示。

图 5-139　箱体钣金

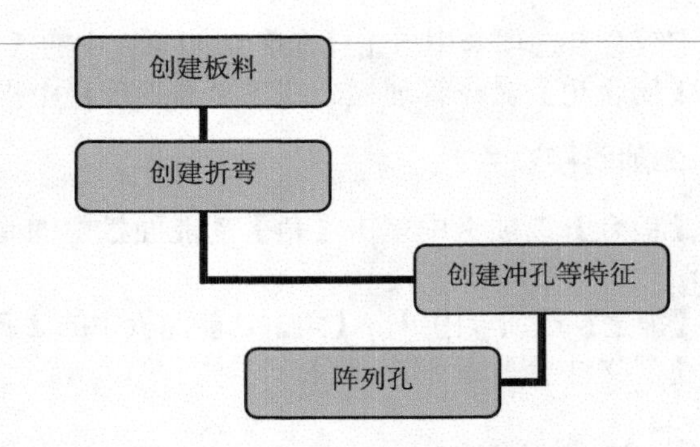


图 5-140　绘制箱体钣金的步骤

案例操作步骤如下。

step 01 首先创建板料，从【设计元素库】的【钣金】选项卡中拖曳【板料】图素至设计环境中，如图 5-141 所示。

step 02 右击板料的操作手柄，在弹出的快捷菜单中选择【编辑包围盒】命令，弹出【编辑包围盒】对话框，设置【长度】为 80、【宽度】为 100，完成板料创建，如图 5-142 所示。

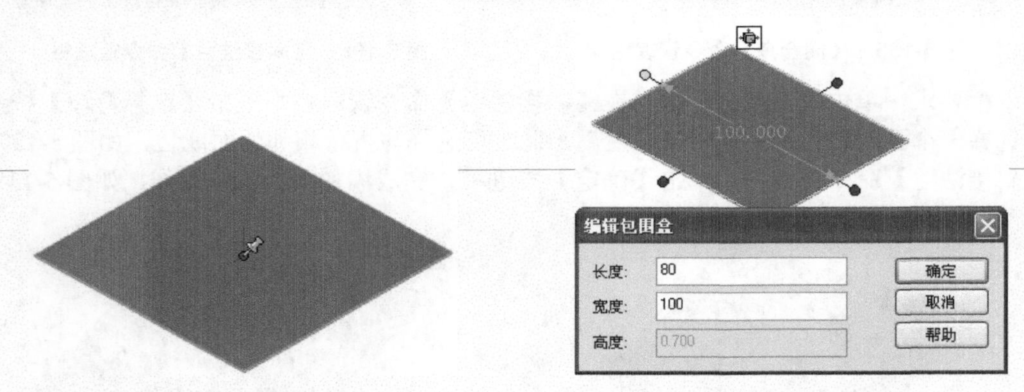


图 5-141　创建板料

图 5-142　编辑板料尺寸

step 03 接着创建折弯，从【设计元素库】的【钣金】选项卡中拖曳【折弯】图素到指定边上，修改【折弯板料长度】为 150，创建折弯，如图 5-143 所示。

step 04 从【设计元素库】的【钣金】选项卡中拖曳【折弯】图素到指定边上，修改【折弯板料长度】为 150，创建对称的折弯，如图 5-144 所示。

step 05 从【设计元素库】的【钣金】选项卡中拖曳【折弯】图素到指定边上，修改【折弯板料长度】为 10，创建折弯，如图 5-145 所示。

step 06 从【设计元素库】的【钣金】选项卡中拖曳【顶点过渡】图素到指定顶点上，拖动其操作手柄，修改尺寸为4×4，创建第1个圆角，如图5-146所示。

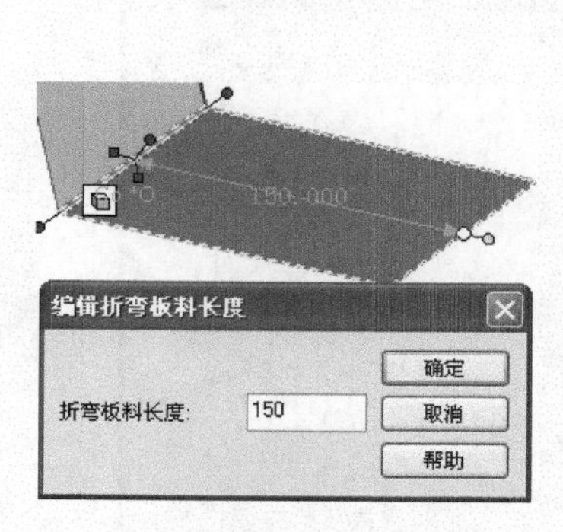


图5-143 创建长为150的折弯

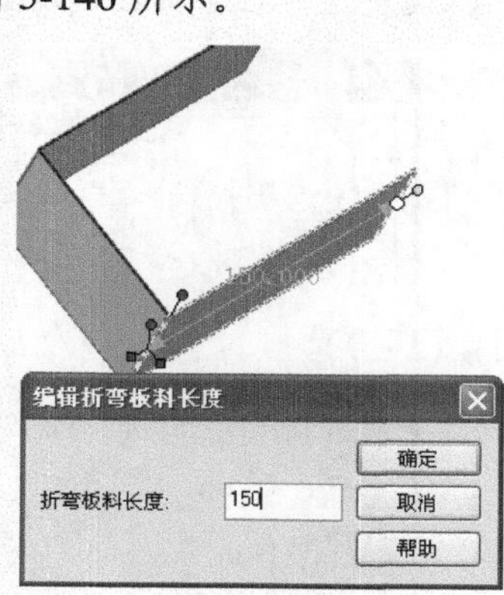


图5-144 创建对称的折弯

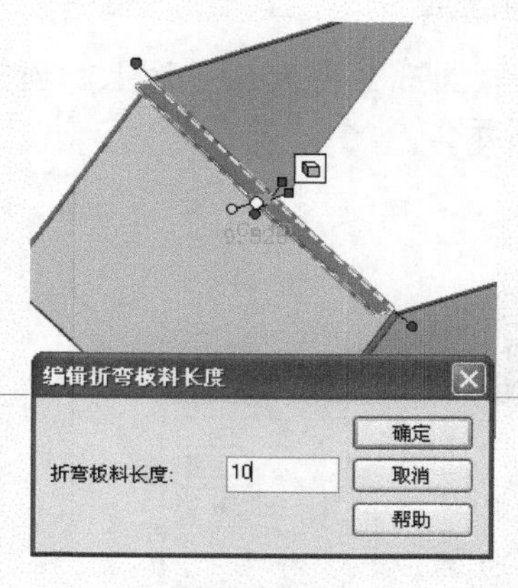


图5-145 创建长为10的折弯

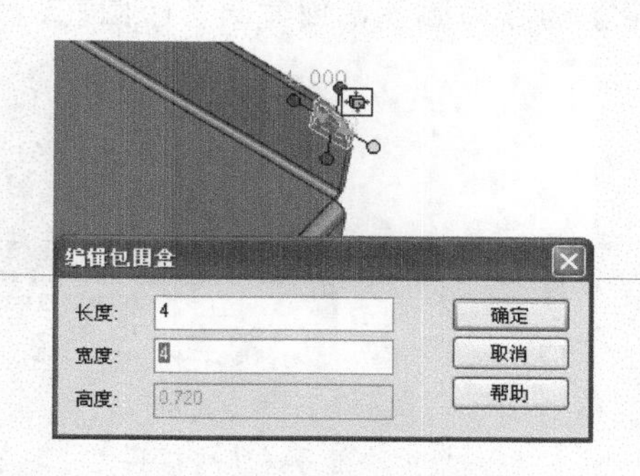


图5-146 创建第1个圆角

step 07 从【设计元素库】的【钣金】选项卡中拖曳【顶点过渡】图素到指定顶点上，拖动其操作手柄，修改尺寸为4×4，创建第2个圆角，如图5-147所示。

step 08 再创建圆形冲孔，从【设计元素库】的【钣金】选项卡中拖曳【圆孔】图素到平面上，并修改特征位置，创建第1个圆孔，如图5-148所示。

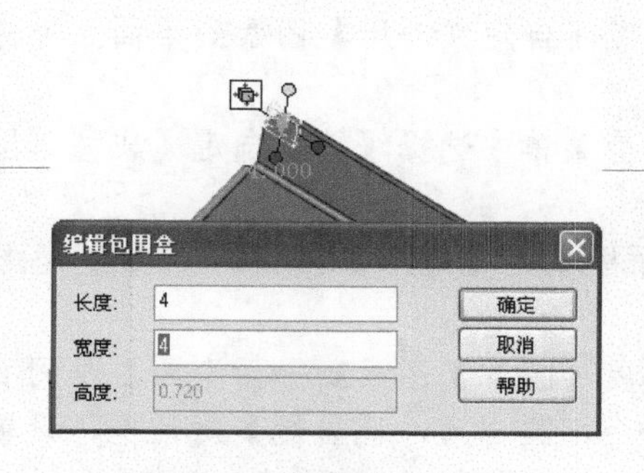


图5-147 创建第2个圆角

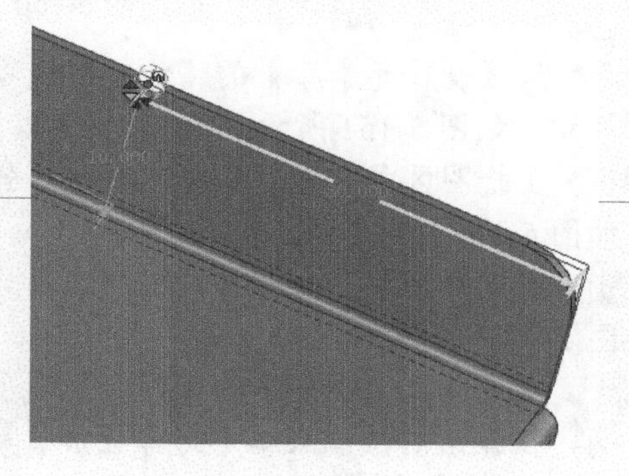

图5-148 创建第1个圆孔

step 09 右击圆孔的操作手柄，在弹出的快捷菜单中选择【加工属性】命令，弹出【冲孔属性】

对话框，设置【直径】为 5，如图 5-149 所示。

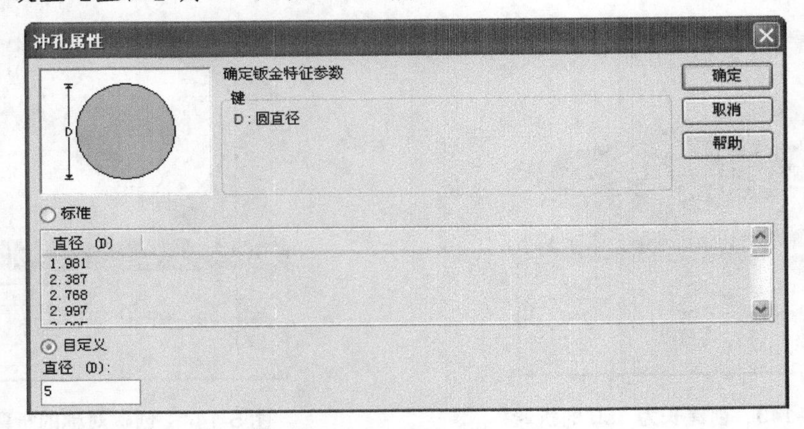


图 5-149　设置第 1 个圆孔直径

step 10 从【设计元素库】的【钣金】选项卡中拖曳【圆孔】图素到平面上，创建对称的【直径】为 5 的圆孔，创建第 2 个圆孔，如图 5-150 所示。

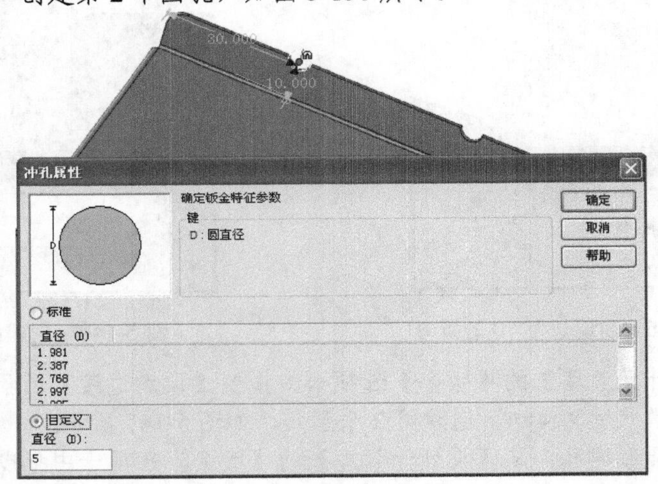


图 5-150　创建第 2 个圆孔

step 11 从【设计元素库】的【钣金】选项卡中拖曳【自定义冲压】图素到平面上，并修改位置尺寸，如图 5-151 所示。

step 12 在绘图区中右击自定义冲压，在弹出的快捷菜单中选择【编辑自定义成型草图】命令，如图 5-152 所示。

step 13 在【草图】选项卡中单击【绘制】功能面板中的【矩形】按钮，绘制矩形，尺寸如图 5-153 所示。

step 14 从【设计元素库】的【钣金】选项卡中拖曳【圆孔】图素到平面上，右击圆孔的操作手柄，在弹出的快捷菜单中选择【加工属性】命令，弹出【冲孔属性】对话框，设置【直径】为 12，如图 5-154 所示。

图 5-151　创建自定义冲压

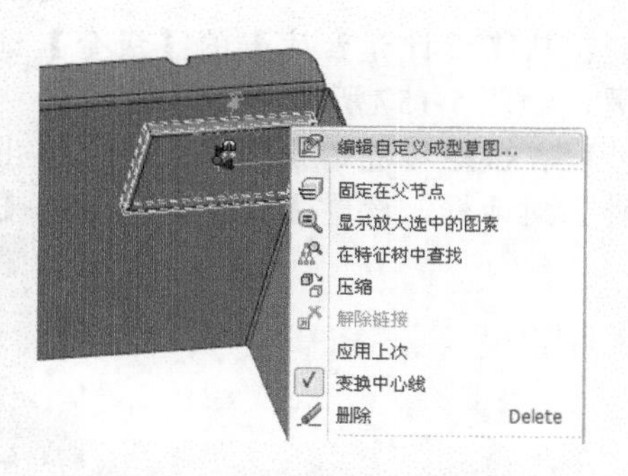


图 5-152　编辑自定义成型草图

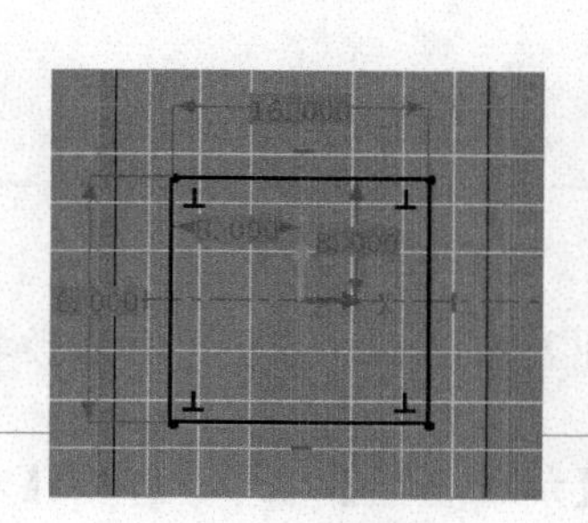

图 5-153　绘制矩形

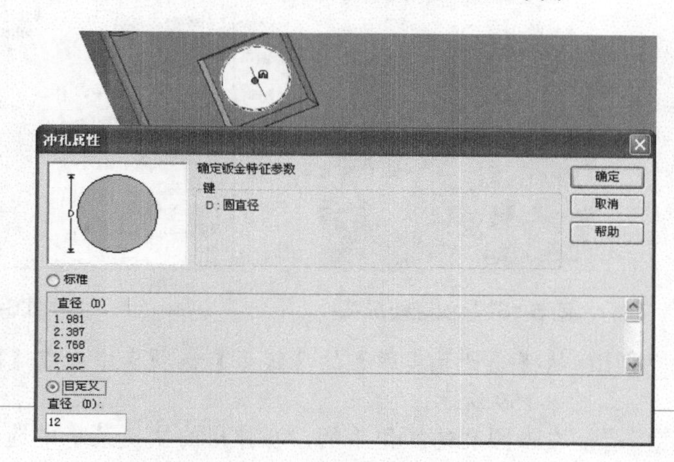


图 5-154　创建直径为 12 的圆孔

step 15 从【设计元素库】的【钣金】选项卡中拖曳【圆孔】图素到平面上，右击圆孔的操作手柄，在弹出的快捷菜单中选择【加工属性】命令，弹出【冲孔属性】对话框，设置【直径】为 1，如图 5-155 所示。

step 16 从【设计元素库】的【钣金】选项卡中拖曳【圆孔】图素到平面上，创建其余 3 个【直径】为 1 的圆孔，如图 5-156 所示。

图 5-155　创建直径为 1 的圆孔

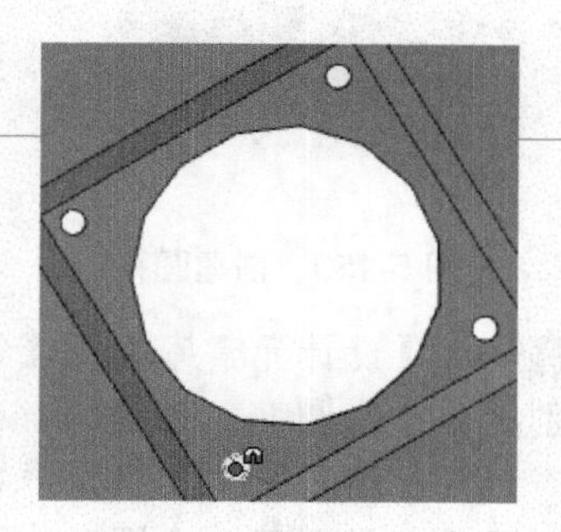

图 5-156　创建其余 3 个圆孔

step 17 从【设计元素库】的【钣金】选项卡中拖曳【矩形孔】图素到平面上，并修改特征位置，如图 5-157 所示。

step 18 右击矩形孔的操作手柄，在弹出的快捷菜单中选择【加工属性】命令，弹出【冲孔属性】对话框，设置【长度】为 20、【宽度】为 40，如图 5-158 所示。

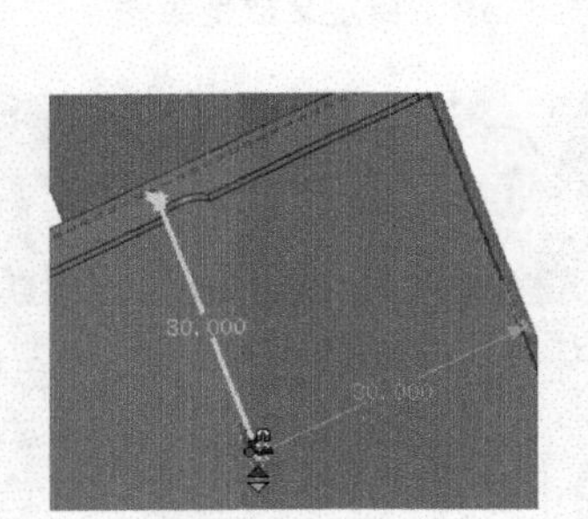
图 5-157　创建矩形孔

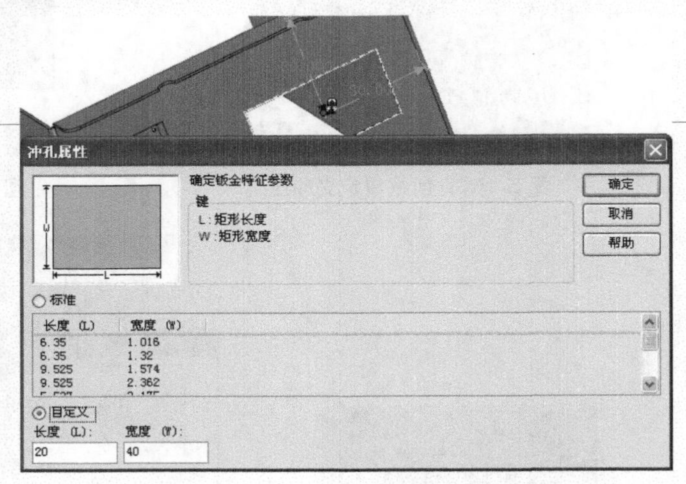

图 5-158　设置矩形孔尺寸

step 19 从【设计元素库】的【钣金】选项卡中拖曳【圆孔】图素到平面上，并修改特征位置，如图 5-159 所示。

step 20 右击圆孔的操作手柄，在弹出的快捷菜单中选择【加工属性】命令，弹出【冲孔属性】对话框，设置【直径】为 10，创建第 1 个圆孔，如图 5-160 所示。

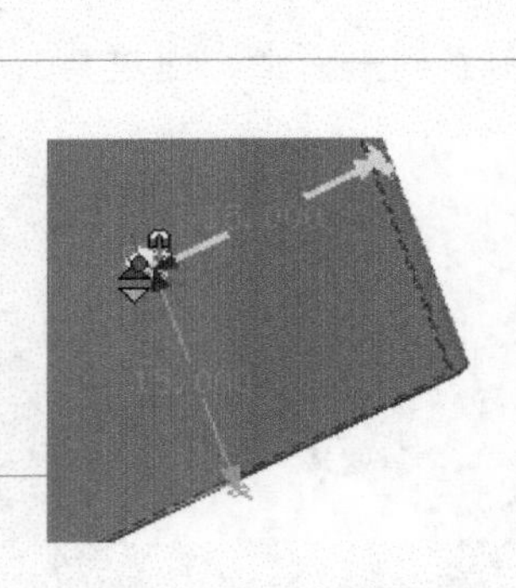
图 5-159　创建圆孔

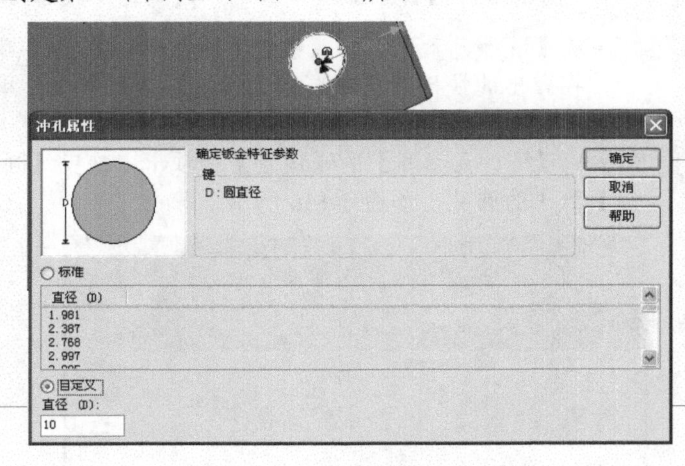

图 5-160　创建第 1 个圆孔

step 21 从【设计元素库】的【钣金】选项卡中拖曳【圆孔】图素到平面上，并修改特征位置，创建第 2 个圆孔，如图 5-161 所示。

step 22 右击圆孔的操作手柄，在弹出的快捷菜单中选择【加工属性】命令，弹出【冲孔属性】对话框，设置第 2 个圆孔的【直径】为 10，如图 5-162 所示。

step 23 最后创建一组孔，从【设计元素库】的【钣金】选项卡中拖曳【一组方孔】图素到平面上，并修改特征位置，如图 5-163 所示。

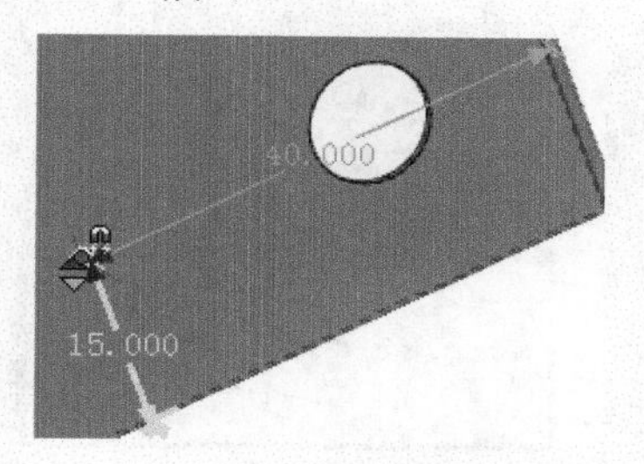


图 5-161　创建第 2 个圆孔

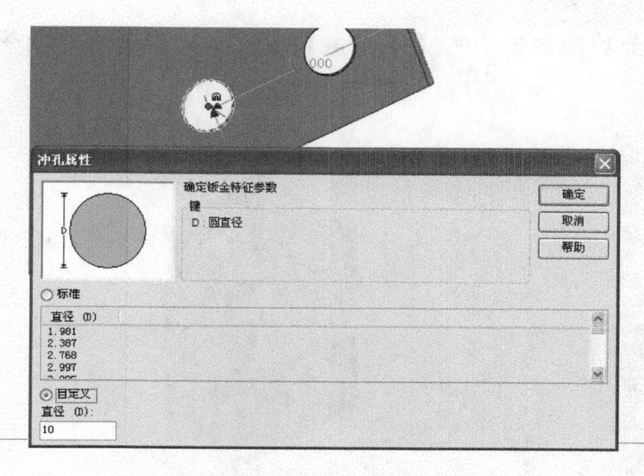


图 5-162　设置第 2 个圆孔直径

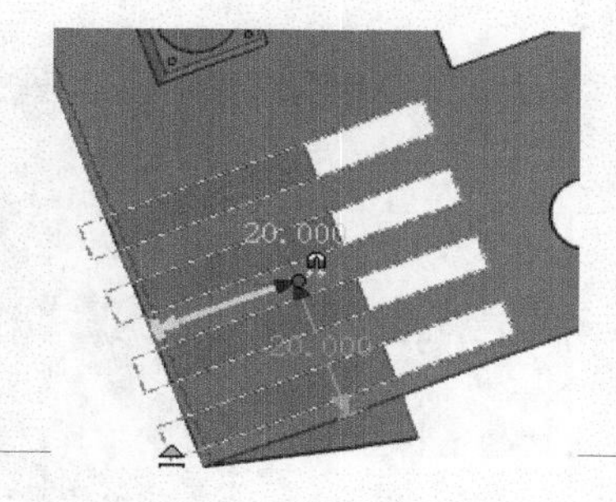


图 5-163　创建一组方孔

step 24 右击方孔的操作手柄，在弹出的快捷菜单中选择【加工属性】命令，弹出【冲孔属性】对话框，设置【宽度】为 2、【高度】为 6、【行】为 2、【列】为 6，如图 5-164 所示。

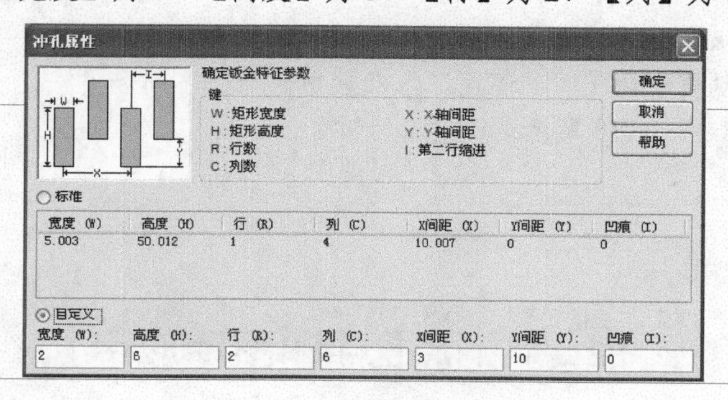


图 5-164　设置一组方孔的属性

step 25 从【设计元素库】的【钣金】选项卡中拖曳【折弯】图素到指定边上，修改【折弯板料长度】为 100，如图 5-165 所示，创建折弯。

step 26 从【设计元素库】的【钣金】选项卡中拖曳【折弯】图素到指定边上，修改【折弯板料长度】为 5，如图 5-166 所示，创建折弯。

step 27 从【设计元素库】的【钣金】选项卡中拖曳【折弯】图素到指定边上，设置【折弯板料长度】为 5，创建其余折弯，如图 5-167 所示。

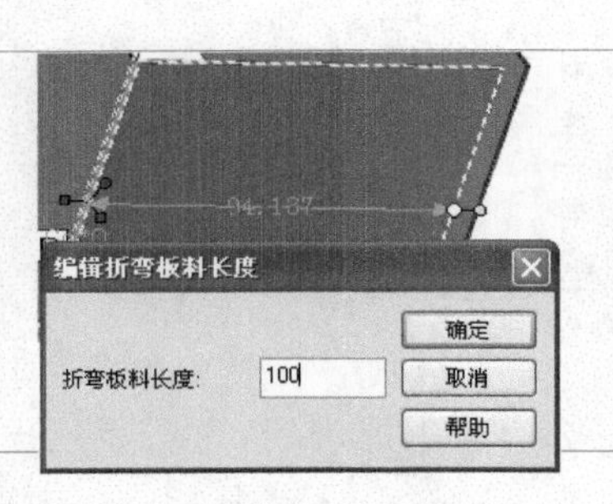

图 5-165　创建长为 100 的折弯

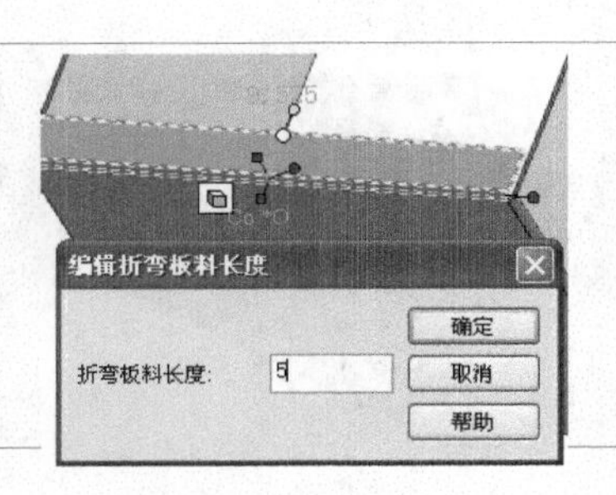

图 5-166　创建长为 5 折弯

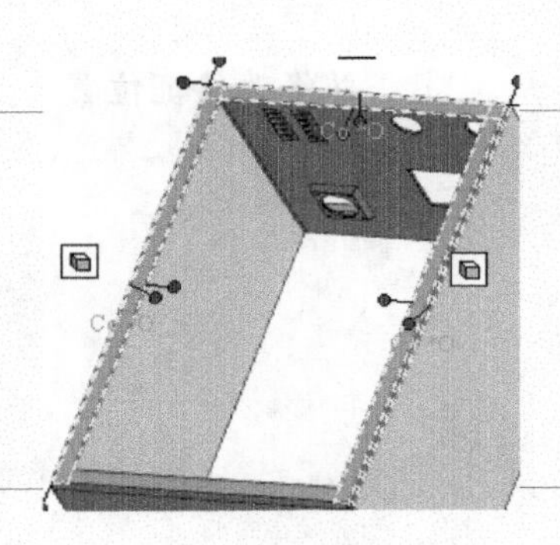
图 5-167　创建其余折弯

step 28 在【钣金】选项卡中单击【角】功能面板中的【闭合角】按钮，选择两个折弯进行闭合角操作，如图 5-168 所示。

step 29 完成的箱体钣金如图 5-169 所示。

图 5-168　创建闭合角

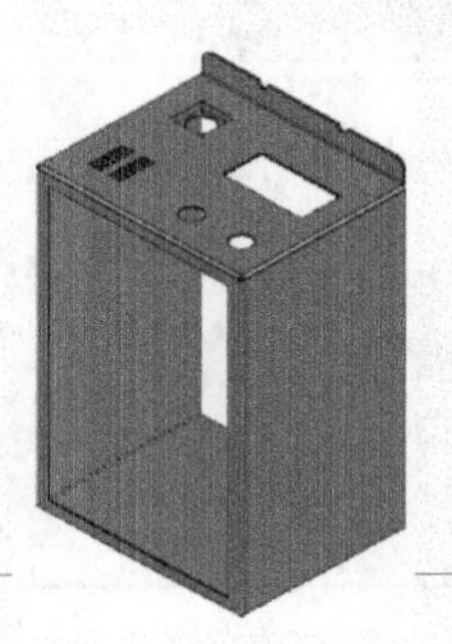
图 5-169　完成的箱体钣金模型

**机械设计实践**：钣金能喷油的也能喷粉，跟尺寸没多大关系，两者在工艺上最大的区别在于烤干时的温度，以及使用的原料不同和喷涂时操作要领不同。如图 5-170 所示是已喷涂的钣金。

图 5-170　已喷涂的钣金

## 第 5 课　2 课时　标准件和图库应用

### 5.5.1　工具标准件库

**行业知识链接**：标准件是指结构、尺寸、画法、标记等各个方面已经完全标准化，并由专业厂生产的常用的零(部)件，如螺纹件、键、销、滚动轴承等。如图 5-171 所示是标准零件。

图 5-171　标准零件

大多数“工具库”本身就是智能图素或由智能图素组成，这些智能图素可以以标准 CAXA 实体方式拖放到设计环境中，生成新的零件和图素，或添加到现有零件和装配件上。其中有些工具是与设计环境中的现有零件、图素或装配件结合使用的，有些用于添加图素和零件或用作动画设计。其中自定义工具生成后，可根据需要对其进行必要的修改。

#### 1. BOM 工具

BOM 工具允许在当前设计环境中建立和修改 BOM 信息。

从【设计元素库】中把 BOM 工具拖到设计环境中后，弹出一个对话框并显示当前设计环境中产品的设计树，如要增加和修改 BOM 信息，可选择零件和装配，这时零件号和描述等 BOM 信息将出现在对话框中，如图 5-172 所示。

#### 2. 齿轮工具

齿轮是机械产品中的常用零件。齿轮有直齿轮、斜齿轮、圆锥齿轮、齿条和蜗杆等不同结构形式。齿轮的齿形有渐开线、梯形、圆弧、样条曲线、双曲线及棘齿等不同轮廓。

齿轮工具库提供了大量可用于生成三维齿轮设计的参数配置和选项。把【齿轮】图素拖放到设计环境中后，就会弹出包含以下 5 种齿轮类型的【齿轮】对话框。

1) 直齿轮

从【工具元素库】中拖曳【齿轮】图素至设计环境中，弹出【齿轮】对话框，默认显示【直齿轮】选项卡，如图 5-173 所示。

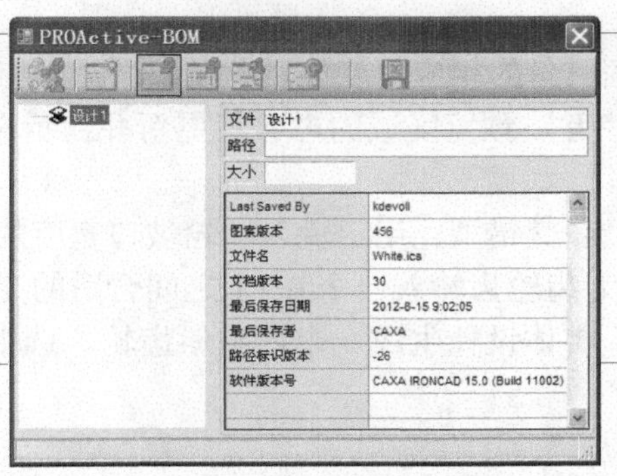


图 5-172　BOM 信息对话框

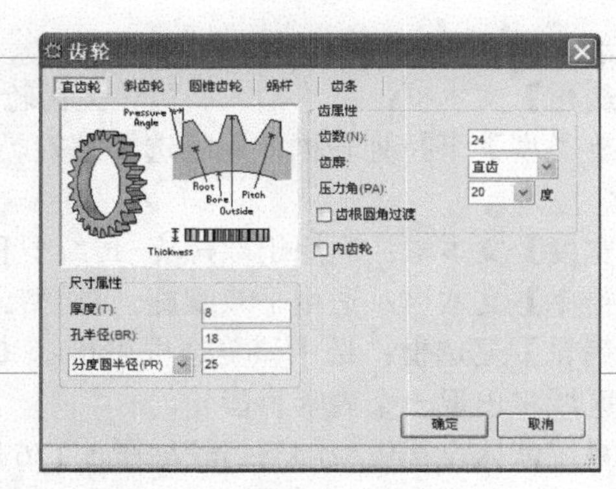


图 5-173　【齿轮】对话框

其中各选项的含义如下。

(1)　【尺寸属性】选项组：利用该选项组中的选项可为选定类型的齿轮确定有关尺寸。

【厚度】文本框：用于为齿轮输入相应的厚度值。

【孔半径】文本框：用于为齿轮输入相应的孔半径。

【齿顶圆半径】选项：选择该选项可在相关的字段中为齿轮设定精确外半径值，并自动相应地重新调整节圆半径和齿根圆半径的值。

【分度圆半径】选项：选择该选项可在相关字段中确定齿轮的精确齿距半径，并相应地自动重新调整齿顶圆半径和齿根圆半径的值。

【齿根圆半径】选项：选择该选项可在相关字段中确定齿轮的精确根半径，并相应地自动重新调整齿顶圆半径和节圆半径的值。

(2) 【齿属性】选项组：利用该选项组中的选项可为齿轮定义齿轮齿属性。

【齿数】文本框：用于为齿轮输入相应的齿数。

【齿廓】下拉列表框：该下拉列表框中选择相应的选项确定齿轮的齿廓类型。这些选项对蜗杆不适用。

【压力角】下拉列表框：输入齿轮压力角采用的角度值。

【齿根圆角过渡】复选框：选中该复选框可为齿轮齿基部添加圆角过渡。该复选框对蜗杆不适用。采用默认设置后，单击【确定】按钮，生成的直齿轮如图 5-174 所示。

2) 斜齿轮

【斜齿轮】选项卡如图 5-175 所示。

图 5-174 直齿轮

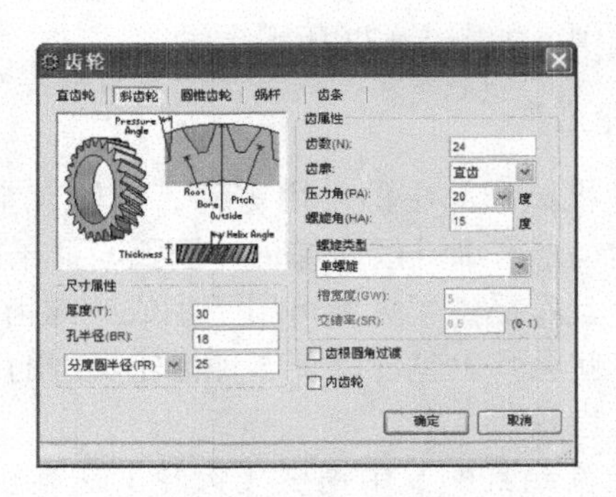


图 5-175 【斜齿轮】选项卡

其中部分选项的含义如下。

【螺旋角】文本框：用于输入斜齿轮上齿轮齿的倾斜角的相应角度值。

【螺旋类型】下拉列表框：用于选择螺旋类型。注意，预览区域的内容将更新并显示选定类型的相关说明。

【槽宽度】文本框：适用于双螺旋-传统型和双螺旋-交错型。用于输入齿轮坡口宽度的相应值。

【交错率】文本框：适用于双螺旋-交错型。用于为齿轮齿输入一个 0～1 之间合适的交错度值。

【内齿轮】复选框：选中该复选框可指示 CAXA 实体设计生成一个内啮斜齿轮。选中该复选框时，预览区域将出现一个内啮斜齿轮。

采用系统默认设置生成的斜齿轮如图 5-176 所示。

3) 圆锥齿轮

【圆锥齿轮】选项卡如图 5-177 所示。

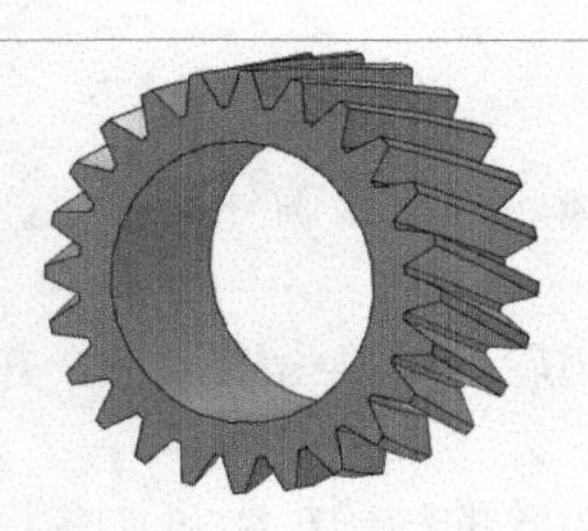

图 5-176 斜齿轮

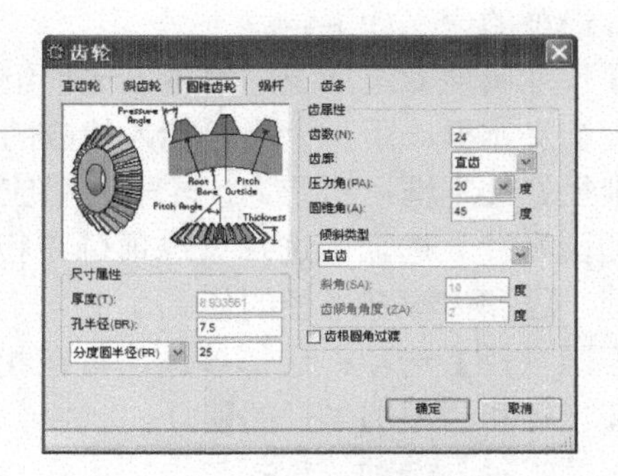


图 5-177 【圆锥齿轮】选项卡

采用系统默认设置生成的圆锥齿轮如图 5-178 所示。

4) 蜗杆

【蜗杆】选项卡如图 5-179 所示。

图 5-178 圆锥齿轮

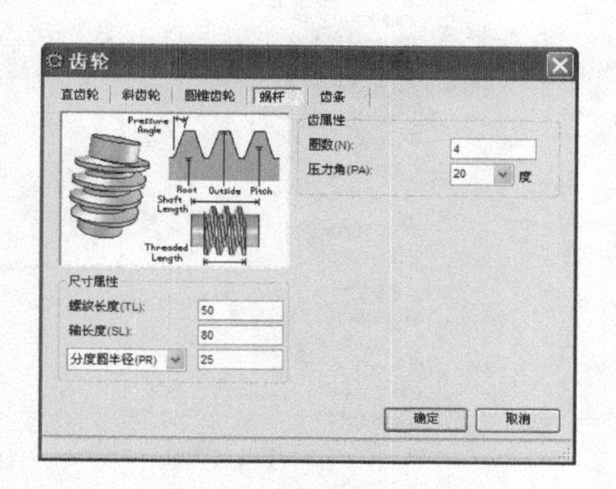


图 5-179 【蜗杆】选项卡

采用系统默认设置生成的蜗杆如图 5-180 所示。

5) 齿条

【齿条】选项卡如图 5-181 所示。

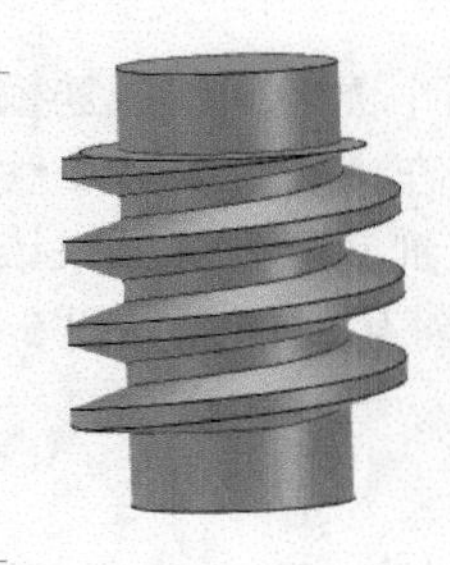

图 5-180 蜗杆

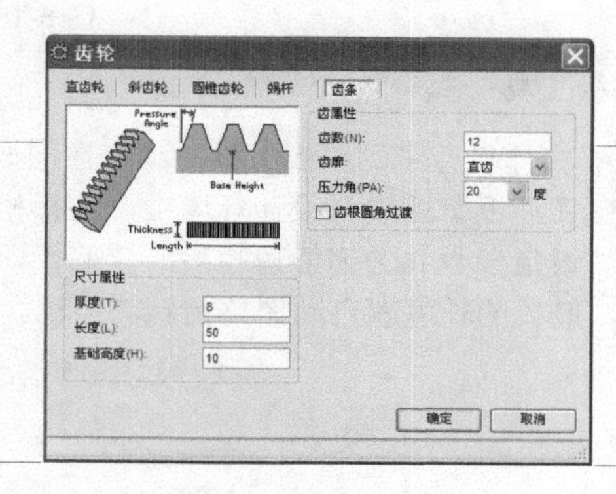


图 5-181 【齿条】选项卡

采用系统默认设置生成的齿条如图 5-182 所示。

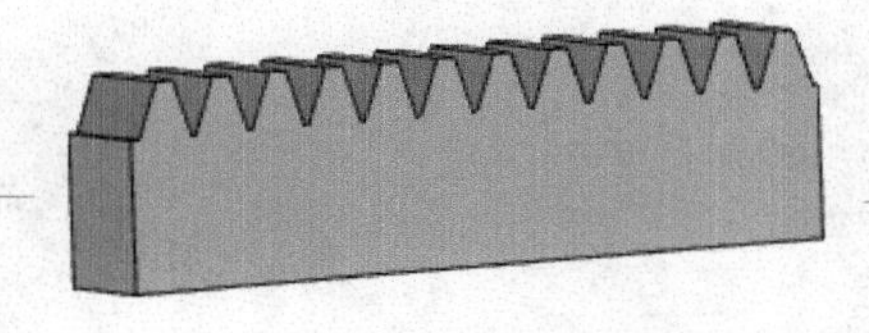

图 5-182 齿条

### 3. 弹簧工具

CAXA 实体设计中有大量可用于生成螺旋的属性选项，它们为自定义螺旋的生成提供了许多强大的功能。当从工具元素库中拖曳【弹簧】图素至设计环境中，并释放鼠标后，将会出现一个只有一圈的弹簧造型。在智能图素编辑状态下选中该弹簧并右击，在弹出的快捷菜单中选择【加载属性】命令，然后在弹出的【弹簧】对话框中设置相应参数，即可得到所需弹簧。操作过程如图 5-183 所示。

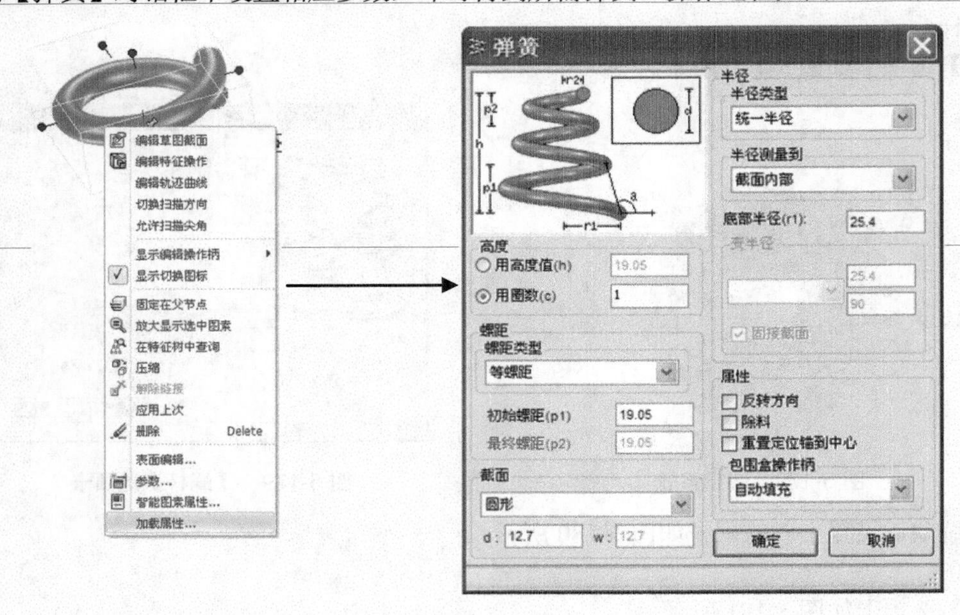


图 5-183　弹簧工具

### 4. 筋板工具

CAXA 实体设计中的筋板工具，具有在同一零件上相对的两个面之间生成筋板的功能。从工具元素库中拖曳【筋板】图素至设计环境中，选择相应的底面，以便在【属性】命令管理栏中显示并定义属性选项。设定参数并关闭管理栏后，该筋板即生成并自动延伸到两个面。如果该筋板被重新定位到任意位置，筋板的长度就自动调整到新的位置。筋板是由拉伸特征生成的，如图 5-184 所示。

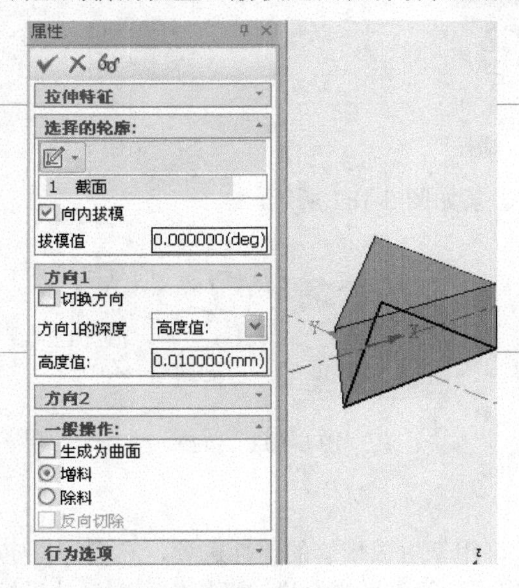


图 5-184　筋板特征

### 5. 紧固件工具

螺栓、螺钉、螺母和垫圈等紧固件是应用非常广泛的标准件，工具元素库提供了构造这些标准紧固件的方法。从工具元素库中拖曳【紧固件】图素至设计环境中，弹出【紧固件】对话框，如图 5-185 所示。在【规格表】列表框中，选择需要的紧固件，依次单击【下一步】按钮，按步骤添加紧固件。

### 6. 拉伸工具

拉伸工具需要与设计环境中的一个或多个已有的二维草图轮廓结合起来使用。拉伸工具可通过定义各种参数，将选定的二维草图轮廓图形拉伸成三维实体。若要使用拉伸功能，可从工具元素库中拖曳【拉伸】工具的图标，然后把它释放到需要的位置即可。释放到设计环境背景的目的是，选择设计环境中的某个现有二维草图轮廓来实现拉伸操作。利用拉伸工具创建的模型如图 5-186 所示。

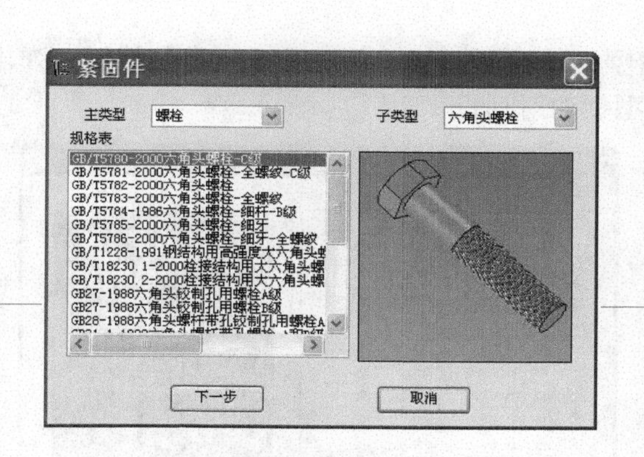


图 5-185 【紧固件】对话框

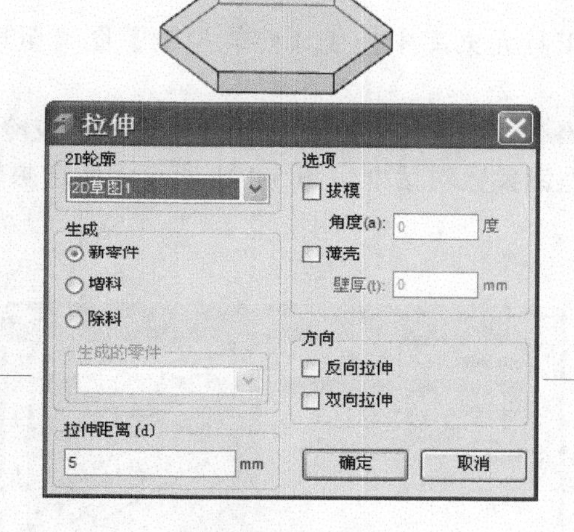


图 5-186 拉伸图素

### 7. 冷弯型钢工具

从工具元素库中拖曳【冷弯型钢】图素至设计环境中，弹出【冷弯型钢】对话框，如图 5-187 所示。

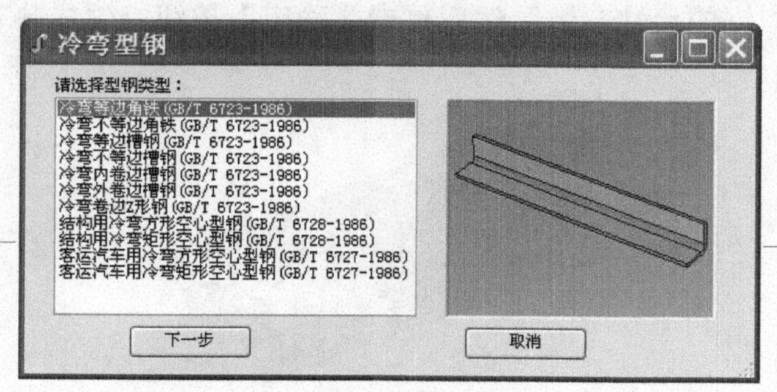


图 5-187 【冷弯型钢】对话框

选定相应型钢类型后，单击【下一步】按钮，弹出相应的对话框，如图 5-188 所示。在该对话框中选择相应规格后，单击【确定】按钮，设计环境中即输出冷弯等边角铁造型，如图 5-189 所示。

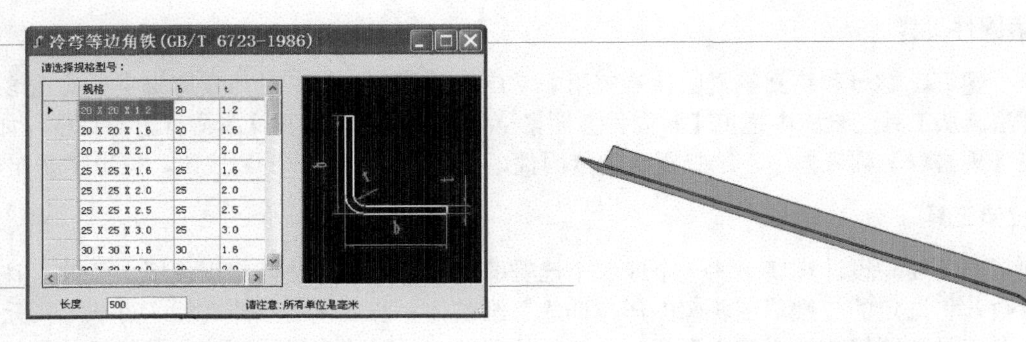


图 5-188　选择规格　　　　图 5-189　创建角铁

## 8. 热轧型钢

从工具元素库中拖曳【热轧型钢】图素至设计环境中，弹出【热轧型钢】对话框，如图 5-190 所示。

在该对话框中按国家标准选择热轧型钢或冷弯型钢的类型，然后单击【下一步】按钮，弹出相应的热轧型钢参数对话框。图 5-191 所示为所选热轧型钢的对话框。

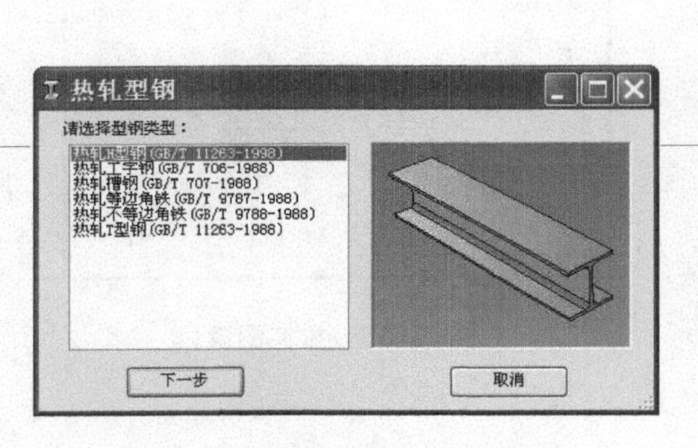


图 5-190　【热轧型钢】对话框　　　　图 5-191　相应的热轧型钢对话框

根据设计需要设定型钢的尺寸参数，然后单击【确定】按钮，生成热轧型钢造型，如图 5-192 所示。

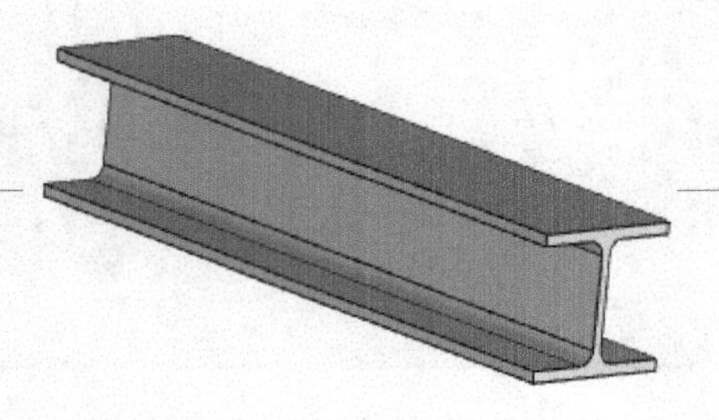

图 5-192　创建热轧型钢

## 9. 阵列工具

阵列工具将在设计环境中生成由选定图素或零件的指定矩形阵列组成的一个新智能图素。随后，只需通过拖动阵列包围盒手柄或在智能图素编辑对话框中编辑包围盒尺寸，就可以按需要对阵列进行扩展或缩减。

使用阵列工具的操作比较简单，在设计环境中先选择要阵列的图素或零件，接着从工具元素库中拖曳【阵列】工具的图标至设计环境中选定的图素或零件上，弹出【矩形阵列】对话框，设置参数进行阵列，如图 5-193 所示。

### 10. 轴承工具

轴承是机械产品中的典型零件。常见的滚动轴承由轴承内圈外圈、滚动体和保持架等部分组成。

轴承工具提供生成 3 种轴承的功能选择：球轴承、滚子轴承和推力轴承。把【轴承】图素释放到设计环境中后，弹出【轴承[公制设计]】对话框，如图 5-194 所示。

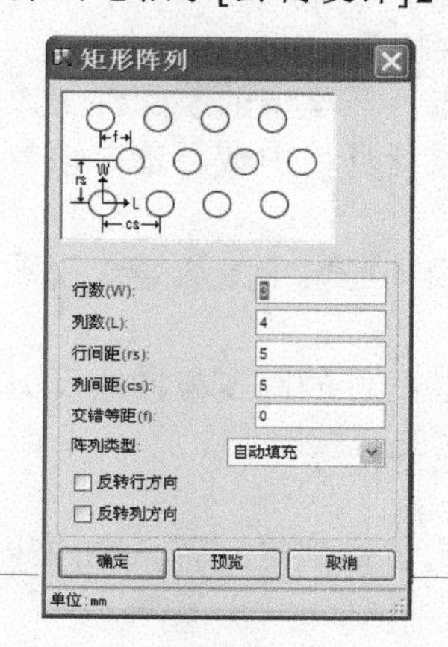


图 5-193 【矩形阵列】对话框

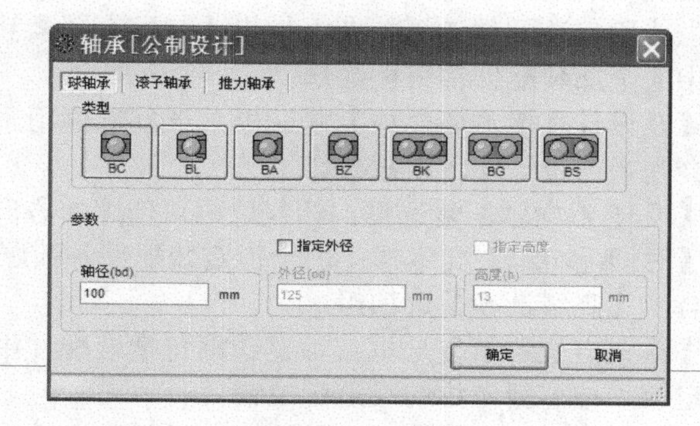


图 5-194 【轴承[公制设计]】对话框

在该对话框中设置相应参数，然后单击【确定】按钮，在设计环境中即生成相应的轴承造型，如图 5-195 所示。

### 11. 装配工具

利用装配工具可生成各种装配件的爆炸图，并生成装配过程的动画。将【装配】图素拖曳至设计环境中的装配件上后，弹出【装配】对话框，如图 5-196 所示。

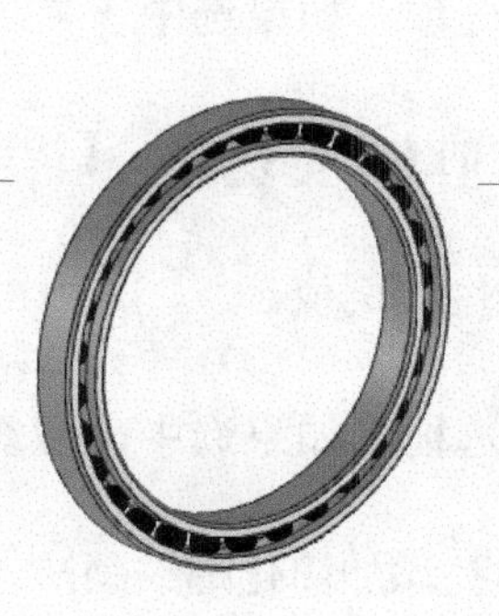

图 5-195 轴承

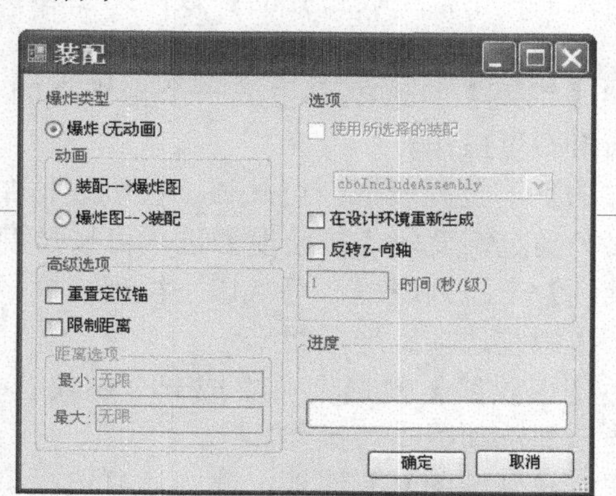


图 5-196 【装配】对话框

其中各选项的含义如下。

1) 【爆炸类型】选项组

【爆炸(无动画)】单选按钮：选中该单选按钮后，将只能观察到装配爆炸后的效果。该单选按钮将在选定的装配中移动零件组件，使装配图以爆炸后的效果显示。

2) 【动画】选项组

【装配-->爆炸图】单选按钮：该单选按钮通过把装配件从原来的装配状态变到爆炸状态来生成装配的动画效果。选中该单选按钮将删除选定装配件上已存在的动画效果。

【爆炸图-->装配】单选按钮：该单选按钮通过把装配件从爆炸状态变到原来的装配状态来生成该装配件的装配过程动画。

3) 【选项】选项组

装配工具被拖放到设计环境中的装配件上，该选项组才会被激活。

【使用所选择的装配】复选框：如果装配工具被拖曳到设计环境中的装配件上，那么选中该复选框只生成所选装配件的爆炸图。如果【装配】图素被拖曳到设计环境中或不选中该复选框，那么设计环境中的全部装配件都将被爆炸。

【在设计环境重新生成】复选框：该复选框用于在新的设计环境中生成爆炸视图或动画，从而使其不会在当前设计环境中被破坏。

【反转 Z-向轴】复选框：该复选框可使爆炸方向为选定装配件的高度方向的反方向。

【时间(秒/级)】文本框：用于指定装配件各帧爆炸图画面的延续时间。

4) 【高级选项】选项组

【重置定位锚】复选框：该复选框可把装配件中组件的定位锚恢复到各自的原来位置。组件并不重新定位，被重新定位的只是定位锚。

【限制距离】复选框：该复选框可限制爆炸时装配件各组件移动的最小或最大距离。

【距离选项】选项组：用于输入爆炸时各组件移动的最小或最大距离值。

### 12. 自定义孔工具

自定义孔工具可以生成与标准紧固件(如螺栓和螺钉)对应的自定义孔。利用 CAXA 实体设计为自定义孔提供的各个选项，可以实现精确的孔设计。

自定义孔通过用鼠标拖曳到相应曲面上的方式，添加到设计环境中的现有图素或零件上。在弹出的【定制孔】对话框中设置孔的参数，如图 5-197 所示。

1) 【锥度选项】选项组

选中【锥度】复选框可生成一个带锥度的孔并激活以下选项。如果选中该复选框，则【螺纹选项】选项组不可操作。

【方法】下拉列表框：可从该下拉列表框中选择定义锥度的方法。其中，【按比率】选项可按比例值($t$=$X$/$Y$)确定锥度，【按角度】选项可按角度确定锥度。

【锥度】下拉列表框：可从该下拉列表框中选择需要的锥度比例值。

2) 【螺纹选项】选项组

选中【螺纹线】复选框可生成一个螺纹孔并激活以下复选框。如果选中【螺纹线】复选框，则【锥度选项】选项组不可操作。

【螺纹线到绘图】复选框：选中该复选框可为工程图上的孔添加简化螺纹画法。

【螺纹编号到绘图】复选框：选中该复选框可为工程图上的螺纹孔添加标注。

【类型】下拉列表框：可从该下拉列表框中为自定义孔选择所需的螺纹类型。

【深度】下拉列表框：可从该下拉列表框中为自定义孔选择所需的螺纹深度。

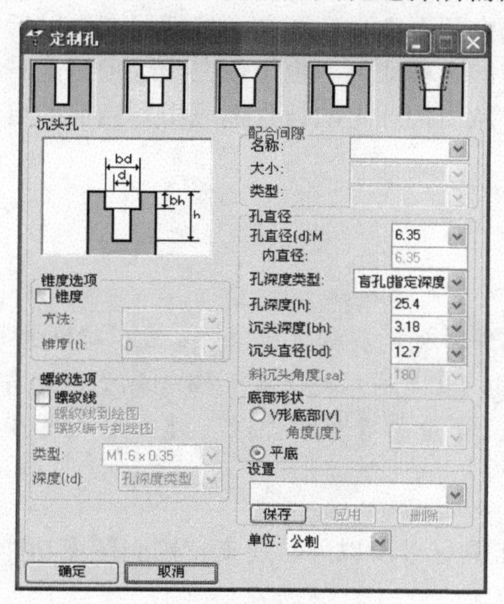

图 5-197　【定制孔】对话框

3)　【配合间隙】选项组

【配合间隙】选项组有【名称】、【大小】、【类型】3 个选项，可以分别在下拉列表框中选择配合间隙的这 3 个属性。

4)　【孔直径】选项组

利用该选项组中的选项可定义孔的特定尺寸(指与预览区域显示的尺寸相对应的尺寸)。激活的尺寸字段由选定孔的设置值确定。

【孔直径】下拉列表框：可从该下拉列表框中为自定义孔选择所需直径，适用于所有自定义孔设置。

【孔深度类型】下拉列表框：当选择【封闭/限定孔长度】选项时，适用于所有自定义孔设置。通过该下拉列表框可指定孔所需要的长度。

【盲孔(指定深度)】选项：选择该选项，可设定盲孔的深度。

【通孔】选项：如果需要用孔穿透整个零件，则可选择该选项。

【孔深度】下拉列表框：适用于所有自定义孔设置。可从该下拉列表框中为自定义孔选择所需深度。

【沉头深度】下拉列表框：适用于自定义锥形沉头孔和台阶孔。可从该下拉列表框中选择自定义孔所需的深度。

【斜沉头角度】下拉列表框：适用于自定义沉头孔和台阶孔。可从该下拉列表框中为自定义孔选择所需的沉头角度。

5)　【底部形状】选项组

利用以下选项可指定孔的底部形状。

【V 形底部】单选按钮：选中该单选按钮可为孔生成一个 V 形底部，并激活相关角度字段。

【角度(度)】下拉列表框：从该下拉列表框中选择 V 形底部所需的角度。

【平底】单选按钮：选中该单选按钮可为孔生成平底。

6) 【设置】选项组

利用该选项组可以为当前选定的自定义孔命名，然后保存供以后使用，只需单击【保存】按钮，然后在弹出的对话框中输入相应的名称即可。也可以在该选项组的下拉列表框中选择现有的已保存设置值，然后单击【应用】按钮，从而把选定的设置值应用到当前的自定义孔中，或者单击【删除】按钮把它们从表中删除。

## 5.5.2 定制图库

**行业知识链接：**行业标准件常见的有模具标准件、汽车标准件等。当一种产品在行业内广泛通用，就是通用件。定制图库就是创建自己的标准库。如图 5-198 所示，螺母都有多种型号，建立定制图库可方便使用。

图 5-198 多种螺母

CAXA 实体设计除了提供工具标准库以外，还支持定制图库功能。可以把做好的零件放量在图库中，以便以后使用时选取。

现在有很多公司专门开发 CAXA 实体设计软件的插件或零件库，插件或零件库安装后即可方便使用这些定制图库，本节简单介绍一下 3DSource 零件库。

### 1. 定制图库

在 CAXA 实体设计 2015 中，用户可把自己设计好的零件放在指定的图库中，便于以后直接调用，而不必重新设计。

选择【设计元素】|【新建】菜单命令，或者单击【常用】选项卡的【设计元素】功能面板中的【新建】按钮，如图 5-199 所示。在【设计元素库】中将新增一个元素库，如图 5-200 所示。将设计环境中的元素拖入自定义元素库。在【设计元素】菜单中选择【保存】命令，在弹出的对话框中指定存储路径，并输入自定义图库的名称。

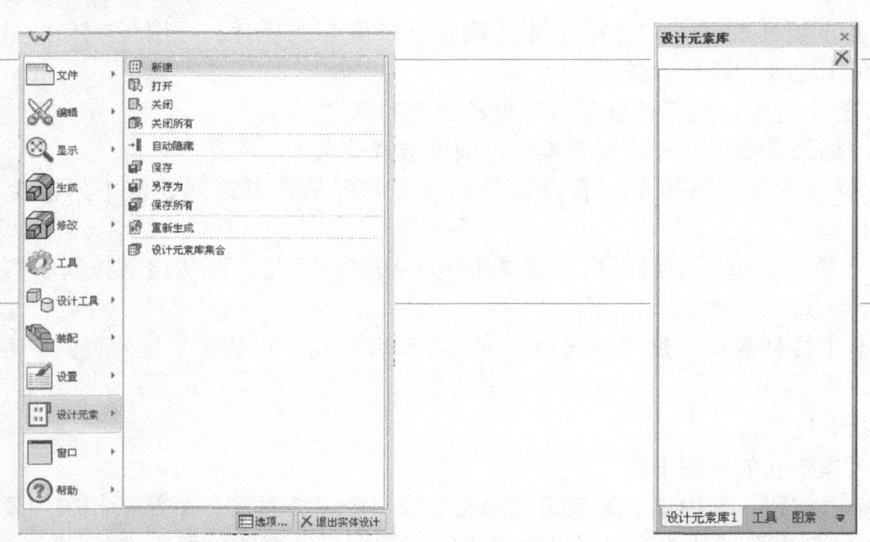


图 5-199 选择【新建】命令

图 5-200 新增设计元素库

定义图库后，用户可根据自身需要对图库进行编辑处理。用户可用鼠标将图库元素拖曳到设计环境中。

### 2. 3DSource 零件库

3DSource 零件库是由杭州新迪数字工程系统有限公司开发的三维产品零件库软件，可直接嵌入到各种 3D 设计软件中。3DSource 零件库 V2.0 包含 150 多万个标准件和常用件三维模型，全面覆盖了主要的机械行业。3DSource 零件库按行业划分为以下几种。

- 中国国家标准件库。
- 机械行业标准件库。
- 汽车行业标准件库。
- 机床附件标准件库。
- 模具行业标准件库。
- 管路附件标准件库。
- 气动和液压元件库。
- 常用电机模型库。

库中收录了最新标准的各类标准件和常用件三维模型，包括紧固件(如螺钉、螺母、螺柱和螺栓、垫圈和挡圈、销和键、铆钉和焊钉等)、轴承、密封件、润滑件、各种电动机、液压缸、汽车标准件、法兰、管接头、起重机械零部件、传动设备零部件、球接头、保险阀、通气塞等 100 多个大类，共 150 多万个标准件模型。

安装客户端软件后，3DSource 零件库可直接嵌入到各种主流的 CAXA 实体设计软件中，方便工程师在产品设计中调用各类三维标准件资源。

## 阶段进阶练习

钣金加工即金属板料加工，是利用板料制作烟囱、铁桶、油箱油壶、通风管道、弯头大小头、天圆地方、漏斗形等的加工方式，主要工序是剪切、折弯扣边、弯曲成型、焊接、铆接等，需要一定的几何知识。标准件是指结构、尺寸、画法、标记等各个方面已经完全标准化，并由专业厂生产的常用的零部件，如螺纹件、键、销、滚动轴承等。广义的标准件包括标准化的紧固件、连接件、传动件、密封件、液压元件、气动元件、轴承、弹簧等机械零件。狭义的标准件仅包括标准化紧固件。本教学日介绍的是钣金的设计部分，在设计过程中要考虑加工方法造成的成本问题和难易问题。CAXA 软件中的标准件、图库等内容既有国标也有国际标准，用户可以结合实际生产灵活运用。

使用本教学日学过的各种命令来创建如图 5-201 所示的机箱钣金造型。

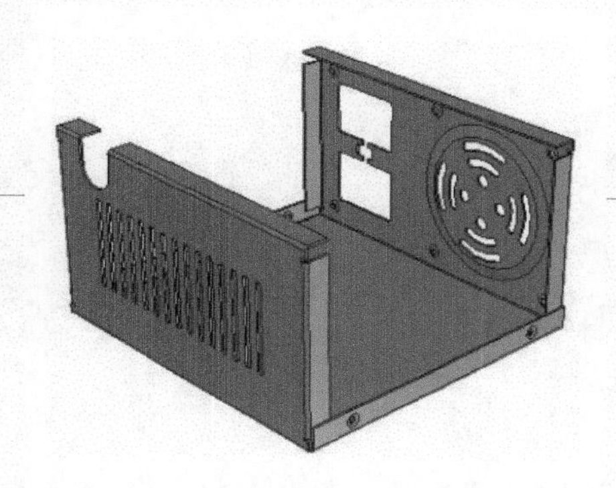

图 5-201　机箱模型

练习步骤和方法如下。

(1) 添加钣金板料。

(2) 添加各种长度的折弯。

(3) 添加孔特征。

设计师职业培训教程

# 第6教学日

CAXA 实体设计系统具有强大的装配功能。它将装配设计与零件造型设计集成在一起，不仅提供了一般三维实体建模所具有的刚性约束能力，同时还提供了三维球装配的柔性装配方法，并保证快捷、迅速、精确地利用零件上的特征点、线和面进行装配定位。利用 CAXA 实体设计可以生成装配件、在装配件中添加或删除图素或零件，或同时对装配件中的全部构件进行尺寸重设或移动。

本教学日将介绍装配环境及装配的基础，装配定位和检验，如何对设计环境背景、装配/组件、零件、表面这些不同的渲染对象进行渲染，以及使用智能渲染向导来指导完成颜色、纹理、凸痕、贴图、光洁度、透明度及反射的指定与修改。

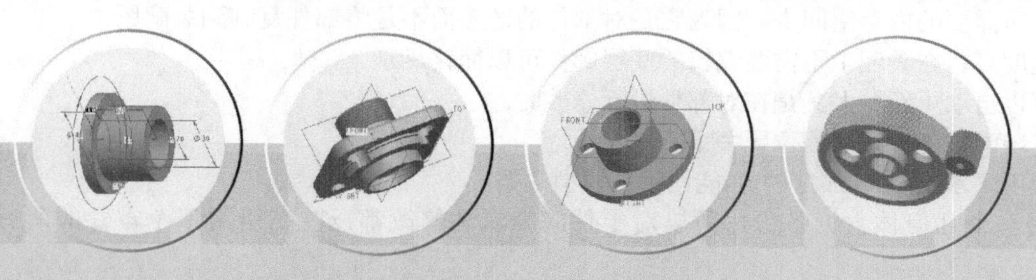

# 第1课 1课时 设计师职业知识——装配设计基础

在 CAXA 实体设计中，装配建模不仅能够将零部件快速组合，而且在装配中，可以参考其他部件进行部件的相关联设计，并可以对装配模型进行间隙分析、重量管理等操作。在装配模型生成后，可建立爆炸视图，并可以将其引入到装配工程图中去。同时，在装配工程图中可自动生成装配明细表，并能够对轴测图进行局部的剖切。

在装配中建立部件间的链接关系，就是通过配对条件在部件间建立约束关系，来确定部件在产品中的位置。在装配中，部件的几何体被装配引用，而不是复制到装配图中，不管如何对部件进行编辑以及在何处编辑，整个装配部件间都保持着关联性。如果某部件被修改，则引用它的装配部件将会自动更新，实时地反映部件的最新变化。下面首先介绍一下装配的基础知识。

## 6.1.1 装配的基本术语

装配设计中常用的概念和术语有多组件装配与虚拟装配、装配部件、子装配、组件对象、组件、主模型、单个零件、上下文中设计和配对条件等，下面将对其分别介绍。

### 1. 装配的模式

在 CAXA 系统中，有两种不同的装配模式。

1) 多组件装配

该装配模式是将部件的所有数据复制到装配图中，装配中的部件与所引用的部件没有关联性，在部件被修改时，不会反映到装配图中去，所以称这种装配为非智能装配。同时，由于装配时要引用所有部件，因此需要占用较大的内存空间，影响装配的速度。

2) 虚拟装配

在 CAXA 系统中，通常使用虚拟装配模式进行装配，该装配模式是利用部件间的相互链接关系来建立的，它具有以下优点。

- 装配时所需要的内存空间少。因为它是对部件的链接而不是将部件复制到装配图中。
- 装配速度高。在装配中不需要编辑的底层部件可以简化显示。
- 装配可以自动更新。尤其是在对部件进行修改时。
- 能定义装配中部件之间的位置关系。
- 其他应用(二维绘图、加工的等)能使用主模型数据。
- 仅仅用一个几何体数据备份，所以对零件的编辑和修改都反映在引用那个零件的所有装配中。

### 2. 装配部件

所装配的部件是由零件和子装配构成的部件，在 CAXA 系统中，可以向任何一个部件文件中添加部件来构成装配。所以说其中任何一个部件文件都可以作为一个装配的部件，也就是说零件和部件从这个意义上说是相同的。

### 3. 子装配

子装配是在高一级装配中被用作组件的装配，所以子装配包含自己的组件。因此，子装配是一个相对的概念，任何一个装配部件可在更高级的装配中用作子装配。如图6-1所示为装配结构。

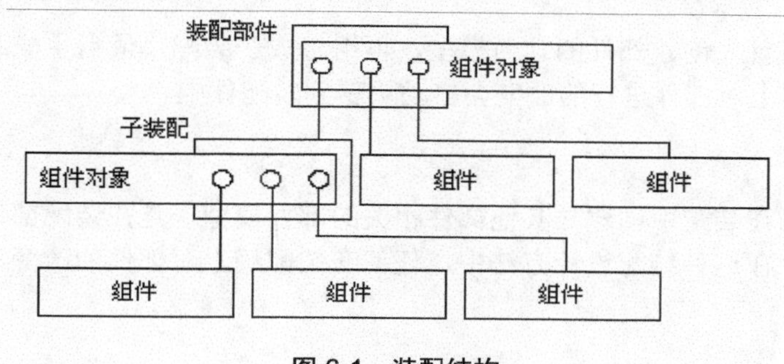


图6-1　装配结构

### 4. 组件对象

组件对象是从装配部件链接到部件主模型的指针实体，一个组件对象记录的信息包括部件的名称、层、颜色、线型、线宽、引用集、配对条件。在装配中，每一个组件仅仅包含一个指针指向它的几何体。

### 5. 组件

组件是装配中由组件对象所指的部件文件。组件可以是单个部件也可以是一个子装配。组件是由装配部件引用而不是复制到装配部件中的。

### 6. 主模型

主模型是供 CAXA 各功能模块共同引用的部件模型。同一主模型可以被装配、工程图、数控加工、CAE 分析等多个模块引用。当主模型改变时，其他模块如装配、工程图、数控加工、CAE 分析等随之进行相应的改变。

### 7. 单个零件

在装配外存在的零件几何模型，可以添加到一个装配中去，但它本身不能含有下级组件。

### 8. 上下文中设计

上下文中设计是指，当装配部件中某组件设置为工作组件时，可以在装配过程中对组件几何模型进行创建和编辑。这种设计方式主要用于在装配过程中，参考其他零部件的几何外形进行设计。

### 9. 配对条件

配对条件是用来定位一组件在装配中的位置和方位。配对是由在装配部件中两组件间特定的约束关系来完成。在装配时，可以通过配对条件来确定某组件的位置。当具有配对关系的其他组件位置发生变化时，组件的位置也跟着改变。

## 6.1.2 装配方法简介

在 CAXA 中，系统提供了以下几种装配方法。

**1. 自底向上装配**

自底向上装配是指首先创建部件的几何模型，再组合成子装配，最后生成装配部件。在这种装配设计方法中，在零件级上对部件进行的改变会自动更新到装配件中。

**2. 自顶向下装配**

自顶向下装配是指在装配中创建与其他部件相关的部件模型，是在装配部件的顶级向下产生子装配和部件的装配方法。在这种装配设计方法中，任何在装配级上对部件的改变都会自动反映到个别组件中。

**3. 混合装配**

混合装配是指将自顶向下装配和自底向上装配结合在一起的装配方法。在实际的设计中，根据需要可以将两种方法同时使用。

## 6.1.3 装配环境介绍

CAXA 3D 实体设计 2015 进行装配设计是在【装配】选项卡下完成的。新建一个文件，切换到【装配】选项卡，即可进行装配设计，如图 6-2 所示。

【装配】选项卡中包含了大多数装配命令和操作功能，其中【生成】功能面板包括组件创建和装配的一些命令；【操作】功能面板中包括对装配体进行编辑的命令；【定位】功能面板中包括对装配模型进行位置确定的命令。

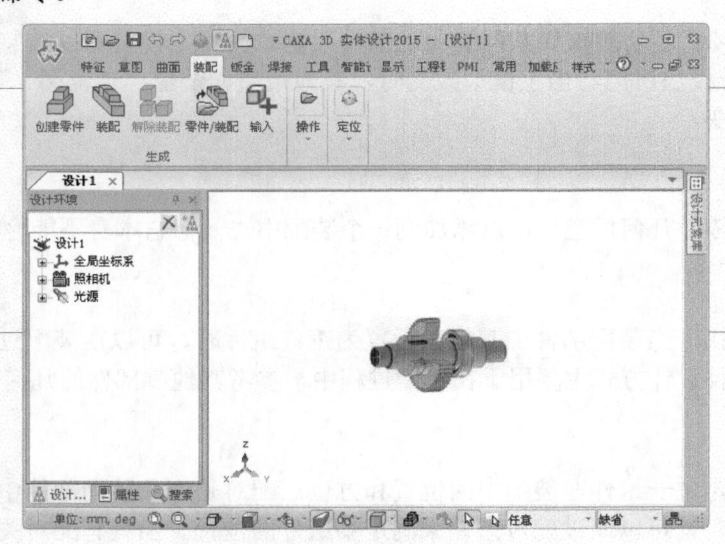


图 6-2 装配应用环境

## 2课时 装配设计基础

要生成装配体，需首先选定装配需要的多个图素或零件，然后在【装配】选项卡中单击【生成】功能面板中的【装配】按钮或在【装配】菜单中选择【装配】命令，或者在【装配】工具栏中单击【装配】按钮，就可以将零件组合成一个装配件。【装配】菜单和【装配】工具条中还包括【解除装配】、【创建零件】、【打开零件/装配】、【另存为零件/装配】以及【装配树输出】等命令。如图 6-3 所示为【装配】选项卡。

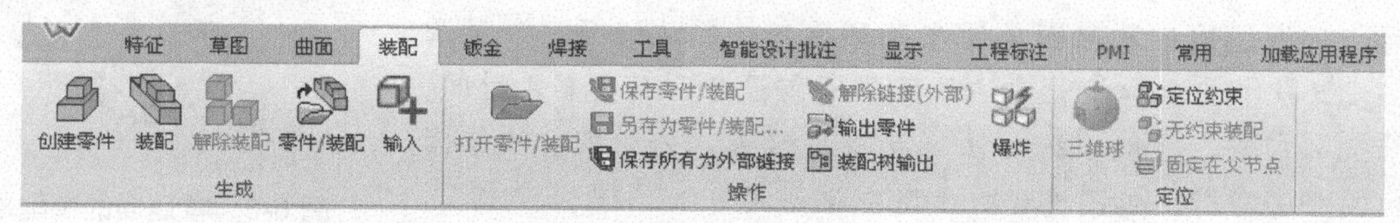


图 6-3 【装配】选项卡

另外，单击快速启动工具栏中的【设计树】按钮，在设计环境的左侧将弹出【设计树】窗口。打开【属性】命令管理栏，也可以找到有关装配的各种按钮，如图 6-4 所示。

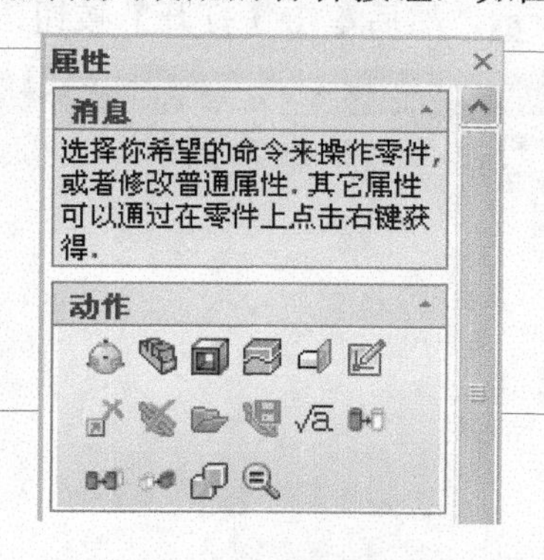


图 6-4 【属性】命令管理栏

### 6.2.1 生成装配体

**行业知识链接：**产品都是由若干个零件和部件组成的。按照规定的技术要求，将若干个零件接合成部件或将若干个零件和部件接合成产品的劳动过程，称为装配。前者称为部件装配，后者称为总装配。它一般包括装配、调整、检验和试验、涂装、包装等工作。如图 6-5 所示是离合器装配体爆炸图。

图 6-5 离合器装配体爆炸图

新建一个设计环境，插入所需零部件。

在设计树中选择组成装配体的零部件。

在【装配】选项卡中单击【生成】功能面板中的【装配】按钮。此时，每个零部件周围都以相同颜色亮显，并且只显示出一个锚状图标，贴在第一个选定的零部件上。

选择三维球工具，这时拖动三维球的一个手柄可重定位整个装配件。

取消对三维球的选定。

在设计树中单击【装配件】选项左侧的“+”号，这时将出现一个下拉列表，显示生成装配件所用的所有零部件。

单击各零部件选项左侧的“+”号，显示出组成各个零部件的图素。

## 6.2.2 输入零部件

**行业知识链接：**装配图是规定产品及部件的装配顺序，装配方法，装配技术要求和检验方法及装配所需设备、工夹具、时间、定额等技术文件。一般装配方法有互换装配法、分组装配法、修配法和调整法四种。如图 6-6 所示为减速器的装配剖视图。

图 6-6 减速器的装配剖视图

在 CAXA 实体设计中，可以利用已有的零部件生成装配件。

单击【装配】选项卡的【生成】功能面板中的【零件/装配】按钮，在弹出的【插入零件】对话框中选择所需文件名，如图 6-7 所示，然后单击【打开】按钮，则零部件插入到当前设计环境中。

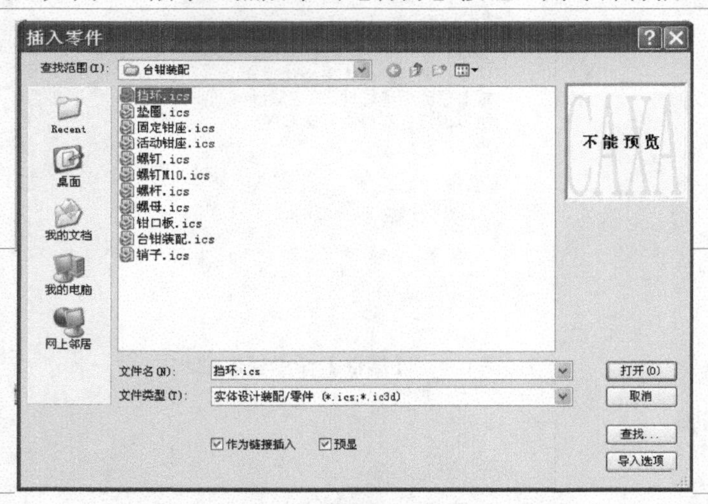


图 6-7 【插入零件】对话框

除了使用读入零部件文件名插入零部件的方法外，还可以直观地从设计环境中复制插入零部件。

在设计环境中选择要组成装配的零部件，右击，在弹出的快捷菜单中选择【拷贝】命令，然后到要插入此零部件的设计环境中，在【编辑】菜单中选择【粘贴】命令；也可以选择某零件后右击，在弹出的快捷菜单中选择【粘贴】命令；也可以直接按 Ctrl+V 组合键粘贴零部件，所需的零部件就复制到当前设计环境中了。

如果所需复制的对象是多个零部件，按住 Shift 键选择多个零部件，然后在新的装配环境中执行

【粘贴】命令，所复制的多个零部件将自动作为一个装配体输入到装配环境中。

如果所需零部件在实体设计的设计元素库中，那么可以直接从图库中拖入。也可以把常用零部件组成自定义的设计元素库。

如果没有需要的零部件，就需要新创建零部件。创建零部件的方法很多，可以拖放设计元素库中的图素，利用各种编辑方法进行修改；或者生成二维草图，再通过拉伸等特征生成方法生成三维图素。

## 课后练习

案例文件：ywj\06\01.ics～04. ics

视频文件：光盘\视频课堂\第 6 教学日\6.1

本节课后练习讲解轮子装配模型的创建，装配中的滚轮安装在支架上，能在动载或者静载中水平旋转。如图 6-8 所示是完成的轮子装配模型。

本节案例主要练习轮子装配的创建过程，首先创建上下两个连接件，之后创建轮子，最后新建装配文件，进行装配。轮子装配模型的思路和步骤如图 6-9 所示。

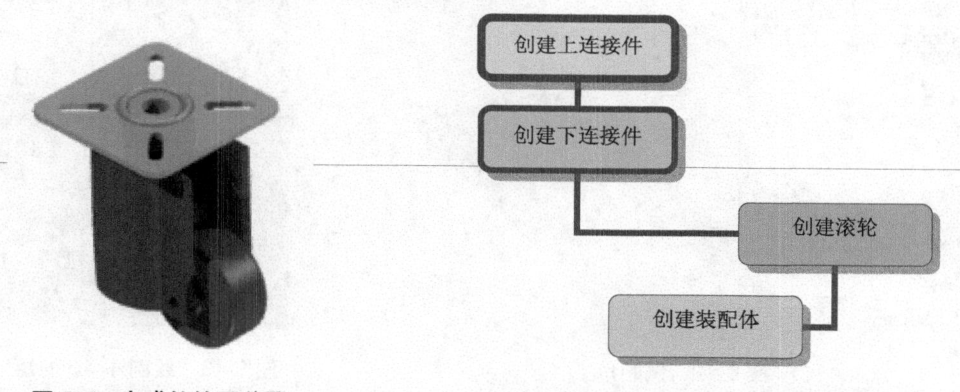


图 6-8　完成的轮子装配

图 6-9　轮子装配的操作步骤

案例操作步骤如下。

step 01 首先创建上连接件，单击【草图】选项卡中的【二维草图】按钮，选择 XY 面作为绘制平面。在【草图】选项卡中单击【绘制】功能面板中的【长方形】按钮，绘制 50×50 的矩形，如图 6-10 所示。

step 02 单击【特征】选项卡中的【拉伸】按钮，选择草图，设置【高度值】为 2，如图 6-11 所示。单击【确定】按钮，拉伸矩形。

step 03 在【特征】选项卡中单击【修改】功能面板中的【圆角过渡】按钮，选择圆角边线，设置半径为 5，如图 6-12 所示。单击【确定】按钮，创建倒圆角。

step 04 单击【草图】选项卡中的【二维草图】按钮，选择 XY 面作为绘制平面。在【草图】选项卡中单击【绘制】功能面板中的【长方形】按钮，绘制 4×10 的矩形，如图 6-13 所示。

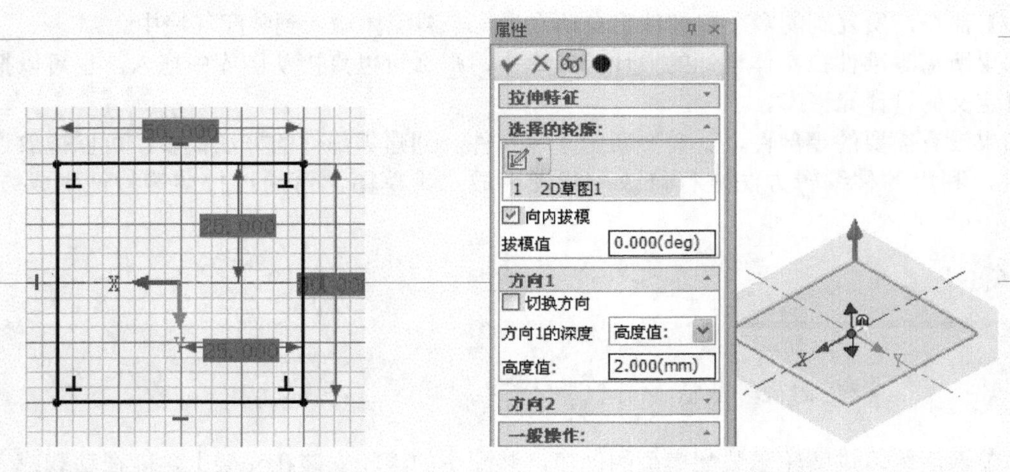


图 6-10　创建 50×50 的矩形　　　　图 6-11　拉伸矩形

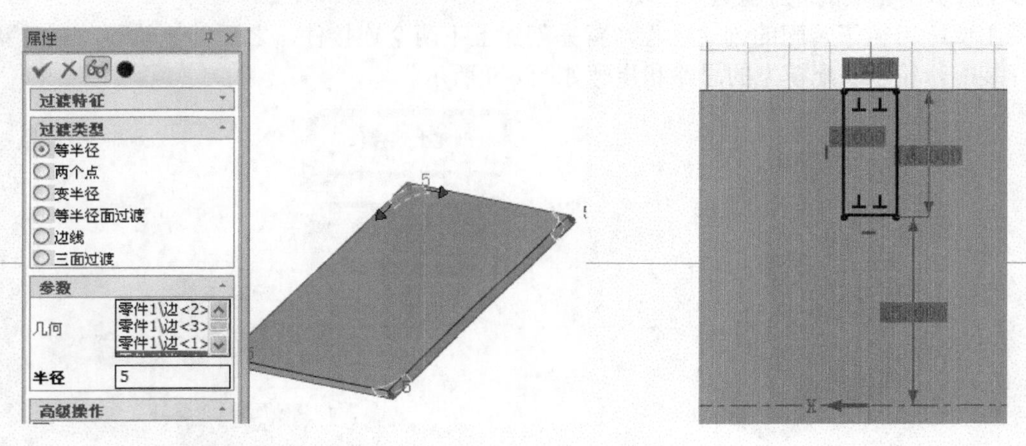


图 6-12　倒圆角　　　　图 6-13　绘制 4×10 的矩形

step 05 在【草图】选项卡中单击【绘制】功能面板中的【圆心+半径】按钮，绘制两个半径为 2 的圆形，如图 6-14 所示。

step 06 在【草图】选项卡中单击【修改】功能面板中的【裁剪】按钮，裁剪草图，如图 6-15 所示。

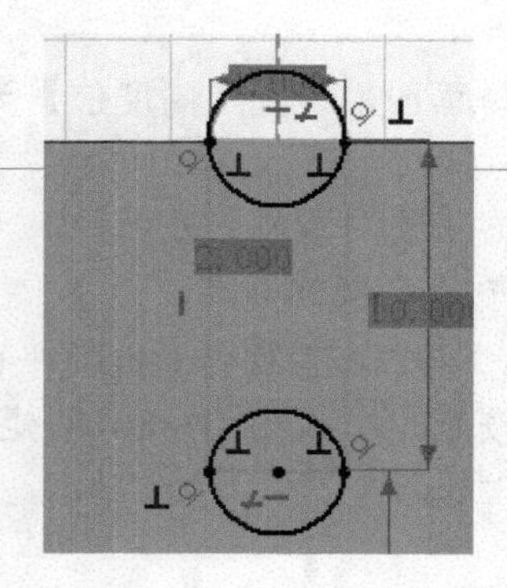

图 6-14　绘制半径为 2 圆形

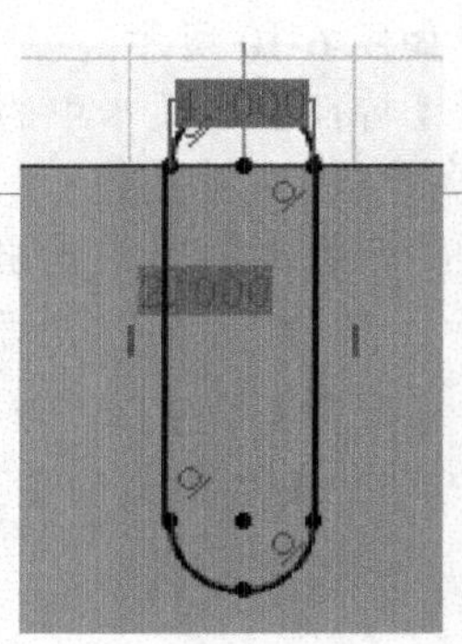

图 6-15　裁剪草图

step 07 在【草图】选项卡中单击【修改】功能面板中的【旋转】按钮，将草图旋转 45°，如图 6-16 所示。

step 08 在【草图】选项卡中单击【修改】功能面板中的【圆】按钮，圆形阵列草图，【阵列数目】为 4 个，如图 6-17 所示。

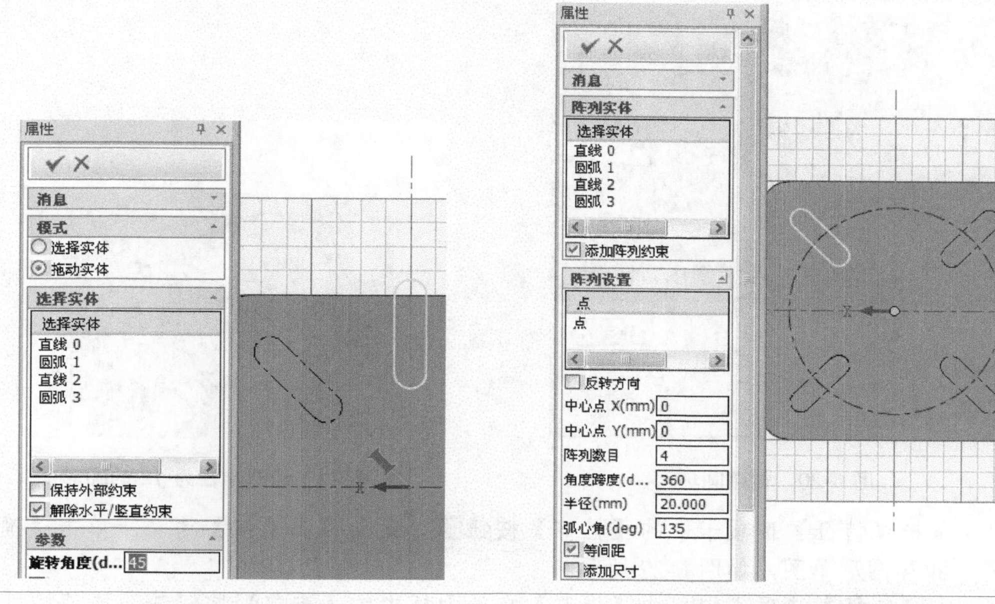

图 6-16　旋转草图

图 6-17　圆形阵列草图

step 09 单击【特征】选项卡中的【拉伸】按钮，设置【高度值】为 5，单击【确定】按钮，拉伸阵列草图，如图 6-18 所示。

step 10 在【特征】选项卡中单击【修改】功能面板中的【布尔】按钮，选择主体和被减零件，单击【确定】按钮，进行布尔运算，如图 6-19 所示。

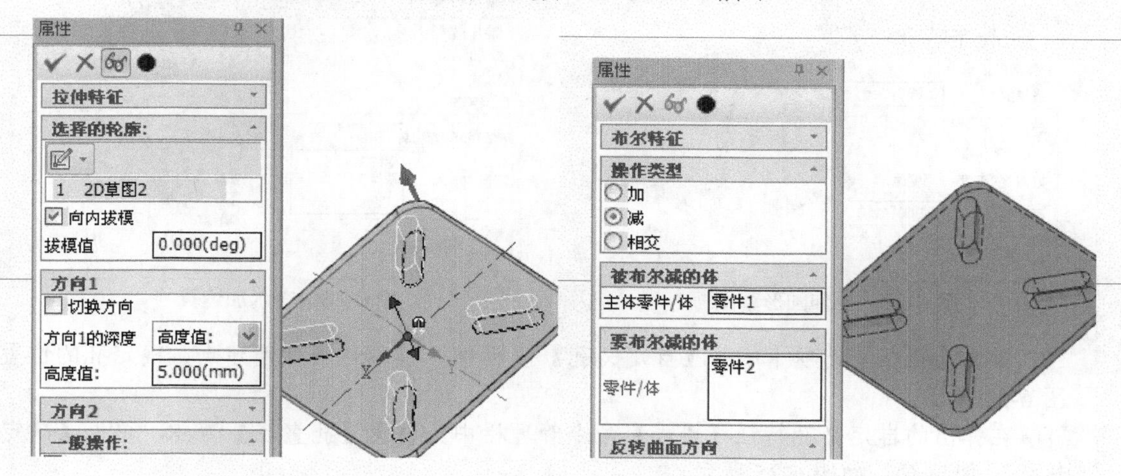

图 6-18　拉伸阵列草图

图 6-19　布尔减运算

step 11 从【设计元素库】的【图素】选项卡中拖动【圆环】图素到绘图区，并修改圆环的包围盒尺寸为20×20×2，单击【确定】按钮，创建圆环，如图6-20所示。

step 12 单击【草图】选项卡中的【二维草图】按钮，选择XY面作为绘制平面。在【草图】选项卡中单击【绘制】功能面板中的【圆心+半径】按钮，绘制半径为12的圆形，如图6-21所示。

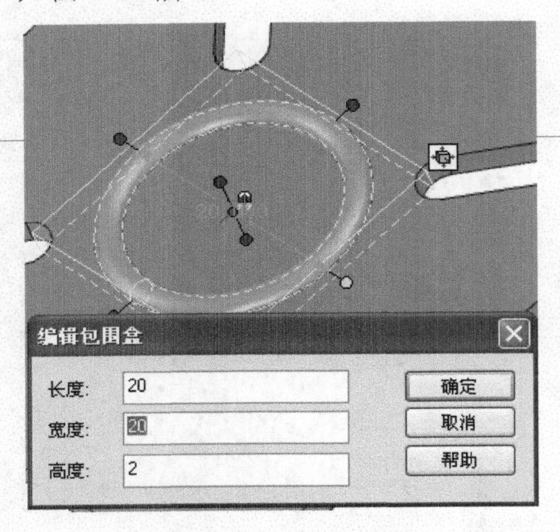


图6-20 创建圆环

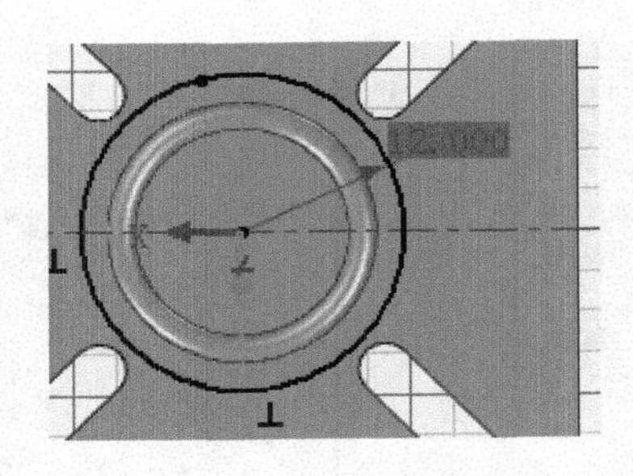

图6-21 绘制半径为12的圆形

step 13 单击【特征】选项卡中的【拉伸】按钮，设置【高度值】为5。单击【确定】按钮，拉伸圆形草图，如图6-22所示。

step 14 在【特征】选项卡中单击【修改】功能面板中的【布尔】按钮，选择主体和被加零件，如图6-23所示。单击【确定】按钮，进行布尔运算。

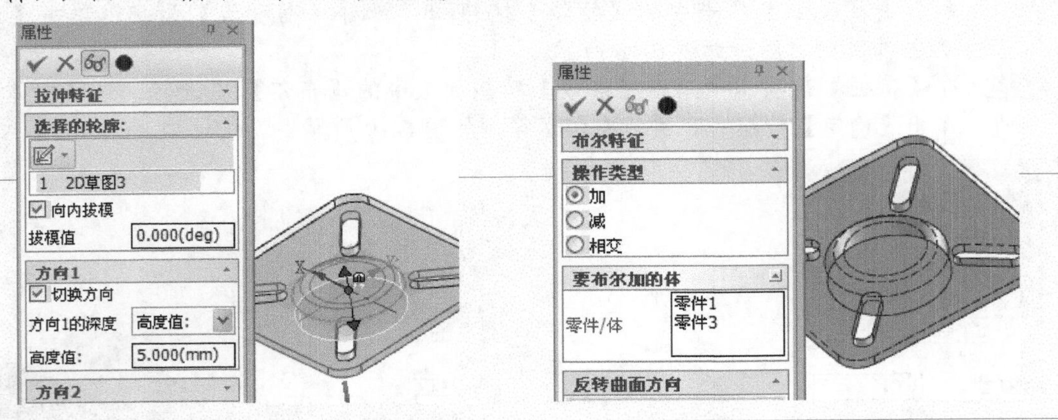


图6-22 拉伸圆形草图

图6-23 布尔加运算

step 15 单击【特征】选项卡中的【自定义孔】按钮，在零件表面创建点，确定孔的位置，如图6-24所示。

step 16 在弹出的自定义孔特征【属性】命令管理栏中，设置【孔直径】为8，单击【确定】按钮，创建孔，如图6-25所示。

step 17 完成的上连接件模型如图6-26所示。

step 18 再创建下连接件，单击【草图】选项卡中的【二维草图】按钮，选择XY面作为绘制平面。在【草图】选项卡中单击【绘制】功能面板中的【圆心+半径】按钮，绘制半径为18的圆形，如图6-27所示。

step 19 单击【特征】选项卡中的【拉伸】按钮，设置【高度值】为50，单击【确定】按钮，拉伸圆形草图，如图6-28所示。

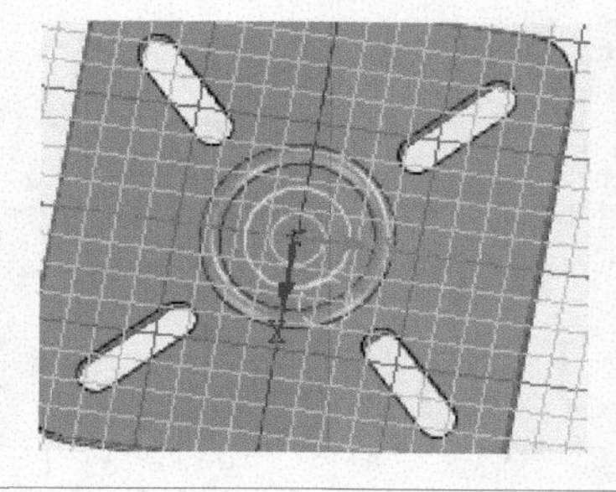

图6-24 创建点

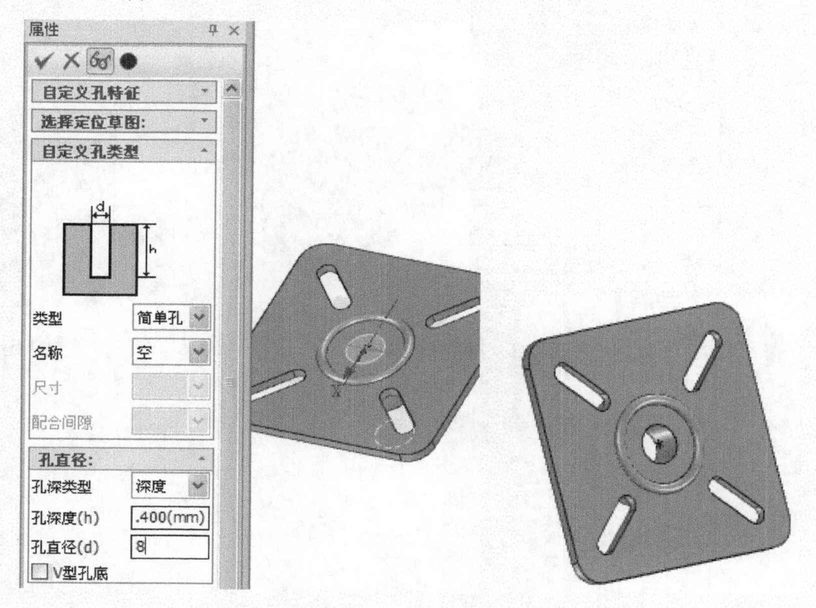


图6-25 创建孔

图6-26 完成的上连接件模型

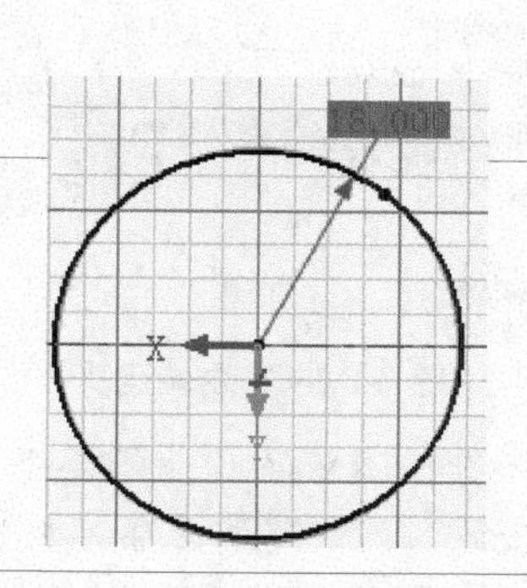

图6-27 绘制半径为18的圆形

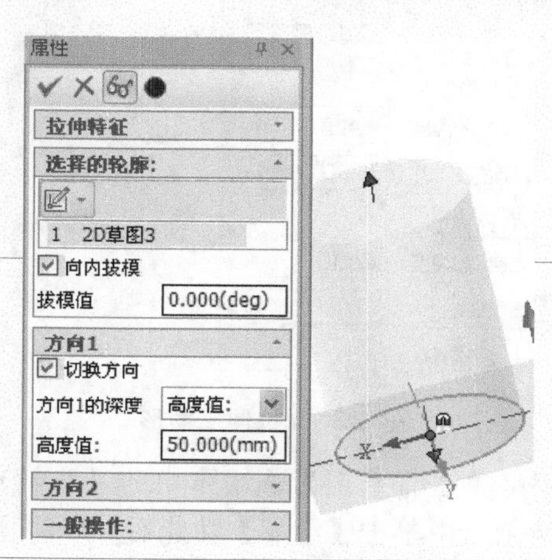


图6-28 拉伸圆形草图

step 20 在【特征】选项卡中单击【修改】功能面板中的【抽壳】按钮，选择开放面，设置【厚度】为2，如图6-29所示。单击【确定】按钮，进行抽壳。

step 21 单击【草图】选项卡中的【二维草图】按钮，选择YZ面作为绘制平面。在【草图】选项卡中单击【绘制】功能面板中的【2点线】按钮，绘制三角形，如图6-30所示。

step 22 单击【特征】选项卡中的【拉伸】按钮，设置两个方向的【高度值】均为30，单击【确定】按钮，拉伸三角形，如图6-31所示。

step 23 在【特征】选项卡中单击【修改】功能面板中的【布尔】按钮，选择主体和被减零件，如图 6-32 所示。单击【确定】按钮，进行布尔减运算。

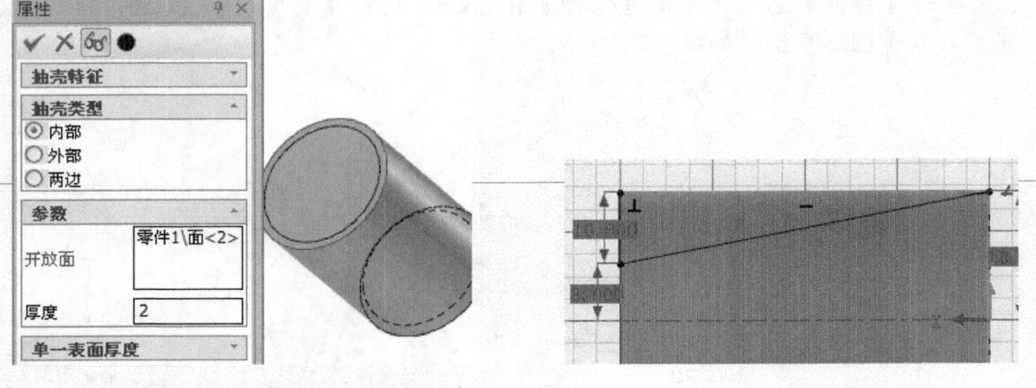


图 6-29　抽壳操作　　图 6-30　绘制三角形

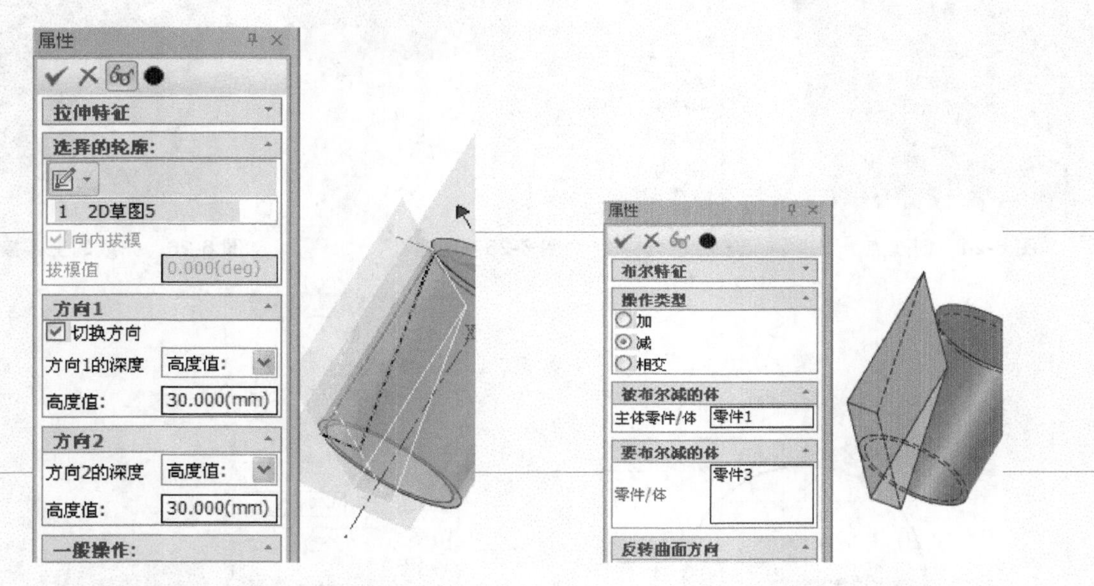


图 6-31　拉伸三角形　　图 6-32　布尔减运算

step 24 单击【草图】选项卡中的【二维草图】按钮，选择 XY 面作为绘制平面。在【草图】选项卡中单击【绘制】功能面板中的【圆心+半径】按钮，绘制半径为 8 的圆形，如图 6-33 所示。

step 25 单击【特征】选项卡中的【拉伸】按钮，设置【高度值】为 30，单击【确定】按钮，拉伸圆形草图，如图 6-34 所示。

step 26 在【特征】选项卡中单击【修改】功能面板中的【布尔】按钮，选择主体和被减零件，如图 6-35 所示。单击【确定】按钮，进行布尔减运算。

step 27 单击【草图】选项卡中的【二维草图】按钮，选择 XY 面作为绘制平面。在【草图】选项卡中单击【绘制】功能面板中的【长方形】按钮，绘制 30×10 的矩形，如图 6-36 所示。

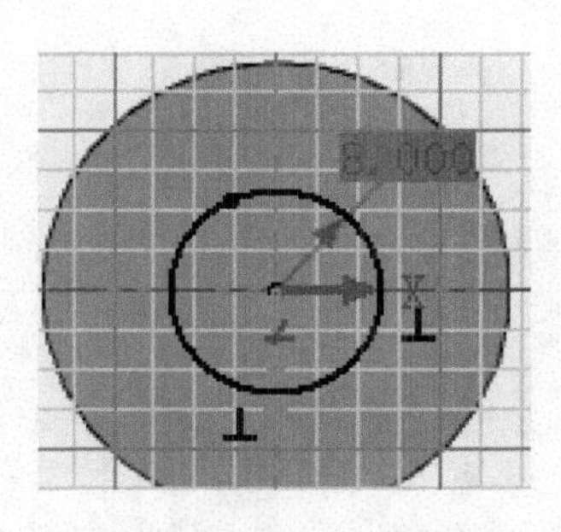

图 6-33　绘制半径为 8 的圆形

图 6-34　拉伸圆形草图

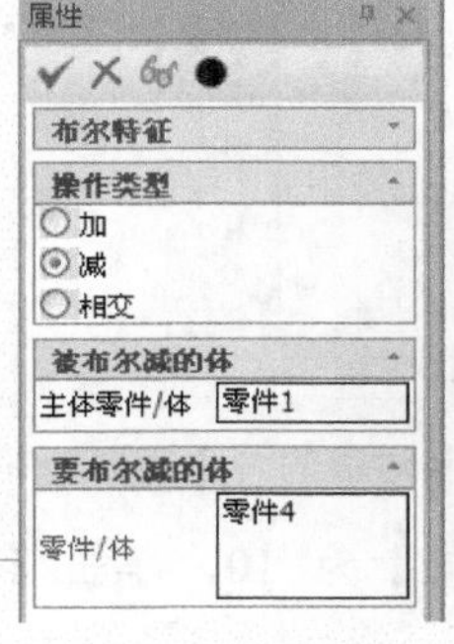


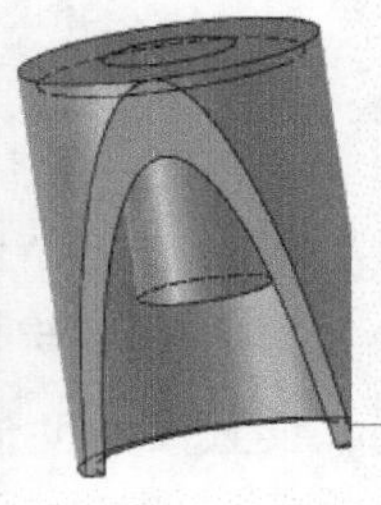

图 6-35　布尔减运算

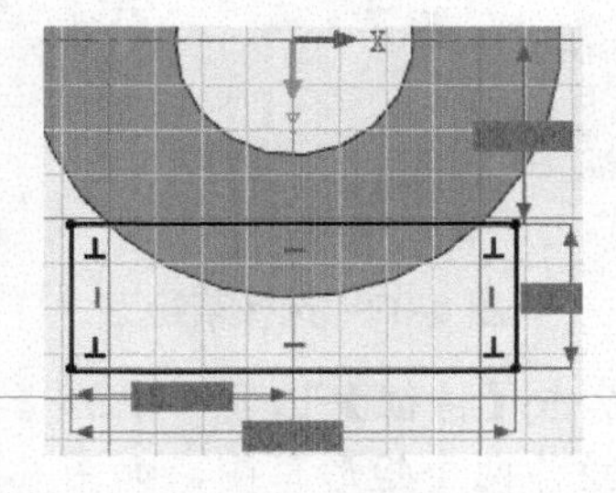

图 6-36　绘制 30×10 的矩形

step 28 单击【特征】选项卡中的【拉伸】按钮，设置【高度值】为 60，单击【确定】按钮，拉伸矩形草图，如图 6-37 所示。

step 29 在【特征】选项卡中单击【修改】功能面板中的【布尔】按钮，选择主体和被减零件，如图 6-38 所示。单击【确定】按钮，进行布尔减运算。

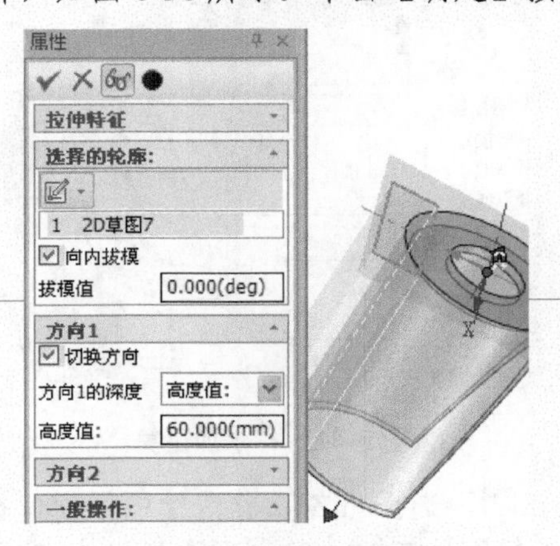


图 6-37　拉伸矩形草图

图 6-38　布尔减运算

step 30 单击【草图】选项卡中的【二维草图】按钮，选择模型面作为绘制平面，如图 6-39

所示。

step 31 在【草图】选项卡中单击【绘制】功能面板中的【长方形】按钮，绘制对称的两个矩形，如图 6-40 所示。

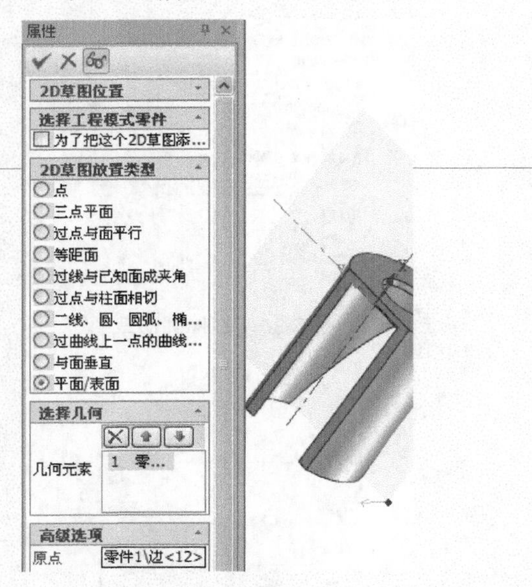


图 6-39　选择草绘面

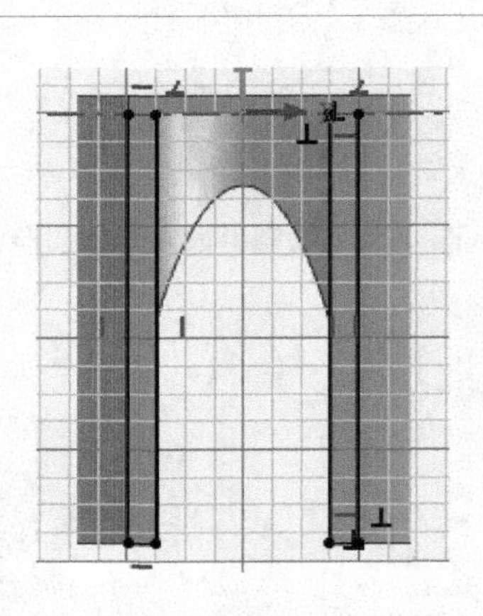

图 6-40　绘制对称的两个矩形

step 32 单击【特征】选项卡中的【拉伸】按钮，设置【高度值】为 10，单击【确定】按钮，拉伸两个矩形草图，如图 6-41 所示。

step 33 在【特征】选项卡中单击【修改】功能面板中的【布尔】按钮，选择主体和被加零件，如图 6-42 所示。单击【确定】按钮，进行布尔加运算。

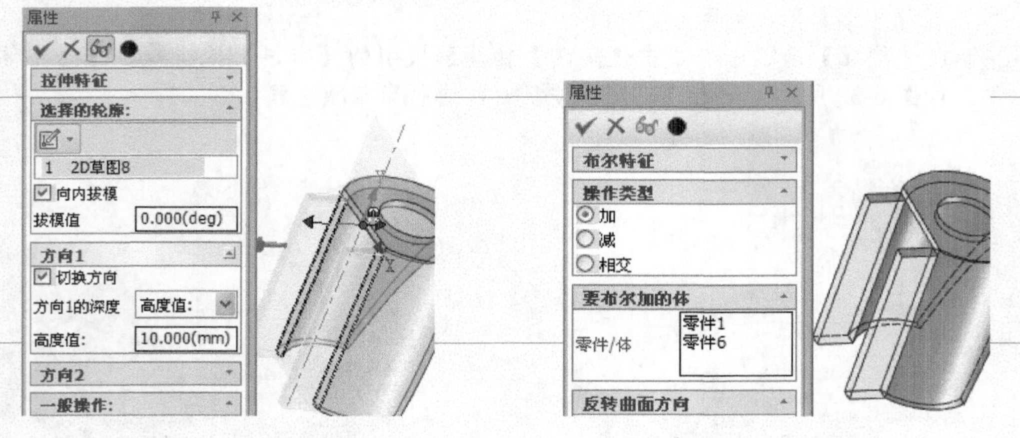


图 6-41　拉伸两个矩形草图　　　图 6-42　布尔加运算

step 34 单击【草图】选项卡中的【二维草图】按钮，选择 YZ 面作为绘制平面。在【草图】选项卡中单击【绘制】功能面板中的【圆心+半径】按钮，绘制两个半径为 2 的圆形，如图 6-43 所示。

step 35 单击【特征】选项卡中的【拉伸】按钮，设置两个方向的【高度值】均为 20，单击

【确定】按钮，拉伸圆形草图，如图 6-44 所示。

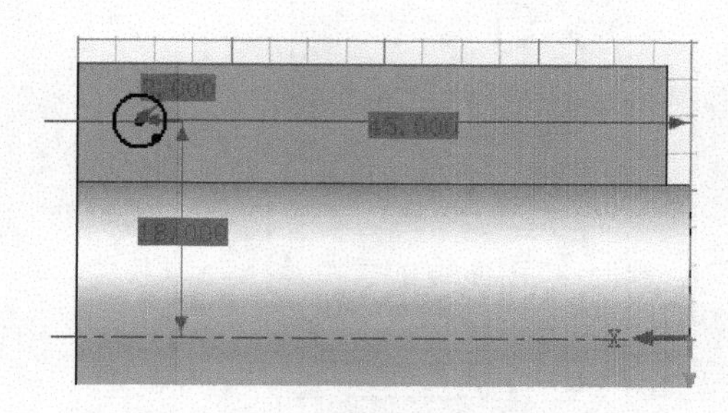

图 6-43　绘制半径为 2 的圆形

图 6-44　拉伸圆形草图

step 36 在【特征】选项卡中单击【修改】功能面板中的【布尔】按钮，选择主体和被减零件，单击【确定】按钮，进行布尔减运算，如图 6-45 所示。

step 37 完成的下连接件模型如图 6-46 所示。

step 38 最后创建滚轮，单击【草图】选项卡中的【二维草图】按钮，选择 YZ 面作为绘制平面。在【草图】选项卡中，单击【绘制】功能面板中的【圆心+半径】按钮，绘制半径为 2 和 6 的同心圆，如图 6-47 所示。

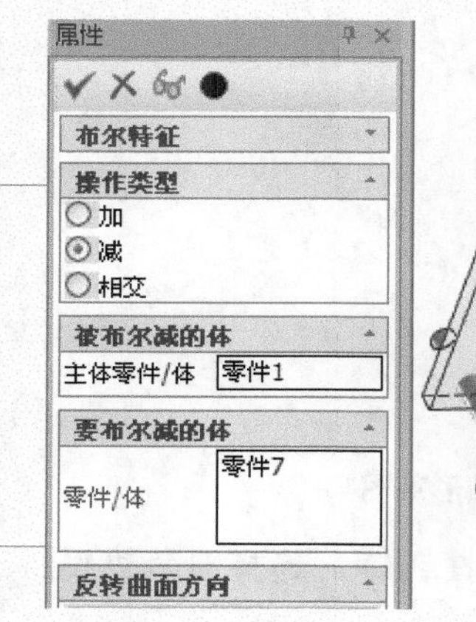


图 6-45　布尔减运算

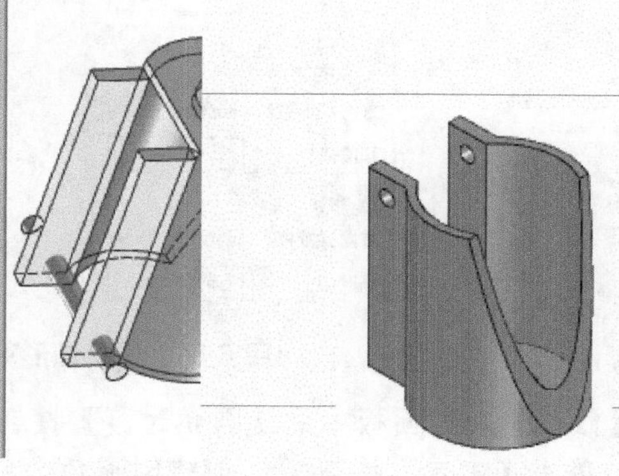

图 6-46　完成的下连接件模型

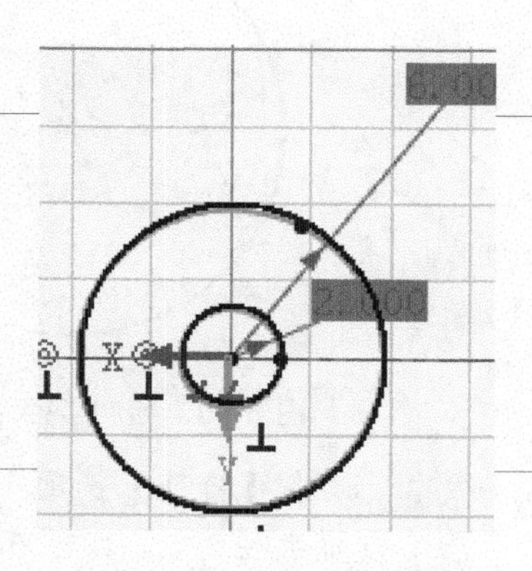

图 6-47　绘制同心圆

step 39 单击【特征】选项卡中的【拉伸】按钮，设置两个方向的【高度值】均为 9，单击【确定】按钮，拉伸圆环草图，如图 6-48 所示。

step 40 在【特征】选项卡中单击【修改】功能面板中的【圆角过渡】按钮，选择圆角边线，设置半径为 1，如图 6-49 所示。单击【确定】按钮，创建倒圆角。

step 41 单击【草图】选项卡中的【二维草图】按钮，选择 YZ 面作为绘制平面。在【草图】

选项卡中单击【绘制】功能面板中的【圆心+半径】按钮，绘制半径为 17 的圆形，如图 6-50 所示。

step 42 单击【特征】选项卡中的【拉伸】按钮，设置两个方向的【高度值】均为 7，单击【确定】按钮，拉伸圆形草图，如图 6-51 所示。

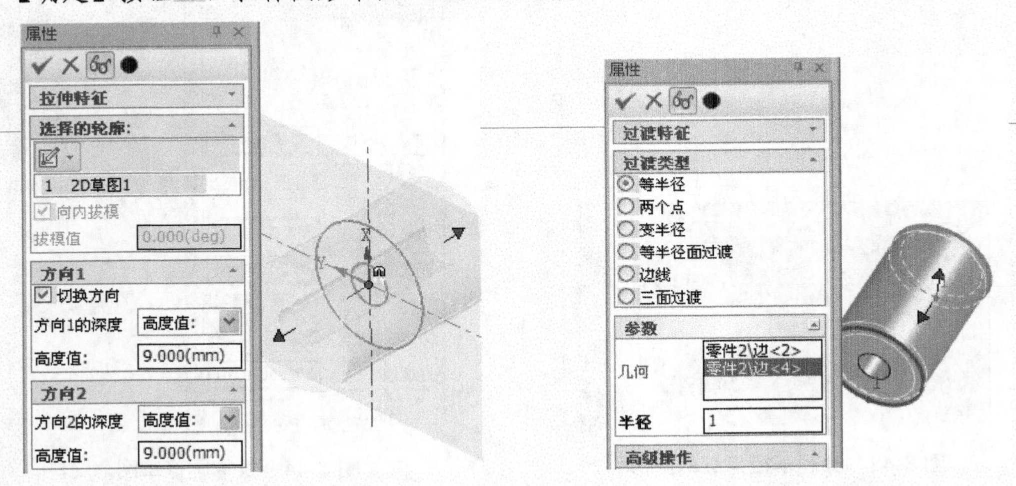


图 6-48 拉伸圆环草图

图 6-49 倒圆角

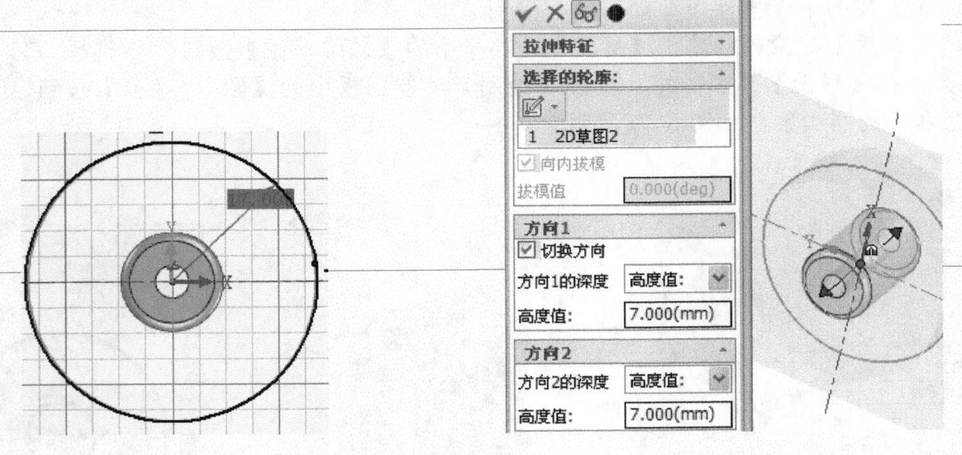


图 6-50 绘制半径为 17 的圆形

图 6-51 拉伸圆形草图

step 43 在【特征】选项卡中单击【修改】功能面板中的【圆角过渡】按钮，选择圆角边线，设置半径为 2，如图 6-52 所示。单击【确定】按钮，创建倒圆角。

step 44 在【特征】选项卡中单击【修改】功能面板中的【布尔】按钮，选择主体和被加零件，如图 6-53 所示。单击【确定】按钮，进行布尔加运算。

step 45 完成的轮子模型如图 6-54 所示。

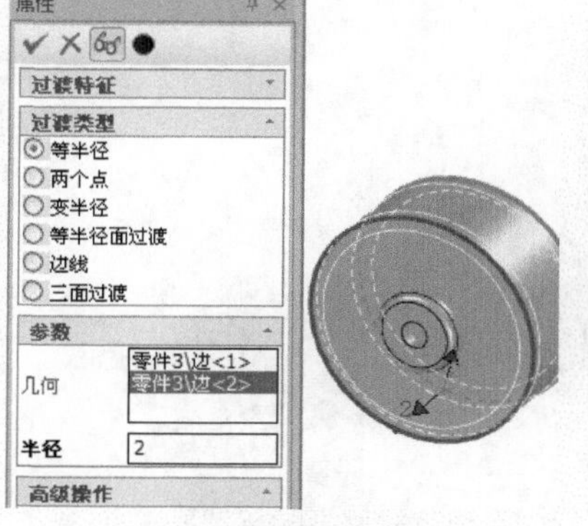


图 6-52　倒圆角

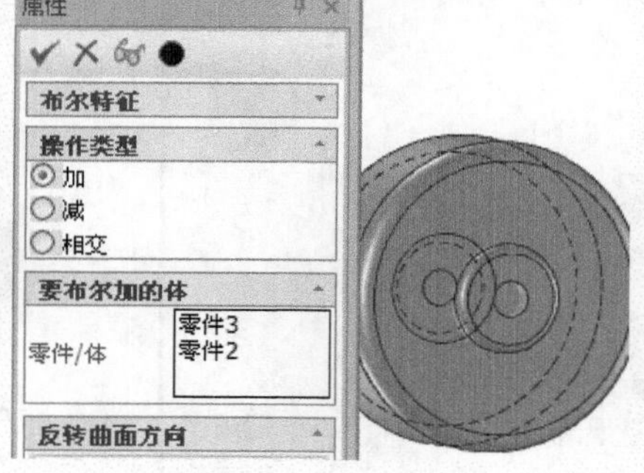


图 6-53　布尔加运算

图 6-54　完成的轮子模型

step 46 最后进行装配，新建一个零件模型，在【装配】选项卡中单击【生成】功能面板中的【零件/装配】按钮，弹出【插入零件】对话框，选择上连接件“01”，如图 6-55 所示，单击【打开】按钮。

step 47 在绘图区单击，放置上连接件模型，如图 6-56 所示。

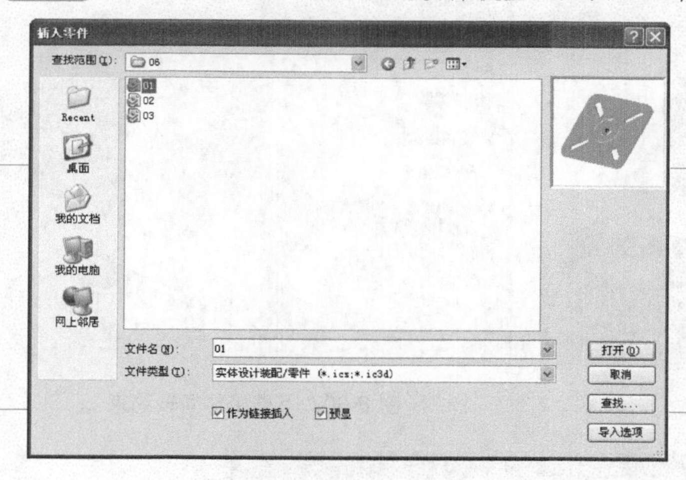


图 6-55　插入上连接件

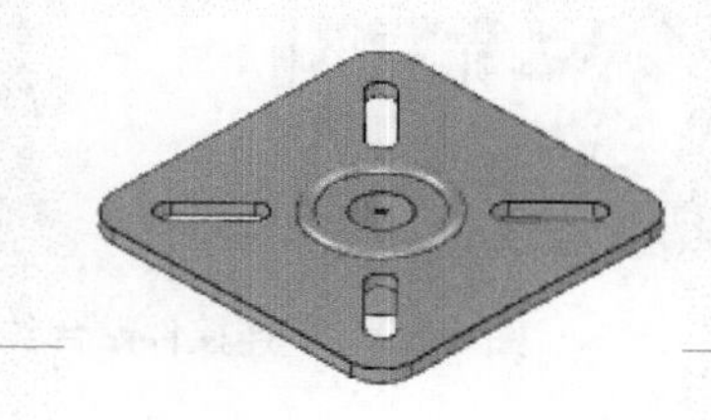

图 6-56　放置上连接件

step 48 在【装配】选项卡中单击【生成】功能面板中的【零件/装配】按钮，弹出【插入零件】对话框，选择下连接件“02”，如图 6-57 所示，单击【打开】按钮。

step 49 在绘图区单击，放置下连接件模型，如图 6-58 所示。

step 50 在【装配】选项卡中单击【定位】功能面板中的【定位约束】按钮，选择【贴合】选项和目标，单击【确定】按钮，完成下连接件贴合约束，如图 6-59 所示。

step 51 在【装配】选项卡中单击【定位】功能面板中的【定位约束】按钮，选择【同轴】选项和目标，单击【确定】按钮，完成下连接件同轴约束，如图 6-60 所示。

step 52 在【装配】选项卡中单击【生成】功能面板中的【零件/装配】按钮，弹出【插入零件】对话框，选择轮子“03”，如图 6-61 所示，单击【打开】按钮。

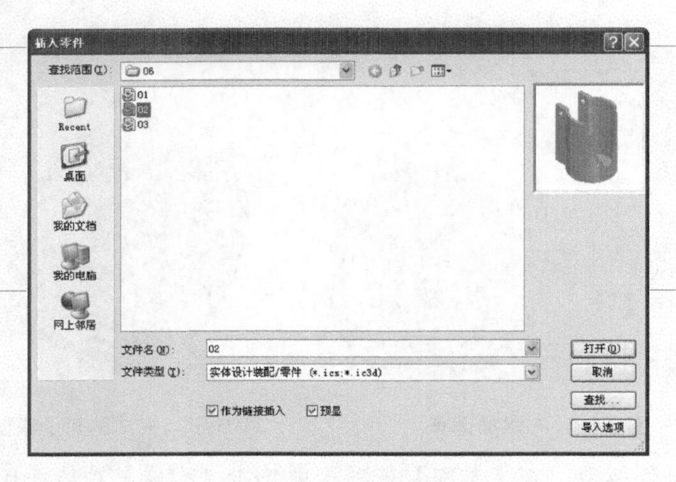


图 6-57　插入下连接件

图 6-58　放置下连接件

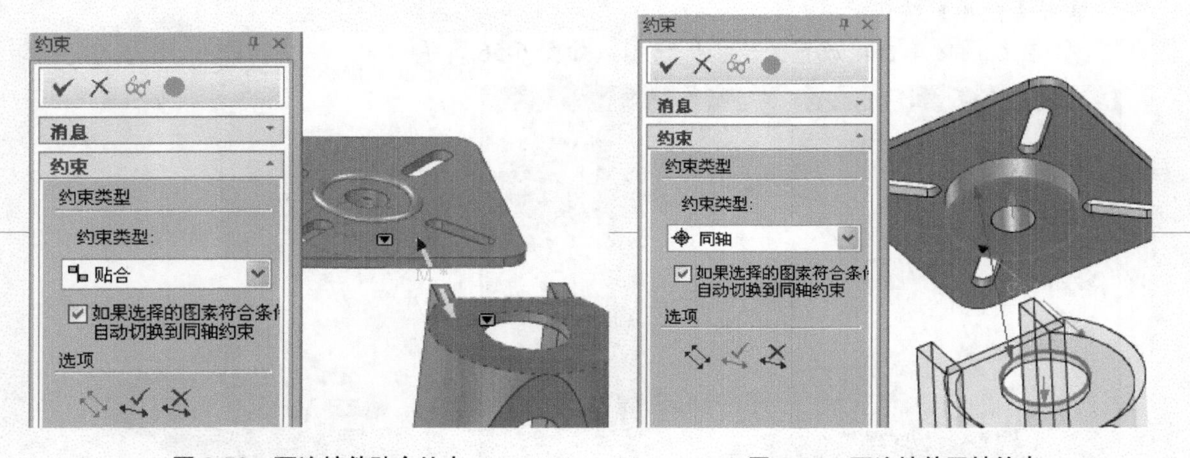


图 6-59　下连接件贴合约束

图 6-60　下连接件同轴约束

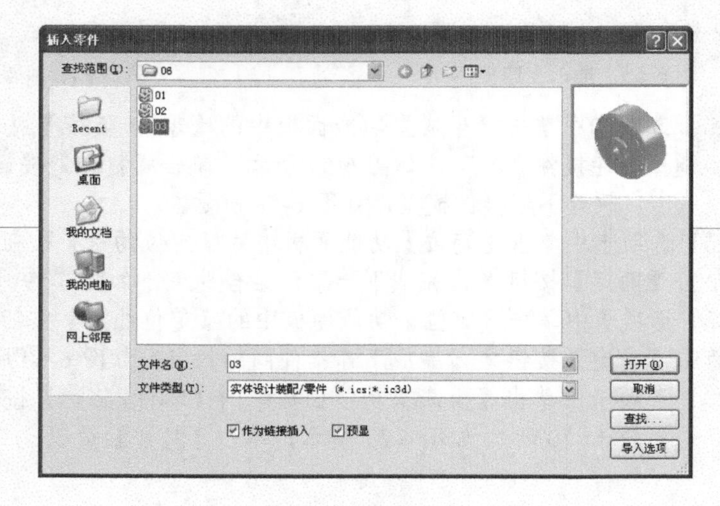


图 6-61　插入轮子

step 53 在绘图区单击，放置轮子零件模型，如图 6-62 所示。

step 54 在【装配】选项卡中单击【定位】功能面板中的【定位约束】按钮，选择【贴合】选项和目标，单击【确定】按钮，创建轮子贴合约束，如图 6-63 所示。

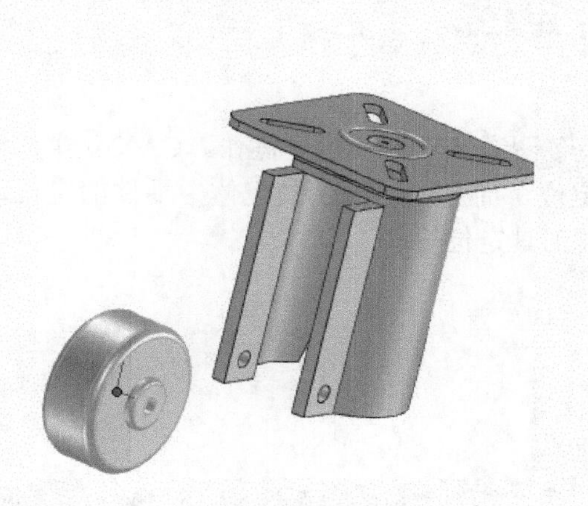

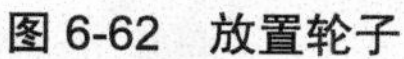

图 6-62　放置轮子

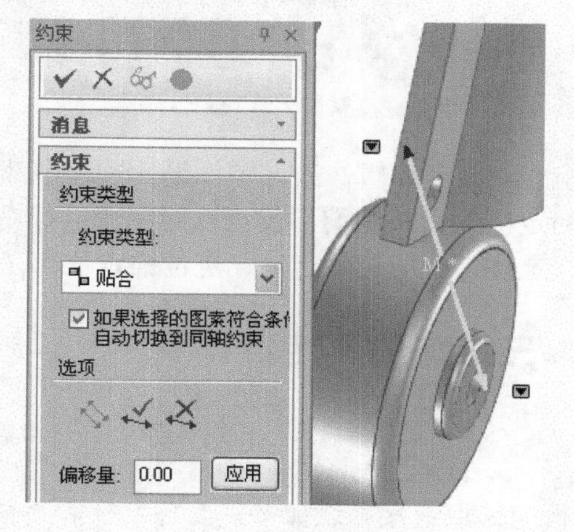


图 6-63　轮子贴合约束

step 55 在【装配】选项卡中单击【定位】功能面板中的【定位约束】按钮，选择【同轴】选项和目标，单击【确定】按钮，创建轮子同轴约束，如图 6-64 所示。

step 56 完成的轮子装配模型如图 6-65 所示。

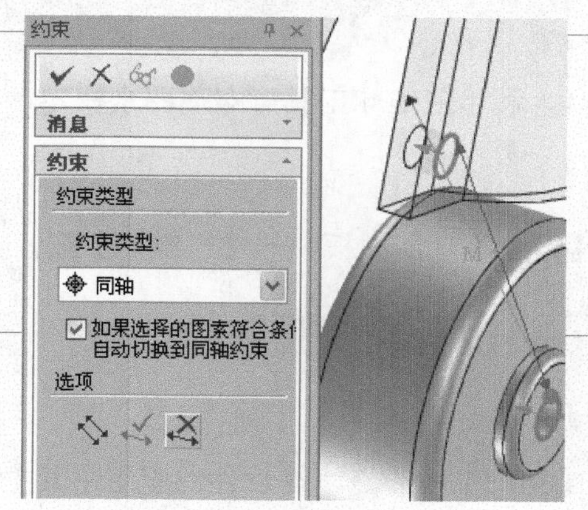


图 6-64　轮子同轴约束

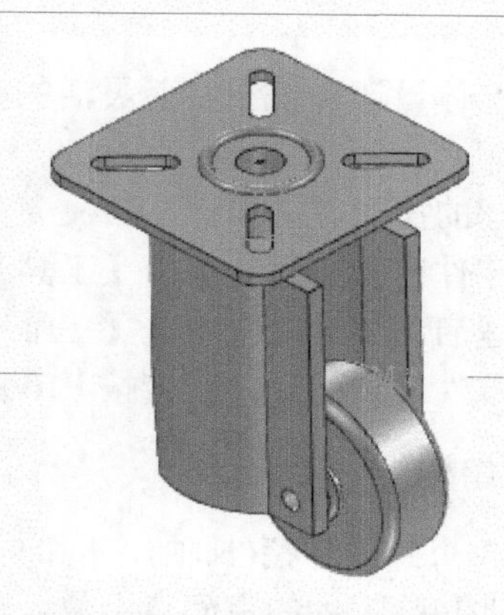

图 6-65　完成的轮子装配模型

**机械设计实践：** 分析装配线产品总装图时，需要划分装配单元，确定各零部件的装配顺序及装配方法；确定装配线上各工序的装配技术要求、检验方法和检验工具；选择和设计在装配过程中所需的工具、夹具和专用设备；确定装配线装配时零部件的运输方法及运输工具；确定装配线装配的时间定额。如图 6-66 所示是部件装配工艺系统图。

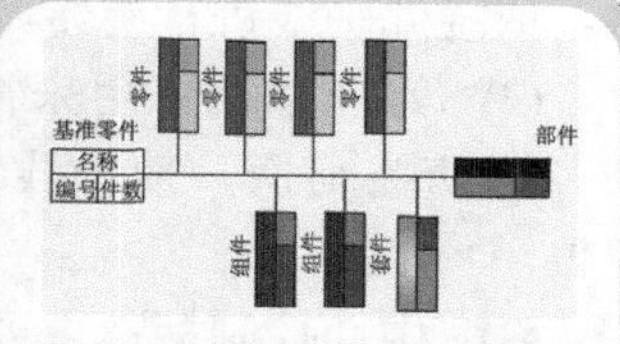


图 6-66　部件装配工艺系统图

# 第3课 2课时 装配件定位

从组合元素到编辑修改，零件设计过程中都涉及了图素及零件的定位操作。CAXA 实体设计提供了大量的定位工具，它们不仅可以对图素进行精确定位，而且可以用于装配体中零件的定位，如智能捕捉反馈定位、智能尺寸定位、定位锚定位和三维球工具定位等。

## 6.3.1 三维球工具定位

**行业知识链接：** 装配必须具备定位和夹紧两个基本条件。

(1) 定位就是确定零件正确位置的过程。

(2) 夹紧即将定位后的零件固定。

如图 6-67 所示的轴装配，要考虑装配的夹紧度。

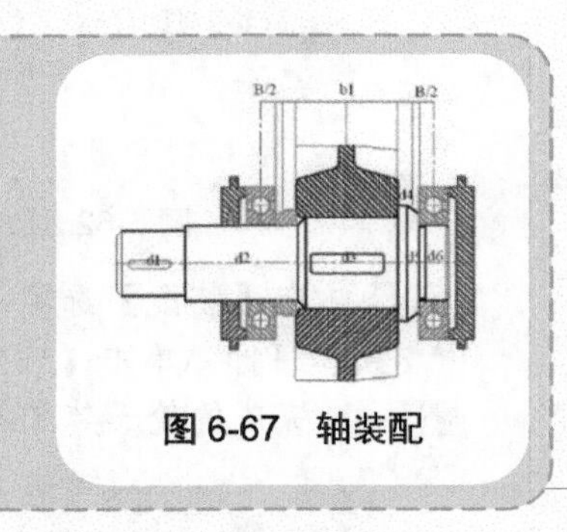

图 6-67 轴装配

三维球是实体设计系统独特而灵活的空间定位工具，利用三维球工具可实现图素在零件中的定位和定向。

激活三维球的操作方法如下。

- 选定零件或装配后，单击【工具】选项卡的【定位】功能面板中的【三维球】按钮。
- 在快速启动工具栏中单击【三维球】按钮。
- 选定零件或装配后，直接按 F10 键可打开三维球工具。

### 1. 三维球结构

三维球有 3 个外操作柄(长轴)、3 个内操作柄(短轴)和一个中心点。在软件的应用中其主要功能是解决元素、零件和装配体的空间点定位、空间角度定位的问题。三维球结构如图 6-68 所示。

(1) 外控制柄：单击它可用来对轴线进行暂时的约束，使三维物体只能进行沿此轴线的线性平移，或绕此轴线进行旋转。

(2) 定向手柄：用来将三维球中心作为一个固定的支点，进行对象的定向。主要有两种使用方法：拖动控制柄，使轴线对准另一个位置；右击，然后从弹出的菜单中选择一个项目进行移动和定位。

(3) 中心控制柄：主要用来进行点到点的移动。使用的方法是将它直接拖至另一个目标位置，或右击，然后从弹出的快捷菜单中挑选一个选项。它还可以与约束的轴线配合使用。

(4) 圆周：拖动这里，可以围绕一条从视点延伸到三维球中心的虚拟轴线旋转。

(5) 二维平面：拖动这里，可以在选定的虚拟平面内自由移动。

(6) 内侧：在这个空白区域内侧拖动进行旋转。也可以右击这里，通过弹出的快捷菜单可对三维球进行设置。

当在三维球内部及手柄上移动光标时，会看到图标不断地改变，指示不同的三维球动作。

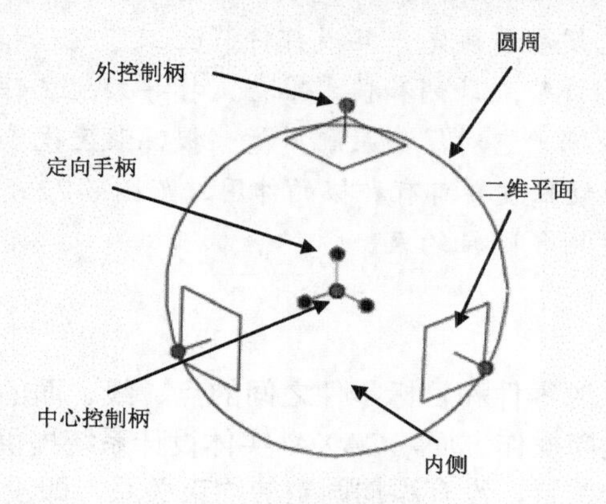


图 6-68 三维球

### 2. 三维球定位操作

除外侧平移操纵柄外，三维球工具还有一些位于其中心的定位操纵柄。这些工具为操作对象提供了相对于其他操作对象上的选定面、边或点的快速轴定位功能，也提供了操作对象的反向或镜像功能。这些操纵柄定位操作可相对于操作对象的 3 个轴实施。

1) 使用定向操作柄定位操作对象

选定某个轴后，在该轴上右击，然后在弹出的快捷菜单中选择相应的命令，即可确定特定的定位操作特征，如图 6-69 所示。

2) 使用三维球的中心操作柄定位操作对象

在三维球的中心手柄上右击，然后在弹出的快捷菜单中选择相应命令，即可将操作对象定位到指定位置，如图 6-70 所示。

3) 使用三维球的一维手柄复制操作对象

在三维球的一维手柄上右击，至指定位置后释放鼠标，然后在弹出的快捷菜单中选择相应命令，即可复制操作对象，如图 6-71 所示。

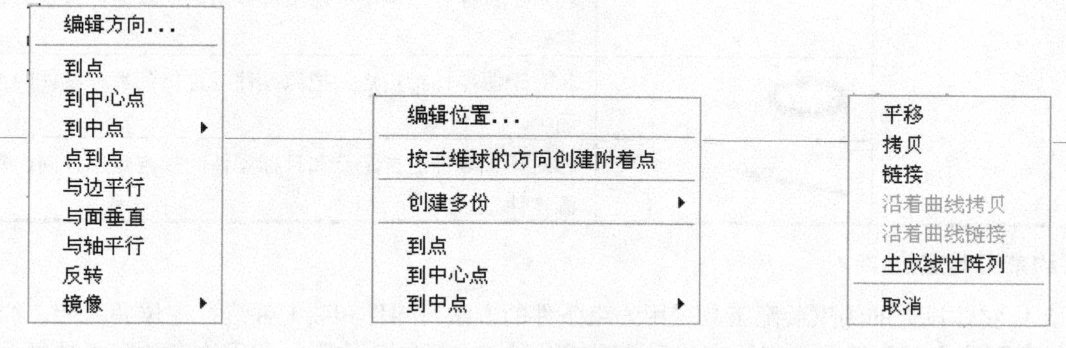


图 6-69 轴快捷菜单　　图 6-70 中心快捷菜单　　图 6-71 一维手柄快捷菜单

## 6.3.2 约束工具定位

**行业知识链接：**装配工艺规程是规定产品或部件装配工艺规程和操作方法等的工艺文件，是制订装配计划和技术准备，指导装配工作和处理装配工作问题的重要依据。它对保证装配质量、提高装配生产效率、降低成本和减轻工人劳动强度等都有积极的作用。如图 6-72 所示，装配的减速器中，大量运用了同轴约束。

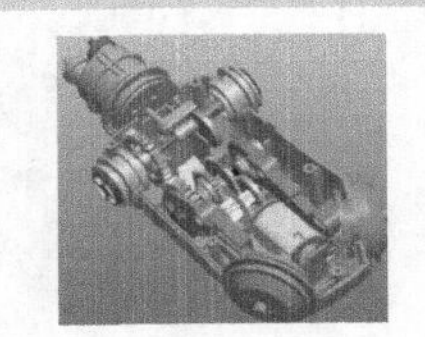

图 6-72 减速器装配

### 1. 无约束装配工具

使用无约束装配工具可参照源零件和目标零件之间的点、线、面的相对位置关系，快速定位源零件。在指定源零件重定位和重定向操作方面，CAXA 实体设计系统提供了极大的灵活性。无约束装配仅仅移动了零件之间的空间相对位置，没有添加固定的约束关系，即没有约束零件的空间自由度。

无约束装配工具定位符号的意义及操作结果见表 6-1。

表 6-1 无约束装配工具表

| 源零件定位/移动选项 | 目标零件定位/移动选项 | 定位结果 |
| --- | --- | --- |
| | | 相对于一个指定点和零件的定位方向，将源零件重定位至目标零件，获得与指定平面贴合的装配效果 |
| | | 相对于指定点及其定位方向，把源零件重定位至目标零件，获得与指定平面对齐的装配效果 |
| | | 相对于源零件上的指定点及定位方向，针对目标零件指定定位方向，重定位源零件 |
| | | 相对于源零件定位方向和目标零件定位方向，重定位源零件，获得与指定平面平行的装配效果 |
| | | 相对于源零件定位方向和目标零件定位方向，重定位源零件，获得与指定平面垂直的装配效果 |
| | | 相对于目标零件但不考虑定位方向，把源零件重定位到目标零件上 |
| | | 相对于源零件指定点，把源零件重定位到目标零件的指定平面上 |
| | | 相对于源零件的指定点和目标零件的指定定位方向，重定位源零件 |

### 2. 约束工具定位

CAXA 实体设计的约束装配工具采用约束条件的方法对零件和装配件进行定位和装配。约束装配工具类似于无约束装配工具；但约束装配能形成一种“永恒的”约束。利用约束装配工具可保留零件或装配件之间的空间关系。

激活约束装配工具并选定一个源零件单元，即可显示出可用定向/移动选项的符号，该选项可通过 Space 键切换。显示出需要的移动/定向选项并选定需要的目标零件单元后，就可以应用约束装配条件了。

约束装配工具有几种约束可供选用，其符号的意义及操作结果见表 6-2。

表 6-2　约束装配工具表

| 约束装配符号 | 定位结果 |
| --- | --- |
| | 对齐：重定位源零件，使其平直面既与目标零件的平直面对齐(采用相同方向)，又与其共面对齐 |
| | 贴合：重定位源零件，使其平直面既与目标零件的平直面贴合(采用反方向)，又与其共面贴合 |
| | 重合：重定位源零件，使其平直面既与目标零件的平直面重合(采用相同方向)，又与其共面重合 |
| | 同轴：重定位源零件，使其直线边或轴在其中一个零件有旋转轴时与目标零件的直线边或轴对齐 |
| | 平行：重定位源零件，使其平直面或直线边与目标零件的平直面或直线边平行 |
| | 垂直：重定位源零件，使其平直面或直线边与目标零件的平直面(相对于其方向)或直线边垂直 |
| | 相切：重定位源零件，使其平直面或旋转面与目标零件的旋转面相切 |
| | 距离：重定位源零件，使其与目标零件相距一定的距离 |
| | 角度：重定位源零件，使其与目标零件成一定的角度 |
| | 随动：定位源零件，使其随目标零件运动。常用于凸轮机构运动 |

## 6.3.3　其他定位方法

**行业知识链接：**创建装配时要合理安排装配顺序，尽量减少钳工装配工作量，缩短装配线的装配周期，提高装配效率，保证装配线的产品质量这一系列要求是制定装配线工艺的基本原则。如图 6-73 所示，是自顶向下装配的油泵装配体爆炸图，要使用到除一般定位外的其他定位方法。

图 6-73　油泵爆炸图

### 1. 智能标注工具定位

利用智能标注工具可以在图素或零件上标注尺寸，可以标注不同图素或零件上两点之间的距离。如果零件设计中对距离或角度有精确度要求，就可以采用 CAXA 实体设计的智能标注工具定位。智能标注各命令位于【常用】选项卡的【显示】功能面板中，如图 6-74 所示。装配定位时的智能标注如图 6-75 所示。

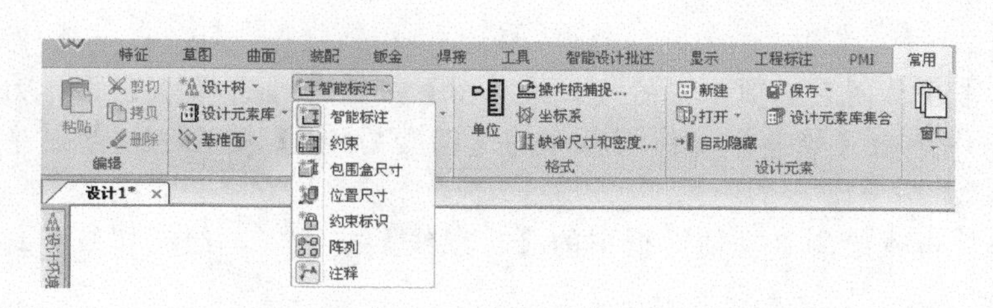


图 6-74　【常用】选项卡

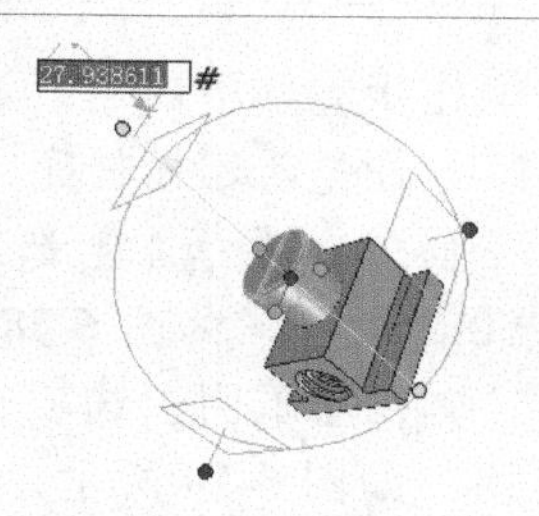


图 6-75　智能标注定位

### 2. 智能捕捉工具定位

CAXA 实体设计具有强大的智能捕捉功能，除用于尺寸修改外，还具有强大的定位功能。通过智能捕捉反馈，可使图素组件沿边或角对齐，也可以把零件的图素组件置于其他零件表面的中心位置。利用智能捕捉，可使图素组件相对于其他表面对齐和定位。

### 3. 附着点工具定位

在默认状态下，CAXA 实体设计以对象的定位锚为对象之间的结合点，但是可以通过添加附着点，使操作对象在其他位置结合。可以把附着点添加到图素或零件的任意位置，然后直接将其他图素贴附在该点。

### 4. 定位锚工具定位

定位锚决定了图素的默认连接点和方向。定位锚以带两条绿色短线的绿点表示。利用三维球工具，可以对定位锚进行重新定位，以指定其他的连接点和方向。

## 课后练习

案例文件：ywj\06\05. ics～08. ics
视频文件：光盘\视频课堂\第 6 教学日\6.3

本节课后练习摇杆装配的创建，摇杆机构是一种力的传递机构，用于不同方向力的转化，如图 6-76 所示是完成的摇杆装配模型。

本节案例主要练习摇杆装配的创建过程，首先创建摇杆壳，之后创建连接杆和摇杆，最后进行组件装配。摇杆装配的思路和步骤如图 6-77 所示。

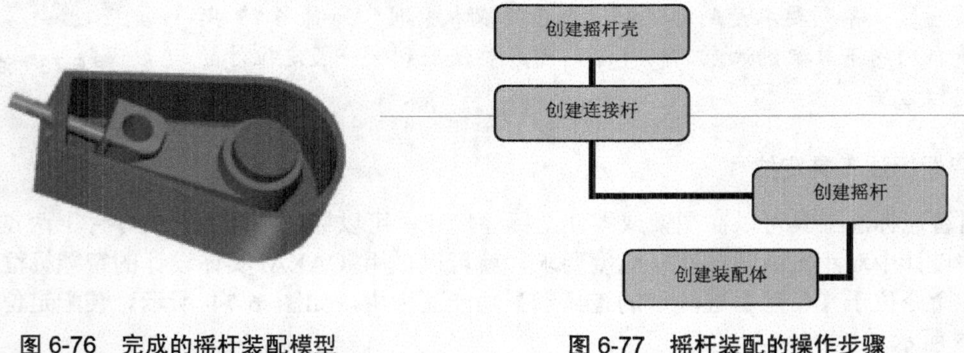


图 6-76　完成的摇杆装配模型　　　图 6-77　摇杆装配的操作步骤

案例操作步骤如下。

step 01 首先创建摇杆壳，单击【草图】选项卡中的【二维草图】按钮，选择 XY 面作为绘制平面。在【草图】选项卡中单击【绘制】功能面板中的【圆心+半径】按钮，绘制半径为 50 的圆形，如图 6-78 所示。

step 02 在【草图】选项卡中单击【绘制】功能面板中的【2 点线】按钮，绘制切线和封闭草图，如图 6-79 所示。

step 03 在【草图】选项卡中单击【修改】面板中的【裁剪】按钮，裁剪草图，如图 6-80 所示。

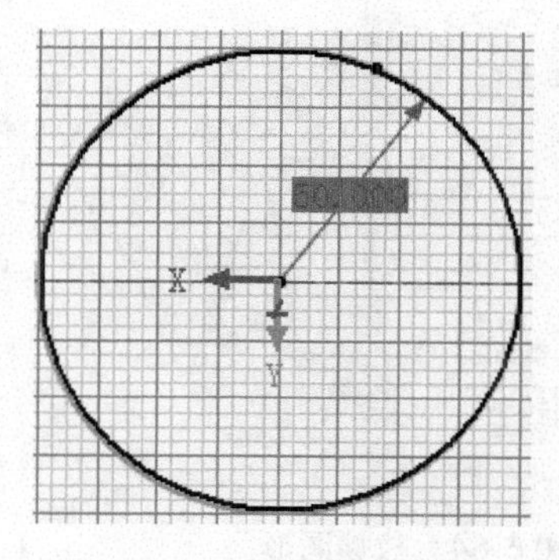


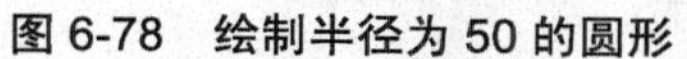

图 6-78　绘制半径为 50 的圆形

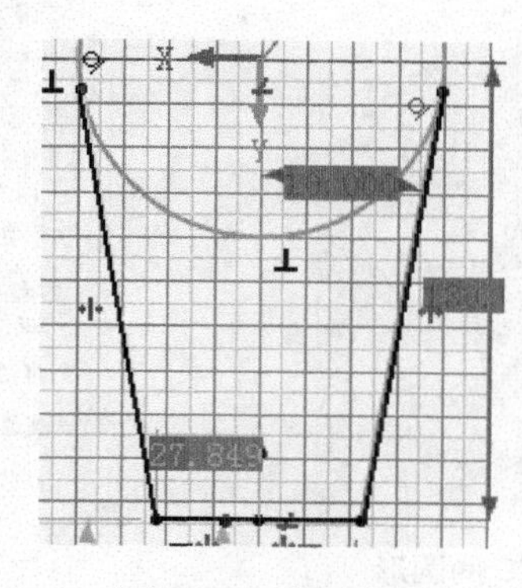


图 6-79　绘制草图

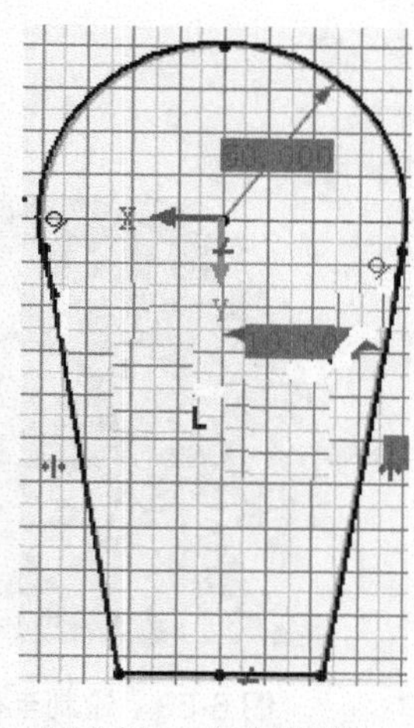


图 6-80　裁剪草图

step 04 单击【特征】选项卡中的【拉伸】按钮，设置【高度值】为 60，单击【确定】按钮，拉伸草图，如图 6-81 所示。

step 05 在【特征】选项卡中单击【修改】功能面板中的【抽壳】按钮，选择开放面，设置【厚度】为 5，如图 6-82 所示。单击【确定】按钮，进行抽壳。

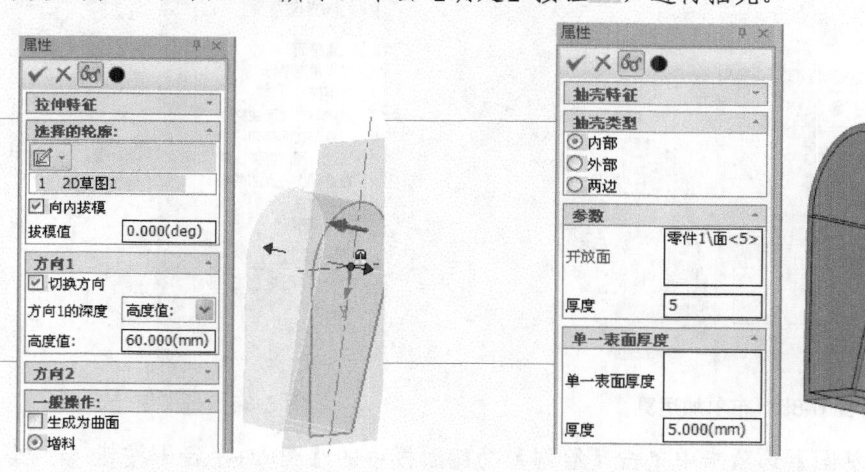


图 6-81　拉伸草图　　　　图 6-82　抽壳操作

step 06 单击【草图】选项卡中的【二维草图】按钮，选择 XY 面作为绘制平面。在【草图】选项卡中单击【绘制】功能面板中的【圆心+半径】按钮，绘制半径为 20 的圆形，如图 6-83 所示。

step 07 单击【特征】选项卡中的【拉伸】按钮，设置【高度值】为 60，单击【确定】按钮，拉伸圆形，如图 6-84 所示。

step 08 在【特征】选项卡中单击【修改】功能面板中的【布尔】按钮，选择主体和被加零件，如图 6-85 所示。单击【确定】按钮，进行布尔加运算。

step 09 单击【草图】选项卡中的【二维草图】按钮，选择模型面作为绘制平面，如图 6-86 所示。

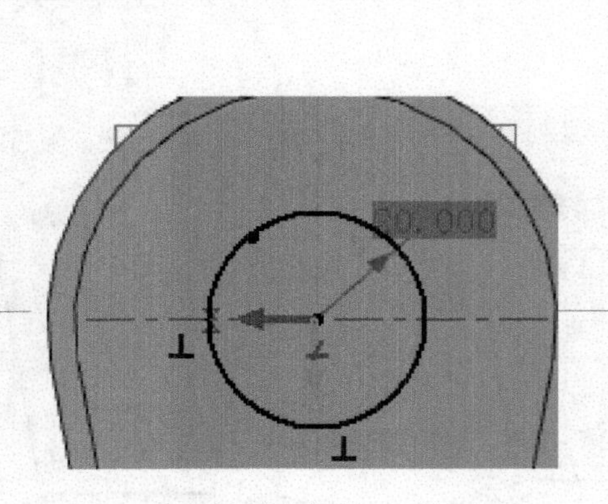

图 6-83　绘制半径为 20 的圆形

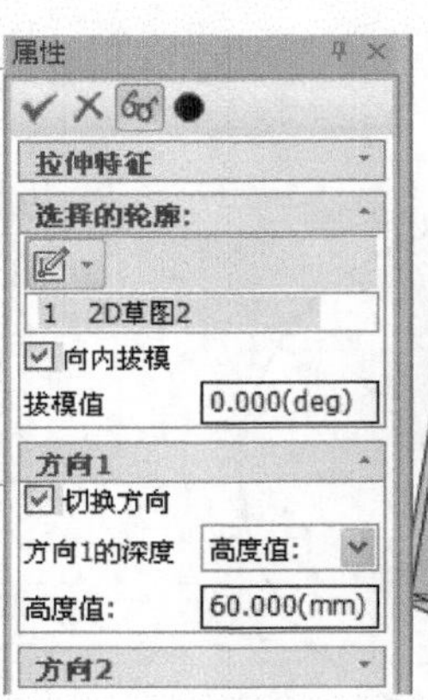


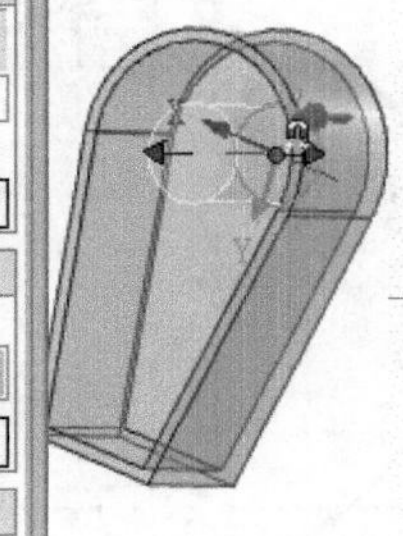

图 6-84　拉伸圆形

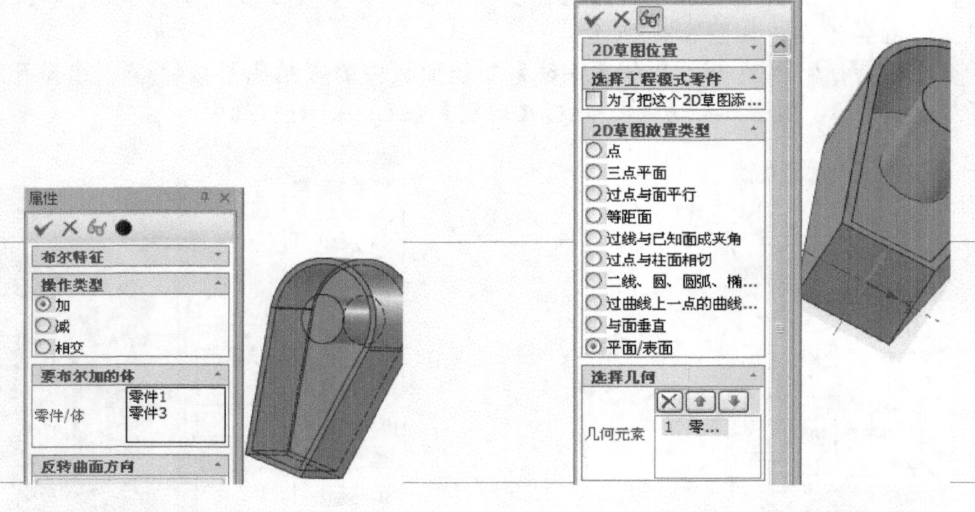


图 6-85　布尔加运算　　　　图 6-86　选择草绘面

step 10 在【草图】选项卡中单击【绘制】功能面板中的【圆心+半径】按钮，绘制半径为 10 的圆形，如图 6-87 所示。

step 11 单击【特征】选项卡中的【拉伸】按钮，设置【高度值】为 60，单击【确定】按钮，拉伸圆形，如图 6-88 所示。

step 12 在【特征】选项卡中单击【修改】功能面板中的【布尔】按钮，选择主体和被减零件，如图 6-89 所示。单击【确定】按钮，进行布尔减运算。

step 13 完成的摇杆壳模型如图 6-90 所示。

step 14 再创建连接杆，单击【草图】选项卡中的【二维草图】按钮，选择 XY 面作为绘制平面。在【草图】选项卡中单击【绘制】功能面板中的【圆心+半径】按钮，绘制半径为 20 和 25 的同心圆，如图 6-91 所示。

step 15 单击【特征】选项卡中的【拉伸】按钮，设置【高度值】为 40，单击【确定】按钮，拉伸同心圆，如图 6-92 所示。

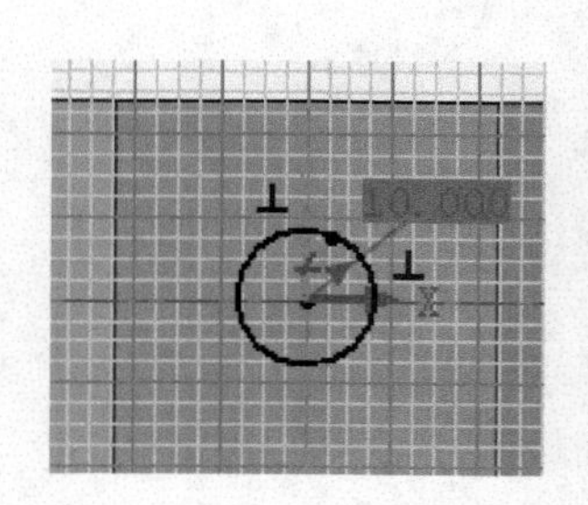


图 6-87　绘制半径为 10 的图形

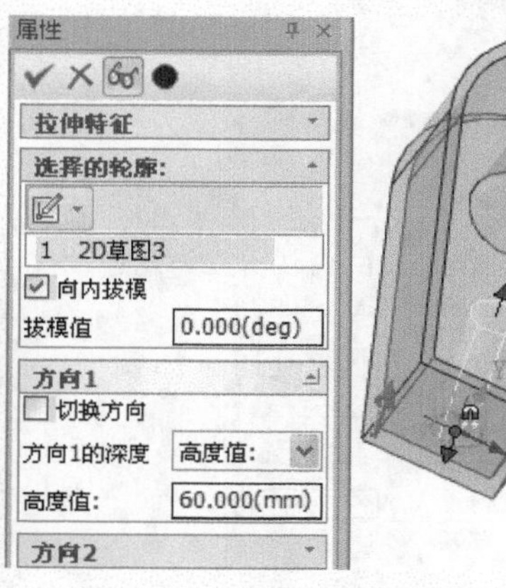


图 6-88　拉伸圆形

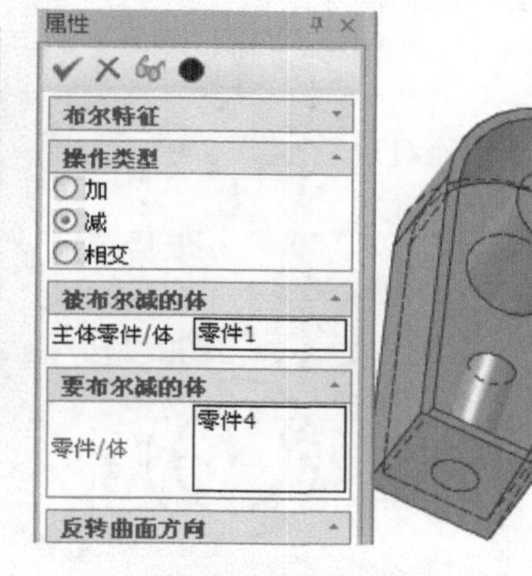


图 6-89　布尔减运算

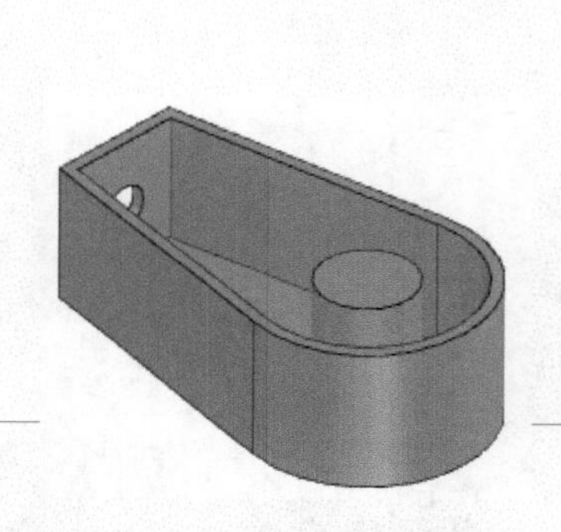

图 6-90　完成的摇杆壳模型

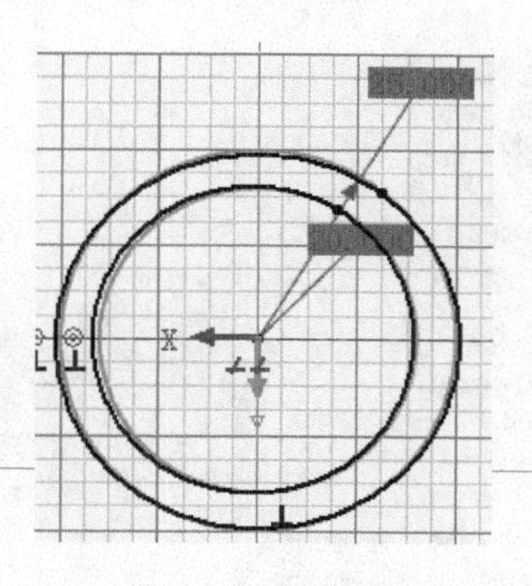

图 6-91　绘制同心圆

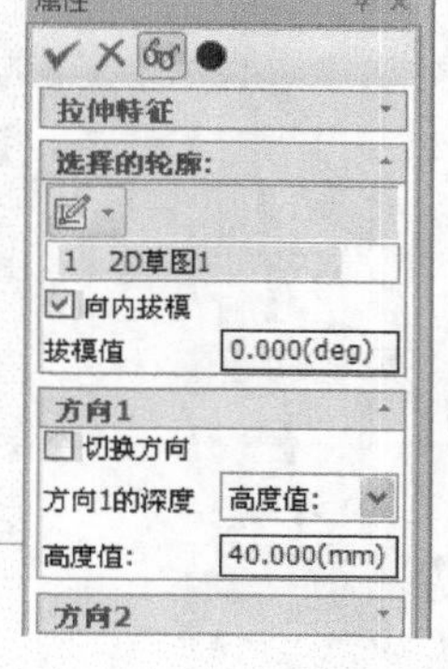


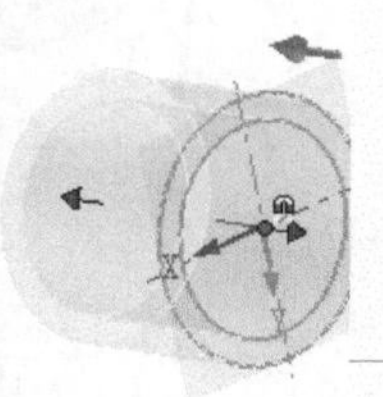

图 6-92　拉伸同心圆

step 16 单击【草图】选项卡中的【二维草图】按钮，选择 XY 面作为绘制平面。在【草图】选项卡中单击【绘制】功能面板中的【圆心+半径】按钮，绘制半径为 10 和 15 的同心圆，如图 6-93 所示。

step 17 单击【特征】选项卡中的【拉伸】按钮，设置【高度值】为 40，单击【确定】按钮，拉伸同心圆，如图 6-94 所示。

step 18 单击【草图】选项卡中的【二维草图】按钮，选择 XY 面作为绘制平面。在【草图】选项卡中，单击【绘制】功能面板中的【圆心+半径】按钮，绘制半径为 15 的圆形，如图 6-95 所示。

step 19 在【草图】选项卡中单击【绘制】面板中的【2 点线】按钮，绘制两圆的切线并进行修剪，如图 6-96 所示。

step 20 单击【特征】选项卡中的【拉伸】按钮，设置【高度值】为 10，单击【确定】按钮，拉伸草图，如图 6-97 所示。

step 21 选择模型，单击【标准】工具栏中的【三维球】按钮，移动模型，距离为 15，如图 6-98 所示。

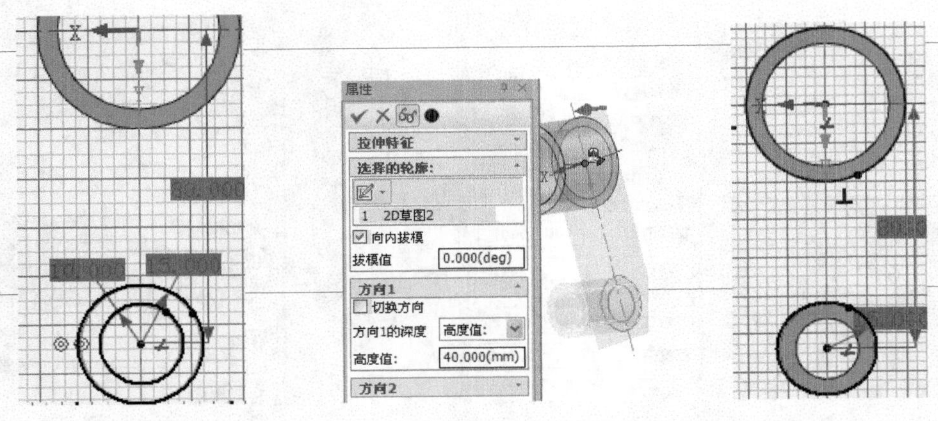


图 6-93　绘制同心圆　　图 6-94　拉伸同心圆　　图 6-95　绘制半径为 15 的圆形

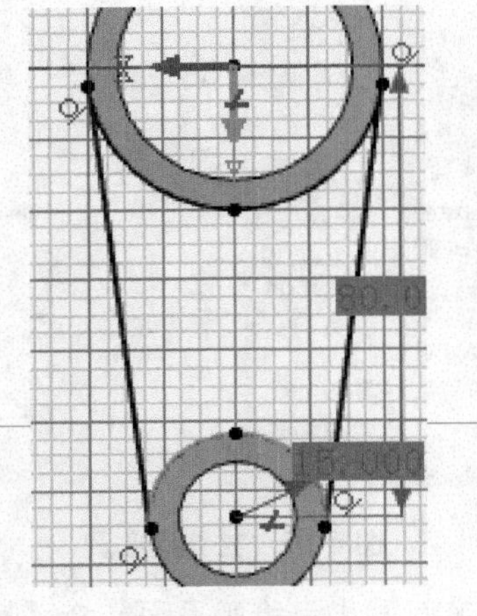

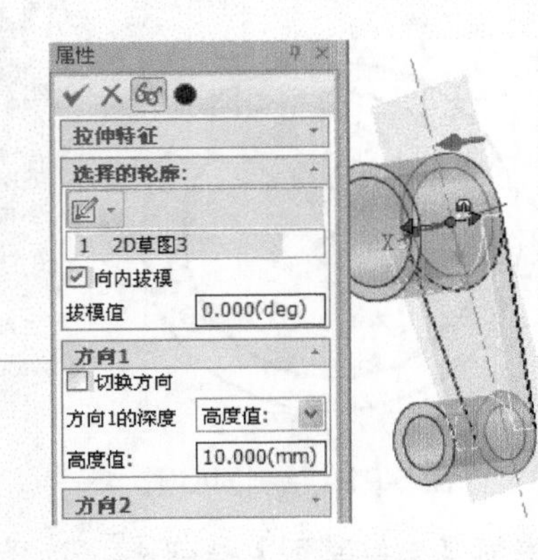


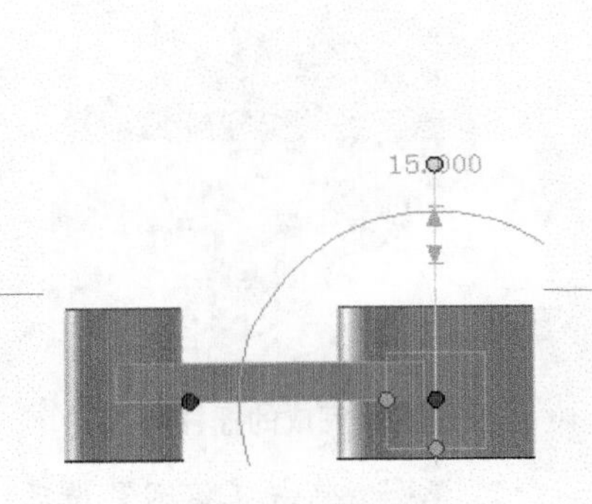


图 6-96　绘制切线　　图 6-97　拉伸草图　　图 6-98　移动模型

step 22 在【特征】选项卡中单击【修改】功能面板中的【布尔】按钮，选择主体和被加零件，如图 6-99 所示。单击【确定】按钮，进行布尔加运算。

step 23 完成的连接杆如图 6-100 所示。

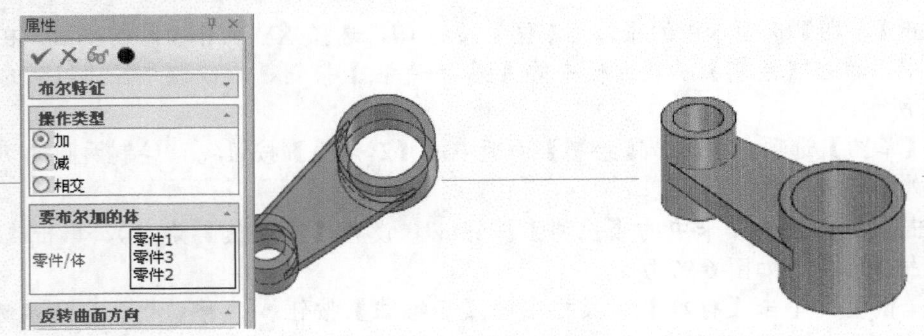


图 6-99　布尔加运算　　图 6-100　完成的连接杆

step 24 最后创建摇杆，单击【草图】选项卡中的【二维草图】按钮，选择 YZ 面作为绘制平面。在【草图】选项卡中单击【绘制】功能面板中的【长方形】按钮，绘制 40×30 的矩形，如图 6-101 所示。

step 25 在【草图】选项卡中单击【修改】功能面板中的【等距】按钮，偏移矩形的边线，距离为 4，如图 6-102 所示。

step 26 在【草图】选项卡中单击【绘制】功能面板中的【2 点线】按钮，绘制直线封闭草图，如图 6-103 所示。

step 27 单击【特征】选项卡中的【拉伸】按钮，设置【高度值】为 30，单击【确定】按钮，拉伸封闭草图，如图 6-104 所示。

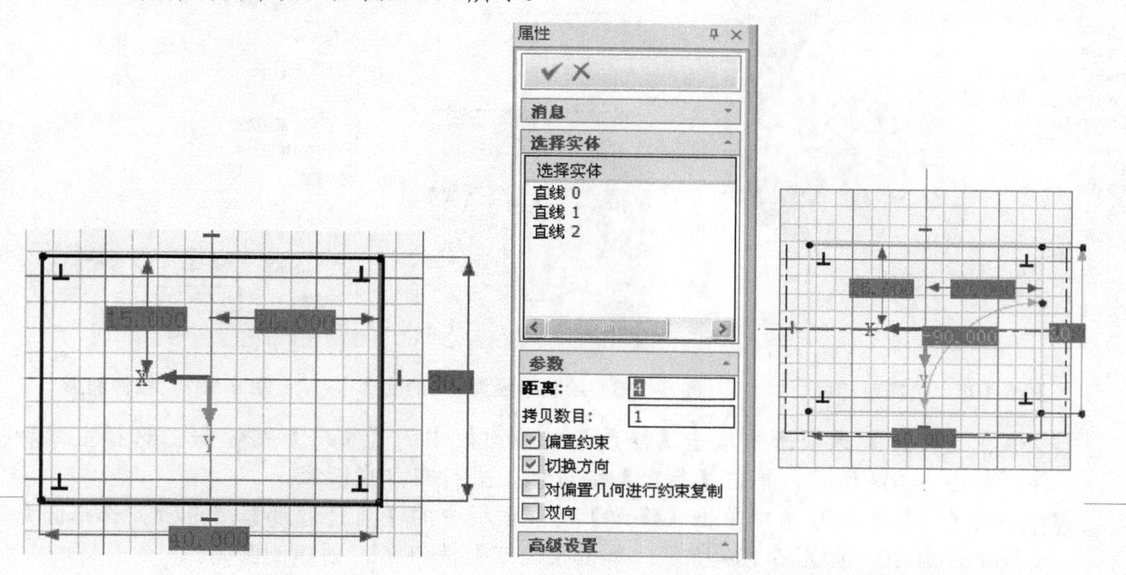


图 6-101　绘制 40×30 的矩形

图 6-102　偏移边线

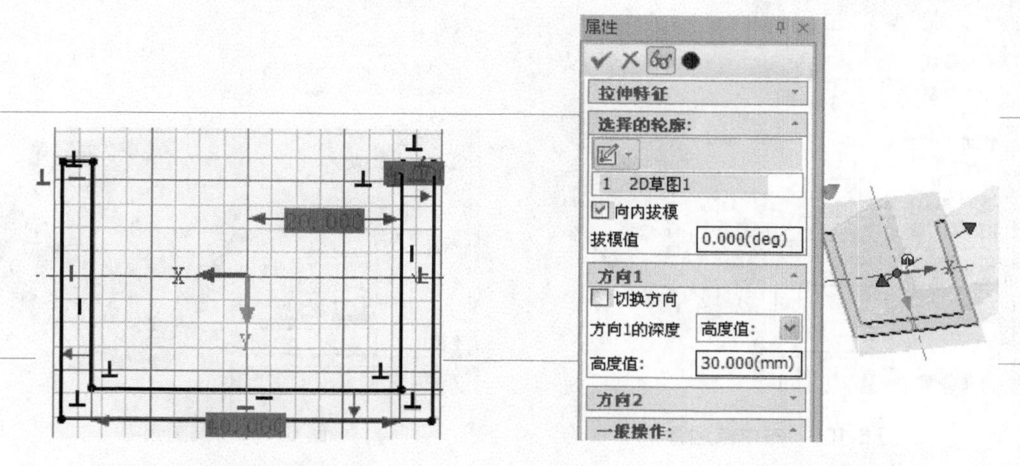


图 6-103　绘制封闭草图

图 6-104　拉伸封闭草图

step 28 单击【草图】选项卡中的【二维草图】按钮，选择模型面作为绘制平面，如图 6-105 所示。

step 29 在【草图】选项卡中单击【绘制】功能面板中的【圆心+半径】按钮，绘制半径为 10 的圆形，如图 6-106 所示。

step 30 单击【特征】选项卡中的【拉伸】按钮，设置【高度值】为 60，单击【确定】按钮，拉伸圆形，如图 6-107 所示。

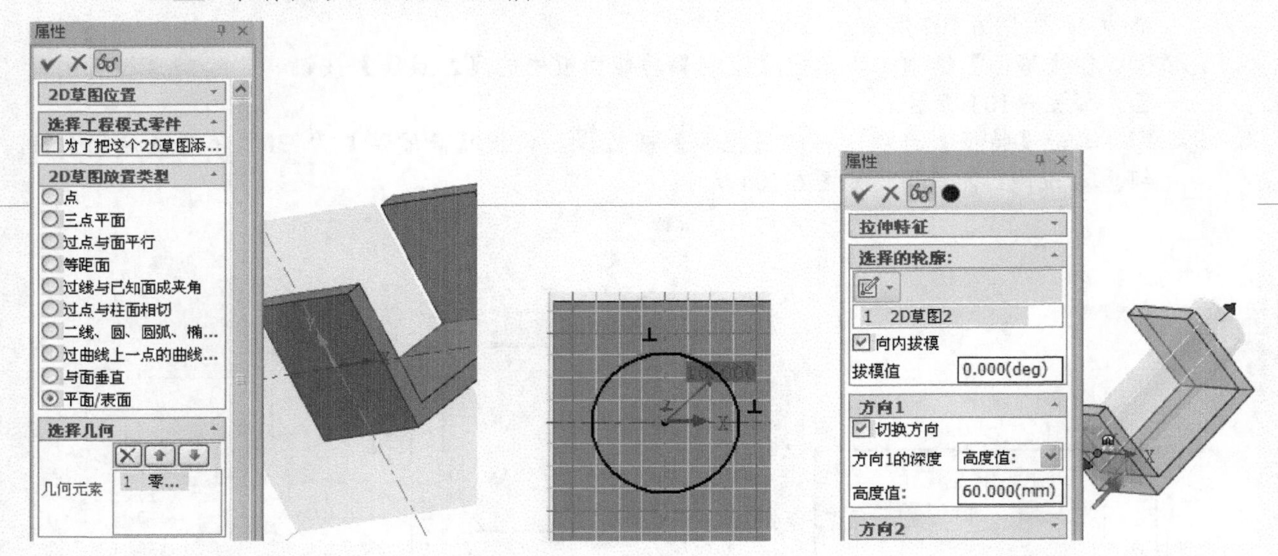


图 6-105 选择草绘面　　图 6-106 绘制半径为 10 的圆形　　图 6-107 拉伸圆形

step 31 在【特征】选项卡中单击【修改】功能面板中的【布尔】按钮，选择主体和被减零件，如图 6-108 所示。单击【确定】按钮，进行布尔减运算。

step 32 在【特征】选项卡中单击【修改】功能面板中的【圆角过渡】按钮，选择圆角边线，设置半径为 10，如图 6-109 所示。单击【确定】按钮，创建倒圆角。

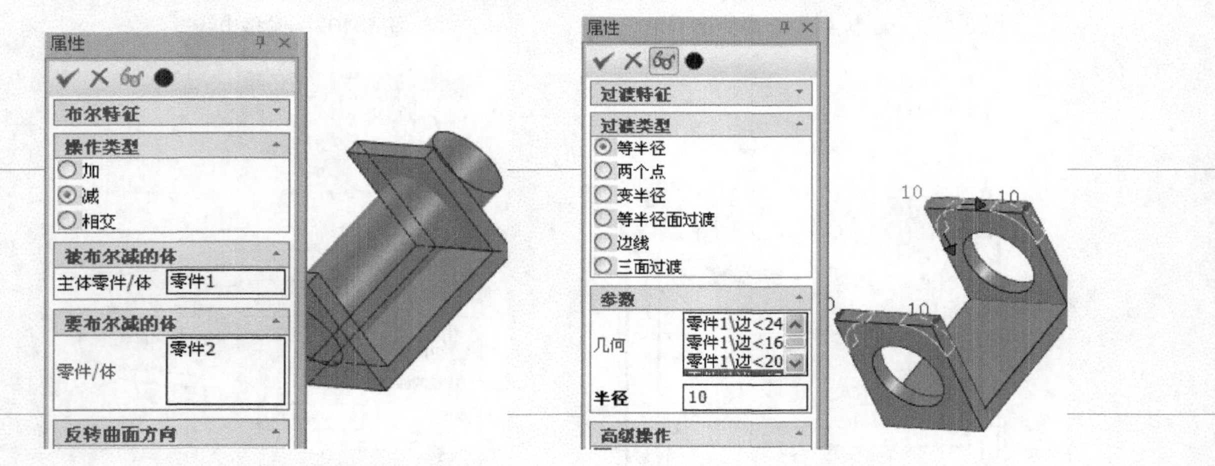


图 6-108 布尔减运算　　图 6-109 倒圆角

step 33 单击【草图】选项卡中的【二维草图】按钮，选择模型面作为绘制平面，如图 6-110 所示。

step 34 在【草图】选项卡中单击【绘制】功能面板中的【圆心+半径】按钮，绘制半径为 5 的圆形，如图 6-111 所示。

图 6-110　选择草绘面

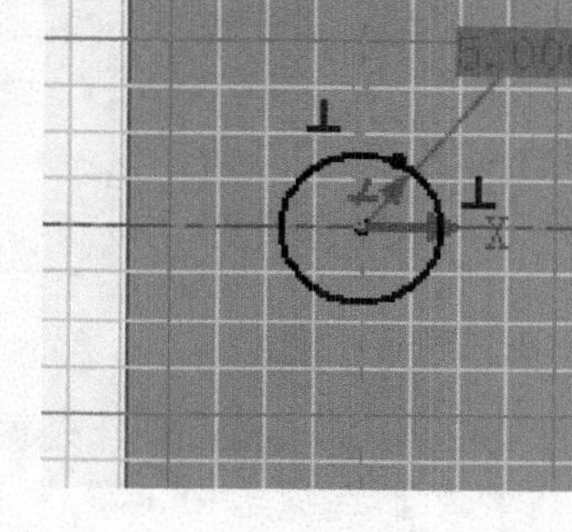

图 6-111　绘制半径为 5 的圆形

step 35 单击【特征】选项卡中的【拉伸】按钮，设置【高度值】为 60，单击【确定】按钮，拉伸圆形草图，如图 6-112 所示。

step 36 在【特征】选项卡中单击【修改】功能面板中的【布尔】按钮，选择主体和被加零件，如图 6-113 所示。单击【确定】按钮，进行布尔加运算。

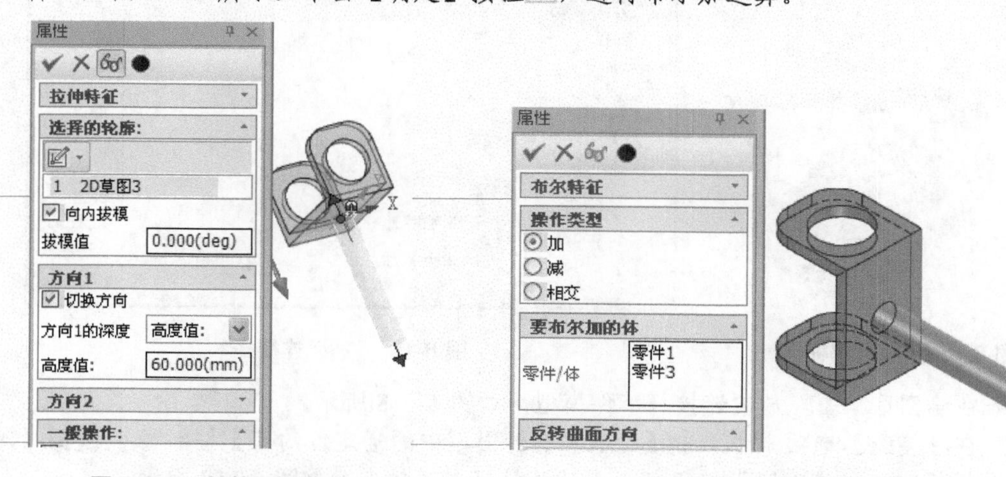


图 6-112　拉伸圆形草图　　图 6-113　布尔加运算

step 37 完成的摇杆模型如图 6-114 所示。

step 38 最后进行装配，在【装配】选项卡中单击【生成】功能面板中的【零件/装配】按钮，弹出【插入零件】对话框，选择摇杆壳“05”，如图 6-115 所示，单击【打开】按钮。

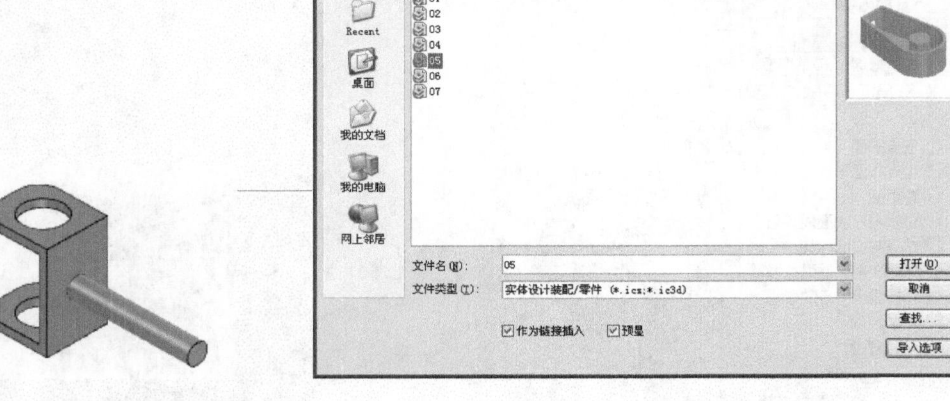


图 6-114　完成的摇杆模型　　　　图 6-115　插入摇杆壳

step 39 在绘图区单击，放置摇杆壳模型，如图 6-116 所示。

step 40 在【装配】选项卡中，单击【生成】功能面板中的【零件/装配】按钮，弹出【插入零件】对话框，选择连接杆 "06"，如图 6-117 所示，单击【打开】按钮。

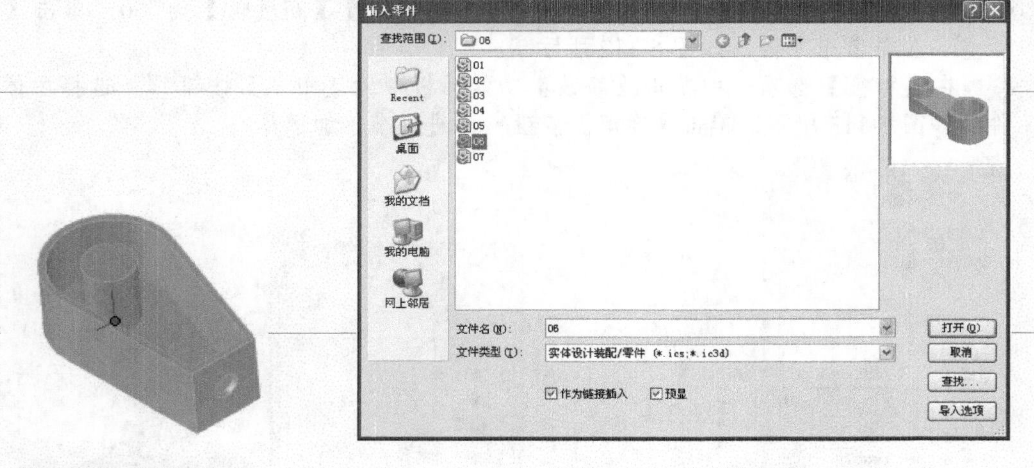


图 6-116　放置摇杆壳　　　　图 6-117　插入连接杆

step 41 在绘图区单击，放置连接杆零件模型，如图 6-118 所示。

step 42 在【装配】选项卡中单击【定位】功能面板中的【定位约束】按钮，选择【对齐】选项和目标，单击【确定】按钮，创建连接杆对齐约束，如图 6-119 所示。

step 43 在【装配】选项卡中单击【定位】功能面板中的【定位约束】按钮，选择【同轴】选项和目标，单击【确定】按钮，创建连接杆同轴约束，如图 6-120 所示。

step 44 在【装配】选项卡中单击【生成】功能面板中的【零件/装配】按钮，弹出【插入零件】对话框，选择摇杆 "07"，如图 6-121 所示，单击【打开】按钮。

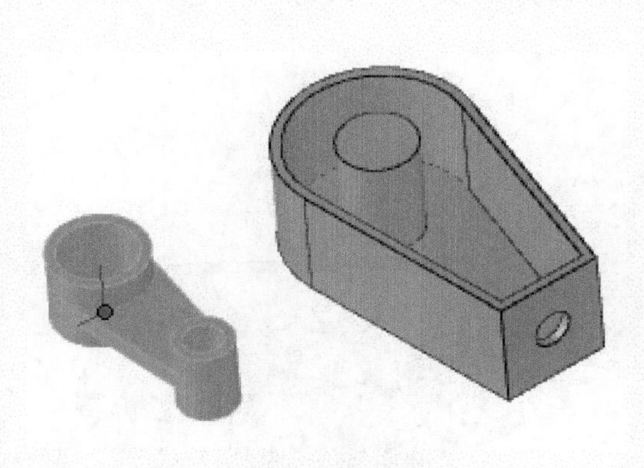

图 6-118　放置连接杆

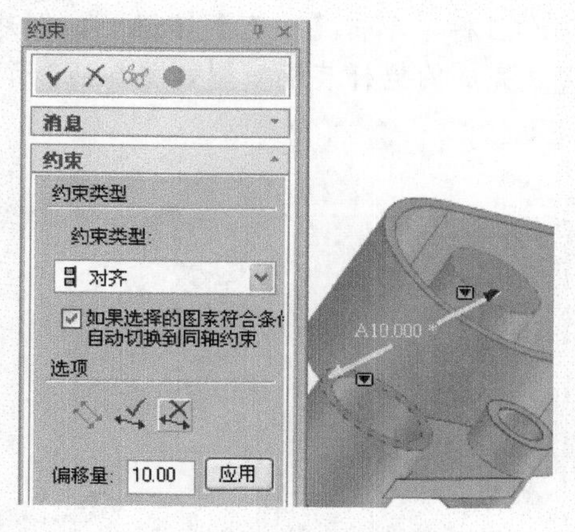


图 6-119　连接杆对齐约束

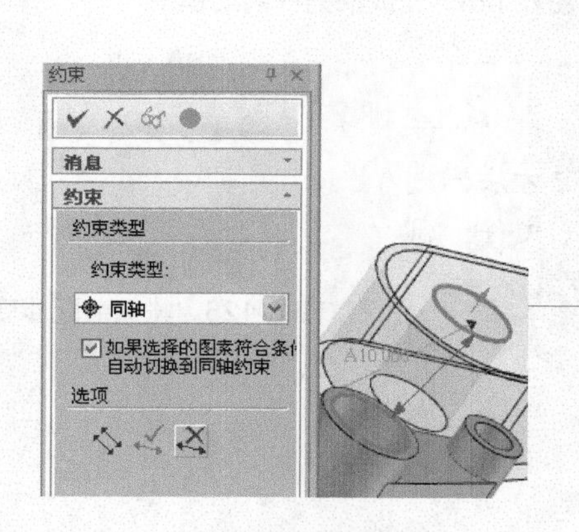


图 6-120　连接杆同轴约束

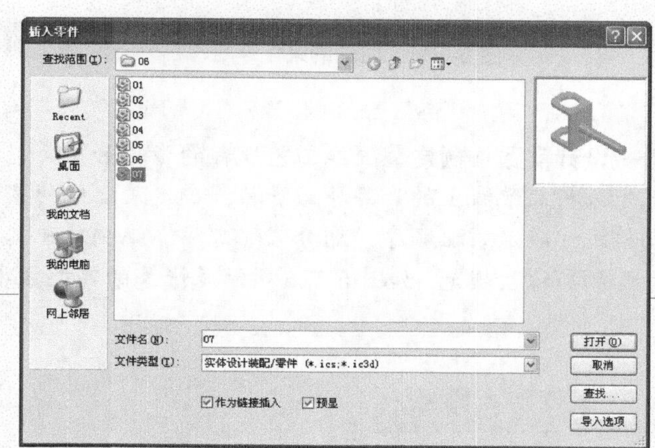


图 6-121　插入摇杆

step 45 在绘图区单击，放置摇杆模型，如图 6-122 所示。

step 46 在【装配】选项卡中单击【定位】功能面板中的【定位约束】按钮，选择【贴合】选项和目标，单击【确定】按钮，创建摇杆贴合约束，如图 6-123 所示。

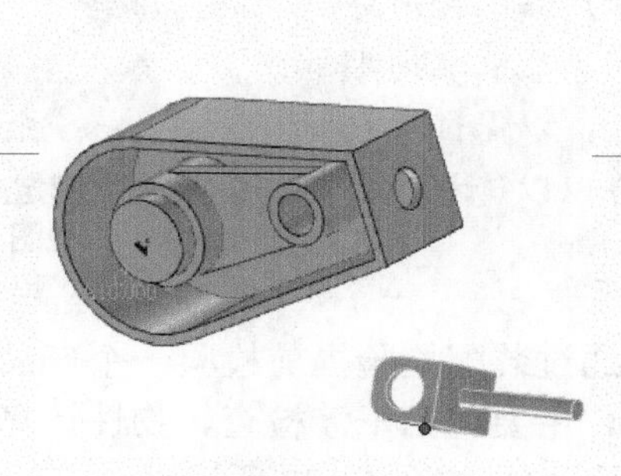

图 6-122　放置摇杆

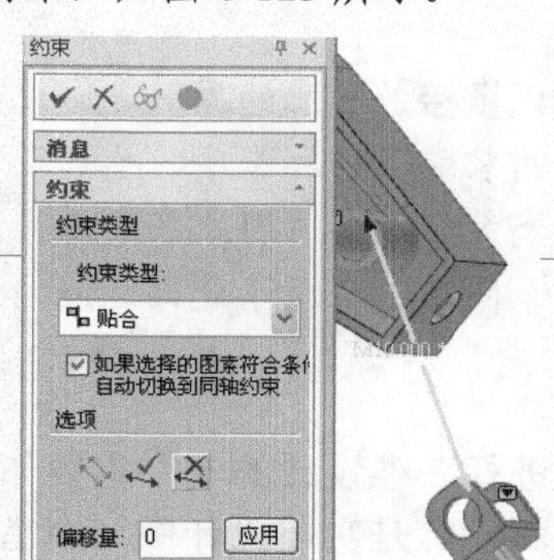


图 6-123　摇杆贴合约束

step 47 在【装配】选项卡中单击【定位】功能面板中的【定位约束】按钮，选择【同轴】选项和目标，单击【确定】按钮✓，创建摇杆同轴约束，如图 6-124 所示。

step 48 完成的摇杆装配模型如图 6-125 所示。

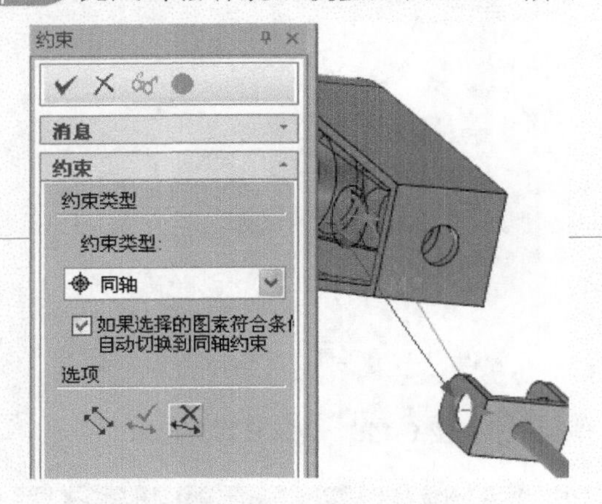


图 6-124 同轴约束

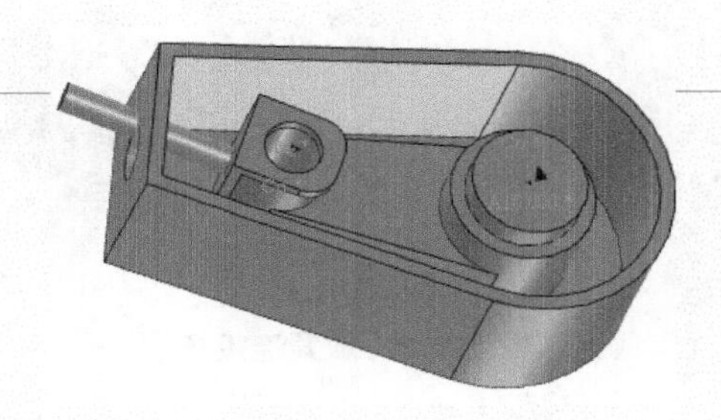

图 6-125 完成的摇杆装配模型

**机械设计实践：**制定装配线工艺规程的步骤如下。

首先分析装配线上的产品原始资料；确定装配线的装配方法；划分装配单元；确定装配顺序；划分装配工序；编制装配工艺文件；制定产品检测与试验规范。如图 6-126 所示是帐篷的典型分步装配步骤。

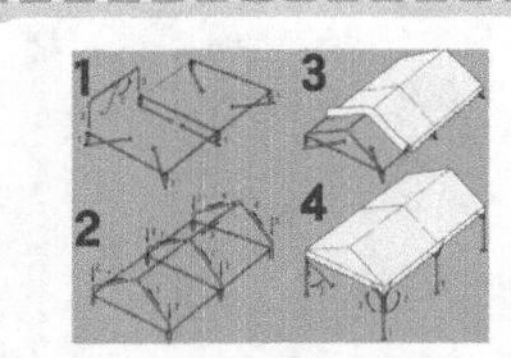


图 6-126 帐篷装配步骤

## 第 4 课 2 课时 装配检验

### 6.4.1 装配检验命令

**行业知识链接：**装配的原则是保证产品质量；延长产品的使用寿命；合理安排装配顺序和工序，尽量减少手工劳动量，满足装配周期的要求；提高装配效率。因此装配体完成后要进行检验，以保证装配的正确性。如图 6-127 所示是固定座的装配透视图，可以以透视方式检验装配。

图 6-127 固定座的装配透视图

在软件中进行三维设计的一个重要作用，就是可以通过装配检验提前检验一个产品结构的合理性。所以，装配检验是实体设计中一个重要的组成部分，主要包括干涉检查、物性计算和零件统计等。装配检验工具位于【工具】选项卡的【检查】功能面板中，如图 6-128 所示。

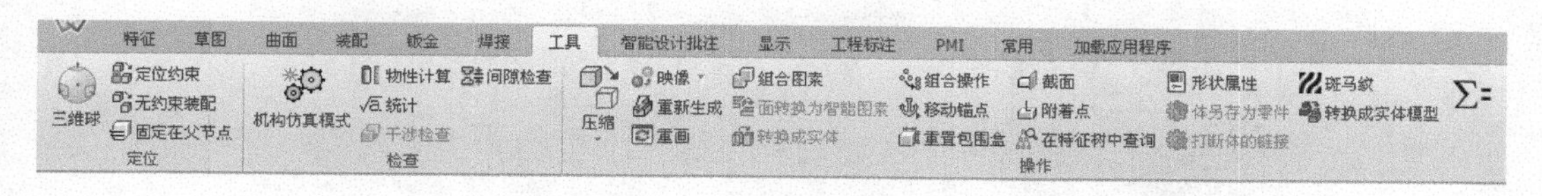


图 6-128　【工具】选项卡

### 1. 干涉检查

装配件中的两个独立零件的组件可能会在同一位置时发生相互干涉，所以，在装配件中要经常检查零件之间的相互干涉。如果存在不合理或不允许的干涉情况，则要根据设计要求对产品结构进行细节设计，或重新审查装配过程，最终解决零部件间不合理或不允许的干涉问题。

可以对装配件的部分或全部零件进行干涉检查，也可以对装配件和零件的任何组合，或单个装配件进行干涉检查。

在【工具】选项卡中单击【检查】功能面板中的【干涉检查】按钮，弹出【干涉报告】对话框，如图 6-129 所示，进行干涉检查，检查结果高亮显示在绘图区，如图 6-130 所示。

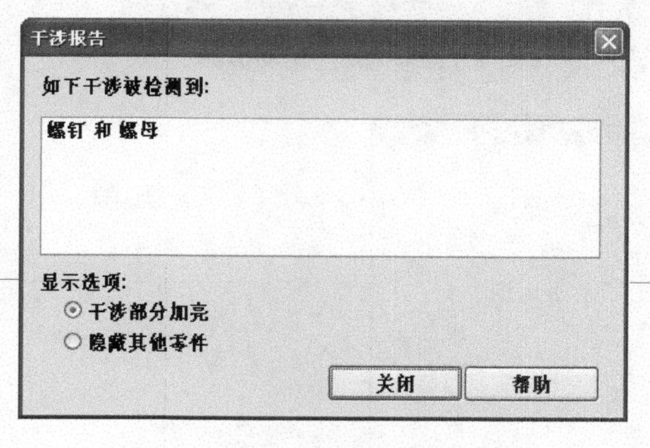


图 6-129　【干涉报告】对话框

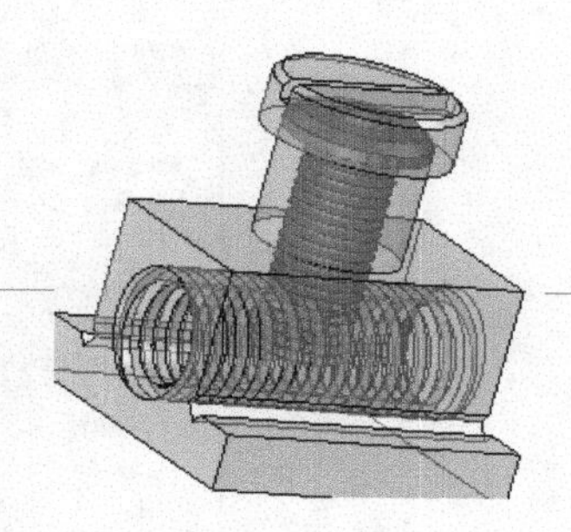

图 6-130　干涉检查

### 2. 机构仿真

在零件的三维实体设计中，干涉检查是很必要的，但仅是一种静态的检查，不能检查机构运动状态下是否存在干涉。为此，CAXA 实体设计提供了一种机构仿真的功能，可以模拟产品动态运行规律，对装配体的各零部件、各相对运动部分进行实际仿真，并在出现干涉碰撞时发出提示。此功能需通过机构动画来实现。

在【工具】选项卡中，单击【检查】功能面板中的【机构仿真】按钮，弹出【机构】属性命令管理栏，如图 6-131 所示。进行仿真运动，结果高亮显示在绘图区，如图 6-132 所示。

### 3. 物性计算

利用 CAXA 实体设计的物性计算功能，可测量零件和装配件的物理特性，如零件或装配件的表面面积、体积、重心和转动惯量。

在【工具】选项卡中单击【检查】功能面板中的【物性计算】按钮，弹出【物性计算】对话框，选择特征装配后，单击【计算】按钮即可，如图 6-133 所示。

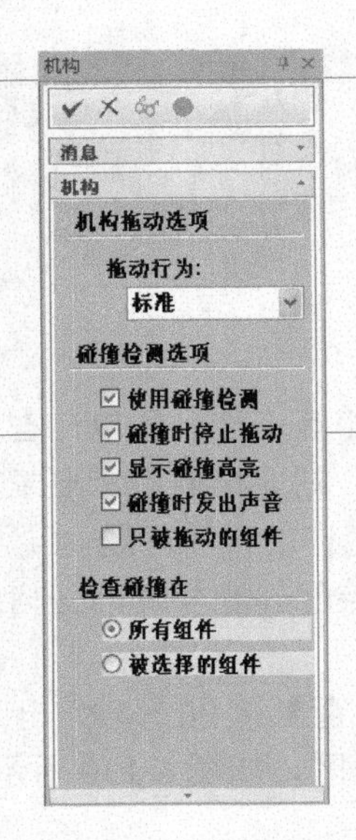


图 6-131 【机构】命令管理栏

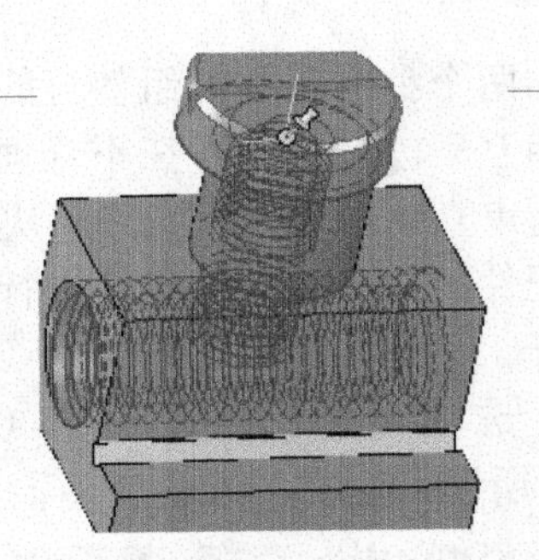

图 6-132 运动仿真

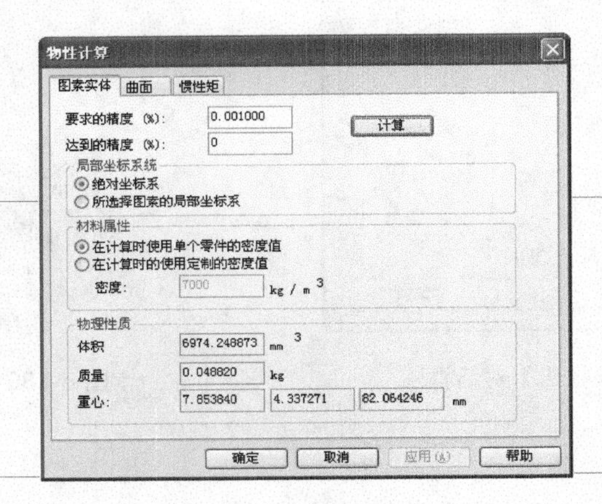


图 6-133 【物性计算】对话框

### 4. 零件统计

零件统计数据用于说明装配件或零件包含多少个面、环、边和顶点，这一命令还可报告零件中可能存在的问题。

首先将装配体文件输入设计环境中，然后在【工具】选项卡中单击【检查】功能面板中的【统计】按钮，弹出【零件统计报告】对话框，报告零件出现的问题，该对话框中还指出统计文件的存放目录，如图 6-134 所示。输出的报告如图 6-135 所示。

图 6-134 【零件统计报告】对话框

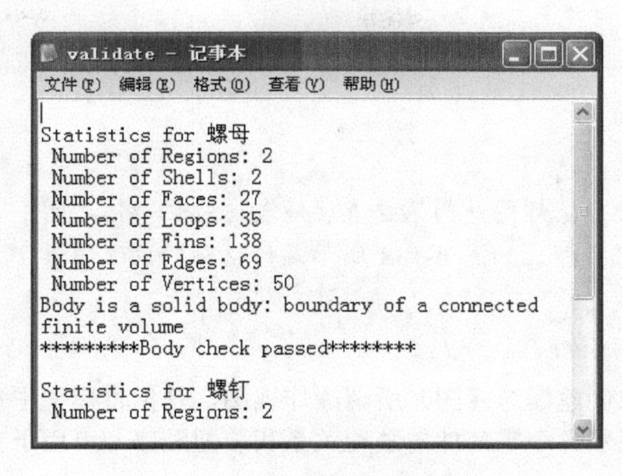


图 6-135　统计报告

### 5. 截面剖视

CAXA 实体设计的截面工具为设计者提供了利用剖视平面或长方体对零件或装配进行剖视的工具。

选择设计环境中需要剖视的零件或装配件，然后单击【工具】选项卡的【操作】功能面板中的【截面】按钮。在设计环境左侧弹出【生成截面】命令管理栏，如图 6-136 所示。

其中各选项的含义如下。

【截面工具类型】下拉列表框：用于选择截面工具类型。

【定义截面工具】按钮：单击该按钮可确定放置剖视工具的点、面或零件。

【反转曲面方向】按钮：单击该按钮可使剖视工具的当前表面方位反向。

剖视操作完成后，被选定零件的剖视平面或长方体剖面都以清晰的黑色出现在设计环境中，如图 6-137 所示。此外，剖视平面显示一个蓝绿色的“面法线”(默认)方向箭头。

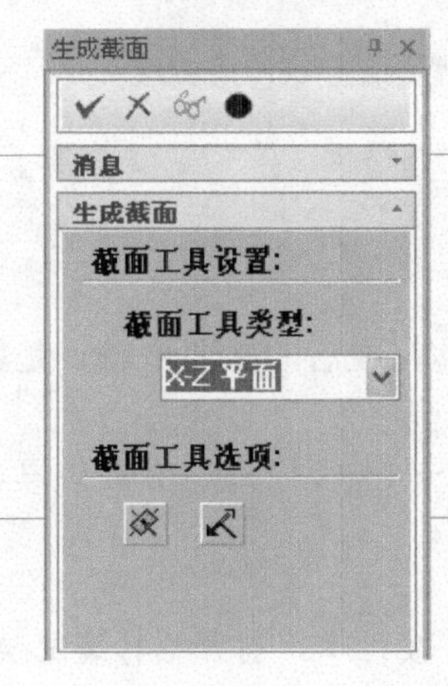


图 6-136　【生成截面】命令管理栏

图 6-137　截面剖视

## 6.4.2 爆炸视图

**行业知识链接**：装配体爆炸图是为了更直观地表达装配部件之间的关系，也可以表达装配顺序。如图 6-138 所示是传动轴的装配体爆炸图。

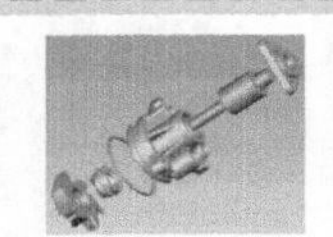

图 6-138 传动轴装配体爆炸图

在装配设计中有时要求创建爆炸视图。所谓爆炸视图，是指将模型中每个零部件与其他零件分开表示，通常可以较直观地表示各个零部件的装配关系和装配顺序，可用于分析和说明产品模型结构，还可用于零部件装配工艺等。

利用装配工具可生成各种装配件的爆炸图，并生成装配过程的动画。将【装配】图素拖曳至设计环境中的装配件上后，弹出【装配】对话框，如图 6-139 所示。创建的爆炸图如图 6-140 所示。

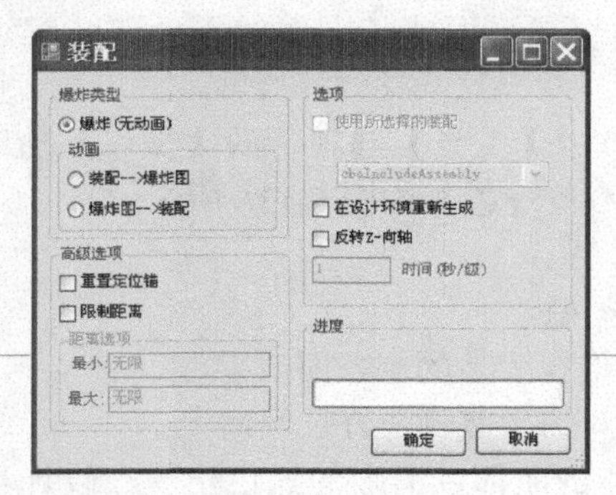


图 6-139 【装配】对话框

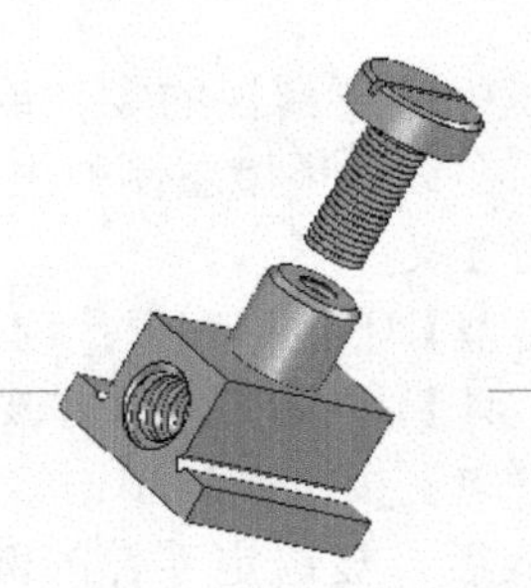

图 6-140 爆炸图

## 课后练习

案例文件：ywj\06\08.ics

视频文件：光盘\视频课堂\第 6 教学日\6.4

本节课后练习对摇杆壳进行装配检验，装配检验是装配体完成后的必要步骤，是检验装配是否配合、是否干涉的重要步骤。如图 6-141 所示是需要检验的摇杆壳。

本节案例主要练习摇杆壳装配检验的过程，检查步骤如下：干涉检查、机构仿真、爆炸检查、物性计算。摇杆壳装配检验的步骤如图 6-142 所示。

案例操作步骤如下。

step 01 首先打开模型，单击【标准】工具栏中的【打开】按钮，打开摇杆装配模型，如图 6-143 所示。

step 02 接着进行各项装配检验，单击【工具】选项卡的【检查】功能面板中的【干涉检查】按钮，弹出【干涉报告】对话框，选择零件 1 和零件 3 进行干涉检查，检查结果高亮显示在绘图区，如图 6-144 所示。

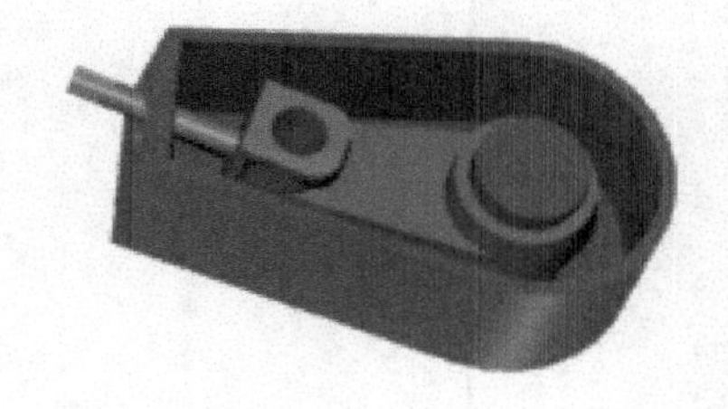

图 6-141　摇杆壳

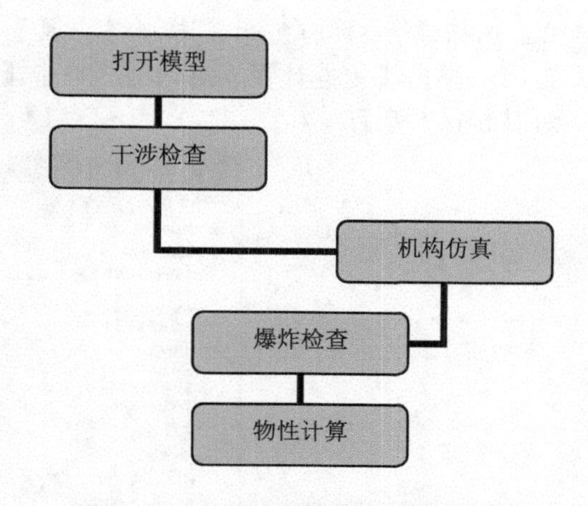


图 6-142　摇杆壳装配检验的操作步骤

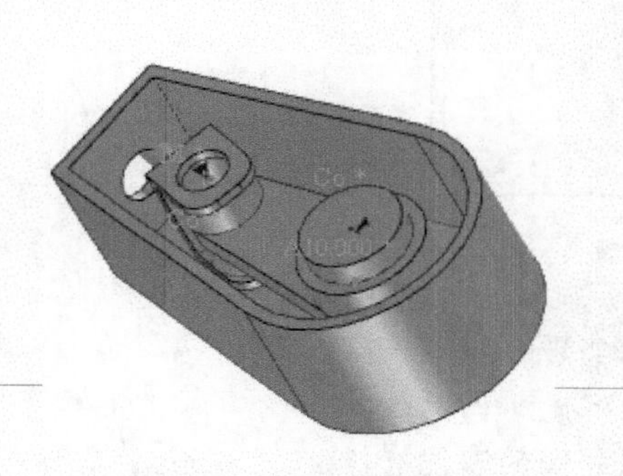

图 6-143　打开装配模型

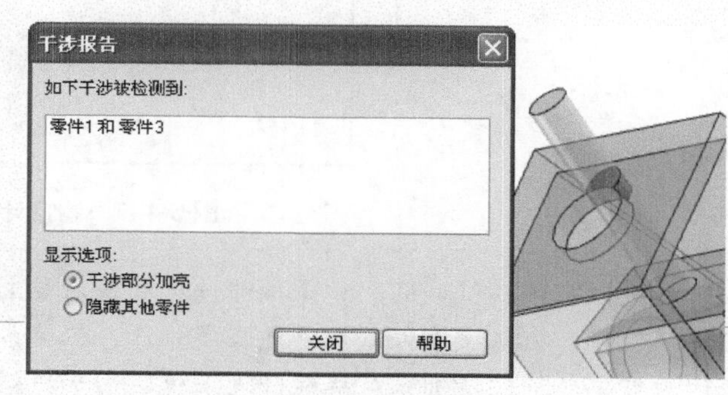


图 6-144　干涉检查

step 03 在【工具】选项卡中单击【检查】功能面板中的【机构仿真】按钮，弹出【机构】命令管理栏，选择零件进行仿真运动，结果高亮显示在绘图区，如图 6-145 所示。

step 04 在【装配】选项卡中，单击【操作】功能面板中的【爆炸】按钮，弹出爆炸【属性】命令管理栏，选择零件进行移动，产生爆炸效果，如图 6-146 所示。

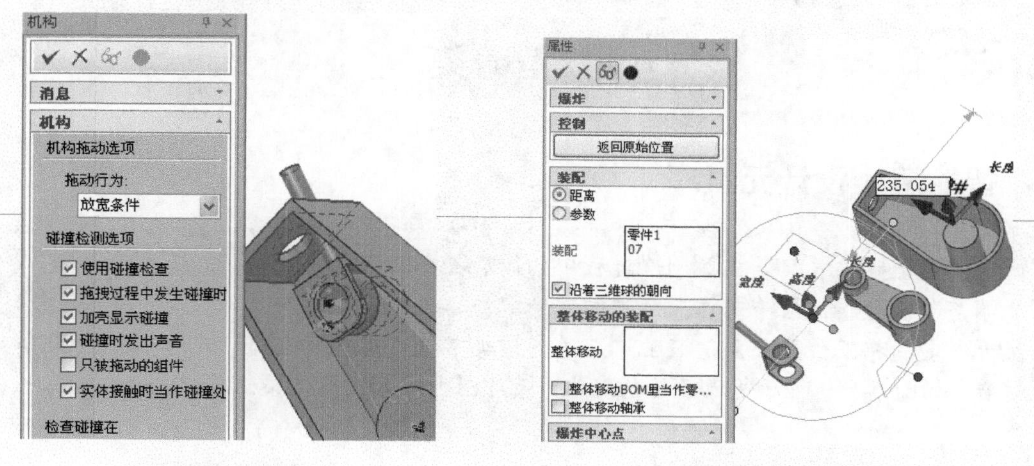


图 6-145　机构仿真

图 6-146　爆炸视图

step 05 选择零件 1 特征后，单击【工具】选项卡的【检查】功能面板中的【物性计算】按钮，弹出【物性计算】对话框，单击【计算】按钮，计算零件的体积、质量和重心数据，如图 6-147 所示。

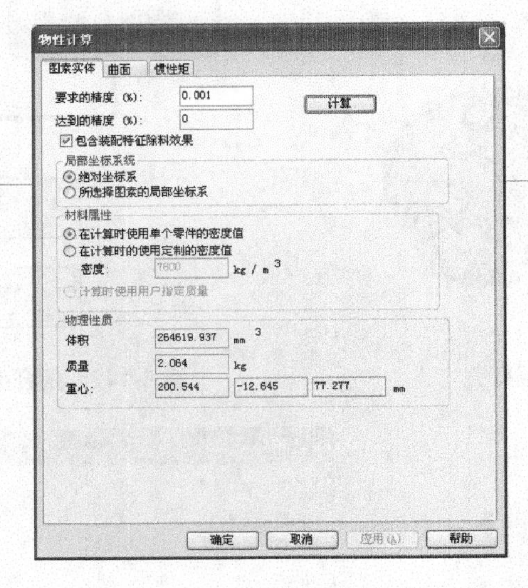


图 6-147　物性计算

**机械设计实践：** 机械装配就是按照设计的技术要求实现机械零件或部件的连接，把机械零件或部件组合成机器。机械装配是机器制造和修理的重要环节，特别是对机械修理来说，由于提供装配的零件有利于机械制造时的情况，更使得装配工作具有特殊性。如图 6-148 所示是减震器的爆炸图，尝试使用装配约束方法进行装配。

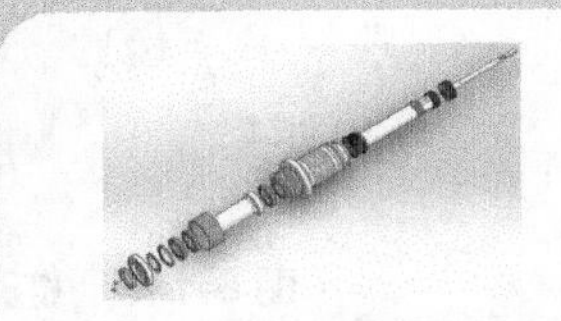

图 6-148　减震器爆炸图

# 第 5 课 2 课时 模型渲染

## 6.5.1 智能渲染设计元素库

**行业知识链接：** 装配是机器制造过程中的最后一个环节，它包括装配、调整、检验和试验等工作。装配过程使零件、套件、组件和部件间获得一定的相互位置关系，装配好后进行渲染可以更直观地表现零件材质。如图 6-149 所示是风扇的装配体，爆炸图生成后进行渲染。

图 6-149　风扇爆炸图

1．概述

利用 CAXA 实体设计完成产品的设计工作后，就可利用其提供的色彩、纹理、凸痕、贴图、背景和光照等渲染功能，对产品进行渲染操作，生成像照片一样逼真的产品图片，用于市场宣传、设计审查等。

1) CAXA 渲染功能操作方法

同 CAXA 实体设计的其他设计功能一样，对产品的渲染操作也提供了多样操作手段，可供选用的方法主要包括以下 3 种。

(1) 使用设计元素库中预置的色彩、纹理和凸痕以及贴图等功能渲染属性元素。

(2) 使用向导(包括智能渲染向导、光源向导、视向向导)快速进行渲染定义。

(3) 使用智能渲染属性表来定义高级和详细的自定义型零件渲染属性。

2) 零件及零件表面的渲染属性

在 CAXA 实体设计中零件的外观属性称为智能渲染属性，主要包括以下几个方面。

(1) 颜色：定义渲染对象的颜色，方法包括实体颜色和图像文件(纹理)。

(2) 光亮度：着色表面上的光亮强度。

(3) 透明度：指定可以穿过对象的光的数量。

(4) 凸痕：在零件表面增加凸凹痕迹，表现零件的表面粗糙程度。

(5) 反射：在零件表面上反射光线的形状和强度。

(6) 贴图：将图像粘贴至零件表面。

(7) 散射：设置散射光强度，影响零件表面本身的阴影。

3) 设计环境的渲染属性

设置 CAXA 实体设计产品的周围环境，衬托产品形象称为设计环境渲染。它主要包括以下几个方面。

(1) 背景：设定设计环境背景。

(2) 渲染：设定设计环境中零件的显示。

(3) 雾化：产生一种物体处于有雾场景中的效果。

(4) 曝光度：调节设计环境中图像的亮度和对比度。

4) 光源与光照

CAXA 实体设计的灯光系统可保证生成逼真度较高的三维实体场景，另外设计环境中的灯光系统可丰富表现实体的材质感和纹理效果。它主要包括以下几个方面。

(1) 光源种类：包括平行光、点光源、聚光源和区域灯光。

(2) 光源颜色和亮度。

(3) 光源位置和方向。

(4) 投射阴影：设定从光源方向发射的光线在物体背后投射的阴影。

(5) 光源细化：指光源亮度随距离增加而逐渐降低的情况。

5) 图像投影的方式

在对零件进行纹理、凸痕和贴图等方式渲染时，可使用图像投射到零件或零件一个面的方法。在投影图像时，可使用以下 5 种方式。

(1) 自动投射：将投影图像如同环绕在零件包围盒的所有表面上，形成一个由图像构成的框，然后将图像投射到零件上。

(2) 平面投射：将投影图像从一个平面投射到零件上。

(3) 圆柱投影：将投影图像投影到一个围绕零件的透明圆柱体上，然后投射到零件上。

(4) 球形投射：将投影图像投影到一个围绕零件的透明球体上，然后投射到零件上。

(5) 自然投射：使用拉伸、旋转、扫描或放样等方法，将投影图像扩展成三维图像，然后投射到零件上。

6) 输出图像文件

完成产品的渲染设计后，通常需要借助专业图像处理软件对图像文件进行后期处理，主要包括色彩的调整、添加文字，以及特殊表现手法。CAXA 实体设计可将当前视图输出为图像文件，最常用的图像文件格式包括图像文件(TIFF)、位图文件(BMP)和联合图片专家组文件(JPEG)。

**2. 直接应用拖放方式操作**

使用拖放操作可以直接在零件上应用智能渲染，智能渲染属性包括颜色和纹理、反射、表面光泽、贴图、透明度、凸痕和散射等内容。

CAXA 实体设计有数个预先定义好的智能渲染设计元素库，其中用于材质渲染的有金属、石头、样式、织物和抽象图案等。用于产生光照渲染效果的有颜色、纹理、光泽、凸痕和背景等。

如果实体设计环境中的设计元素库中没有相应的智能渲染设计元素库，可通过【设计元素】|【打开】命令，选择 CAXA 实体设计软件安装目录中的“catalogs”，选择相应设计元素库加入到设计环境中。通过拖放操作可以方便、直接地检验各种渲染效果。

如果在零件或智能图素状态下选择了某个零件，智能渲染属性将影响整个零件；如果在表面状态下选择了某个表面，那么只有零件被选中表面受影响。

如果要在零件编辑状态、图素编辑状态或面编辑状态下选择零件或装配体对象，可以从设计元素库中拖出渲染元素并释放到对象上，此方法对应用材质、颜色和光泽等非常方便。

**3. 利用智能渲染属性表**

当处于零件编辑状态时，可以修改零件的智能渲染属性。这些属性用来优化零件的外观，使其更具空间真实感。

在零件编辑状态、图素编辑状态或面编辑状态下选择零件或装配对象。

右击零件，然后从弹出的快捷菜单中选择【智能渲染】命令，弹出【智能渲染属性】对话框，也可通过单击【显示】选项卡的【智能渲染】功能面板中的【智能渲染】按钮，打开【智能渲染属性】对话框。

将属性指定给某个零件后，可单击【应用】按钮预览相应变动。此时该对话框依然保持打开状态，已备随时调整相应选项。用户对零件的外观感到满意后，单击【确定】按钮，关闭【智能渲染属性】对话框。

**4. 应用智能渲染向导**

也可使用智能渲染向导对零件或图素进行渲染。

在设计环境中生成一个标准或自定义零件。在零件编辑状态或面编辑状态下选择图素。单击【显示】选项卡的【智能渲染】功能面板中的【智能渲染向导】按钮，或选择【生成】|【智能渲染】菜单命令，弹出【智能渲染向导】对话框。按照对话框中的提示逐步进行操作，完成渲染。

## 6.5.2 智能渲染属性的应用

**行业知识链接：**机械装配是机械制造中最后决定机械产品质量的重要工艺过程。即使是全部合格的零件，如果装配不当，往往也不能形成质量合格的产品。简单的产品可由零件直接装配而成。装配完成后即可进行渲染，查看效果。如图 6-150 所示是活塞和曲轴装配。

图 6-150　活塞和曲轴装配

除了使用拖放方法、智能渲染向导外，还可以直接在【智能渲染】选项卡中对零件和图素的渲染进行设置编辑。在 CAXA 实体设计中，零件和零件上的某一表面的智能渲染内容都可在【智能渲染属性】对话框中找到。在装配件和图素选择状态下智能渲染和智能渲染向导都是灰色的。

右击设计环境中的零件，在弹出的快捷菜单中选择【智能渲染】命令，弹出【智能渲染属性】对话框，其中各选项的含义如下。

### 1. 颜色/材质

无论是拖放颜色设计元素库中的颜色，还是访问智能渲染向导或【智能渲染属性】对话框，均可轻松地将颜色应用到整个零件或单个表面上。

1)　应用实体颜色

在零件编辑状态下选择所需的表面。

单击【显示】选项卡的【智能渲染】功能面板中的【智能渲染】按钮，或右击所选零件或表面，在弹出的快捷菜单中选择【智能渲染】命令，在弹出的【智能渲染属性】对话框中切换到【颜色】选项设置界面，并选中【实体颜色】单选按钮。

若需要更多颜色，可单击【更多的颜色】按钮，通过打开的【颜色】对话框中的颜色调色板来自定义颜色，如图 6-151 所示。

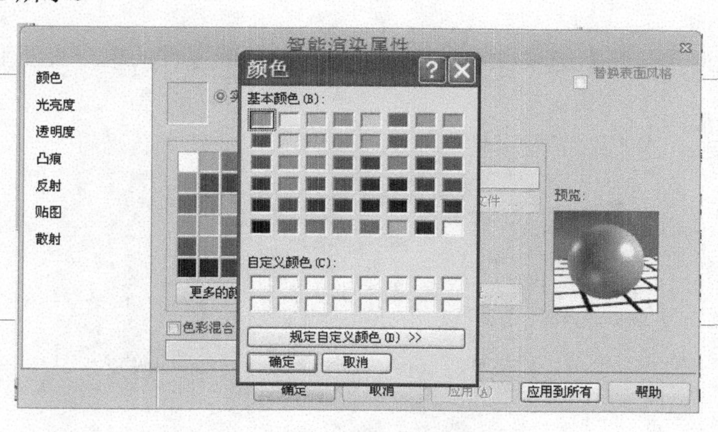


图 6-151　【颜色】对话框

调好颜色后，单击【添加到自定义颜色】按钮，可生成自定义颜色。

单击【确定】按钮，返回首页。此时，自定义颜色将显示在实体颜色选项旁边的空白处和预览区域的某个范围内。

单击【确定】按钮，即可将颜色应用到选中的表面上。

2)　应用图像材质

如果选中【颜色】选项设置界面中的【图像材质】单选按钮，可以直接赋予零件或表面各种图像材质，但由于图像的真实感和零件的外形有关，所以必须确定图像投影方式。

为进一步了解图像投影，可从二维图像的观测角度考虑纹理、凸痕样式或贴图在三维实体上的效果。将二维图像想象成许多可任意弯曲的薄皮，从而能够进行各种变形，然后再将其应用到零件表面上。采用长方体、圆柱体和球体组合的图像和零件。

### 2. 透明度

【透明度】选项设置界面如图 6-152 所示，从中设置相关属性后，可生成能够看穿的对象。例如，在生成机加工中心的窗口时，可以通过设置透明度来使窗口透明。

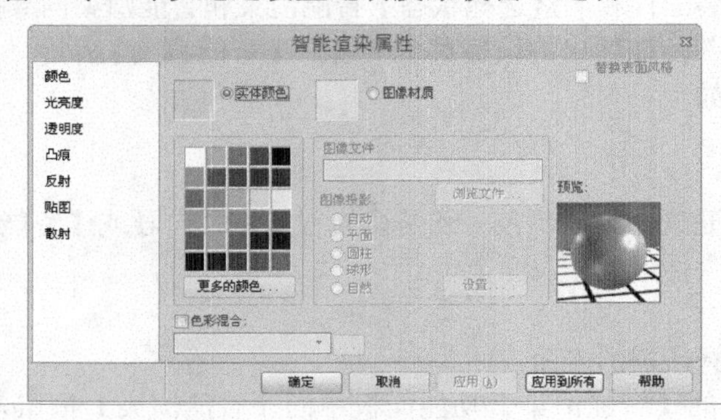


图 6-152　【透明度】选项设置界面

### 3. 凸痕

为了体现真实感，在 CAXA 实体设计中某些表面是光滑的，有些表面则有凸痕，从而使粗糙度表面得以突出显示。

如图 6-153 所示为【凸痕】选项设置界面，用来在零件或零件的单一表面上生成凸痕状外观，以增加立体感和真实感。

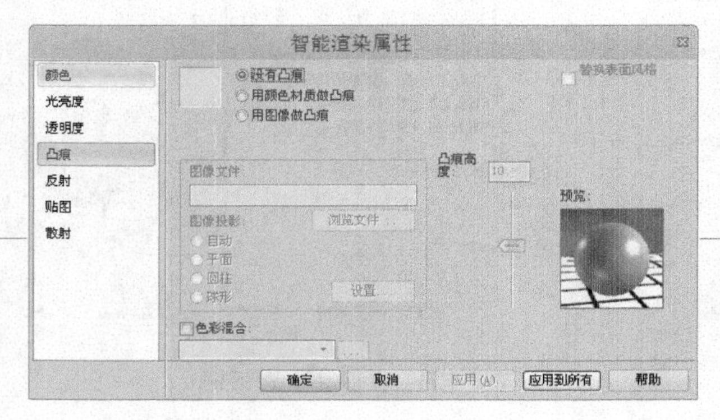


图 6-153　【凸痕】选项设置界面

也可采用智能渲染向导生成凸痕渲染效果；此外还可通过单击【显示】选项卡的【智能渲染】功能面板中的【凸痕】按钮，利用移动凸痕工具在零件上编辑方位和尺寸。

4. 反射

对零件应用反射效果，可使零件具有金属质感，更加逼真。

如图 6-154 所示为【反射】选项设置界面，利用其中的选项可以模拟零件或表面上的反射。要实现真正的反射(其中包括设计环境内四周的对象)，需在【设计环境属性】对话框的【渲染】选项设置界面的【真实感渲染】选项组中选中【光线跟踪】复选框(选择【设置】|【真实感】菜单命令，打开【设计环境属性】对话框)。

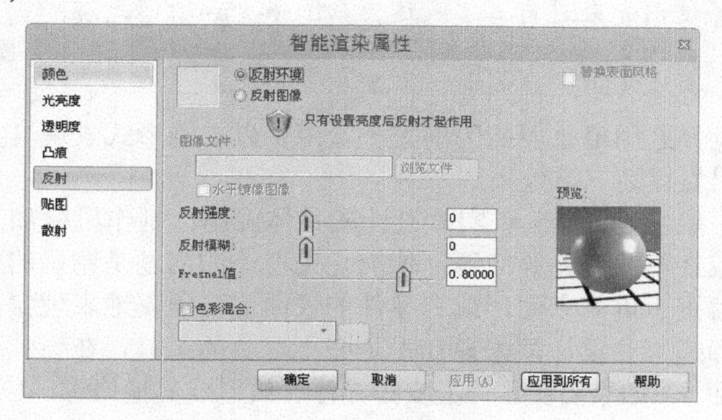


图 6-154　【反射】选项设置界面

5. 贴图

贴图与纹理一样，贴图是由图像文件中的图像生成的。但是它与纹理的不同之处在于贴图图像不能在零件表面上重复。应用贴图时，只有图像的一个副本显示在规定表面上。CAXA 实体设计有一个贴图设计元素。用户可以使用拖放的方法或者智能渲染向导来应用这些贴图。当用户使用智能渲染应用贴图时，零件表面保留原颜色；当用户将贴图从贴图设计元素库中拖出并将其放到零件表面上时，零件的表面颜色将变为贴图的背景色。除了这一点不同之外，这两种方法产生相同的结果。

6. 散射

应用散射属性，可以使零件或表面看起来散射光。

在零件或表面编辑状态下右击零件或表面，在弹出的快捷菜单中选择【智能渲染】命令，然后在弹出的【智能渲染属性】对话框中切换到【散射】选项设置界面，即可对散射属性进行设置。拖动【散射度】滑块，可以调整发光的强度，或直接在其文本框中输入 0～100 之间的数值。该值越大，散射的光就越强，如图 6-155 所示。

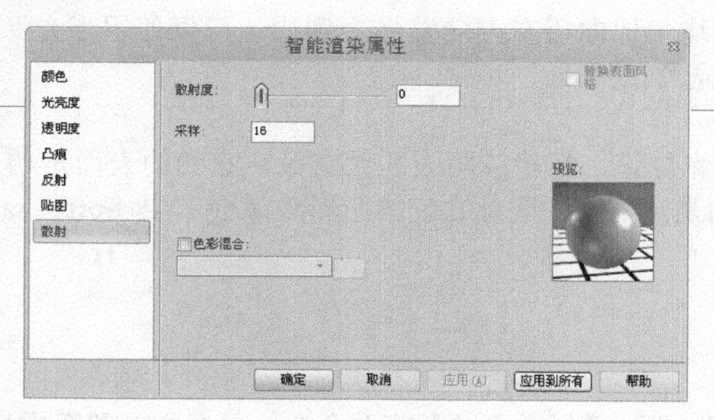


图 6-155　【散射】选项设置界面

## 6.5.3 光源与光照

**行业知识链接：**为了满足机械产品性能的高要求，在机械设计中大量采用计算机技术进行辅助设计和系统分析，同样地，渲染也要使用计算机模拟运算，并使用光来进行真实表达。如图 6-156 所示是渲染的有限元分析模型。

图 6-156 有限元分析模型

光束是二维和三维世界之间最重要的区别之一。由于以二维形式表现真实三维世界这种做法本身的限制，提供光照可以明显提高三维效果。

是否使用光照技巧，取决于 CAXA 实体设计的具体应用。制作机械加工零件的图样的工程师，或金属预制件的厂商，或许不关心光照问题，他们优先考虑的问题是精确的尺寸限定和准确的角度。不过，如果用户的需要偏重于审美方面，或者零件的表面需要逼真地表现实际情况，光照就变得尤为重要。光照对建筑设计师或工业设计师来说几乎是必不可少的工具，在设计环境光照时，应该尽量使用符合人们习惯的一些规则，如果要在零件上安排光泽、纹理或其他修饰，应该考虑光照问题，因为颜色是光的反射和吸收的结果。如果零件不需要颜色和其他的表面修饰，或许就不需要关心光照的问题。

**1. 光的种类**

CAXA 实体设计使用 4 种光来改善三维设计环境的外观和氛围。

1) 平行光

使用平行光在单一的方向上进行光线的投射和平行线照明。平行光可以照亮它在设计环境中所对准的所有组件。尽管平行光在设计环境中同对象的距离是固定的，但仍可以拖动它在设计环境中的图标来改变它的位置和角度。平行光存在于所有预定义的 CAXA 实体设计设计环境模板中，尽管它们的数量和属性可能不同。

2) 聚光源

聚光源在设计环境或零件的特定区域中，显示一个集中的锥形光束。CAXA 实体设计的聚光源可以用来制造戏剧性的效果。用户可以用它在一个零件中表现实际的光源，如汽车的大灯。和平行光不同，使用鼠标拖动，或使用三维球工具移动/旋转聚光源，可以自由地改变它们的位置，而没有任何约束。也可以选择将聚光源固定在一个图素或零件上。

3) 点光源

点光源是球状光线，均匀地向所有方向发光。例如，可以使用点光源表现办公室平面图中的光源。它们的定位方法与聚光源相同。

4) 区域灯光

在实际生活中类似荧光灯管、灯箱或阴天的天空等，它们的表面是通体发光的(也可以看成是许多的点光源)，它们发出的是漫射光，因此它们的阴影边缘会产生 Soft Shadow(半影)，这种灯光才比较真实。

**2. 光源设置**

1) 插入和显示光源

插入光源时，选择【生成】|【插入光源】菜单命令，鼠标指针即变成光源图标。在设计环境中放

置光源的地方单击，弹出【插入光源】对话框。选用一种光源，单击【确定】按钮，弹出【光源向导】对话框，跟随向导依次设置相应参数后，单击【完成】按钮。

在默认状态下，虽然设置的光源产生了光照效果，但系统会将设计环境中的光源隐藏。如果要显示光源，单击【显示】选项卡的【渲染器】功能面板中的【显示光源】按钮，即可显示设计环境中的所有光源。

2) 调整光源

为了满足渲染设计的要求，有时需要进一步调整光源的方位。调整方法有以下 3 种。

(1) 拖动平行光源的图标，可调整照射角度，但不能改变光源与渲染对象之间的距离；拖动聚光源和点光源的图标，只改变位置。

(2) 使用三维球可移动或旋转聚光源和点光源，但旋转点光源毫无意义。

(3) 使用光源属性对话框可以精确地修改聚光源和点光源的方位。右击设计环境中的光源，或者单击设计树中展开的光源图标，在弹出的快捷菜单中选择【光源属性】命令，在弹出的对话框中切换到【位置】选项设置界面，从中设定方位参数。

3) 复制和链接光源

与智能图素一样，用户可以复制和链接 CAXA 实体设计中的聚光源和点光源。如果需要两个相同的光源(如作为汽车大灯)，该功能相当有用。

4) 关闭或删除光源

关闭光源时，右击要关闭的光源图标，在弹出的快捷菜单中选择【取消】命令即可。删除光源时，右击要删除的光源，在弹出的快捷菜单中选择【删除】命令即可。

### 3. 调整光照

1) 用光源向导调整光照

右击设计环境中的光源，或者右击设计树中展开的光源图标，在弹出的快捷菜单中选择【光源向导】命令，即可利用弹出的【光源向导】对话框调整光照。

聚光源的光源向导包括 3 个对话框，其他光源为两个对话框。第一个对话框用于调整光源亮度和颜色，第二个对话框用于设置阴影，第三个对话框用于调整聚光源光束角度及光束散射角度，如图 6-157 所示。

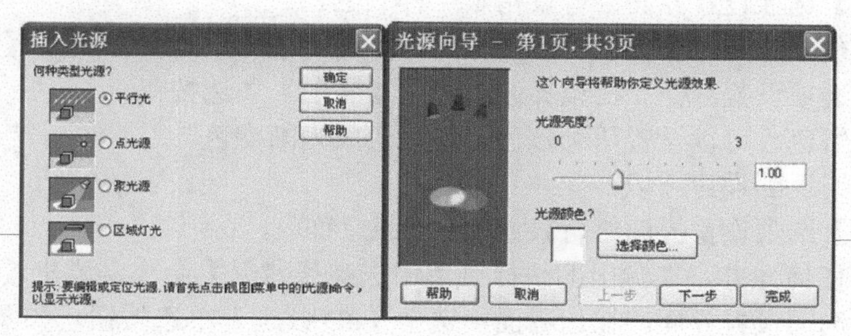


图 6-157 光源向导

2) 更改光源属性调整光照

右击设计环境中的光源，或者右击设计树中展开的光源，在弹出的快捷菜单中选择【光源属性】命令，4 种光源会出现不同名称的对话框。

切换到【光源】选项设置界面，利用其中各选项调整光照。

#### 4. 设计环境渲染

设计环境渲染是指综合利用背景设置、雾化效果和曝光设置渲染零件或产品的周围环境，使图像在此环境的衬托下更加形象逼真。

在功能区【显示】选项卡的【渲染器】功能面板中单击【渲染】按钮，弹出【设计环境属性】对话框，该对话框包含【背景】、【真实感】、【渲染】、【显示】、【视向】、【雾化】和【曝光度】选项设置界面，如图 6-158 所示。

1) 背景

使用【设计环境属性】对话框中的【背景】选项设置界面，也可设置或修改背景的渲染属性。右击设计环境中的空白区域，在弹出的快捷菜单中选择【背景】命令，弹出【设计环境属性】对话框，并显示【背景】选项设置界面，如图 6-159 所示。

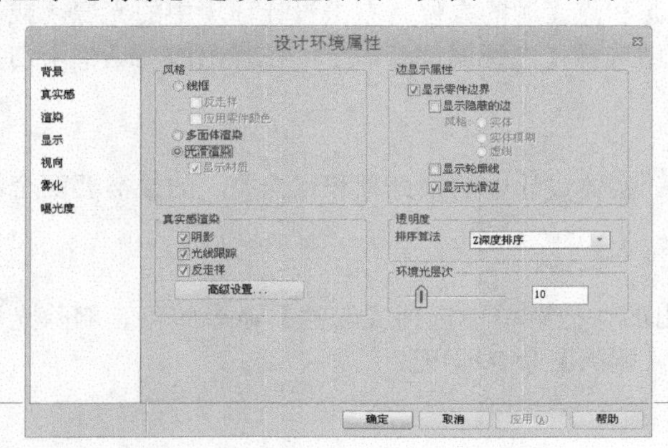


图 6-158 【设计环境属性】对话框

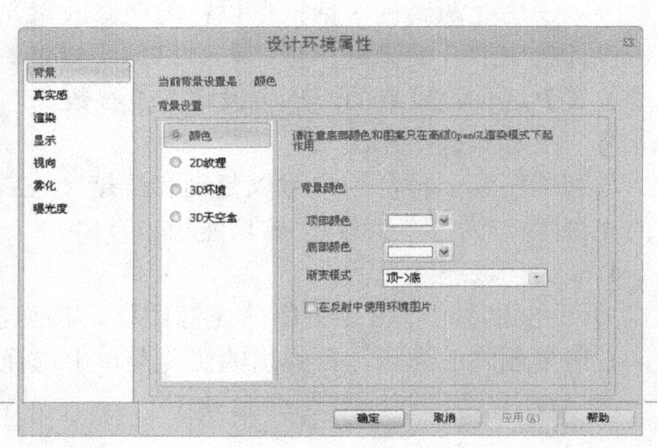


图 6-159 【背景】选项设置界面

在 CAXA 实体设计中设置背景的方法多种多样，选择合适的背景，可以更好地展示设计模型。

(1) 使用设计元素向设计环境背景分配颜色或纹理。

可以从 CAXA 实体设计的背景、颜色等设计元素库中，拖曳颜色或图案到设计环境的背景中，对背景进行自定义，操作方式同使用图素和零件表面一样。

(2) 使用【背景】选项设置界面为背景指定一种颜色。

右击设计环境的任何地方，在弹出的快捷菜单中选择【背景】命令，弹出【设计环境属性】对话框，并显示【背景】选项设置界面。在该界面中选中【颜色】单选按钮。

设置顶部和底部颜色。可以设置两种颜色，使背景成为渐变色。

单击【确定】按钮返回设计环境。

(3) 使用【背景】选项设置界面给背景添加 2D 图像纹理。

右击设计环境的任何地方，在弹出的快捷菜单中选择【背景】命令，弹出【设计环境属性】对话框，并显示【背景】选项设置界面。在该界面中选中【2D 纹理】单选按钮，如图 6-160 所示。

为设计环境背景选择一种纹理或其他图形图像。在【图像】选项组中，输入图形图像的名称，或单击【浏览】按钮，找到需要的图像文件。

从下列各项中选择需要的纹理显示选项。

【光顺】复选框：消除背景图像的粗糙感。

【曝光度】下拉列表框：移动滑尺调整曝光强度。

【伸展填满】选项：将一种图形图像拉伸后，覆盖整个背景。如果图像的高宽比同显示窗口的高宽比不一致，则会失真(默认设置)

【固定长宽比和位置】选项：图像的高度同宽度成比例，从而减少失真。如果需要，CAXA 实体设计也可以修剪图像，使它适合显示窗口而不会出现失真。

【重复填满】选项：制作多种图像，铺满整个背景。

(4) 使用【背景】选项设置界面给背景添加 3D 环境。

在【背景】选项设置界面中，选中【3D 环境】单选按钮，如图 6-161 所示。单击【浏览】按钮，找到合适的 3D 背景。需要注意的是，这里只能贴“hdr”格式的文件。

设置好 3D 环境后，旋转实体，则背景也旋转变换，模拟实体在真实环境中的情景。

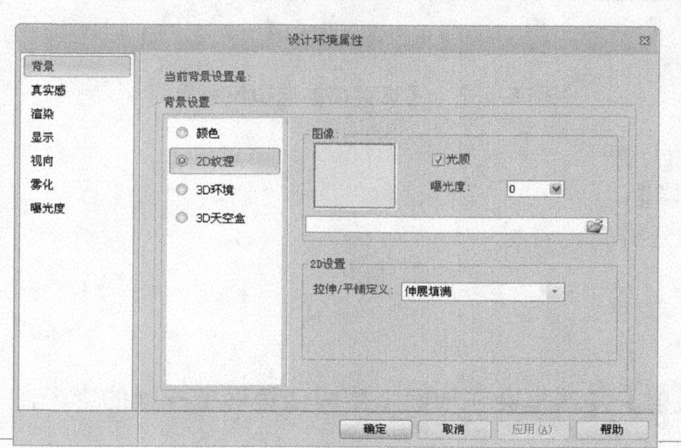


图 6-160 【背景】选项设置界面

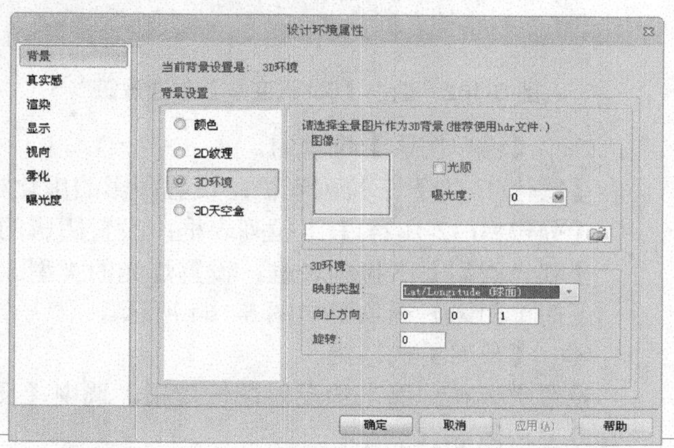


图 6-161 选中【3D 环境】单选按钮

(5) 使用【背景】选项设置界面给背景添加 3D 天空盒。

在【背景】选项设置界面中，选中【3D 天空盒】单选按钮，如图 6-162 所示。设置 3D 天空盒后，对设计环境进行动态旋转时，可以看到一个 3D 背景一起旋转，产生 3D 空间的视觉效果。

单击【浏览】按钮，可找到合适的 3D 天空盒。需要注意的是，这里只能贴特定格式的文件。

2) 真实感

在【真实感】选项设置界面可以对渲染效果和效率进行设置，如图 6-163 所示。

(1) 【性能设置】。

【为实体设计设定最佳设置】：实体会根据显卡的性能进行设置，达到最优显示效果和效率。

【最佳效果】选项：所有的选项都设置。增加一项渲染效果，效率降低 40%~50%。

【最佳性能】选项：设置达到最高效率，只选择很少的选项。

【使用我的定制设置】选项：可以自己定制一些设置。

(2) 【地面】选项组。

指定一个地面，用于投射阴影和反射的效果。可选中【YZ 平面(X=0)】、【XZ 平面(Y=0)】或【XY 平面(Z=0)】单选按钮，也可以选中【总是校正到模型的最下方】复选框，此时以最低端零件的边缘确定地面。

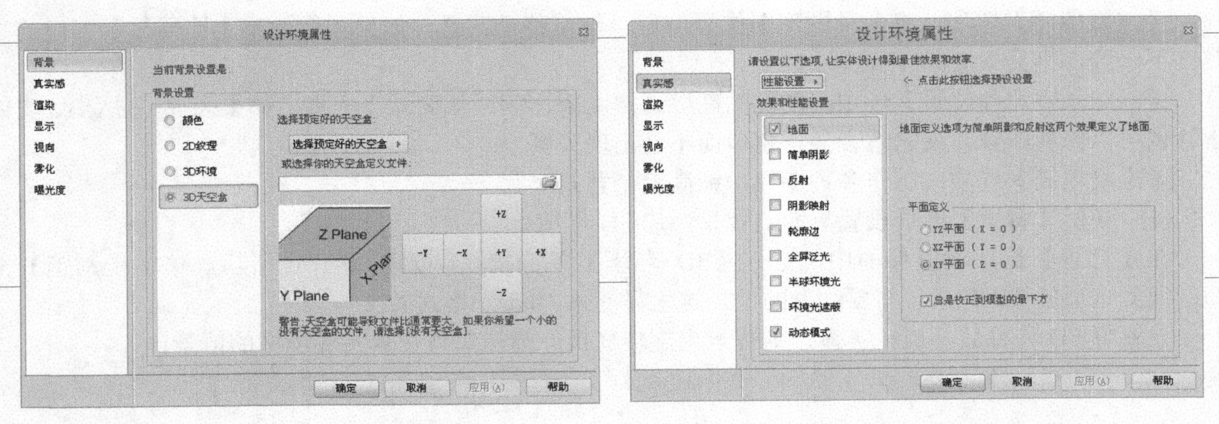


图 6-162　选中【3D 天空盒】单选按钮　　　　图 6-163　【真实感】选项设置界面

(3)　【简单阴影】选项组。

【软化(1-31)】下拉列表框：设置阴影的虚化程度。

【分辨率(32-1024)】下拉列表框：设置阴影的分辨率。

【灯光类型】下拉列表框：设置灯光的类型。

【简单阴影】选项组如图 6-164 所示。

(4)　【反射】选项组。

设置实体在地面上的反射图像效果，选中【反射】复选框会在地面上生成像镜面上一样的影子，参数设置如图 6-165 所示。

这些参数只有在进行高级 OpenGL/DirectX 渲染时才有效。

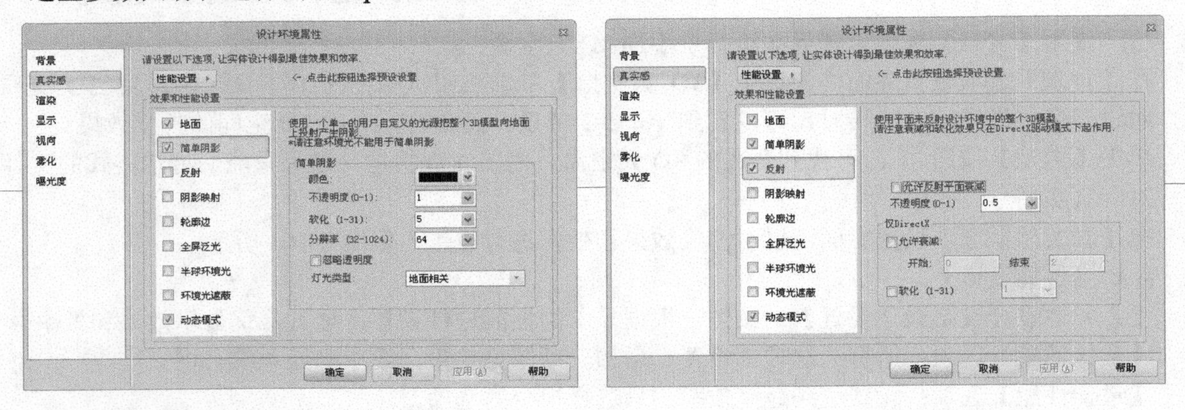


图 6-164　【简单阴影】选项组　　　　图 6-165　【反射】选项组

(5)　【阴影映射】选项组。

把实体的阴影投射到其他零件上去。可通过设置分辨率、采样和是否抖动来调整效果。分辨率越高，阴影越清晰，选中【抖动】复选框可使阴影更整齐，如图 6-166 所示。

(6)　【轮廓边】选项组。

选中【加粗】复选框，可以使边缘变粗，增强实体效果，如图 6-167 所示。

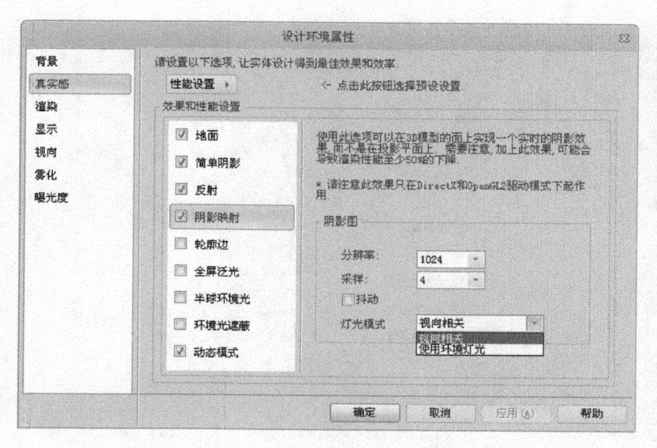


图 6-166 【阴影映射】选项组

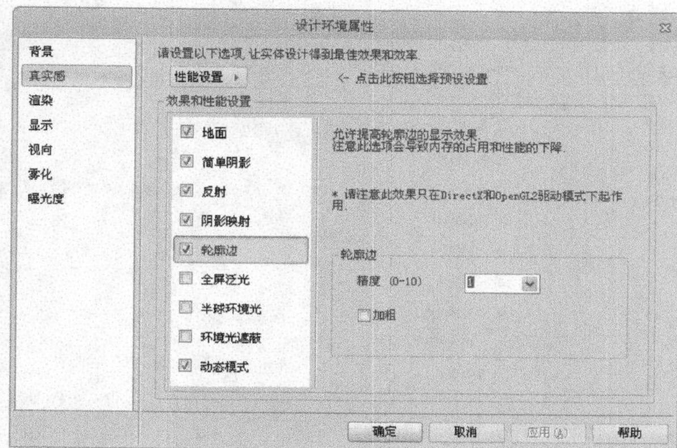


图 6-167 【轮廓边】选项组

(7) 【全屏泛光】选项组。

依赖设计环境中的光源产生阴影。这将考虑实际设计环境中的光源产生阴影，阴影也将更加复杂而真实。图形中可以设置阴影的微小形状，如图 6-168 所示。

(8) 【半球环境光】选项组。

在这里可以设置两种颜色光线，使之在设计环境中渐变，达到一种特殊灯光氛围效果。

渲染中的环境光强度决定这里光线的强度，如图 6-169 所示。

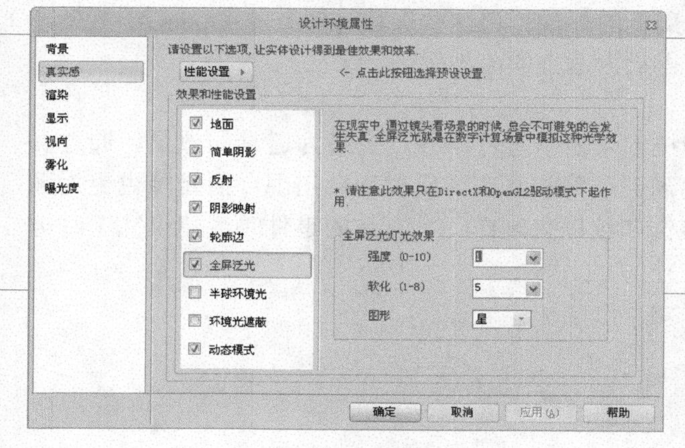


图 6-168 【全屏泛光】选项组

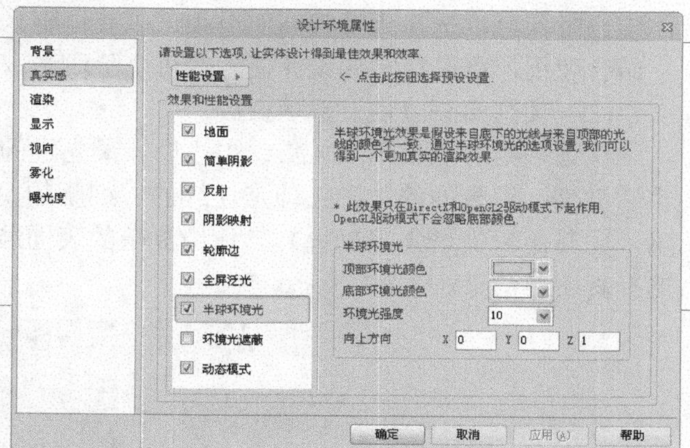


图 6-169 【半球环境光】选项组

(9) 【环境光遮蔽】选项组。

选中【环境光遮蔽】复选框后，在生成阴影以及亮度计算时会考虑实体之间的遮挡和反射效果，还可以设置环境光的遮蔽强度，如图 6-170 所示。

(10) 【动态模式】选项组。

在视向改变时禁用一些真实感效果，从而降低渲染效果，提高速度，如图 6-171 所示。帧频相当于视向改变的速率，如果小于这个速率，也就是比这个设置速率慢时就不会简化渲染效果。

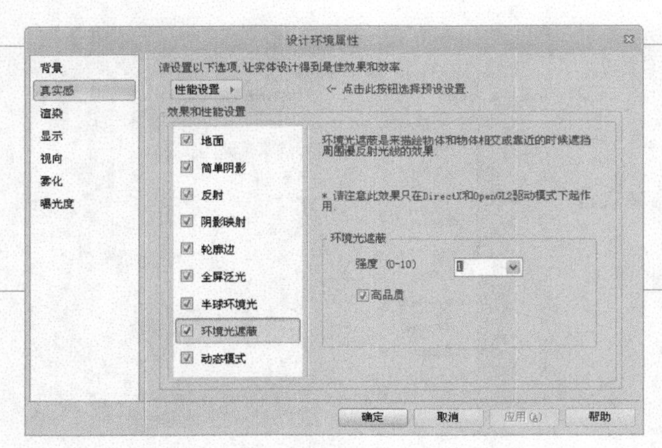


图 6-170　【环境光遮蔽】选项组

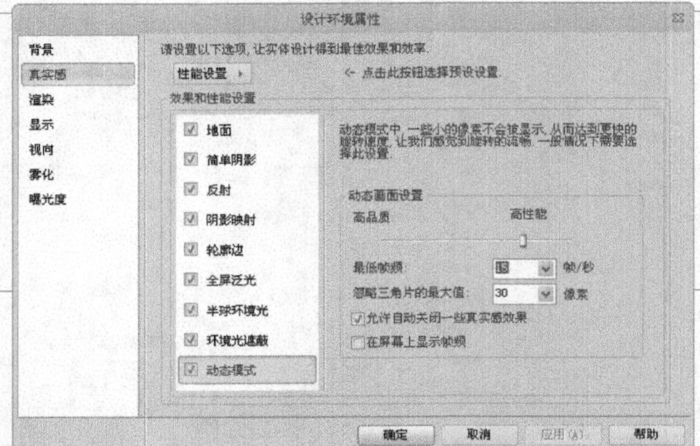


图 6-171　【动态模式】选项组

3)　渲染

用户可以在【设计环境属性】对话框的【渲染】选项设置界面对渲染方式进行定义。除设置 OpenGL 选项外，CAXA 实体设计还提供了其他选项，来定义设计环境的【渲染】选项设置界面的渲染风格，如图 6-172 所示。

(1)　【风格】选项组。

在零件的结构建模阶段，推荐选择较为简单的渲染方法以节省时间。在完成零件结构设计进入表面装饰时，可以选择质量较高的渲染，以获得更为逼真的外观。将这些选项与现有的 OpenGL 渲染技术结合使用，可以在零件设计任务的每个阶段都取得最为适宜的渲染效果。

(2)　【真实感渲染】选项组。

该选项组可以使用 CAXA 实体设计最先进的技术来显示零件，并产生最为逼真的效果。通过真实感渲染，沿表面的阴影处理是连续的、细腻的。表面凸痕和真实的反射都会出现，而光照也更为准确，尤其是对光谱强光来说。当使用复杂的表面装饰和纹理来制作一个复杂的零件时，建议完工时再选择真实感渲染。

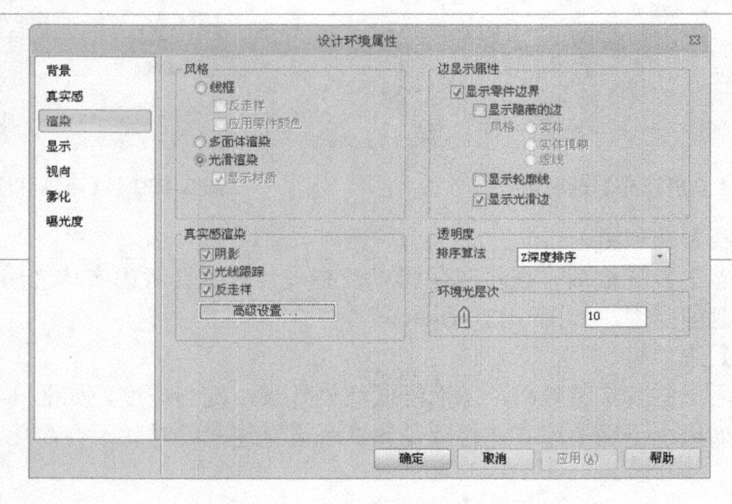


图 6-172　【渲染】选项设置界面

(3) 【边显示属性】选项组。

该选项组可以显示零件表面边缘上的线条，使用户更好地观看边缘和表面。系统默认选中【显示零件边界】复选框。

(4) 【透明度】选项组。

在该选项组的【排序算法】下拉列表框中，可以选择【Z 深度排序】、【深度剥离】、【画家算法】或【无】选项。系统默认为【Z 深度排序】选项。

(5) 【环境光层次】选项组。

环境光是为整个三维设计环境提供照明的背景光。环境光可以改变阴影、强光和与设计环境有关的其他特征。环境光并不集中于某个具体的方向。拖动滑块，可以对环境光水平进行调整。要提高环境光水平，可将滑块向右拖动，可以使前景物体更加明亮。

4) 显示

在【设计环境属性】对话框中切换到【显示】选项设置界面，如图 6-173 所示。

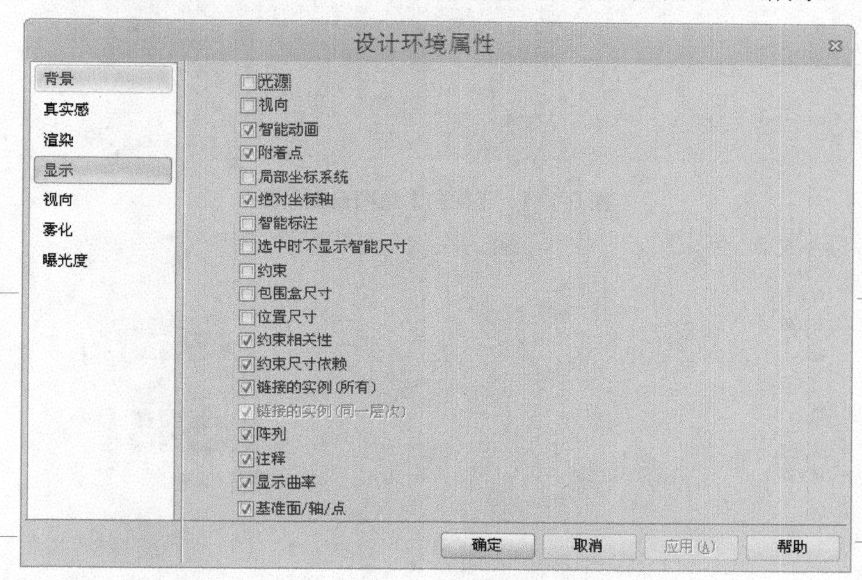


图 6-173 【显示】选项设置界面

【显示】选项设置界面中选项的作用类似于【显示】菜单中命令的作用，用于设置在设计环境中显示的元素。例如，默认状态下是不显示光源的，如果选中【光源】复选框，则设计环境中会显示存在的光源。【显示】选项设置界面与【显示】菜单是互动的，改变其中一个，另一个也随之改变，总是保持一致。

5) 视向

在【设计环境属性】对话框中切换到【视向】选项设置界面，如图 6-174 所示。在该选项设置界面可设置当前视向的投影、角度和位置等。更改这些属性，就会更改当前的视向位置。还可以更改景深和全景模式。

6) 雾化

利用 CAXA 实体设计提供的雾化渲染技术，可在设计环境中生成云雾朦胧的景象。添加雾化效果时，右击设计环境的空白区域，在弹出的快捷菜单中选择【雾化效果】命令，弹出【设计环境属性】对话框，并显示【雾化】选项设置界面，如图 6-175 所示。在【雾化】选项设置界面，选择所需的雾化效果，并设定有关参数。然后单击【确定】按钮返回设计环境。

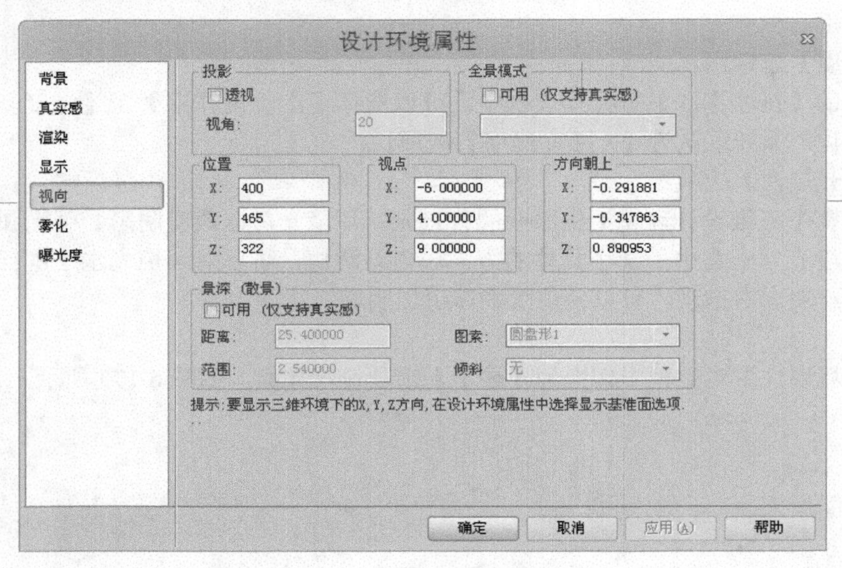


图 6-174 【视向】选项设置界面

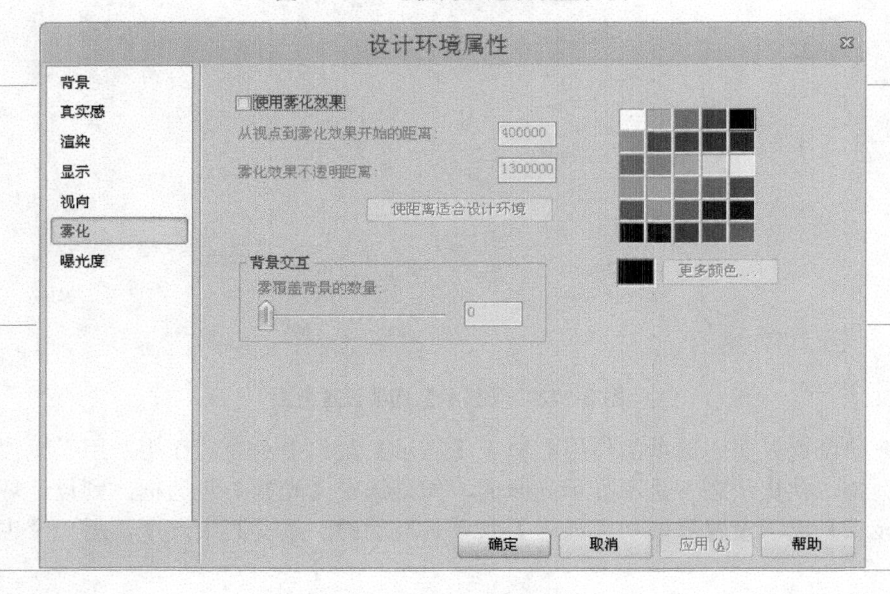


图 6-175 【雾化】选项设置界面

7) 曝光度

设计环境的曝光设置由亮度、对比度和灰度组成，调整的方法和电视机相似。调整设计环境中的亮度和对比度，可以改进其内容的整体外观。这些效果在使用衰减光源时尤其重要。右击设计环境中的任何地方，在弹出的快捷菜单中选择【曝光度】命令，弹出【设计环境属性】对话框，并显示【曝光度】选项设置界面，如图 6-176 所示。

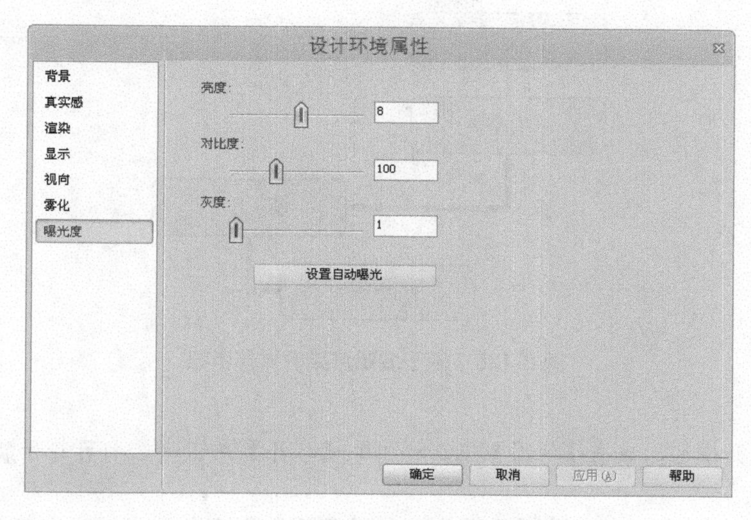


图 6-176　【曝光度】选项设置界面

## 课后练习

案例文件： ywj\06\04.ics

视频文件： 光盘\视频课堂\第 6 教学日\6.5

本节课后练习对轮子装配模型进行渲染操作，渲染的目的是使模型比较真实地显示，以便后续的观察和设计。如图 6-177 所示是完成的轮子装配模型渲染。

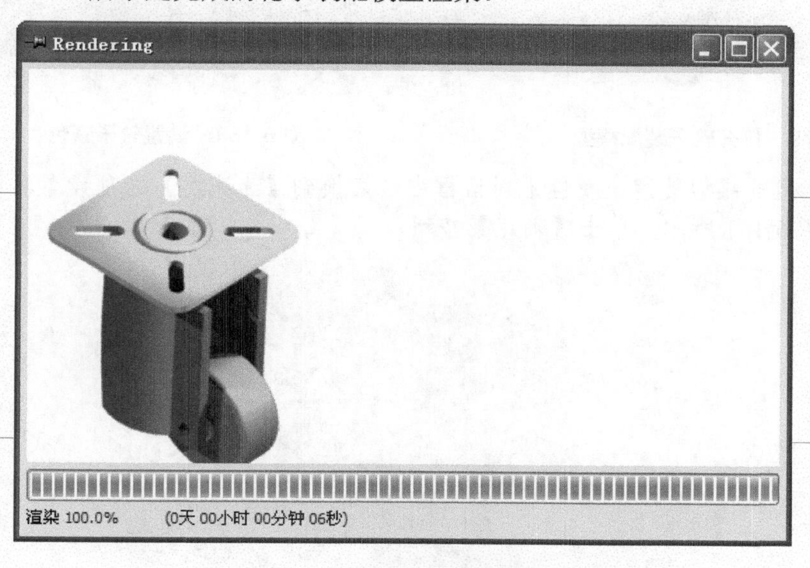


图 6-177　完成的轮子装配模型渲染

本节案例主要练习轮子装配模型的渲染，在打开模型后，首先设置材质，之后进行光源设置，完成后开始渲染。轮子装配渲染的思路和步骤如图 6-178 所示。

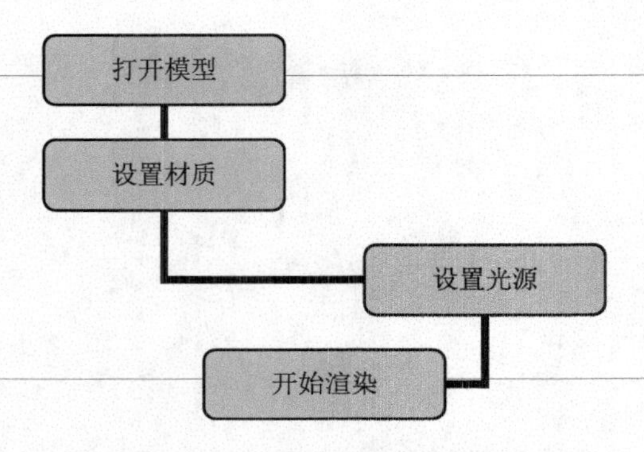


图 6-178　轮子装配渲染的操作步骤

案例操作步骤如下。

step 01 首先打开模型，单击【标准】工具栏中的【打开】按钮，打开轮子装配模型，如图 6-179 所示。

step 02 之后设置材质，选择轮子零件，单击【显示】选项卡的【智能渲染】功能面板中的【智能渲染】按钮，弹出【智能渲染属性】对话框中，设置颜色为黑色，如图 6-180 所示。

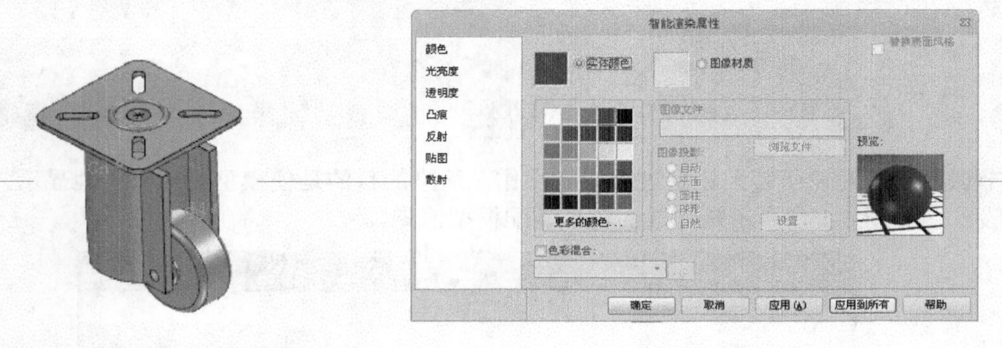


图 6-179　打开轮子装配模型　　　　图 6-180　设置轮子颜色

step 03 在弹出的【智能渲染属性】对话框中，切换到【光亮度】选项设置界面，设置模型光亮度，如图 6-181 所示，单击【确定】按钮。

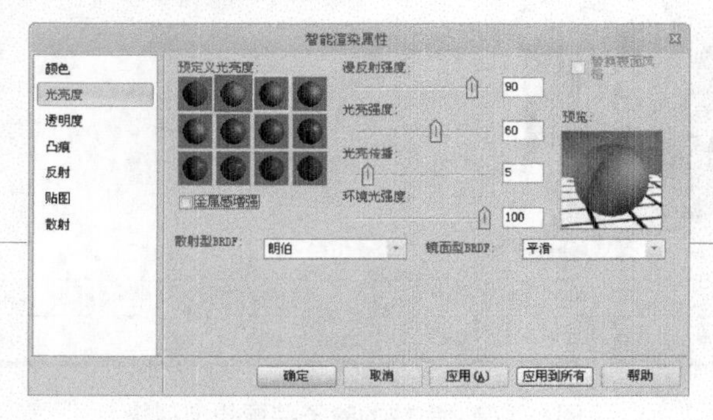


图 6-181　设置轮子光亮度

step 04 选择支架零件，在【显示】选项卡中单击【智能渲染】功能面板中的【智能渲染】按钮，弹出【智能渲染属性】对话框，设置颜色为绿色，如图 6-182 所示。

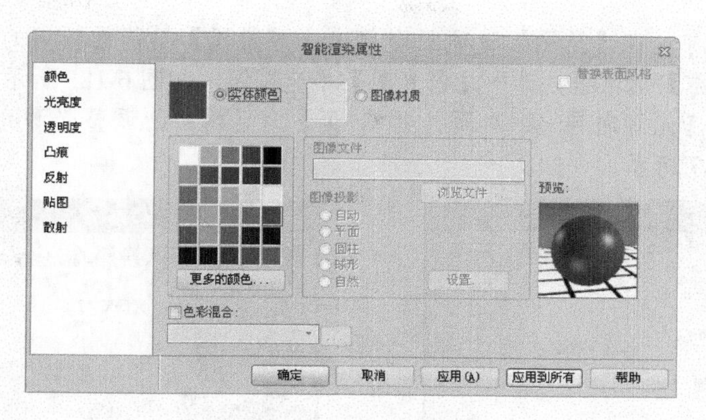


图 6-182　设置支架颜色

step 05 在【智能渲染属性】对话框中，切换到【光亮度】选项设置界面，设置模型光亮度，如图 6-183 所示，单击【确定】按钮。

step 06 完成颜色和光亮度设置的轮子模型如图 6-184 所示。

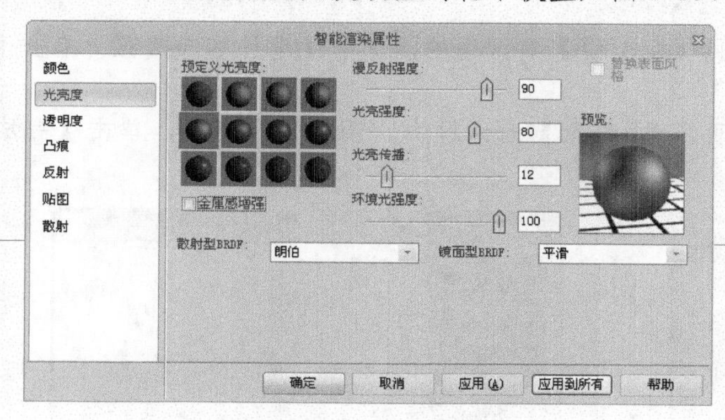


图 6-183　设置支架光亮度

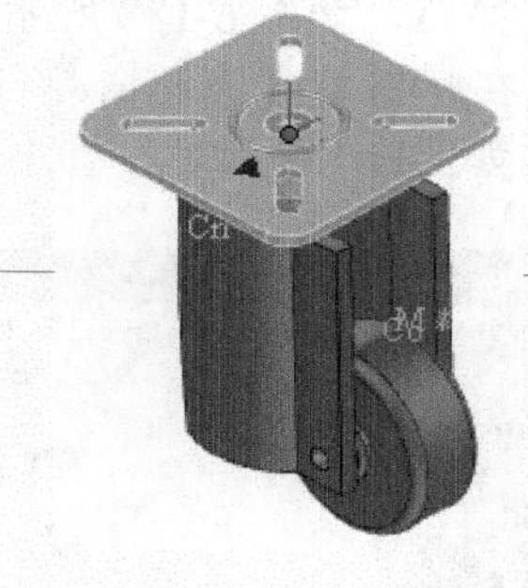

图 6-184　完成的轮子模型

step 07 在【显示】选项卡中单击【渲染器】功能面板中的【雾化效果】按钮，弹出【设计环境属性】对话框，切换到【雾化】选项设置界面，设置雾化效果，如图 6-185 所示。

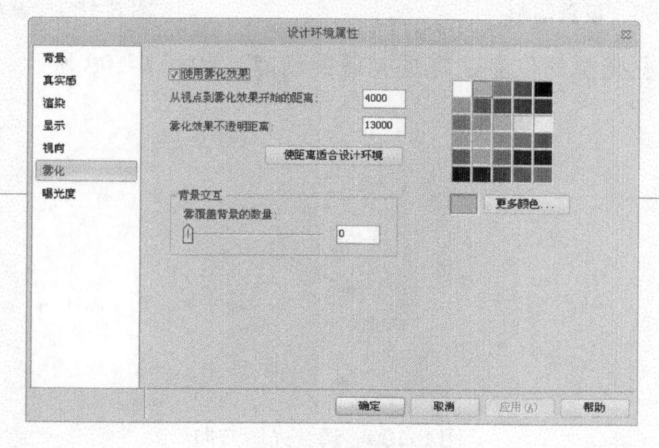


图 6-185　雾化设置

step 08 再设置光源，在【显示】选项卡中单击【渲染器】功能面板中的【插入光源】按钮，弹出【插入光源】对话框，选中【聚光源】单选按钮，如图 6-186 所示，单击【确定】按钮。

step 09 在弹出的【光源向导-第 1 页，共 3 页】对话框中，调整光源亮度，单击【下一步】按钮，如图 6-187 所示。

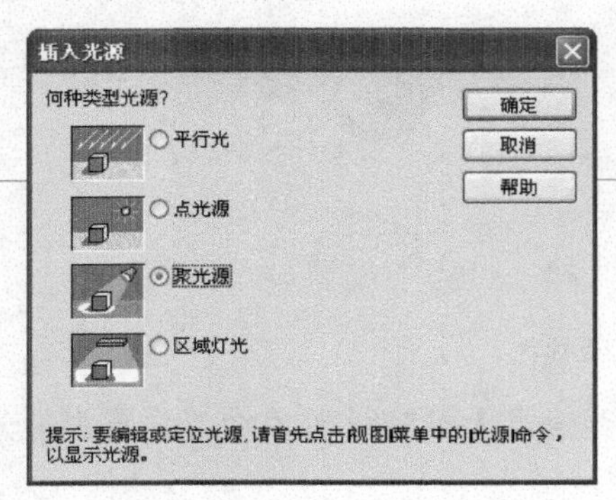


图 6-186　插入光源

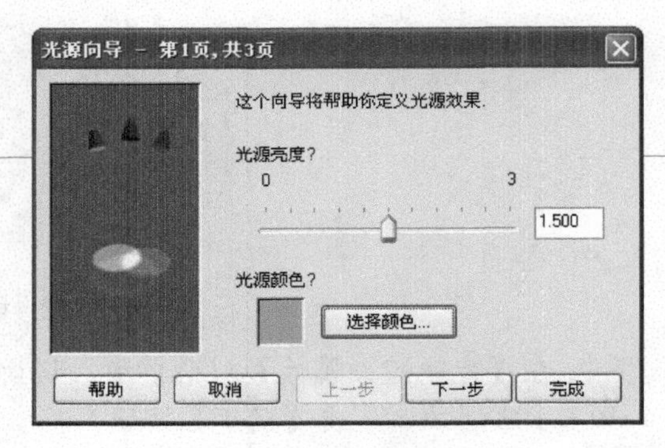


图 6-187　设置亮度

step 10 在弹出的【光源向导-第 2 页，共 3 页】对话框中，选中【是】单选按钮，单击【下一步】按钮，如图 6-188 所示。

step 11 在弹出的【光源向导-第 3 页，共 3 页】对话框中，调整光源角度，单击【完成】按钮，如图 6-189 所示。

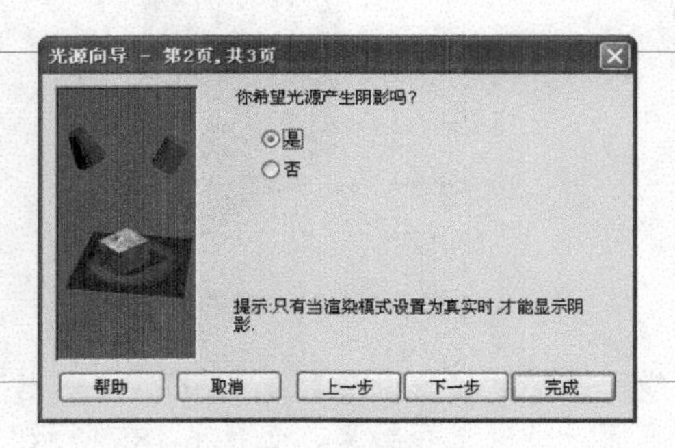


图 6-188　设置阴影

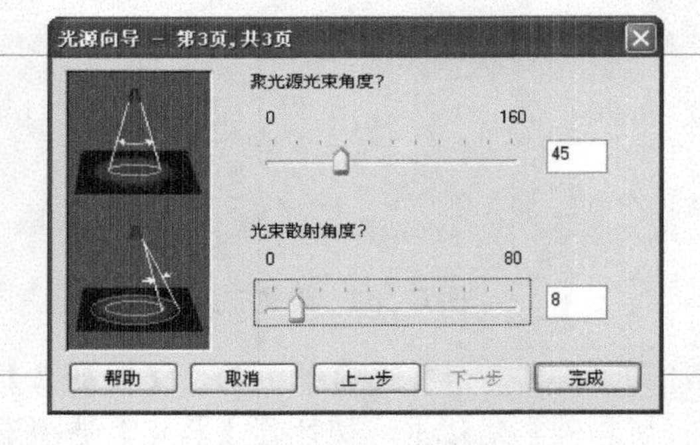


图 6-189　设置角度

step 12 在绘图区调整光源的位置，完成光源的创建，如图 6-190 所示。

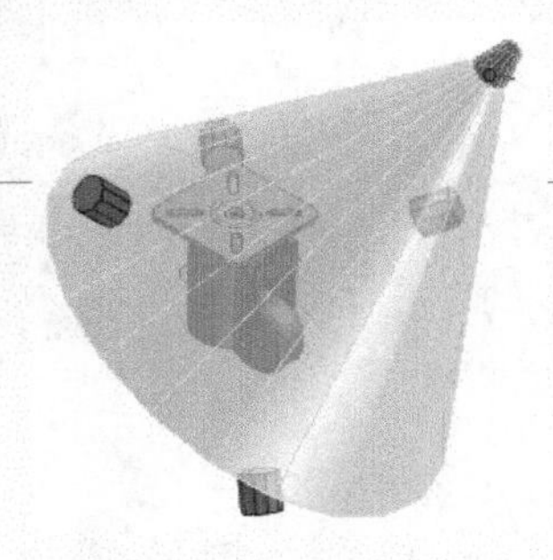

图 6-190　调整光源方向

step 13 单击【显示】选项卡的【渲染器】功能面板中的【实时渲染】按钮，对轮子装配模型进行渲染，如图 6-191 所示。

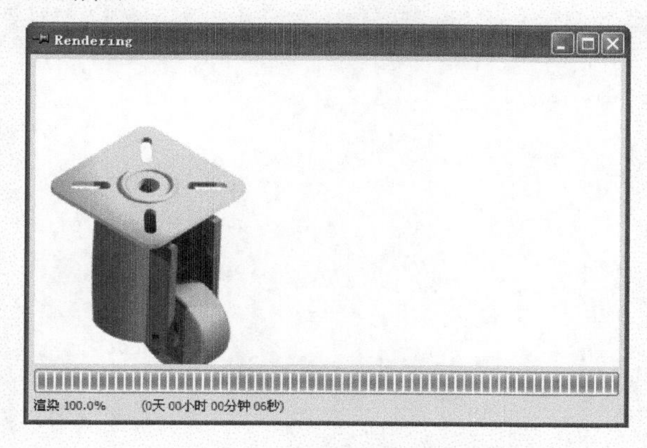


图 6-191　轮子装配模型实时渲染

**机械设计实践：**复杂的产品须先将若干零件装配成部件，称为部件装配；然后将若干部件和另外一些零件装配成完整的产品，称为总装配。产品装配完成后需要进行各种检验和试验，以保证其装配质量和使用性能；有些重要的部件装配完成后还要进行测试。如图 6-192 所示是固定件的装配爆炸图。

图 6-192　固定件爆炸图

## 阶段进阶练习

工业产品都是由若干个零件和部件组成的。按照规定的技术要求，将若干个零件接合成部件或将若干个零件和部件接合成产品的过程，称为装配。它一般包括装配、调整、检验和试验、涂装、包装等工作。CAXA 渲染是零件模型完成后进行展示的必要步骤。

本教学日介绍了 CAXA 的装配整个流程，包括装配入门、装配定位和装配检验，通过范例可以深入学习。

使用本教学日学过的各种命令来创建如图 6-193 所示的活塞装配模型。

练习步骤和方法如下。

(1) 创建子零件。

(2) 装配模型。

(3) 装配镜像复制等。

图 6-193　活塞装配模型

# 第7教学日

利用 CAXA 实体设计系统可以将构造好的三维零件或装配体，生成用二维方法表达的零件图或装配图，这些零件图或装配图又称为二维工程图或简称为工程图。本教学日内容主要包括：零件或装配模型创建后的图纸创建，使用图纸模块快速生成需要的图纸等。

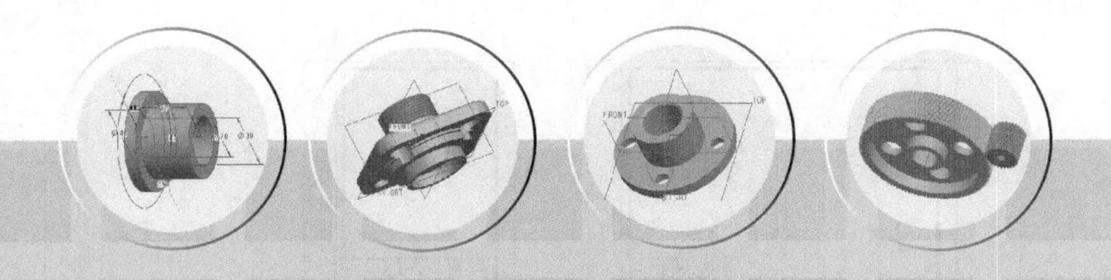

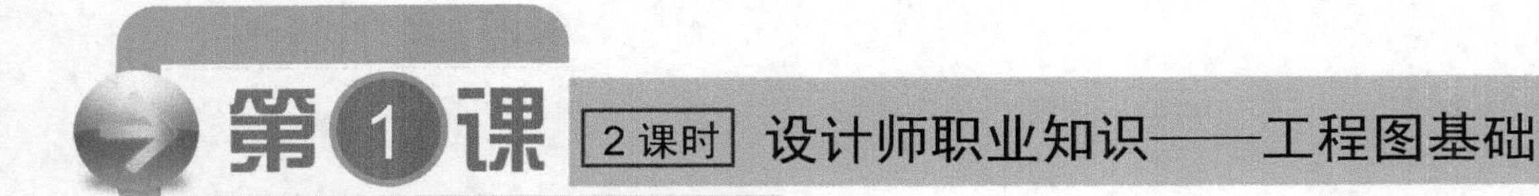


## 7.1.1 工程图基础

本节主要讲述机械制图中图纸幅面、比例、字体、图线、剖面符号、图样表达、尺寸标注、简单机械图样画法等的基本要求和规定。了解机械制图中国家标准的有关规定，掌握识图中的各种注意事项，便能够读懂基本的零件图、装配图，以及绘制简单的零件图。

### 1. 图纸幅面

(1) 绘制图样时，应优先采用表 7-1 中规定的图号，各图号幅面按约二分之一的关系递减。

表 7-1 幅面大小表

| 幅面代号 | | A0 | A1 | A2 | A3 | A4 |
|---|---|---|---|---|---|---|
| 宽(*B*)×长(*L*) | | 841×1189 | 594×841 | 420×594 | 297×420 | 210×297 |
| 边框 | *c* | 10 | | | 5 | |
| | *a* | 25 | | | | |
| | *e* | 20 | | 10 | | |

(2) 图纸应画有图框，其格式如表 7-1 所示。上面两图为留有装订边的图框格式，下面两图为不留装订边的图框格式。在图纸上必须用粗实线画出图框。

(3) 为了绘制的图样便于查阅和管理，每张图纸都必须有标题栏。标题栏应位于图框的右下角，看图方向应与标题栏方向一致。标题栏一般由更改区、签字区、名称及代号区、其他区组成，也可按实际需要增加或减少。

(4) 在装配图中一般应有明细栏，其一般配置在装配图中标题栏的上方，按自下而上的顺序填写。明细栏一般由序号、代号、名称、数量、材料、质量(单件、总计)、分区、备注等组成，也可按实际需要增加或减少。

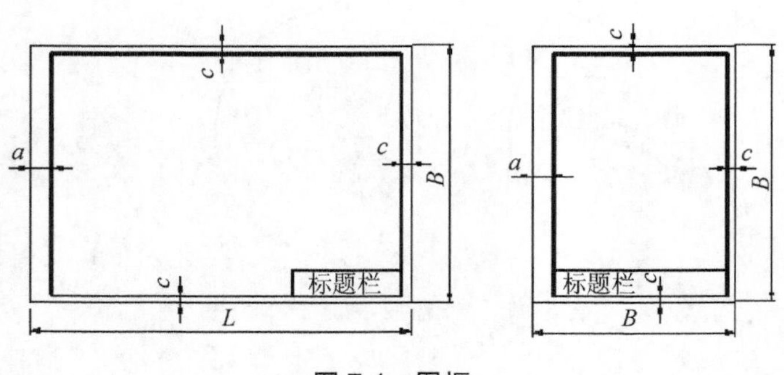


图 7-1 图框

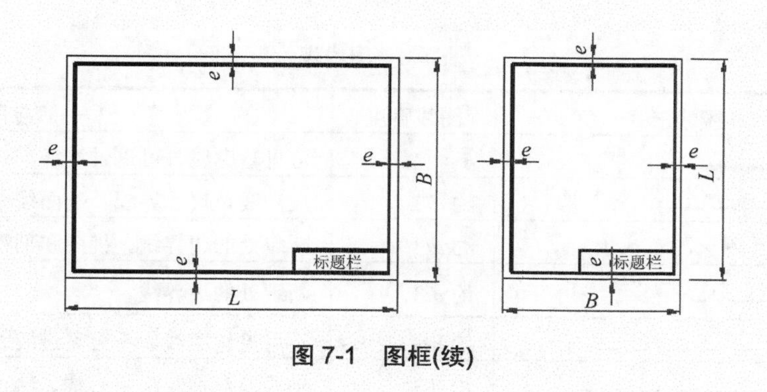


图 7-1　图框(续)

## 2. 比例

绘制图样时所采用的比例为图样中机件要素的线性尺寸与实际机件相应要素的线性尺寸之比，即图形的大小与机件的实际大小之比。

绘制图样一般采用表 7-2 中规定的比例。

表 7-2　比例表

| 种　类 | 比例(注：n 为正整数) | | |
|---|---|---|---|
| 原值比例 | 1∶1 | | |
| 放大比例 | 5∶1 | 2∶1 | |
| | 5×10n∶1 | 2×10n∶1 | 1×10n∶1 |
| 缩小比例 | 1∶2 | 1∶5 | 1∶10 |
| | 1∶2×10n | 1∶5×10n | 1∶1×10n |

**注意：**(1)　绘制同一机件的各个视图应采用相同的比例，并在标题栏的比例栏中填写。当某个视图需要采用不同的比例时，必须另行标注。

(2)　当图纸中孔的直径或板的厚度等于或小于 2mm 以及斜度和锥度较小时，可不按比例而夸大画出。

(3)　画图时比列不可随意确定，应按照上表选取，尽量采用 1∶1 的比例画图。

(4)　图样不论放大或缩小，图样上标注的尺寸均为机件的实际大小，而与采用的比例无关。

## 3. 字体

图样中书写的字体应做到：字体端正、笔画清楚、排列整齐、间隔均匀。汉字应用长仿宋体书写。

字体的号数，即字体的高度(单位为毫米)，分为 20、14、10、7、5、3.5、2.5 7 种。字体的宽度约等于字体高度的三分之二。

用作指数、分数、极限偏差、注脚等的数字及字母，一般采用小一号字体。

## 4. 图线

1)　图线名称和样式

各种图线的名称、形式、代号、宽度以及在图上的一般应用如表 7-3 所示。

表 7-3 图线表

| 图线名称 | 圈线形式 | 图线宽度 | 一般应用 |
|---|---|---|---|
| 粗实线 | | d | 可见轮廓线、可见过渡线 |
| 细实线 | | 约 d/3 | 尺寸线及尺寸界线、剖面线和引出线等 |
| 细波浪线 | | 约 d/3 | 断裂处的边界线、视图和剖视的分界线 |
| 细双折线 | | 约 d/3 | 断裂处的边界线 |
| 虚线 | | 约 d/3 | 不可见轮廓线、不可见过渡线 |
| 细点划线 | | 约 d/3 | 轴线及对称线、中心线、轨迹线、节圆和节线 |
| 粗点划线 | | d | 限定范围的表示线、剖切平面线等 |
| 双点划线 | | 约 d/3 | 相邻零件的轮廓线、移动件的限位线 |

粗实线：主要用于可见轮廓线和可见过渡线。

细实线：用途较多，主要用于尺寸线、尺寸界线及剖面线。

波浪线：主要用于断裂处的边界线及视图和剖视的分界线。

双折线：主要用于断裂处的边界线。

虚线：主要用于不可见轮廓线和不可见过渡线。

细点划线：主要用于轴线及对称中心线。

双点划线：主要用于相邻零件的轮廓线及极限位置的轮廓线。

粗点划线：主要用于特殊要求的线。

2) 图线的宽度

图线分为粗、细两种。粗线的宽度 $d$ 应按图的大小和复杂程度，在 0.5～2mm 之间选择(一般取 0.7mm)，细线的宽度约为 $d/3$。图线宽度的推荐系列为：0.18mm、0.25mm、0.35mm、0.5mm、0.7mm、1mm、1.4mm、2mm。

3) 图线画法

同一图样中同类图线的宽度应基本一致。虚线、点划线及双点划线的线段长度和间隔应各自大致相等。两条平行线(包括剖面线)之间的距离应不小于粗实线的两倍宽度，其最小距离不得小于 0.7mm。

绘制圆的对称中心线时，圆心应为线段的交点。点划线和双点划线的首末两端应是线段而不是点，且超出图形轮廓线 2～5mm。在较小的图形上绘制点划线或双点划线有困难时，可用细实线代替。

### 7.1.2 CAXA 工程图概述

CAXA 实体设计提供了自动生成二维工程图的强大功能，能够方便、快捷地生成逻辑上与三维零件或产品关联的二维工程图。

在 CAXA 实体设计环境中，单击快速启动工具栏中的【缺省模板图纸环境】按钮，直接进入符合 ANSI 标准的“默认模板”空白图纸。

要进入“预设定模板”图纸，需首先单击软件左上角的按钮，在【文件】菜单中选择【新文件】命令，在弹出的【新建】对话框中选择【图纸】选项，再单击【确定】按钮，如图 7-2 所示。然后在弹出的【新建】对话框中选择相应模板，单击【确定】按钮，即可切换到二维绘图环境，如图 7-3 所示。

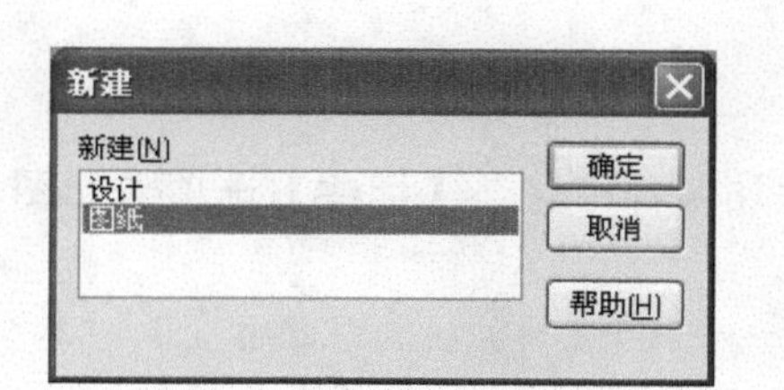


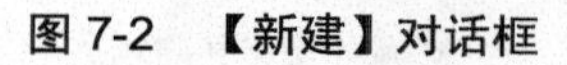
图 7-2 【新建】对话框

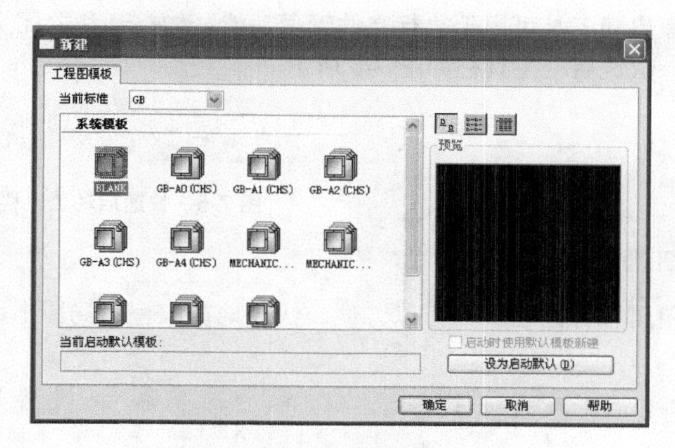


图 7-3 选择模板

生成新的工程图或打开已有的工程图时，可启动 CAXA 实体设计二维绘图环境。二维绘图环境是二维工程图的生成和编辑环境，如图 7-4 所示。

## 1. 主菜单栏

默认的主菜单栏中含有工程图生成时需要的绝大部分命令，如图 7-5 所示。

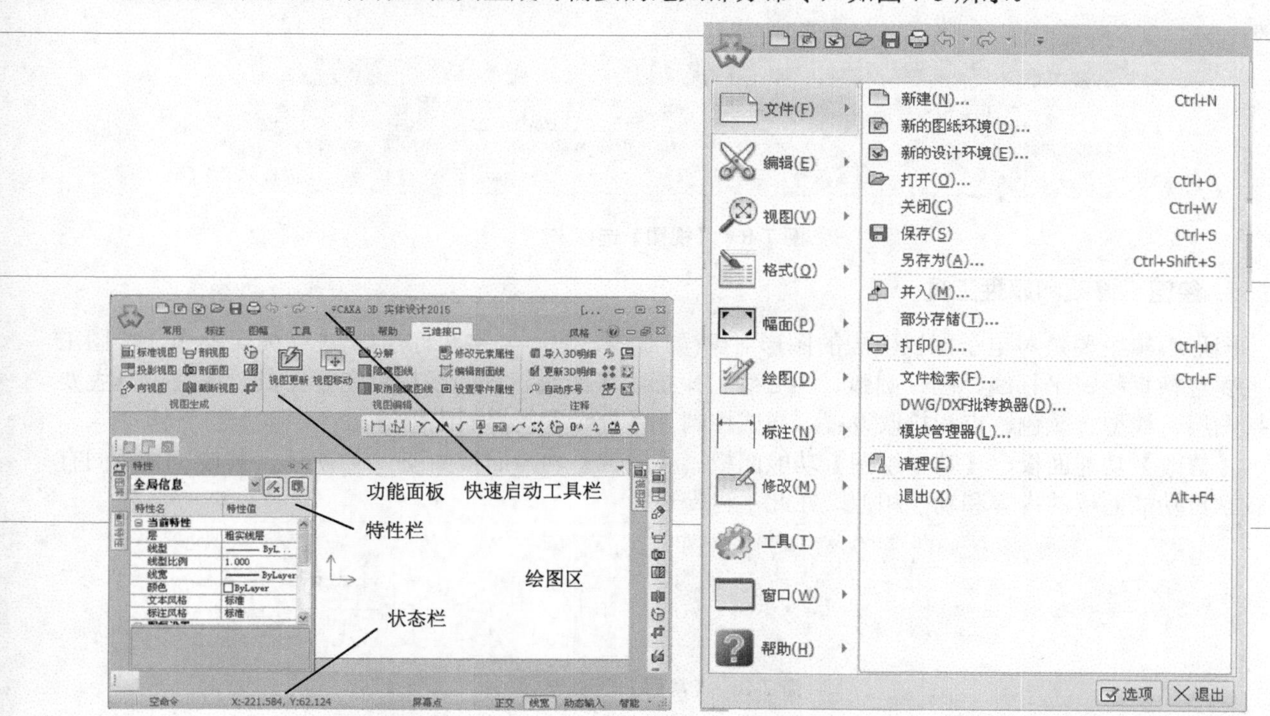


图 7-4 工程图界面

图 7-5 菜单栏

### 2. 快速启动工具

快速启动工具可用于执行文件管理功能，如打开和关闭文件、选定内容的剪切和粘贴以及显示类型选择。快速启动工具栏如图 7-6 所示。

图 7-6　快速启动工具栏

### 3. 工程标注工具

利用工程标注工具，可以方便、快捷地在工程布局图上添加各种标注。【标注】选项卡如图 7-7 所示。

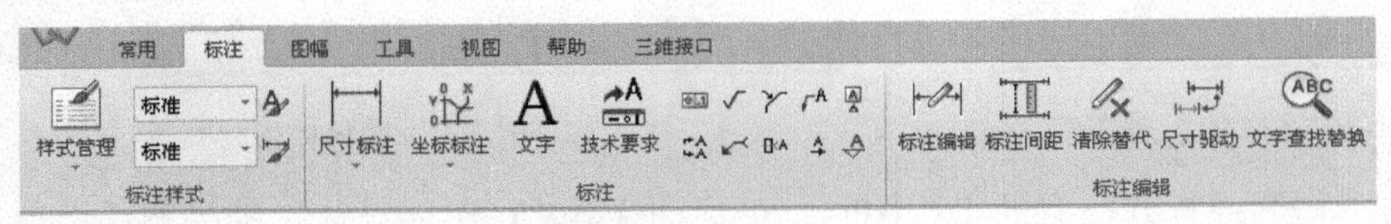


图 7-7　【标注】选项卡

### 4. 视图管理工具

CAXA 实体设计提供了多种生成和更新工程图视图的视图管理工具。【视图】选项卡如图 7-8 所示。

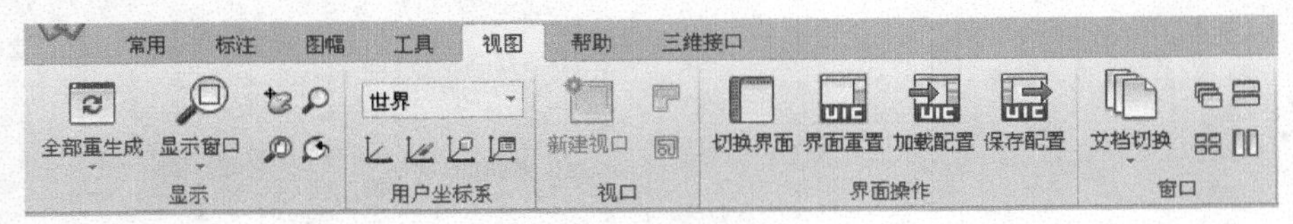


图 7-8　【视图】选项卡

### 5. 绘图、修改和属性工具

图形编辑主要是对电子图板生成的图形对象(如曲线、块、文字和标注等)进行编辑操作。绘图工具主要包括直线、平行线、圆、圆弧、中心线、矩形、等距线、剖面线和填充等工具。属性工具主要包括图层、线型、颜色、点和拾取设置、样式控制、系统配置及界面配置等。

【修改】功能面板、【基本绘图】功能面板、【属性】功能面板如图 7-9 所示。其他工具条同有关教学日功能面板的内容和功能相似，在此不再赘述。

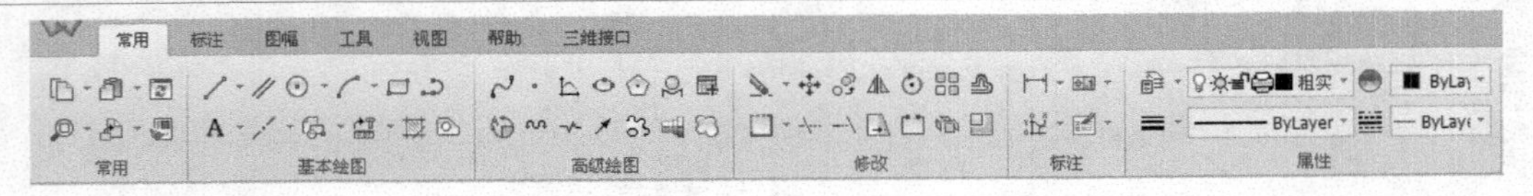


图 7-9　【常用】选项卡

## 第2课 2课时 创建工程图

采用 CAXA 实体设计可生成各类二维工程图视图，生成后还可以对它们进行重新定位、加标注，补充其他的几何尺寸和文字，从而生成一个准确而全面的工程图。

生成视图的方法是在【三维接口】选项卡的【视图生成】功能面板中单击所需视图按钮。也可以在【视图管理】工具栏中进行选择，如图 7-10 所示。

图 7-10 【视图管理】工具栏

### 7.2.1 标准视图

**行业知识链接：**在生成局部放大视图、剖视图或辅助视图之前，工程图必须包含一个标准视图或轴测视图。如图 7-11 所示是一个固定件的草图，绘制时先创建左侧主视图。

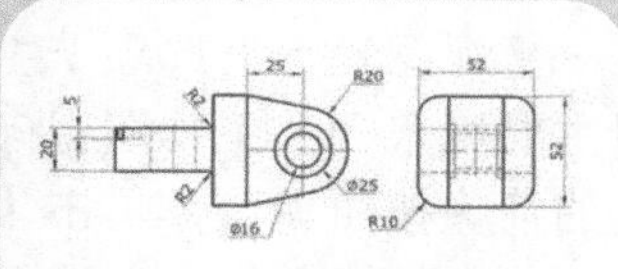

图 7-11 固定件的草图

标准视图是工程制图过程中使用的典型视图，也是 CAXA 实体设计中的两种基础视图类型之一(另一种是普通视图)。

在【三维接口】选项卡的【视图生成】功能面板中单击【标准视图】按钮，或者在【视图管理】工具栏中单击【标准视图】按钮，弹出【标准视图输出】对话框，如图 7-12 所示。

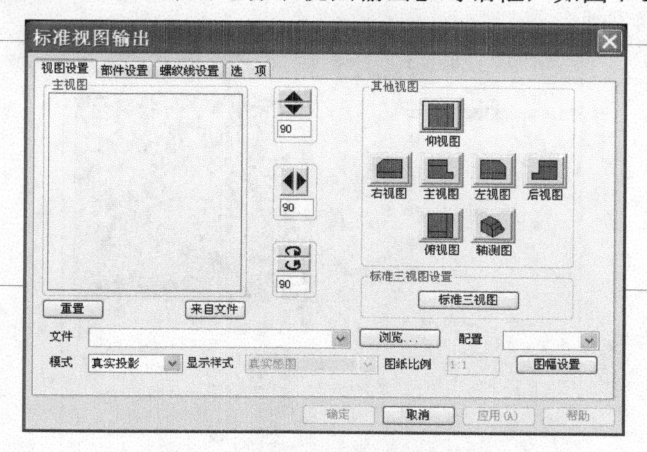


图 7-12 【标准视图输出】对话框

单击【浏览】按钮，弹出【打开】对话框，如图 7-13 所示。

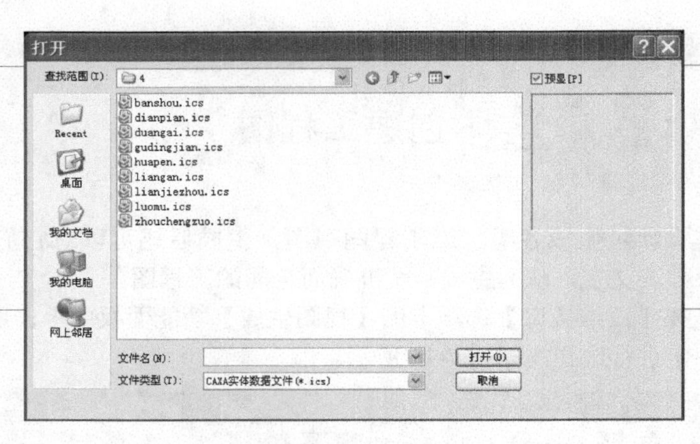


图 7-13　【打开】对话框

选择要投影的实体文件，然后单击【打开】按钮，返回【标准视图输出】对话框。

下面详细介绍一下【标准视图输出】对话框中的各个选项卡设置。

### 1. 视图设置

【视图设置】选项卡主要用来设置主视图和选择要投影生成的标准视图。其中，【主视图】选项组主要用来调整主视图视向，以及预览当前设置的主视图。如果不满意这个主视图角度，可以通过右面的箭头按钮调节，单击【重置】按钮，恢复默认角度；单击【来自文件】按钮，则选择此时三维设计环境中的视角作为主视图方向。

其中 3 个选项的用途如下。

【配置】下拉列表框：在三维设计环境中，可以添加不同的配置，其中零件的位置可以不同。此时，在该下拉列表框中选择一个配置，就会投影这个配置的视图。

【模式】下拉列表框：该下拉列表框中包括真实投影和快速投影。其中，真实投影是精确投影。

【图纸比例】文本框：单击该文本框右侧的【图幅设置】按钮，然后在弹出的【图幅设置】对话框中进行设置，如图 7-14 所示。

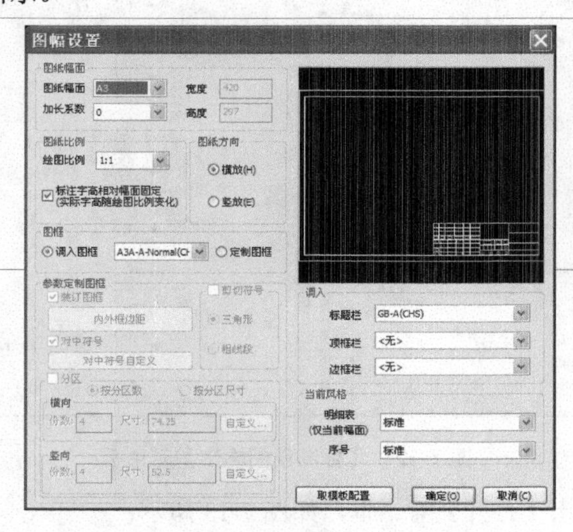


图 7-14　【图幅设置】对话框

【其他视图】选项组主要用于由用户根据模型形状特点和设计要求选择需要投影生成的标准视图。在其下方的【标准三视图设置】选项组中，单击【标准三视图】按钮，即可选择主视图、俯视图和左视图。设置完成后，单击【确定】按钮生成视图。也可以选择后面两个选项卡进行其他设置。

### 2. 部件设置

【部件设置】选项卡主要用来设置部件在二维图中是否显示，以及在剖视图中是否剖切，如图 7-15 所示。

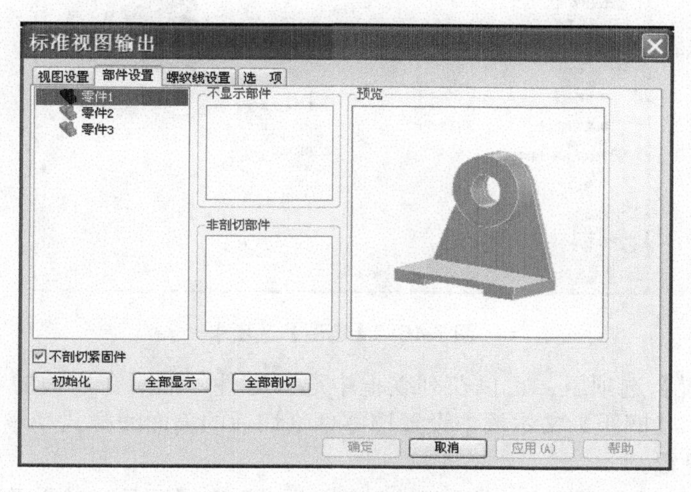


图 7-15 【部件设置】选项卡

对于装配体，如果要设置不显示的零部件，则在最左边显示的设计树中选择零部件并双击，该零部件名称就显示在【不显示部件】选项组的文本框中，同时，右边预览区域中的该零部件消失。这时，投影生成的标准视图中将不显示该零部件。

设置非剖切部件的方法也一样。选择零部件并双击，该零部件名称就显示在【非剖切部件】选项组的文本框中。这样，生成剖视图时，该零件将不剖切。

【部件设置】选项卡下方有 3 个按钮，单击【初始化】按钮，则回到最初的显示和剖切设置状态，上面进行的不显示和非剖切零部件全部回归到显示和剖切状态；单击【全部显示】按钮，则设置的不显示零件全部可以显示；单击【全部剖切】按钮，则设置的不剖切零件全部被剖切。

### 3. 选项

【选项】选项卡用于设置投影几何、投影对象、剖面线、视图尺寸类型和单位等，如图 7-16 所示。

(1) 【投影几何】选项组：设置投影生成二维图时，隐藏线和过渡线的处理。它们各自有 3 个选项。

(2) 【投影对象】选项组：设置生成投影二维图时，是否生成下列各项。

- 【中心线】复选框：转体非圆投影的对称中心。
- 【中心标志】复选框：回转体圆形投影的十字中心标志。
- 【钣金折弯线】复选框：钣金件展开投影时标注出来的折弯线。
- 【螺纹简化画法】复选框：符合机械制图标准的简化画法。
- 【3D 尺寸】复选框：三维环境中标注并且希望输出到二维环境中的尺寸。

- 【草图尺寸】复选框：草图上标注的约束尺寸。
- 【特征尺寸】复选框：生成特征时操作的尺寸，如拉伸的高度、旋转体的角度、抽壳的厚度、圆角过渡的半径和拔模角度等。

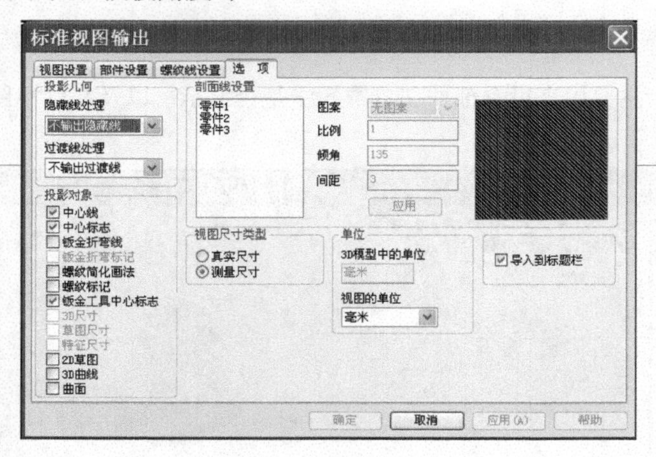


图 7-16 【选项】选项卡

(3) 【剖面线设置】选项组：可以在列表框中选择零件，然后在右边的【图案】下拉列表框和【比例】、【倾角】、【间距】文本框中设置该零件剖切后的剖面线样式，最后单击【应用】按钮，完成该零件剖面线的设置。

(4) 【视图尺寸类型】选项组：可以选中【真实尺寸】和【测量尺寸】单选按钮。真实尺寸是指从三维环境中读到的尺寸；测量尺寸是指直接在二维图上测量出来的尺寸。

(5) 【单位】选项组中各选项的含义如下。

【3D 模型中的单位】文本框：显示要投影的 3D 模型中的单位。

【视图的单位】下拉列表框：设置要生成的视图的单位，一般默认为毫米。

## 7.2.2 生成视图

**行业知识链接：**视图有多种样式，如投影视图、剖视图、放大视图、局部视图等。如图 7-17 所示是十字零件的三视图，主要为投影视图。

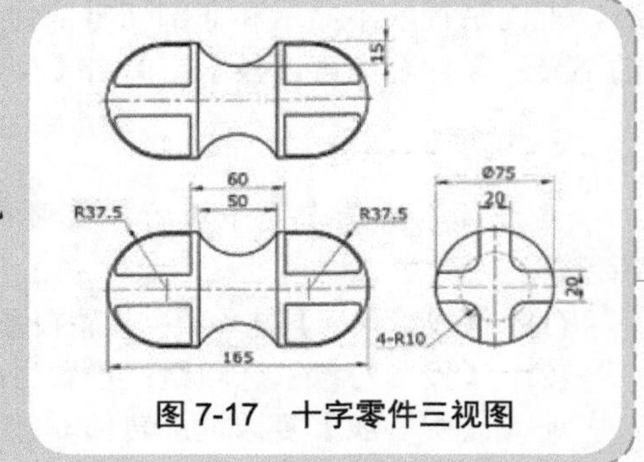


图 7-17 十字零件三视图

### 1. 投影视图

投影视图是基于某一个存在视图生成的左视图、右视图、仰视图、俯视图和轴测图等。进行投影视图操作的方法如下。

在【三维接口】选项卡的【视图生成】功能面板中单击【投影视图】按钮，或者在【工具】菜单的【视图管理】子菜单中选择【投影视图】命令。状态栏中出现“请选择一个视图作为父视图”的提示信息，此时单击选择一个视图，稍作等待，即跟随光标出现一个投影视图，并且状态栏中出现“请单击或输入视图的基点”的提示信息。

决定生成某个投影视图后，单击鼠标左键即可生成。可以生成多个投影视图，当不需要再生成投影视图时，可以右击或按 Esc 键退出命令。

### 2. 向视图

向视图是基于某一个存在视图的给定视向的视图。

在【三维接口】选项卡的【视图生成】功能面板中单击【向视图】按钮，或者选择【工具】|【视图管理】|【向视图】命令，或者单击【视图管理】工具栏中的【向视图】按钮。状态栏中出现“请选择一个视图作为父视图”的提示信息，单击选择一个视图，然后状态栏中出现“请选择向视图的方向”的提示信息，此时选择一条线作为投影方向，这条线可以是视图上的线或者单独绘制的一条线。

选择主视图中的一条竖直线，分两次生成左右两个向视图，如图 7-18 所示。若先绘单独的一条线，把它作为投影方向，可生成上下的两个向视图。

### 3. 剖视图

剖视图是指基于某一个存在视图绘制其剖视图以表达其内部结构。

在【视图管理】工具栏中单击【剖视图】按钮，或者单击【三维接口】选项卡的【视图生成】功能面板中的【剖视图】按钮。

将光标移至要剖切的现有视图上，指针变成十字基准线形状，如果选择了竖直或水平截面线，其旁边会显示一条红线。所有的剖面线都有智能捕捉功能，移动鼠标时会看到现有视图的关键点(中心点、顶点等)呈绿色高亮显示，这将有利于剖面线的精确定位。

若要放置一条水平或竖直剖面线，在水平线或垂直线剖切面两端各自单击鼠标即可。

若要生成一条阶梯剖面线，可单击布局图视图上的一点，再单击所需阶梯线的第二点。重复操作便可得到阶梯剖面线，然后按 Enter 键。在剖面线上出现双向箭头，单击鼠标可选择剖视方向。

按需要设定相应的剖切线及剖切方向后，就可生成剖视图，如图 7-19 所示。

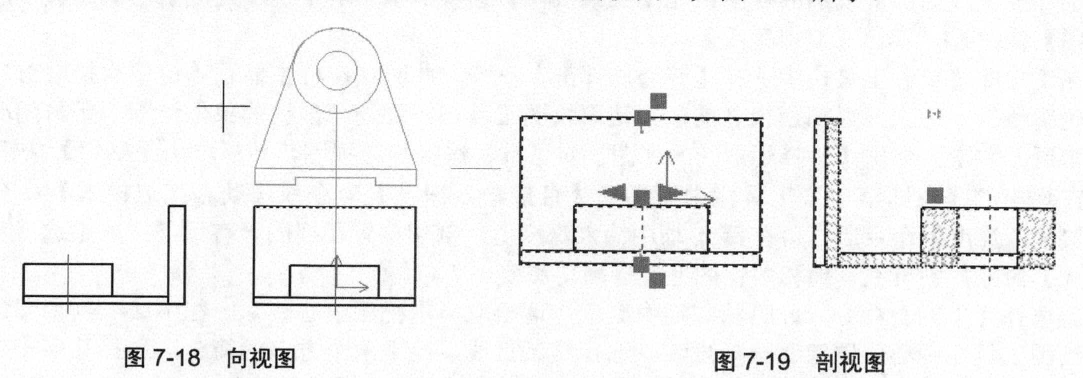

图 7-18　向视图　　　　图 7-19　剖视图

若要编辑剖视图的剖切线属性，可右击剖面线区域，在弹出的快捷菜单中选择【视图打散】命令；在剖切区域上右击，在弹出的快捷菜单中选择【剖切线编辑】命令，即可对剖切线相应属性进行设置。

4. 剖面图

剖面图是指基于某一个存在视图，绘制其剖面图以表达这个面上的结构。生成剖面图的过程与剖视图类似。

在【三维接口】选项卡中单击【视图生成】功能面板中的【剖面图】按钮，或者选择【工具】|【视图管理】|【剖面图】命令，或者单击【视图管理】工具栏中的【剖面图】按钮，此时状态栏中提示“画剖切轨迹(画线)”，可以选择“正交”或“非正交”，然后用鼠标在视图上画线。

剖切线绘制满意后，右击结束。出现两个方向的箭头，单击选择其中一个方向，弹出【选择要剖切的视图】对话框，选择相应视图，然后单击【确定】按钮。接下来状态栏中提示“指定剖面名称标注点”，并且立即菜单中显示了标注的字母，单击选择标注点，然后右击，生成剖面图。如图 7-20 所示，中间为剖视图，右边为剖面图。

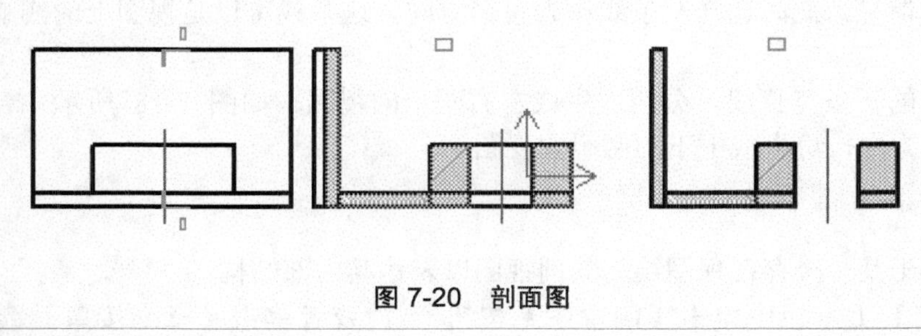

图 7-20　剖面图

5. 局部剖视图

局部剖视图是指基于某一个存在视图给定封闭区域以及深度的剖切视图。局部剖视也可以是半剖。

在【三维接口】选项卡中单击【视图生成】功能面板中的【局部剖视图】按钮，或者选择【工具】|【视图管理】|【局部剖视图】命令，或者单击【视图管理】工具栏中的【局部剖视图】按钮，在弹出的菜单中可选择【普通局部剖】命令或【半剖】命令。

下面以下箱体为例，介绍生或局部剖视图的操作方法。

选择要生成局部剖视图的视图，在【三维接口】选项卡中单击【视图生成】功能面板中的【局部剖视图】按钮，弹出【立即菜单】。

在【立即菜单】工具栏中选择【普通局部剖】命令，此时状态栏中显示“请依次拾取首尾相接的剖切轮廓线”。在生成局部剖视之前，先使用绘图工具在需要局部剖视的部位绘制一条封闭曲线，拾取完毕后，右击，弹出【选择要剖切的视图】对话框，选择相应视图，然后单击【确定】按钮。

在弹出的【立即菜单】工具栏中可选择【直接输入深度】命令或【动态拖放模式】命令。选择【直接输入深度】命令后，可在第 4 项中输入深度值，剖切位置在视图上有预显；如果选择【动态拖放模式】命令，则可在其他相关视图上选择剖切深度。

若选择【半剖】命令，此时状态栏中提示“请拾取半剖视图中心线”。在生成半剖视图之前，先使用绘图工具在中心位置绘制一条直线。选择这条直线，出现两个方向的箭头，选择其中一个方向，弹出【选择要剖切的视图】对话框，选择相应视图，然后单击【确定】按钮。

其他选项和普通局部剖的含义类似，结果如图 7-21 所示。

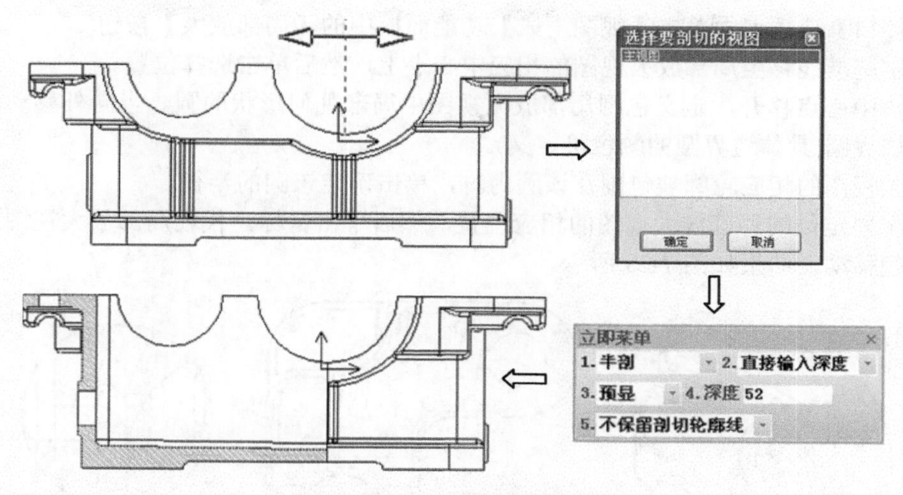


图 7-21　局部剖视图

### 6. 截断视图

有时可能不需要或不可能将零件的整体投影在图纸上，这时可以选择截断视图功能，将整个零件截断后再投影显示在图纸上。截断视图是指将某一个存在视图打断显示。

首先在二维平台中形成油标零件的主视图。

在【三维接口】选项卡中单击【视图生成】功能面板中单击【截断视图】按钮，弹出【立即菜单】。

可以设置截断间距数值。状态栏中提示“请选择一个视图，视图不能是局部放大图、局部剖视图或半剖视图”。这时单击一个视图，可弹出【立即菜单】。第一项用于设置截断线的形状，有直线、曲线和锯齿线 3 种。第二项用于设置是水平放置还是竖直放置。

状态栏中接着提示“请选择第 1 条截断线位置”，单击视图上一点，然后根据状态栏的提示选择第二点，单击后生成如图 7-22 所示的截断视图。

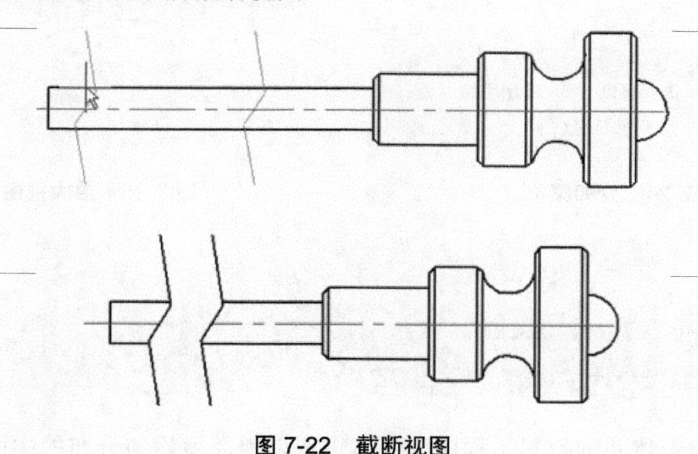

图 7-22　截断视图

### 7. 局部放大

局部放大视图是指现有视图的选择区域的放大视图。

在【三维接口】选项卡中单击【视图生成】功能面板中的【局部放大】按钮。

把光标十字基准线移至局部放大视图的相应中心点上，然后单击选择位置。

将光标从该中心点移开，定义包围局部放大视图中局部几何形状的圆。当向外移动鼠标时，将出现一个红色的边界圆(具体边界圆的颜色可定义)。

当局部放大视图的相应轮廓被包围在该圆内时，单击确定该圆的半径。

将光标移至要定位的局部放大视图的相应位置，然后单击鼠标，代表局部放大视图的一个红色轮廓将随光标一起移动，结果如图 7-23 所示。

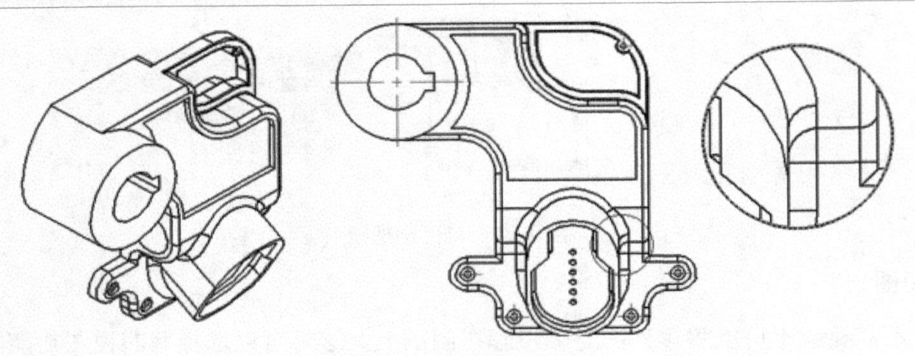

图 7-23　局部放大视图

执行【局部放大图】命令后，可使用【立即菜单】进行交互操作。执行【局部放大】命令后弹出的【立即菜单】如图 7-24 所示。局部放大根据边界设置不同，分为圆形边界和矩形边界两种方式。图 7-25 所示为将齿轮轴端部分用圆形边界和矩形边界两种方式进行放大。

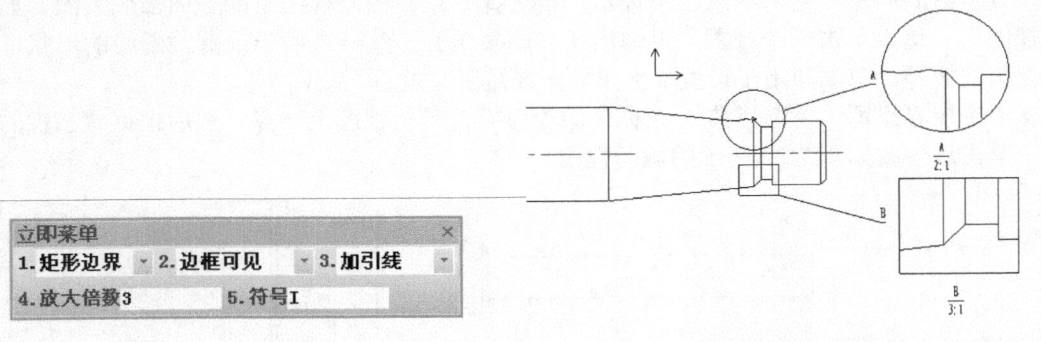


图 7-24　立即菜单

图 7-25　放大视图操作

## 课后练习

案例文件：ywj\07\01.ics、02.exb

视频文件：光盘\视频课堂\第 7 教学日\7.2

本节课后练习创建壳体并创建其工程图，壳体主要以沿厚度均匀分布的中面应力，而不是以沿厚度变化的弯曲应力来抵抗外荷载。壳体的这种内力特征使得它比平板能更充分地利用材料强度，从而具有更大的承载能力。如图 7-26 所示是完成的壳体工程图。

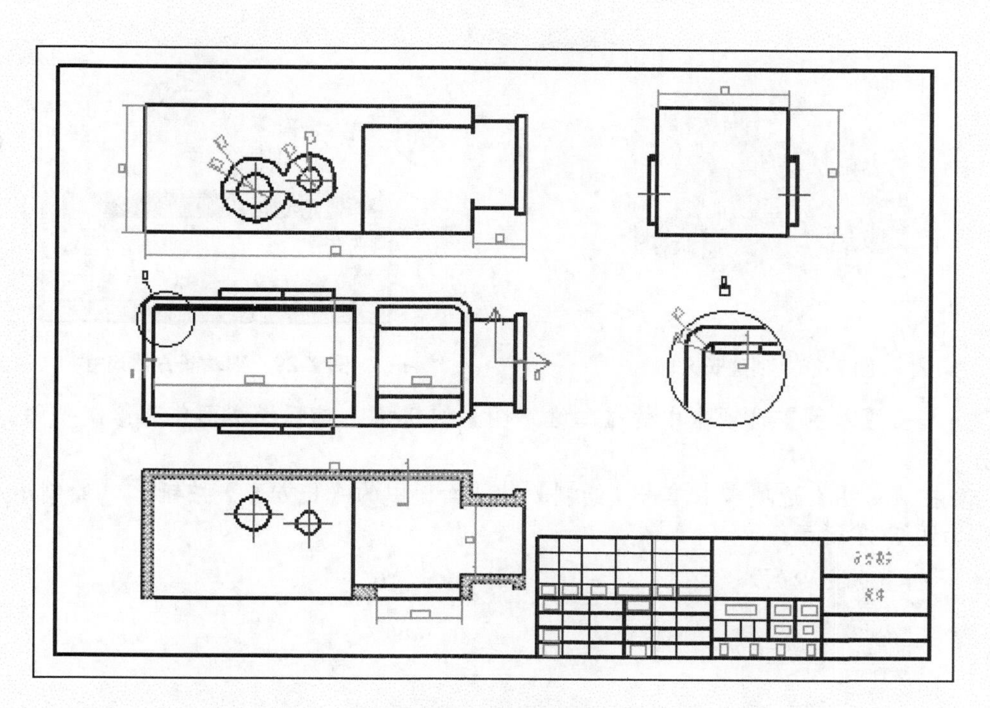

图 7-26　完成的壳体工程图

本节案例主要练习壳体及工程图的创建，首先创建壳体模型，之后新建图纸文件，放置各个视图，最后进行标注、图框和表格的创建。壳体及工程图的思路和步骤如图 7-27 所示。

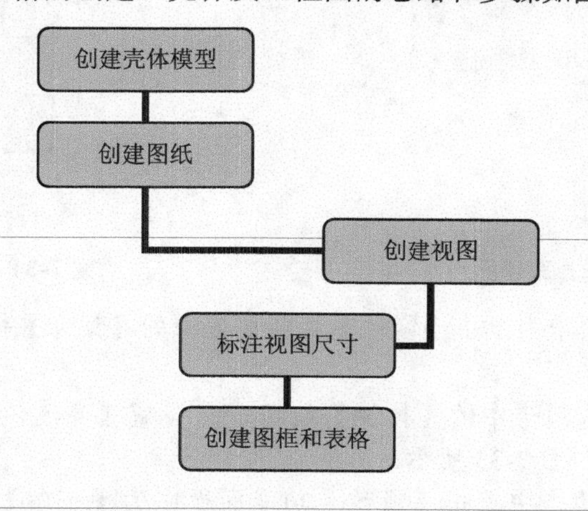


图 7-27　壳体及工程图的创建步骤

案例操作步骤如下。

step 01 首先创建壳体模型，从【设计元素库】的【图素】选项卡中拖动【长方体】图素到绘图区，如图 7-28 所示。

step 02 选择长方体，右击其操作手柄，在弹出的快捷菜单中选择【编辑包围盒】命令，弹出【编辑包围盒】对话框，修改长方体的尺寸为 150×60×60，如图 7-29 所示。

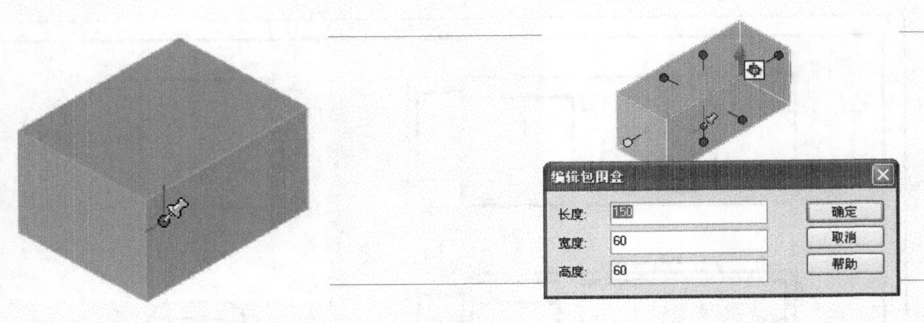


图 7-28　创建长方体　　　　图 7-29　编辑长方体尺寸

step 03 单击【草图】选项卡中的【二维草图】按钮，选择模型面作为绘制平面，如图 7-30 所示。

step 04 在【草图】选项卡中单击【绘制】功能面板中的【长方形】按钮，绘制矩形，位置尺寸如图 7-31 所示。

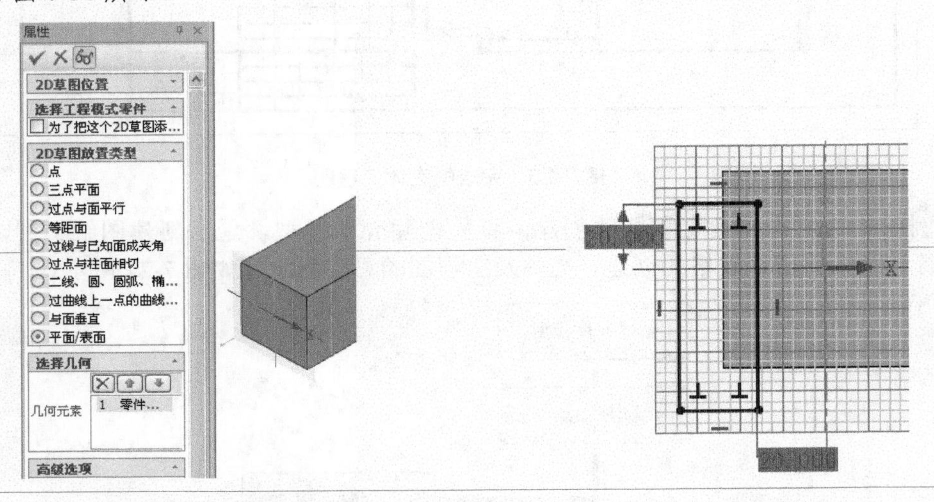


图 7-30　选择草绘面　　　　图 7-31　绘制矩形

step 05 在【草图】选项卡中单击【修改】功能面板中的【镜像】按钮，选择矩形进行镜像，如图 7-32 所示。

step 06 单击【特征】选项卡中的【拉伸】按钮，设置【高度值】为 50，单击【确定】按钮，拉伸双矩形，如图 7-33 所示。

step 07 在【特征】选项卡中单击【修改】功能面板中的【布尔】按钮，选择主体和被减零件，如图 7-34 所示，单击【确定】按钮，进行布尔减运算。

step 08 在【特征】选项卡中单击【修改】功能面板中的【圆角过渡】按钮，选择圆角边线，设置半径为 10，单击【确定】按钮，创建倒圆角，如图 7-35 所示。

step 09 单击【草图】选项卡中的【二维草图】按钮，选择模型面作为绘制平面，如图 7-36 所示。

step 10 在【草图】选项卡中单击【绘制】功能面板中的【长方形】按钮，绘制矩形，位置尺寸如图 7-37 所示。

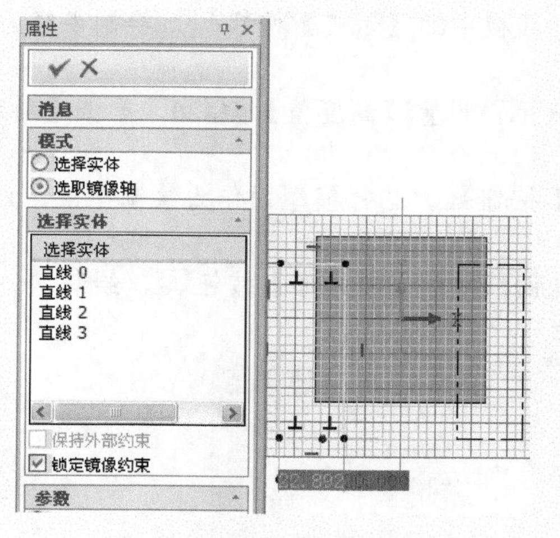


图 7-32　镜像矩形

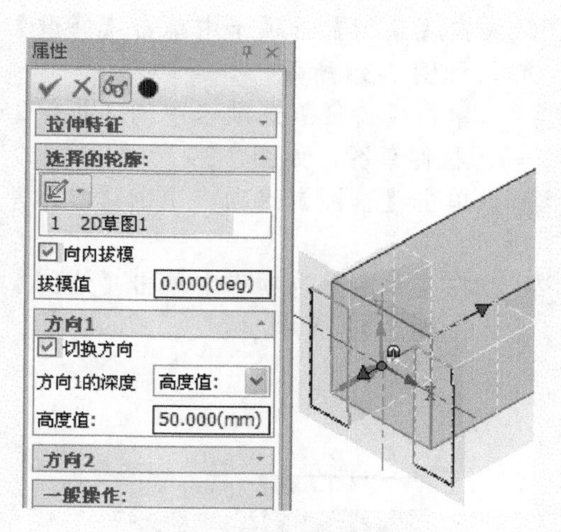


图 7-33　拉伸双矩形

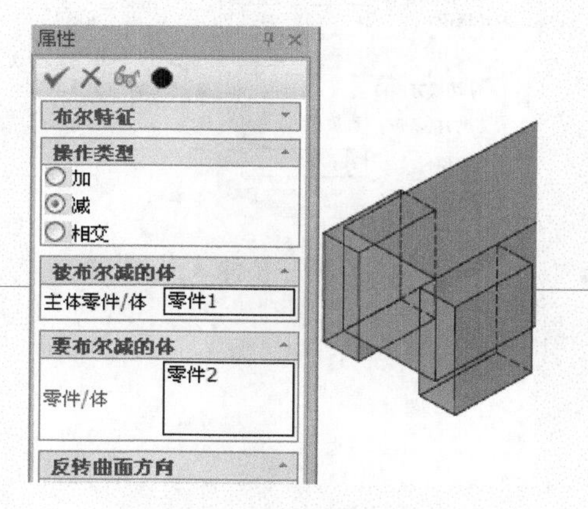


图 7-34　布尔减运算

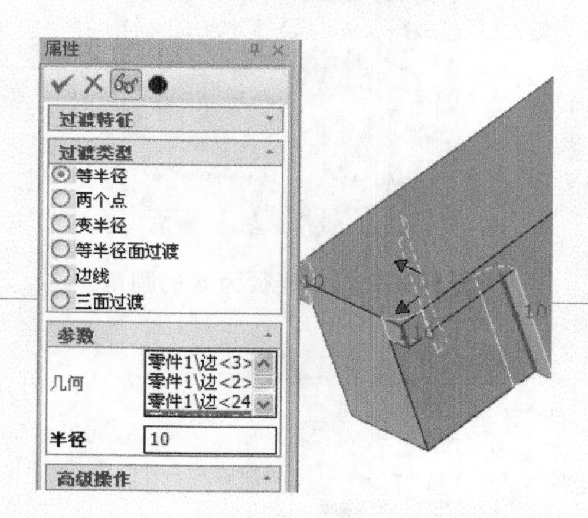


图 7-35　创建圆角

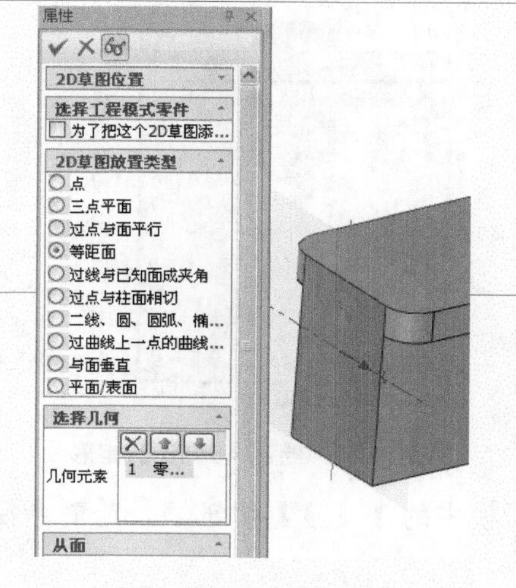


图 7-36　选择草绘面

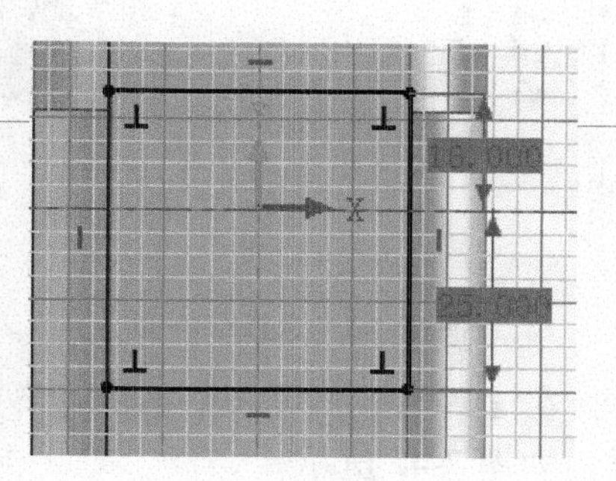


图 7-37　绘制矩形

step 11 在【草图】选项卡中单击【修改】功能面板中的【过渡】按钮，绘制半径为 5 的圆角，如图 7-38 所示。

step 12 单击【特征】选项卡中的【拉伸】按钮，设置【高度值】为 20，单击【确定】按钮，拉伸草图，如图 7-39 所示。

step 13 单击【草图】选项卡中的【二维草图】按钮，选择模型面作为绘制平面，如图 7-40 所示。

step 14 在【草图】选项卡中单击【绘制】功能面板中的【长方形】按钮，绘制 46×46 的矩形，如图 7-41 所示。

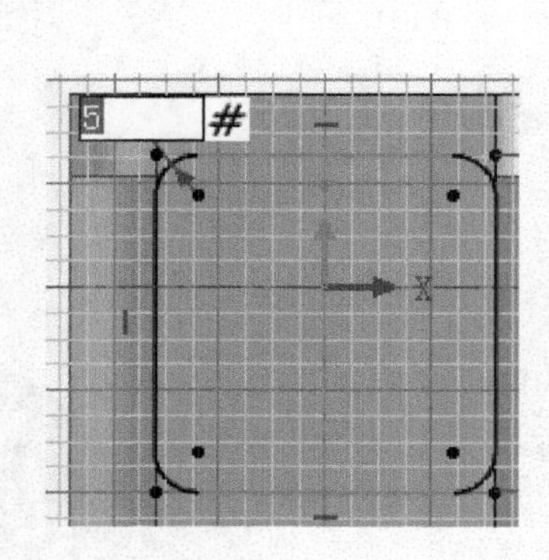


图 7-38　绘制半径为 5 的圆角

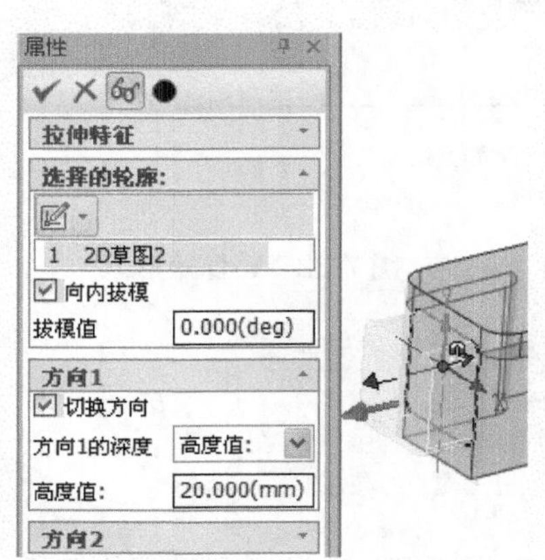


图 7-39　拉伸草图

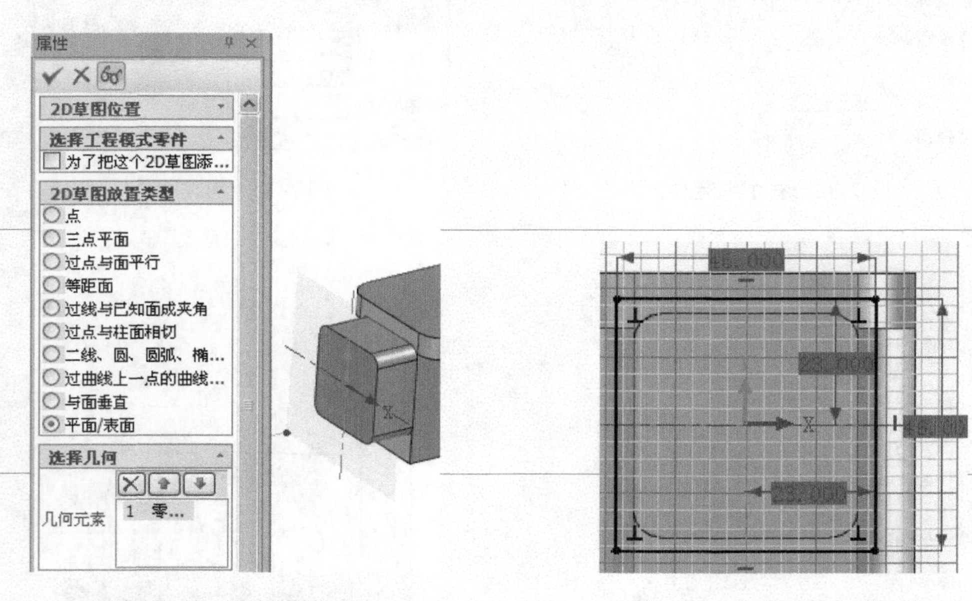


图 7-40　选择草绘面　　　　图 7-41　绘制 46×46 的矩形

step 15 在【草图】选项卡中单击【修改】功能面板中的【过渡】按钮，绘制半径为 6 的圆角，如图 7-42 所示。

step 16 单击【特征】选项卡中的【拉伸】按钮，设置【高度值】为 4，单击【确定】按钮，拉伸草图，如图 7-43 所示。

step 17 在【特征】选项卡中单击【修改】功能面板中的【布尔】按钮，选择主体和被加零件，如图 7-44 所示，单击【确定】按钮，进行布尔加运算。

step 18 在【特征】选项卡中单击【修改】功能面板中的【抽壳】按钮，选择开放面，设置【厚度】为 4，如图 7-45 所示，单击【确定】按钮，进行抽壳。

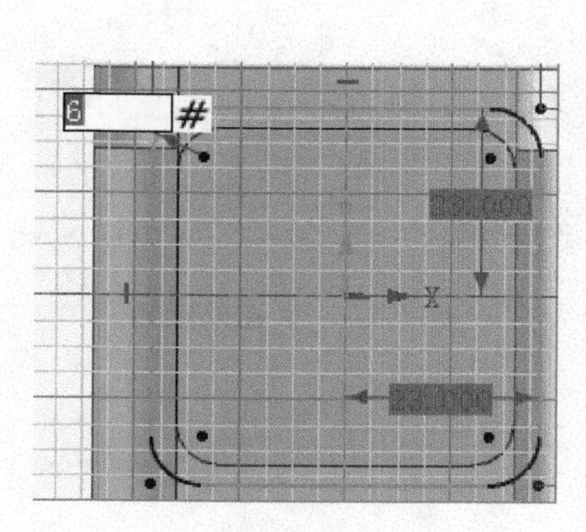

图 7-42　绘制半径为 6 的圆角

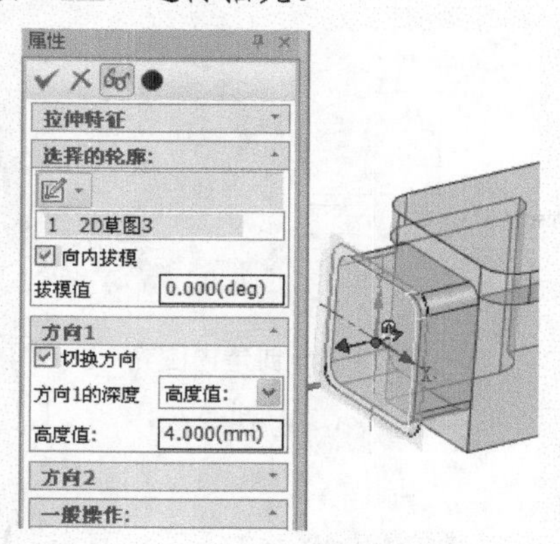


图 7-43　拉伸草图

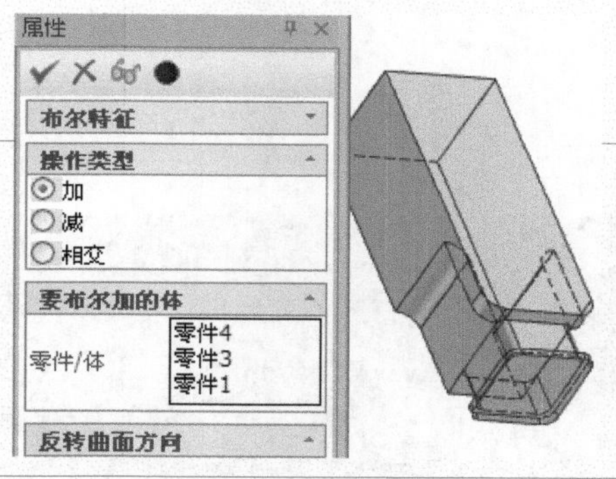


图 7-44　布尔加运算

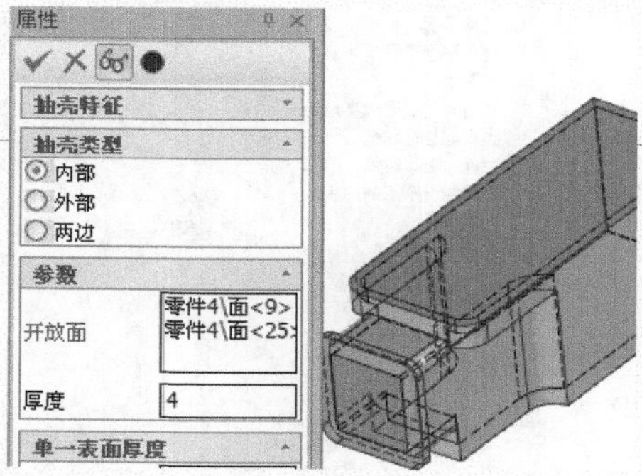

图 7-45　抽壳操作

step 19 在【特征】选项卡中单击【修改】功能面板中的【圆角过渡】按钮，选择圆角边线，设置半径为 2，单击【确定】按钮，创建内圆角，如图 7-46 所示。

step 20 在【特征】选项卡中单击【修改】功能面板中的【圆角过渡】按钮，选择圆角边线，设置半径为 4，单击【确定】按钮，创建外圆角，如图 7-47 所示。

step 21 单击【草图】选项卡中的【二维草图】按钮，选择模型面作为绘制平面，如图 7-48 所示。

step 22 在【草图】选项卡中单击【绘制】功能面板中的【圆心+半径】按钮，绘制半径为 15 和 12 的两个圆形，如图 7-49 所示。

step 23 在【草图】选项卡中单击【修改】功能面板中的【裁剪】按钮，裁剪草图，如图 7-50 所示。

step 24 单击【特征】选项卡中的【拉伸】按钮，设置【高度值】为 4，单击【确定】按钮，拉伸草图，如图 7-51 所示。

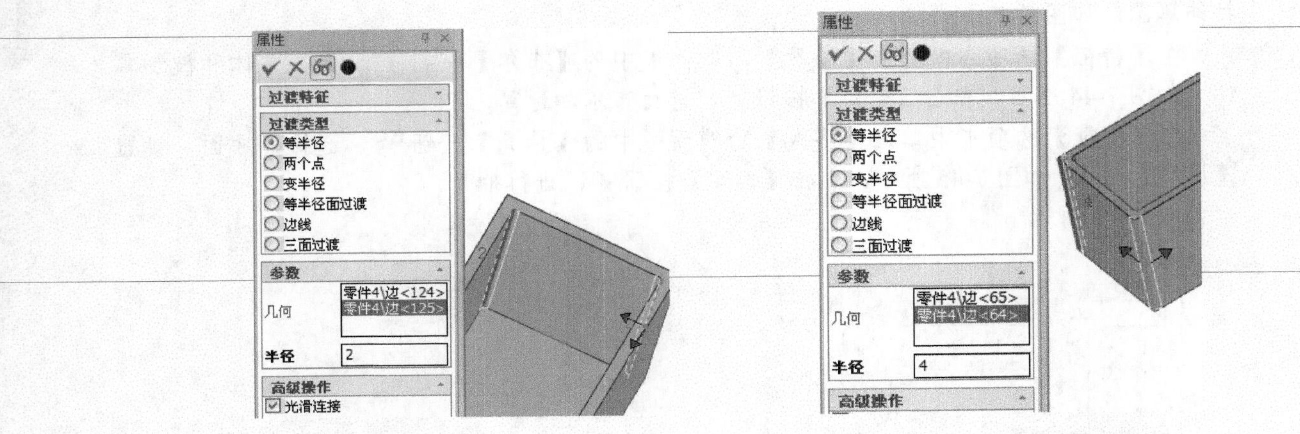


图 7-46　创建内圆角

图 7-47　创建外圆角

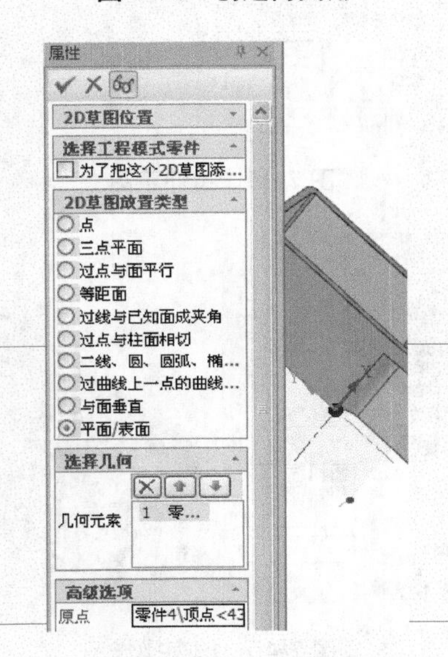


图 7-48　选择草绘面

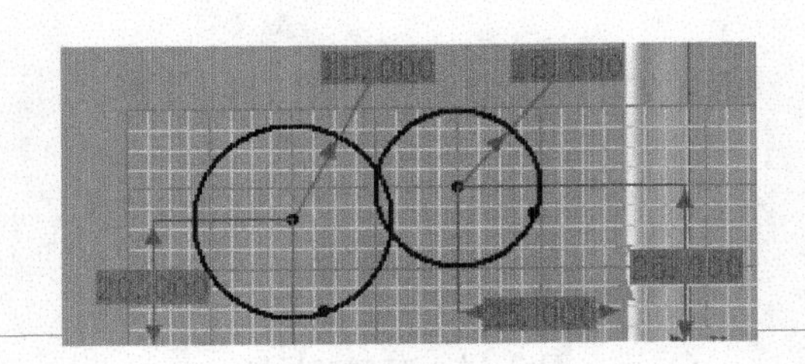

图 7-49　绘制两个圆形

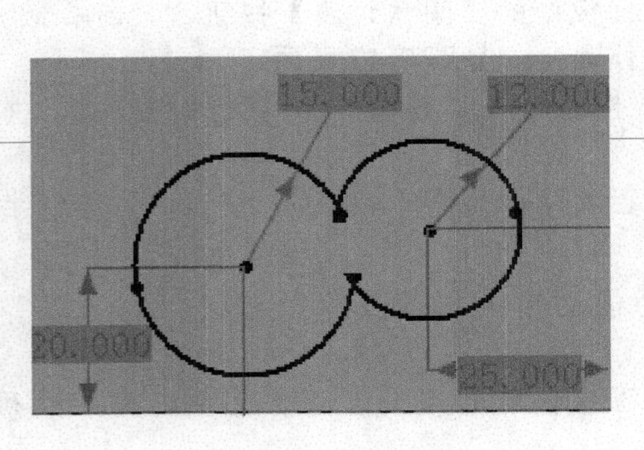


图 7-50　裁剪草图

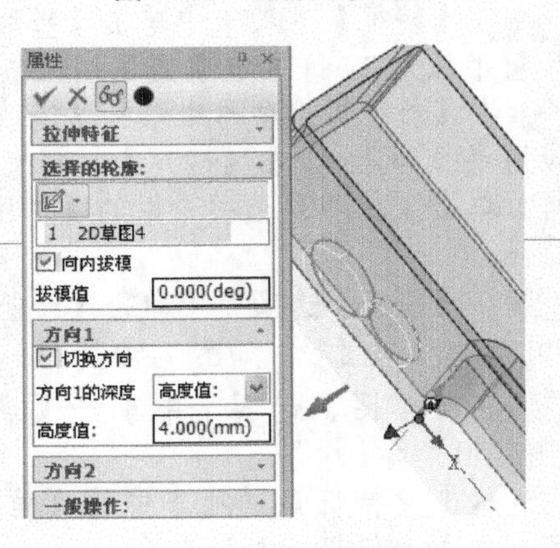


图 7-51　拉伸草图

step 25 在【特征】选项卡中单击【修改】功能面板中的【布尔】按钮，选择主体和被加零件，如图 7-52 所示，单击【确定】按钮，进行布尔加运算。

step 26 单击【草图】选项卡中的【二维草图】按钮，选择模型面作为绘制平面，如图 7-53 所示。

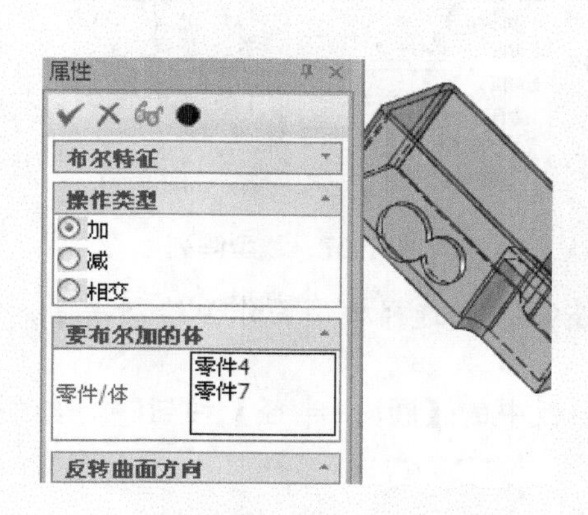


图 7-52 布尔加运算

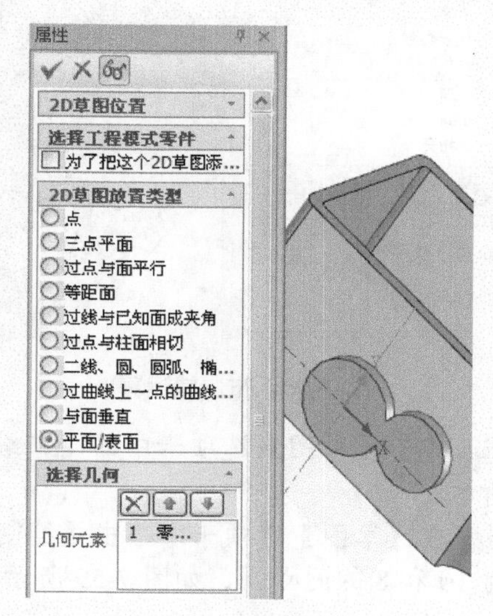


图 7-53 选择圆形草绘面

step 27 在【草图】选项卡中单击【绘制】功能面板中的【圆心+半径】按钮，绘制半径为 8 和 6 的两个圆形，如图 7-54 所示。

step 28 单击【特征】选项卡中的【拉伸】按钮，设置【高度值】为 80，单击【确定】按钮，拉伸两个圆形，如图 7-55 所示。

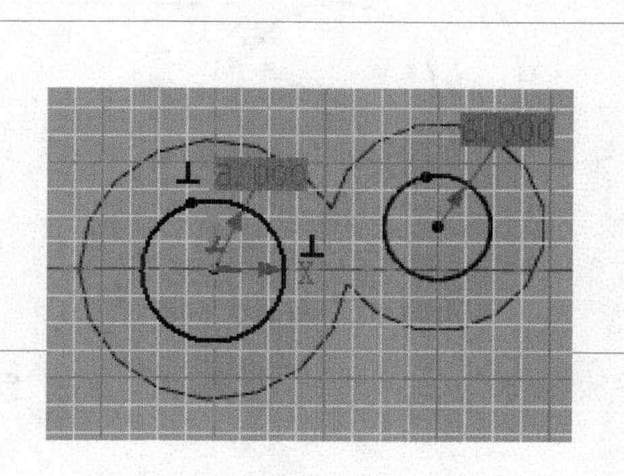

图 7-54 绘制两个圆形

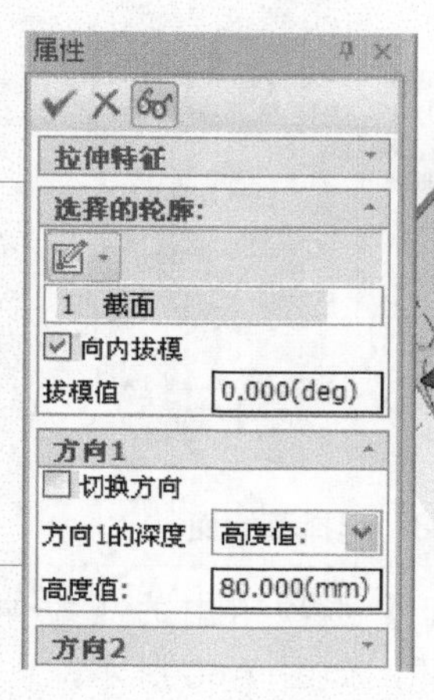


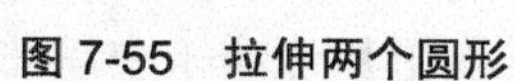
图 7-55 拉伸两个圆形

step 29 在【特征】选项卡中单击【修改】功能面板中的【布尔】按钮，选择主体和被减零件，如图 7-56 所示，单击【确定】按钮，进行布尔减运算。

step 30 在【特征】选项卡中单击【变换】功能面板中的【阵列特征】按钮，线型阵列特征，【等距】为 64，如图 7-57 所示。

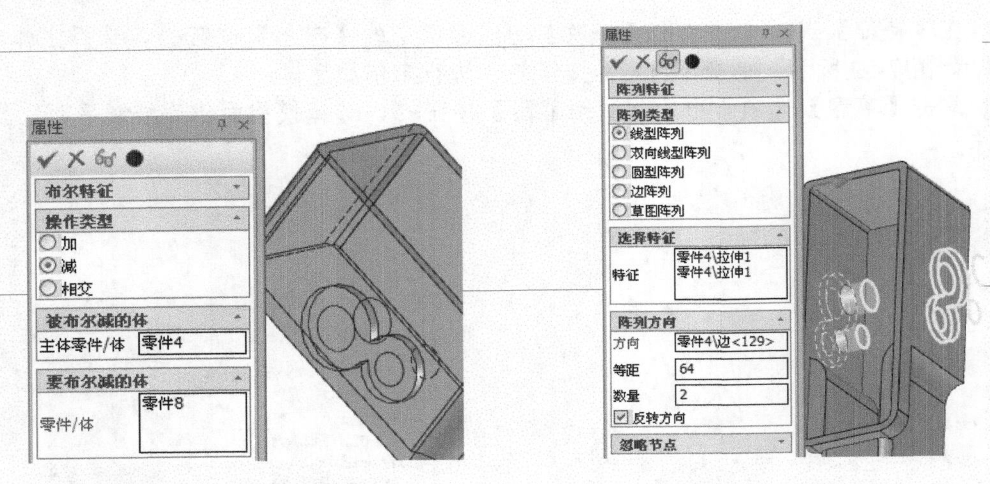


图 7-56　布尔减运算　　　　图 7-57　线型阵列

step 31 单击【草图】选项卡中的【二维草图】按钮，选择模型面作为绘制平面，如图 7-58 所示。

step 32 在【草图】选项卡中单击【绘制】功能面板中的【圆心+半径】按钮，绘制半径分别为 10 和 8 的同心圆，如图 7-59 所示。

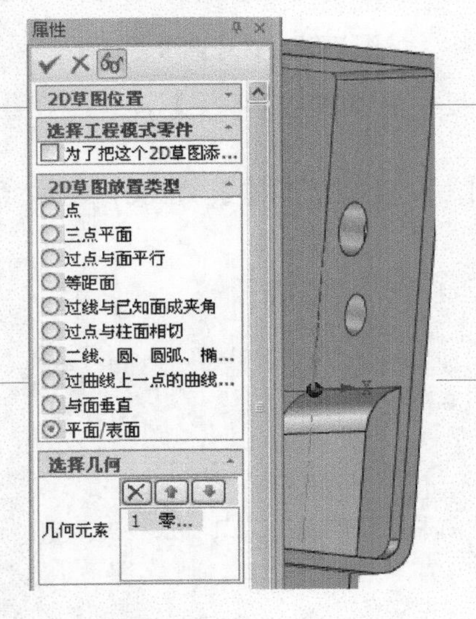


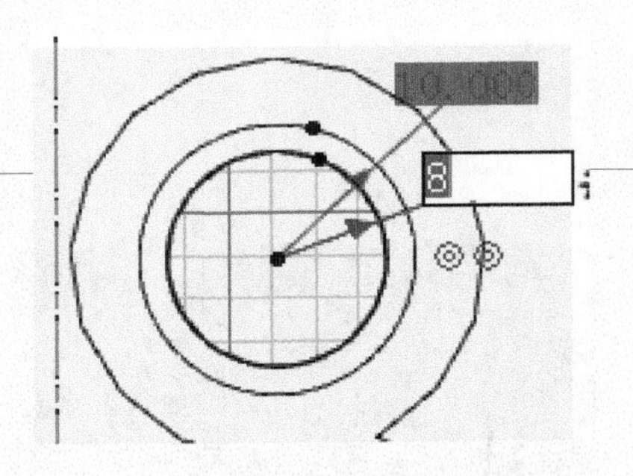


图 7-58　选择草绘面　　　　图 7-59　绘制同心圆

step 33 单击【特征】选项卡中的【拉伸】按钮，设置【高度值】为 2，单击【确定】按钮，拉伸圆环，如图 7-60 所示。

step 34 在【草图】选项卡中单击【绘制】功能面板中的【圆心+半径】按钮，绘制半径分别为 20 和 18 的同心圆，如图 7-61 所示。

step 35 在【草图】选项卡中单击【绘制】功能面板中的【圆心+半径】按钮，再绘制一组半径分别为 16 和 14 的同心圆，如图 7-62 所示。

step 36 在【草图】选项卡中单击【修改】功能面板中的【裁剪】按钮，裁剪草图，如图 7-63

所示。

step 37 单击【特征】选项卡中的【拉伸】按钮，设置【高度值】为 2，单击【确定】按钮，拉伸草图，如图 7-64 所示。

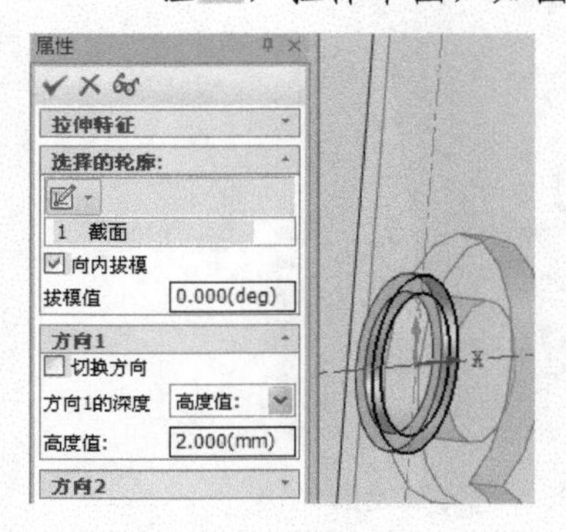


图 7-60 拉伸圆环

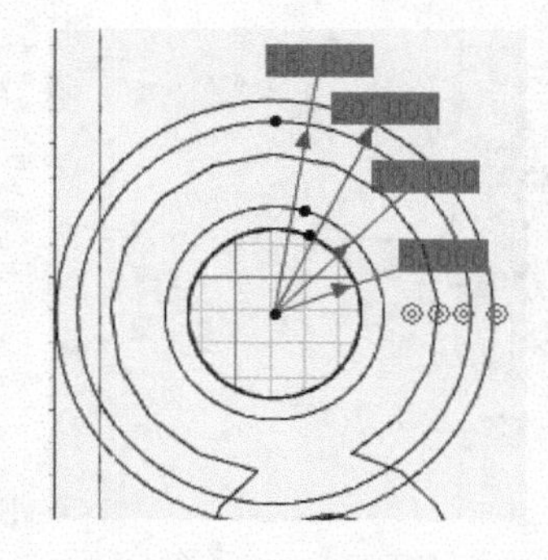

图 7-61 绘制半径为 20 和 18 的同心圆

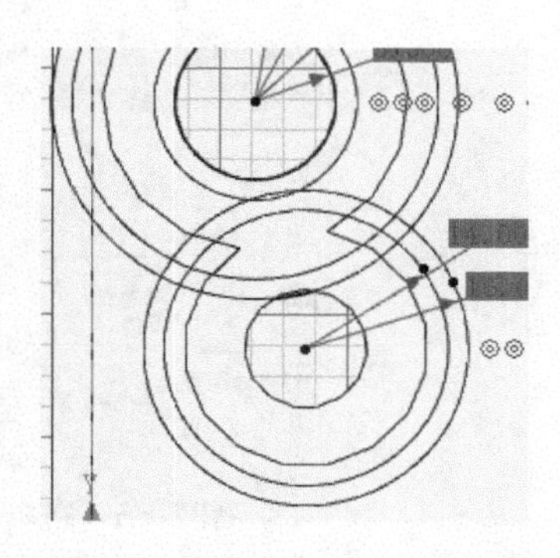

图 7-62 绘制半径为 16 和 14 的同心圆

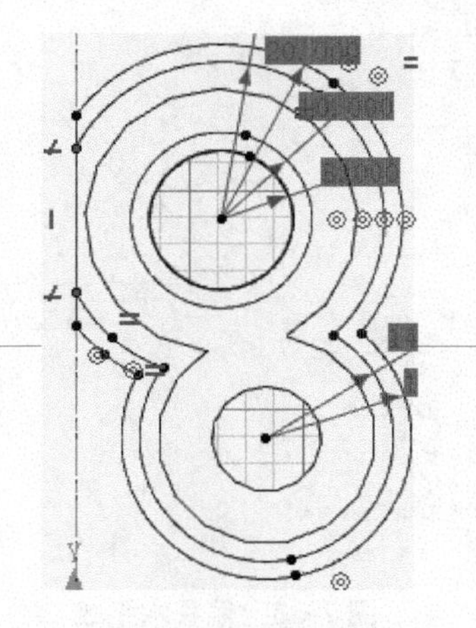

图 7-63 裁剪草图

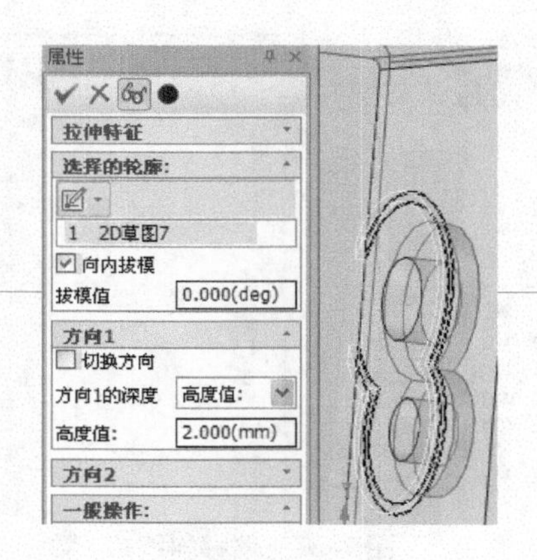


图 7-64 拉伸草图

step 38 在【特征】选项卡中单击【修改】功能面板中的【布尔】按钮，选择主体和被加零件，如图 7-65 所示，单击【确定】按钮，进行布尔加运算。

step 39 单击【草图】选项卡中的【二维草图】按钮，选择模型面作为绘制平面，如图 7-66 所示。

step 40 在【草图】选项卡中单击【修改】功能面板中的【等距】按钮，偏移斜线，【距离】为 1，如图 7-67 所示。

step 41 在【草图】选项卡中单击【修改】功能面板中的【等距】按钮，偏移水平线，【距离】为 1，如图 7-68 所示。

step 42 在【草图】选项卡中单击【修改】功能面板中的【等距】按钮，偏移垂线，【距离】为 2，如图 7-69 所示。

step 43 在【草图】选项卡中单击【绘制】功能面板中的【圆心+半径】按钮，绘制半径为 14 的圆形，如图 7-70 所示。

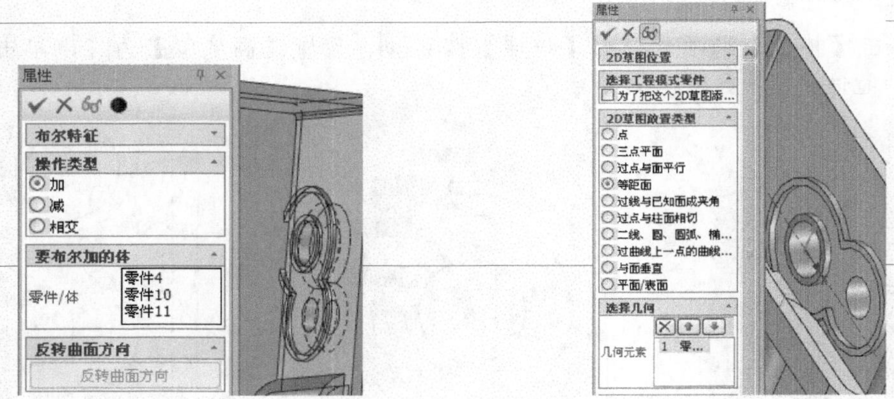


图 7-65　布尔加运算　　　　图 7-66　选择草绘面

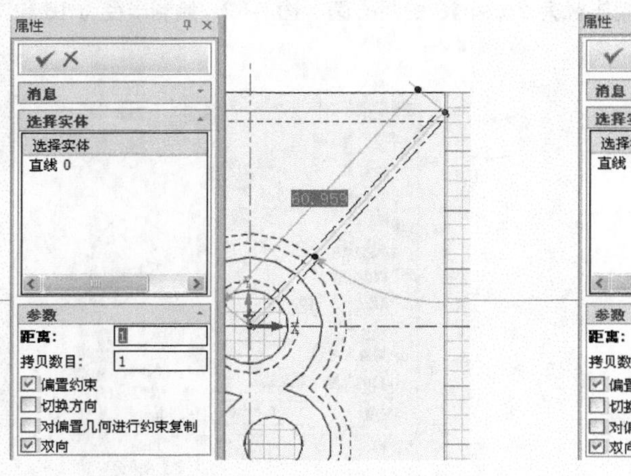


图 7-67　偏移斜线

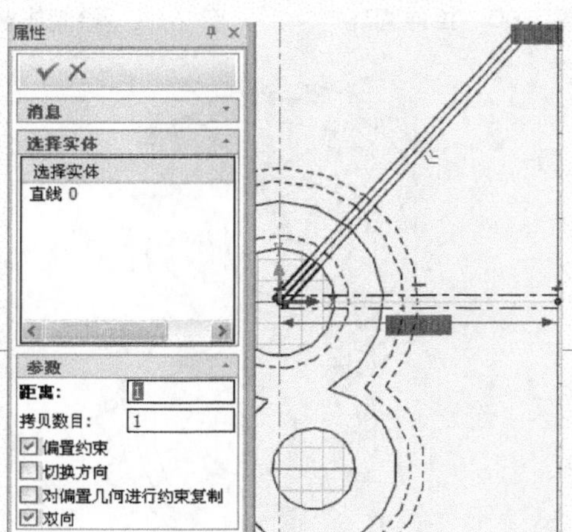


图 7-68　偏移水平线

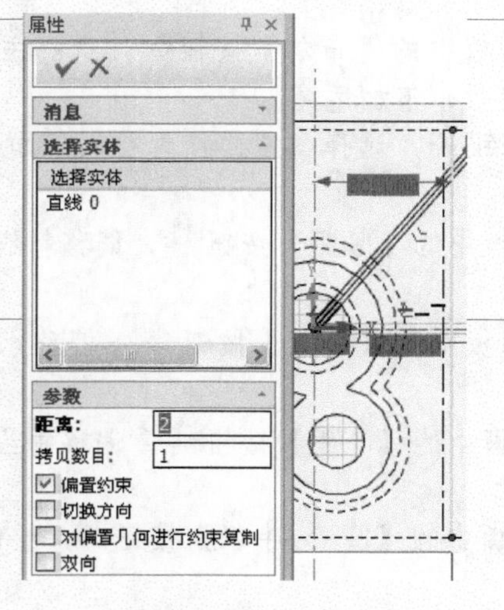


图 7-69　偏移垂直线

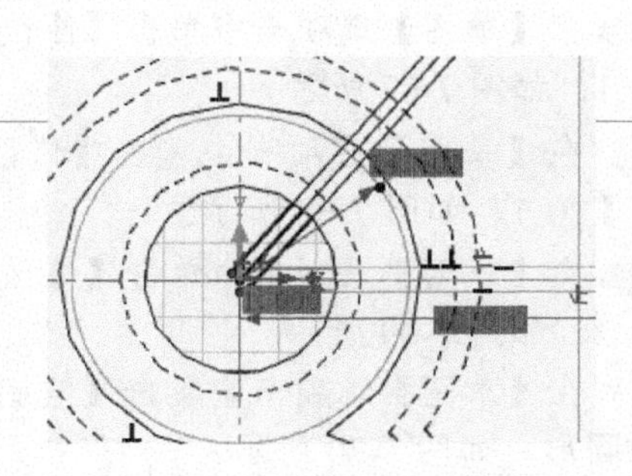

图 7-70　绘制半径为 14 的圆形

step 44 在【草图】选项卡中单击【修改】功能面板中的【裁剪】按钮，裁剪草图，如图 7-71 所示。

step 45 单击【特征】选项卡中的【拉伸】按钮，设置【高度值】为 2，单击【确定】按钮，拉伸裁剪草图，如图 7-72 所示。

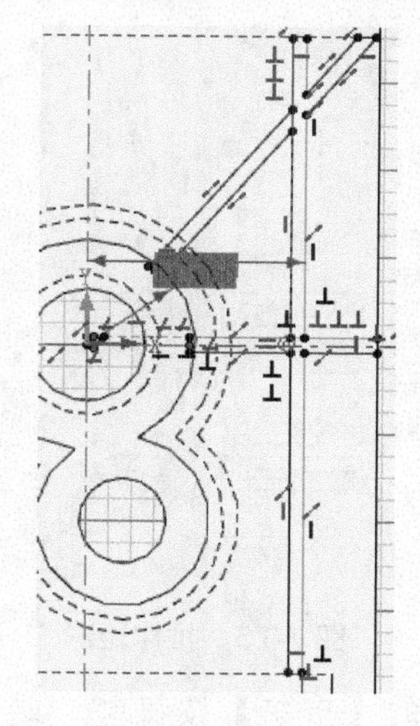

图 7-71　裁剪草图

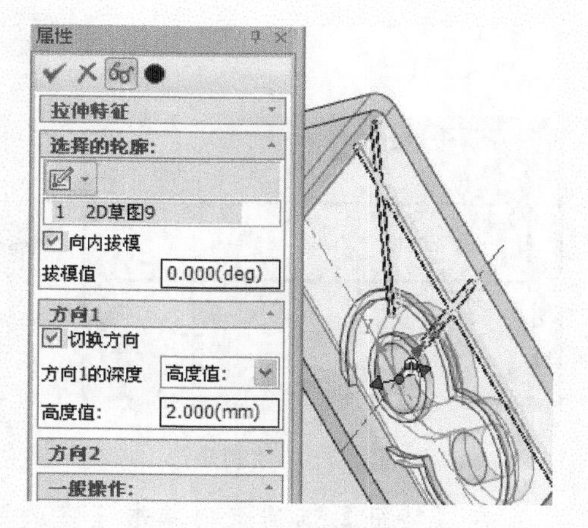


图 7-72　拉伸裁剪草图

step 46 在【特征】选项卡中单击【修改】功能面板中的【布尔】按钮，选择主体和被加零件，如图 7-73 所示，单击【确定】按钮，进行布尔加运算。

step 47 单击【草图】选项卡中的【二维草图】按钮，选择模型面作为绘制平面，如图 7-74 所示。

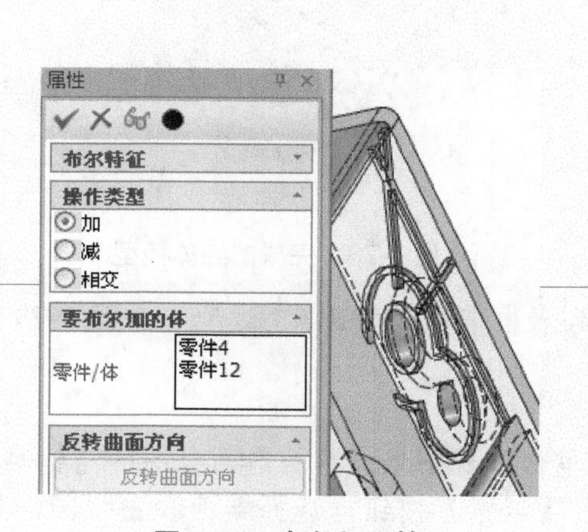


图 7-73　布尔加运算

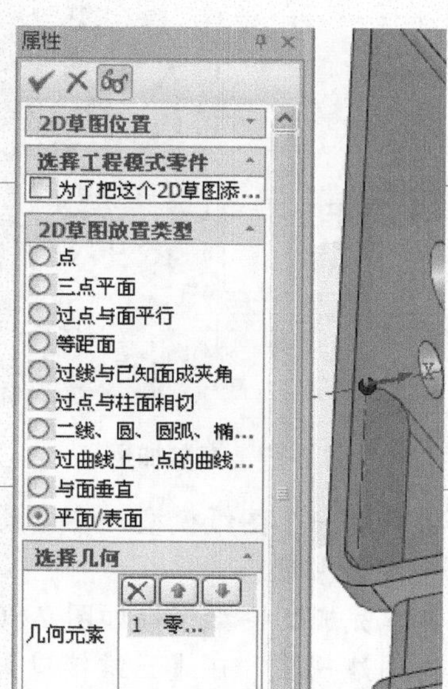


图 7-74　选择草绘面

step 48 在【草图】选项卡中单击【绘制】功能面板中的【长方形】按钮，绘制矩形，位置尺寸如图 7-75 所示。

step 49 单击【特征】选项卡中的【拉伸】按钮，设置【高度值】为 6，单击【确定】按钮，拉伸矩形，如图 7-76 所示。

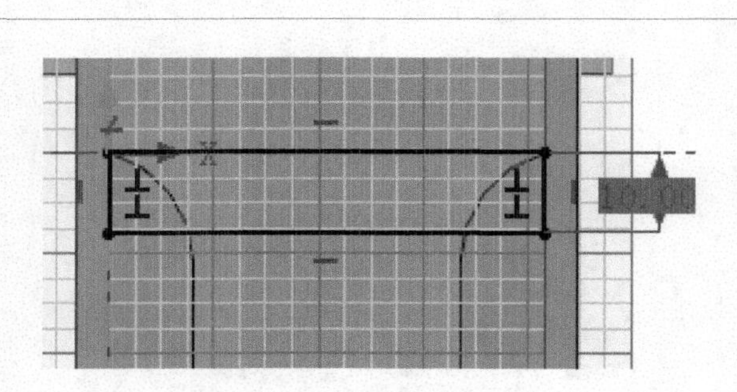

图 7-75　绘制矩形

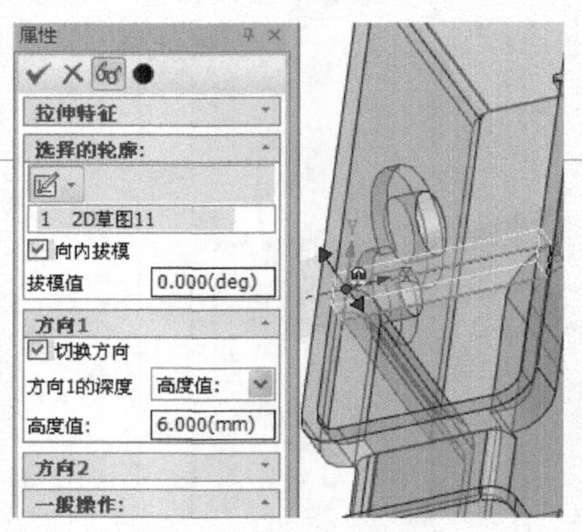


图 7-76　拉伸矩形

step 50 在【特征】选项卡中单击【修改】功能面板中的【布尔】按钮，选择主体和被加零件，如图 7-77 所示，单击【确定】按钮，进行布尔加运算。

step 51 完成的壳体模型如图 7-78 所示。

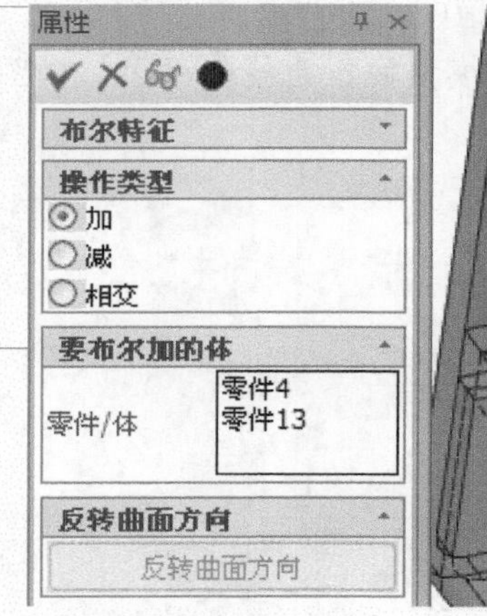

图 7-77　布尔加运算

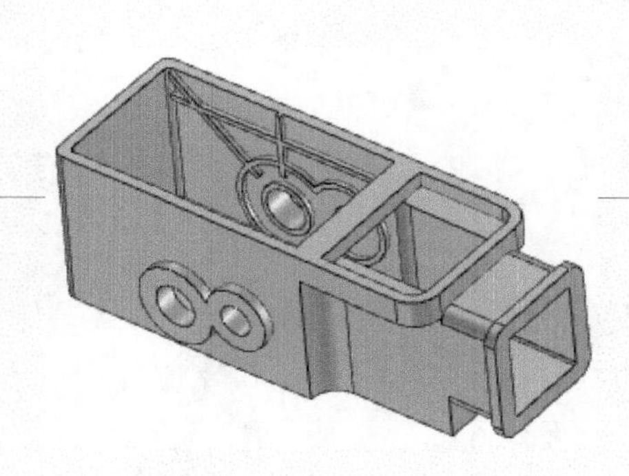

图 7-78　完成的壳体模型

step 52 再新建一个图纸模型，在【系统模板】列表框中选择 GB-A3 选项，如图 7-79 所示，单击【确定】按钮。

step 53 创建完成的图纸模板如图 7-80 所示。

step 54 再创建视图，在【三维接口】选项卡中单击【视图生成】功能面板中的【标准视图】按钮，弹出【标准视图输出】对话框，单击【浏览】按钮，选择零件和主视图，如图 7-81 所示，单击【确定】按钮。

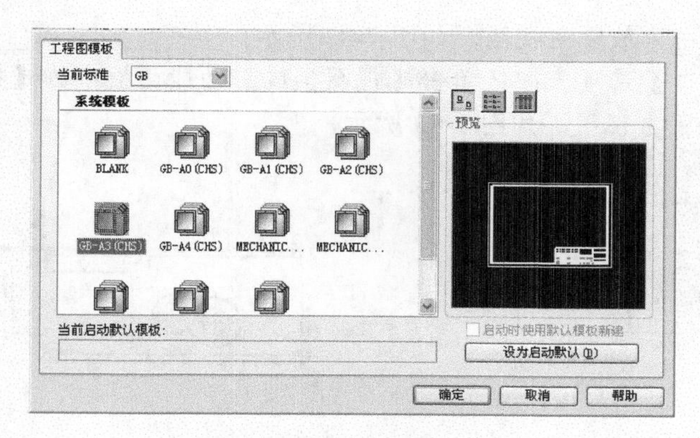


图 7-79　选择 GB-A3 选项

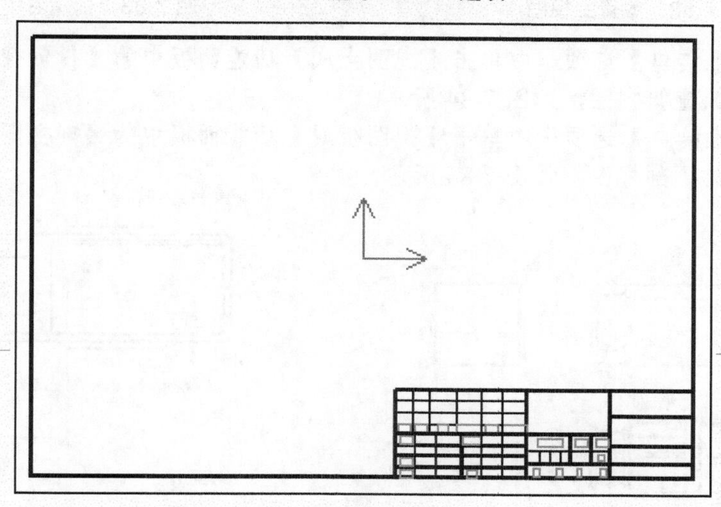

图 7-80　创建的 A3 模板

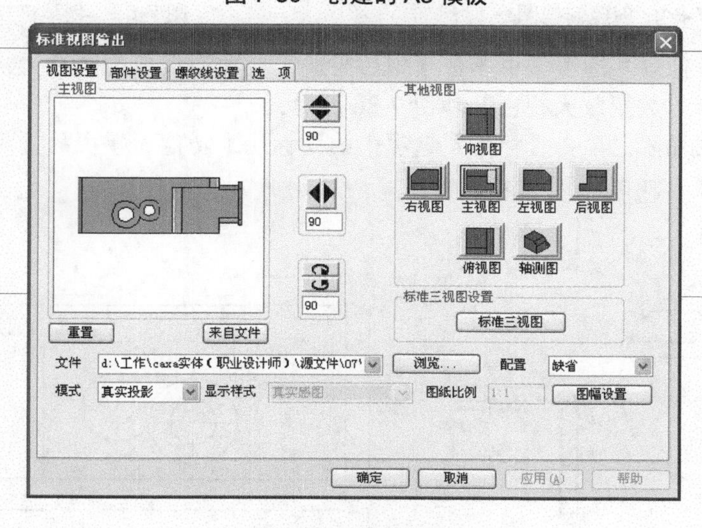


图 7-81　选择视图

step 55 在绘图区单击，放置主视图，如图 7-82 所示。

step 56 在【三维接口】选项卡中，单击【视图生成】功能面板中的【投影视图】按钮，选择零件并单击，放置右视图，如图 7-83 所示。

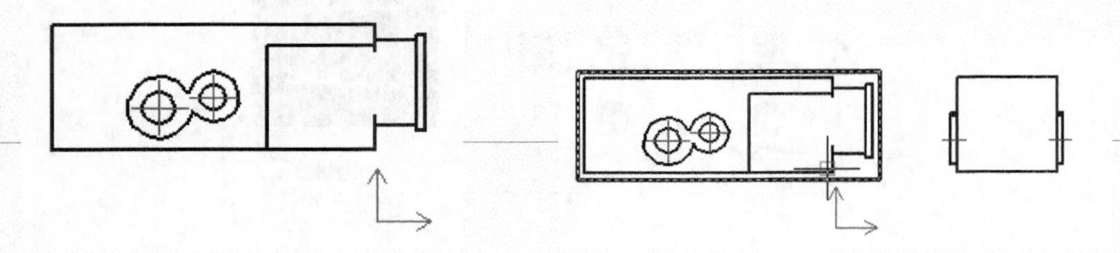

图 7-82　放置主视图　　图 7-83　创建右视图

step 57 在【三维接口】选项卡中单击【视图生成】功能面板中的【投影视图】按钮，选择零件并单击，放置俯视图，如图 7-84 所示。

step 58 在【三维接口】选项卡中单击【视图生成】功能面板中的【剖视图】按钮，绘制剖切面并单击，放置剖视图，如图 7-85 所示。

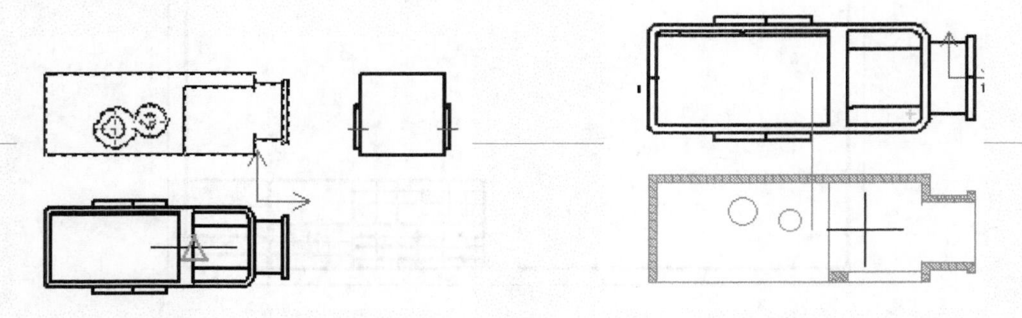

图 7-84　创建俯视图　　图 7-85　创建剖视图

step 59 在【三维接口】选项卡中单击【视图生成】功能面板中的【放大视图】按钮，绘制放大区域并单击，放置放大视图，如图 7-86 所示。

step 60 最后标注视图，单击【标注】选项卡的【标注】功能面板中的【尺寸标注】按钮，绘制主视图尺寸，如图 7-87 所示。

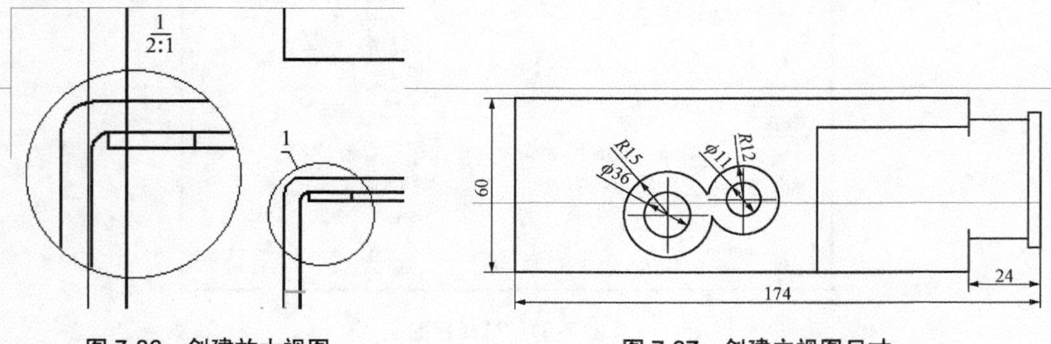


图 7-86　创建放大视图　　图 7-87　创建主视图尺寸

step 61 单击【标注】选项卡的【标注】功能面板中的【尺寸标注】按钮，绘制俯视图尺寸，如图 7-88 所示。

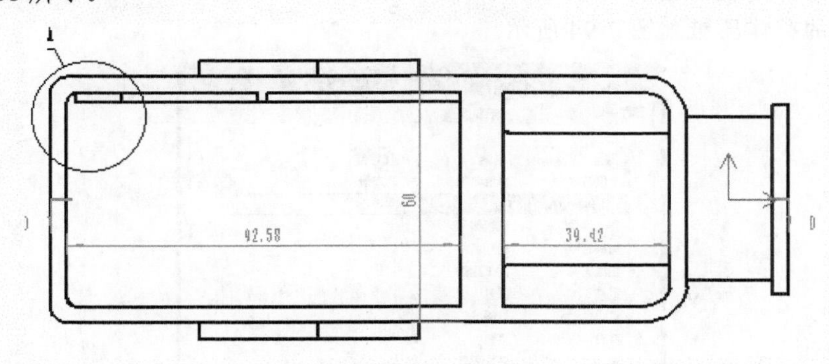


图 7-88 创建俯视图尺寸

step 62 单击【标注】选项卡的【标注】功能面板中的【尺寸标注】按钮，绘制剖视图尺寸，如图 7-89 所示。

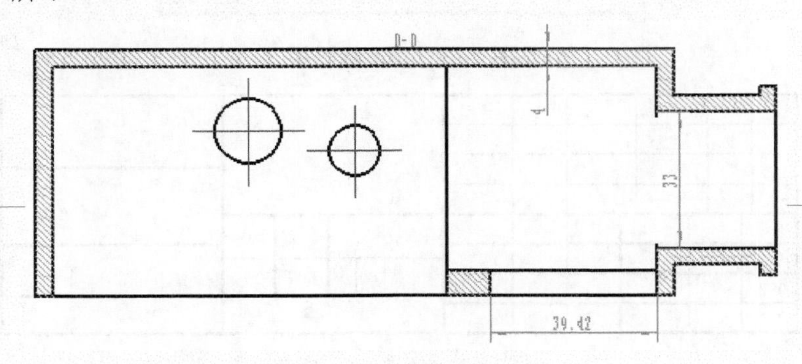


图 7-89 创建剖视图尺寸

step 63 单击【标注】选项卡的【标注】功能面板中的【尺寸标注】按钮，绘制右视图尺寸，如图 7-90 所示。

step 64 单击【标注】选项卡的【标注】功能面板中的【尺寸标注】按钮，绘制放大视图尺寸，如图 7-91 所示。

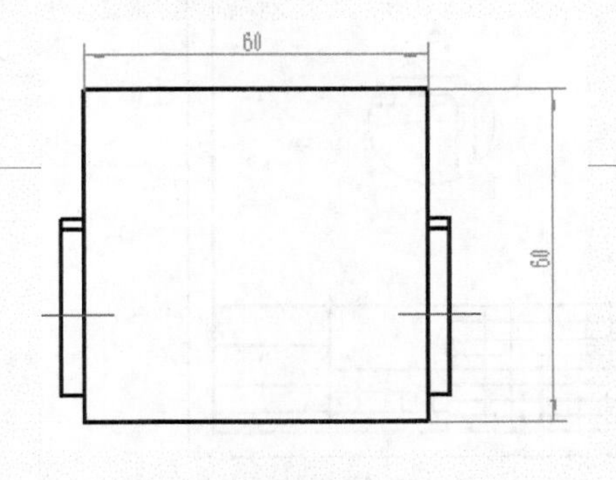


图 7-90 创建右视图尺寸

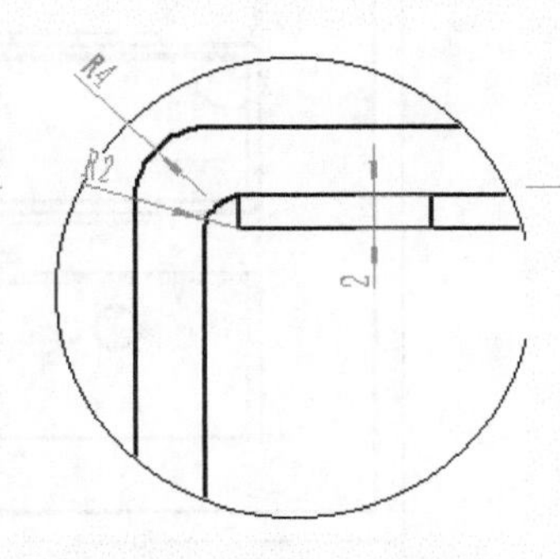


图 7-91 创建放大图尺寸

step 65 双击标题栏，弹出【填写标题栏】对话框，填写标题栏内容，如图 7-92 所示。

step 66 完成的标题栏如图 7-93 所示。

step 67 完成的壳体图纸如图 7-94 所示。

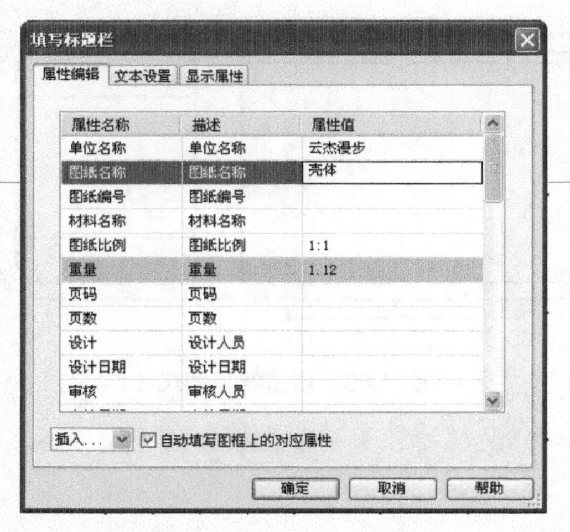


图 7-92　填写标题栏

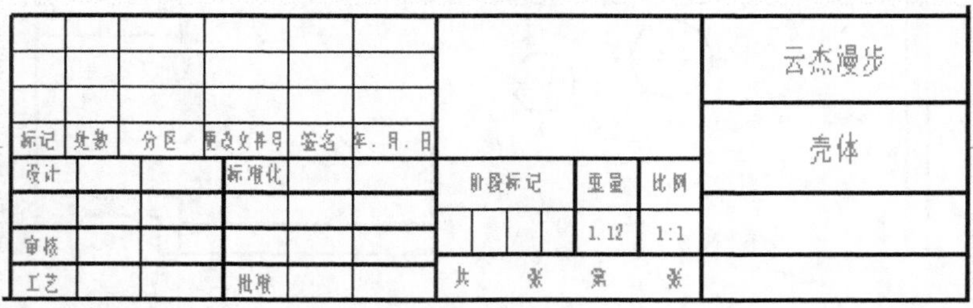

| 标记 | 处数 | 分区 | 更改文件号 | 签名 | 年.月.日 | | | 云杰漫步 |
|---|---|---|---|---|---|---|---|---|
| 设计 | | | 标准化 | | | 阶段标记 | 重量 | 比例 |
| | | | | | | | 1.12 | 1:1 |
| 审核 | | | | | | | | 壳体 |
| 工艺 | | | 批准 | | | 共　张 | 第　张 | |

图 7-93　完成的标题栏

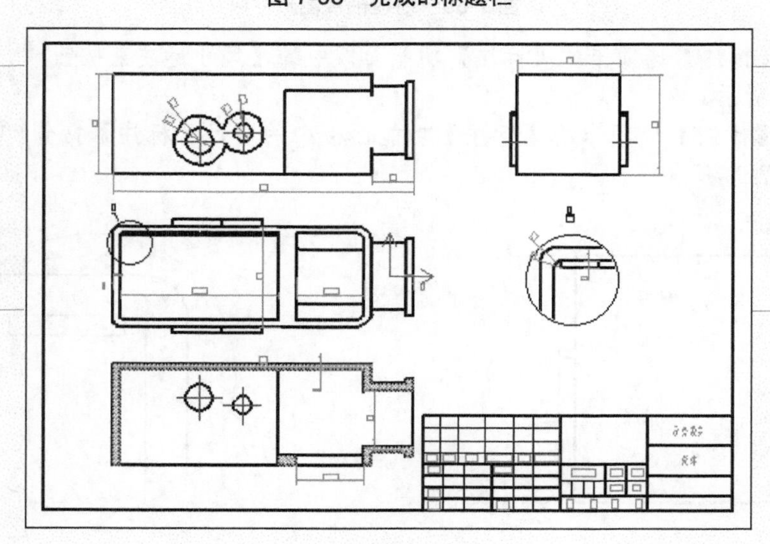

图 7-94　完成的壳体图纸

**机械设计实践**：如图 7-95 所示是箱体零件的生产图纸，一般在三视图之外增加立体图，便于零件的观察。在绘制时使用直线命令比较普遍，不过也可以使用多线命令绘制薄壁部分。

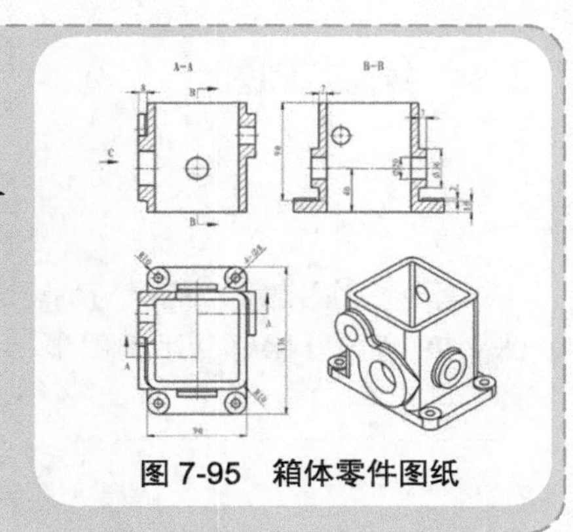


图 7-95　箱体零件图纸

# 第3课　2课时　编辑工程图

视图生成以后，可以通过视图编辑功能对视图的位置进行编辑。

视图编辑的相关工具和命令主要集中在几个菜单和面板中，包括【三维接口】选项卡的【视图编辑】功能面板(见图 7-96)、【视图】菜单中的命令，以及在图纸环境中对选定视图右击而弹出的快捷菜单，如图 7-97 所示。

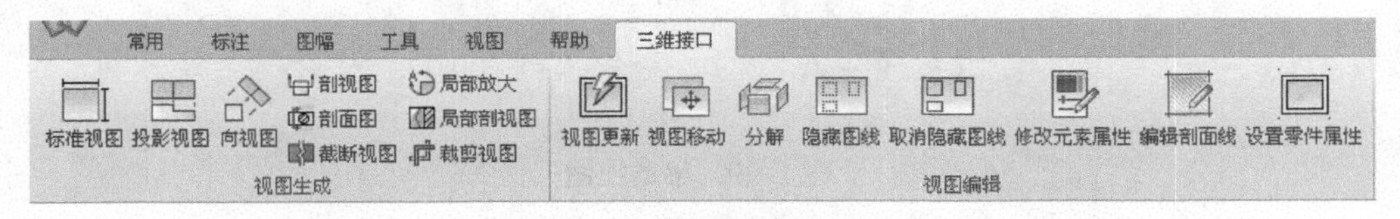


图 7-96　【视图编辑】功能面板

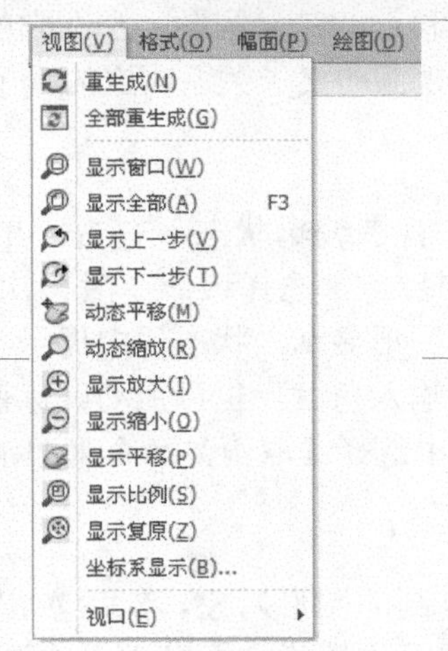


图 7-97　右键菜单

## 7.3.1 编辑视图

**行业知识链接**：视图的编辑包括移动、粘贴、复制和旋转等。如图 7-98 所示是摇臂的平面图纸，图纸的连接部分可以复制生成。

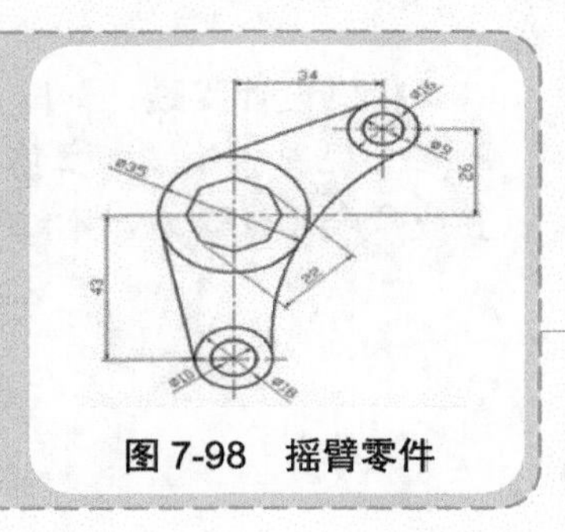

图 7-98 摇臂零件

### 1. 视图移动

单击【三维接口】选项卡的【视图编辑】功能面板中的【视图移动】按钮(其他激活方法也可以)，然后拾取需要移动的视图，此时会有一个视图的预显跟随光标移动，如图 7-99 所示。

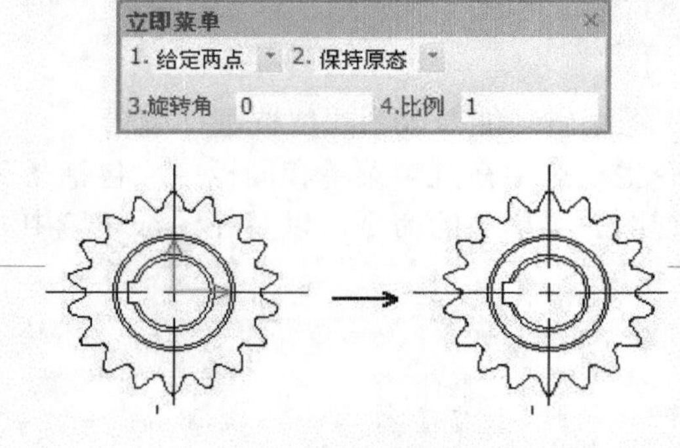


图 7-99 移动视图

在合适位置单击，即可将视图移动到适当的位置。视图移动操作每次只能移动一个视图。

视图之间存在父子关系时，如果移动的是父视图，那么它的子视图也会跟随移动。比如移动主视图，会带动其他视图的移动，这是由视图的父子关系决定的。

### 2. 复制粘贴

复制粘贴功能是配对使用的。在视图编辑状态下右击，在弹出的快捷菜单中选择【复制】命令(也可以对该视图或其中一部分进行复制)。选择该命令后再次右击，从弹出的快捷菜单中选择【粘贴】命令，此时立即菜单和要粘贴的图形显示，状态栏中提示“请输入定位点”，单击定位点后，状态栏中提示“请输入旋转角度”，可输入角度，也可拖动鼠标使图形旋转，再次单击可以确定此次操作。也可以右击，在弹出的快捷菜单中选择【取消】命令来取消这次操作。

### 3. 平移复制

用鼠标左键选择或框选要平移复制的图形对象，然后右击，在弹出的快捷菜单中选择【平移复制】命令。根据左下角提示栏中的提示设置【立即菜单】参数，即可完成图形对象的平移复制，如图 7-100 所示。

左键选择视图上一点作为第一点，然后可以按照自己的要求设置【立即菜单】，偏移量可通过键盘输入，或者用鼠标左键单击作为第二点，都可以平移复制选定的图形。

#### 4. 带基点复制

在视图编辑状态的快捷菜单中选择【带基点复制】命令，就可以选择基点作基准，配合【立即菜单】对图形进行复制和粘贴。如图 7-101 所示，以台钳左上角为基点进行粘贴。

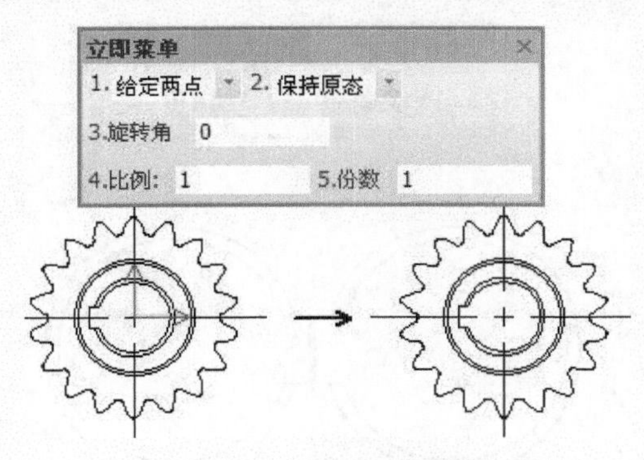


图 7-100　复制视图

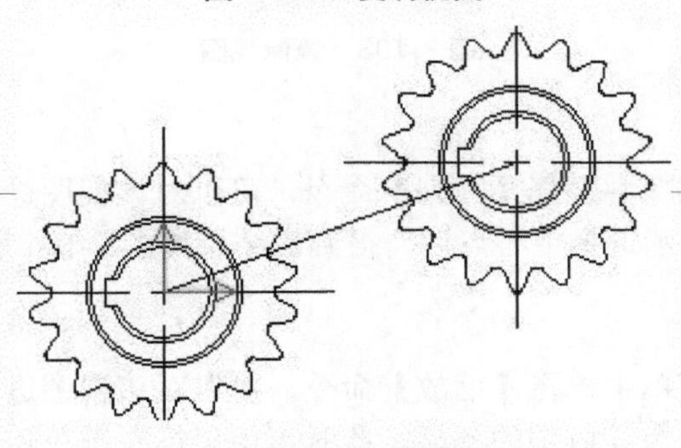

图 7-101　带基点复制

#### 5. 视图旋转

在视图编辑状态的快捷菜单中选择【旋转】命令。

选择视图上一点作为旋转的基点。状态栏中提示“输入旋转角”，此时输入旋转角度或者用鼠标左键单击，都可以确定旋转角度，如图 7-102 所示。

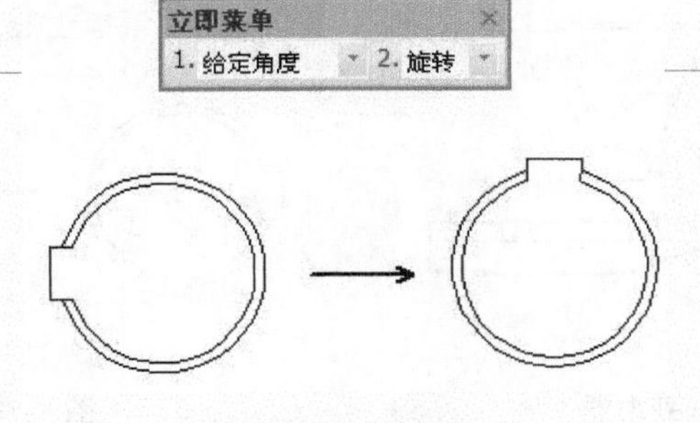


图 7-102　旋转视图

### 6. 镜像

在视图编辑状态的快捷菜单中选择【镜像】命令，可以对该视图进行镜像操作。

在【立即菜单】中，第一项可以选择【拾取轴线】或【拾取两点】命令，第二项可选择【镜像】或者【拷贝】命令。如图 7-103 所示为选择【拾取两点】命令和【拷贝】命令时，在绘图区单击一点后出现的预显。

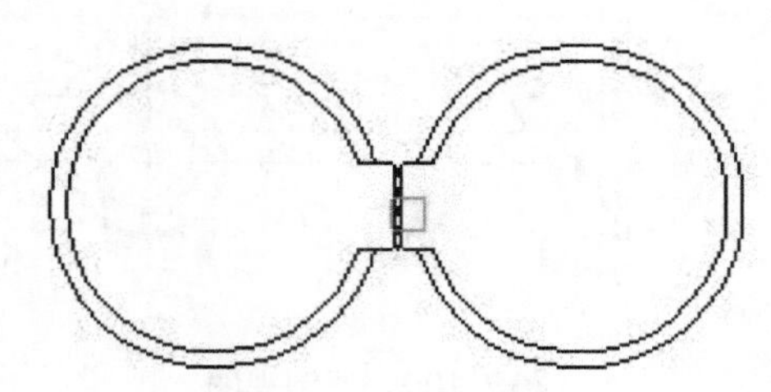

图 7-103　镜像视图

### 7. 阵列

在视图编辑状态的快捷菜单中选择【阵列】命令，可以对该视图进行阵列操作。此时设置立即菜单参数，并根据状态栏中的提示选择中心点后，得到的结果如图 7-104 所示。

### 8. 缩放

在视图编辑状态的快捷菜单中选择【缩放】命令，可以对该视图进行缩放操作。设置立即菜单参数后，可以看到绘图区中有一个缩放图的预显，此时可用鼠标左键单击确定缩放系数，也可通过键盘输入比例因子确定，结果如图 7-105 所示。

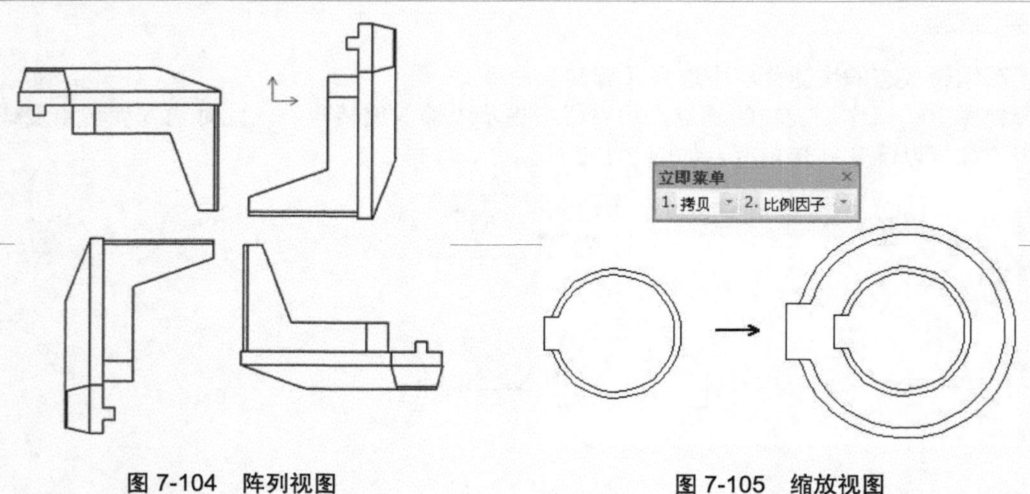


图 7-104　阵列视图

图 7-105　缩放视图

## 7.3.2 编辑视图属性

**行业知识链接**：视图的属性包括图线线型、元素属性、剖面线等内容。如图 7-106 所示是绘制的垫板零件，不包括隐藏线属性。

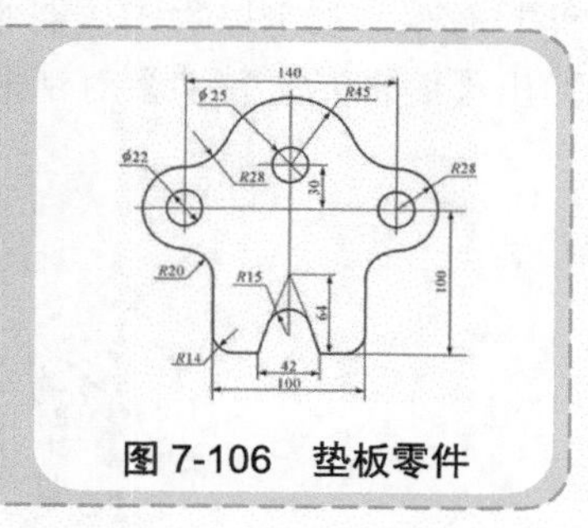


图 7-106　垫板零件

### 1. 隐藏图线

选择【工具】|【视图管理】|【隐藏图线】菜单命令，或者单击【三维接口】选项卡的【视图编辑】功能面板中的【隐藏图线】按钮，或者单击【视图管理】工具栏中的【隐藏图线】按钮，此时状态栏中提示"请拾取视图中的图线"，用鼠标左键单击或者框选选择图线，选择完毕后右击并单击【确定】按钮，即可隐藏这些图线，如图 7-107 所示。

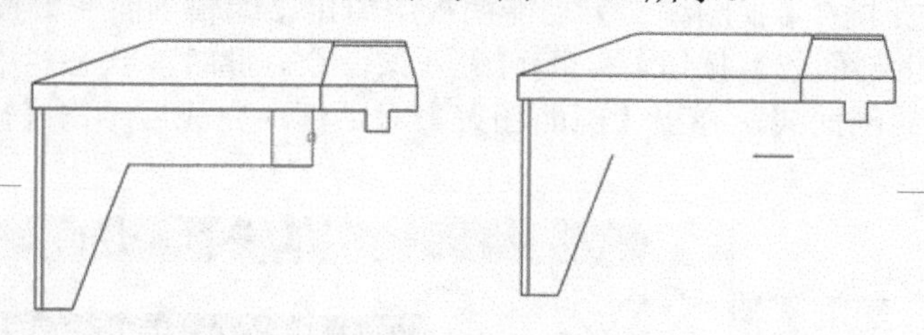

图 7-107　隐藏线

### 2. 视图打散

在视图上右击，在弹出的快捷菜单中选择【视图打散】命令，则该视图被打散成若干条二维曲线。此时，再单击选择视图中的曲线，则只能拾取单条曲线，如图 7-108 所示。也可以通过单击【三维接口】选项卡的【视图编辑】功能面板中的【分解】按钮来实现视图打散。

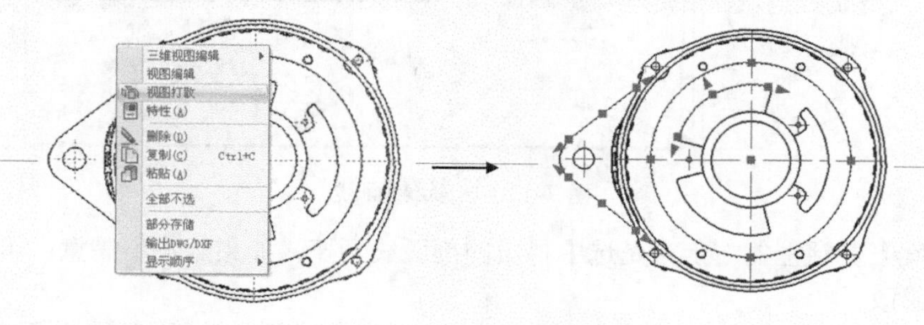


图 7-108　视图打散

### 3. 修改元素属性

使用修改元素属性功能可以修改视图上元素的属性，如层、线型、线宽和颜色等。

在【三维接口】选项卡的【视图编辑】功能面板中单击【修改元素属性】按钮，或者在【视图管理】工具栏中单击【修改元素属性】按钮，或者在视图上右击，在弹出的快捷菜单中选择【特性】命令，都可以进入该命令。然后，按照状态栏中的提示拾取视图中的图线，选择完毕后右击，即弹出【编辑元素属性】对话框，完成后单击【确定】按钮，如图 7-109 所示。

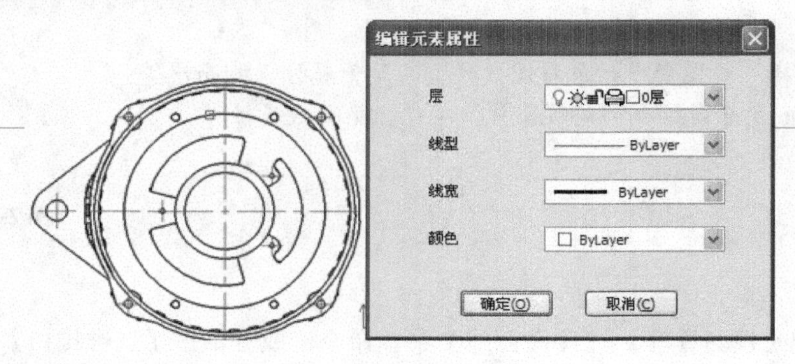


图 7-109　修改属性

#### 4. 编辑剖面线

在【三维接口】选项卡的【视图编辑】功能面板中单击【编辑剖面线】按钮，或者在【视图管理】工具栏中单击【编辑剖面线】按钮，即可进入该命令。此时，状态栏中提示“请拾取视图中的图线”，拾取某区域内的剖面线，弹出【剖面图案】对话框，完成后单击【确定】按钮，如图 7-110 所示。

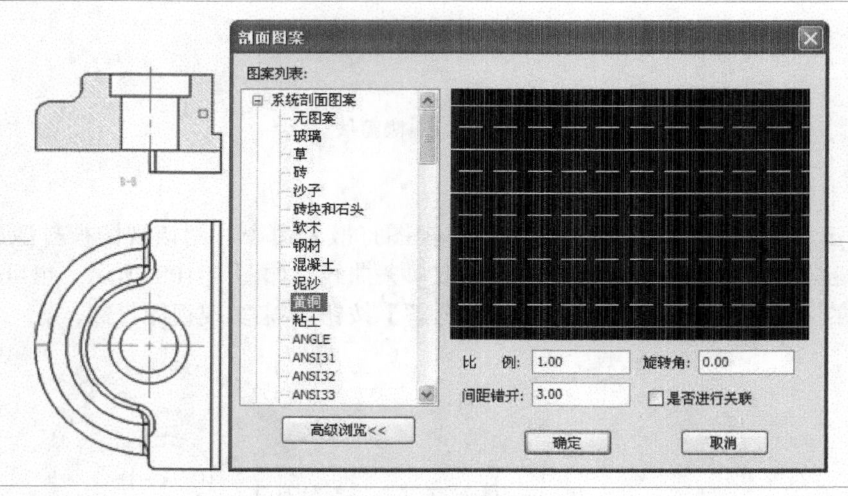


图 7-110　编辑剖面线

在【剖面图案】对话框的右上方是选中材质的剖面线预览，如果用户不满意，可以通过预览区域下方的选项进行修改。

【比例】可以修改图案的大小，【旋转角】可以设置图案与水平线的夹角，【间距错开】可以设置图案的交错距离。如图 7-111 所示为修改这几项参数后的黄铜图案。

在【剖面图案】对话框中，可以对该零件的剖面线进行设置，对话框的左边是一些工程建筑图中常用材质的剖面线名称，单击【高级浏览】按钮，弹出【浏览剖面图案】对话框，可以对各种图案进行预览，这样用户可以更直观地选择自己需要的剖面线形式，如图 7-112 所示。

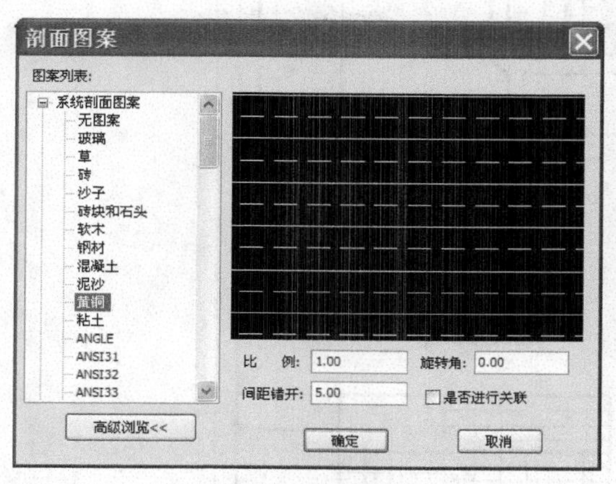

图 7-111 【剖面图案】对话框

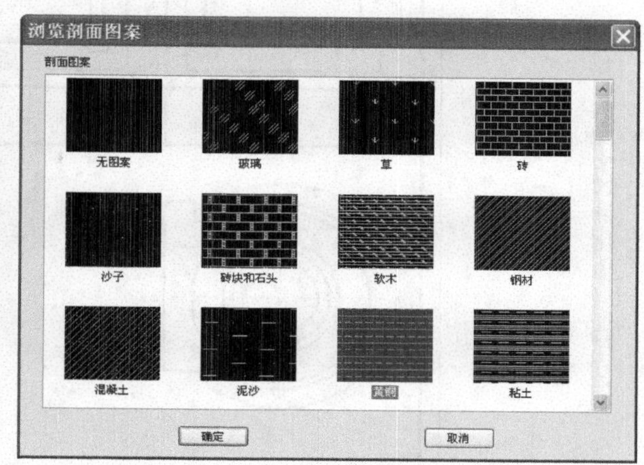

图 7-112 【浏览剖面图案】对话框

5. 视图属性

在视图上右击，在弹出的快捷菜单中选择【三维视图编辑】|【视图属性】命令，弹出【视图属性】对话框，在此可以编辑视图的各项属性，如图 7-113 所示。这里进行的设置仅对该视图有效。

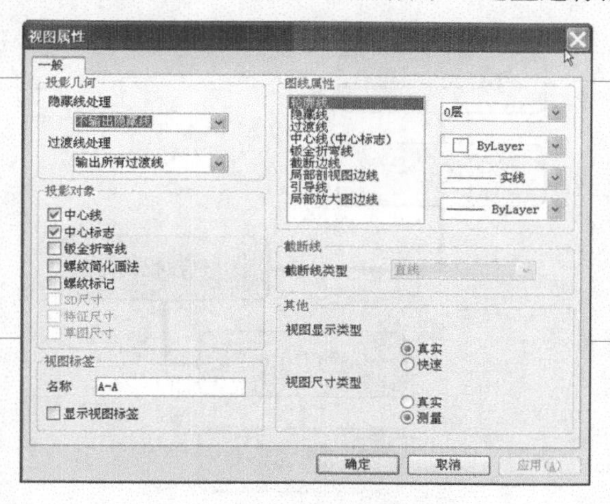

图 7-113 【视图属性】对话框

## 课后练习

案例文件：ywj\07\03.ics、04.exb

视频文件：光盘\视频课堂\第 7 教学日\7.3

本节课后练习创建轴承支座并创建其工程图，轴承支座在机械工件中起到了支撑作用，并对轴承进行限位。如图 7-114 所示是完成的轴承支座工程图。

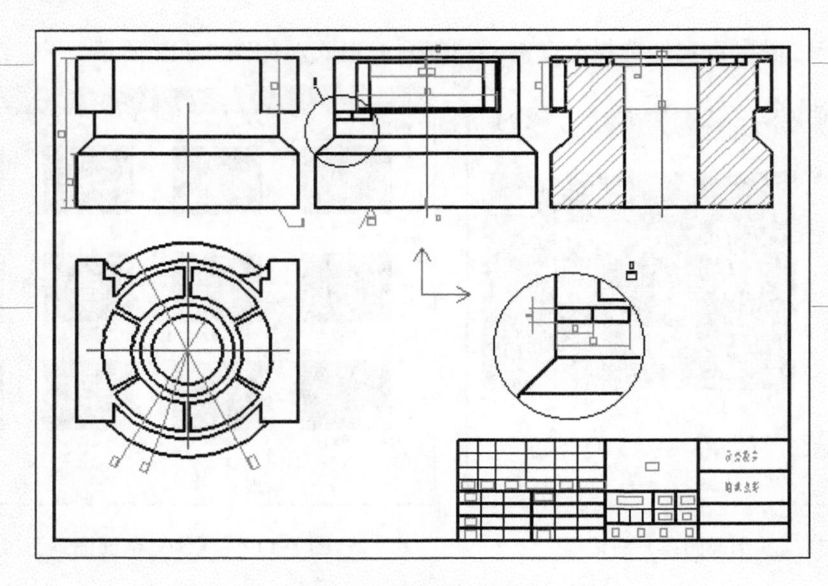

图 7-114　完成的轴承支座工程图

本节案例主要练习轴承支座及工程图的创建，首先创建轴承支座模型，之后新建图纸文件，放置各个视图，最后进行标注、图框和表格的创建。创建轴承支座及工程图的思路和步骤如图 7-115 所示。

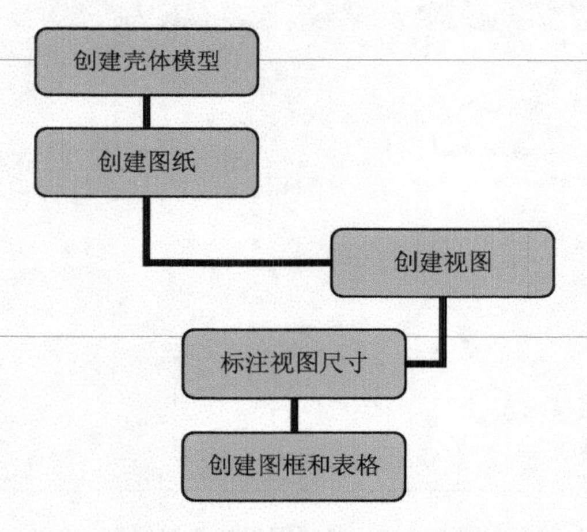


图 7-115　创建轴承支座及工程图的步骤

案例操作步骤如下。

step 01 首先创建壳体模型，单击【草图】选项卡中的【二维草图】按钮，选择 XY 面作为绘制平面，在【草图】选项卡中单击【绘制】功能面板中的【圆心+半径】按钮，绘制半径为 20 和 50 的同心圆，如图 7-116 所示。

step 02 单击【特征】选项卡中的【拉伸】按钮，设置【高度值】为 40，单击【确定】按钮，拉伸圆环草图，如图 7-117 所示。

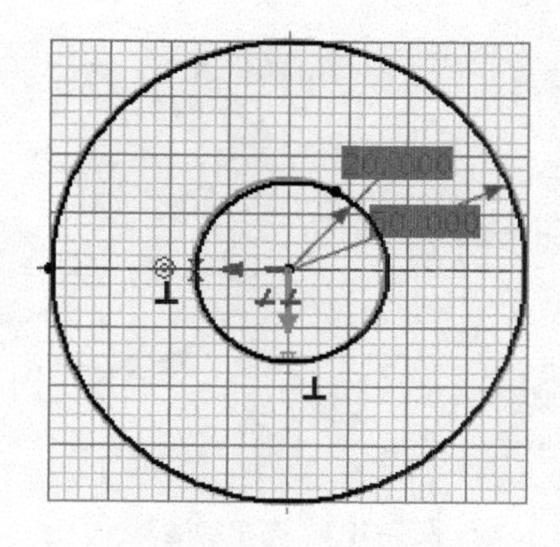

图 7-116　绘制半径为 20 和 50 的同心圆

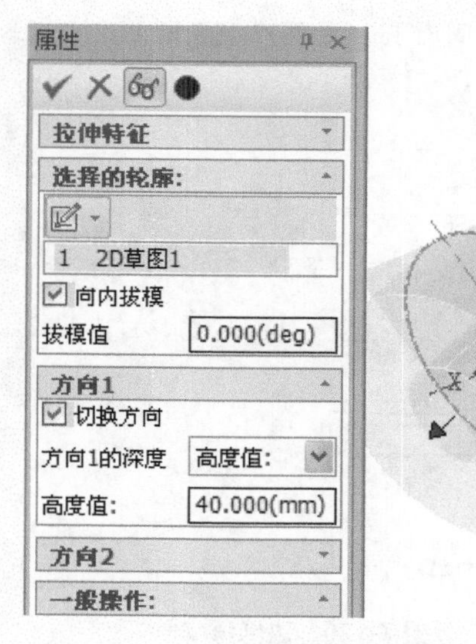


图 7-117　拉伸圆环草图

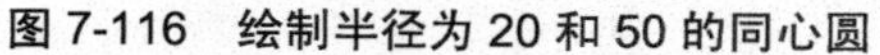

step 03 单击【草图】选项卡中的【二维草图】按钮，选择 XY 面作为绘制平面，在【草图】选项卡中单击【绘制】功能面板中的【圆心+半径】按钮，绘制半径为 20 和 60 的同心圆，如图 7-118 所示。

step 04 单击【特征】选项卡中的【拉伸】按钮，设置【高度值】为 40，单击【确定】按钮，拉伸同心圆，如图 7-119 所示。

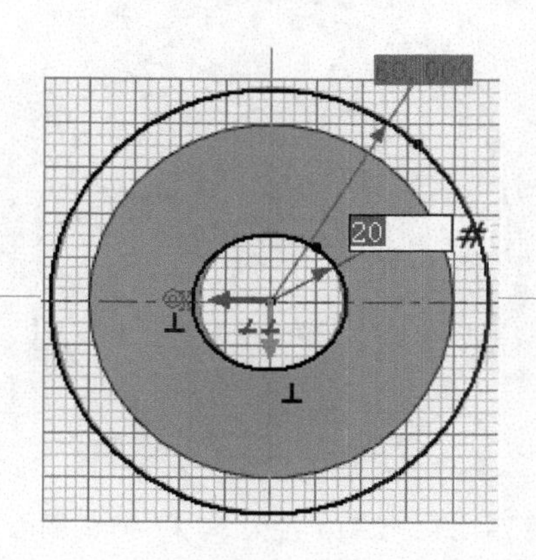


图 7-118　绘制半径为 20 和 60 的同心圆

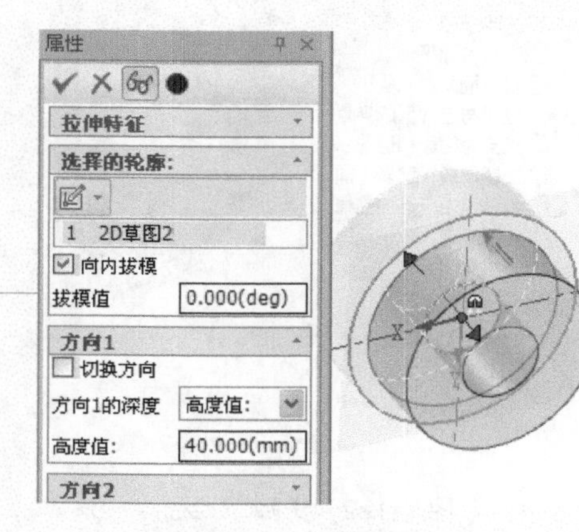


图 7-119　拉伸同心圆

step 05 在【特征】选项卡中单击【修改】功能面板中的【边倒角】按钮，选择倒角边线，设置距离为 10，如图 7-120 所示，单击【确定】按钮，创建边倒角。

step 06 在【特征】选项卡中单击【修改】功能面板中的【布尔】按钮，选择主体和被加零件，如图 7-121 所示，单击【确定】按钮，进行布尔加运算。

step 07 单击【草图】选项卡中的【二维草图】按钮，选择模型面作为绘制平面，如图 7-122 所示。

step 08 在【草图】选项卡中单击【绘制】功能面板中的【圆心+半径】按钮，绘制半径为 50

和 46 的同心圆，如图 7-123 所示。

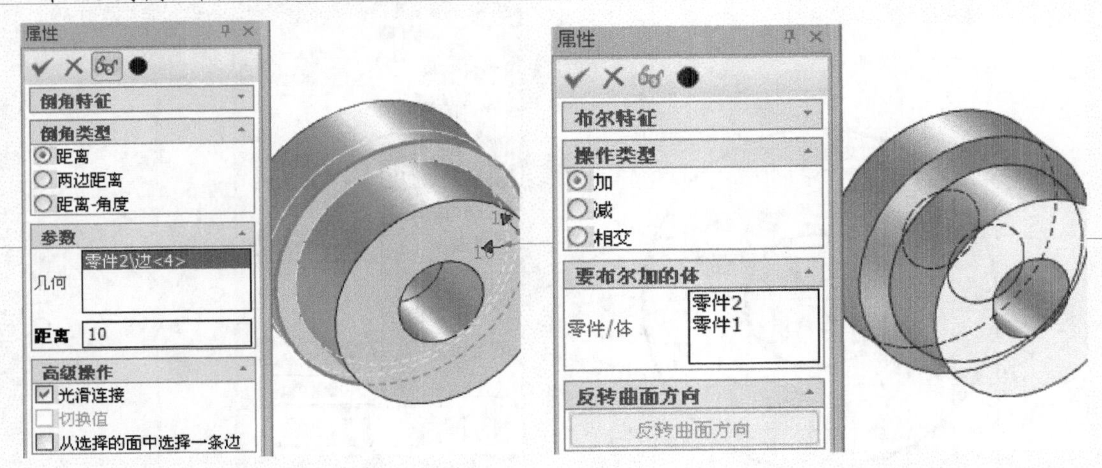


图 7-120　边倒角

图 7-121　布尔加运算

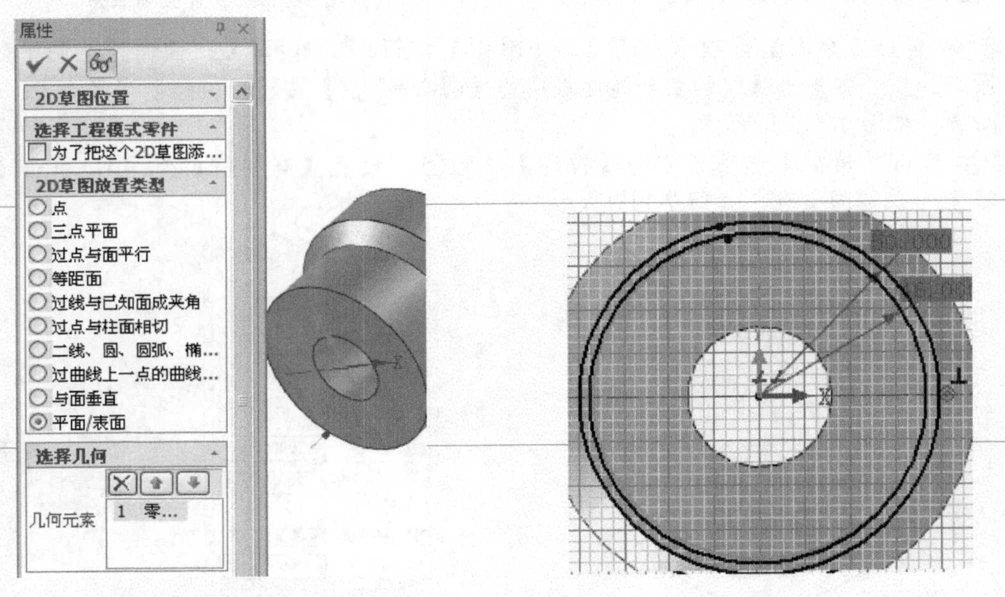


图 7-122　选择草绘面

图 7-123　绘制半径为 50 和 46 的同心圆

step 09 在【草图】选项卡中单击【绘制】功能面板中的【圆心+半径】按钮，绘制半径为 30 和 26 的内侧同心圆，如图 7-124 所示。

step 10 在【草图】选项卡中单击【绘制】功能面板中的【2 点线】按钮，绘制两条角度为 2 的直线，如图 7-125 所示。

step 11 在【草图】选项卡中单击【修改】功能面板中的【圆】按钮，圆形阵列草图，【阵列数目】为 6 个，如图 7-126 所示。

step 12 在【草图】选项卡中单击【修改】功能面板中的【裁剪】按钮，裁剪草图，如图 7-127 所示。

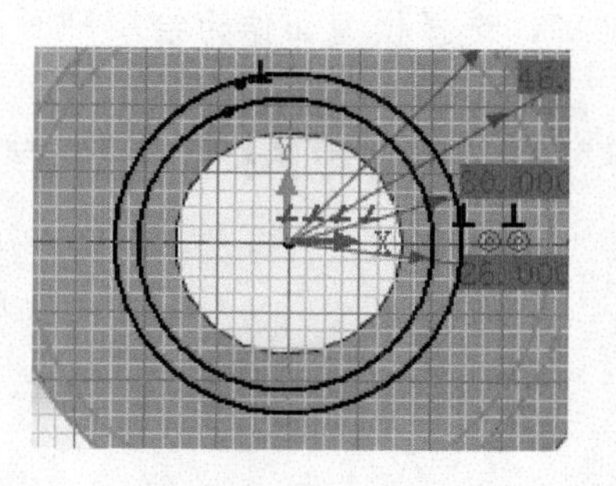

图 7-124　绘制半径为 30 和 26 的内侧同心圆

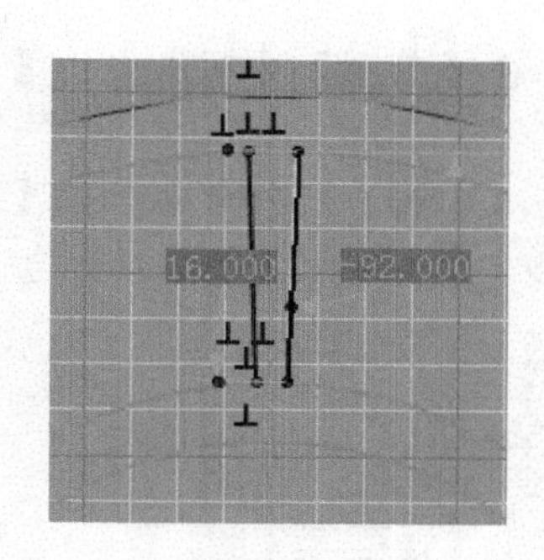


图 7-125　绘制角度为 2 的直线

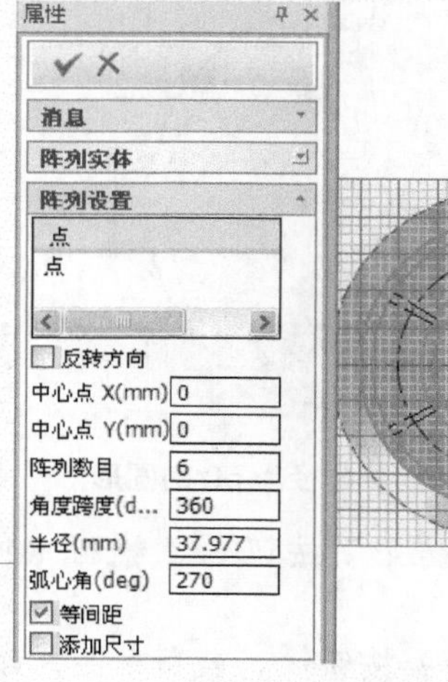


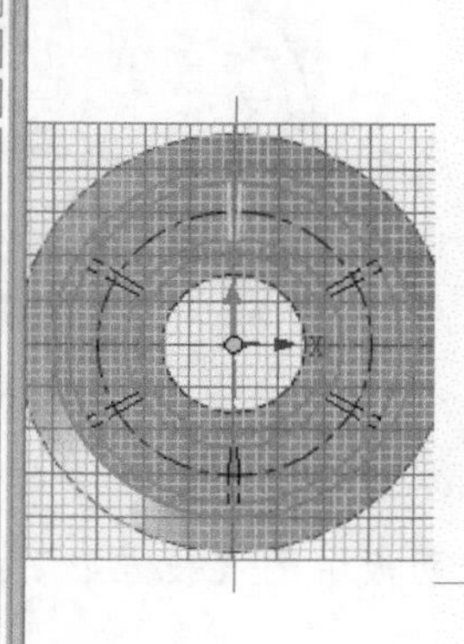

图 7-126　圆形阵列草图

图 7-127　裁剪草图

step 13 单击【特征】选项卡中的【拉伸】按钮，设置【高度值】为 4，单击【确定】按钮，拉伸草图，如图 7-128 所示。

step 14 在【特征】选项卡中单击【修改】功能面板中的【布尔】按钮，选择主体和被加零件，如图 7-129 所示，单击【确定】按钮，进行布尔加运算。

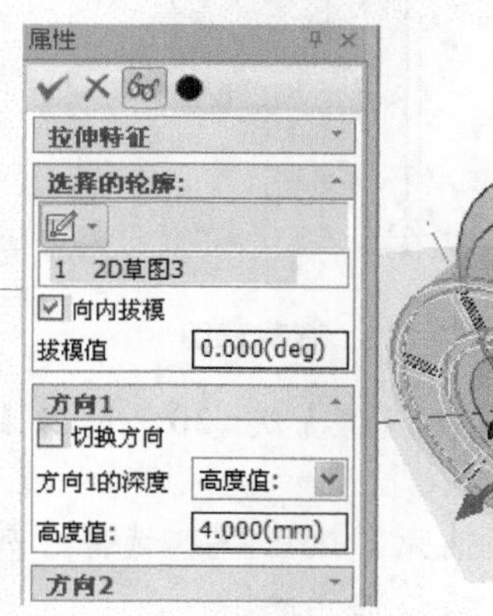


图 7-128　拉伸草图

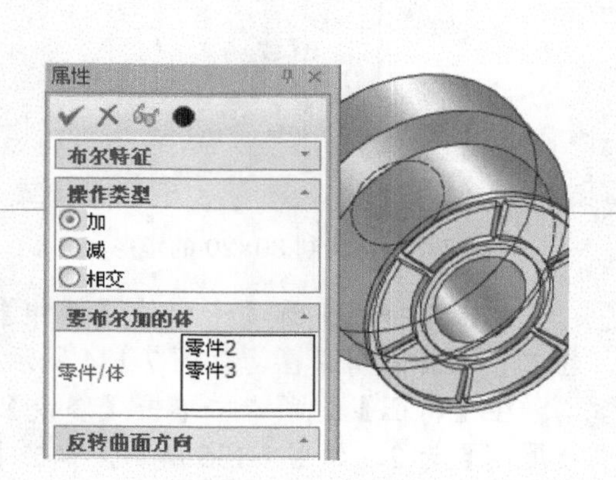


图 7-129　布尔加运算

step 15 单击【草图】选项卡中的【二维草图】按钮，选择模型面作为绘制平面，如图 7-130 所示。

step 16 在【草图】选项卡中单击【绘制】功能面板中的【圆心+半径】按钮，绘制半径为 50 的圆形，如图 7-131 所示。

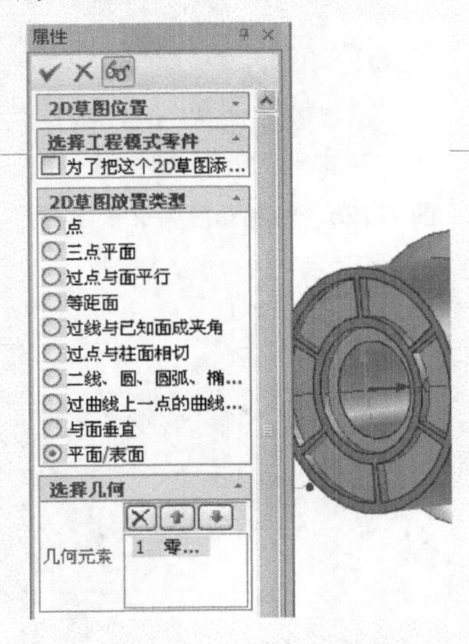


图 7-130 选择草绘面

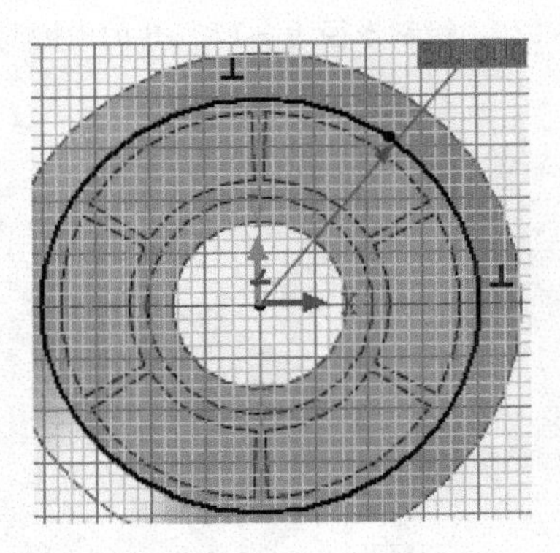

图 7-131 绘制半径为 50 的圆形

step 17 在【草图】选项卡中单击【绘制】功能面板中的【长方形】按钮，绘制 80×20 的矩形，如图 7-132 所示。

step 18 在【草图】选项卡中单击【修改】功能面板中的【裁剪】按钮，裁剪草图，如图 7-133 所示。

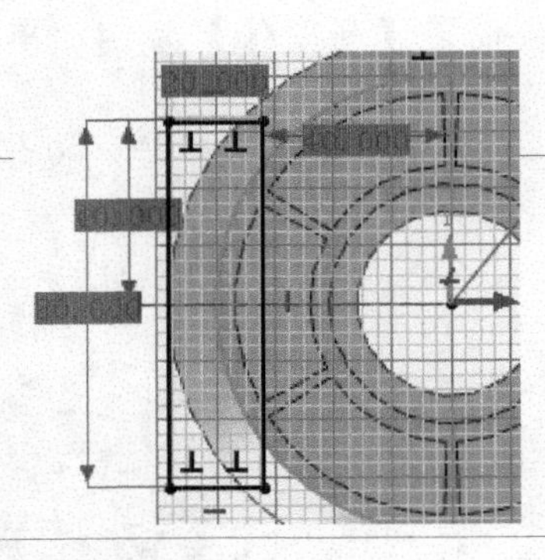

图 7-132 绘制 80×20 的矩形

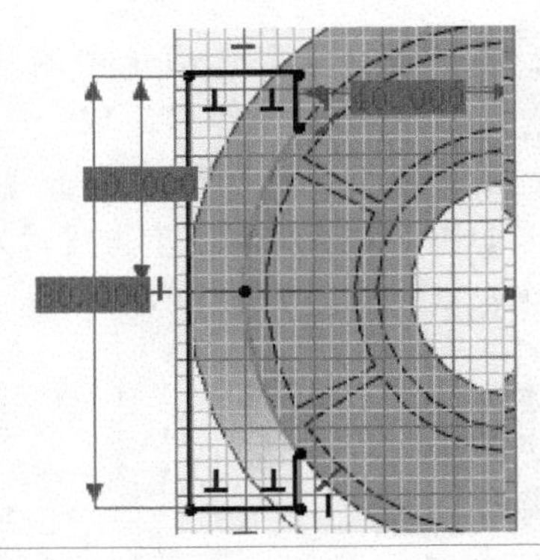

图 7-133 裁剪草图

step 19 单击【特征】选项卡中的【拉伸】按钮，设置【高度值】为 30，单击【确定】按钮，拉伸裁剪草图，如图 7-134 所示。

step 20 在【特征】选项卡中单击【修改】功能面板中的【抽壳】按钮，选择开放面，设置【厚度】为 2，如图 7-135 所示，单击【确定】按钮，进行抽壳操作。

step 21 在【特征】选项卡中单击【修改】功能面板中的【布尔】按钮，选择主体和被加零件，如图 7-136 所示，单击【确定】按钮，进行布尔加运算。

step 22 在【特征】选项卡中单击【变换】功能面板中的【阵列特征】按钮，圆形阵列特征，【角度】为 180°，如图 7-137 所示。

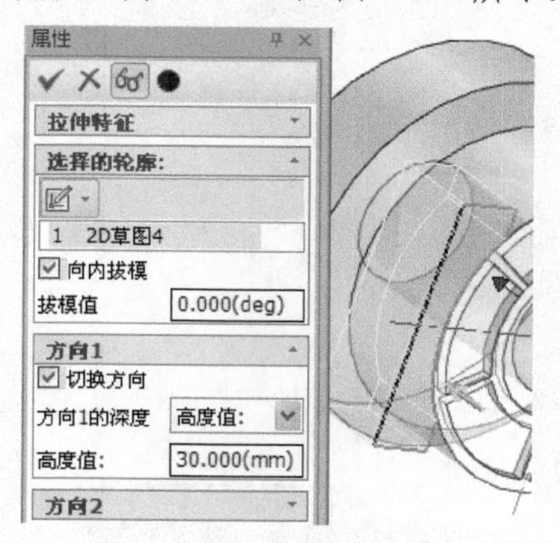


图 7-134 拉伸裁剪草图

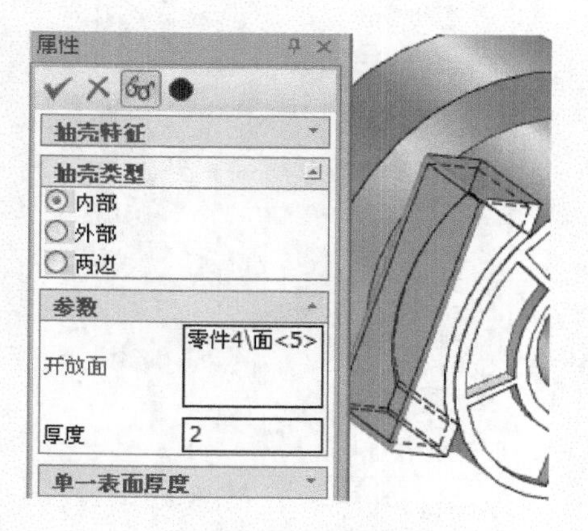


图 7-135 抽壳操作

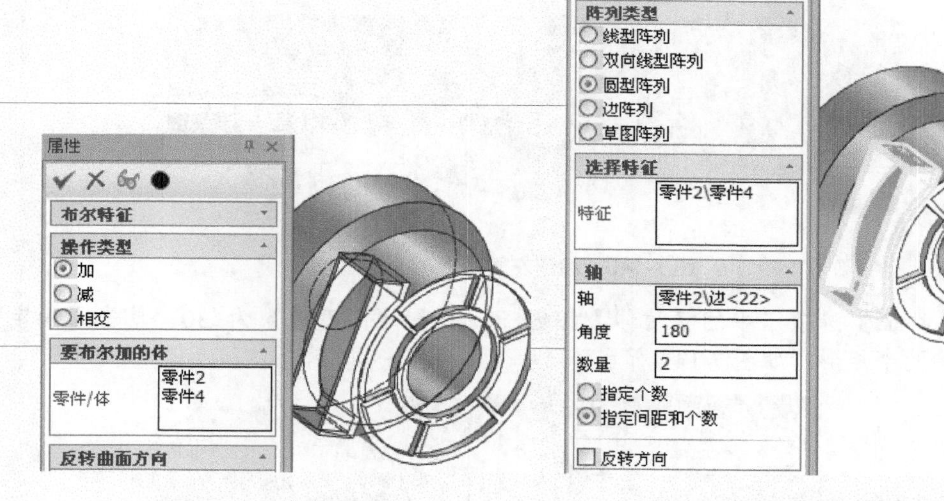


图 7-136 布尔加运算

图 7-137 圆形阵列特征

step 23 单击【草图】选项卡中的【二维草图】按钮，选择模型面作为绘制平面，如图 7-138 所示。

step 24 在【草图】选项卡中单击【绘制】功能面板中的【长方形】按钮，在右侧绘制 15×10 的矩形，如图 7-139 所示。

step 25 在【草图】选项卡中单击【绘制】功能面板中的【长方形】按钮，在左侧绘制 15×10 的矩形，如图 7-140 所示。

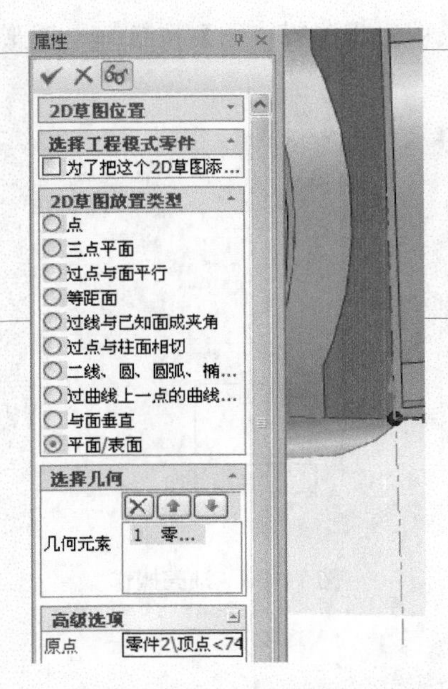


图 7-138　选择草绘面

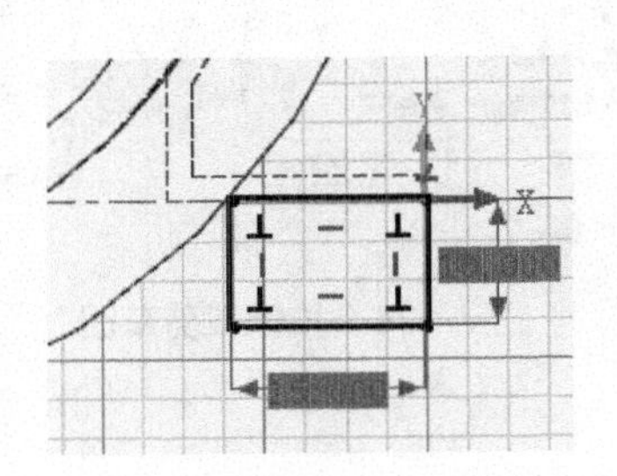

图 7-139　绘制右侧矩形

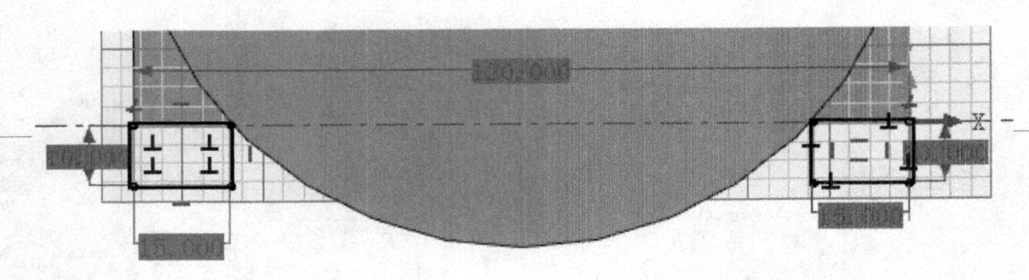

图 7-140　绘制左侧矩形

step 26 单击【特征】选项卡中的【拉伸】按钮，设置【高度值】为 30，单击【确定】按钮，拉伸两个矩形，如图 7-141 所示。

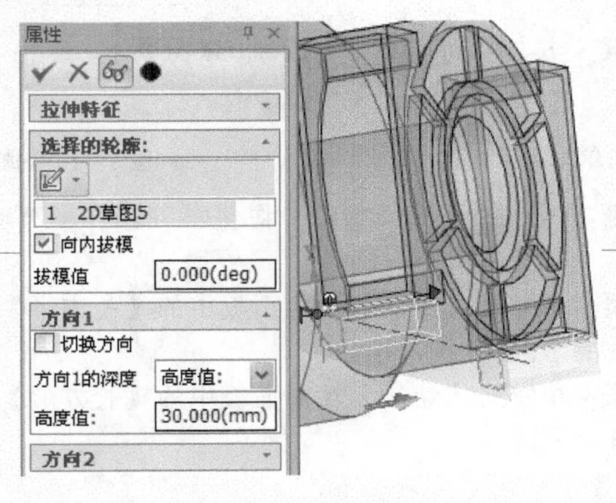


图 7-141　拉伸两个矩形

step 27 在【特征】选项卡中单击【修改】功能面板中的【布尔】按钮，选择主体和被加零件，如图 7-142 所示，单击【确定】按钮✓，进行布尔加运算。

step 28 单击【草图】选项卡中的【二维草图】按钮，选择模型面作为绘制平面，如图 7-143 所示。

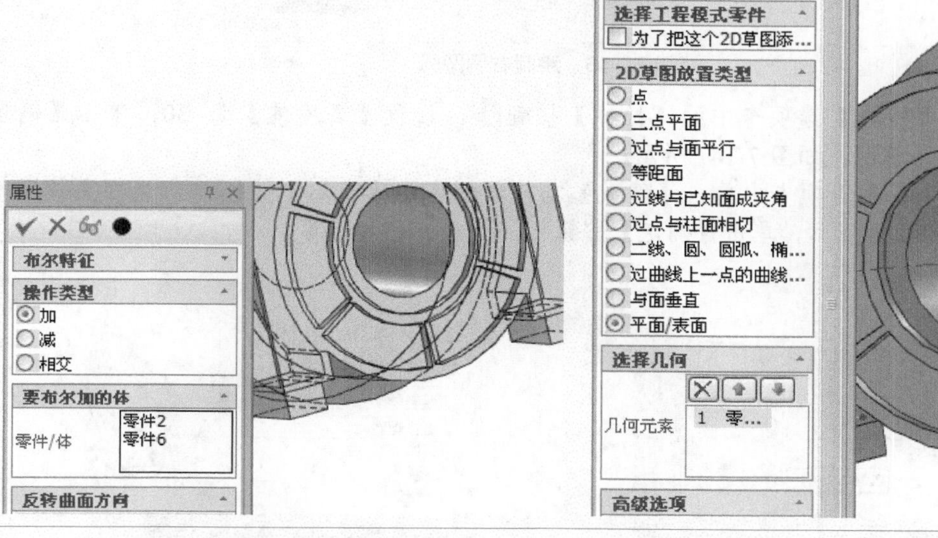


图 7-142 布尔加运算　　　　图 7-143 选择草绘面

step 29 在【草图】选项卡中单击【绘制】功能面板中的【圆心+半径】按钮，绘制半径为 50 的圆形，如图 7-144 所示。

step 30 在【草图】选项卡中单击【绘制】功能面板中的【用三点】按钮，绘制左侧的三点圆弧，如图 7-145 所示。

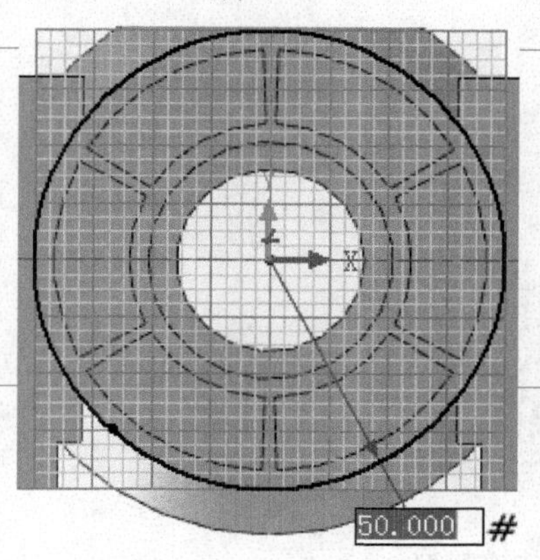


图 7-144 绘制半径为 50 的圆形

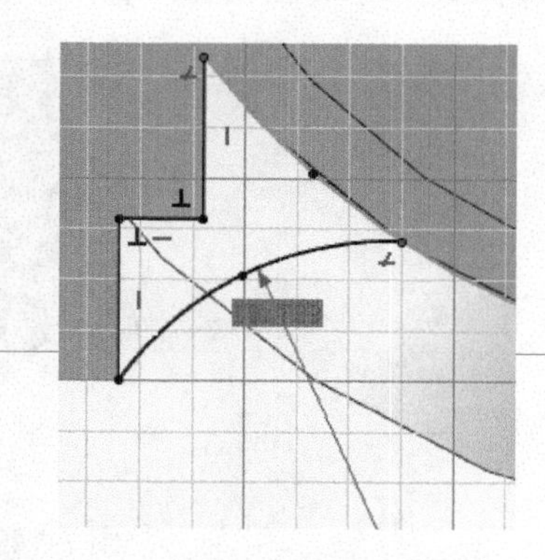

图 7-145 绘制左侧圆弧

step 31 在【草图】选项卡中单击【绘制】功能面板中的【用三点】按钮，绘制右侧的三点圆弧，如图 7-146 所示。

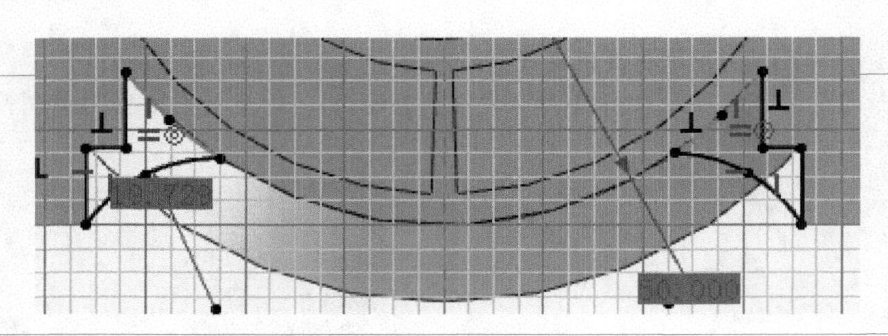

图 7-146 绘制右侧圆弧

step 32 单击【特征】选项卡中的【拉伸】按钮，设置【高度值】为 30，单击【确定】按钮，拉伸草图，如图 7-147 所示。

step 33 在【特征】选项卡中单击【修改】功能面板中的【布尔】按钮，选择主体和被加零件，如图 7-148 所示，单击【确定】按钮，进行布尔加运算。

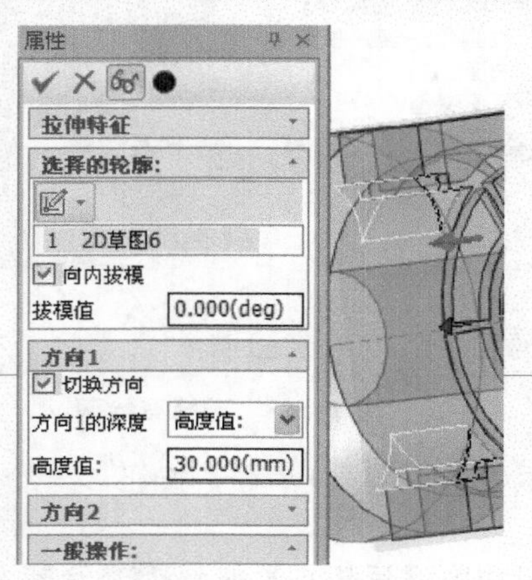


图 7-147 拉伸草图

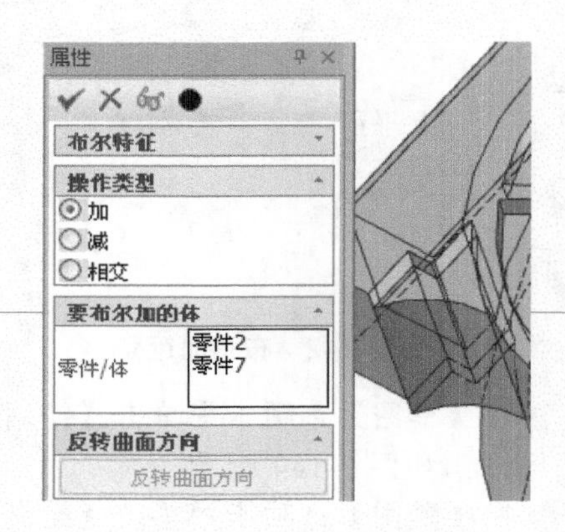


图 7-148 布尔加运算

step 34 完成的轴承支座模型如图 7-149 所示。

图 7-149 完成的轴承支座模型

step 35 新建一个图纸模型，在【系统模板】列表框中选择 GB-A3 选项，如图 7-150 所示，单击【确定】按钮。

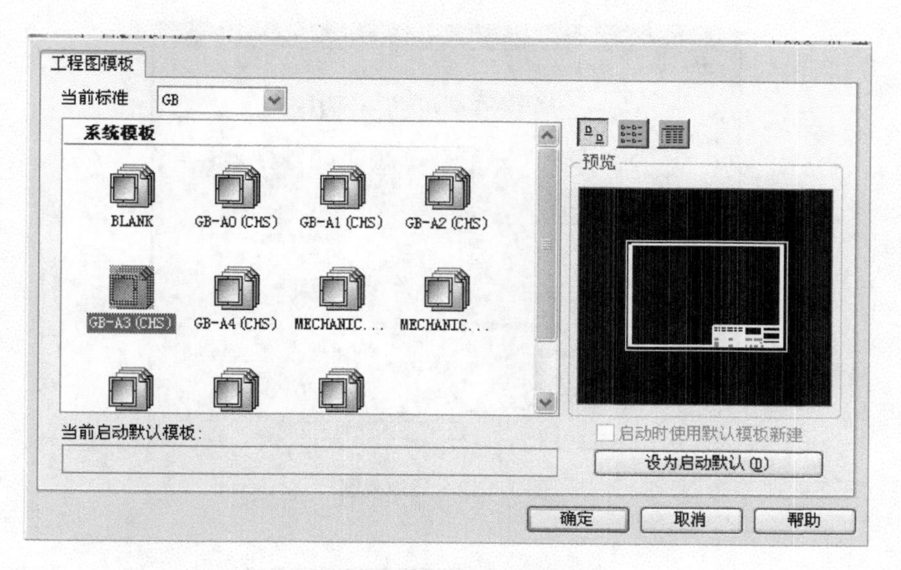


图 7-150　创建工程图

step 36 创建完成的图纸模板如图 7-151 所示。

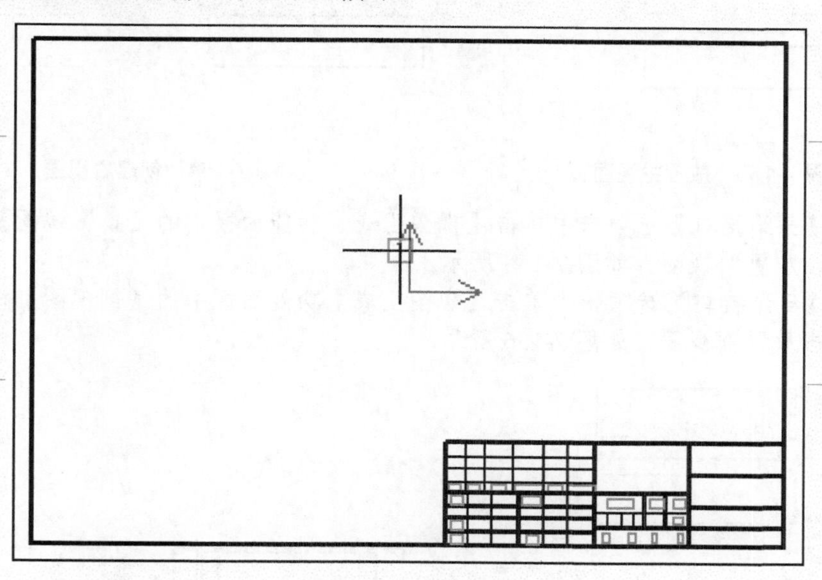

图 7-151　创建的 A3 模板

step 37 再创建视图，在【三维接口】选项卡中单击【视图生成】功能面板中的【标准视图】按钮，弹出【标准视图输出】对话框，单击【浏览】按钮，选择零件和主视图，如图 7-152 所示，单击【确定】按钮。

step 38 在绘图区单击放置视图，如图 7-153 所示。

step 39 在【三维接口】选项卡中单击【视图生成】功能面板中的【投影视图】按钮，选择零件并单击，放置右视图，如图 7-154 所示。

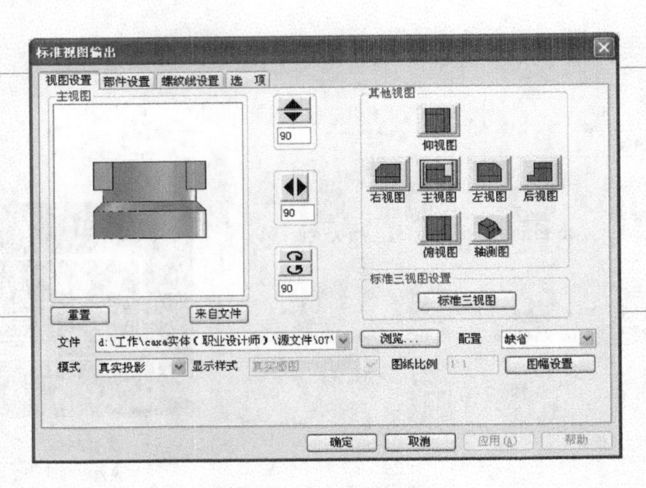


图 7-152　添加视图

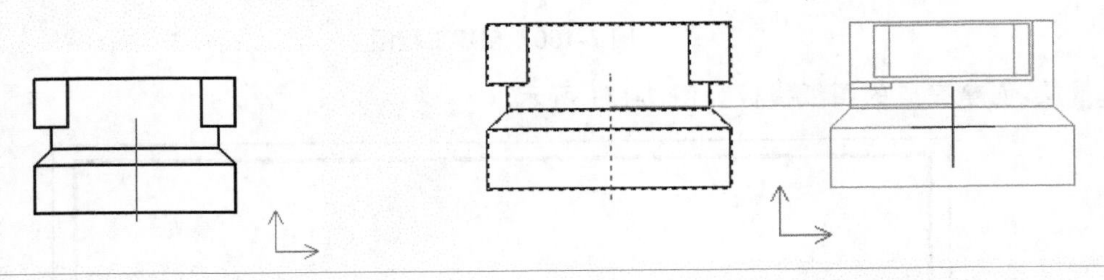

图 7-153　放置主视图　　　图 7-154　创建右视图

step 40 在【三维接口】选项卡中单击【视图生成】功能面板中的【投影视图】按钮，选择零件，单击放置俯视图，如图 7-155 所示。

step 41 在【三维接口】选项卡中单击【视图生成】功能面板中的【剖视图】按钮，绘制剖切面，单击放置剖视图，如图 7-156 所示。

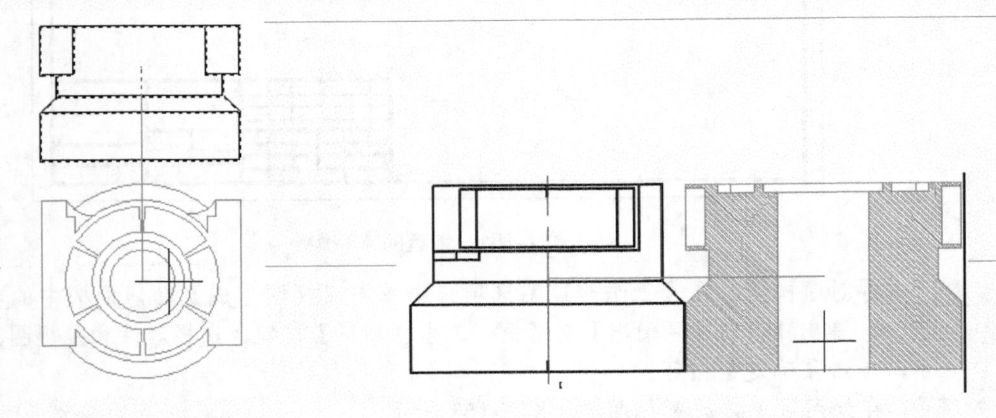

图 7-155　创建俯视图　　　图 7-156　创建剖视图

step 42 在【三维接口】选项卡中单击【视图生成】功能面板中的【放大视图】按钮，绘制放大区域并单击，放置放大视图，如图 7-157 所示。

step 43 最后标注视图尺寸，在【标注】选项卡中单击【标注】功能面板中的【尺寸标注】按钮，绘制主视图尺寸，如图 7-158 所示。

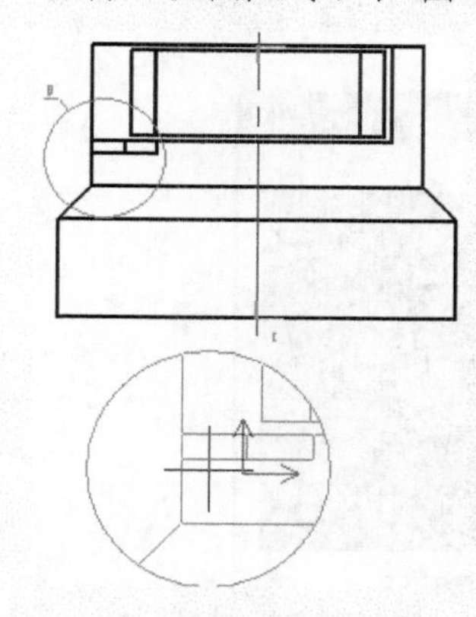

图 7-157　创建放大视图

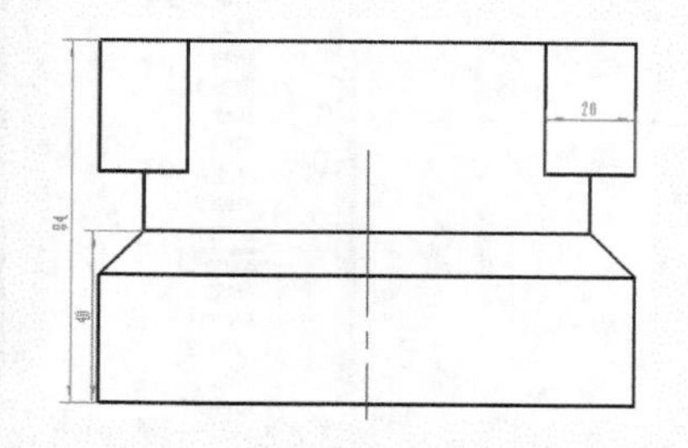

图 7-158　绘制主视图尺寸

step 44 在【标注】选项卡中单击【标注】功能面板中的【尺寸标注】按钮，绘制俯视图尺寸，如图 7-159 所示。

step 45 在【标注】选项卡中单击【标注】功能面板中的【尺寸标注】按钮，绘制右视图尺寸，如图 7-160 所示。

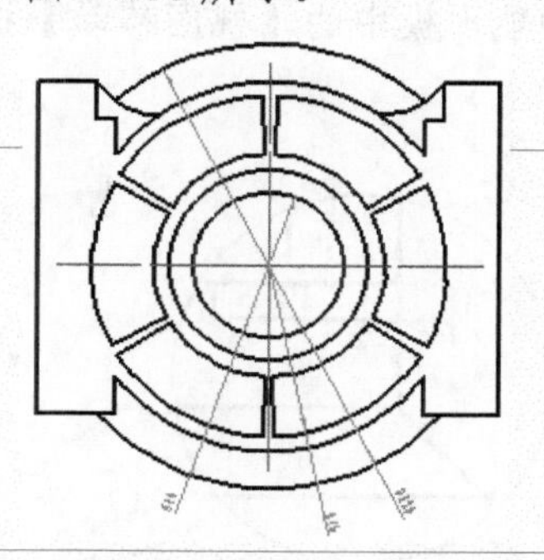

图 7-159　绘制俯视图尺寸

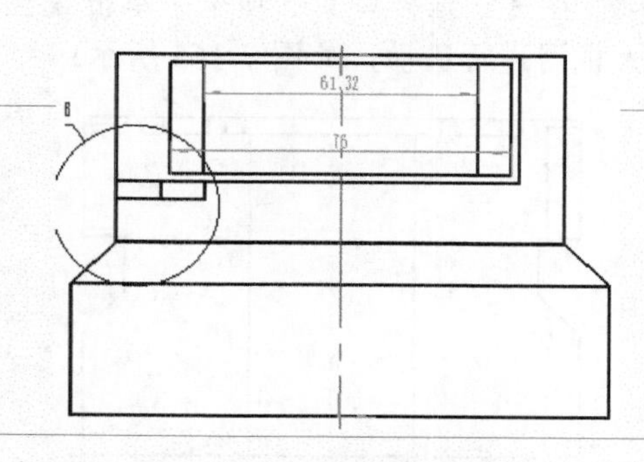


图 7-160　绘制右视图尺寸

step 46 在【标注】选项卡中单击【标注】功能面板中的【尺寸标注】按钮，绘制剖视图尺寸，如图 7-161 所示。

step 47 在【标注】选项卡中单击【标注】功能面板中的【尺寸标注】按钮，绘制放大视图尺寸，如图 7-162 所示。

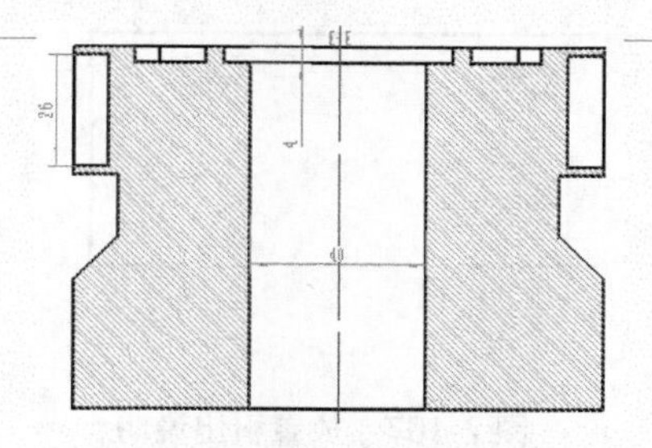


图 7-161　绘制剖视图尺寸

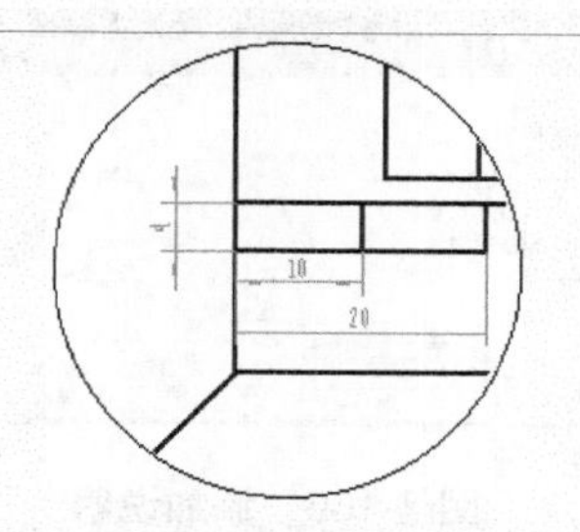


图 7-162　绘制放大视图尺寸

step 48 在【三维接口】选项卡中，单击【视图编辑】功能面板中的【编辑剖面线】按钮，选择剖面线，弹出【剖面图案】对话框，选择 ANSI32 选项，如图 7-163 所示，单击【确定】按钮。

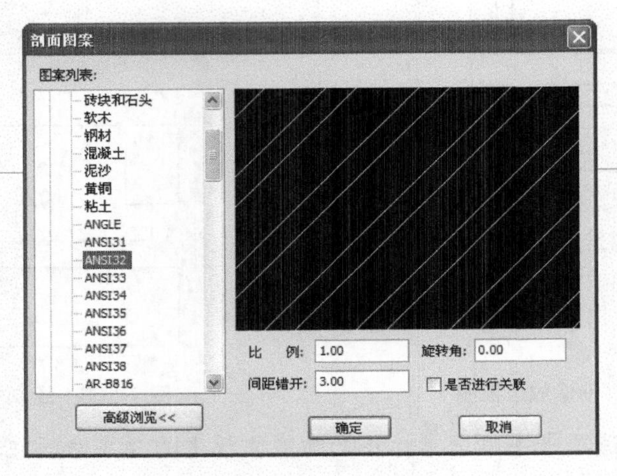


图 7-163 修改剖面图案

step 49 完成修改的剖面图案如图 7-164 所示。

step 50 在【三维接口】选项卡中单击【视图编辑】功能面板中的【视图移动】按钮，选择放大视图进行移动，如图 7-165 所示。

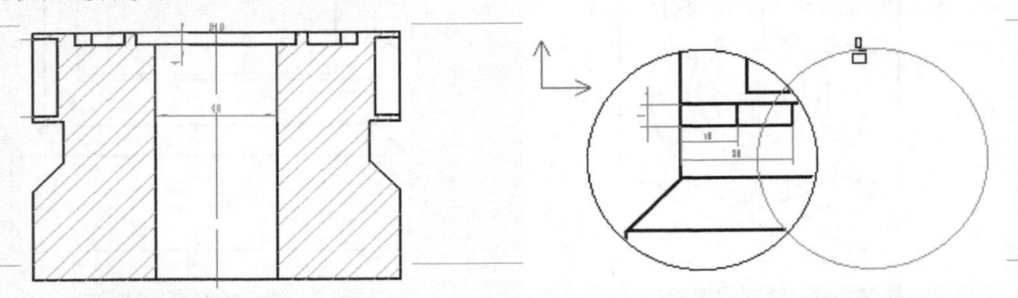

图 7-164 修改完成的剖面填充　　图 7-165 移动放大视图

step 51 单击【标注】选项卡的【标注】功能面板中的【引出说明】按钮，弹出【引出说明】对话框，设置说明，如图 7-166 所示，单击【确定】按钮。

step 52 在绘图区单击放置引出说明，如图 7-167 所示。

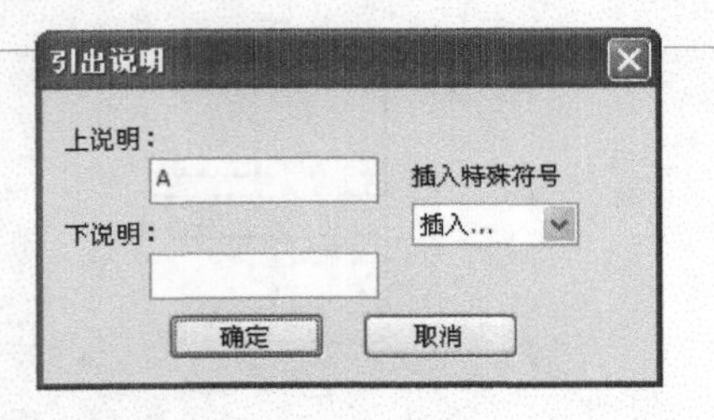


图 7-166 添加说明

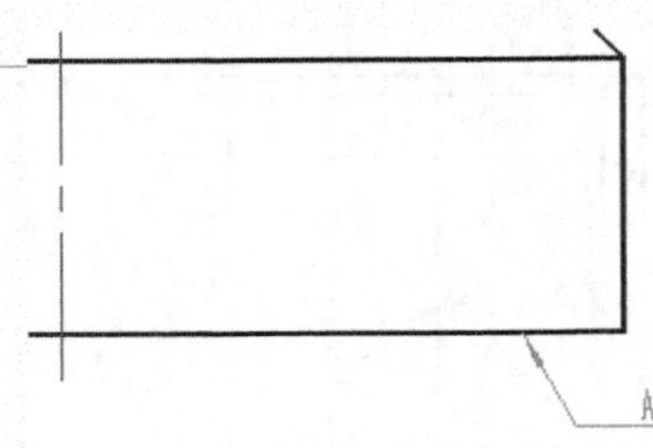


图 7-167 放置引出说明

step 53 单击【标注】选项卡的【标注】功能面板中的【粗糙度】按钮✓，在绘图区单击放置粗糙度符号，如图 7-168 所示。

step 54 双击标题栏，弹出【填写标题栏】对话框，填写标题栏内容，如图 7-169 所示。

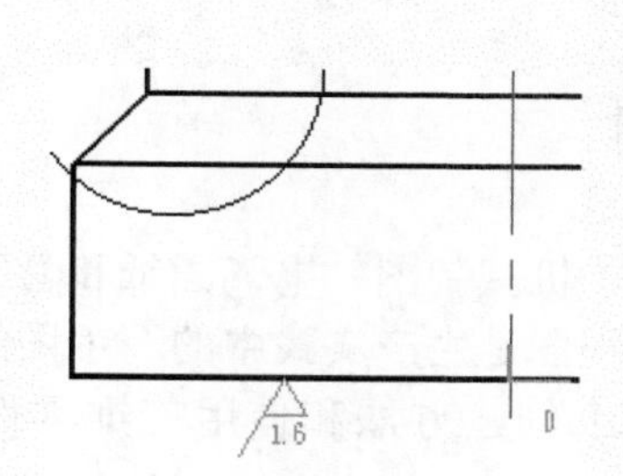


图 7-168　添加粗糙度符号

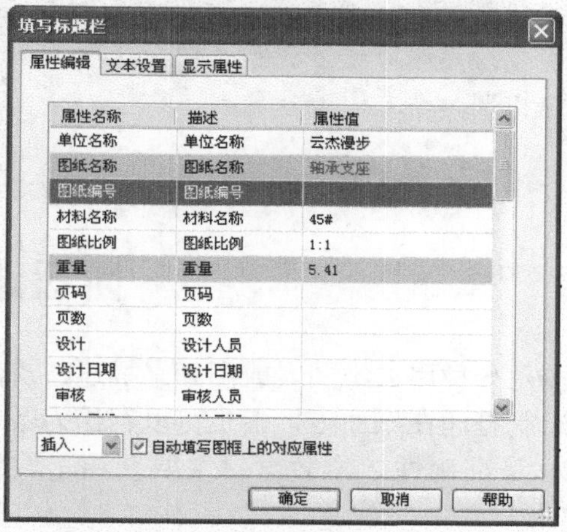

填写标题栏

属性编辑　文本设置　显示属性

| 属性名称 | 描述 | 属性值 |
| --- | --- | --- |
| 单位名称 | 单位名称 | 云杰漫步 |
| 图纸名称 | 图纸名称 | 轴承支座 |
| 图纸编号 | 图纸编号 | |
| 材料名称 | 材料名称 | 45# |
| 图纸比例 | 图纸比例 | 1:1 |
| 重量 | 重量 | 5.41 |
| 页码 | 页码 | |
| 页数 | 页数 | |
| 设计 | 设计人员 | |
| 设计日期 | 设计日期 | |
| 审核 | 审核人员 | |

插入...　☑ 自动填写图框上的对应属性

确定　取消　帮助

图 7-169　填写标题栏

step 55 完成的标题栏如图 7-170 所示。

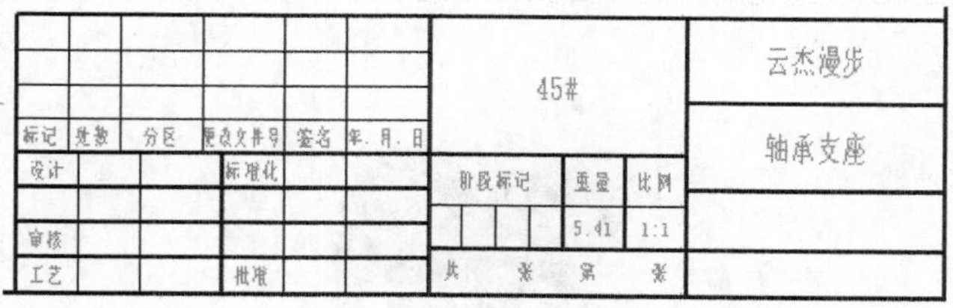

标记　处数　分区　更改文件号　签名　年.月.日

设计　标准化

审核

工艺　批准

45#

阶段标记　重量　比例

5.41　1:1

共　张　第　张

云杰漫步

轴承支座

图 7-170　完成的标题栏

step 56 完成的轴承支座图纸如图 7-171 所示。

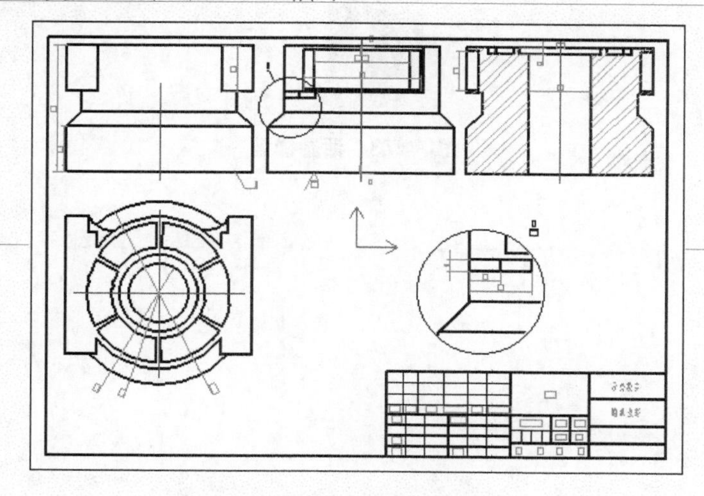

图 7-171　完成的轴承支座图纸

**机械设计实践**：视图也可以单独进行绘制，如垫片是两个物体之间的机械密封，通常用以防止两个物体之间受到压力、腐蚀和管路自然地热胀冷缩泄漏。如图 7-172 所示是典型垫片零件，绘制时使用圆命令可以快速完成。

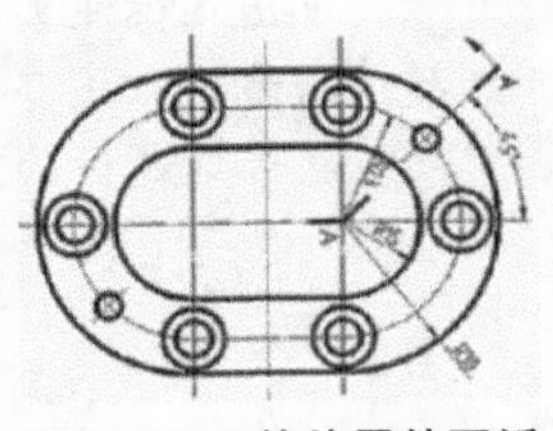

图 7-172 垫片零件图纸

## 阶段进阶练习

工程图是一种用二维图表或图画来描述建筑图、结构图、机械制图、电气图纸和管路的图纸。通常工程图绘制打印在纸面上，但也可以存储为数码文件。工程图是生产实践中的一手图纸，因此它最重要的指标是准确性。本教学日主要介绍了软件的二维图纸创建方法和使用三维零件生成图纸的方法。

使用本教学日学过的各种命令来创建如图 7-173 所示的活塞装配的工程图纸。

练习步骤和方法如下。

(1) 添加装配模型。

(2) 添加模型视图。

(3) 添加尺寸。

图 7-173 活塞模型